Bernard Riemann's Gesammelte mathematische Werke und wissenschaftlicher Nachlass

EDITED BY HEINRICH MARTIN WEBER AND RICHARD DEDEKIND

CAMBRIDGE
UNIVERSITY PRESS

CAMBRIDGE
UNIVERSITY PRESS

University Printing House, Cambridge, CB2 8BS, United Kingdom

Published in the United States of America by Cambridge University Press, New York

Cambridge University Press is part of the University of Cambridge.
It furthers the University's mission by disseminating knowledge in the pursuit of education, learning and research at the highest international levels of excellence.

www.cambridge.org
Information on this title: www.cambridge.org/9781108059350

This edition first published 1876
This digitally printed version 2013

ISBN 978-1-108-05935-0 Paperback

BERNHARD RIEMANN'S

GESAMMELTE

MATHEMATISCHE WERKE

UND

WISSENSCHAFTLICHER NACHLASS.

HERAUSGEGEBEN

UNTER MITWIRKUNG VON R. DEDEKIND

VON

H. WEBER.

LEIPZIG,
DRUCK UND VERLAG VON B. G. TEUBNER.
1876.

Vorrede.

Das Werk, welches hiermit in die Oeffentlichkeit tritt, ist die endliche Ausführung eines seit lange geplanten Unternehmens. Bei der Bedeutung, welche die grossen Schöpfungen Riemann's für die Entwicklung der neueren Mathematik haben, gehören die meisten der Riemann'schen Abhandlungen zu den unentbehrlichsten Hülfsmitteln des Mathematikers, und eine Sammlung seiner Werke dürfte daher einem allgemein gehegten Wunsche um so mehr entgegen kommen, als die meisten derselben im Buchhandel nicht oder nur schwer zu erhalten sind. Es kommt dazu die dringende Pflicht gegen die Wissenschaft, die im handschriftlichen Nachlass noch verborgenen Untersuchungen und Gedanken der Oeffentlichkeit nicht länger vorzuenthalten.

Schon im Frühjahr 1872 war daher unter mehreren Freunden Riemann's der Plan zu einer solchen Sammlung entstanden und Clebsch hatte mit seiner ganzen Thatkraft die Leitung des Unternehmens in die Hand genommen, und sich mit Dedekind vereinigt, in dessen Besitz nach Riemann's Wunsch der handschriftliche Nachlass nach des Verfassers Tod gekommen war, und der bereits mehrere Abhandlungen aus demselben herausgegeben hatte.

Durch den beklagenswerthen und unerwarteten Tod von Clebsch gerieth leider das Vorhaben in's Stocken und blieb längere Zeit gänzlich liegen. Als mir im November 1874 Dedekind im Namen der Frau Professorin Riemann den Vorschlag machte, die Leitung der Herausgabe zu übernehmen, bin ich nicht ohne schwere Bedenken darauf eingegangen. Denn obwohl ich von dem Umfang der damit verbundenen Arbeit damals noch keine richtige Vorstellung hatte, war ich mir der zu übernehmenden Verantwortung wohl bewusst. Nur die Erwägung, dass im Falle meiner Weigerung die Ausführung abermals auf lange Zeit hinausgeschoben zu werden, wenn nicht gänzlich zu scheitern drohte, half mir meine Bedenken überwinden, und so entschloss ich mich, was an mir läge, zu thun, um das Unternehmen zu einem befriedigenden Abschluss zu bringen, da Dedekind mir die Versicherung gab, mich bei der Arbeit nach Kräften zu unterstützen, ein Versprechen, welches er treulich gehalten hat.

Die von Riemann selbst oder nach seinem Tode bereits veröffentlichten Arbeiten wurden revidirt, hin und wieder durch einen im Nachlass aufgefundenen Zusatz bereichert, und in kleinen Ungenauigkeiten verbessert, sonst aber in unveränderter Form aufgenommen. Nur die Abhandlung über die Flächen vom kleinsten Inhalt hat in Folge einer von K. Hattendorff auf meinen Wunsch ausgeführten Ueberarbeitung einige wesentlichere Aenderungen erfahren.

Von den im Nachlass enthaltenen Entwürfen fanden sich einige in fast druckfertiger Form vor, andere aber in einem so fragmentarischen Zustande, dass die Verknüpfung und Darstellung erhebliche Schwierigkeiten machte. Von der grossen Menge nur Formeln ohne Text enthaltender Papiere war wenig für den Druck zu verwerthen. Besonders hervorzuheben ist unter den ersteren die Arbeit über den Rückstand in der Leidener Flasche, welche Riemann schon im Anschluss an die Mittheilung in der Göttinger Naturforscher-Versammlung zur Publication vorbereitet hatte, ferner die in lateinischer Sprache geschriebene Beantwortung einer Preisfrage der Pariser Akademie über isotherme Curven, welche besonders deshalb von hohem Interesse ist, weil darin Riemann's Untersuchungen über die allgemeinen Eigenschaften der mehrfach ausgedehnten Mannigfaltigkeiten in den Grundzügen niedergelegt sind und eine merkwürdige Verwendung finden. Die Darstellung in dieser Abhandlung ist eine äusserst knappe, und die Wege, auf denen die endlichen Resultate erhalten wurden, finden sich darin nur im Allgemeinen angedeutet. Von der Ausführung einer beabsichtigten zweiten eingehenderen Darstellung des Gegenstandes wurde Riemann durch seinen Gesundheitszustand abgehalten. Dass ich im Stande bin, diese schöne Untersuchung in der letzten von Riemann herrührenden Redaction zum Abdruck zu bringen, verdanke ich der Güte des beständigen Secretärs der Pariser Akademie, Herrn Dumas, welcher auf ein namens der Göttinger Gesellschaft der Wissenschaften von Herrn Wöhler an ihn gerichtetes Ansuchen mit der dankenswerthesten Bereitwilligkeit mir das Originalmanuscript zur Verfügung stellte.

Von Riemann's Untersuchungen über lineare Differentialgleichungen mit algebraischen Coefficienten liegt der erste Theil in ziemlich druckfertiger Form von Riemann's Hand vor und war vermuthlich zu der Publication bestimmt, die in der Abhandlung über Abel'sche Functionen angekündigt ist, aber nicht zur Ausführung kam. Ein zweiter Theil, der die wahre Verallgemeinerung der Theorie der hypergeometrischen Reihen enthält, fand sich nur im ersten Entwurfe vor, jedoch so, dass der Gedankengang vollständig hergestellt werden konnte.

Ferner ist hier noch der in italienischer Sprache geschriebene Anfang zu einer Untersuchung über die Darstellbarkeit des Quotienten zweier hypergeometrischer Reihen durch einen Kettenbruch zu erwähnen, deren Bearbeitung H. A. Schwarz in Göttingen übernommen hat, dem ich hierfür sowie für manchen Rath an anderen Stellen hier meinen Dank ausspreche.

Obwohl die Vorlesungen Riemann's dem ursprünglichen Plane nach von dieser Sammlung ausgeschlossen sind, so habe ich mich doch zur Aufnahme zweier kleinerer, in sich abgeschlossener Untersuchungen über die Convergenz der p-fach unendlichen Theta-Reihe und über die Abel'schen Functionen für den Fall $p = 3$ entschlossen, bei deren Bearbeitung ein von G. Roch geführtes Vorlesungsheft zu Grunde gelegt werden konnte, theils wegen des grossen Interesses, welches die Gegenstände haben, theils weil eine zusammenhängende Veröffentlichung dieser Vorlesungen, wie es scheint, vorläufig nicht in Aussicht steht.

Ich erwähne hier noch die den Anhang bildenden naturphilosophischen Fragmente, welche wenigstens eine ungefähre Vorstellung von dem Inhalt der Speculationen geben können, denen Riemann einen grossen Theil seiner Gedankenarbeit widmete und die ihn viele Jahre seines Lebens hindurch begleitet haben. Diese Bruchstücke dürften trotz ihrer Lückenhaftigkeit und Unvollständigkeit geeignet sein, auch in weiteren Kreisen Aufmerksamkeit zu erregen, wenn sie auch nicht viel mehr als die Anfänge und die allgemeinsten Grundzüge einer eigenthümlichen und tiefsinnigen Weltanschauung enthalten.

Eine willkommene Beigabe für die Freunde und Verehrer Riemann's wird endlich die biographische Skizze sein, welche Dedekind auf meinen Wunsch auf der Grundlage von Briefen und anderen Mittheilungen der Riemann'schen Familie, unterstützt durch seine eigenen Erinnerungen verfasst hat.

Was die Anordnung des Stoffes betrifft, so ist in den beiden ersten Abtheilungen die chronologische Reihenfolge streng inne gehalten worden; in der dritten Abtheilung, welche den Nachlass enthält, konnte diese Anordnung nicht ganz consequent durchgeführt werden, theils weil sich die Entstehungszeit hier nicht immer vollständig feststellen liess, theils weil die mehr ausgeführten Untersuchungen dem Fragmentarischen vorangestellt werden sollten.

Königsberg, im März 1876. **H. Weber.**

Inhalt.

Erste Abtheilung.

Abhandlungen, die von Riemann selbst veröffentlicht sind.

Zweite Abtheilung.

Abhandlungen, die nach Riemann's Tode bereits herausgegeben sind.

Dritte Abtheilung.

Nachlass.

Anhang.

Fragmente philosophischen Inhalts.

Erste Abtheilung.

I.

Grundlagen für eine allgemeine Theorie der Functionen einer veränderlichen complexen Grösse.

(Inauguraldissertation, Göttingen, 1851.)

1.

Denkt man sich unter z eine veränderliche Grösse, welche nach und nach alle möglichen reellen Werthe annehmen kann, so wird, wenn jedem ihrer Werthe ein einziger Werth der unbestimmten Grösse w entspricht, w eine Function von z genannt, und wenn, während z alle zwischen zwei festen Werthen gelegenen Werthe stetig durchläuft, w ebenfalls stetig sich ändert, so heisst diese Function innerhalb dieses Intervalls stetig oder continuirlich. ([1])

Diese Definition setzt offenbar zwischen den einzelnen Werthen der Function durchaus kein Gesetz fest, indem, wenn über diese Function für ein bestimmtes Intervall verfügt ist, die Art ihrer Fortsetzung ausserhalb desselben ganz der Willkür überlassen bleibt.

Die Abhängigkeit der Grösse w von z kann durch ein mathematisches Gesetz gegeben sein, so dass durch bestimmte Grössenoperationen zu jedem Werthe von z das ihm entsprechende w gefunden wird. Die Fähigkeit, für alle innerhalb eines gegebenen Intervalls liegenden Werthe von z durch dasselbe Abhängigkeitsgesetz bestimmt zu werden, schrieb man früher nur einer gewissen Gattung von Functionen zu (functiones continuae nach Euler's Sprachgebrauch); neuere Untersuchungen haben indess gezeigt, dass es analytische Ausdrücke giebt, durch welche eine jede stetige Function für ein gegebenes Intervall dargestellt werden kann. Es ist daher einerlei, ob man die Abhängigkeit der Grösse w von der Grösse z als eine willkürlich gegebene oder als eine durch bestimmte Grössenoperationen bedingte definirt. Beide Begriffe sind in Folge der erwähnten Theoreme congruent.

Anders verhält es sich aber, wenn die Veränderlichkeit der Grösse z nicht auf reelle Werthe beschränkt wird, sondern auch complexe von der Form $x + yi$ (wo $i = \sqrt{-1}$) zugelassen werden.

Es seien $x + yi$ und $x + yi + dx + dyi$ zwei unendlich wenig verschiedene Werthe der Grösse z, welchen die Werthe $u + vi$ und $u + vi + du + dvi$ der Grösse w entsprechen. Alsdann wird, wenn die Abhängigkeit der Grösse w von z eine willkürlich angenommene ist, das Verhältniss $\frac{du + dvi}{dx + dyi}$ sich mit den Werthen von dx und dy allgemein zu reden ändern, indem, wenn man $dx + dyi = \varepsilon e^{\varphi i}$ setzt,

$$\begin{aligned}&\frac{du + dvi}{dx + dyi}\\ &= \tfrac{1}{2}\left(\frac{\partial u}{\partial x} + \frac{\partial v}{\partial y}\right) + \tfrac{1}{2}\left(\frac{\partial v}{\partial x} - \frac{\partial u}{\partial y}\right) i\\ &+ \tfrac{1}{2}\left[\frac{\partial u}{\partial x} - \frac{\partial v}{\partial y} + \left(\frac{\partial v}{\partial x} + \frac{\partial u}{\partial y}\right) i\right] \frac{dx - dyi}{dx + dyi}\\ &= \tfrac{1}{2}\left(\frac{\partial u}{\partial x} + \frac{\partial v}{\partial y}\right) + \tfrac{1}{2}\left(\frac{\partial v}{\partial x} - \frac{\partial u}{\partial y}\right) i\\ &+ \tfrac{1}{2}\left[\frac{\partial u}{\partial x} - \frac{\partial v}{\partial y} + \left(\frac{\partial v}{\partial x} + \frac{\partial u}{\partial y}\right) i\right] e^{-2\varphi i}\end{aligned}$$

wird. Auf welche Art aber auch w als Function von z durch Verbindung der einfachen Grössenoperationen bestimmt werden möge, immer wird der Werth des Differentialquotienten $\frac{dw}{dz}$ von dem besondern Werthe des Differentials dz unabhängig sein*). Offenbar kann also auf diesem Wege nicht jede beliebige Abhängigkeit der complexen Grösse w von der complexen Grösse z ausgedrückt werden.

Das eben hervorgehobene Merkmal aller irgendwie durch Grössenoperationen bestimmbaren Functionen werden wir für die folgende Untersuchung, wo eine solche Function unabhängig von ihrem Ausdrucke betrachtet werden soll, zu Grunde legen, indem wir, ohne jetzt dessen Allgemeingültigkeit und Zulänglichkeit für den Begriff einer durch Grössenoperationen ausdrückbaren Abhängigkeit zu beweisen, von folgender Definition ausgehen:

*) Diese Behauptung ist offenbar in allen Fällen gerechtfertigt, wo sich aus dem Ausdrucke von w durch z mittelst der Regeln der Differentiation ein Ausdruck von $\frac{dw}{dz}$ durch z finden lässt; ihre streng allgemeine Gültigkeit bleibt für jetzt dahin gestellt.

Eine veränderliche complexe Grösse w heisst eine Function einer andern veränderlichen complexen Grösse z, wenn sie mit ihr sich so ändert, dass der Werth des Differentialquotienten $\frac{dw}{dz}$ unabhängig von dem Werthe des Differentials dz ist.

2.

Sowohl die Grösse z, als die Grösse w werden als veränderliche Grössen betrachtet, die jeden complexen Werth annehmen können. Die Auffassung einer solchen Veränderlichkeit, welche sich auf ein zusammenhängendes Gebiet von zwei Dimensionen erstreckt, wird wesentlich erleichtert durch eine Anknüpfung an räumliche Anschauungen.

Man denke sich jeden Werth $x + yi$ der Grösse z repräsentirt durch einen Punkt O der Ebene A, dessen rechtwinklige Coordinaten x, y, jeden Werth $u + vi$ der Grösse w durch einen Punkt Q der Ebene B, dessen rechtwinklige Coordinaten u, v sind. Eine jede Abhängigkeit der Grösse w von z wird sich dann darstellen als eine Abhängigkeit der Lage des Punktes Q von der des Punktes O. Entspricht jedem Werthe von z ein bestimmter mit z stetig sich ändernder Werth von w, mit andern Worten, sind u und v stetige Functionen von x, y, so wird jedem Punkte der Ebene A ein Punkt der Ebene B, jeder Linie, allgemein zu reden, eine Linie, jedem zusammenhängenden Flächenstücke ein zusammenhängendes Flächenstück entsprechen. Man wird sich also diese Abhängigkeit der Grösse w von z vorstellen können als eine Abbildung der Ebene A auf der Ebene B.

3.

Es soll nun untersucht werden, welche Eigenschaft diese Abbildung erhält, wenn w eine Function der complexen Grösse z, d. h. wenn $\frac{dw}{dz}$ von dz unabhängig ist.

Wir bezeichnen durch o einen unbestimmten Punkt der Ebene A in der Nähe von O, sein Bild in der Ebene B durch q, ferner durch $x + yi + dx + dyi$ und $u + vi + du + dvi$ die Werthe der Grössen z und w in diesen Punkten. Es können dann dx, dy und du, dv als rechtwinklige Coordinaten der Punkte o und q in Bezug auf die Punkte O und Q als Anfangspunkte angesehen werden, und wenn man $dx + dyi = \varepsilon e^{\varphi i}$ und $du + dvi = \eta e^{\psi i}$ setzt, so werden die Grössen ε, φ, η, ψ Polarcoordinaten dieser Punkte für dieselben

Anfangspunkte sein. Sind nun o' und o'' irgend zwei bestimmte Lagen des Punktes o in unendlicher Nähe von O, und drückt man die von ihnen abhängigen Bedeutungen der übrigen Zeichen durch entsprechende Indices aus, so giebt die Voraussetzung

$$\frac{du' + dv'i}{dx' + dy'i} = \frac{du'' + dv''i}{dx'' + dy''i}$$

und folglich

$$\frac{du' + dv'i}{du'' + dv''i} = \frac{\eta'}{\eta''} e^{(\psi' - \psi'')i} = \frac{dx' + dy'i}{dx'' + dy''i} = \frac{\varepsilon'}{\varepsilon''} e^{(\varphi' - \varphi'')i},$$

woraus $\frac{\eta'}{\eta''} = \frac{\varepsilon'}{\varepsilon''}$ und $\psi' - \psi'' = \varphi' - \varphi''$, d. h. in den Dreiecken $o'Oo''$ und $q'Qq''$ sind die Winkel $o'Oo''$ und $q'Qq''$ gleich und die sie einschliessenden Seiten einander proportional.

Es findet also zwischen zwei einander entsprechenden unendlich kleinen Dreiecken und folglich allgemein zwischen den kleinsten Theilen der Ebene A und ihres Bildes auf der Ebene B Aehnlichkeit Statt. Eine Ausnahme von diesem Satze tritt nur in den besonderen Fällen ein, wenn die einander entsprechenden Aenderungen der Grössen z und w nicht in einem endlichen Verhältnisse zu einander stehen, was bei Herleitung desselben stillschweigend vorausgesetzt ist*).

4.

Bringt man den Differentialquotienten $\frac{du + dvi}{dx + dyi}$ in die Form

$$\frac{\left(\frac{\partial u}{\partial x} + \frac{\partial v}{\partial x} i\right) dx + \left(\frac{\partial v}{\partial y} - \frac{\partial u}{\partial y} i\right) dyi}{dx + dyi},$$

so erhellt, dass er und zwar nur dann für je zwei Werthe von dx und dy denselben Werth haben wird, wenn

$$\frac{\partial u}{\partial x} = \frac{\partial v}{\partial y} \text{ und } \frac{\partial v}{\partial x} = -\frac{\partial u}{\partial y}$$

ist. Diese Bedingungen sind also hinreichend und nothwendig, damit $w = u + vi$ eine Function von $z = x + yi$ sei. Für die einzelnen Glieder dieser Function fliessen aus ihnen die folgenden:

---

*) Ueber diesen Gegenstand sehe man:

„Allgemeine Auflösung der Aufgabe: die Theile einer gegebenen Fläche so abzubilden, dass die Abbildung dem Abgebildeten in den kleinsten Theilen ähnlich wird, von C. F. Gauss. (Als Beantwortung der von der königlichen Societät der Wissenschaften in Copenhagen für 1822 aufgegebenen Preisfrage", abgedruckt in: „Astronomische Abhandlungen, herausgegeben von Schumacher. Drittes Heft. Altona. 1825.") (Gauss Werke Bd. IV, p. 189.)

$$\frac{\partial^2 u}{\partial x^2} + \frac{\partial^2 u}{\partial y^2} = 0, \frac{\partial^2 v}{\partial x^2} + \frac{\partial^2 v}{\partial y^2} = 0,$$

welche für die Untersuchung der Eigenschaften, die Einem Gliede einer solchen Function einzeln betrachtet zukommen, die Grundlage bilden. Wir werden den Beweis für die wichtigsten dieser Eigenschaften einer eingehenderen Betrachtung der vollständigen Function voraufgehen lassen, zuvor aber noch einige Punkte, welche allgemeineren Gebieten angehören, erörtern und festlegen, um uns den Boden für jene Untersuchungen zu ebenen.

* * *

5.

Für die folgenden Betrachtungen beschränken wir die Veränderlichkeit der Grössen x, y auf ein endliches Gebiet, indem wir als Ort des Punktes O nicht mehr die Ebene A selbst, sondern eine über dieselbe ausgebreitete Fläche T betrachten. Wir wählen diese Einkleidung, bei der es unanstössig sein wird, von auf einander liegenden Flächen zu reden, um die Möglichkeit offen zu lassen, dass der Ort des Punktes O über denselben Theil der Ebene sich mehrfach erstrecke, setzen jedoch für einen solchen Fall voraus, dass die auf einander liegenden Flächentheile nicht längs einer Linie zusammenhängen, so dass eine Umfaltung der Fläche, oder eine Spaltung in auf einander liegende Theile nicht vorkommt.

Die Anzahl der in jedem Theile der Ebene auf einander liegenden Flächentheile ist alsdann vollkommen bestimmt, wenn die Begrenzung der Lage und dem Sinne nach (d. h. ihre innere und äussere Seite) gegeben ist; ihr Verlauf kann sich jedoch noch verschieden gestalten.

In der That, ziehen wir durch den von der Fläche bedeckten Theil der Ebene eine beliebige Linie l, so ändert sich die Anzahl der über einander liegenden Flächentheile nur beim Ueberschreiten der Begrenzung, und zwar beim Uebertritt von Aussen nach Innen um $+1$, im entgegengesetzten Falle um -1, und ist also überall bestimmt. Längs des Ufers dieser Linie setzt sich nun jeder angrenzende Flächentheil auf ganz bestimmte Art fort, so lange die Linie die Begrenzung nicht trifft, da eine Unbestimmtheit jedenfalls nur in einem einzelnen Punkte und also entweder in einem Punkte der Linie selbst oder in einer endlichen Entfernung von derselben Statt hat; wir können daher, wenn wir unsere Betrachtung auf einen im Innern der Fläche verlaufenden Theil der Linie l und zu beiden Seiten auf einen hinreichend kleinen Flächenstreifen beschränken, von bestimmten angrenzenden Flächentheilen reden, deren Anzahl auf jeder Seite gleich ist, und die wir, indem wir der Linie eine bestimmte Richtung beilegen, auf der Linken mit $a_1, a_2, \ldots a_n$, auf der Rechten mit $a_1', a_2', \ldots a'_n$, bezeichnen. Jeder Flächentheil a wird sich dann in einen der Flächentheile a' fortsetzen; dieser wird zwar im Allgemeinen für den ganzen Lauf der Linie l derselbe sein, kann sich jedoch für besondere Lagen von l in einem ihrer Punkte ändern. Nehmen wir an, dass oberhalb eines solchen Punktes σ (d. h. längs des vorhergehenden Theils von l) mit den Flächentheilen $a'_1, a'_2, \ldots a'_n$ der Reihe nach die Flächentheile $a_1, a_2, \ldots a_n$ verbunden seien, unterhalb desselben aber die Flächentheile $a_{\alpha_1}, a_{\alpha_2}, \ldots a_{\alpha_n}$, wo $\alpha_1, \alpha_2, \ldots \alpha_n$ nur in der Anordnung von $1, 2, \ldots n$ verschieden sind, so wird ein oberhalb σ von a_1 in a'_1 eintretender Punkt, wenn er unterhalb σ auf die linke Seite zurücktritt, in den Flächentheil a_{α_1} gelangen, und wenn er den Punkt σ von der Linken zur Rechten umkreiset, wird der Index des Flächentheils, in welchem er sich befindet, der Reihe nach die Zahlen

$$1,\ \alpha_1,\ \alpha_{\alpha_1},\ \ldots\ \mu,\ \alpha_\mu,\ \ldots$$

durchlaufen. In dieser Reihe sind, so lange das Glied 1 nicht wiederkehrt, nothwendig alle Glieder von einander verschieden, weil einem beliebigen mittlern Gliede α_μ nothwendig μ und nach einander alle früheren Glieder bis 1 in unmittelbarer Folge vorhergehen; wenn aber nach einer Anzahl von Gliedern, die offenbar kleiner als n sein muss und $= m$ sei, das Glied 1 wiederkehrt, so müssen die übrigen Glieder in derselben Ordnung folgen. Der um σ sich bewegende Punkt kommt alsdann nach je m Umläufen in denselben Flächentheil zurück und ist auf m der auf einander liegenden Flächentheile eingeschränkt, welche sich über σ zu einem einzigen Punkte vereinigen. Wir nennen diesen Punkt einen Windungspunkt $m - 1$ster Ordnung der Fläche T. Durch Anwendung desselben Verfahrens auf die übrigen $n - m$ Flächentheile werden diese, wenn sie nicht gesondert verlaufen, in Systeme von $m_1, m_2, \ldots$ Flächentheilen zerfallen, in welchem Falle auch noch Windungspunkte $m_1 - 1$ster, $m_2 - 1$ster Ordnung in dem Punkte σ liegen.

Wenn die Lage und der Sinn der Begrenzung von T und die Lage ihrer Windungspunkte gegeben ist, so ist T entweder vollkommen bestimmt oder doch auf eine endliche Anzahl verschiedener Gestalten beschränkt; Letzteres, in so fern sich diese Bestimmungsstücke auf verschiedene der auf einander liegenden Flächentheile beziehen können.

Eine veränderliche Grösse, die für jeden Punkt O der Fläche T, allgemein zu reden, d. h. ohne eine Ausnahme in einzelnen Linien und Punkten*) auszuschliessen, Einen bestimmten mit der Lage desselben stetig sich ändernden Werth annimmt, kann offenbar als eine Function von x, y angesehen werden, und überall, wo in der Folge von Functionen von x, y die Rede sein wird, werden wir den Begriff derselben auf diese Art festlegen.

Ehe wir uns jedoch zur Betrachtung solcher Functionen wenden, schalten wir noch einige Erörterungen über den Zusammenhang einer Fläche ein. Wir beschränken uns dabei auf solche Flächen, die sich nicht längs einer Linie spalten.

6.

Wir betrachten zwei Flächentheile als zusammenhängend oder Einem Stücke angehörig, wenn sich von einem Punkte des einen durch das Innere der Fläche eine Linie nach einem Punkte des andern ziehen lässt, als getrennt, wenn diese Möglichkeit nicht Statt findet.

Die Untersuchung des Zusammenhangs einer Fläche beruht auf ihrer Zerlegung durch Querschnitte, d. h. Linien, welche von einem Begrenzungspunkte das Innere einfach — keinen Punkt mehrfach — bis zu einem Begrenzungspunkte durchschneiden. Letzterer kann auch in dem zur Begrenzung hinzugekommenen Theile, also in einem frühern Punkte des Querschnitts, liegen.

Eine zusammenhängende Fläche heisst, wenn sie durch jeden Querschnitt in Stücke zerfällt, eine einfach zusammenhängende, andernfalls eine mehrfach zusammenhängende.

Lehrsatz I. Eine einfach zusammenhängende Fläche A zerfällt durch jeden Querschnitt ab in zwei einfach zusammenhängende Stücke.

Gesetzt, eins dieser Stücke würde durch einen Querschnitt cd nicht zerstückt, so erhielte man offenbar, je nachdem keiner seiner Endpunkte oder der Endpunkt c oder beide Endpunkte in ab fielen, durch Herstellung der Verbindung längs der ganzen Linie ab oder längs des Theils cb oder des Theils cd derselben eine zusammen-

*) Diese Beschränkung ist zwar nicht durch den Begriff einer Function an sich geboten, aber um Infinitesimalrechnung auf sie anwenden zu können erforderlich: eine Function, die in allen Punkten einer Fläche unstetig ist, wie z. B. eine Function, die für ein commensurables x und ein commensurables y den Werth 1, sonst aber den Werth 2 hat, kann weder einer Differentiation, noch einer Integration, also (unmittelbar) der Infinitesimalrechnung überhaupt nicht unterworfen werden. Die für die Fläche T hier willkürlich gemachte Beschränkung wird sich später (Art. 15.) rechtfertigen.

hängende Fläche, welche durch einen Querschnitt aus A entstände, gegen die Vorraussetzung.

Lehrsatz II. Wenn eine Fläche T durch n_1*) Querschnitte q_1 in ein System T_1 von m_1 einfach zusammenhängenden Flächenstücken und durch n_2 Querschnitte q_2 in ein System T_2 von m_2 Flächenstücken zerfällt, so kann $n_2 - m_2$ nicht $> n_1 - m_1$ sein.

Jede Linie q_2 bildet, wenn sie nicht ganz in das Querschnittsystem q_1 fällt, zugleich einen oder mehrere Querschnitte q_2' der Fläche T_1. Als Endpunkte der Querschnitte q_2' sind anzusehen:

1) die $2n_2$ Endpunkte der Querschnitte q_2, ausgenommen, wenn ihre Enden mit einem Theil des Liniensystems q_1 zusammenfallen,
2) jeder mittlere Punkt eines Querschnitts q_2, in welchem er in einen mittlern Punkt einer Linie q_1 eintritt, ausgenommen, wenn er sich schon in einer andern Linie q_1 befindet, d. h. wenn ein Ende eines Querschnitts q_1 mit ihm zusammenfällt.

Bezeichnet nun μ, wie oft Linien beider Systeme während ihres Laufes zusammentreffen oder auseinandergehen (wo also ein einzelner gemeinsamer Punkt doppelt zu rechnen ist), ν_1, wie oft ein Endstück der q_1 mit einem mittlern Stücke der q_2, ν_2, wie oft ein Endstück der q_2 mit einem mittlern Stücke der q_1, endlich ν_3, wie oft ein Endstück der q_1 mit einem Endstücke der q_2 zusammenfällt, so liefert Nr. 1 $2n_2 - \nu_2 - \nu_3$, Nr. 2 $\mu - \nu_1$ Endpunkte der Querschnitte q'_2; beide Fälle zusammengenommen aber umfassen sämmtliche Endpunkte und jeden nur einmal, und die Anzahl dieser Querschnitte ist daher $\frac{2n_2 - \nu_2 - \nu_3 + \mu - \nu_1}{2} = n_2 + s$. Durch ganz ähnliche Schlüsse ergiebt sich die Anzahl der Querschnitte q'_1 der Fläche T_2, welche durch die Linien q_1 gebildet werden, $= \frac{2n_1 - \nu_1 - \nu_3 + \mu - \nu_2}{2}$, also $= n_1 + s$. Die Fläche T_1 wird nun offenbar durch die $n_2 + s$ Querschnitte q'_2 in dieselbe Fläche verwandelt, in welche T_2 durch die $n_1 + s$ Querschnitte q'_1 zerfällt wird. Es besteht aber T_1 aus m_1 einfach zusammenhängenden Stücken und zerfällt daher nach Satz I. durch $n_2 + s$ Querschnitte in $m_1 + n_2 + s$ Flächenstücke; folglich müsste, wäre $m_2 < m_1 + n_2 - n_1$, die Zahl der Flächenstücke T_2 durch $n_1 + s$ Querschnitte um mehr als $n_1 + s$ vermehrt werden, was ungereimt ist.

Zufolge dieses Lehrsatzes ist, wenn die Anzahl der Querschnitte unbestimmt durch n, die Anzahl der Stücke durch m bezeichnet wird,

*) Unter einer Zerlegung durch mehrere Querschnitte ist stets eine successive zu verstehen, d. h. eine solche, wo die durch einen Querschnitt entstandene Fläche durch einen neuen Querschnitt weiter zerlegt wird.

$n - m$ für alle Zerlegungen einer Fläche in einfach zusammenhängende Stücke constant; denn betrachten wir irgend zwei bestimmte Zerlegungen durch n_1 Querschnitte in m_1 Stücke und durch n_2 Querschnitte in m_2 Stücke, so muss, wenn erstere einfach zusammenhängend sind, $n_2 - m_2 \leqq n_1 - m_1$, und wenn letztere einfach zusammenhängend sind, $n_1 - m_1 \leqq n_2 - m_2$, also wenn Beides zutrifft, $n_2 - m_2 = n_1 - m_1$ sein.

Diese Zahl kann füglich mit dem Namen „Ordnung des Zusammenhangs“ einer Fläche belegt werden; sie wird

durch jeden Querschnitt um 1 erniedrigt — nach der Definition —,

durch eine von einem innern Punkte das Innere einfach bis zu einem Begrenzungspunkte oder einem frühern Schnittpunkte durchschneidende Linie nicht geändert und

durch einen innern allenthalben einfachen in zwei Punkten endenden Schnitt um 1 erhöht,

weil erstere durch Einen, letztere aber durch zwei Querschnitte in Einen Querschnitt verwandelt werden kann.

Endlich wird die Ordnung des Zusammenhangs einer aus mehreren Stücken bestehenden Fläche erhalten, wenn man die Ordnungen des Zusammenhangs dieser Stücke zu einander addirt.

Wir werden uns indess in der Folge meistens auf eine aus Einem Stücke bestehende Fläche beschränken, und uns für ihren Zusammenhang der kunstloseren Bezeichnung eines einfachen, zweifachen etc. bedienen, indem wir unter einer $n$fach zusammenhängenden Fläche eine solche verstehen, die durch $n - 1$ Querschnitte in eine einfach zusammenhängende zerlegbar ist.

In Bezug auf die Abhängigkeit des Zusammenhangs der Begrenzung von dem Zusammenhang einer Fläche erhellt leicht:

1) Die Begrenzung einer einfach zusammenhängenden Fläche besteht nothwendig aus Einer in sich zurücklaufenden Linie.

Bestände die Begrenzung aus getrennten Stücken, so würde ein Querschnitt q, der einen Punkt eines Stücks a mit einem Punkte eines andern b verbände, nur zusammenhängende Flächentheile von einander scheiden, da sich im Innern der Fläche längs a eine Linie von der einen Seite des Querschnitts q an die entgegengesetzte führen liesse; und folglich würde q die Fläche nicht zerstücken, gegen die Voraussetzung.

2) Durch jeden Querschnitt wird die Anzahl der Begrenzungsstücke entweder um 1 vermindert oder um 1 vermehrt.

Ein Querschnitt q verbindet entweder einen Punkt eines Begrenzungsstücks a mit einem Punkte eines andern b, — in diesem Falle bilden alle diese Linien zusammengenommen in der Folge a, q, b, q ein einziges in sich zurücklaufendes Stück der Begrenzung —

oder er verbindet zwei Punkte Eines Stücks der Begrenzung, — in diesem Falle zerfällt dieses durch seine beiden Endpunkte in zwei Stücke, deren jedes mit dem Querschnitte zusammengenommen ein in sich zurücklaufendes Begrenzungsstück bildet —

oder endlich, er endet in einem seiner früheren Punkte und kann betrachtet werden als zusammengesetzt aus einer in sich zurücklaufenden Linie o und einer andern l, welche einen Punkt von o mit einem Punkte eines Begrenzungsstücks a verbindet, — in welchem Falle o eines Theils, und a, l, o, l andern Theils je ein in sich zurücklaufendes Begrenzungsstück bilden.

Es treten also entweder — im erstern Falle — an die Stelle zweier Ein, oder — in den beiden letzteren Fällen — an die Stelle Eines zwei Begrenzungsstücke, woraus unser Satz folgt.

Die Anzahl der Stücke, aus welchen die Begrenzung eines $n$fach zusammenhängenden Flächenstücks besteht, ist daher entweder $= n$ oder um eine gerade Zahl kleiner.

Hieraus ziehen wir noch das Corollar:

Wenn die Anzahl der Begrenzungsstücke einer $n$fach zusammenhängenden Fläche $= n$ ist, so zerfällt diese durch jeden überall einfachen im Innern in sich zurücklaufenden Schnitt in zwei getrennte Stücke.

Denn die Ordnung des Zusammenhangs wird dadurch nicht geändert, die Anzahl der Begrenzungsstücke um 2 vermehrt; die Fläche würde also, wenn sie eine zusammenhängende wäre, einen $n$fachen Zusammenhang und $n + 2$ Begrenzungsstücke haben, was unmöglich ist.

7.

Sind X und Y zwei in allen Punkten der über A ausgebreiteten Fläche T stetige Functionen von x, y, so ist das über alle Elemente dT dieser Fläche ausgedehnte Integral

$$\int \left(\frac{\partial X}{\partial x} + \frac{\partial Y}{\partial y}\right) dT = -\int (X \cos \xi + Y \cos \eta)\, ds,$$

wenn in jedem Punkte der Begrenzung die Neigung einer auf sie nach Innen gezogenen Normale gegen die x-Axe durch ξ, gegen die y-Axe durch η bezeichnet wird, und sich diese Integration auf sämmtliche Elemente ds der Begrenzungslinie erstreckt.

Um das Integral $\int \frac{\partial X}{\partial x} dT$ zu transformiren, zerlegen wir den von der Fläche T bedeckten Theil der Ebene A durch ein System der x-Axe paralleler Linien in Elementarstreifen, und zwar so, dass jeder Windungspunkt der Fläche T in eine dieser Linien fällt. Unter dieser Voraussetzung besteht der auf jeden derselben fallende Theil von T aus einem oder mehreren abgesondert verlaufenden trapezförmigen Stücken. Der Beitrag eines unbestimmten dieser Flächenstreifen, welcher aus der y-Axe das Element dy ausscheidet, zu dem Werthe von $\int \frac{\partial X}{\partial x} dT$ wird dann offenbar $= dy \int \frac{\partial X}{\partial x} dx$, wenn diese Integration durch diejenige oder diejenigen der Fläche T angehörigen geraden Linien ausgedehnt wird, welche auf eine durch einen Punkt von dy gehende Normale fallen. Sind nun die unteren Endpunkte derselben (d. h. welchen die kleinsten Werthe von x entsprechen) $O_{,}$, $O_{,,}$, $O_{,,,}$, . . ., die oberen O', O'', O''', . . . und bezeichnen wir mit $X_{,}$, $X_{,,}$, ... X', X'', ... die Werthe von X in diesen Punkten, mit $ds_{,}$, $ds_{,,}$, ... ds', ds'', ... die entsprechenden von dem Flächenstreifen aus der Begrenzung ausgeschiedenen Elemente, mit $\xi_{,}$, $\xi_{,,}$, ... ξ', ξ'', ... die Werthe von ξ an diesen Elementen, so wird

$$\int \frac{\partial X}{\partial x} dx = -X_{,} - X_{,,} - X_{,,,} \ldots \\ + X' + X'' + X''' \ldots$$

Die Winkel ξ werden offenbar spitz an den unteren, stumpf an den oberen Endpunkten, und es wird daher

$$dy = \cos \xi_{,} ds_{,} = \cos \xi_{,,} ds_{,,} \ldots \\ = -\cos \xi' ds' = -\cos \xi'' ds'' \ldots$$

Durch Substitution dieser Werthe ergiebt sich

$$dy \int \frac{\partial X}{\partial x} dx = -\Sigma X \cos \xi ds,$$

wo sich die Summation auf alle Begrenzungselemente bezieht, welche in der y-Axe dy zur Projection haben.

Durch Integration über sämmtliche in Betracht kommende dy werden offenbar sämmtliche Elemente der Fläche T und sämmtliche Elemente der Begrenzung erschöpft, und man erhält daher, in diesem Umfange genommen,

$$\int \frac{\partial X}{\partial x} dT = -\int X \cos \xi ds.$$

Durch ganz ähnliche Schlüsse findet man

$$\int \frac{\partial Y}{\partial y} dT = -\int Y \cos \eta ds$$

und folglich

$$\int \left(\frac{\partial X}{\partial x} + \frac{\partial Y}{\partial y} \right) dT = - \int \left(X \cos \xi + Y \cos \eta \right) ds, \text{ w. z. b. w.}$$

8.

Bezeichnen wir in der Begrenzungslinie, von einem festen Anfangspunkte aus in einer bestimmten später festzusetzenden Richtung gerechnet, die Länge derselben bis zu einem unbestimmten Punkte O_0 durch s, und in der in diesem Punkte O_0 errichteten Normalen die Entfernung eines unbestimmten Punktes O von demselben und zwar nach Innen zu als positiv betrachtet durch p, so können offenbar die Werthe von x uud y im Punkte O als Functionen von s und p angesehen werden, und es werden dann in den Punkten der Begrenzungslinie die partiellen Differentialquotienten

$$\frac{\partial x}{\partial p} = \cos \xi, \quad \frac{\partial y}{\partial p} = \cos \eta, \quad \frac{\partial x}{\partial s} = \pm \cos \eta, \quad \frac{\partial y}{\partial s} = \mp \cos \xi,$$

wo die oberen Zeichen gelten, wenn die Richtung, in welcher die Grösse s als wachsend betrachtet wird, mit p einen gleichen Winkel einschliesst, wie die x-Axe mit der y-Axe, wenn einen entgegengesetzten, die unteren. Wir werden diese Richtung in allen Theilen der Begrenzung so annehmen, dass

$$\frac{\partial x}{\partial s} = \frac{\partial y}{\partial p} \quad \text{und folglich} \quad \frac{\partial y}{\partial s} = - \frac{\partial x}{\partial p}$$

ist, was die Allgemeinheit unserer Resultate im Wesentlichen nicht beeinträchtigt.

Offenbar können wir diese Bestimmungen auch auf Linien im Innern von T ausdehnen; nur haben wir hier zur Bestimmung der Vorzeichen von dp und ds, wenn deren gegenseitige Abhängigkeit wie dort festgesetzt wird, noch eine Angabe hinzuzufügen, welche entweder das Vorzeichen von dp oder von ds festsetzt; und zwar werden wir bei einer in sich zurücklaufenden Linie angeben, von welchem der durch sie geschiedenen Flächentheile sie als Begrenzung gelten solle, wodurch das Vorzeichen von dp bestimmt wird, bei einer nicht in sich zurücklaufenden aber ihren Anfangspunkt, d. h. den Endpunkt, wo s den kleinsten Werth annimmt.

Die Einführung der für $\cos \xi$ und $\cos \eta$ erhaltenen Werthe in die im vorigen Art. bewiesene Gleichung giebt, in demselben Umfange wie dort genommen,

$$\int \left(\frac{\partial X}{\partial x} + \frac{\partial Y}{\partial y} \right) dT = - \int \left(X \frac{\partial x}{\partial p} + Y \frac{\partial y}{\partial p} \right) ds = \int \left(X \frac{\partial y}{\partial s} - Y \frac{\partial x}{\partial s} \right) ds.$$

9.

Durch Anwendung des Satzes am Schlusse des vorigen Art. auf den Fall, wo in allen Theilen der Fläche

$$\frac{\partial X}{\partial x} + \frac{\partial Y}{\partial y} = o$$

ist, erhalten wir folgende Sätze:

I. Sind X und Y zwei in allen Punkten von T endliche und stetige und der Gleichung

$$\frac{\partial X}{\partial x} + \frac{\partial Y}{\partial y} = o$$

genügende Functionen, so ist, durch die ganze Begrenzung von T ausgedehnt,

$$\int \left(X \frac{\partial x}{\partial p} + Y \frac{\partial y}{\partial p} \right) ds = o.$$

Denkt man sich eine beliebige über A ausgestreckte Fläche T_1 in zwei Stücke T_2 und T_3 auf beliebige Art zerfällt, so kann das Integral

$$\int \left(X \frac{\partial x}{\partial p} + Y \frac{\partial y}{\partial p} \right) ds$$

in Bezug auf die Begrenzung von T_2 betrachtet werden als die Differenz der Integrale in Bezug auf die Begrenzung von T_1 und in Bezug auf die Begrenzung von T_3, indem, wo T_3 sich bis zur Begrenzung von T_1 erstreckt, beide Integrale sich aufheben, alle übrigen Elemente aber einem Elemente der Begrenzung von T_2 entsprechen.

Mittelst dieser Umformung ergiebt sich aus I.:

II. Der Werth des Integrals

$$\int \left(X \frac{\partial x}{\partial p} + Y \frac{\partial y}{\partial p} \right) ds,$$

durch die ganze Begrenzung einer über A ausgebreiteten Fläche erstreckt, bleibt bei beliebiger Erweiterung oder Verengerung derselben constant, wenn nur dadurch keine Flächentheil eein- oder austreten, innerhalb welcher die Voraussetzungen des Satzes I. nicht erfüllt sind.

Wenn die Functionen X, Y zwar in jedem Theile der Fläche T der vorgeschriebenen Differentialgleichung genügen, aber in einzelnen Linien oder Punkten mit einer Unstetigkeit behaftet sind, so kann man jede solche Linie und jeden solchen Punkt mit einem beliebig kleinen Flächentheil als Hülle umgeben und erhält dann durch Anwendung des Satzes II.:

III. Das Integral

$$\int\left(X\frac{\partial x}{\partial p}+Y\frac{\partial y}{\partial p}\right)ds$$

in Bezug auf die ganze Begrenzung von T ist gleich der Summe der Integrale

$$\int\left(X\frac{\partial x}{\partial p}+Y\frac{\partial y}{\partial p}\right)ds$$

in Bezug auf die Umgrenzungen aller Unstetigkeitsstellen, und zwar behält in Bezug auf jede einzelne dieser Stellen das Integral denselben Werth, in wie enge Grenzen man sie auch einschliessen möge.

Dieser Werth ist für einen blossen Unstetigkeitspunkt nothwendig gleich o, wenn mit der Entfernung ϱ des Punktes O von demselben zugleich ϱX und ϱY unendlich klein werden; denn führt man in Bezug auf einen solchen Punkt als Anfangspunkt und eine beliebige Anfangsrichtung Polarcoordinaten ϱ, φ ein und wählt zur Umgrenzung einen um denselben mit dem Radius ϱ beschriebenen Kreis, so wird das auf ihn bezügliche Integral durch

$$\int_0^{2\pi}\left(X\frac{\partial x}{\partial p}+Y\frac{\partial y}{\partial p}\right)\varrho\, d\varphi$$

ausgedrückt und kann folglich nicht einen von Null verschiedenen Werth $\varkappa$ haben, weil, was auch $\varkappa$ sei, ϱ immer so klein angenommen werden kann, dass abgesehen vom Zeichen $\left(X\frac{\partial x}{\partial p}+Y\frac{\partial y}{\partial p}\right)\varrho$ für jeden Werth von $\varphi < \frac{\varkappa}{2\pi}$ und folglich

$$\int_0^{2\pi}\left(X\frac{\partial x}{\partial p}+Y\frac{\partial y}{\partial p}\right)\varrho\, d\varphi<\varkappa$$

wird.

IV. Ist in einer einfach zusammenhängenden über A ausgebreiteten Fläche für jeden Flächentheil das durch dessen ganze Begrenzung erstreckte Integral

$$\int\left(X\frac{\partial x}{\partial p}+Y\frac{\partial y}{\partial p}\right)ds$$

oder

$$\int\left(Y\frac{\partial x}{\partial s}-X\frac{\partial y}{\partial s}\right)ds=o,$$

so erhält für irgend zwei feste Punkte O_0 und O dies Integral in Bezug auf alle von O_0 in derselben nach O gehende Linien denselben Werth.

Je zwei die Punkte O_0 und O verbindende Linien s_1 und s_2 bilden zusammengenommen eine in sich zurücklaufende Linie s_3. Diese Linie besitzt entweder selbst die Eigenschaft, keinen Punkt mehrfach zu durchschneiden, oder man kann sie in mehrere allenthalben einfache in sich zurücklaufende Linien zerlegen, indem man von einem beliebigen Punkte aus dieselbe durchlaufend jedesmal, wenn man zu einem frühern Punkte zurückgelangt, den inzwischen durchlaufenen Theil ausscheidet und den folgenden als unmittelbare Fortsetzung des vorhergehenden betrachtet. Jede solche Linie aber zerlegt die Fläche in eine einfach und eine zweifach zusammenhängende; sie bildet daher nothwendig von Einem dieser Stücke die ganze Begrenzung, und das durch sie erstreckte Integral

$$\int\left(Y\frac{\partial x}{\partial s} - X\frac{\partial y}{\partial s}\right) ds$$

wird also der Voraussetzung nach $= o$. Dasselbe gilt folglich auch von dem durch die ganze Linie s_3 erstreckten Integrale, wenn die Grösse s überall in derselben Richtung als wachsend betrachtet wird; es müssen daher die durch die Linien s_1 und s_2 erstreckten Integrale, wenn diese Richtung ungeändert bleibt, d. h. in einer derselben von O_0 nach O und in der andern von O nach O_0 geht, einander aufheben, also, wenn sie in letzterer geändert wird, gleich werden.

Hat man nun irgend eine beliebige Fläche T, in welcher allgemein zu reden

$$\frac{\partial X}{\partial x} + \frac{\partial Y}{\partial y} = o$$

ist, so schliesse man zunächst, wenn nöthig, die Unstetigkeitsstellen aus, so dass im übrigen Flächenstücke für jeden Flächentheil

$$\int\left(Y\frac{\partial x}{\partial s} - X\frac{\partial y}{\partial s}\right) ds = o$$

ist, und zerlege dieses durch Querschnitte in eine einfach zusammenhängende Fläche T^*. Für jede im Innern von T^* von einem Punkte O_0 nach einem andern O gehende Linie hat dann unser Integral denselben Werth; dieser Werth, für den zur Abkürzung die Bezeichnung

$$\int\limits_{O_0}^{O}\left(Y\frac{\partial x}{\partial s} - X\frac{\partial y}{\partial s}\right) ds$$

gestattet sein möge, ist daher, O_0 als fest, O als beweglich gedacht, für jede Lage von O abgesehen vom Laufe der Verbindungslinie ein bestimmter und kann folglich als Function von x, y betrachtet werden. Die Aenderung dieser Function wird für eine Verrückung von O längs eines beliebigen Linienelements ds durch

$$\left(Y\frac{\partial x}{\partial s} - X\frac{\partial y}{\partial s}\right) ds$$

ausgedrückt, ist in T^* überall stetig und längs eines Querschnitts von T zu beiden Seiten gleich;

V. das Integral

$$Z = \int_{O_0}^{O} \left(Y\frac{\partial x}{\partial s} - X\frac{\partial y}{\partial s}\right) ds$$

bildet daher, O_0 als fest gedacht, eine Function von x, y, welche in T^* überall sich stetig, beim Ueberschreiten der Querschnitte von T aber um eine längs derselben von einem Zweigpunkte zum andern constante Grösse ändert, und von welcher der partielle Differentialquotient

$$\frac{\partial Z}{\partial x} = Y, \; \frac{\partial Z}{\partial y} = -X \text{ ist.}$$

Die Aenderungen beim Ueberschreiten der Querschnitte sind von einer der Zahl der Querschnitte gleichen Anzahl von einander unabhängiger Grössen abhängig; denn wenn man das Querschnittsystem ückwärts — die späteren Theile zuerst — durchläuft, so ist diese Aenderung überall bestimmt, wenn ihr Werth beim Beginn jedes Querschnitts gegeben wird; letztere Werthe aber sind von einander unabhängig.(2)

10.

Setzt man für die bisher durch X bezeichnete Function

$$u\frac{\partial u'}{\partial x} - u'\frac{\partial u}{\partial x} \text{ und } u\frac{\partial u'}{\partial y} - u'\frac{\partial u}{\partial y}$$

für Y, so wird

$$\frac{\partial X}{\partial x} + \frac{\partial Y}{\partial y} = u\left(\frac{\partial^2 u'}{\partial x^2} + \frac{\partial^2 u'}{\partial y^2}\right) - u'\left(\frac{\partial^2 u}{\partial x^2} + \frac{\partial^2 u}{\partial y^2}\right),$$

wenn also die Functionen u und u' den Gleichungen

$$\frac{\partial^2 u}{\partial x^2} + \frac{\partial^2 u}{\partial y^2} = o, \; \frac{\partial^2 u'}{\partial x^2} + \frac{\partial^2 u'}{\partial y^2} = o$$

genügen, so wird

$$\frac{\partial X}{\partial x} + \frac{\partial Y}{\partial y} = o,$$

und es finden auf den Ausdruck

$$\int \left(X\frac{\partial x}{\partial p} + Y\frac{\partial y}{\partial p}\right) ds,$$

welcher

$$= \int \left(u \frac{\partial u'}{\partial p} - u' \frac{\partial u}{\partial p} \right) ds$$

wird, die Sätze des vorigen Art. Anwendung.

Machen wir nun in Bezug auf die Function u die Voraussetzung, dass sie nebst ihren ersten Differentialquotienten etwaige Unstetigkeiten jedenfalls nicht längs einer Linie erleidet, und für jeden Unstetigkeitspunkt zugleich mit der Entfernung ϱ des Punktes O von demselben $\varrho \frac{\partial u}{\partial x}$ und $\varrho \frac{\partial u}{\partial y}$ unendlich klein werden, so können die Unstetigkeiten von u in Folge der Bemerkung zu III. des vorigen Art. ganz unberücksichtigt bleiben.

Denn alsdann kann man in jeder von einem Unstetigkeitspunkte ausgehenden geraden Linie einen Werth R von ϱ so annehmen, dass

$$\varrho \frac{\partial u}{\partial \varrho} = \varrho \frac{\partial u}{\partial x} \frac{\partial x}{\partial \varrho} + \varrho \frac{\partial u}{\partial y} \frac{\partial y}{\partial \varrho}$$

unterhalb desselben immer endlich bleibt, und bezeichnet U den Werth von u für $\varrho = R$, M abgesehen vom Zeichen den grössten Werth der Function $\varrho \frac{\partial u}{\partial \varrho}$ in jenem Intervall, so wird, in derselben Bedeutung genommen, stets $u - U < M (\log \varrho - \log R)$ sein, folglich $\varrho (U - U)$ und also auch ϱu mit ϱ zugleich unendlich klein werden; dasselbe gilt aber der Voraussetzung nach von $\varrho \frac{\partial u}{\partial x}$ und $\varrho \frac{\partial u}{\partial y}$ und folglich, wenn u' keiner Unstetigkeit unterliegt, auch von

$$\varrho \left(u \frac{\partial u'}{\partial x} - u' \frac{\partial u}{\partial x} \right) \text{ und } \varrho \left(u \frac{\partial u'}{\partial y} - u \frac{\partial u}{\partial y} \right);$$

der im vorigen Art. erörterte Fall tritt hier also ein.

Wir nehmen nun ferner an, dass die den Ort des Punktes O bildende Fläche T allenthalben einfach über A ausgebreitet sei, und denken uns in derselben einen beliebigen festen Punkt O_0, wo u, x, y die Werthe u_0, x_0, y_0 erhalten. Die Grösse

$$\tfrac{1}{2} \log \left((x - x_0)^2 + (y - y_0)^2 \right) = \log r,$$

als Function von x, y betrachtet, hat alsdann die Eigenschaft, dass

$$\frac{\partial^2 \log r}{\partial x^2} + \frac{\partial^2 \log r}{\partial y^2} = 0$$

wird, und ist nur für $x = x_0$, $y = y_0$, also in unserm Falle nur für Einen Punkt der Fläche T mit einer Unstetigkeit behaftet.

Es wird daher nach Art. 9., III., wenn wir $\log r$ für u' setzen

$$\int \left(u \frac{\partial \log r}{\partial p} - \log r \frac{\partial u}{\partial p} \right) ds$$

in Bezug auf die ganze Begrenzung von T gleich diesem Integrale in Bezug auf eine beliebige Umgrenzung des Punktes O_o und also, wenn wir dazu die Peripherie eines Kreises, wo r einen constanten Werth hat, wählen und von einem ihrer Punkte in einer beliebigen festen Richtung den Bogen bis O in Theilen des Halbmessers durch φ bezeichnen, gleich

$$-\int_0^{2\pi} u \frac{\partial \log r}{\partial r} r d\varphi - \log r \int \frac{\partial u}{\partial p} ds,$$

oder da

$$\int \frac{\partial u}{\partial p} ds = o \text{ ist}, \quad = -\int_0^{2\pi} u d\varphi,$$

welcher Werth, wenn u im Punkte O_o stetig ist, für ein unendlich kleines r in $-u_o 2\pi$ übergeht.

Unter den in Bezug auf u und T gemachten Voraussetzungen haben wir daher für einen beliebigen Punkt O_o im Innern der Fläche, in welchem u stetig ist,

$$u_o = \frac{1}{2\pi} \int \left(\log r \frac{\partial u}{\partial p} - u \frac{\partial \log r}{\partial p}\right) ds$$

in Bezug auf die ganze Begrenzung derselben und

$$= \frac{1}{2\pi} \int_0^{2\pi} u d\varphi$$

in Bezug auf einen um O_o beschriebenen Kreis. Aus dem ersten dieser Ausdrücke ziehen wir folgenden

Lehrsatz. Wenn eine Function u innerhalb einer die Ebene A allenthalben einfach bedeckenden Fläche T allgemein zu reden der Differentialgleichung

$$\frac{\partial^2 u}{\partial x^2} + \frac{\partial^2 u}{\partial y^2} = o$$

genügt und zwar so, dass

1.) die Punkte, in welchen diese Differentialgleichung nicht erfüllt ist, keinen Flächentheil,

2.) die Punkte, in welchen u, $\frac{\partial u}{\partial x}$, $\frac{\partial u}{\partial y}$ unstetig werden, keine Linie stetig erfüllen,

3.) für jeden Unstetigkeitspunkt zugleich mit der Entfernung ϱ des Punktes O von demselben die Grössen $\varrho \frac{\partial u}{\partial x}$, $\varrho \frac{\partial u}{\partial y}$ unendlich klein werden und

4.) bei u eine durch Abänderung ihres Werthes in einzelnen Punkten hebbare Unstetigkeit ausgeschlossen ist,

so ist sie nothwendig nebst allen ihren Differentialquotienten für alle Punkte im Innern dieser Fläche endlich und stetig.

In der That, betrachten wir den Punkt O_0 als beweglich, so ändern sich in dem Ausdrucke

$$\int \left(\log r \frac{\partial u}{\partial p} - u \frac{\partial \log r}{\partial p}\right) ds$$

nur die Werthe $\log r$, $\frac{\partial \log r}{\partial x}$, $\frac{\partial \log r}{\partial y}$. Diese Grössen aber sind für jedes Element der Begrenzung, so lange O_0 im Innern von T bleibt, nebst allen ihren Differentialquotienten endliche und stetige Functionen von x_0, y_0, da die Differentialquotienten durch gebrochene rationale Functionen dieser Grössen ausgedrückt werden, die nur Potenzen von r im Nenner enthalten. Dasselbe gilt daher auch für den Werth unsers Integrals und folglich für die Function u_0. Denn diese könnte unter den früheren Voraussetzungen nur in einzelnen Punkten, indem sie unstetig würde, einen davon verschiedenen Werth haben, welche Möglichkeit durch die Voraussetzung 4.) unsers Lehrsatzes wegfällt.

11.

Unter denselben Voraussetzungen in Bezug auf u und T, wie am Schlusse des vorigen Art. haben wir folgende Sätze:

I. Wenn längs einer Linie $u = o$ und $\frac{\partial u}{\partial p} = o$ ist, so ist u überall $= o$.

Wir beweisen zunächst, dass eine Linie λ, wo $u = o$ und $\frac{\partial u}{\partial p} = o$ ist, nicht die Begrenzung eines Flächentheils a, wo u positiv ist, bilden könne.

Gesetzt, dies fände statt, so scheide man aus a ein Stück aus, welches eines Theils durch λ, andern Theils durch eine Kreislinie begrenzt wird und den Mittelpunkt dieses Kreises nicht enthält, welche Construction allemal möglich ist. Man hat dann, wenn man die Polarcoordinaten von O in Bezug auf O_0 durch r, φ bezeichnet, durch die ganze Begrenzung dieses Stücks ausgedehnt

$$\int \log r \frac{\partial u}{\partial p}\, ds - \int u \frac{\partial \log r}{\partial p}\, ds = o,$$

also in Folge der Annahme auch für den ganzen ihr angehörigen Kreisbogen

$$\int u\, d\varphi + \log r \int \frac{\partial u}{\partial p}\, ds = o,$$

oder da

$$\int \frac{\partial u}{\partial p}\, ds = o$$

ist,

$$\int u\, d\varphi = o,$$

was mit der Voraussetzung, dass u im Innern von a positiv sei, unverträglich ist.

Auf ähnliche Art wird bewiesen, dass die Gleichungen $u = o$ und $\frac{\partial u}{\partial p} = o$ nicht in einem Begrenzungstheile eines Flächenstücks b, wo u negativ ist, stattfinden könne.

Wenn nun in der Fläche T in einer Linie $u = o$ und $\frac{\partial u}{\partial p} = o$ ist und in irgend einem Theile derselben u von Null verschieden wäre, so müsste ein solcher Flächentheil offenbar entweder durch diese Linie selbst oder durch einen Flächentheil, wo $u = o$ wäre, also jedenfalls durch eine Linie wo u und $\frac{\partial u}{\partial p} = o$ wäre, begrenzt werden, was nothwendig auf eine der vorhin widerlegten Annahmen führt.

II. Wenn der Werth von u und $\frac{\partial u}{\partial p}$ längs einer Linie gegeben ist, so ist u dadurch in allen Theilen von T bestimmt.

Sind u_1 und u_2 irgend zwei bestimmte Functionen, welche den der Function u auferlegten Bedingungen genügen, so gilt dies auch, wie sich durch Substitution in diesen Bedingungen sofort ergiebt, für ihre Differenz $u_1 - u_2$. Stimmten nun u_1 und u_2 längs einer Linie nebst ihren ersten Differentialquotienten nach p überein, in einem andern Flächentheile aber nicht, so würden längs dieser Linie $u_1 - u_2 = o$ und $\frac{\partial (u_1 - u_2)}{\partial p} = o$ sein, ohne überall $= o$ zu sein, dem Satze I. zuwider.

III. Die Punkte im Innern von T, wo u einen constanten Werth hat, bilden, wenn u nicht überall constant ist, nothwendig Linien, welche Flächentheile, wo u grösser ist, von Flächentheilen, wo u kleiner ist, scheiden.

Dieser Satz ist aus folgenden zusammengesetzt:

u kann nicht in einem Punkte im Innern von T ein Minimum oder ein Maximum haben;

u kann nicht nur in einem Theile der Fläche constant sein;

die Linien, in denen $u = a$ ist, können nicht beiderseits Flächentheile begrenzen, wo $u - a$ dasselbe Zeichen hat;

Sätze, deren Gegentheil, wie leicht zu sehen, allemal eine Verletzung der im vorigen Art. bewiesenen Gleichung

$$u_0 = \frac{1}{2\pi}\int_0^{2\pi} u\,d\varphi$$

oder

$$\int_0^{2\pi} (u - u_0)\,d\varphi = o$$

herbeiführen müsste und folglich unmöglich ist.

12.

Wir wenden uns jetzt zurück zur Betrachtung einer veränderlichen complexen Grösse $w = u + vi$, welche, allgemein zu reden (d. h. ohne eine Ausnahme in einzelnen Linien und Punkten auszuschliessen), für jeden Punkt O der Fläche T Einen bestimmten mit der Lage desselben stetig und den Gleichungen

$$\frac{\partial u}{\partial x} = \frac{\partial v}{\partial y},\ \frac{\partial u}{\partial y} = -\frac{\partial v}{\partial x}$$

gemäss sich ändernden Werth hat, und bezeichnen diese Eigenschaft von w nach dem früher Festgestellten dadurch, dass wir w eine Function von $z = x + yi$ nennen. Zur Vereinfachung des Folgenden setzen wir dabei im Voraus fest, dass bei einer Function von z eine durch Abänderung ihres Werthes in einem einzelnen Punkte hebbare Unstetigkeit nicht vorkommen solle.

Der Fläche T wird vorerst ein einfacher Zusammenhang und eine allenthalben einfache Ausbreitung über die Ebene A beigelegt.

Lehrsatz. Wenn eine Function w von z eine Unterbrechung der Stetigkeit jedenfalls nicht längs einer Linie erleidet und ferner für jeden beliebigen Punkt O' der Fläche, wo $z = z'$ sei, $w(z - z')$ mit unendlicher Annäherung des Punktes O unendlich klein wird, so ist sie nothwendig nebst allen ihren Differentialquotienten in allen Punkten im Innern der Fläche endlich und stetig.

Die über die Veränderungen der Grösse w gemachten Voraussetzungen zerfallen, wenn $z - z' = \varrho e^{\varphi i}$ gesetzt wird, für u und v in die folgenden:

$$1.)\quad \frac{\partial u}{\partial x} - \frac{\partial v}{\partial y} = o$$

und

$$2.)\quad \frac{\partial u}{\partial y} + \frac{\partial v}{\partial x} = o$$

für jeden Theil der Fläche T; 3.) die Funktionen u und v sind nicht längs einer Linie unstetig; 4.) für jeden Punkt O' werden mit der Entfernung ϱ des Punktes O von demselben ϱu und ϱv unendlich klein; 5.) für die Functionen u und v sind Unstetigkeiten, die durch Abänderung ihres Werthes in einzelnen Punkten gehoben werden könnten, ausgeschlossen.

In Folge der Voraussetzungen 2.), 3.), 4.) ist für jeden Theil der Fläche T das über dessen ganze Begrenzung ausgedehnte Integral

$$\int \left(u \frac{\partial x}{\partial s} - v \frac{\partial y}{\partial s}\right) ds$$

nach Art. 9., III. $= o$ und das Integral

$$\int_{O_0}^{O} \left(u \frac{\partial x}{\partial s} - v \frac{\partial y}{\partial s}\right) ds$$

erhält daher (nach Art. 9., IV.) durch jede von O_0 nach O gehende Linie erstreckt denselben Werth und bildet, O_0 als fest gedacht, eine bis auf einzelne Punkte nothwendig stetige Function U von x, y, von welcher (und zwar nach 5.) in jedem Punkte) der Differentialquotient $\frac{\partial U}{\partial x} = u$ und $\frac{\partial U}{\partial y} = -v$ ist. Durch Substitution dieser Werthe für u und v aber gehen die Voraussetzungen 1.), 3.), 4.) in die Bedingungen des Lehrsatzes am Schlusse des Art. 10. über. Die Function U ist daher nebst allen ihren Differentialquotienten in allen Punkten von T endlich und stetig und dasselbe gilt folglich auch von der complexen Function $w = \frac{\partial U}{\partial x} - \frac{\partial U}{\partial y} i$ und ihren nach z genommenen Differentialquotienten.

13.

Es soll jetzt untersucht werden, was eintritt, wenn wir unter Beibehaltung der sonstigen Voraussetzungen des Art. 12. annehmen, dass für einen bestimmten Punkt O' im Innern der Fläche $(z - z')\, w = \varrho e^{\varphi i} w$ bei unendlicher Annäherung des Punktes O nicht mehr unendlich klein wird. In diesem Falle wird also w bei unendlicher Annäherung des Punktes O an O' unendlich gross, und wir nehmen an, dass, wenn die Grösse w nicht mit $\frac{1}{\varrho}$ von gleicher Ordnung bleibt, d. h. der Quotient beider sich einer endlichen Grenze nähert, wenigstens die Ordnungen beider Grössen in einem endlichen Verhältnisse zu einander stehen, so dass sich eine Potenz von ϱ angeben lässt, deren Product in w für ein unendlich kleines ϱ entweder unendlich klein wird oder endlich bleibt. Ist μ der Exponent einer solchen Potenz und n die nächst grössere ganze Zahl, so wird die Grösse $(z - z')^n\, w = \varrho^n\, e^{n\varphi i}\, w$ mit ϱ unendlich klein, und es ist daher $(z - z')^{n-1}\, w$ eine Function von z (da $\frac{d\,(z-z')^{n-1}\, w}{dz}$ von dz unabhängig ist), welche in diesem Theile der Fläche den Voraussetzungen des Art. 12. genügt und folglich im Punkte O' endlich und stetig ist. Bezeichnen wir ihren Werth im Punkte O' mit a_{n-1}, so ist $(z - z')^{n-1}\, w - a_{n-1}$ eine Function, die in diesem Punkte stetig und $= o$ ist und folglich mit ϱ unendlich klein wird, woraus man nach Artikel 12. schliesst, dass $(z - z')^{n-2}\, w - \frac{a_{n-1}}{z-z'}$ eine im Punkte O' stetige Function ist. Durch Fortsetzung dieses Verfahrens wird offenbar w mittelst Subtraction eines Ausdruckes von der Form

$$\frac{a_1}{z-z'} + \frac{a_2}{(z-z')^2} \cdots \frac{a_{n-1}}{(z-z')^{n-1}}$$

in eine Function verwandelt, welche im Punkte O' endlich und stetig bleibt.

Wenn daher unter den Voraussetzungen des Art. 12. die Aenderung eintritt, dass bei unendlicher Annäherung von O an einen Punkt O' im Innern der Fläche T die Function w unendlich gross wird, so ist die Ordnung dieses unendlich Grossen (eine im verkehrten Verhältnisse der Entfernung wachsende Grösse als ein unendlich Grosses erster Ordnung betrachtet) wenn sie endlich ist, nothwendig eine ganze Zahl; und ist diese Zahl $= m$, so kann die Function w durch Hinzufügung einer Function, welche $2m$ willkürliche Constanten enthält, in eine in diesem Punkte O' stetige verwandelt werden.

Anm. Wir betrachten eine Function als Eine willkürliche Constante enthaltend, wenn die möglichen Arten, sie zu bestimmen, ein stetiges Gebiet von Einer Dimension umfassen.

14.

Die im Art. 12. und 13. in Bezug auf die Fläche T gemachten Beschränkungeu sind für die Gültigkeit der gewonnenen Resultate nicht wesentlich. Offenbar kann man jeden Punkt im Innern einer beliebigen Fläche mit einem Stücke derselben umgeben, welches die dort vorausgesetzten Eigenschaften besitzt, mit alleiniger Ausnahme des Falles, wo dieser Punkt ein Windungspunkt der Fläche ist.

Um diesen Fall zu untersuchen, denken wir uns die Fläche T oder ein beliebiges Stück derselben, welches einen Windungspunkt n-1ster Ordnung O', wo $z = z' = x' + y'\, i$ sei, enthält, mittelst der Function

$\zeta = (z - z')^{\frac{1}{n}}$ auf einer andern Ebene Λ abgebildet, d. h. wir denken uns den Werth der Function $\zeta = \xi + \eta i$ im Punkte O durch einen Punkt Θ, dessen rechtwinklige Coordinaten ξ, η sind, in dieser Ebene vertreten, und betrachten Θ als Bild des Punktes O. Auf diesem Wege erhält man als Abbildung dieses Theils der Fläche T eine zusammenhängende über Λ ausgebreitete Fläche, die im Punkte Θ', dem Bilde des Punktes O' keinen Windungspunkt hat, wie sogleich gezeigt werden soll.

Zur Fixirung der Vorstellungen denke man sich um den Punkt O' in der Ebene A mit dem Halbmesser R einen Kreis beschrieben und parallel mit der x-Axe einen Durchmesser gezogen, wo also $z - z'$ reelle Werthe annehmen wird. Das durch diesen Kreis ausgeschiedene den Windungspunkt umgebende Stück der Fläche T wird dann zu beiden Seiten des Durchmessers in n, wenn R hinreichend klein gewählt wird, abgesondert verlaufende halbkreisförmige Flächenstücke zerfallen. Wir bezeichnen auf derjenigen Seite des Durchmessers, wo $y - y'$ positiv ist, diese Flächenstücke durch $a_1, a_2 \ldots\ldots a_n$, auf der entgegengesetzten Seite durch $a'_1, a'_2 \ldots\ldots a'_n$, und nehmen an, dass für negative Werthe von $z - z'$ $a_1, a_2 \ldots\ldots a_n$ der Reihe nach mit $a'_1, a'_2 \ldots\ldots a'_n$, für positive dagegen mit $a'_n, a'_1 \ldots\ldots a'_{n-1}$ verbunden seien, so dass ein den Punkt O' (im erforderlichen Sinne) umkreisender Punkt der Reihe nach die Flächen $a_1, a'_1, a_2, a'_2 \ldots a_n, a'_n$ durchläuft und durch a'_n wieder in a_1 zurückgelangt, welche Annahme offenbar gestattet ist. Führen wir nun für beide Ebenen Polarcoordinaten ein, indem wir $z - z' = \varrho e^{\varphi i}$, $\zeta = \sigma e^{\psi i}$ setzen, und wählen zur Abbildung des Flächenstücks a_1 denjenigen Werth von $(z - z')^{\frac{1}{n}} = \varrho^{\frac{1}{n}} e^{\frac{\varphi}{n} i}$, welchen letzterer Ausdruck unter der Annahme $o \overline{\gtrless} \varphi \overline{\gtrless} \pi$ erhält, so wird für alle Punkte von a_1 $\sigma \overline{\gtrless} R^{\frac{1}{n}}$ und $o \overline{\gtrless} \psi \overline{\gtrless} \frac{\pi}{n}$; die Bilder derselben in der Ebene Λ fallen also sämmtlich in einen von $\psi = o$ bis $\psi = \frac{\pi}{n}$ sich erstreckenden Sector eines um Θ' mit dem Radius $R^{\frac{1}{n}}$ beschriebenen Kreises, und zwar entspricht jedem Punkte von a_1 Ein zugleich mit demselben stetig fortrückender Punkt dieses Sectors und umgekehrt, woraus folgt, dass die Abbildung der Fläche a_1 eine zusammenhängende einfach über diesen Sector ausgebreitete Fläche ist. Auf ähnliche Art erhält man für die Fläche a'_1 als Abbildung einen von $\psi = \frac{\pi}{n}$ bis $\psi = \frac{2\pi}{n}$, für a_2 einen von $\psi = \frac{2\pi}{n}$ bis

$\psi = \frac{3\pi}{n}$, endlich für a'_n einen von $\psi = \frac{2n-1}{n}\pi$ bis $\psi = 2\pi$ sich erstreckenden Sector, wenn man φ für jeden Punkt dieser Flächen der Reihe nach zwischen π und 2π, 2π und 3π .... $(2n-1)\pi$ und $2n\pi$ wählt, was immer und nur auf eine Weise möglich ist. Diese Sectoren schliessen sich aber in derselben Folge an einander, wie die Flächen a und a', und zwar so, dass den hier zusammenstossenden Punkten auch dort zusammenstossende Punkte entsprechen; sie können daher zu einer zusammenhängenden Abbildung eines den Punkt O' einschliessenden Stückes der Fläche T zusammengefügt werden, und diese Abbildung ist offenbar eine über die Ebene Λ einfach ausgebreitete Fläche.

Eine veränderliche Grösse, die für jeden Punkt O einen bestimmten Werth hat, hat dies auch für jeden Punkt Θ und umgekehrt, da jedem O nur ein Θ und jedem Θ nur ein O entspricht; ist sie ferner eine Function von z, so ist sie dies auch von ζ, indem, wenn $\frac{dw}{dz}$ von dz, auch $\frac{dw}{d\zeta}$ von $d\zeta$ unabhängig ist, und umgekehrt. Es ergiebt sich hieraus, dass auf alle Functionen w von z auch im Windungspunkte O' die Sätze der Art. 12. und 13. angewandt werden können, wenn man sie als Functionen von $(z-z')^{\frac{1}{n}}$ betrachtet. Dies liefert folgenden Satz:

Wenn eine Function w von z bei unendlicher Annäherung von O an einen Windungspunkt n-1ster Ordnung O' unendlich wird, so ist dieses unendlich Grosse nothwendig von gleicher Ordnung mit einer Potenz der Entfernung, deren Exponent ein Vielfaches von $\frac{1}{n}$ ist, und kann, wenn dieser Exponent $= -\frac{m}{n}$ ist, durch Hinzufügung eines Ausdrucks von der Form

$$\frac{a_1}{(z-z')^{\frac{1}{n}}} + \frac{a_2}{(z-z')^{\frac{2}{n}}} \dots \frac{a_m}{(z-z')^{\frac{m}{n}}},$$

wo $a_1, a_2 \dots a_m$ willkürliche complexe Grössen sind, in eine im Punkte O' stetige verwandelt werden.

Dieser Satz enthält als Corollar, dass die Function w im Punkte O' stetig ist, wenn $(z-z')^{\frac{1}{n}}\,w$ bei unendlicher Annäherung des Punktes O an O' unendlich klein wird.

15.

Denken wir uns jetzt eine Function von z, welche für jeden Punkt O der beliebig über A ausgebreiteten Fläche T einen bestimmten Werth hat und nicht überall constant ist, geometrisch dargestellt, so dass ihr Werth $w = u + vi$ im Punkte O durch einen Punkt Q der Ebene B vertreten wird, dessen rechtwinklige Coordinaten u, v sind, so ergiebt sich Folgendes:

I. Die Gesammtheit der Punkte Q kann betrachtet werden, als eine Fläche S bildend, in welcher jedem Punkte Ein bestimmter mit ihm stetig in T fortrückender Punkt O entspricht.

Um dieses zu beweisen, ist offenbar nur der Nachweis erforderlich, dass die Lage des Punktes Q mit der des Punktes O sich allemal (und zwar allgemein zu reden stetig) ändert. Dieser ist in dem Satze enthalten:

Eine Function $w = u + vi$ von z kann nicht längs einer Linie constant sein, wenn sie nicht überall constant ist.

Beweis: Hätte w längs einer Linie einen constanten Werth $a + bi$, so wären $u - a$ und $\frac{\partial(u-a)}{\partial p}$, welches $= \frac{\partial v}{\partial s}$, für diese Linie und

$$\frac{\partial^2(u-a)}{\partial x^2} + \frac{\partial^2(u-a)}{\partial y^2}$$

überall $= o$; es müsste also nach Art. 11., I. $u - a$ und folglich, da

$$\frac{\partial u}{\partial x} = \frac{\partial v}{\partial y}, \quad \frac{\partial u}{\partial y} = -\frac{\partial v}{\partial x},$$

auch $v - b$ überall $= o$ sein, gegen die Voraussetzung.

II. In Folge der in I. gemachten Voraussetzung kann zwischen den Theilen von S nicht ein Zusammenhang Statt finden ohne einen Zusammenhang der entsprechenden Theile von T; umgekehrt kann überall, wo in T Zusammenhang Statt findet und w stetig ist, der Fläche S ein entsprechender Zusammenhang beigelegt werden.

Dieses vorausgesetzt entspricht die Begrenzung von S einestheils der Begrenzung von T, anderntheils den Unstetigkeitsstellen; ihre inneren Theile aber sind, einzelne Punkte ausgenommen, überall schlicht über B ausgebreitet, d. h. es findet nirgends eine Spaltung in auf einander liegende Theile und nirgends eine Umfaltung Statt.

Ersteres könnte, da T überall einen entsprechenden Zusammenhang besitzt, offenbar nur eintreten, wenn in T eine Spaltung vorkäme — der Annahme zuwider —; Letzteres soll sogleich bewiesen werden.

Wir beweisen zuvörderst, dass ein Punkt Q', wo $\frac{dw}{dz}$ endlich ist, nicht in einer Falte der Fläche S liegen kann.

In der That, umgeben wir den Punkt O', welcher Q' entspricht, mit einem Stücke der Fläche T von beliebiger Gestalt und unbestimmten Dimensionen, so müssen (nach Art. 3.) die Dimensionen desselben stets so klein angenommen werden können, dass die Gestalt des entsprechenden Theils von S beliebig wenig abweicht, und folglich so klein, dass die Begrenzung desselben aus der Ebene B ein Q' einschliessendes Stück ausscheidet. Dies aber ist unmöglich, wenn Q' in einer Falte der Fläche S liegt.

Nun kann $\frac{dw}{dz}$, als Function von z, nach I. nur in einzelnen Punkten $= o$, und, da w in den in Betracht kommenden Punkten von T stetig ist, nur in den Windungspunkten dieser Fläche unendlich werden; folglich etc. w. z. b. w.

III. Die Fläche S ist folglich eine Fläche, für welche die im Art. 5. für T gemachten Voraussetzungen zutreffen; und in dieser Fläche hat für jeden Punkt Q die unbestimmte Grösse z Einen bestimmten Werth, welcher sich mit der Lage von Q stetig und so ändert, dass $\frac{dz}{dw}$ von der Richtung der Ortsänderung unabhängig ist. Es bildet daher in dem früher festgelegten Sinne z eine stetige Function der veränderlichen complexen Grösse w für das durch S dargestellte Grössengebiet.

Hieraus folgt ferner:

Sind O' nnd Q' zwei entsprechende innere Punkte der Flächen T und S und in denselben $z = z'$, $w = w'$, so nähert sich, wenn keiner von ihnen ein Windungspunkt ist, bei unendlicher Annäherung von O an O' $\frac{w - w'}{z - z'}$ einer endlichen Grenze, und die Abbildung ist daselbst eine in den kleinsten Theilen ähnliche; wenn aber Q' ein Windungspunkt n-1ster, O' ein Windungspunkt m-1ster Ordnung ist, so nähert sich $\frac{(w - w')^{\frac{1}{n}}}{(z - z')^{\frac{1}{m}}}$ bei unendlicher Annäherung von O an O' einer endlichen Grenze, und für die anstossenden Flächentheile findet eine Abbildungsart Statt, die sich leicht aus Art. 14. ergiebt.

* * *

16.

Lehrsatz. Sind α und β zwei beliebige Functionen von x, y, für welche das Integral

$$\int\left[\left(\frac{\partial\alpha}{\partial x}-\frac{\partial\beta}{\partial y}\right)^2+\left(\frac{\partial\alpha}{\partial y}+\frac{\partial\beta}{\partial x}\right)^2\right]dT$$

durch alle Theile der beliebig über A ausgebreiteten Fläche T ausgedehnt einen endlichen Werth hat, so erhält das Integral bei Aenderung von α um stetige oder doch nur in einzelnen Punkten unstetige Functionen, die am Rande $= o$ sind, immer für eine dieser Functionen einen Minimumwerth und, wenn man durch Abänderung in einzelnen Punkten hebbare Unstetigkeiten ausschliesst, nur für Eine.

Wir bezeichnen durch λ eine unbestimmte stetige oder doch nur in einzelnen Punkten unstetige Function, welche am Rande $= o$ ist und für welche das Integral

$$L=\int\left(\left(\frac{\partial\lambda}{\partial x}\right)^2+\left(\frac{\partial\lambda}{\partial y}\right)^2\right)dT$$

über die ganze Fläche ausgedehnt einen endlichen Werth erhält, durch ω eine unbestimmte der Functionen $\alpha+\lambda$, endlich das über die ganze Fläche erstreckte Integral

$$\int\left[\left(\frac{\partial\omega}{\partial x}-\frac{\partial\beta}{\partial y}\right)^2+\left(\frac{\partial\omega}{\partial y}+\frac{\partial\beta}{\partial x}\right)^2\right]dT$$

durch Ω. Die Gesammtheit der Functionen λ bildet ein zusammenhängendes in sich abgeschlossenes Gebiet, indem jede dieser Functionen stetig in jede andere übergehen, sich aber nicht einer längs einer Linie unstetigen unendlich annähern kann, ohne dass L unendlich wird (Art. 17.); für jedes λ erhält nun, $\omega=\alpha+\lambda$ gesetzt, Ω einen endlichen Werth, der mit L zugleich unendlich wird, sich mit der Gestalt von λ stetig ändert, aber nie unter Null herabsinken kann; folglich hat Ω wenigstens für Eine Gestalt der Function ω ein Minimum.

Um den zweiten Theil unseres Satzes zu beweisen, sei u eine der Functionen ω, welche Ω einen Minimumwerth ertheilt, h eine unbestimmte in der ganzen Fläche constante Grösse, so dass $u+h\lambda$ den der Function ω vorgeschriebenen Bedingungen genügt. Der Werth von Ω für $\omega=u+h\lambda$, welcher

$$\begin{aligned}&=\int\left[\left(\frac{\partial u}{\partial x}-\frac{\partial\beta}{\partial y}\right)^2+\left(\frac{\partial u}{\partial y}+\frac{\partial\beta}{\partial x}\right)^2\right]dT\\&+2h\int\left[\left(\frac{\partial u}{\partial x}-\frac{\partial\beta}{\partial y}\right)\frac{\partial\lambda}{\partial x}+\left(\frac{\partial u}{\partial y}+\frac{\partial\beta}{\partial x}\right)\frac{\partial\lambda}{\partial y}\right]dT\\&+h^2\int\left(\left(\frac{\partial\lambda}{\partial x}\right)^2+\left(\frac{\partial\lambda}{\partial y}\right)^2\right)dT=M+2Nh+Lh^2\quad\text{wird,}\end{aligned}$$

muss alsdann für jedes λ (nach dem Begriffe des Minimums) grösser als M werden, sobald h nur hinreichend klein genommen ist. Dies erfordert aber, dass für jedes λ $N = o$ sei; denn andernfalls würde

$$2\,Nh + Lh^2 = Lh^2\left(1 + \frac{2N}{Lh}\right)$$

negativ werden, wenn h dem N entgegengesetzt und abgesehen vom Zeichen $< \frac{2N}{L}$ angenommen würde. Der Werth von Ω für $\omega = u + \lambda$, in welcher Form offenbar alle möglichen Werthe von ω enthalten sind, wird daher $= M + L$, und folglich kann, da L wesentlich positiv ist, Ω für keine Gestalt der Function ω einen kleinern Werth erhalten, als für $\omega = u$.

Findet nun für eine andere u' der Functionen ω ein Minimumwerth M' von Ω Statt, so muss von diesem offenbar dasselbe gelten, man hat also $M' \overline{\gtrless} M$ und $M \overline{\gtrless} M'$, folglich $M = M'$. Bringt man aber u' auf die Form $u + \lambda'$, so erhält man für M' den Ausdruck $M + L'$, wenn L' den Werth von L für $\lambda = \lambda'$ bezeichnet, und die Gleichung $M = M'$ giebt $L' = o$. Dies ist nur möglich, wenn in allen Flächentheilen

$$\frac{\partial \lambda'}{\partial x} = o, \; \frac{\partial \lambda'}{\partial y} = o$$

ist, und es hat daher, so weit λ' stetig ist, diese Function nothwendig einen constanten und folglich, da sie am Rande $= o$ und nicht längs einer Linie unstetig ist, höchstens in einzelnen Punkten einen von Null verschiedenen Werth. Zwei der Functionen ω, welche Ω einen Minimumwerth ertheilen, können also nur in einzelnen Punkten von einander verschieden sein, und wenn in der Function u alle durch Abänderung in einzelnen Punkten hebbaren Unstetigkeiten beseitigt werden, ist diese vollkommen bestimmt.

17.

Es soll jetzt der Beweis nachgeliefert werden, dass λ unbeschadet der Endlichkeit von L sich nicht einer längs einer Linie unstetigen Function γ unendlich annähern könne, d. h. wird die Function λ der Bedingung unterworfen, ausserhalb eines die Unstetigkeitslinie einschliessenden Flächentheils T' mit γ übereinzustimmen, so kann T' stets so klein angenommen werden, dass L grösser als eine beliebig gegebene Grösse C werden muss.

Wir bezeichnen, s und p in Bezug auf die Unstetigkeitslinie in der gewohnten Bedeutung genommen, für ein unbestimmtes s die Krümmung, eine auf der Seite der positiven p convexe als positiv betrachtet, durch $\varkappa$, den Werth von p an der Grenze von T' auf der positiven Seite durch p_1, auf der negativen Seite durch p_2 und die entsprechenden Werthe von γ durch γ_1 und γ_2. Betrachten wir nun irgend einen stetig gekrümmten Theil dieser Linie, so liefert der zwischen den Normalen in den Endpunkten enthaltene Theil von T', wenn er sich nicht bis zu den Krümmungsmittelpunkten erstreckt, zu L den Beitrag

$$\int ds \int_{p_2}^{p_1} dp\,(1-\varkappa p)\left[\left(\frac{\partial\lambda}{\partial p}\right)^2+\left(\frac{\partial\lambda}{\partial s}\right)^2\frac{1}{(1-\varkappa p)^2}\right];$$

der kleinste Werth des Ausdrucks

$$\int_{p_2}^{p_1}\left(\frac{\partial\lambda}{\partial p}\right)^2(1-\varkappa p)\,dp$$

bei den festen Grenzwerthen γ_1 und γ_2 von λ findet sich aber nach bekannten Regeln

$$=\frac{(\gamma_1-\gamma_2)^2\varkappa}{\log(1-\varkappa p_2)-\log(1-\varkappa p_1)},$$

und folglich wird jener Beitrag nothwendig, wie auch λ innerhalb T' angenommen werden möge,

$$>\int\frac{(\gamma_1-\gamma_2)^2\varkappa\,ds}{\log(1-\varkappa p_2)-\log(1-\varkappa p_1)}.$$

Die Function γ wäre für $p=o$ stetig, wenn der grösste Werth, den $(\gamma_1-\gamma_2)^2$ für $\pi_1>p_1>o$ und $\pi_2<p_2<o$ erhalten kann, mit $\pi_1-\pi_2$ unendlich klein würde; wir können folglich für jeden Werth von s eine endliche Grösse m so annehmen, dass, wie klein auch $\pi_1-\pi_2$ angenommen werden möge, stets innerhalb der durch $\pi_1>p_1\geqq o$ und $\pi_2<p_2\overline{\overline{<}}\,o$ (wo die Gleichheiten sich gegenseitig ausschliessen) ausgedrückten Grenzen Werthe von p_1 und p_2 enthalten sind, für welche $(\gamma_1-\gamma_2)^2>m$ wird. Nehmen wir ferner unter den früheren Beschränkungen eine Gestalt von T' beliebig an, indem wir p_1 und p_2 bestimmte Werthe P_1 und P_2 beilegen, und bezeichnen den Werth des durch den in Betracht gezogenen Theil der Unstetigkeitslinie ausgedehnten Integrals

$$\int\frac{m\varkappa\,ds}{\log(1-\varkappa P_2)-\log(1-\varkappa P_1)}$$

durch a, so können wir offenbar

$$\int\frac{(\gamma_1-\gamma_2)^2\varkappa\,ds}{\log(1-\varkappa p_2)-\log(1-\varkappa p_1)}>C$$

machen, indem wir p_1 und p_2 für jeden Werth von s so annehmen, dass den Ungleichheiten

$$p_1 < \frac{1-(1-\varkappa P_1)^{\frac{a}{C}}}{\varkappa},\ p_2 > \frac{1-(1-\varkappa P_2)^{\frac{a}{C}}}{\varkappa} \text{ und } (\gamma_1-\gamma_2)^2 > m$$

genügt wird. Dies aber hat zur Folge, dass, wie auch λ innerhalb T' angenommen werden möge, der aus dem in Betracht gezogenen Stücke von T' stammende Theil von L und folglich um so mehr L selbst $> C$ wird, w. z. b. w. ([3]).

18.

Nach Art. 16. haben wir für die dort festgelegte Function u und für irgend eine der Functionen λ

$$N = \int \left[\left(\frac{\partial u}{\partial x} - \frac{\partial \beta}{\partial y}\right) \frac{\partial \lambda}{\partial x} + \left(\frac{\partial u}{\partial y} + \frac{\partial \beta}{\partial x}\right) \frac{\partial \lambda}{\partial y} \right] dT$$

durch die ganze Fläche T ausgedehnt $= o$. Aus dieser Gleichung sollen jetzt weitere Schlüsse gezogen werden.

Scheidet man aus der Fläche T ein die Unstetigkeitsstellen von u, β, λ einschliessendes Stück T' aus, so findet sich der von dem übrigen Stücke T'' herrührende Theil von N mit Hülfe des Art. 7., wenn man $\left(\frac{\partial u}{\partial x} - \frac{\partial \beta}{\partial y}\right)\lambda$ für X und $\left(\frac{\partial u}{\partial y} + \frac{\partial \beta}{\partial x}\right)\lambda$ für Y setzt,

$$= -\int \lambda \left(\frac{\partial^2 u}{\partial x^2} + \frac{\partial^2 u}{\partial y^2}\right) dT - \int \left(\frac{\partial u}{\partial p} + \frac{\partial \beta}{\partial s}\right) \lambda\, ds.$$

In Folge der der Function λ auferlegten Grenzbedingung wird der auf das mit T gemeinschaftliche Begrenzungsstück von T'' bezügliche Theil von

$$\int \left(\frac{\partial u}{\partial p} + \frac{\partial \beta}{\partial s}\right) \lambda\, ds$$

gleich o, so dass N betrachtet werden kann als zusammengesetzt aus dem Integral

$$-\int \lambda \left(\frac{\partial^2 u}{\partial x^2} + \frac{\partial^2 u}{\partial y^2}\right) dT$$

in Bezug auf T'' und

$$\int \left[\left(\frac{\partial u}{\partial x} - \frac{\partial \beta}{\partial y}\right) \frac{\partial \lambda}{\partial x} + \left(\frac{\partial u}{\partial y} + \frac{\partial \beta}{\partial x}\right) \frac{\partial \lambda}{\partial y} \right] dT + \int \left(\frac{\partial u}{\partial p} + \frac{\partial \beta}{\partial s}\right) \lambda\, ds$$

in Bezug auf T'.

Offenbar würde nun, wenn $\frac{\partial^2 u}{\partial x^2} + \frac{\partial^2 u}{\partial y^2}$ in irgend einem Theile der Fläche T von o verschieden wäre, N ebenfalls einen von o verschiedenen Werth erhalten, so bald man λ, was frei steht, innerhalb T' gleich o und innerhalb T'' so wählte, dass $\lambda \left(\frac{\partial^2 u}{\partial x^2} + \frac{\partial^2 u}{\partial y^2}\right)$ überall dasselbe Zeichen hätte. Ist aber $\frac{\partial^2 u}{\partial x^2}+\frac{\partial^2 u}{\partial y^2}$ in allen Theilen von $T=o$, so verschwindet der von T'' herrührende Bestandtheil von N für jedes λ, und die Bedingung $N=o$ ergiebt dann, dass die auf die Unstetigkeitsstellen bezüglichen Bestandtheile $=o$ werden.

Für die Functionen $\frac{\partial u}{\partial x}-\frac{\partial \beta}{\partial y}$, $\frac{\partial u}{\partial y}+\frac{\partial \beta}{\partial x}$ haben wir daher, wenn wir erstere $=X$ und letztere $=Y$ setzen, nicht bloss allgemein zu reden die Gleichung

$$\frac{\partial X}{\partial x}+\frac{\partial Y}{\partial y}=o,$$

sondern es wird auch durch die ganze Begrenzung irgend eines Theils von T erstreckt

$$\int\left(X\frac{\partial x}{\partial p}+Y\frac{\partial y}{\partial p}\right)ds=o,$$

in so fern dieser Ausdruck überhaupt einen bestimmten Werth hat.

Zerlegen wir also (nach Art. 9., V.) die Fläche T, wenn sie einen mehrfachen Zusammenhang besitzt, durch Querschnitte in eine einfach zusammenhängende T^*, so hat das Integral

$$-\int_{O_0}^{O}\left(\frac{\partial u}{\partial p}+\frac{\partial \beta}{\partial s}\right)ds$$

für jede im Innern von T^* von O_0 nach O gehende Linie denselben Werth und bildet, O_0 als fest gedacht, eine Function von x, y, welche in T^* überall eine stetige und längs eines Querschnitts beiderseits eine gleiche Aenderung erleidet. Diese Function ν zu β hinzugefügt, liefert uns eine Function $v=\beta+\nu$, von welcher der Differentialquotient $\frac{\partial v}{\partial x}=-\frac{\partial u}{\partial y}$ und $\frac{\partial v}{\partial y}=\frac{\partial u}{\partial x}$ ist.

Wir haben daher folgenden

Lehrsatz. Ist in einer zusammenhängenden, durch Querschnitte in eine einfach zusammenhängende T^* zerlegten Fläche T eine complexe Function $\alpha+\beta i$ von x, y gegeben, für welche

$$\int\left[\left(\frac{\partial \alpha}{\partial x}-\frac{\partial \beta}{\partial y}\right)^2+\left(\frac{\partial \alpha}{\partial y}+\frac{\partial \beta}{\partial x}\right)^2\right]dT$$

durch die ganze Fläche ausgedehnt einen endlichen Werth hat, so kann sie immer und nur auf Eine Art in eine Function von z verwandelt werden durch Hinzufügung einer Function $\mu+\nu i$ von x, y, welche folgenden Bedingungen genügt:

1) μ ist am Rande $=o$ oder doch nur in einzelnen Punkten davon verschieden, ν in Einem Punkte beliebig gegeben,

2) die Aenderungen von μ sind in T, von ν in T^* nur in einzelnen Punkten und nur so unstetig, dass

$$\int\left[\left(\frac{\partial\mu}{\partial x}\right)^2+\left(\frac{\partial\mu}{\partial y}\right)^2\right]dT \text{ und } \int\left[\left(\frac{\partial\nu}{\partial x}\right)^2+\left(\frac{\partial\nu}{\partial y}\right)^2\right]dT$$

durch die ganze Fläche erstreckt endlich bleiben, und letztere längs der Querschnitte beiderseits gleich.

Die Zulänglichkeit der Bedingungen zur Bestimmung von $\mu+\nu i$ folgt daraus, dass μ, durch welches ν bis auf eine additive Constante bestimmt ist, stets zugleich ein Minimum des Integrals Ω liefert, da, $u=\alpha+\mu$ gesetzt, offenbar für jedes λ $N=o$ wird; eine Eigenschaft, die nach Art. 16. nur Einer Function zukommen kann.

19.

Die Principien, welche dem Lehrsatze am Schlusse des vorigen Art. zu Grunde liegen, eröffnen den Weg, bestimmte Functionen einer veränderlichen complexen Grösse (unabhängig von einem Ausdrucke für dieselben) zu untersuchen.

Zur Orientirung auf diesem Felde wird ein Ueberschlag über den Umfang der zur Bestimmung einer solchen Function innerhalb eines gegebenen Grössengebiets erforderlichen Bedingungen dienen.

Halten wir uns zunächst an einen bestimmten Fall, so kann, wenn die über A ausgebreitete Fläche, durch welche dies Grössengebiet dargestellt wird, eine einfach zusammenhängende ist, die Function $w=u+vi$ von z folgenden Bedingungen gemäss bestimmt werden:

1) für u ist in allen Begrenzungspunkten ein Werth gegeben, der sich für eine unendlich kleine Ortsänderung um eine unendlich kleine Grösse von derselben Ordnung, übrigens aber beliebig ändert*);
2) der Werth von v ist in irgend einem Punkte beliebig gegeben;
3) die Function soll in allen Punkten endlich und stetig sein.

Durch diese Bedingungen aber ist sie vollkommen bestimmt.

In der That folgt dies aus dem Lehrsatze des vorigen Art., wenn man, was immer möglich sein wird, $\alpha+\beta i$ so bestimmt, dass α am Rande dem gegebenen Werth gleich und in der ganzen Fläche für jede unendlich kleine Ortsänderung die Aenderung von $\alpha+\beta i$ unendlich klein von derselben Ordnung ist.

---

*) An sich sind die Aenderungen dieses Werthes nur der Beschränkung unterworfen, nicht längs eines Theils der Begrenzung unstetig zu sein; eine weitere Beschränkung ist nur gemacht, um hier unnöthige Weitläufigkeiten zu vermeiden.

Es kann also, allgemein zu reden, u am Rande als eine ganz willkürliche Function von s gegeben werden, und dadurch ist v überall mit bestimmt; umgekehrt kann aber auch v in jedem Begrenzungspunkte beliebig angenommen werden, woraus dann der Werth von u folgt. Der Spielraum für die Wahl der Werthe von w am Rande umfasst daher eine Mannigfaltigkeit von Einer Dimension für jeden Begrenzungspunkt, und die vollständige Bestimmung derselben erfordert für jeden Begrenzungspunkt Eine Gleichung, wobei es indess nicht wesentlich sein wird, dass jede dieser Gleichungen sich auf den Werth Eines Gliedes in Einem Begrenzungspunkte allein bezieht. Es wird diese Bestimmung auch so geschehen können, dass für jeden Begrenzungspunkt Eine mit der Lage dieses Punktes ihre Form stetig ändernde, beide Glieder enthaltende Gleichung gegeben ist, oder für mehrere Theile der Begrenzung gleichzeitig so, dass jedem Punkte eines dieser Theile $n - 1$ bestimmte Punkte, aus jedem der übrigen Theile einer, zugesellt und für je n solcher Punkte gemeinschaftlich n mit ihrer Lage stetig veränderliche Gleichungen gegeben sind. Diese Bedingungen, deren Gesammtheit eine stetige Mannigfaltigkeit bildet und welche durch Gleichungen zwischen willkürlichen Functionen ausgedrückt werden, werden aber, um für die Bestimmung einer im Innern des Grössengebiets überall stetigen Function zulässig und hinreichend zu sein, allgemein zu reden, noch einer Beschränkung oder Ergänzung durch einzelne Bedingungsgleichungen — Gleichungen für willkürliche Constanten — bedürfen, indem bis auf diese sich die Genauigkeit unserer Schätzung offenbar nicht erstreckt.

Für den Fall, wo das Gebiet der Veränderlichkeit der Grösse z durch eine mehrfach zusammenhängende Fläche dargestellt wird, erleiden diese Betrachtungen keine wesentliche Abänderung, indem die Anwendung des Lehrsatzes im Art. 18. eine bis auf die Aenderungen beim Ueberschreiten der Querschnitte ebenso wie vorhin beschaffene Function liefert — Aenderungen, welche $= o$ gemacht werden können, wenn die Grenzbedingungen eine der Anzahl der Querschnitte gleiche Anzahl verfügbarer Constanten enthalten.

Der Fall, wo im Innern längs einer Linie auf Stetigkeit verzichtet wird, ordnet sich dem vorigen unter, wenn man diese Linie als einen Schnitt der Fläche betrachtet.

Wenn endlich in einem einzelnen Punkte eine Verletzung der Stetigkeit, also nach Art. 12. ein Unendlichwerden der Function, zugelassen wird, so kann unter Beibehaltung der sonstigen in unserm Anfangsfalle gemachten Voraussetzungen für diesen Punkt eine Function von z, nach deren Subtraction die zu bestimmende Function stetig werden soll, beliebig gegeben werden; dadurch aber ist sie völlig bestimmt. Denn nimmt man die Grösse $\alpha + \beta i$ in einem beliebig kleinen um den Unstetigkeitspunkt beschriebenen Kreise gleich dieser gegebenen Function, übrigens aber den früheren Vorschriften gemäss an, so wird das Integral

$$\int \left(\left(\frac{\partial \alpha}{\partial x} - \frac{\partial \beta}{\partial y}\right)^2 + \left(\frac{\partial \alpha}{\partial y} + \frac{\partial \beta}{\partial x}\right)^2 \right) dT$$

über diesen Kreis erstreckt $= o$, über den übrigen Theil erstreckt einer endlichen Grösse gleich, und man kann also den Lehrsatz des vorigen Art. anwenden, wodurch man eine Function mit den verlangten Eigenschaften erhält. Hieraus kann man mit Hülfe des Lehrsatzes im Art. 13. folgern, dass im Allgemeinen, wenn in einem einzelnen Unstetigkeitspunkte die Function unendlich gross von der Ordnung n werden darf, eine Anzahl von $2n$ Constanten verfügbar wird.

Geometrisch dargestellt liefert (nach Art. 15.) eine Function w einer innerhalb eines gegebenen Grössengebiets von zwei Dimensionen veränderlichen complexen Grösse z von einer gegebenen A bedeckenden Fläche T ein ihr in den kleinsten Theilen, einzelne Punkte ausgenommen, ähnliches, B bedeckendes Abbild S. Die Bedingungen, welche so eben zur Bestimmung der Function hinreichend und nothwendig befunden worden sind, beziehen sich auf ihren Werth entweder in Begrenzungs- oder in Unstetigkeitspunkten; sie erscheinen also (Art. 15.) sämmtlich als Bedingungen für die Lage der Begrenzung von S, und zwar geben sie für jeden Begrenzungspunkt Eine Bedingungsgleichung. Bezieht sich jede derselben nur auf Einen Begrenzungspunkt, so werden sie durch eine Schaar von Curven repräsentirt, von denen für jeden Begrenzungspunkt Eine den geometrischen Ort bildet. Werden zwei mit einander stetig fortrückende Begrenzungspunkte gemeinschaftlich zwei Bedingungsgleichungen unterworfen, so entsteht dadurch zwischen zwei Begrenzungstheilen eine solche Abhängigkeit, dass, wenn die Lage des einen willkürlich angenommen wird, die Lage des andern daraus folgt. Aehnlicher Weise ergiebt sich für andere Formen der Bedingungsgleichungen eine geometrische Bedeutung, was wir indess nicht weiter verfolgen wollen.

20.

Die Einführung der complexen Grössen in die Mathematik hat ihren Ursprung und nächsten Zweck in der Theorie einfacher*) durch

*) Wir betrachten hier als Elementaroperationen Addition und Subtraction, Multiplication und Division, Integration und Differentiation, und ein Abhängigkeits-

Grössenoperationen ausgedrückter Abhängigkeitsgesetze zwischen veränderlichen Grössen. Wendet man nämlich diese Abhängigkeitsgesetze in einem erweiterten Umfange an, indem man den veränderlichen Grössen, auf welche sie sich beziehen, complexe Werthe giebt, so tritt eine sonst versteckt bleibende Harmonie und Regelmässigkeit hervor. Die Fälle, in denen dies geschehen ist, umfassen zwar bis jetzt erst ein kleines Gebiet — sie lassen sich fast sämmtlich auf diejenigen Abhängigkeitsgesetze zwischen zwei veränderlichen Grössen zurückführen, wo die eine entweder eine algebraische*) Function der andern ist oder eine solche Function, deren Differentialquotient eine algebraische Function ist — aber beinahe jeder Schritt, der hier gethan ist, hat nicht bloss den ohne Hülfe der complexen Grössen gewonnenen Resultaten eine einfachere, geschlossenere Gestalt gegeben, sondern auch zu neuen Entdeckungen die Bahn gebrochen, wozu die Geschichte der Untersuchungen über algebraische Functionen, Kreis- oder Exponentialfunctionen, elliptische und Abel'sche Functionen den Beleg liefert.

Es soll kurz angedeutet werden, was durch unsere Untersuchung für die Theorie solcher Functionen gewonnen ist.

Die bisherigen Methoden, diese Functionen zu behandeln, legten stets als Definition einen Ausdruck der Function zu Grunde, wodurch ihr Werth für jeden Werth ihres Arguments gegeben wurde; durch unsere Untersuchung ist gezeigt, dass, in Folge des allgemeinen Charakters einer Function einer veränderlichen complexen Grösse, in einer Definition dieser Art ein Theil der Bestimmungsstücke eine Folge der übrigen ist, und zwar ist der Umfang der Bestimmungsstücke auf die zur Bestimmung nothwendigen zurückgeführt worden. Dies vereinfacht die Behandlung derselben wesentlich. Um z. B. die Gleichheit zweier Ausdrücke derselben Function zu beweisen, musste man sonst den einen in den andern transformiren, d. h. zeigen, dass beide für jeden Werth der veränderlichen Grösse übereinstimmten; jetzt genügt der Nachweis ihrer Uebereinstimmung in einem weit geringern Umfange.

Eine Theorie dieser Functionen auf den hier gelieferten Grundlagen würde die Gestaltung der Function (d. h. ihren Werth für jeden Werth ihres Arguments) unabhängig von einer Bestimmungsweise derselben durch Grössenoperationen festlegen, indem zu dem allgemeinen Begriffe einer Function einer veränderlichen complexen Grösse nur die

---

gesetz als desto einfacher, durch je weniger Elementaroperationen die Abhängigkeit bedingt wird. In der That lassen sich durch eine endliche Anzahl dieser Operationen alle bis jetzt in der Analysis benutzten Functionen definiren.

*) D. h. wo zwischen beiden eine algebraische Gleichung Statt findet.

zur Bestimmung der Function nothwendigen Merkmale hinzugefügt würden, und dann erst zu den verschiedenen Ausdrücken deren die Function fähig ist übergehen. Der gemeinsame Charakter einer Gattung von Functionen, welche auf ähnliche Art durch Grössenoperationen ausgedrückt werden, stellt sich dann dar in der Form der ihnen auferlegten Grenz- und Unstetigkeitsbedingungen. Wird z. B. das Gebiet der Veränderlichkeit der Grösse z über die ganze unendliche Ebene A einfach oder mehrfach erstreckt, und innerhalb derselben der Function nur in einzelnen Punkten eine Unstetigkeit, und zwar nur ein Unendlichwerden, dessen Ordnung endlich ist, gestattet (wobei für ein unendliches z diese Grösse selbst, für jeden endlichen Werth z' derselben aber $\frac{1}{z-z'}$, als ein unendlich Grosses erster Ordnung gilt), so ist die Function nothwendig algebraisch, und umgekehrt erfüllt diese Bedingung jede algebraische Function.

Die Ausführung dieser Theorie, welche, wie bemerkt, einfache durch Grössenoperationen bedingte Abhängigkeitsgesetze ins Licht zu setzen bestimmt ist, unterlassen wir indess jetzt, da wir die Betrachtung des Ausdruckes einer Function gegenwärtig ausschliessen.

Aus demselben Grunde befassen wir uns hier auch nicht damit, die Brauchbarkeit unserer Sätze als Grundlagen einer allgemeinen Theorie dieser Abhängigkeitsgesetze darzuthun, wozu der Beweis erfordert wird, dass der hier zu Grunde gelegte Begriff einer Function einer veränderlichen complexen Grösse mit dem einer durch Grössenoperationen ausdrückbaren Abhängigkeit*) völlig zusammenfällt.

21.

Es wird jedoch zur Erläuterung unserer allgemeinen Sätze ein ausgeführtes Beispiel ihrer Anwendung von Nutzen sein.

Die im vorigen Artikel bezeichnete Anwendung derselben ist, obwohl die bei ihrer Aufstellung zunächst beabsichtigte, doch nur eine specielle. Denn wenn die Abhängigkeit durch eine endliche Anzahl der dort als Elementaroperationen betrachteten Grössenoperationen bedingt ist, so enthält die Function nur eine endliche Anzahl von Parametern, was für die Form eines Systems von einander unabhängiger Grenz- und Unstetigkeitsbedingungen, die zu ihrer Bestimmung hin-

---

*) Es wird darunter jede durch eine endliche oder unendliche Anzahl der vier einfachsten Rechnungsoperationen, Addition und Subtraction, Multiplication und Division, ausdrückbare Abhängigkeit begriffen. Der Ausdruck Grössenoperationen soll (im Gegensatze zu Zahlenoperationen) solche Rechnungsoperationen andeuten, bei denen die Commensurabilität der Grössen nicht in Betracht kommt.

reichen, den Erfolg hat, dass unter ihnen längs einer Linie in jedem Punkte willkürlich zu bestimmende Bedingungen gar nicht vorkommen können. Für unsern jetzigen Zweck schien es daher geeigneter, nicht ein dorther entnommenes Beispiel zu wählen, sondern vielmehr ein solches, wo die Function der complexen Veränderlichen von einer willkürlichen Function abhängt.

Zur Veranschaulichung und bequemeren Fassung geben wir demselben die am Schlusse des Art. 19. gebrauchte geometrische Einkleidung. Es erscheint dann als eine Untersuchung über die Möglichkeit, von einer gegebenen Fläche ein zusammenhängendes in den kleinsten Theilen ähnliches Abbild zu liefern, dessen Gestalt gegeben ist, wo also, in obiger Form ausgedrückt, für jeden Begrenzungspunkt des Abbildes eine Ortscurve, und zwar für alle dieselbe, ausserdem aber (Art. 5.) der Sinn der Begrenzung und die Windungspunkte desselben gegeben sind. Wir beschränken uns auf die Lösung dieser Aufgabe in dem Falle, wo jedem Punkte der einen Fläche nur Ein Punkt der andern entsprechen soll und die Flächen einfach zusammenhängend sind, für welchen Fall sie in folgendem Lehrsatze enthalten ist.

Zwei gegebene einfach zusammenhängende ebene Flächen können stets so auf einander bezogen werden, dass jedem Punkte der einen Ein mit ihm stetig fortrückender Punkt der andern entspricht und ihre entsprechenden kleinsten Theile ähnlich sind; und zwar kann zu Einem innern Punkte und zu Einem Begrenzungspunkte der entsprechende beliebig gegeben werden; dadurch aber ist für alle Punkte die Beziehung bestimmt.

Wenn zwei Flächen T und R auf eine dritte S so bezogen sind, dass zwischen den entsprechenden kleinsten Theilen Aehnlichkeit Statt findet, so ergiebt sich daraus eine Beziehung zwischen den Flächen T und R, von welcher offenbar dasselbe gilt. Die Aufgabe, zwei beliebige Flächen auf einander so zu beziehen, dass Aehnlichkeit in den kleinsten Theilen Statt findet, ist dadurch auf die zurückgeführt, jede beliebige Fläche durch Eine bestimmte in den kleinsten Theilen ähnlich abzubilden. Wir haben hiernach, wenn wir in der Ebene B um den Punkt, wo $w = o$ ist, mit dem Radius 1 einen Kreis K beschreiben, um unsern Lehrsatz darzuthun, nur nöthig zu beweisen: Eine beliebige einfach zusammenhängende A bedeckende Fläche T kann durch den Kreis K stets zusammenhängend und in den kleinsten Theilen ähnlich abgebildet werden und zwar nur auf Eine Art so, dass dem Mittelpunkte ein beliebig gegebener innerer Punkt O_o und einem beliebig gegebenen Punkte der Peripherie ein beliebig gegebener Begrenzungspunkt O' der Fläche T entspricht.

Wir bezeichnen die bestimmten Bedeutungen von z, Q für die Punkte O_0, O' durch entsprechende Indices und beschreiben in T um O_0 als Mittelpunkt einen beliebigen Kreis Θ, welcher sich nicht bis zur Begrenzung von T erstreckt und keinen Windungspunkt enthält. Führen wir Polarcoordinaten ein, indem wir $z - z_0 = re^{\varphi i}$ setzen, so wird die Function $\log(z - z_0) = \log r + \varphi i$. Der reelle Werth ändert sich daher im ganzen Kreise mit Ausnahme des Punktes O_0, wo er unendlich wird, stetig. Der imaginäre aber erhält, wenn überall unter den möglichen Werthen von φ der kleinste positive gewählt wird, längs des Radius, wo $z - z_0$ reelle positive Werthe annimmt, auf der einen Seite den Werth o, auf der andern den Werth 2π, ändert sich aber dann in allen übrigen Punkten stetig. Offenbar kann dieser Radius durch eine ganz beliebige vom Mittelpunkte nach der Peripherie gezogene Linie l ersetzt werden, so dass die Function $\log(z - z_0)$ beim Uebertritt des Punktes O von der negativen (d. h. wo nach Art. 8. p negativ wird) auf die positive Seite dieser Linie eine plötzliche Verminderung um $2\pi i$ erleidet, übrigens aber sich mit dessen Lage im ganzen Kreise Θ stetig ändert. Nehmen wir nun die complexe Function $\alpha + \beta i$ von x, y im Kreise $\Theta = \log(z - z_0)$, ausserhalb desselben aber, indem wir l beliebig bis an den Rand verlängern, so an, dass sie

1) an der Peripherie von $\Theta = \log(z - z_0)$, am Rande von T bloss imaginär wird,
2) beim Uebertritt von der negativen auf die positive Seite der Linie l sich um $-2\pi i$, sonst aber bei jeder unendlich kleinen Ortsänderung um eine unendlich kleine Grösse von derselben Ordnung ändert,

was immer möglich sein wird, so erhält das

$$\int\left(\left(\frac{\partial\alpha}{\partial x} - \frac{\partial\beta}{\partial y}\right)^2 + \left(\frac{\partial\alpha}{\partial y} + \frac{\partial\beta}{\partial x}\right)^2\right) dT$$

über Θ ausgedehnt den Werth Null, über den ganzen übrigen Theil erstreckt einen endlichen Werth, und es kann daher $\alpha + \beta i$ durch Hinzufügung einer bis auf einen bloss imaginären constanten Rest bestimmten stetigen Function von x, y, welche am Rande bloss imaginär ist, in eine Function $t = m + ni$ von z verwandelt werden. Der reelle Theil m dieser Function wird am Rande $= o$, im Punkte $O_0 = -\infty$ und ändert sich im ganzen übrigen T stetig. Für jeden zwischen o und $-\infty$ liegenden Werth a von m zerfällt daher T durch eine Linie, wo $m = a$ ist, in Theile, wo $m < a$ ist und die O_0 im Innern enthalten, einerseits und andererseits in Theile, wo $m > a$ ist und deren

Begrenzung theils durch den Rand von T, theils durch Linien, wo $m = a$ ist, gebildet wird. Die Ordnung des Zusammenhangs der Fläche T wird durch diese Zerfällung entweder nicht geändert oder erniedrigt, die Fläche zerfällt daher, da diese Ordnung $= -1$ ist, entweder in zwei Stücke von der Ordnung des Zusammenhangs o und -1, oder in mehr als zwei Stücke. Letzteres aber ist unmöglich, weil dann wenigstens in Einem dieser Stücke m überall endlich und stetig und in allen Theilen der Begrenzung constant sein müsste, folglich entweder in einem Flächentheil einen constanten Werth, oder irgendwo, — in einem Punkte oder längs einer Linie — einen Maximum- oder Minimumwerth haben müsste, gegen Art. 11., III. Die Punkte, wo m constant ist, bilden also in sich zurücklaufende allenthalben einfache Linien, welche ein den Punkt O_o einschliessendes Stück begrenzen, und zwar nimmt m nach Innen zu nothwendig ab, woraus folgt, dass bei einem positiven Umlaufe (wo nach Art. 8. s wächst) n, soweit es stetig ist, stets zunimmt, und also, da es nur beim Uebertritt von der negativen auf die positive Seite der Linie l eine plötzliche Aenderung um -2π*) erleidet, jedem Werth zwischen o und 2π Einmal von einem Vielfachen von 2π abgesehen gleich wird. Setzen wir nun $e^t = w$, so werden e^m und n Polarcoordinaten des Punktes Q in Bezug auf den Mittelpunkt des Kreises K. Die Gesammtheit der Punkte Q bildet dann offenbar eine über K allenthalben einfach ausgebreitete Fläche S; der Punkt Q_o derselben fällt auf den Mittelpunkt des Kreises; der Punkt Q' aber kann vermittelst der in n noch verfügbaren Constante auf einen beliebig gegebenen Punkt der Peripherie gerückt werden, w. z. b. w.

In dem Falle, wo der Punkt O_o ein Windungspunkt n-1ster Ordnung ist, gelangt man, wenn nur $\log(z - z_o)$ durch $\frac{1}{n} \log(z - z_o)$ ersetzt wird, durch ganz ähnliche Schlüsse zum Ziele, deren weitere Ausführung man indess aus Art. 14. leicht ergänzen wird.

22.

Die vollständige Durchführung der Untersuchung des vorigen Artikels für den allgemeinern Fall, wo Einem Punkte der einen Fläche

*) Da die Linie l von einem im Innern des Stücks gelegenen Punkte bis zu einem äussern führt, so muss sie, wenn sie dessen Begrenzung mehrmals schneidet, Einmal mehr von Innen nach Aussen, als von Aussen nach Innen gehen, und die Summe der plötzlichen Aenderungen von n während eines positiven Umlaufs ist daher stets $= -2\pi$.

mehrere Punkte der andern entsprechen sollen, und ein einfacher Zusammenhang für dieselben nicht vorausgesetzt wird, unterlassen wir hier, zumal da, aus geometrischem Gesichtspunkte aufgefasst, unsere ganze Untersuchung sich in einer allgemeinern Gestalt hätte führen lassen. Die Beschränkung auf ebene, einzelne Punkte ausgenommen, schlichte Flächen, ist nämlich für dieselbe nicht wesentlich; vielmehr gestattet die Aufgabe, eine beliebig gegebene Fläche auf einer andern beliebig gegebenen in den kleinsten Theilen ähnlich abzubilden, eine ganz ähnliche Behandlung. Wir begnügen uns, hierüber auf zwei Gauss'sche Abhandlungen, die zu Art. 3. citirte und die disquis. gen. circa superf. art. 13., zu verweisen.

Inhalt.*)

*) Diese Inhaltsübersicht rührt fast vollständig von Riemann her.

Anmerkungen.

(1) (zu Seite 3.) In Riemann's Papieren findet sich der folgende an diese Stelle gehörige Zusatz:

„Unter dem Ausdruck: die Grösse w ändert sich stetig mit z zwischen den Grenzen $z = a$ und $z = b$ verstehen wir: in diesem Intervall entspricht jeder unendlich kleinen Aenderung von z eine unendlich kleine Aenderung von w oder, greiflicher ausgedrückt: für eine beliebig gegebene Grösse ε lässt sich stets die Grösse α so annehmen, dass innerhalb eines Intervalls für z, welches kleiner als α ist, der Unterschied zweier Werthe von w nie grösser als ε ist. Die Stetigkeit einer Function führt hiernach, auch wenn dies nicht besonders hervorgehoben ist, ihre beständige Endlichkeit mit sich."

(2) (zu Seite 18.) Zur Erläuterung dieser im Ausdruck etwas dunkeln Stelle kann folgendes Beispiel dienen:

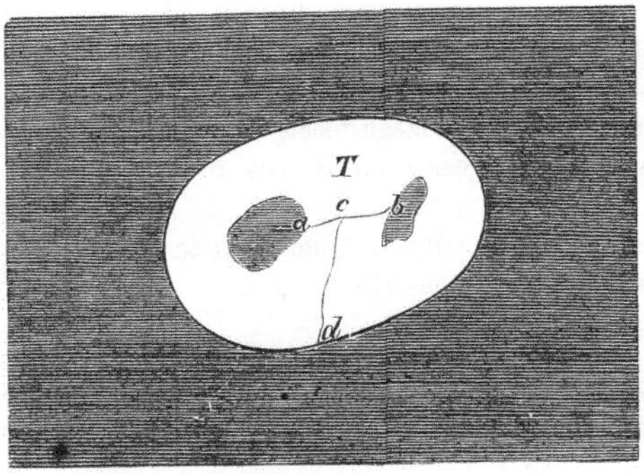

In der beistehenden Figur ist T eine dreifach zusammenhängende Fläche. (ab) sei der erste Querschnitt q_1, (cd) der zweite q_2. Man hat hier drei verschiedene constante Werthdifferenzen der Function

$$Z = \int_{0_0}^{0} \left(Y \frac{\partial x}{\partial s} - X \frac{\partial y}{\partial s} \right) ds$$

zu unterscheiden. Diese seien: an der Strecke (ac): A, an der Strecke (cb): B, an der Strecke (cd): C. Durchläuft man also zuerst (cd), so kann hier C irgend einen Werth haben. Durchläuft man hierauf (bc), so kann hier B einen andern beliebigen Werth haben. An (ac) ist aber hiernach die constante Werthdifferenz A der Function Z völlig bestimmt, nämlich (wenn die Vorzeichen passend bestimmt werden) $A = B + C$. Auf ähnliche Weise schliesst man allgemein, dass, so oft beim Rückwärtsdurchlaufen des Querschnittsystems ein schon durchlaufener Querschnitt einmündet, die Aenderung, welche die constante Werthdifferenz der Function dadurch erfährt, vollkommen bestimmt ist.

(3) (zu Seite 33.) Die folgenden Bemerkungen sind fast wörtlich den in Riemann's handschriftlichen Nachlass gefundenen Entwürfen zu Art. 17. entnommen und dienen theils zur Erläuterung, theils zur Ergänzung der Untersuchung.

Von den Werthen P_1 und P_2 kann auch einer überall $= 0$ genommen werden, wenn nur T' eine endliche Breite behält, wodurch unser Beweis auf den Fall anwendbar wird, wo die Unstetigkeit längs eines Theils der Begrenzung einträte, oder durch Abänderung von γ längs einer Linie im Innern entstanden wäre. Für m ist deshalb nicht geradezu der kleinste Werth von $(\gamma_1 - \gamma_2)^2$ in dem angegebenen Intervall von p_1 und p_2 gesetzt, damit der Beweis auch auf den Fall anwendbar ist, wo γ unendlich viele Maxima und Minima, also z. B. in der Nähe der Unstetigkeitslinie den Werth $\sin \frac{1}{p}$, hätte.

In ähnlicher Weise lässt sich zeigen, dass L über alle Grenzen wächst, wenn

λ sich einer Function γ unbegrenzt nähert, die in einem Punkt O' so unstetig wird, dass in einem Theil einer mit dem Radius ϱ um O' beschriebenen Kreislinie $\varrho \frac{\partial \gamma}{\partial x}$, $\varrho \frac{\partial \gamma}{\partial y}$ für ein unendlich kleines ϱ sich einer endlichen Grenze nähern oder unendlich werden.

Es lässt sich in diesem Fall ein Werth R von ϱ so annehmen, dass unterhalb desselben

$$\varrho^2 \int_0^{2\pi} \left[\left(\frac{\partial \gamma}{\partial x}\right)^2 + \left(\frac{\partial \gamma}{\partial y}\right)^2 \right] d\varphi$$

nicht 0 wird. Bezeichnen wir den kleinsten Werth dieser Grösse in diesem Intervall durch a, so wird der Beitrag eines zwischen $\varrho = R$ und $\varrho = r$ (wo $r < R$) enthaltenen Kreisrings zu L

$$\int_r^R d\varrho \int_0^{2\pi} \left[\left(\frac{\partial \gamma}{\partial x}\right)^2 + \left(\frac{\partial \gamma}{\partial y}\right)^2 \right] \varrho\, d\varphi > \int_r^R \frac{a}{\varrho}\, d\varrho > a\,(\log R - \log r)$$

und folglich, wenn man $r = Re^{-\frac{C}{a}}$ annimmt $> C$. Wählt man also zur Begrenzung von T' einen Kreis, wo $\varrho < Re^{-\frac{C}{a}}$, so wird der aus dem übrigen T stammende Theil von L und folglich L selbst, wie auch λ im Innern des Kreises angenommen werden möge, $> C$.

(Diese Untersuchung bezieht sich zwar zunächst auf einen Punkt, der kein Windungspunkt und kein Begrenzungspunkt ist, erleidet aber eine wesentliche Aenderung nur für einen Begrenzungspunkt, wo die Fläche eine Spitze, d. h. ihre Begrenzung einen Rückkehrpunkt hat. Die Bestimmung eines Grades der Unstetigkeit, welchen λ nicht erreichen kann, beruht indess auch hier auf denselben Principien und wir begnügen uns daher mit der Andeutung dieses Falles.)

Es liefert also, wenn der Flächentheil, wo λ und γ verschieden sind, unendlich klein wird, im Fall einer Unstetigkeitslinie T' selbst, im Fall eines Unstetigkeitspunktes der übrige Theil von T einen unendlichen Beitrag zu L, und unsere Behauptung ist daher, wenn die Unstetigkeit den hier vorausgesetzten Grad erreicht, gerechtfertigt. Ihre Gültigkeit in diesem Umfang genügt für uns und in der That wird sie für leichtere Unstetigkeiten unrichtig, wie z. B. wenn γ in der Entfernung ϱ des Punktes O vom Unstetigkeitspunkt $= \left(\log \frac{1}{\varrho}\right)^\mu$ und $\mu < \frac{1}{2}$ ist. Wir geben daher dem ersten Theil des Satzes im Art. 16. folgende Beschränkung: Das Integral Ω hat, $\omega = \alpha + \lambda$ gesetzt, entweder für eine der Functionen λ ein Minimum, oder λ nimmt, während Ω sich einem kleinsten Grenzwerth nähert doch nur in einzelnen Punkten eine Unstetigkeit an, bei welcher die Ordnung von $\frac{\partial \lambda}{\partial x}$, $\frac{\partial \lambda}{\partial y}$, wenn sie unendlich werden, die Einheit nicht erreicht.

Eine Unstetigkeit der Function ω, die durch Abänderung eines Werthes in einem Punkt hebbar ist, muss z. B. eintreten, wenn in der Fläche irgendwo ein Stich, also ein einzelner Begrenzungspunkt, wo $\lambda = 0$ sein müsste, angenommen würde.

II.

Ueber die Gesetze der Vertheilung von Spannungselectricität in ponderabeln Körpern, wenn diese nicht als vollkommene Leiter oder Nichtleiter, sondern als dem Enthalten von Spannungselectricität mit endlicher Kraft widerstrebend betrachtet werden.

(Amtlicher Bericht über die 31. Versammlung deutscher Naturforscher und Aerzte zu Göttingen im September 1854.*)

Mittelst der sinnreichen Werkzeuge für Spannungselectricität, welche Herr Prof. Kohlrausch in der gestrigen Sitzung dieser Section erwähnte, hat derselbe auch die Bildung des Rückstandes in der Leydener Flasche und in andern Apparaten zur Bindung von Electricität untersucht. Diese Erscheinung ist im Wesentlichen folgende: Wenn man eine Leydener Flasche, nachdem sie längere Zeit geladen gestanden hat, entladet und sie dann eine Zeit lang isolirt stehen lässt, so tritt nach einiger Zeit eine merkliche Ladung wieder auf. Sie führt zu der Annahme, dass bei der ersten Entladung nur ein Theil der geschiedenen Electricitätsmenge sich wieder vereinigte, ein Theil aber in der Flasche zurückblieb. Den ersten Theil nennt man die disponible Ladung, den zweiten den Rückstand. Die Genauigkeit der Messungen, welche Herr Prof. Kohlrausch über das Sinken der disponibeln Ladung und über das Wiederauftreten des Rückstandes angestellt hat, reizte mich, an derselben ein aus andern Gründen wahrscheinliches Gesetz zu prüfen, welches eine in der bisherigen Theorie der Spannungselectricität vorhandene Lücke ausfüllt.

Bekanntlich beziehen sich die mathematischen Untersuchungen über Spannungselectricität auf ihre Vertheilung in vollkommenen und völlig isolirten Leitern; man betrachtet also die ponderabeln Körper entweder als absolute Leiter oder als absolute Nichtleiter. Eine Folge davon ist, dass nach dieser Theorie sich beim Gleichgewicht die ge-

*) Vortrag gehalten am 21. Sept. 1854.

sammte Spannungselectricität nur an den Grenzflächen der Leiter und Isolatoren ansammelt. Zugestandenermassen aber ist dies eine blosse Fiction. In der Natur wird es weder einen Körper geben, in welchen durchaus keine Spannungselectricität eindringen kann, noch einen Körper, in welchem sich die gesammte Spannungselectricität auf eine mathematische Fläche zusammenziehen kann. Man muss vielmehr annehmen, dass die ponderabeln Körper dem Aufnehmen oder dem Enthalten von Spannungselectricität mit endlicher Kraft widerstreben, und zwar ist die Annahme, deren Consequenzen sich der Erfahrung gemäss zeigen, die, dass sie nicht dem electrisch Werden oder dem Aufnehmen von Spannungselectricität, sondern dem electrisch Sein oder dem Enthalten von Spannungselectricität widerstreben. Das Gesetz dieses Widerstrebens ist, je nach der dualistischen oder unitarischen Vorstellungsart, folgendes. Nach der dualistischen Vorstellungsart, nach welcher die Spannungselectricität der Ueberschuss der positiven Electricität über die negative ist, muss man in jedem Punkte des ponderabeln Körpers eine Ursache annehmen, welche mit einer der Dichtigkeit dieses Ueberschusses proportionalen Intensität die Dichtigkeit der Electricität gleichen Zeichens — derjenigen, welche im Ueberschuss vorhanden ist — zu vermindern und die der entgegengesetzten zu vermehren strebt. Nach der unitarischen Auffassungsweise, nach welcher die Spannungselectricität der Ueberschuss der in dem Körper enthaltenen Electricität über die ihm natürliche ist, muss man in jedem Punkte desselben eine Ursache annehmen, welche mit einer der Dichtigkeit dieses Ueberschusses proportionalen Intensität die Dichtigkeit der Electricität zu vermindern oder bei negativem Ueberschuss zu vermehren strebt. Ausser dieser Bewegungsursache hat man nun, wenn keine merklichen thermischen oder magnetischen oder voltainductorischen Wirkungen und Einflüsse stattfinden, und die ponderabeln Körper gegen einander ruhen, nur noch die dem Coulomb'schen Gesetz gemässe electromotorische Kraft in Rechnung zu ziehen. Unter denselben Umständen kann man für die Abhängigkeit der erfolgten Bewegung von den Bewegungsursachen Proportionalität zwischen electromotorischer Kraft und Stromintensität annehmen.

Um diese Bewegungsgesetze in Formeln auszudrücken, seien x, y, z rechtwinklige Coordinaten und im Punkte (x, y, z) zur Zeit t die Dichtigkeit der Spannungselectricität ϱ, und u der $4\pi^{\text{te}}$ Theil des Potentials der gesammten Spannungselectricität nach Gauss'scher Definition, nach welcher das Potential in einem bestimmten Punkte gleich ist dem Integral über sämmtliche Massen Spannungselectricität, jede dividirt durch die Entfernung von diesem Punkte. Die dem Coulomb'schen Gesetz gemässe electromotorische Kraft ist dann, nach den Richtungen der drei Axen zerlegt, proportional

$$-\frac{\partial u}{\partial x},\ -\frac{\partial u}{\partial y},\ -\frac{\partial u}{\partial z},$$

die von der Reaction des ponderabeln Körpers herrührende proportional

$$-\frac{\partial \varrho}{\partial x},\ -\frac{\partial \varrho}{\partial y},\ -\frac{\partial \varrho}{\partial z}.$$

Die Componenten der electromotorischen Kraft können also gleich gesetzt werden

$$-\frac{\partial u}{\partial x}-\beta^2\frac{\partial \varrho}{\partial x},\ -\frac{\partial u}{\partial y}-\beta^2\frac{\partial \varrho}{\partial y},\ -\frac{\partial u}{\partial z}-\beta^2\frac{\partial \varrho}{\partial z},$$

wo β^2 nur von der Natur des ponderabeln Körpers abhängt. Diesen sind nun die Componenten der Stromintensität proportional, sie sind also $= \alpha\xi$, $\alpha\eta$, $\alpha\zeta$, wenn man durch ξ, η, ζ die Componenten der Stromintensität und durch α eine von der Natur des ponderabeln Körpers abhängige Constante bezeichnet.

Verbindet man hiermit die phoronomische Gleichung

$$\frac{\partial \varrho}{\partial t}+\frac{\partial \xi}{\partial x}+\frac{\partial \eta}{\partial y}+\frac{\partial \zeta}{\partial z}=0,$$

welche man erhält, indem man die in das Raumelement $dx\,dy\,dz$ im Zeitelement dt einströmende Electricitätsmenge auf doppelte Weise ausdrückt, und die Gleichung

$$\frac{\partial^2 u}{\partial x^2}+\frac{\partial^2 u}{\partial y^2}+\frac{\partial^2 u}{\partial z^2}=-\varrho,$$

welche aus dem Begriffe des Potentials folgt, so erhält man, indem man erstere mit α multiplicirt und für ξ, η, ζ ihre Werthe setzt, die Gleichung

$$\alpha\frac{\partial \varrho}{\partial t}+\varrho-\beta^2\left\{\frac{\partial^2 \varrho}{\partial x^2}+\frac{\partial^2 \varrho}{\partial y^2}+\frac{\partial^2 \varrho}{\partial z^2}\right\}=0.$$

Diese giebt für u eine partielle Differentialgleichung, welche in Bezug auf t vom ersten, in Bezug auf die Raumcoordinaten vom vierten Grade ist, und um von einem bestimmten Zeitpunkte an u innerhalb des ponderabeln Körpers allenthalben vollständig zu bestimmen, werden ausser dieser Gleichung in jedem Punkte desselben Eine Bedingung für die Anfangszeit und für die Folge in jedem Oberflächenpunkte zwei Bedingungen erforderlich sein.

Ich werde nun die Consequenzen dieser Gesetze in einigen besonderen Fällen mit der Erfahrung vergleichen.

Für das Gleichgewicht (in einem System isolirter Leiter) ist

$$\frac{\partial u}{\partial x} + \beta^2 \frac{\partial \varrho}{\partial x} = 0, \; \frac{\partial u}{\partial y} + \beta^2 \frac{\partial \varrho}{\partial y} = 0, \; \frac{\partial u}{\partial z} + \beta^2 \frac{\partial \varrho}{\partial z} = 0$$

oder

$$u + \beta^2 \varrho = \text{Const.},$$

oder, da

$$-\varrho = \frac{\partial^2 u}{\partial x^2} + \frac{\partial^2 u}{\partial y^2} + \frac{\partial^2 u}{\partial z^2},$$

$$u - \beta^2 \left(\frac{\partial^2 u}{\partial x^2} + \frac{\partial^2 u}{\partial y^2} + \frac{\partial^2 u}{\partial z^2}\right) = \text{Const.}$$

Für die Stromausgleichung oder den Beharrungszustand der Vertheilung (im Schliessungsbogen constanter Ketten) ist

$$\frac{\partial \varrho}{\partial t} = 0$$

oder

$$\varrho - \beta^2 \left(\frac{\partial^2 \varrho}{\partial x^2} + \frac{\partial^2 \varrho}{\partial y^2} + \frac{\partial^2 \varrho}{\partial z^2}\right) = 0.$$

Wenn nun die Länge β gegen die Dimensionen des ponderabeln Körpers sehr klein ist, so nimmt u — Const. im erstern Falle und ϱ im zweiten von der Oberfläche ab sehr schnell ab und ist im Innern überall sehr klein, und zwar ändern sich diese Grössen mit dem Abstande p von der Oberfläche nahe wie $e^{-\frac{p}{\beta}}$. Dieser Fall wird bei den metallischen Leitern angenommen werden müssen; wird $\beta = 0$ gesetzt, so erhält man die bekannten Formeln für vollkommene Leiter.

Bei der Anwendung dieser Gesetze auf die Rückstandsbildung in der Leydener Flasche musste ich, da Angaben über die Dimensionen der Apparate fehlten, annehmen, dass die Dimensionen derselben gegen den Abstand der Belegungen als unendlich gross betrachtet werden dürften. Mit der Ausführung der Rechnung wage ich die verehrten Anwesenden nicht zu ermüden und begnüge mich das Resultat derselben anzugeben.

Aus den Messungen des Herrn Prof. Kohlrausch hatte sich ergeben, dass die disponible Ladung, als Function der Zeit betrachtet, nahe durch eine Parabel dargestellt wird, dass jedoch der Parameter der Parabel, welche sich der Ladungscurve am nächsten anschliesst, langsam abnimmt, so dass wenn man die anfängliche Ladung durch L_0, die zur Zeit t durch L_t bezeichnet, $\frac{L_0 - L_t}{\sqrt{t}}$ eine Grösse ist, welche mit wachsendem t allmählich abnimmt.

Dasselbe ergab sich auch aus der Rechnung, wenn angenommen wurde, dass sowohl α als β^2 beim Glase, wie dies von vorn herein zu erwarten war, sehr gross sei und als unendlich gross betrachtet werden dürfe, während ihr Quotient endlich bleibt. Eine schärfere Vergleichung der Rechnung mit den Beobachtungen habe ich nicht angestellt, namentlich aus dem Grunde, weil mir Angaben über die Dimensionen der Apparate und überhaupt alle Mittel fehlten, die wegen der Abweichungen von den Vorraussetzungen der Rechnung nöthigen Correctionen zu bestimmen. Es wäre eine solche namentlich zur Bestimmung der electrischen Constanten des Glases zu wünschen. Doch halte ich das hier aufgestellte Gesetz für die Vertheilung der Spannungselectricität für vollkommen durch die Messungen des Herrn Prof. Kohlrausch bestätigt.

Ich darf wohl noch in der Kürze die Anwendung dieses Gesetzes auf einen andern Gegenstand besprechen.

Bekanntlich wird die Fortpflanzung der galvanischen Ströme in metallischen Leitern und die in Folge derselben stattfindende Stromausgleichung bei constanten oder langsam sich ändernden electromotorischen Kräften durch die dabei auftretende Spannungselectricität bewirkt. Dieser Vorgang ist wegen seiner ungemein kurzen Dauer und den hinzukommenden thermischen und magnetischen Wirkungen nur in seinen Resultaten der experimentalen Forschung zugänglich, und die einzigen experimentellen Bestimmungen, welche wir darüber haben, sind die Messungen der Fortpflanzungsgeschwindigkeit in Telegraphendrähten und die Ohm'schen Gesetze der Stromausgleichung. Eine genauere Analyse der Ohm'schen Gesetze führt indess ebenfalls zu der hier gemachten Annahme, und ich wurde in der That dadurch zuerst auf sie geführt.

Ohm bestimmt die Stromvertheilung bei der Stromausgleichung durch folgende zwei Bedingungen:

1) Um die den wirklich erfolgten Stromintensitäten proportionalen electromotorischen Kräfte zu erhalten, muss man zu den äussern electromotorischen Kräften Kräfte hinzufügen, welche die Differentialquotienten Einer Function des Orts, der Spannung, sind.

2) Bei der Stromausgleichung strömt in jeden Theil des ponderabeln Leiters eben so viel Electricität ein als aus.

Ohm glaubte nun, dass die Spannung, diese Function des Orts, von welcher die inneren electromotorischen Kräfte die Differentialquotienten sind, von der Spannungselectricität so abhingen, dass sie ihrer Dichtigkeit proportional sei, welche Annahme in der That das Zustandekommen beider Bedingungen erklärt. Aber es haben schon, fast gleichzeitig, Herr Prof. Weber*) und Kirchhoff**) darauf aufmerksam

*) Abhandlungen d. k. sächs. Ges. d. W. 1852, I. S. 293.

**) Poggendorff's Annalen. Bd. 79, S. 506.

gemacht, dass dann die Electricität im Gleichgewicht sein müsste, wenn sie den ponderabeln Körper mit gleichmässiger Dichtigkeit erfüllte, während sie doch der Erfahrung nach beim Gleichgewicht auf der Oberfläche vertheilt ist. Die Spannung muss eine Function sein, welche beim Gleichgewicht im ganzen Leiter constant ist, und also vielmehr dem Potential der Spannungselectricität proportional sein, und diese innern electromotorischen Kräfte sind mit den dem Coulomb'schen Gesetz gemässen identisch.

Diese Ansicht über die Spannung wurde auch von den meisten Forschern angenommen. Dabei aber blieb es ununtersucht, durch welche Ursachen bei der Stromausgleichung die zweite Bedingung hergestellt wurde, dass in jedem ponderabeln Körpertheil die Electricitätsmenge constant bleibe.

Nach der dualistischen Auffassung muss sowohl die positive als die negative Electricitätsmenge constant bleiben; dass kein merklicher Ueberschuss Einer Electricität sich bilde, scheint man, wenigstens so lange man auf die Grössenverhältnisse nicht näher eingeht, aus der Anziehung der entgegengesetzten Electricitäten nach dem Coulomb'schen Gesetz erklären zu können, und man muss dann noch eine Ursache, dass die neutrale Electricität in jedem Körpertheil constant bleibe, also einen Druck des Ponderabile auf sie, annehmen. Diese Annahme habe ich auf Anregung des Herrn Prof. W e b e r schon vor mehreren Jahren der Rechnung zu unterwerfen gesucht, ohne zu einem befriedigenden Resultat zu gelangen.

Nach unitarischer Auffassung bedarf es nur einer Ursache, welche die in einem ponderabeln Körpertheil enthaltene Electricitätsmenge constant zu erhalten strebt. Man wird so geradeswegs zu der obigen Annahme geführt, dass jeder ponderabele Körper Electricität von bestimmter Dichtigkeit zu besitzen strebt und sowohl einem grösseren als einem geringeren erfüllt Sein widerstrebt. Das Gesetz dieses Widerstrebens kann man so annehmen, wie es sich für das Glas durch die Erfahrung bestätigt hat.

Diese Betrachtungen führen also dazu, die ursprüngliche Franklin'sche Auffassung der electrischen Erscheinungen als diejenige anzunehmen, welche man für das tiefere Eindringen in den Zusammenhang dieser Erscheinungen unter sich und mit andern Erscheinungen zu Grunde zu legen und der weitern Aus- und Umbildung nach den Geboten und Winken der Erfahrung zu unterwerfen hat.

Möchten sie in dem Kreise bewährter Forscher, vor denen ich sie zu entwickeln die Ehre hatte, einer nähern Prüfung werth gefunden werden.

III.

Zur Theorie der Nobili'schen Farbenringe.

(Aus Poggendorff's Annalen der Physik und Chemie. Bd. 95, 28. März 1855.)

Die Nobili'schen Farbenringe bilden ein schätzbares Mittel, die Gesetze der Stromverzweigung in einem durch Zersetzung leitenden Körper experimentell zu studiren. Die Erzeugungsweise dieser Ringe ist folgende. Man übergiesst eine Platte von Platin, vergoldetem Silber oder Neusilber mit einer Auflösung von Bleioxyd in concentrirter Kalilauge und lässt den Strom einer starken galvanischen Batterie durch die Spitze eines feinen in eine Glasröhre eingeschmolzenen Platindraths in die Flüssigkeitsschicht ein und durch die Platte austreten. Das Anion, Bleisuperoxyd nach Beetz, lagert sich dann auf der Metallplatte in einer zarten durchsichtigen Schicht ab, welche je nach der Entfernung vom Eintrittspunkte des Stroms verschiedene Dicke besitzt, so dass die Platte nach Entfernung der Flüssigkeit Newton'sche Farbenringe zeigt. Aus diesen Farbenringen lässt sich dann die relative Dicke der Schicht in verschiedenen Entfernungen bestimmen und hieraus mittelst des Faraday'schen Gesetzes, nach welchem die Menge der abgeschiedenen Substanz der durchgegangenen Elektricitätsmenge allenthalben proportional sein muss, die Stromvertheilung beim Austritt aus der Flüssigkeit ableiten.

Der erste Versuch, die Stromvertheilung durch Rechnung zu bestimmen und das gefundene Resultat mit der Erfahrung zu vergleichen, ist von E. Becquerel gemacht worden. Derselbe hat vorausgesetzt, dass die Ausdehnung der Flüssigkeitsschicht gegen ihre Dicke als unendlich gross betrachtet werden dürfe, der Strom durch einen Punkt ihrer Oberfläche eintrete und sich nach den Ohm'schen Gesetzen in derselben ausbreite. Er glaubt nun bei diesen Voraussetzungen ohne merklichen Fehler die Strömungscurven als gerade Linien betrachten zu können und leitet aus dieser Annahme das Gesetz ab, dass die Dicke der niedergeschlagenen Schicht dem Abstande vom Eintrittspunkte umgekehrt proportional sein müsste, welches Gesetz er experimentell bestätigt habe.

Herr Du-Böis-Reymond hat dagegen in einem vor der physikalischen Gesellschaft zu Berlin gehaltenen Vortrage gezeigt, dass bei Voraussetzung gerader Strömungslinien die Dicke der in ihrem Endpunkte abgeschiedenen Substanz vielmehr dem Cubus ihrer Länge umgekehrt proportional sich ergiebt und dadurch Herrn Beetz zu einer Reihe von dem Anschein nach bestätigenden Versuchen veranlasst, welche in Poggendorff's Annalen Bd. 71, S. 71 beschrieben sind und viel Vertrauen erwecken.

Die genaue Rechnung indessen lehrt, dass die Voraussetzung gerader Strömungslinien unzulässig ist und ein ganz falsches Resultat liefert. Allerdings sind die Strömungslinien, wenigstens bei grösserer Entfernung ihres Austrittspunktes (da sie zwischen zwei sehr nahen Parallel-Linien liegen und höchstens einen Wendepunkt besitzen), in dem mittleren Theile ihres Laufes in beträchtlicher Ausdehnung sehr wenig gekrümmt; hieraus aber darf man keineswegs schliessen, dass sie ohne merklichen Fehler durch gerade von ihrem Eintrittspunkte nach ihrem Austrittspunkte gehende Linien ersetzt werden können. Ich werde zunächst die bei genauer Rechnung aus den Voraussetzungen der Herren E. Becquerel und Du-Bois-Reymond fliessenden Folgerungen entwickeln und schliesslich auf die Versuche des Herrn Beetz zurückzukommen mir erlauben.

Ich nehme an, dass der Eintritt des Stromes in die durch zwei horizontale Ebenen begrenzte Flüssigkeitsschicht in einem Punkte stattfinde, und bezeichne für einen Punkt derselben den Horizontalabstand vom Einströmungspunkt durch r, die Höhe über der unteren Grenzfläche durch z, die Erhebung seiner Spannung über die Spannung an der oberen Seite dieser Grenzfläche durch u. Ferner sei die Stärke des ganzen Stromes S, der specifische Leitungswiderstand der Flüssigkeit w, im Einströmungspunkt $z = \alpha$, an der Oberfläche $z = \beta$. Es muss nun u als Function von r und z bestimmt werden; die Stromintensität im Punkte (r, o), welcher nach dem Faraday'schen Gesetz die gesuchte Dicke der dort niedergeschlagenen Schicht proportional sein muss, ist dann gleich dem Werthe von $\frac{1}{w}\frac{\partial u}{\partial z}$ in diesem Punkte.

Wird zunächst vorausgesetzt, dass die Ausdehnung der Flüssigkeitsschicht gegen ihre Dicke als unendlich gross betrachtet werden dürfe, so sind die Bedingungen zur Bestimmung von u

(1.) für $-\infty < r < \infty,\ 0 < z < \beta,$

$$\frac{\partial^2 u}{\partial r^2} + \frac{1}{r}\frac{\partial u}{\partial r} + \frac{\partial^2 u}{\partial z^2} = 0;$$

(2.) für $-\infty < r < \infty,\ z = 0,\qquad u = 0;$

(3.) für $-\infty < r < \infty,\ z = \beta,\qquad \frac{\partial u}{\partial z} = 0;$

(4.) für $r = \pm\infty,\ 0 < z \leq \beta,\qquad u$ endlich;

(5.) für $r = 0,\ z = \alpha,$

$$\left.\begin{aligned} u &= \frac{wS}{4\pi}\frac{1}{\sqrt{rr + (z-\alpha)^2}} \\ \text{oder } &= \frac{wS}{2\pi}\frac{1}{\sqrt{rr + (z-\alpha)^2}} \end{aligned}\right\} + \text{einer}$$

stetigen Function von r, z, je nachdem der Einströmungspunkt im Innern oder in der Oberfläche liegt.

Diesen Bedingungen genügt

$$u = \frac{Sw}{4\pi}\sum_{-\infty,\infty}(-1)^m\left(\frac{1}{\sqrt{rr + (z + 2m\beta - \alpha)^2}} - \frac{1}{\sqrt{rr + (z + 2m\beta + \alpha)^2}}\right)$$

oder wenn man zur Vereinfachung $S = \frac{4\pi}{w}$ annimmt:

$$u = \sum_{-\infty,\infty}(-1)^m\left(\frac{1}{\sqrt{rr + (z + 2m\beta - \alpha)^2}} - \frac{1}{\sqrt{rr + (z + 2m\beta + \alpha)^2}}\right).$$

Setzt man $u = a_1 \sin\frac{\pi z}{2\beta} + a_2 \sin 2\frac{\pi z}{2\beta} + a_3 \sin 3\frac{\pi z}{2\beta} + \ldots$, so wird für ein gerades n der Coefficient $a_n = 0$ und für ein ungerades

$$\beta a_n = \int_0^{2\beta}\sin n\frac{\pi t}{2\beta}\sum_{-\infty,\infty}(-1)^m\left(\frac{dt}{\sqrt{rr + (t + 2m\beta - \alpha)^2}} - \frac{dt}{\sqrt{rr + (t + 2m\beta + \alpha)^2}}\right)$$

$$= \int_{-\infty}^{\infty}\left(\sin n\frac{\pi}{2\beta}(t+\alpha) - \sin n\frac{\pi}{2\beta}(t-\alpha)\right)\frac{dt}{\sqrt{rr + tt}}$$

$$= 2\sin n\frac{\pi\alpha}{2\beta}\int_{-\infty}^{\infty}\cos n\frac{\pi t}{2\beta}\frac{dt}{\sqrt{rr - tt}} = 2\sin n\frac{\pi\alpha}{2\beta}\int_{-\infty}^{\infty}\frac{e^{n\frac{\pi}{2\beta}ti}\,dt}{\sqrt{rr + tt}}.$$

In letzterem Integral kann statt $\int_{-\infty}^{\infty}$ auch $2\int_{ri}^{\infty i}$ geschrieben werden.

Führt man für t als Veränderliche tri ein, so erhält man

$$a_n = \frac{4 \sin n \frac{\pi}{2\beta} \alpha}{\beta} \int_1^\infty \frac{e^{-n\frac{\pi}{2\beta} r t} dt}{\sqrt{tt-1}},$$

also

$$u = \Sigma \sin n \frac{\pi}{2\beta} z \frac{4 \sin n \frac{\pi}{2\beta} \alpha}{\beta} \int_1^\infty \frac{e^{-n\frac{\pi}{2\beta} r t} dt}{\sqrt{tt-1}},$$

über alle positiven ungeraden Werthe von n ausgedehnt.

Nimmt man an, dass die Flüssigkeit bei $r = c$ begrenzt sei und zwar beispielshalber durch einen Nichtleiter, so muss für $r = c$ $\frac{\partial u}{\partial r} = 0$ werden und also zu dem oben erhaltenen Werth von u, der durch u' bezeichnet werden möge, noch eine Function u'' hinzugefügt werden, welche folgenden Bedingungen genügt

(1.) für $-c < r < c,\ 0 < z < \beta$,

$$\frac{\partial^2 u''}{\partial r^2} + \frac{1}{r}\frac{\partial u''}{\partial r} + \frac{\partial^2 u''}{\partial z^2} = 0;$$

(2.) für $-c < r < c,\ z = 0$, $\qquad u'' = 0;$

(3.) für $-c < r < c,\ z = \beta$, $\qquad \frac{\partial u''}{\partial z} = 0;$

(4.) für $r = \pm c,\ 0 < z < \beta$, $\qquad \frac{\partial u''}{\partial r} = -\frac{\partial u'}{\partial r},$

und überall stetig ist.

Den Bedingungen (1.) bis (3.) zufolge muss u'' ebenfalls in der Form

$$b_1 \sin \frac{\pi}{2\beta} z + b_3 \sin 3 \frac{\pi}{2\beta} z + b_5 \sin 5 \frac{\pi}{2\beta} z + \dots$$

darstellbar sein, und zwar fliesst aus (1.) für b_n die Bedingung

$$\frac{d^2 b_n}{dr^2} + \frac{1}{r}\frac{d b_n}{dr} - \frac{nn\pi\pi}{4\beta\beta} b_n = 0.$$

Eine particuläre Lösung dieser Gleichung ist, wie schon bekannt, $\int_1^\infty \frac{e^{-n\frac{\pi}{2\beta} r t} dt}{\sqrt{tt-1}}$; eine andere erhält man, wenn man dasselbe Integral zwischen -1 und 1 nimmt; die allgemeinste ist also, wenn c_n und γ_n Constanten bedeuten,

$$b_n = c_n \int_1^\infty \frac{e^{-n\frac{\pi}{2\beta} r t} dt}{\sqrt{tt-1}} + \gamma_n \int_{-1}^1 \frac{e^{-n\frac{\pi}{2\beta} r t} dt}{\sqrt{1-tt}}$$

oder wenn man

$$\int_1^\infty \frac{e^{-2qt}\,dt}{\sqrt{tt-1}} \text{ durch } f(q), \quad \int_{-1}^1 \frac{e^{-2qt}\,dt}{\sqrt{1-tt}} \text{ durch } \varphi(q)$$

bezeichnet:

$$b_n = c_n f\left(n\frac{\pi}{4\beta}r\right) + \gamma_n \varphi\left(n\frac{\pi}{4\beta}r\right).$$

Die Entwicklung nach steigenden Potenzen von q giebt

$$f(q) = \sum_{0,\,\infty} \frac{q^{2m}}{m!\,m!}(\Psi(m) - \log q)$$

$$\varphi(q) = \pi \sum_{0,\,\infty} \frac{q^{2m}}{m!\,m!};$$

es wird also $f(q)$ für $q = 0$ unendlich und damit u'' für $r = 0$ stetig bleibe, muss $c_n = 0$ sein; γ_n ergiebt sich dann aus (4.) gleich

$$-\frac{4\sin n\frac{\pi}{2\beta}\alpha}{\beta}\frac{f'\left(n\frac{\pi}{4\beta}c\right)}{\varphi'\left(n\frac{\pi}{4\beta}c\right)},$$

mithin

$$u = \Sigma^n \sin n\frac{\pi}{2\beta}z\,\frac{4\sin n\frac{\pi}{2\beta}\alpha}{\beta}\left\{f\left(n\frac{\pi}{4\beta}r\right) - \varphi\left(n\frac{\pi}{4\beta}r\right)\frac{f'\left(n\frac{\pi}{4\beta}c\right)}{\varphi'\left(n\frac{\pi}{4\beta}c\right)}\right\},$$

über alle positiven ungeraden Werthe von n ausgedehnt.

Zur Berechnung von $f(q)$ und $\varphi(q)$ können für grosse Werthe von q die halbconvergenten Reihen

$$f(q) = e^{-2q}\sqrt{\frac{\pi}{4q}}\sum_{m<4q+1}(-1)^m\frac{(1\,.\,3\,\ldots\,\overline{2m-1})^2}{m!\,(16q)^m},$$

$$\varphi(q) = e^{2q}\sqrt{\frac{\pi}{4q}}\sum_{m<4q+1}\frac{(1\,.\,3\,\ldots\,\overline{2m-1})^2}{m!\,(16q)^m}$$

benutzt werden, welche indess ihren Werth nur bis auf Bruchtheile von der Ordnung der Grösse e^{-4q} geben; genügt diese Genauigkeit nicht, so ist es wohl am zweckmässigsten die Entwicklungen nach steigenden Potenzen von q anzuwenden.

Für hinreichend grosse Werthe von $\frac{r}{\beta}$ erhält man also mit Vernachlässigung von Grössen von der Ordnung der Grösse $e^{-3\frac{\pi}{2\beta}r}$

$$u = \sin\frac{\pi z}{2\beta}\,\frac{4\sin\frac{\pi\alpha}{2\beta}}{\beta}\sqrt{\frac{\beta}{r}}\left\{e^{-\frac{\pi r}{2\beta}}\sum\frac{(1\,.\,3\,\ldots\,\overline{2m-1})^2}{m!}\left(-\frac{\beta}{4\pi r}\right)^m\right.$$

$$-\sum \frac{(1\,.\,3\,.\,.\,.\,\overline{2m-1})^2}{m!}\left(\frac{\beta}{4\pi r}\right)^m e^{\frac{\pi}{2\beta}(r-2c)} \times$$

$$\left.\frac{\sum \frac{(1\,.\,3\,.\,.\,.\,\overline{2m-1})^2\,(2m+1)}{m!\,(2m-1)}\left(-\frac{\beta}{4\pi c}\right)^m}{\sum \frac{(1\,.\,3\,.\,.\,.\,\overline{2m-1})^2\,(2m+1)}{m!\,(2m-1)}\left(\frac{\beta}{4\pi c}\right)^m}\right\}$$

und die Dicke der Schicht proportional $\left(\frac{\partial u}{\partial z}\right)_0$ oder proportional

$$\frac{e^{-\frac{\pi r}{2\beta}}}{\sqrt{r}}\sum \frac{(1\,.\,3\,.\,.\,.\,\overline{2m-1})^2}{m!}\left(-\frac{\beta}{4\pi r}\right)^m$$

$$-\frac{e^{\frac{\pi}{2\beta}(r-2c)}}{\sqrt{r}}\sum \frac{(1\,.\,3\,.\,.\,.\,\overline{2m-1})^2}{m!}\left(\frac{\beta}{4\pi r}\right)^m \times$$

$$\frac{\sum \frac{(1\,.\,3\,.\,.\,.\,\overline{2m-1})^2\,(2m+1)}{m!\,(2m-1)}\left(-\frac{\beta}{4\pi c}\right)^m}{\sum \frac{(1\,.\,3\,.\,.\,.\,\overline{2m-1})^2\,(2m+1)}{m!\,(2m-1)}\left(\frac{\beta}{4\pi c}\right)^m}$$

Dieses Resultat bleibt im Allgemeinen auch richtig, wenn statt des Einströmungspunktes eine beliebige Umdrehungsfläche als Kathode angenommen wird; denn für Werthe von r zwischen c und demjenigen Werthe, bis zu welchem die Bedingungen (1.) bis (3.) gültig bleiben, muss u auch dann durch eine Reihe von der Form

$$u = \Sigma K_n \sin n\frac{\pi z}{2\beta}\left\{ f\left(n\frac{\pi r}{4\beta}\right) - \varphi\left(n\frac{\pi r}{4\beta}\right)\frac{f'\left(n\frac{\pi c}{4\beta}\right)}{\varphi'\left(n\frac{\pi c}{4\beta}\right)}\right\}$$

dargestellt werden. Eine Ausnahme würde nur eintreten, wenn $K_1 = 0$ würde.

Die von Herrn E. Becquerel gemachte und von Herrn Du-Bois-Reymond im Wesentlichen beibehaltene specielle Voraussetzung ist die, dass die Kathode ein Punkt der Oberfläche, also $\alpha = \beta$ sei; in diesem Falle ist, wie die geführte Rechnung zeigt, die Dicke der Schicht für grosse Werthe von $\frac{r}{\alpha}$ weder der Entfernung vom Einströmungspunkte, wie Herr Becquerel, noch ihrem Cubus, wie Herr Du-Bois-Reymond gefunden hat, umgekehrt proportional, sondern sie nimmt mit wachsenden $\frac{r}{\alpha}$ vielmehr ab, wie eine Potenz mit dem Exponenten

$\frac{r}{\alpha}$, so dass $\frac{\alpha \log \left(\frac{\partial u}{\partial z}\right)_0}{r}$ sich einem festen Grenzwerthe $-\frac{\pi}{2}$ schliesslich bis zu jedem Grade nähert. Dagegen ist das Gesetz des Herrn Du-Bois-Reymond nicht bloss näherungsweise für grosse Werthe von $\frac{r}{\alpha}$, sondern strenge richtig, wenn $\beta = \infty$ ist, da sich alsdann

$$u = \sum_{-\infty,\infty} (-1)^m \left(\frac{1}{\sqrt{rr + (z + 2m\beta - \alpha)^2}} - \frac{1}{\sqrt{rr + (z + 2m\beta + \alpha)^2}}\right)$$

auf

$$\frac{1}{\sqrt{rr + (z-\alpha)^2}} - \frac{1}{\sqrt{rr + (z+\alpha)^2}}$$

und folglich

$$\left(\frac{\partial u}{\partial z}\right)_0 \text{ auf } \frac{2\alpha}{\sqrt{rr + \alpha\alpha}^3}$$

reducirt. Die Vermuthung aber, aus welcher derselbe dieses Resultat abgeleitet hat, dass nämlich die Strömungslinien als gerade betrachtet werden dürften, bestätigt sich keineswegs. Die Gleichung der Strömungslinien ist

$$\int \left(r \frac{\partial u}{\partial z} dr - r \frac{\partial u}{\partial r} dz\right) = v = \text{const.},$$

und zwar ist die Constante, multiplicirt mit $\frac{2\pi}{w}$, wenn man das Integral so nimmt, dass es für $r = 0$ verschwindet, gleich dem innerhalb der Umdrehungsfläche (v = const) fliessenden Theile des Stromes. In unserem Falle also sind die Strömungslinien die in der Gleichung

$$v = 2 - \frac{z+\alpha}{\sqrt{rr + (z+\alpha)^2}} + \frac{z-\alpha}{\sqrt{rr + (z-\alpha)^2}} = \text{const.}$$

enthaltenen Linien, welche Linien für alle grösseren Werthe der const. beträchtlich von einer geraden abweichen. Da Herr Du-Bois-Reymond zwar die Annahme macht, dass der Einströmungspunkt in der Oberfläche liege, seine ferneren Schlüsse aber nicht wesentlich auf diese Annahme stützt, so liegt wohl die Vermuthung nahe, dass bei den Versuchen des Herrn Beetz, welche eine nicht zu verkennende Annäherung an das Gesetz der Cuben ergeben, die Forderung des Herrn Du-Bois-Reymond, dass die Oberfläche der Flüssigkeit durch den Einströmungspunkt gehe, nicht berücksichtigt worden ist, sondern dass Herr Beetz, was zweckmässiger sein dürfte, grössere Flüssigkeitsmengen anwandte, so dass in der Reihe für $\left(\frac{\partial u}{\partial z}\right)_0$

$$\sum_{0,\infty} (-1)^m \left(\frac{2m\beta + \alpha}{\sqrt{rr + (2m\beta + \alpha)^2}^3} - \frac{2m\beta - \alpha}{\sqrt{rr + (2m\beta - \alpha)^2}^3}\right)$$

die späteren Glieder oder doch ihre Summe gegen das erste vernachlässigt werden konnten. In diesem Falle würden die hübschen Versuche des Herrn Beetz wirklich als ein Beweis anzusehen sein, dass die Stromvertheilung nahezu nach den vorausgesetzten Gesetzen erfolgt. Sollte aber diese Vermuthung irrig sein, so wäre aus Herrn Beetz's Versuchen zu schliessen, dass noch andere Umstände bei der Berechnung der Stromvertheilung in Betracht zu ziehen sind, deren Ermittlung einer neuen experimentellen Untersuchung obliegen würde.*)

*) In einer späteren Abhandlung (Poggendorff's Annalen Bd. 95. p. 22) ist Herr Beetz auf diesen Gegenstand zurückgekommen. Es ergiebt sich daraus zunächst, dass bei den Versuchen von Beetz die Einströmungsstelle immer unmittelbar an der Oberfläche der Flüssigkeit lag und mithin die Vermuthung von Riemann irrig ist. Es ist aber gleichwohl nicht nothwendig, nach anderen Umständen zu suchen, welche die Gesetze der Stromvertheilung beeinflussen könnten, da das theoretische Resultat von Riemann mit den Versuchen in noch vollständigerer Uebereinstimmung steht als das von Du-Bois-Reymond, wie aus den in der erwähnten Abhandlung enthaltenen Zusammenstellungen zu ersehen ist. W.

IV.

Beiträge zur Theorie der durch die Gauss'sche Reihe $F(\alpha, \beta, \gamma, x)$ darstellbaren Functionen.

(Aus dem siebenten Bande der Abhandlungen der Königlichen Gesellschaft der Wissenschaften zu Göttingen. 1857.)

Die Gauss'sche Reihe $F(\alpha, \beta, \gamma, x)$, als Function ihres vierten Elements x betrachtet, stellt diese Function nur dar, so lange der Modul von x die Einheit nicht überschreitet. Um diese Function in ihrem ganzen Umfange, bei unbeschränkter Veränderlichkeit dieses ihres Arguments, zu untersuchen, bieten die bisherigen Arbeiten über dieselbe zwei Wege dar. Man kann nämlich entweder von einer lineären Differentialgleichung welcher sie genügt ausgehen, oder von ihrem Ausdrucke durch bestimmte Integrale. Jeder dieser Wege gewährt eigenthümliche Vortheile; jedoch ist bis jetzt, in der reichhaltigen Abhandlung von Kummer im 15. Bande des mathematischen Journals von Crelle und auch in den noch unveröffentlichten Untersuchungen von Gauss*), nur der erste betreten, wohl hauptsächlich desshalb, weil die Rechnung mit bestimmten Integralen zwischen complexen Grenzen noch zu wenig ausgebildet war, oder doch nicht als einem grossen Leserkreise geläufig vorausgesetzt werden konnte.

In der folgenden Abhandlung habe ich diese Transcendente nach einer neuen Methode behandelt, welche im Wesentlichen auf jede Function, die einer lineären Differentialgleichung mit algebraischen Coefficienten genügt, anwendbar bleibt. Nach derselben lassen sich die früher zum Theil durch ziemlich mühsame Rechnung gefundenen Resultate fast unmittelbar aus der Definition ableiten, und dies ist in dem hier vorliegenden Theile dieser Abhandlung geschehen, hauptsächlich in der Absicht für die vielfachen Anwendungen dieser Function in physikalischen und astronomischen Untersuchungen eine bequeme Uebersicht über ihre möglichen Darstellungen zu geben. Es ist nöthig, einige allgemeine Vorbemerkungen über die Betrachtung einer Function bei unbeschränkter Veränderlichkeit ihres Arguments voraufzuschicken.

---

*) Gauss Werke. Bd. III 1866. S. 207. W.

Betrachtet man den Werth der unabhängig veränderlichen Grösse $x = y + zi$ zur leichteren Auffassung ihrer Veränderlichkeit als vertreten durch einen Punkt einer unendlichen Ebene, dessen rechtwinklige Coordinaten y, z sind, und denkt sich die Function w in einem Theile dieser Ebene gegeben, so kann sie von dort aus nach einem leicht zu beweisenden Satze nur auf eine Weise der Gleichung $\frac{\partial w}{\partial z} = i \frac{\partial w}{\partial y}$ gemäss stetig fortgesetzt werden. Diese Fortsetzung muss selbstredend nicht in blossen Linien geschehen, worauf eine partielle Differentialgleichung nicht angewandt werden könnte, sondern in Flächenstreifen von endlicher Breite. Bei Functionen, welche, wie die hier zu untersuchende, „mehrwerthig" sind oder für denselben Werth von x je nach dem Wege, auf welchem die Fortsetzung geschehen ist, mehrere Werthe annehmen können, giebt es gewisse Punkte der x-Ebene, um welche herum sich die Function in eine andere fortsetzt, wie z. B. bei $\sqrt{(x-a)}$, $\log(x-a)$, $(x-a)^{\mu}$, wenn μ keine ganze Zahl ist, der Punkt a. Wenn man von diesem Punkte a aus sich eine beliebige Linie gezogen denkt, so kann der Werth der Function in der Umgebung von a so gewählt werden, dass er sich ausserhalb dieser Linie überall stetig ändert; sie nimmt aber dann zu beiden Seiten dieser Linie verschiedene Werthe an, so dass die Fortsetzung der Function über diese Linie hinüber eine von der jenseits schon vorhandenen verschiedene Function giebt.

Zur Erleichterung des Ausdrucks sollen die verschiedenen Fortsetzungen Einer Function für denselben Theil der x-Ebene „Zweige" dieser Function genannt werden und ein Werth von x, um welchen herum sich ein Zweig einer Function in einen andern fortsetzt, ein „Verzweigungswerth"; für einen Werth, in welchem keine Verzweigung stattfindet, heisst die Function „einändrig oder monodrom".

1.

Ich bezeichne durch

$$P\left\{\begin{matrix} a & b & c & \\ \alpha & \beta & \gamma & x \\ \alpha' & \beta' & \gamma' & \end{matrix}\right\}$$

eine Function von x, welche folgende Bedingungen erfüllt:

1. Sie ist für alle Werthe von x ausser a, b, c einändrig und endlich.

2. Zwischen je drei Zweigen dieser Function P', P'', P''' findet eine lineäre homogene Gleichung mit constanten Coefficienten Statt,

$$c' P' + c'' P'' + c''' P''' = 0.$$

3. Die Function lässt sich in die Formen

$$c_\alpha P^{(\alpha)} + c_{\alpha'} P^{(\alpha')},\ c_\beta P^{(\beta)} + c_{\beta'} P^{(\beta')},\ c_\gamma P^{(\gamma)} + c_{\gamma'} P^{(\gamma')}$$

mit constanten $c_\alpha, c_{\alpha'}, \ldots, c_{\gamma'}$ setzen, so dass

$$P^{(\alpha)}(x-a)^{-\alpha},\ P^{(\alpha')}(x-a)^{-\alpha'}$$

für $x = a$ einändrig bleiben und weder Null noch unendlich werden, und ebenso $P^{(\beta)}(x-b)^{-\beta}$, $P^{(\beta')}(x-b)^{-\beta'}$ für $x = b$ und $P^{(\gamma)}(x-c)^{-\gamma}$, $P^{(\gamma')}(x-c)^{-\gamma'}$ für $x = c$. In Betreff der sechs Grössen $\alpha, \alpha', \ldots, \gamma'$ wird vorausgesetzt, dass keine der Differenzen $\alpha - \alpha'$, $\beta - \beta'$, $\gamma - \gamma'$ eine ganze Zahl und die Summe aller, $\alpha + \alpha' + \beta + \beta' + \gamma + \gamma' = 1$ sei.

Wie mannigfaltig die Functionen seien, welche diesen Bedingungen genügen, bleibt vorläufig unentschieden und wird sich im Laufe der Untersuchung (Art. 4.) ergeben. Zu grösserer Bequemlichkeit des Ausdrucks werde ich x die Veränderliche, a, b, c den ersten, zweiten, dritten Verzweigungswerth und α, α'; β, β'; γ, γ das erste, zweite, dritte Exponentenpaar der P-function nennen.

2.

Zunächst einige unmittelbare Folgerungen aus der Definition.

In der Function $P\begin{Bmatrix} a & b & c & \\ \alpha & \beta & \gamma & x \\ \alpha' & \beta' & \gamma' & \end{Bmatrix}$ können die drei ersten Vertikalreihen beliebig unter einander vertauscht werden, sowie auch α mit α', β mit β', γ mit γ'. Es ist ferner

$$P\begin{Bmatrix} a & b & c & \\ \alpha & \beta & \gamma & x \\ \alpha' & \beta' & \gamma' & \end{Bmatrix} = P\begin{Bmatrix} a' & b' & c' & \\ \alpha & \beta & \gamma & x' \\ \alpha' & \beta' & \gamma' & \end{Bmatrix},$$

wenn man für x' einen rationalen Ausdruck ersten Grades von x setzt, der für $x = a, b, c$ die Werthe a', b', c' annimmt.

Für $P\begin{Bmatrix} 0 & \infty & 1 & \\ \alpha & \beta & \gamma & x \\ \alpha' & \beta' & \gamma' & \end{Bmatrix}$, auf welche Function sich demzufolge alle P-functionen mit denselben $\alpha, \alpha', \ldots, \gamma'$ zurückführen lassen, werde ich zur Abkürzung auch blos $P\begin{pmatrix} \alpha & \beta & \gamma & \\ \alpha' & \beta' & \gamma' & x \end{pmatrix}$ setzen.

In einer solchen Function können also von den Grössen α, α'; β, β'; γ, γ' die Grössen jedes Paars unter sich, sowie auch die drei Grössenpaare beliebig mit einander vertauscht werden, wenn man nur in der sich ergebenden P-function als Veränderliche einen rationalen Ausdruck ersten Grades von x substituirt, welcher für die zum ersten, zweiten, dritten Exponentenpaar dieser Function gehörigen Werthe von x die Werthe 0, ∞, 1 annimmt. Auf diese Weise erhält man die Function $P\begin{pmatrix}\alpha & \beta & \gamma & \\ \alpha' & \beta' & \gamma' & x\end{pmatrix}$ ausgedrückt durch P-functionen mit den Veränderlichen x, $1-x$, $\frac{1}{x}$, $1-\frac{1}{x}$, $\frac{x}{x-1}$, $\frac{1}{1-x}$ und denselben Exponenten in anderer Ordnung.

Aus der Definition folgt ferner:

$$P\begin{Bmatrix}a & b & c & \\ \alpha & \beta & \gamma & x \\ \alpha' & \beta' & \gamma' & \end{Bmatrix}\left(\frac{x-a}{x-b}\right)^\delta = P\begin{Bmatrix}a & b & c & \\ \alpha+\delta & \beta-\delta & \gamma & x \\ \alpha'+\delta & \beta'-\delta & \gamma' & \end{Bmatrix},$$

also auch

$$x^\delta (1-x)^\varepsilon P\begin{pmatrix}\alpha & \beta & \gamma & \\ \alpha' & \beta' & \gamma' & x\end{pmatrix} = P\begin{pmatrix}\alpha+\delta & \beta-\delta-\varepsilon & \gamma+\varepsilon & \\ \alpha'+\delta & \beta'-\delta-\varepsilon & \gamma'+\varepsilon & x\end{pmatrix}.$$

Durch diese Umformung können zwei Exponenten verschiedener Paare beliebig gegebene Werthe erhalten und als Werthe der Exponenten, da zwischen ihnen die Bedingung $\alpha+\alpha'+\beta+\beta'+\gamma+\gamma'=1$ stattfindet, jedwede andere eingeführt werden, für welche die drei Differenzen $\alpha-\alpha'$, $\beta-\beta'$, $\gamma-\gamma'$ dieselben sind. Aus diesem Grunde werde ich später zur Erleichterung der Uebersicht durch

$$P(\alpha-\alpha', \beta-\beta', \gamma-\gamma', x)$$

sämmtliche in der Form $x^\delta (1-x)^\varepsilon P\begin{pmatrix}\alpha & \beta & \gamma & \\ \alpha' & \beta' & \gamma' & x\end{pmatrix}$ enthaltenen Functionen bezeichnen.

3.

Es ist jetzt vor allen Dingen nöthig, den Verlauf der Function etwas genauer zu untersuchen. Zu diesem Ende denke man sich durch sämmtliche Verzweigungspunkte der Function eine in sich zurücklaufende Linie l gezogen, welche die Gesammtheit der complexen Werthe in zwei Grössengebiete scheidet. Innerhalb jedes von ihnen wird alsdann jeder Zweig der Function stetig und von den übrigen gesondert verlaufen; längs der gemeinschaftlichen Grenzlinie aber werden zwischen den Zweigen des einen und des andern Gebiets in verschiedenen Begrenzungstheilen verschiedene Relationen stattfinden. Zu ihrer bequemeren Darstellung werde ich die mittelst des Coefficientensystems $S = \begin{pmatrix}p, & q\\ r, & s\end{pmatrix}$ aus den Grössen t, u gebildeten linearen Ausdrücke $pt+qu$, $rt+su$ durch $(S)(t, u)$ bezeichnen. Es möge ferner nach Analogie der von Gauss vorgeschlagenen Benennung „positiv laterale Einheit" für $+i$ als „positive" Seitenrichtung zu einer gegebenen Richtung diejenige bezeichnet werden, welche zu ihr ebenso liegt, wie $+i$ zu 1 (also bei der üblichen Darstellungsweise der complexen Grössen die linke). Demgemäss macht x einen „positiven Umlauf um einen Verzweigungswerth a“, wenn es sich durch die ganze Begrenzung eines nur diesen und keinen andern Verzweigungswerth enthaltenden Grössengebiets in einer gegen die Richtung von Innen nach Aussen positiv liegenden Richtung bewegt. Es gehe nun die Linie l der Reihe nach durch die Punkte $x = c$, $x = b$, $x = a$, und in dem auf ihrer positiven Seite liegenden Gebiete seien P', P'' zwei in keinem constanten Verhältnisse stehende Zweige der Function P. Jeder andere Zweig P''' lässt sich dann, da in der vorausgesetztermassen stattfindenden Gleichung $c' P' + c'' P'' + c''' P''' = 0$ c''' nicht verschwinden kann, lineär und mit constanten Coefficienten in P' und P'' ausdrücken. Nimmt man nun an, dass P', P'' durch einen positiven Umlauf der Grösse x um a in $(A)(P', P'')$, um b in $(B)(P', P'')$, um c in $(C)(P', P'')$ übergehe, so wird durch die Coefficienten der Systeme (A), (B), (C) die Periodicität der Function völlig bestimmt sein. Zwischen diesen finden aber noch Relationen Statt. Wenn nämlich x das negative Ufer der Linie l durchläuft, so müssen die Functionen P', P'' die vorigen Werthe wieder annehmen, da der durchlaufene Weg negativerseits die ganze Begrenzung eines Grössengebiets bildet, innerhalb dessen diese Functionen allenthalben einändrig sind. Es ist dies aber dasselbe, als ob der Werth x sich von einem der Werthe c, b, a bis zum folgenden auf der positiven Seite fortbewegt, dann aber jedesmal um diesen Werth positiv herum, wobei (P', P'') der Reihe nach in $(C)(P', P'')$, $(C)(B)(P', P'')$, schliesslich in $(C)(B)(A)(P', P'')$ übergeht. Es ist daher

$$(1) \qquad (C)\,(B)\,(A) = \begin{pmatrix} 1, & 0 \\ 0, & 1 \end{pmatrix},$$

welche Gleichung vier Bedingungsgleichungen zwischen den zwölf Coefficienten von A, B, C liefert.

Bei der Discussion dieser Bedingungsgleichungen beschränke ich mich, zur Fixirung der Vorstellungen, auf die Function $P\begin{pmatrix} \alpha & \beta & \gamma & \\ \alpha' & \beta' & \gamma' & x \end{pmatrix}$, also auf den Fall, wenn $a = 0$, $b = \infty$, $c = 1$, was die Allgemeinheit der Resultate nicht wesentlich beeinträchtigt, und wähle für die durch $1, \infty, 0$ zu ziehende Linie l die Linie der reellen Werthe, welche um der Reihe nach durch c, b, a zu gehen von $-\infty$ nach $+\infty$ gerichtet sein muss. Innerhalb des auf der positiven Seite dieser Linie liegenden Gebiets, welches die complexen Werthe mit positiv imaginärem Gliede enthält, sind dann die oben charakterisirten Bestandtheile der Function P, die Grössen P^{α}, $P^{\alpha'}$, P^{β}, $P^{\beta'}$, P^{γ}, $P^{\gamma'}$, einändrige

Functionen von x und sind bis auf constante Factoren, welche von der Wahl der Grössen $c_\alpha, c_{\alpha'}, \ldots, c_{\gamma'}$ abhängen, völlig bestimmt, wenn die Function P gegeben ist. Die Functionen P^α, $P^{\alpha'}$ gehen durch einen positiven Umlauf der Grösse x um 0 in $P^\alpha e^{\alpha 2\pi i}$, $P^{\alpha'} e^{\alpha' 2\pi i}$ über und ebenso durch einen positiven Umlauf dieser Grösse um ∞ die Functionen P^β, $P^{\beta'}$ in $P^\beta e^{\beta 2\pi i}$, $P^{\beta'} e^{\beta' 2\pi i}$ und durch einen positiven Umlauf um 1 die Functionen P^γ, $P^{\gamma'}$ in $P^\gamma e^{\gamma 2\pi i}$, $P^{\gamma'} e^{\gamma' 2\pi i}$. Bezeichnet man den Werth, in welchen P durch einen positiven Umlauf von x um 0 übergeht, durch P', so ist, wenn

$$P = c_\alpha P^\alpha + c_{\alpha'} P^{\alpha'},\ P' = c_\alpha e^{\alpha 2\pi i} P^\alpha + c_{\alpha'} e^{\alpha' 2\pi i} P^{\alpha'}.$$

Diese Ausdrücke haben eine von Null verschiedene Determinante, da n. V. $\alpha - \alpha'$ keine ganze Zahl ist, und folglich können P^α, $P^{\alpha'}$ auch umgekehrt in P, P' also auch in P^β, $P^{\beta'}$; P^γ, $P^{\gamma'}$ lineär mit constanten Coefficienten ausgedrückt werden. Setzt man nun

$$P^\alpha = \alpha_\beta P^\beta + \alpha_{\beta'} P^{\beta'} = \alpha_\gamma P^\gamma + \alpha_{\gamma'} P^{\gamma'},$$
$$P^{\alpha'} = \alpha'_\beta P^\beta + \alpha'_{\beta'} P^{\beta'} = \alpha'_\gamma P^\gamma + \alpha'_{\gamma'} P^{\gamma'},$$

und zur Abkürzung $\begin{Bmatrix} \alpha_\beta, & \alpha_{\beta'} \\ \alpha'_\beta, & \alpha'_{\beta'} \end{Bmatrix} = (b)$, $\begin{Bmatrix} \alpha_\gamma, & \alpha_{\gamma'} \\ \alpha'_\gamma, & \alpha'_{\gamma'} \end{Bmatrix} = (c)$

und die inversen Substitutionen von (b) und (c) bez. w. $= (b)^{-1}$ und $(c)^{-1}$, so ergeben sich für die Functionen $(P^\alpha, P^{\alpha'})$ die Substitutionen

$$(A) = \begin{Bmatrix} e^{\alpha 2\pi i}, & 0 \\ 0 & , e^{\alpha' 2\pi i} \end{Bmatrix}, (B) = (b) \begin{Bmatrix} e^{\beta 2\pi i}, & 0 \\ 0 & , e^{\beta' 2\pi i} \end{Bmatrix} (b)^{-1}, (C) = (c) \begin{Bmatrix} e^{\gamma 2\pi i}, & 0 \\ 0 & , e^{\gamma' 2\pi i} \end{Bmatrix} (c)^{-1}$$

Aus der Gleichung $(C)(B)(A) = \begin{pmatrix} 1, & 0 \\ 0, & 1 \end{pmatrix}$ folgt nun zunächt, da die Determinante einer zusammengesetzten Substitution dem Producte aus den Determinanten ihrer Componenten gleich ist,

$$1 = \text{Det}(A)\ \text{Det}(B)\ \text{Det}(C)$$
$$= e^{(\alpha+\alpha'+\beta+\beta'+\gamma+\gamma')2\pi i}\ \text{Det}(b)\ \text{Det}(b)^{-1}\ \text{Det}(c)\ \text{Det}(c)^{-1}$$

oder, da $\text{Det}(b)\ \text{Det}(b)^{-1} = 1$, $\text{Det}(c)\ \text{Det}(c)^{-1} = 1$,

(2) $\alpha + \alpha' + \beta + \beta' + \gamma + \gamma' =$ einer ganzen Zahl, womit die obige Annahme, dass diese Exponentensumme $= 1$ sei, vereinbar ist.

Die übrigen drei in $(C)(B)(A) = \begin{pmatrix} 1, & 0 \\ 0, & 1 \end{pmatrix}$ enthaltenen Relationen geben drei Bedingungen für (b) und (c), welche indess leichter auf folgendem Wege gefunden werden.

Wenn x erst um 0 und dann um ∞ negativ herumgeht, so bildet der durchlaufene Weg zugleich einen positiven Umlauf um 1. Der Werth, in welchen P^α dadurch übergeht, ist daher

$$= \alpha_\gamma e^{\gamma 2\pi i} P^\gamma + \alpha_{\gamma'} e^{\gamma' 2\pi i} P^{\gamma'} = (\alpha_\beta e^{-\beta 2\pi i} P^\beta + \alpha_{\beta'} e^{-\beta' 2\pi i} P^{\beta'})\, e^{-\alpha 2\pi i}.$$

Multiplicirt man diese Gleichung mit einem willkürlichen Factor $e^{-\sigma\pi i}$ und die Gleichung

$$\alpha_\gamma P^\gamma + \alpha_{\gamma'} P^{\gamma'} = \alpha_\beta P^\beta + \alpha_{\beta'} P^{\beta'} \text{ mit } e^{\sigma\pi i}$$

und subtrahirt, so ergiebt sich nach Abwerfung eines allgemeinen Factors

$$\alpha_\gamma \sin(\sigma - \gamma)\pi e^{\gamma\pi i} P^\gamma + \alpha_{\gamma'} \sin(\sigma - \gamma')\pi e^{\gamma'\pi i} P^{\gamma'} =$$
$$\alpha_\beta \sin(\sigma + \alpha + \beta)\pi e^{-(\alpha+\beta)\pi i} P^\beta + \alpha_{\beta'} \sin(\sigma + \alpha + \beta')\pi e^{-(\alpha+\beta')\pi i} P^{\beta'}.$$

Aus ganz ähnlichen Gründen hat man auch, wenn man überall α' für α setzt, die Gleichung

$$\alpha'_\gamma \sin(\sigma - \gamma)\pi e^{\gamma\pi i} P^\gamma + \alpha'_{\gamma'} \sin(\sigma - \gamma')\pi e^{\gamma'\pi i} P^{\gamma'} =$$
$$\alpha'_\beta \sin(\sigma + \alpha' + \beta)\pi e^{-(\alpha'+\beta)\pi i} P^\beta + \alpha'_{\beta'} \sin(\sigma + \alpha' + \beta')\pi e^{-(\alpha'+\beta')\pi i} P^{\beta'}$$

mit der willkürlichen Grösse σ. Befreit man beide Gleichungen von einer der Functionen, z. B. $P^{\gamma'}$, indem man σ demgemäss bestimmt, so können sich die resultirenden Gleichungen nur durch einen allgemeinen constanten Factor unterscheiden, da $\dfrac{P^\beta}{P^{\beta'}}$ nicht constant ist. Diese Elimination von $P^{\gamma'}$ giebt daher:

$$(3) \quad \frac{\alpha_\gamma}{\alpha'_\gamma} = \frac{\alpha_\beta \sin(\alpha + \beta + \gamma')\pi e^{-\alpha\pi i}}{\alpha'_\beta \sin(\alpha' + \beta + \gamma')\pi e^{-\alpha'\pi i}} = \frac{\alpha_{\beta'} \sin(\alpha + \beta' + \gamma')\pi e^{-\alpha\pi i}}{\alpha'_{\beta'} \sin(\alpha' + \beta' + \gamma')\pi e^{-\alpha'\pi i}}$$

und die ähnliche Elimination von P^γ

$$(3) \quad \frac{\alpha_{\gamma'}}{\alpha'_{\gamma'}} = \frac{\alpha_\beta \sin(\alpha + \beta + \gamma)\pi e^{-\alpha\pi i}}{\alpha'_\beta \sin(\alpha' + \beta + \gamma)\pi e^{-\alpha'\pi i}} = \frac{\alpha_{\beta'} \sin(\alpha + \beta' + \gamma)\pi e^{-\alpha\pi i}}{\alpha'_{\beta'} \sin(\alpha' + \beta' + \gamma)\pi e^{-\alpha'\pi i}},$$

welches die vier gesuchten Relationen sind. Aus ihnen ergeben sich die Verhältnisse der Quotienten $\dfrac{\alpha_\beta}{\alpha'_\beta}, \dfrac{\alpha_{\beta'}}{\alpha'_{\beta'}}, \dfrac{\alpha_\gamma}{\alpha'_\gamma}, \dfrac{\alpha_{\gamma'}}{\alpha'_{\gamma'}}$. Die Gleichheit der beiden aus der zweiten und vierten fliessenden Werthe von $\dfrac{\alpha_\beta}{\alpha'_\beta} : \dfrac{\alpha_{\beta'}}{\alpha'_{\beta'}}$ erhellt leicht als eine Folge aus $\alpha + \alpha' + \beta + \beta' + \gamma + \gamma' = 1$ mittelst der Identität $\sin s\pi = \sin(1 - s)\pi$.

Demnach sind von den Grössen $\dfrac{\alpha_\beta}{\alpha'_\beta}, \dfrac{\alpha_{\beta'}}{\alpha'_{\beta'}}, \dfrac{\alpha_\gamma}{\alpha'_\gamma}, \dfrac{\alpha_{\gamma'}}{\alpha'_{\gamma'}}$ durch eine von ihnen, z. B. $\dfrac{\alpha_\beta}{\alpha'_\beta}$, die übrigen bestimmt und die drei Grössen $\alpha'_{\beta'}, \alpha'_\gamma, \alpha'_{\gamma'}$ durch die fünf Grössen $\alpha_\beta, \alpha'_\beta, \alpha_{\beta'}, \alpha_\gamma, \alpha_{\gamma'}$. Diese fünf Grössen aber hängen von den in $P^\alpha, P^{\alpha'}, P^\beta, P^{\beta'}, P^\gamma, P^{\gamma'}$, wenn die Function P gegeben ist, noch von willkürlichen Factoren oder vielmehr von deren Verhältnissen ab, und können durch geeignete Bestimmung derselben jedwede endliche Werthe erhalten.

4.

Die so eben gemachte Bemerkung bahnt den Weg zu dem Satze, dass in zwei P-functionen mit gleichen Exponenten die denselben Exponenten entsprechenden Bestandtheile sich nur durch einen constanten Factor unterscheiden.

In der That, ist P_1 eine Function mit denselben Exponenten wie P, so kann man die fünf Grössen α_β, $\alpha_{\beta'}$, α_γ, $\alpha_{\gamma'}$ und α'_β bei beiden gleich annehmen und dann müssen auch die Grössen $\alpha'_{\beta'}$, α'_γ, $\alpha'_{\gamma'}$ bei beiden übereinstimmen. Man hat also gleichzeitig:

$$(P^\alpha, P^{\alpha'}) = (b)\,(P^\beta, P^{\beta'}) = (c)\,(P^\gamma, P^{\gamma'})$$

und

$$(P_1^\alpha, P_1^{\alpha'}) = (b)\,(P_1^\beta, P_1^{\beta'}) = (c)\,(P_1^\gamma, P_1^{\gamma'})$$

folglich

$$(P^\alpha P_1^{\alpha'} - P^{\alpha'} P_1^\alpha) = \mathrm{Det}(b)\,(P^\beta P_1^{\beta'} - P^{\beta'} P_1^\beta) = \mathrm{Det}(c)\,(P^\gamma P_1^{\gamma'} - P^{\gamma'} P_1^\gamma).$$

Von diesen drei Ausdrücken bleibt der erste, mit $x^{-\alpha-\alpha'}$ multiplicirt, offenbar für $x = 0$ einändrig und endlich; ebenso der zweite, mit $x^{\beta+\beta'} = x^{-\alpha-\alpha'-\gamma-\gamma'+1}$ multiplicirt, für $x = \infty$, der dritte, mit $(1-x)^{-\gamma-\gamma'}$ multiplicirt, für $x = 1$, und dasselbe gilt von allen drei Ausdrücken für alle von $0, \infty, 1$ verschiedenen Werthe von x; es ist daher

$$(P^\alpha P_1^{\alpha'} - P^{\alpha'} P_1^\alpha)\, x^{-\alpha-\alpha'} (1-x)^{-\gamma-\gamma'}$$

eine allenthalben stetige und einändrige Function, also eine Constante. Sie ist ferner $= 0$ für $x = \infty$ und muss folglich allenthalben $= 0$ sein.

Hieraus folgt

$$\frac{P_1^\alpha}{P^{\alpha'}} = \frac{P_1^\alpha}{P^{\alpha'}}$$

$$\frac{P_1^\beta}{P^\beta} = \frac{P_1^{\beta'}}{P^{\beta'}} = \frac{\alpha_\beta P_1^\beta + \alpha_{\beta'} P_1^{\beta'}}{\alpha_\beta P^\beta + \alpha_{\beta'} P^{\beta'}} = \frac{P_1^\alpha}{P^\alpha}$$

$$\frac{P_1^\gamma}{P^\gamma} = \frac{P_1^{\gamma'}}{P^{\gamma'}} = \frac{\alpha_\gamma P_1^\gamma + \alpha_{\gamma'} P_1^{\gamma'}}{\alpha_\gamma P^\gamma + \alpha_{\gamma'} P^{\gamma'}} = \frac{P_1^\alpha}{P^\alpha}.$$

Die Function $\frac{P_1^\alpha}{P^\alpha}$ ist demnach einwerthig und muss überdies allenthalben endlich, also, w. z. b. ist, constant sein, wenn noch bewiesen wird, dass P^α und $P^{\alpha'}$ nicht zugleich für einen von $0, 1, \infty$ verschiedenen Werth von x verschwinden können.

Zu diesem Ende bemerke man, dass

$$P^\alpha \frac{dP^{\alpha'}}{dx} - P^{\alpha'} \frac{dP^\alpha}{dx} = \mathrm{Det}(b)\left(P^\beta \frac{dP^{\beta'}}{dx} - P^{\beta'} \frac{dP^\beta}{dx}\right) =$$

$$\mathrm{Det}(c)\left(P^\gamma \frac{dP^{\gamma'}}{dx} - P^{\gamma'} \frac{dP^\gamma}{dx}\right),$$

und folglich für $x = 0, \infty, 1$ unendlich klein von den Ordnungen $\alpha + \alpha' - 1, \beta + \beta' + 1 = 2 - \alpha - \alpha' - \gamma - \gamma', \gamma + \gamma' - 1$ wird, übrigens aber stetig und einändrig bleibt, so dass

$$\left(P^\alpha \frac{dP^{\alpha'}}{dx} - P^{\alpha'} \frac{dP^\alpha}{dx}\right) x^{-\alpha-\alpha'+1} (1-x)^{-\gamma-\gamma'+1}$$

eine allenthalben stetige und einändrige Function bildet, folglich einen constanten Werth hat. Dieser constante Werth dieser Function ist nothwendig von Null verschieden, weil sonst $\log P^\alpha - \log P^{\alpha'} =$ const., folglich $\alpha = \alpha'$ sein würde gegen die Voraussetzung; offenbar müsste sie gleich Null werden, wenn für einen von 0, 1, ∞ verschiedenen Werth von x P^α und $P^{\alpha'}$ gleichzeitig verschwänden, da $\frac{dP^\alpha}{dx}$, $\frac{dP^{\alpha'}}{dx}$ als Derivirte einändrig und stetig bleibender Functionen nicht unendlich werden können.

Es werden daher P^α und $P^{\alpha'}$ für keinen von 0, 1, ∞ verschiedenen Werth von x gleichzeitig $= 0$, und es bleibt die einwerthige Function

$$\frac{P_1^\alpha}{P^\alpha} = \frac{P_1^{\alpha'}}{P^{\alpha'}} = \frac{P_1^\beta}{P^\beta} = \frac{P_1^{\beta'}}{P^{\beta'}} = \frac{P_1^\gamma}{P^\gamma} = \frac{P_1^{\gamma'}}{P^{\gamma'}}$$

allenthalben endlich, mithin constant, w. z. b. w.

Aus dem eben bewiesenen Satze folgt, dass in zwei Zweige Einer P-function, deren Quotient nicht constant ist, jede andere P-function mit gleichen Exponenten sich lineär mit constanten Coefficienten ausdrücken lässt und dass durch die im Art. 1. geforderten Eigenschaften die zu definirende Function bis auf zwei lineär in ihr enthaltene Constanten völlig bestimmt ist. Diese werden in jedem Falle leicht aus den Werthen der Function für specielle Werthe der Veränderlichen gefunden, am bequemsten, indem man die Veränderliche einem der Verzweigungswerthe gleich setzt.

Ob es immer eine jenen Bedingungen genügende Function gebe, bleibt freilich noch unentschieden, wird sich aber später durch die wirkliche Darstellung der Function mittelst bestimmter Integrale und hypergeometrischer Reihen erledigen und bedarf daher keiner besondern Untersuchung.

5.

Ausser den für jedwede Werthe der Exponenten möglichen Transformationen des Art. 2. ergeben sich aus der Definition noch leicht die beiden Transformationen:

$$\text{(A)} \qquad P\begin{Bmatrix} 0 & \infty & 1 & \\ 0 & \beta & \gamma & x \\ \frac{1}{2} & \beta' & \gamma' & \end{Bmatrix} = P\begin{Bmatrix} -1 & \infty & 1 & \\ \gamma & 2\beta & \gamma & \sqrt{x} \\ \gamma' & 2\beta' & \gamma' & \end{Bmatrix},$$

wo nach dem Früheren $\beta + \beta' + \gamma + \gamma' = \frac{1}{2}$ sein muss, und

$$\text{(B)} \qquad P\begin{Bmatrix} 0 & \infty & 1 & \\ 0 & 0 & \gamma & x \\ \frac{1}{3} & \frac{1}{3} & \gamma' & \end{Bmatrix} = P\begin{Bmatrix} 1 & \varrho & \varrho^2 & \\ \gamma & \gamma & \gamma & \sqrt[3]{x} \\ \gamma' & \gamma' & \gamma' & \end{Bmatrix},$$

wo $\gamma + \gamma' = \frac{1}{3}$ und ϱ eine imaginäre dritte Wurzel der Einheit bezeichnet. Um sämmtliche Functionen, welche sich mit Hülfe dieser Transformationen auf einander zurückführen lassen, bequem zu übersehen, ist es zweckmässig, statt der Exponenten ihre Differenzen einzuführen und, wie oben vorgeschlagen, durch $P(\alpha - \alpha', \beta - \beta', \gamma - \gamma', x)$ sämmtliche in der Form $x^\delta (1-x)^\varepsilon P\begin{pmatrix} \alpha & \beta & \gamma & \\ \alpha' & \beta' & \gamma' & x \end{pmatrix}$ enthaltenen Functionen zu bezeichnen, wobei $\alpha - \alpha'$, $\beta - \beta'$, $\gamma - \gamma'$ die erste, zweite, dritte Exponentendifferenz genannt werden mag.

Aus den Formeln im Art. 2. folgt dann, dass in der Function

$$P(\lambda, \mu, \nu, x)$$

die Grössen λ, μ, ν beliebig in's Entgegengesetzte verwandelt und beliebig unter einander vertauscht werden können. Die Veränderliche nimmt dabei einen der 6 Werthe x, $1-x$, $\frac{1}{x}$, $1 - \frac{1}{x}$, $\frac{1}{1-x}$, $\frac{x}{x-1}$ an, und zwar haben von den 48 auf diese Weise sich ergebenden P-functionen je **acht**, welche durch blosse Zeichenänderung der Grössen λ, μ, ν aus einander hervorgehen, dieselbe Veränderliche.

Von den in diesem Art. angegebenen Transformationen A und B ist die erste anwendbar, wenn von den Exponentendifferenzen entweder eine gleich $\frac{1}{2}$ oder zwei einander gleich sind, die zweite, wenn von ihnen entweder zwei $= \frac{1}{3}$ oder alle drei einander gleich sind. Durch successive Anwendung dieser Transformationen erhält man daher durch einander ausgedrückt:

I. $\qquad P(\mu, \nu, \frac{1}{2}, x_2)$, $P(\mu, 2\nu, \mu, x_1)$ und $P(\nu, 2\mu, \nu, x_3)$,

wobei $\sqrt{(1-x_2)} = 1 - 2x_1$, $\sqrt{\left(1 - \frac{1}{x_2}\right)} = 1 - 2x_3$, also

$$x_2 = 4x_1(1-x_1) = \frac{1}{4x_3(1-x_3)} \text{ sich ergiebt.}$$

II. $\qquad P(\nu, \nu, \nu, x_3)$, $P\left(\nu, \frac{\nu}{2}, \frac{1}{2}, x_2\right)$, $P\left(\frac{\nu}{2}, 2\nu, \frac{\nu}{2}, x_1\right)$,

$P(\frac{1}{3}, \nu, \frac{1}{3}, x_4)$, $P\left(\frac{1}{3}, \frac{\nu}{2}, \frac{1}{2}, x_5\right)$, $P\left(\frac{\nu}{2}, \frac{2}{3}, \frac{\nu}{2}, x_6\right)$, wenn $1 - \frac{1}{x_4} = \left(\frac{x_3 + \varrho}{x_3 + \varrho^2}\right)^3$ und folglich $\frac{1}{x_4} = \frac{3(\varrho - \varrho^2)\, x_3\, (1 - x_3)}{(\varrho^2 + x_3)^3}$,

$$x_4\,(1 - x_4) = \frac{(\varrho + x_3)^3\,(\varrho^2 + x_3)^3}{27\, x_3{}^2\,(1 - x_3)^2} = \frac{(1 - x_3\,(1 - x_3))^3}{27\, x_3{}^2\,(1 - x_3)^2};$$ ferner nach I.

$$4x_4\,(1 - x_4) = x_5 = \frac{1}{4x_6\,(1 - x_6)},\; 4x_3\,(1 - x_3) = x_2 = \frac{1}{4x_1\,(1 - x_1)}.$$

III. $P(\nu, \nu, \frac{1}{2}, x_2)$, $P(\nu, 2\nu, \nu, x_1)$,

$P(\frac{1}{4}, \nu, \frac{1}{2}, x_3)$, $P(\frac{1}{4}, 2\nu, \frac{1}{4}, x_4)$,

wenn $x_3 = \frac{1}{4}\left(2 - x_2 - \frac{1}{x_2}\right) = 4x_4\,(1 - x_4)$, $x_2 = 4x_1\,(1 - x_1)$.

Alle diese Functionen können noch mittelst der allgemeinen Transformationen umgeformt und dadurch ihre Exponentendifferenzen beliebig vertauscht und mit beliebigen Vorzeichen versehen werden. Ausser den beiden Transcendenten II. und III. lässt, wenn eine Exponentendifferenz willkürlich bleiben soll, nur noch die Function $P(\nu, \frac{1}{2}, \frac{1}{2}) = P(\nu, 1, \nu)$ eine häufigere Wiederholung der Transformationen A und B zu, welche indess, da

$$P\begin{pmatrix} 0 & 0 & 0 & \\ \nu & -\nu & 1 & x \end{pmatrix} = \text{const.}\; x^\nu + \text{const.},$$

auf ganz elementare Formeln führt.

In der That ist die Transformation B nur anwendbar auf $P(\nu, \nu, \nu)$ oder $P(\frac{1}{3}, \nu, \frac{1}{3})$, also nur auf die Transcendente II.; die Transformation A aber lässt sich häufiger als in I. nur wiederholen, wenn entweder von den Grössen $\mu, \nu, 2\mu, 2\nu$ eine gleich $\frac{1}{2}$ gesetzt oder eine der Gleichungen $\mu = \nu$, $\mu = 2\nu$, $\nu = 2\mu$ angenommen wird. Von diesen Annahmen führt $\mu = 2\nu$ oder $\nu = 2\mu$ auf die Transcendente II., $\mu = \nu$, sowie 2μ oder $2\nu = \frac{1}{2}$ auf die Transcendente III., endlich μ oder $\nu = \frac{1}{2}$ auf die Function $P(\nu, \frac{1}{2}, \frac{1}{2})$.

Die Anzahl der verschiedenen Ausdrücke, welche man durch diese Transformationen für jede der Transcendenten I—III. erhält, ergiebt sich, wenn man berücksichtigt, dass in den obigen P-functionen als Veränderliche alle Wurzeln der Gleichungen, durch welche sie bestimmt werden, zulässig sind und jede Wurzel zu einem Systeme von 6 Werthen gehört, welche mittelst der allgemeinen Transformation für einander als Veränderliche eingeführt werden können.

Es führen aber im Falle I. die beiden Werthe von x_1 und x_3, welche zu einem gegebenen x_2 gehören, auf dasselbe System von 6 Werthen, so dass jede der Functionen I. durch P-functionen mit $6.3 = 18$ verschiedenen Veränderlichen ausgedrückt werden kann.

Im Falle II. führen von den zu einem gegebenen Werthe von x_5 gehörigen Werthen die beiden Werthe von x_6 und x_4, die 6 Werthe von x_3 und von den 6 Werthen von x_1 je zwei zu demselben Systeme von 6 Werthen, während die drei Werthe von x_2 zu drei verschiedenen Systemen von je 6 Werthen führen. Es liefern also x_1 und x_2 je drei und x_3, x_4, x_5, x_6 je ein System von 6 Werthen, also alle zusammen $6 . 10 = 60$ Werthe, durch deren P-functionen sich jede der Functionen II. ausdrücken lässt.

Im Falle III. endlich liefern x_3, die beiden Werthe von x_2, die beiden Werthe von x_4, und von den vier Werthen von x_1 je zwei ein System von 6 Werthen, so dass jede der Functionen III. durch P-functionen von $6 . 5 = 30$ verschiedenen Veränderlichen darstellbar ist.

In jeder P-function können nun ohne Aenderung der Veränderlichen mittelst der allgemeinen Transformationen die Exponentendifferenzen beliebige Vorzeichen erhalten, und also kann, da keine dieser Exponentendifferenzen $= 0$ ist, eine und dieselbe Function auf 8 verschiedene Arten als P-function derselben Veränderlichen dargestellt werden. Die Anzahl sämmtlicher Ausdrücke beträgt also im Falle I. $8 . 6 . 3 = 144$, im Falle II. $8 . 6 . 10 = 480$, im Falle III. $8 . 6 . 5 = 240$.

6.

Wenn man sämmtliche Exponenten einer P-function um ganze Zahlen ändert, so bleiben in den Gleichungen (3) Art. 3. die Grössen

$$\frac{\sin(\alpha + \beta + \gamma')\pi e^{-\alpha\pi i}}{\sin(\alpha' + \beta + \gamma')\pi e^{-\alpha'\pi i}}, \quad \frac{\sin(\alpha + \beta' + \gamma')\pi e^{-\alpha\pi i}}{\sin(\alpha' + \beta' + \gamma')\pi e^{-\alpha'\pi i}}$$

$$\frac{\sin(\alpha + \beta + \gamma)\pi e^{-\alpha\pi i}}{\sin(\alpha' + \beta + \gamma)\pi e^{-\alpha'\pi i}}, \quad \frac{\sin(\alpha + \beta' + \gamma)\pi e^{-\alpha\pi i}}{\sin(\alpha' + \beta' + \gamma)\pi e^{-\alpha'\pi i}}$$

ungeändert.

Sind daher in den Functionen $P\begin{pmatrix}\alpha & \beta & \gamma & \\ \alpha' & \beta' & \gamma' & x\end{pmatrix}$, $P_1\begin{pmatrix}\alpha_1 & \beta_1 & \gamma_1 & \\ \alpha'_1 & \beta'_1 & \gamma'_1 & x\end{pmatrix}$ die entsprechenden Exponenten α_1 und α, etc. um ganze Zahlen verschieden, so kann man die acht Grössen $(\alpha_\beta)_1$, $(\alpha'_\beta)_1$, $(\alpha_{\beta'})_1$, ... den acht Grössen α_β, α'_β, $\alpha_{\beta'}$, ... gleich annehmen, da aus der Gleichheit der fünf willkürlichen die Gleichheit der drei übrigen folgt.

Nach der im Art. 4. angewandten Schlussweise folgt hieraus:
$P^\alpha P_1^{\alpha'_1} - P^{\alpha'} P_1^{\alpha_1} = \mathrm{Det}(b)(P^\beta P_1^{\beta'_1} - P^{\beta'} P_1^{\beta_1}) = \mathrm{Det}(c)(P^\gamma P_1^{\gamma'_1} - P^{\gamma'} P_1^{\gamma_1})$; und wenn man von den Grössen $\alpha + \alpha'_1$ und $\alpha_1 + \alpha'$, $\beta + \beta'_1$ und $\beta_1 + \beta'$, $\gamma + \gamma'_1$ und $\gamma_1 + \gamma'$ diejenigen Grössen jedes Paars, welche um eine *positive* ganze Zahl kleiner sind, als die andern, durch $\overline{\alpha}$, $\overline{\beta}$, $\overline{\gamma}$ bezeichnet, so ist

$$(P^\alpha \; P_1^{\alpha'_1} - P^{\alpha'} \; P_1^{\alpha_1}) \; x^{-\overline{\alpha}} \; (1 - x)^{-\overline{\gamma}}$$

eine Function von x, welche einändrig und endlich bleibt für $x = 0$, $x = 1$ und alle übrigen endlichen Werthe von x, für $x = \infty$ aber unendlich wird von der Ordnung $-\overline{\alpha}-\overline{\gamma}-\overline{\beta}$, folglich eine ganze Function F vom Grade $-\overline{\alpha}-\overline{\beta}-\overline{\gamma}$.

Man bezeichne nun, wie früher, die Exponentendifferenzen $\alpha-\alpha'$, $\beta-\beta'$, $\gamma-\gamma'$ durch λ, μ, ν. In Betreff dieser ergiebt sich zunächst: ihre Summe ändert sich um eine gerade Zahl, wenn sich sämmtliche Exponenten um ganze Zahlen ändern; denn sie übertrifft die Summe sämmtlicher Exponenten, welche unverändert $=1$ bleibt, um $-2(\alpha'+\beta'+\gamma')$, welche Grösse sich dabei um eine gerade Zahl ändert. Sie können sich aber dabei um jedwede ganze Zahlen ändern, deren Summe gerade ist. Bezeichnet man ferner $\alpha_1-\alpha'_1$, $\beta_1-\beta'_1$, $\gamma_1-\gamma'_1$ durch λ_1, μ_1, ν_1 und durch $\varDelta\lambda$, $\varDelta\mu$, $\varDelta\nu$ die absoluten Werthe der Differenzen $\lambda-\lambda_1$, $\mu-\mu_1$, $\nu-\nu_1$, so ist von den Grössen $\alpha+\alpha'_1$ und $\alpha'+\alpha_1$ diejenige, welche um die positive Zahl $\varDelta\lambda$ kleiner ist als die andere

$$=\frac{\alpha+\alpha'_1+\alpha'+\alpha_1}{2}-\frac{\varDelta\lambda}{2}, \text{ also}$$

$$-\overline{\alpha}=\frac{\varDelta\lambda}{2}-\frac{\alpha+\alpha'_1+\alpha'+\alpha_1}{2} \text{ und ebenso}$$

$$-\overline{\beta}=\frac{\varDelta\mu}{2}-\frac{\beta+\beta'_1+\beta'+\beta_1}{2}$$

$$-\overline{\gamma}=\frac{\varDelta\nu}{2}-\frac{\gamma+\gamma'_1+\gamma'+\gamma_1}{2}.$$

Der Grad der ganzen Function F, welcher gleich der Summe dieser Grössen ist, ergiebt sich daher

$$=\frac{\varDelta\lambda+\varDelta\mu+\varDelta\nu}{2}-1.$$

7.

Sind jetzt $P\begin{pmatrix}\alpha & \beta & \gamma & \\ \alpha' & \beta' & \gamma' & x\end{pmatrix}$, $P_1\begin{pmatrix}\alpha_1 & \beta_1 & \gamma_1 & \\ \alpha'_1 & \beta'_1 & \gamma'_1 & x\end{pmatrix}$, $P_2\begin{pmatrix}\alpha_2 & \beta_2 & \gamma_2 & \\ \alpha'_2 & \beta'_2 & \gamma'_2 & x\end{pmatrix}$ drei Functionen, in welchen sich die entsprechenden Exponenten um ganze Zahlen unterscheiden, so fliesst aus diesem Satze mittelst der identischen Gleichung

$$P^{\alpha}\,(P_1^{\alpha_1}\,P_2^{\alpha'_2}-P_1^{\alpha'_1}\,P_2^{\alpha_2})+P_1^{\alpha_1}\,(P_2^{\alpha_2}\,P^{\alpha'}-P_2^{\alpha'_2}\,P^{\alpha})$$
$$+\,P_2^{\alpha_2}\,(P^{\alpha}\,P_1^{\alpha'_1}-P^{\alpha'}\,P_1^{\alpha_1})=0$$

der wichtige Satz, dass zwischen ihren entsprechenden Gliedern eine lineäre homogene Gleichung stattfindet, deren Coefficienten ganze Functionen von x sind, und dass also

„sämmtliche P-functionen, deren entsprechende Exponenten sich um ganze Zahlen unterscheiden, sich in zwei beliebige von ihnen lineär mit rationalen Functionen von x als Coefficienten ausdrücken lassen".

Eine specielle Folge aus den Beweisgründen dieses Satzes ist, dass sich der zweite Differentialquotient einer P-function lineär mit rationalen Functionen als Coefficienten in den ersten und die Function selbst ausdrücken lässt, und also die Function einer lineären homogenen Differentialgleichung zweiter Ordnung genügt.

Beschränkt man sich, um ihre Ableitung möglichst zu vereinfachen, auf den Fall $\gamma = 0$, auf welchen der allgemeine nach Art. 2. leicht zurückgeführt wird, und setzt $P = y$, $P^{\alpha} = y'$, $P^{\alpha'} = y''$, so ergiebt sich, dass die Functionen

$$y' \frac{dy''}{d \log x} - y'' \frac{dy'}{d \log x}, \quad \frac{d^2 y'}{d \log x^2} y'' - \frac{d^2 y''}{d \log x^2} y', \quad \frac{dy'}{d \log x} \frac{d^2 y''}{d \log x^2} - \frac{dy''}{d \log x} \frac{d^2 y'}{d \log x^2}$$

mit $x^{-\alpha-\alpha'}(1-x)^{-\gamma'+2}$ multiplicirt, endlich und einändrig bleiben für endliche Werthe von x und unendlich von der ersten Ordnung werden für $x = \infty$, und dass überdies das erste dieser Producte für $x = 1$ unendlich klein von der ersten Ordnung wird. Für

$$y = \text{const.}' \, y' + \text{const.}'' \, y''$$

findet daher eine Gleichung von der Form statt

$$(1-x) \frac{d^2 y}{d \log x^2} - (A + Bx) \frac{dy}{d \log x} + (A' - B'x) \, y = 0,$$

in welcher A, B, A', B', noch zu bestimmende Constanten bezeichnen.

Nach der Methode der unbestimmten Coefficienten lässt sich eine Lösung dieser Differentialgleichung nach um 1 steigenden oder fallenden Potenzen in eine Reihe

$$\Sigma a_n \, x^n$$

entwickeln, und zwar wird der Exponent μ des Anfangsgliedes im ersten Falle, wo er der niedrigste ist, durch die Gleichung

$$\mu\mu - A\mu + A' = 0,$$

und im zweiten, wo er der höchste ist, durch die Gleichung

$$\mu\mu + B\mu + B' = 0$$

bestimmt. Die Wurzeln der ersteren Gleichung müssen α und α', die der letztern $-\beta$ und $-\beta'$ sein und folglich ist

$$A = \alpha + \alpha', \; A' = \alpha\alpha',$$
$$B = \beta + \beta', \; B' = \beta\beta',$$

und es genügt die Function $P\begin{pmatrix} \alpha & \beta & 0 \\ \alpha' & \beta' & \gamma' \end{pmatrix} x = y$ der Differentialgleichung

$$(1-x) \frac{d^2 y}{d \log x^2} - (\alpha + \alpha' + (\beta + \beta') x) \frac{dy}{d \log x} + (\alpha\alpha' - \beta\beta' x) \, y = 0.$$

Es bestimmen sich ferner die Coefficienten aus einem von ihnen mittelst der Recursionsformel

$$\frac{a_{n+1}}{a_n} = \frac{(n+\beta)(n+\beta')}{(n+1-\alpha)(n+1-\alpha')},$$

welcher $a_n = \frac{\text{Const.}}{\Pi(n-\alpha)\,\Pi(n-\alpha')\,\Pi(-n-\beta)\,\Pi(-n-\beta')}$ genügt.

Demnach bildet die Reihe

$$y = \text{Const.}\ \Sigma \frac{x^n}{\Pi(n-\alpha)\,\Pi(n-\alpha')\,\Pi(-n-\beta)\,\Pi(-n-\beta')},$$

sowohl wenn die Exponenten von α oder α' an um die Einheit steigen, als auch wenn sie von $-\beta$ oder $-\beta'$ an um die Einheit fallen, eine Lösung der Differentialgleichung und zwar bez. w. diejenigen particularen Lösungen, welche oben durch P^α, $P^{\alpha'}$, P^β, $P^{\beta'}$ bezeichnet worden sind.

Nach Gauss, welcher durch $F(a, b, c, x)$ eine Reihe bezeichnet, in welcher der Quotient des $n+1$ten Gliedes in das folgende $= \frac{(n+a)(n+b)}{(n+1)(n+c)}\,x$ und das erste Glied $= 1$ ist, lässt sich dieses Resultat für den einfachsten Fall, für $\alpha = 0$, so ausdrücken

$$P^\alpha \begin{pmatrix} 0 & \beta & 0 & \\ \alpha' & \beta' & \gamma' & x \end{pmatrix} = \text{Const.}\ F(\beta, \beta', 1-\alpha', x)$$

oder

$$F(a, b, c, x) = P^\alpha \begin{pmatrix} 0 & a & 0 & \\ 1-c & b & c-a-b & x \end{pmatrix}.$$

Aus demselben erhält man auch leicht einen Ausdruck der P-function durch ein bestimmtes Integral, indem man in dem allgemeinen Gliede der Reihe für die Π-functionen ein Euler'sches Integral zweiter Gattung einführt und dann die Ordnung der Summation und Integration vertauscht. Auf diese Weise findet man, dass das Integral

$$x^\alpha (1-x)^\gamma \int s^{-\alpha'-\beta'-\gamma'} (1-s)^{-\alpha'-\beta-\gamma} (1-xs)^{-\alpha-\beta'-\gamma}\, ds$$

von einem der vier Werthe $0, 1, \frac{1}{x}, \infty$ bis zu einem dieser vier Werthe auf beliebigem Wege erstreckt eine Function $P\begin{pmatrix} \alpha & \beta & \gamma & \\ \alpha' & \beta' & \gamma' & x \end{pmatrix}$ bildet und bei passender Wahl dieser Grenzwerthe und des Weges von einem zum andern jede der sechs Functionen $P^\alpha, P^\beta, \ldots, P^{\gamma'}$ darstellt. Es lässt sich aber auch direct zeigen, dass das Integral die charakteristischen Eigenschaften einer solchen Function besitzt. Es wird dies in der Folge geschehen, wo dieser Ausdruck der P-function durch ein bestimmtes Integral zur Bestimmung der in P^α, $P^{\alpha'}$, .. noch willkürlich gebliebenen Factoren benutzt werden soll; und ich bemerke hier nur noch, dass es, um diesen Ausdruck allgemein anwendbar zu machen, einer Modification des Weges der Integration bedarf, wenn die Function unter dem Integralzeichen für einen der Werthe 0, 1, $\frac{1}{x}$, ∞ so unendlich wird, dass sie die Integration bis an denselben nicht zulässt.

8.

Zufolge der im Art. 2. und dem vorigen erhaltenen Gleichungen

$$P^{\alpha}\begin{pmatrix}\alpha & \beta & \gamma & \\ \alpha' & \beta' & \gamma' & x\end{pmatrix} = x^{\alpha}(1-x)^{\gamma}\, P^{\alpha}\begin{pmatrix}0 & \beta+\alpha+\gamma & 0 & \\ \alpha'-\alpha & \beta'+\alpha+\gamma & \gamma'-\gamma & x\end{pmatrix} =$$

$$\text{Const. } x^{\alpha}(1-x)^{\gamma}\, F(\beta+\alpha+\gamma, \beta'+\alpha+\gamma, \alpha-\alpha'+1, x)$$

fliesst aus jedem Ausdrucke einer Function durch eine P-function eine Entwicklung derselben in eine hypergeometrische Reihe, welche nach steigenden Potenzen der Veränderlichen in dieser P-function fortschreitet. Nach Art. 5. giebt es 8 Darstellungen einer Function durch P-functionen mit derselben Veränderlichen, welche durch Vertauschung zusammengehöriger Exponenten aus einander erhalten werden, also z. B. 8 Darstellungen mit der Veränderlichen x. Von diesen liefern aber je zwei, welche durch Vertauschung ihres zweiten Paares, β und β', aus einander entstehen, dieselbe Entwicklung; man erhält also vier Entwicklungen nach steigenden Potenzen von x, von denen zwei, welche durch Vertauschung von γ und γ' aus einander erhalten werden, die Function P^{α}, die beiden andern die Function $P^{\alpha'}$ darstellen. Diese vier Entwicklungen convergiren, solange der Modul von $x < 1$, und divergiren, wenn er grösser als 1 ist, während die vier Reihen nach fallenden Potenzen von x, welche P^{β} und $P^{\beta'}$ darstellen, sich umgekehrt verhalten. Für den Fall, wenn der Modul von x gleich 1 ist, folgt aus der Fourier'schen Reihe, dass die Reihen zu convergiren aufhören, wenn die Function für $x = 1$ unendlich von einer höhern Ordnung als der ersten wird, aber convergent bleiben, wenn sie nur unendlich von einer niedrigern Ordnung als 1 wird oder endlich bleibt. Es convergiren also auch in diesem Falle nur die Hälfte der 8 Entwicklungen nach Potenzen von x, solange der reelle Theil von $\gamma' - \gamma$ nicht zwischen -1 und $+1$ liegt, und sie convergiren sämmtlich, sobald dieses stattfindet.

Demnach hat man zur Darstellung einer P-function im Allgemeinen 24 verschiedene hypergeometrische Reihen, welche nach steigenden oder fallenden Potenzen von drei verschiedenen Grössen fortschreiten, und von denen für einen gegebenen Werth von x jedenfalls die Hälfte, also zwölf convergiren. Im Falle I. Art. 5. sind alle diese Anzahlen mit 3, im Falle II. mit 10, im Falle III. mit fünf zu multipliciren. Am geeignetsten zur numerischen Rechnung werden von diesen Reihen meistens diejenigen sein, deren viertes Element den kleinsten Modul hat.

Was die Ausdrücke einer P-function durch bestimmte Integrale betrifft, die sich durch die am Schlusse des vorigen Art. aus den Transformationen des Art. 5. ableiten lassen, so sind diese Ausdrücke sämmtlich von einander verschieden. Man erhält also im Allgemeinen 48, im Falle I. 144, im Falle II. 480, im Falle III. 240 bestimmte Integrale, welche dasselbe Glied einer P-function darstellen und also zu einander ein von x unabhängiges Verhältniss haben. Von diesen lassen sich je 24, welche durch eine gerade Anzahl von Vertauschungen der Exponenten aus einander hervorgehen, auch in einander transformiren durch eine solche Substitution ersten Grades, dass für irgend drei von den Werthen $0, 1, \infty, \frac{1}{x}$ der Integrationsveränderlichen s die neue Veränderliche die Werthe $0, 1, \infty$ annimmt. Die übrigen Gleichungen erfordern, soweit ich sie untersucht habe, zu ihrer Bestätigung durch Methoden der Integralrechnung die Transformation von vielfachen Integralen.

V.

Selbstanzeige der vorstehenden Abhandlung.

(Göttinger Nachrichten, 1857, Nr. 1.)

Am 6. November 1856 wurde der königlichen Societät eine von ihrem Assessor, Herrn Doctor Riemann, eingereichte mathematische Abhandlung vorgelegt, welche „Beiträge zur Theorie der durch die Gauss'sche Reihe $F(\alpha, \beta, \gamma, x)$ darstellbaren Functionen" enthält.

Diese Abhandlung ist einer Classe von Functionen gewidmet, welche bei der Lösung mancher Aufgaben der mathematischen Physik gebraucht werden. Aus ihnen gebildete Reihen leisten bei schwierigeren Problemen dieselben Dienste, wie in den einfacheren Fällen die jetzt so vielfach angewandten Reihen, welche nach Cosinus und Sinus der Vielfachen einer veränderlichen Grösse fortschreiten. Diese Anwendungen, namentlich astronomische, scheinen, nachdem schon Euler sich aus theoretischen Interesse mehrfach mit diesen Functionen beschäftigt hatte, Gauss zu seinen Untersuchungen über dieselben veranlasst zu haben, von denen er einen Theil in seiner der Kön. Soc. im J. 1812 übergebenen Abhandlung über die Reihe, welche er durch $F(\alpha, \beta, \gamma, x)$ bezeichnet, veröffentlicht hat.

Diese Reihe ist eine Reihe, in welcher der Quotient des $(n+1)$ten Gliedes in das folgende

$$= \frac{(n+\alpha)(n+\beta)}{(n+1)(n+\gamma)} x$$

und das erste Glied $= 1$ ist. Die für sie jetzt gewöhnliche Benennung hypergeometrische Reihe ist schon früher von Johann Friedrich Pfaff für die allgemeineren Reihen vorgeschlagen worden, in denen der Quotient eines Gliedes in das folgende eine rationale Function des Stellenzeigers ist; während Euler nach Wallis darunter eine Reihe verstand, in welcher dieser Quotient eine ganze Function ersten Grades des Stellenzeigers ist.

Der unveröffentlichte Theil der Gauss'schen Untersuchungen über diese Reihe, welcher sich in seinem Nachlasse vorgefunden hat, ist unterdessen schon im J. 1835 durch die im 15. Bande des Journals von Crelle enthaltenen Arbeiten Kummers ergänzt worden. Sie betreffen die Ausdrücke der Reihe durch ähnliche Reihen, in denen statt des Elements x eine algebraische Function dieser Grösse vorkommt. Einen speciellen Fall dieser Umformungen hatte schon Euler aufgefunden und in seiner Integralrechnung, so wie in mehreren Abhandlungen behandelt (in der einfachsten Gestalt in den N. Acta Acad. Petr. T. XII. p. 58); und diese Relation ward später von Pfaff (Disquis. anal. Helmstadii 1797), Gudermann (Crelle J. Bd. 7. S. 306) und Jacobi auf verschiedenen Wegen bewiesen. Kummer gelang es, die Methode Euler's zu einem Verfahren auszubilden, durch welches sämmtliche Transformationen gefunden werden konnten; die wirkliche Ausführung desselben erforderte aber so weitläufige Discussionen, dass er für die Transformationen dritten Grades von der Durchführung derselben abstand und sich begnügte, die Transformationen ersten und zweiten Grades und die aus ihnen zusammengesetzten vollständig abzuleiten.

In der anzuzeigenden Abhandlung wird auf diese Transcendenten eine Methode angewandt, deren Princip in der Inaug. Diss. des Verfassers (Art. 20.) ausgesprochen worden ist und durch die sich sämmtliche früher gefundenen Resultate fast ohne Rechnung ergeben. Einige weitere mittelst derselben Methode gewonnenen Ergebnisse hofft der Verf. demnächst der Königlichen Societät vorlegen zu können.

VI.

Theorie der Abel'schen Functionen.

(Aus Borchardt's Journal für reine und angewandte Mathematik, Bd. 54. 1857.)

1. Allgemeine Voraussetzungen und Hülfsmittel für die Untersuchung von Functionen unbeschränkt veränderlicher Grössen.

Die Absicht den Lesern des Journals für Mathematik Untersuchungen über verschiedene Transcendenten, insbesondere auch über Abel'sche Functionen vorzulegen, macht es mir wünschenswerth, um Wiederholungen zu vermeiden, eine Zusammenstellung der allgemeinen Voraussetzungen, von denen ich bei ihrer Behandlung ausgehen werde, in einem besonderen Aufsatze voraufzuschicken.

Für die unabhängig veränderliche Grösse setze ich stets die jetzt allgemein bekannte Gauss'sche geometrische Repräsentation voraus, nach welcher eine complexe Grösse $z = x + yi$ vertreten wird durch einen Punkt einer unendlichen Ebene, dessen rechtwinklige Coordinaten x, y sind; ich werde dabei die complexen Grössen und die sie repräsentirenden Punkte durch dieselben Buchstaben bezeichnen. Als Function von $x + yi$ betrachte ich jede Grösse w, die sich mit ihr der Gleichung

$$i \frac{\partial w}{\partial x} = \frac{\partial w}{\partial y}$$

gemäss ändert, ohne einen Ausdruck von w durch x und y vorauszusetzen. Aus dieser Differentialgleichung folgt nach einem bekannten Satze, dass die Grösse w durch eine nach ganzen Potenzen von $z - a$ fortschreitende Reihe von der Form $\sum\limits_{n=0}^{n=\infty} a_n (z - a)^n$ darstellbar ist, sobald sie in der Umgebung von a allenthalben *einen* bestimmten mit z stetig sich ändernden Werth hat, und dass diese Darstellbarkeit stattfindet bis zu einem Abstande von a oder Modul von $z - a$, für welchen eine Unstetigkeit eintritt. Es ergiebt sich aber aus den Betrachtungen, welche der Methode der unbestimmten Coefficienten zu Grunde liegen, dass die Coefficienten a_n völlig bestimmt sind, wenn w in einer endlichen übrigens beliebig kleinen von a ausgehenden Linie gegeben ist.

Beide Ueberlegungen verbindend, wird man sich leicht von der Richtigkeit des Satzes überzeugen:

Eine Function von $x + yi$, die in einem Theile der (x, y)-Ebene gegeben ist, kann darüber hinaus nur auf Eine Weise stetig fortgesetzt werden.

Man denke sich nun die zu untersuchende Function nicht durch irgend welche z enthaltende analytische Ausdrücke oder Gleichungen bestimmt, sondern dadurch, dass der Werth der Function in einem beliebig begrenzten Theile der z-Ebene gegeben ist und sie von dort aus stetig (der partiellen Differentialgleichung

$$i \frac{\partial w}{\partial x} = \frac{\partial w}{\partial y}$$

gemäss) fortgesetzt wird. Diese Fortsetzung ist nach den obigen Sätzen eine völlig bestimmte, vorausgesetzt, dass sie nicht in blossen Linien geschieht, wobei eine partielle Differentialgleichung nicht zur Anwendung kommen könnte, sondern durch Flächenstreifen von endlicher Breite. Je nach der Beschaffenheit der fortzusetzenden Function wird nun entweder die Function für denselben Werth von z immer wieder denselben Werth annehmen, auf welchem Wege auch die Fortsetzung geschehen sein möge, oder nicht. Im ersteren Falle nenne ich sie *einwerthig*, sie bildet dann eine für jeden Werth von z völlig bestimmte und nicht längs einer Linie unstetige Function. Im letzteren Falle, wo sie *mehrwerthig* heissen soll, hat man, um ihren Verlauf aufzufassen, vor Allem seine Aufmerksamkeit auf gewisse Punkte der z-Ebene zu richten, um welche herum sich die Function in eine andere fortsetzt. Ein solcher Punkt ist z. B. bei der Function $\log(z - a)$ der Punkt a. Denkt man sich von diesem Punkte a aus eine beliebige Linie gezogen, so wird man in der Umgebung von a den Werth der Function so wählen können, dass sie sich ausser dieser Linie überall stetig ändert; zu beiden Seiten dieser Linie nimmt sie aber dann verschiedene Werthe an, auf der negativen*) einen um $2\pi i$ grösseren, als auf der positiven. Die Fortsetzung der Function von einer Seite dieser Linie aus, z. B. von der negativen, über sie hinüber in das jenseitige Gebiet giebt dann offenbar eine von der dort schon vorhandenen verschiedene Function und zwar im hier betrachteten Falle eine allenthalben um $2\pi i$ grössere.

*) Im Anschlusse an die von Gauss vorgeschlagene Benennung positiv laterale Einheit für $+ i$ werde ich als positive Seitenrichtung zu einer gegebenen Richtung diejenige bezeichnen, welche zu ihr ebenso liegt, wie $+ i$ zu 1.

Zur bequemeren Bezeichnung dieser Verhältnisse sollen die verschiedenen Fortsetzungen *einer* Function für denselben Theil der z-Ebene *Zweige* dieser Function genannt werden und ein Punkt, um welchen sich ein Zweig einer Function in einen andern fortsetzt eine *Verzweigungsstelle* dieser Function; wo keine Verzweigung stattfindet, heisst die Function *einändrig* oder *monodrom.*

Ein Zweig einer Function von mehreren unabhängig veränderlichen Grössen $z, s, t, \ldots$ ist *einändrig* in der Umgebung eines bestimmten Werthensystemes $z = a$, $s = b$, $t = c, \ldots$, wenn allen Werthencombinationen bis zu einem endlichen Abstande von demselben (oder bis zu einer bestimmten endlichen Grösse der Moduln von $z - a$, $s - b$, $t - c, \ldots$) ein bestimmter mit den veränderlichen Grössen stetig sich ändernder Werth dieses Zweiges der Function entspricht. Eine Verzweigungsstelle oder eine Stelle, um welche sich ein Zweig in einen andern fortsetzt, wird bei einer Function von mehreren Veränderlichen durch sämmtliche einer Gleichung zwischen ihnen genügende Werthe der unabhängig veränderlichen Grössen gebildet.

Nach einem oben angeführten bekannten Satze ist die Einändrigkeit einer Function identisch mit ihrer Entwickelbarkeit, ihre Verzweigung mit ihrer Nichtentwickelbarkeit nach ganzen positiven oder negativen Potenzen der Aenderungen der veränderlichen Grössen. Es scheint aber nicht zweckmässig, jene von ihrer Darstellungsweise unabhängigen Eigenschaften durch diese an eine bestimmte Form ihres Ausdrucks geknüpften Merkmale auszudrücken.

Für manche Untersuchungen, namentlich für die Untersuchung algebraischer und Abel'scher Functionen ist es vortheilhaft, die Verzweigungsart einer mehrwerthigen Function in folgender Weise geometrisch darzustellen. Man denke sich in der (x, y)-Ebene eine andere mit ihr zusammenfallende Fläche (oder auf der Ebene einen unendlich dünnen Körper) ausgebreitet, welche sich so weit und nur so weit erstreckt, als die Function gegeben ist. Bei Fortsetzung dieser Function wird also diese Fläche ebenfalls weiter ausgedehnt werden. In einem Theile der Ebene, für welchen zwei oder mehrere Fortsetzungen der Function vorhanden sind, wird die Fläche doppelt oder mehrfach sein; sie wird dort aus zwei oder mehreren Blättern bestehen, deren jedes einen Zweig der Function vertritt. Um einen Verzweigungspunkt der Function herum wird sich ein Blatt der Fläche in ein anderes fortsetzen, so dass in der Umgebung eines solchen Punktes die Fläche als eine Schraubenfläche mit einer in diesem Punkte auf der (x, y)-Ebene senkrechten Axe und unendlich kleiner Höhe des Schraubenganges betrachtet werden kann. Wenn die Function nach mehren

Umläufen des z um den Verzweigungswerth ihren vorigen Werth wieder erhält (wie z. B. $(z-a)^{\frac{m}{n}}$, wenn m, n relative Primzahlen sind, nach n Umläufen von z um a), muss man dann freilich annehmen, dass sich das oberste Blatt der Fläche durch die übrigen hindurch in das unterste fortsetzt.

Die mehrwerthige Function hat für jeden Punkt einer solchen ihre Verzweigungsart darstellenden Fläche nur *einen* bestimmten Werth und kann daher als eine völlig bestimmte Function des Orts in dieser Fläche angesehen werden.

2. Lehrsätze aus der analysis situs für die Theorie der Integrale von zweigliedrigen vollständigen Differentialien.

Bei der Untersuchung der Functionen, welche aus der Integration vollständiger Differentialien entstehen, sind einige der analysis situs angehörige Sätze fast unentbehrlich. Mit diesem von Leibnitz, wenn auch vielleicht nicht ganz in derselben Bedeutung, gebrauchten Namen darf wohl ein Theil der Lehre von den stetigen Grössen bezeichnet werden, welcher die Grössen nicht als unabhängig von der Lage existirend und durch einander messbar betrachtet, sondern von den Massverhältnissen ganz absehend, nur ihre Orts- und Gebietsverhältnisse der Untersuchung unterwirft. Indem ich eine von Massverhältnissen ganz abstrahirende Behandlung dieses Gegenstandes mir vorbehalte, werde ich hier nur die bei der Integration zweigliedriger vollständiger Differentialien nöthigen Sätze in einem geometrischen Gewande darstellen.

Es sei eine in der (x, y)-Ebene einfach oder mehrfach ausgebreitete Fläche T gegeben*) und X, Y seien solche stetige Functionen des Orts in dieser Fläche, dass in ihr allenthalben $Xdx + Ydy$ ein vollständiges Differential, also

$$\frac{\partial X}{\partial y} - \frac{\partial Y}{\partial x} = 0$$

ist. Bekanntlich ist dann

$$\int (Xdx + Ydy),$$

um einen Theil der Fläche T positiv oder negativ herum — d. h. durch die ganze Begrenzung entweder allenthalben nach der positiven

*) Man sehe die vorhergehende Abhandlung S. 83.

oder allenthalben nach der negativen Seite gegen die Richtung von Innen nach Aussen (Siehe die Anmerkung Seite 82 der vorhergehenden Abhandlung) — erstreckt, $= 0$, da dies Integral dem über diesen Theil ausgedehnten Flächenintegrale

$$\int \left(\frac{\partial Y}{\partial x} - \frac{\partial X}{\partial y}\right) dT$$

identisch im ersteren Falle gleich, im zweiten entgegengesetzt ist. Das Integral

$$\int (Xdx + Ydy)$$

hat daher, zwischen zwei festen Punkten auf zwei verschiedenen Wegen erstreckt, denselben Werth, wenn diese beiden Wege zusammengenommen die ganze Begrenzung eines Theils der Fläche T bilden. Wenn also jede im Innern von T in sich zurücklaufende Curve die ganze Begrenzung eines Theils von T bildet, so hat das Integral von einem festen Anfangspunkte bis zu einem und demselben Endpunkte erstreckt immer denselben Werth und ist eine von dem Wege der Integration unabhängige allenthalben in T stetige Function von der Lage des Endpunkts. Dies veranlasst zu einer Unterscheidung der Flächen in einfach zusammenhängende, in welchen jede geschlossene Curve einen Theil der Fläche vollständig begrenzt — wie z. B. ein Kreis —, und mehrfach zusammenhängende, für welche dies nicht stattfindet, — wie z. B. eine durch zwei concentrische Kreise begrenzte Ringfläche. Eine mehrfach zusammenhängende lässt sich durch Zerschneidung in eine einfach zusammenhängende verwandeln (S. die durch Zeichnungen erläuterten Beispiele am Schluss dieser Abhandlung). Da diese Operation wichtige Dienste bei der Untersuchung der Integrale algebraischer Functionen leistet, so sollen die darauf bezüglichen Sätze kurz zusammengestellt werden; sie gelten für beliebig im Raume liegende Flächen.

Wenn in einer Fläche F zwei Curvensysteme a und b zusammengenommen einen Theil dieser Fläche vollständig begrenzen, so bildet jedes andere Curvensystem, das mit a zusammen einen Theil von F vollständig begrenzt, auch mit b die ganze Begrenzung eines Flächentheils, der aus den beiden ersteren Flächentheilen längs a (durch Addition oder Subtraction, jenachdem sie auf entgegengesetzter oder auf gleicher Seite von a liegen) zusammengesetzt ist. Beide Curvensysteme leisten daher für völlige Begrenzung eines Theils von F dasselbe und können für die Erfüllung dieser Forderung einander ersetzen.

Wenn in einer Fläche F sich n geschlossene Curven $a_1, a_2, \ldots, a_n$ ziehen lassen, welche weder für sich noch mit einander einen Theil dieser

Fläche F vollständig begrenzen, mit deren Zuziehung aber jede andere geschlossene Curve die vollständige Begrenzung eines Theils der Fläche F bilden kann, so heisst die Fläche eine $(n+1)$fach zusammenhängende.

Dieser Charakter der Fläche ist unabhängig von der Wahl des Curvensystems $a_1, a_2, \ldots, a_n$, da je n andere geschlossene Curven $b_1, b_2, \ldots, b_n$, welche zu völliger Begrenzung eines Theils dieser Fläche nicht ausreichen, ebenfalls mit jeder andern geschlossenen Curve zusammengenommen einen Theil von F völlig begrenzen.

In der That, da b_1 mit Linien a zusammengenommen einen Theil von F vollständig begrenzt, so kann eine dieser Curven a durch b_1 und die übrigen Curven a ersetzt werden. Es ist daher mit b_1 und diesen $n-1$ Curven a jede andere Curve, und folglich auch b_2, zu völliger Begrenzung eines Theils von F ausreichend, und es kann eine dieser $n-1$ Curven a durch b_1, b_2 und die übrigen $n-2$ Curven a ersetzt werden. Dieses Verfahren kann offenbar, wenn, wie vorausgesetzt, die Curven b zu vollständiger Begrenzung eines Theils von F nicht ausreichen, so lange fortgesetzt werden, bis sämmtliche a durch die b ersetzt worden sind.

Eine $(n+1)$fach zusammenhängende Fläche F kann durch einen Querschnitt — d. h. eine von einem Begrenzungspunkte durch das Innere bis zu einem Begrenzungspunkte geführte Schnittlinie — in eine nfach zusammenhängende F′ verwandelt werden. Es gelten dabei die durch die Zerschneidung entstehenden Begrenzungstheile schon während der weiteren Zerschneidung als Begrenzung, so dass ein Querschnitt keinen Punkt mehrfach durchschneiden, aber in einem seiner früheren Punkte enden kann.

Da die Linien $a_1, a_2, \ldots, a_n$ zu völliger Begrenzung eines Theils von F nicht ausreichen, so muss, wenn man sich F durch diese Linien zerschnitten denkt, sowohl das auf der rechten, als das auf der linken Seite von a_n anliegende Flächenstück noch andere von den Linien a verschiedene und also zur Begrenzung von F gehörige Begrenzungstheile enthalten. Man kann daher von einem Punkte von a_n sowohl in dem einen, als in dem andern dieser Flächenstücke eine die Curven a nicht schneidende Linie bis zur Begrenzung von F ziehen. Diese beiden Linien q' und q'' zusammengenommen bilden alsdann einen Querschnitt q der Fläche F, welcher das Verlangte leistet.

In der That sind in der durch diesen Querschnitt aus F entstehenden Fläche F' die Linien $a_1, a_2, \ldots, a_{n-1}$ im Innern von F' verlaufende geschlossene Curven, welche zur Begrenzung eines Theils von F, also auch von F' nicht hinreichen. Jede andere im Innern von F' verlaufende geschlossene Curve l aber bildet mit ihnen die ganze Begrenzung eines Theils von F'. Denn die Linie l bildet mit einem

Complex aus den Linien $a_1, a_2, \ldots, a_n$ die ganze Begrenzung eines Theils f von F. Es lässt sich aber zeigen, dass in der Begrenzung desselben a_n nicht vorkommen kann; denn dann würde, je nach dem f auf der linken oder rechten Seite von a_n läge, q' oder q'' aus dem Innern von f nach einem Begrenzungspunkte von F, also nach einem ausserhalb f gelegenen Punkte, führen und also die Begrenzung von f schneiden müssen gegen die Voraussetzung, dass l sowohl als die Linien a, den Durchschnittspunkt von a_n und q ausgenommen, stets im Innern von F' bleiben.

Die Fläche F', in welche F durch den Querschnitt q zerfällt, ist demnach, wie verlangt, eine $n$fach zusammenhängende.

Es soll jetzt bewiesen werden, dass die Fläche F durch jeden Querschnitt p, welcher sie nicht in getrennte Stücke zerfället, in eine $n$fach zusammenhängende F' verwandelt wird. Wenn die zu beiden Seiten des Querschnitts p angrenzenden Flächentheile zusammenhängen, so lässt sich eine Linie b von der einen Seite desselben durch das Innere von F' auf die andere Seite zum Anfangspunkte zurück ziehen. Diese Linie b bildet eine im Innern von F in sich zurücklaufende Linie, welche, da der Querschnitt von ihr aus nach beiden Seiten zu einem Begrenzungspunkte führt, von keinem der beiden Flächenstücke, in welche sie F zerschneidet, die ganze Begrenzung bildet. Man kann daher eine der Curven a durch die Curve b und jede der übrigen $n-1$ Curven a durch eine im Innern von F' verlaufende Curve und wenn nöthig die Curve b ersetzen, worauf der Beweis, dass F' $n$fach zusammenhängend ist, durch dieselben Schlüsse, wie vorhin, geführt werden kann.

Eine $(n+1)$fach zusammenhängende Fläche wird daher durch jeden sie nicht in Stücke zerschneidenden Querschnitt in eine $n$fach zusammenhängende verwandelt.

Die durch einen Querschnitt entstandene Fläche kann durch einen neuen Querschnitt weiter zerlegt werden, und bei $n$maliger Wiederholung dieser Operation wird eine $(n+1)$fach zusammenhängende Fläche durch n nach einander gemachte sie nicht zerstückelnde Querschnitte in eine einfach zusammenhängende verwandelt.

Um diese Betrachtungen auf eine Fläche ohne Begrenzung, eine geschlossene Fläche, anwendbar zu machen, muss diese durch Ausscheidung eines beliebigen Punktes in eine begrenzte verwandelt werden, so dass die erste Zerlegung durch diesen Punkt und einen in ihm anfangenden und endenden Querschnitt, also durch eine geschlossene Curve, geschieht. Die Oberfläche eines Ringes z. B., welche eine dreifach zusammenhängende ist, wird durch eine geschlossene Curve und einen Querschnitt in eine einfach zusammenhängende verwandelt.

Auf das im Eingange betrachtete Integral des vollständigen Differentials $Xdx + Ydy$ wird nun die eben behandelte Zerschneidung der mehrfach zusammenhängenden Flächen in einfach zusammenhängende, wie folgt, angewandt. Ist die die (x, y)-Ebene bedeckende Fläche T, in welcher X, Y allenthalben stetige der Gleichung

$$\frac{\partial X}{\partial y} - \frac{\partial Y}{\partial x} = 0$$

genügende Functionen des Orts sind, n fach zusammenhängend, so wird sie durch n Querschnitte in eine einfach zusammenhängende T' zerschnitten. Die Integration von $Xdx + Ydy$ von einem festen Anfangspunkte aus durch Curven im Innern von T' liefert dann einen nur von der Lage des Endpunkts abhängigen Werth, welcher als Function von dessen Coordinaten betrachtet werden kann. Substituirt man für die Coordinaten die Grössen x, y, so erhält man eine Function

$$z = \int (Xdx + Ydy)$$

von x, y, welche für jeden Punkt von T' völlig bestimmt ist und sich innerhalb T' allenthalben stetig, beim Ueberschreiten eines Querschnitts aber allgemein zu reden um eine endliche von einem Knotenpunkte des Schnittnetzes zum andern constante Grösse ändert. Die Aenderungen beim Ueberschreiten der Querschnitte sind von einer der Zahl der Querschnitte gleichen Anzahl von einander unabhängiger Grössen abhängig; denn wenn man das Schnittsystem rückwärts, — die späteren Theile zuerst —, durchläuft, so ist diese Aenderung überall bestimmt, wenn ihr Werth beim Beginn jedes Querschnitts gegeben wird; letztere Werthe aber sind von einander unabhängig.

Um das, was oben (S. 85, 86) unter einer $n$fach zusammenhängenden Fläche verstanden wird, anschaulicher zu machen, folgen in den nachstehenden Zeichnungen Beispiele von einfach, zweifach und dreifach zusammenhängenden Flächen.

Einfach zusammenhängende Fläche.

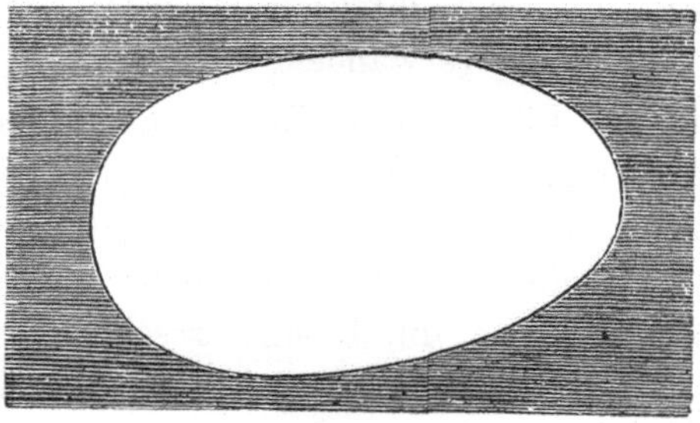

Sie wird durch jeden Querschnitt in getrennte Stücke zerfällt, und es bildet in ihr jede geschlossene Curve die ganze Begrenzung eines Theils der Fläche.

Zweifach zusammenhängende Fläche.

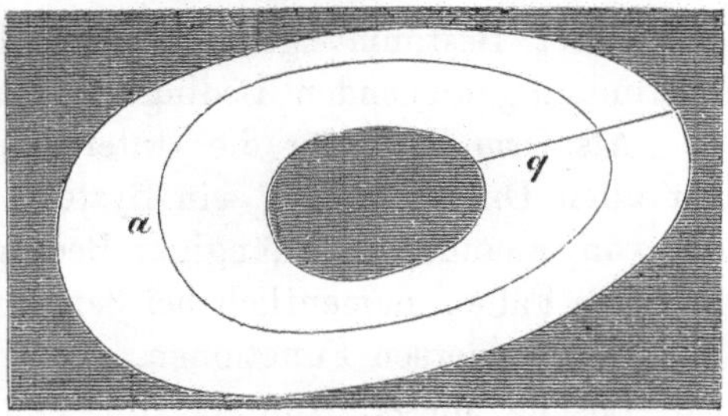

Sie wird durch jeden sie nicht zerstückelnden Querschnitt q in eine einfach zusammenhängende zerschnitten. Mit Zuziehung der Curve a kann in ihr jede geschlossene Curve die ganze Begrenzung eines Theils der Fläche bilden.

Dreifach zusammenhängende Fläche.

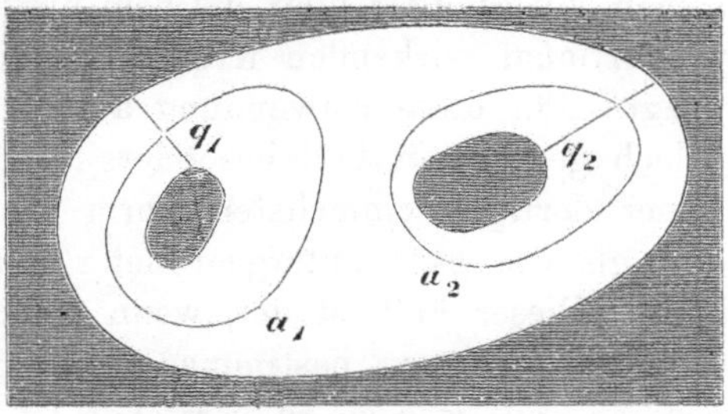

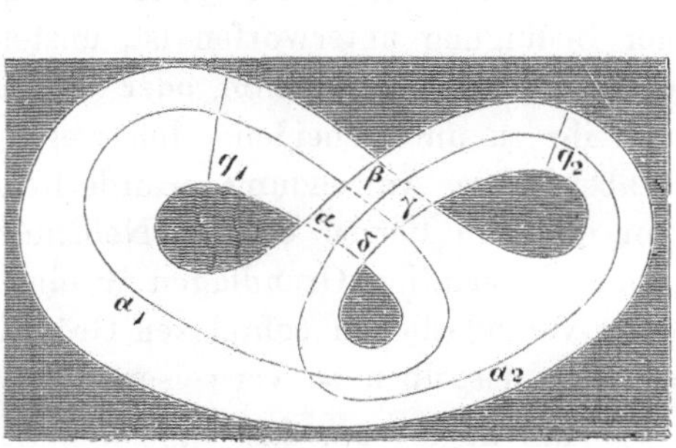

In dieser Fläche kann jede geschlossene Curve mit Zuziehung der Curven a_1 und a_2 die ganze Begrenzung eines Theils der Fläche bilden. Sie zerfällt durch jeden sie nicht zerstückelnden Querschnitt in eine zweifach zusammenhängende und durch zwei solche Querschnitte, q_1 und q_2, in eine einfach zusammenhängende.

In dem Theile $\alpha\beta\gamma\delta$ der Ebene ist die Fläche doppelt. Der a_1 enthaltende Arm der Fläche ist als unter dem andern fortgehend betrachtet und daher durch punktirte Linien angedeutet.

3. Bestimmung einer Function einer veränderlichen complexen Grösse durch Grenz- und Unstetigkeitsbedingungen.

Wenn in einer Ebene, in welcher die rechtwinkligen Coordinaten eines Punkts x, y sind, der Werth einer Function von $x + yi$ in einer endlichen Linie gegeben ist, so kann diese von dort aus nur auf eine Weise stetig fortgesetzt werden und ist also dadurch völlig bestimmt (Siehe oben S. 82). Sie kann aber auch in dieser Linie nicht willkürlich angenommen werden, wenn sie von ihr aus einer stetigen Fortsetzung in die anstossenden Flächentheile nach beiden Seiten hin fähig sein soll, da sie durch ihren Verlauf in einem noch so kleinen endlichen Theile dieser Linie schon für den übrigen Theil bestimmt ist. Bei dieser Bestimmungsweise einer Function sind also die zu ihrer Bestimmung dienenden Bedingungen nicht von einander unabhängig.

Als Grundlage für die Untersuchung einer Transcendenten ist es vor allen Dingen nöthig, ein System zu ihrer Bestimmung hinreichender von einander unabhängiger Bedingungen aufzustellen. Hierzu kann in vielen Fällen, namentlich bei den Integralen algebraischer Functionen und ihren inversen Functionen, ein Princip dienen, welches Dirichlet zur Lösung dieser Aufgabe für eine der Laplace'schen partiellen Differentialgleichung genügende Function von drei Veränderlichen, — wohl durch einen ähnlichen Gedanken von Gauss veranlasst — in seinen Vorlesungen über die dem umgekehrten Quadrat der Entfernung proportional wirkenden Kräfte seit einer Reihe von Jahren zu geben pflegt. Für diese Anwendung auf die Theorie von Transcendenten ist jedoch gerade ein Fall besonders wichtig, auf welchen dies Princip in seiner dortigen einfachsten Form nicht anwendbar ist, und welcher dort als von ganz untergeordneter Bedeutung unberücksichtigt bleiben kann. Dieser Fall ist der, wenn die Function an gewissen Stellen des Gebiets, wo sie zu bestimmen ist, vorgeschriebene Unstetigkeiten annehmen soll; was so zu verstehen ist, dass sie an jeder solchen Stelle der Bedingung unterworfen ist, unstetig zu werden, wie eine dort gegebene unstetige Function, oder sich nur um eine dort stetige Function von ihr zu unterscheiden. Ich werde hier das Princip in der für die beabsichtigte Anwendung erforderlichen Form darstellen und erlaube mir dabei in Betreff einiger Nebenuntersuchungen auf die in meiner Doctordissertation (Grundlagen für eine allgemeine Theorie der Functionen einer veränderlichen complexen Grösse. Göttingen 1851) gegebene Darstellung desselben zu verweisen.

Man nehme an, dass eine die (x, y)-Ebene einfach oder mehrfach bedeckende beliebig begrenzte Fläche T und in derselben zwei für jeden ihrer Punkte eindeutig bestimmte reelle Functionen von x, y, die Functionen α und β gegeben seien, und bezeichne das durch die Fläche T ausgedehnte Integral

$$\int\left(\left(\frac{\partial \alpha}{\partial x}-\frac{\partial \beta}{\partial y}\right)^2+\left(\frac{\partial \alpha}{\partial y}+\frac{\partial \beta}{\partial x}\right)^2\right) d\,T$$

durch $\Omega(\alpha)$, wobei die Functionen α und β beliebige Unstetigkeiten besitzen können, wenn nur das Integral dadurch nicht unendlich wird. Es bleibt dann auch $\Omega(\alpha-\lambda)$ endlich, wenn λ allenthalben stetig ist und endliche Differentialquotienten hat. Wird diese stetige Function λ

der Bedingung unterworfen, nur in einem unendlich kleinen Theile der Fläche T von einer unstetigen Function γ verschieden zu sein, so wird $\Omega(\alpha - \lambda)$ unendlich gross, wenn γ längs einer Linie unstetig ist oder in einem Punkte so unstetig ist, dass

$$\int \left(\left(\frac{\partial \gamma}{\partial x}\right)^2 + \left(\frac{\partial \gamma}{\partial y}\right)^2 \right) dT$$

unendlich wird (Meine Inaug. Diss. Art. 17); es bleibt aber $\Omega(\alpha - \lambda)$ endlich, wenn γ nur in einzelnen Punkten und nur so unstetig ist, dass

$$\int \left(\left(\frac{\partial \gamma}{\partial x}\right)^2 + \left(\frac{\partial \gamma}{\partial y}\right)^2 \right) dT$$

durch die Fläche T erstreckt endlich bleibt, wie z. B. wenn γ in der Umgebung eines Punktes im Abstande r von demselben $= (-\log r)^\varepsilon$ und $0 < \varepsilon < \frac{1}{2}$ ist. Zur Abkürzung mögen hier die Functionen, in welche λ unbeschadet der Endlichkeit von $\Omega(\alpha - \lambda)$ übergehen kann, unstetig von der ersten Art, die Functionen, für welche dies nicht möglich ist, unstetig von der zweiten Art genannt werden. Denkt man sich nun in $\Omega(\alpha - \mu)$ für μ alle stetigen oder von der ersten Art unstetigen Functionen gesetzt, welche an der Grenze verschwinden, so erhält dies Integral immer einen endlichen, aber seiner Natur nach nie einen negativen Werth, und es muss daher wenigstens einmal, für $\alpha - \mu = u$, ein Minimumwerth eintreten, so dass Ω für jede Function $\alpha - \mu$, die unendlich wenig von u verschieden ist, grösser als $\Omega(u)$ wird.

Bezeichnet daher σ eine beliebige stetige oder von erster Art unstetige Function des Orts in der Fläche T, die an der Grenze allenthalben gleich 0 ist, und h eine von x, y unabhängige Grösse, so muss $\Omega(u + h\sigma)$ sowohl für ein positives, als für ein negatives hinreichend kleines h grösser als $\Omega(u)$ werden, und daher in der Entwicklung dieses Ausdrucks nach Potenzen von h der Coefficient von h verschwinden. Ist dieser 0, so ist

$$\Omega(u + h\sigma) = \Omega(u) + h^2 \int \left(\left(\frac{\partial \sigma}{\partial x}\right)^2 + \left(\frac{\partial \sigma}{\partial y}\right)^2 \right) dT$$

und folglich Ω immer ein Minimum. Das Minimum tritt nur für eine einzige Function u ein; denn fände auch ein Minimum für $u + \sigma$ statt, so könnte $\Omega(u + \sigma)$ nicht $> \Omega(u)$ sein, weil sonst

$$\Omega(u + h\sigma) < \Omega(u + \sigma)$$

für $h < 1$ würde; also könnte $\Omega(u + \sigma)$ nicht kleiner als die anliegenden Werthe sein. Ist aber $\Omega(u + \sigma) = \Omega(u)$, so muss σ constant, also da es in der Begrenzung 0 ist, überall 0 sein. Es wird daher nur für eine einzige Function u das Integral Ω ein Minimum und die Variation erster Ordnung oder das h proportionale Glied in $\Omega(u + h\sigma)$,

$$2h\int dT \left(\left(\frac{\partial u}{\partial x} - \frac{\partial \beta}{\partial y}\right)\frac{\partial \sigma}{\partial x} + \left(\frac{\partial u}{\partial y} + \frac{\partial \beta}{\partial x}\right)\frac{\partial \sigma}{\partial y}\right) = 0.$$

Aus dieser Gleichung folgt, dass das Integral

$$\int\left(\left(\frac{\partial \beta}{\partial x} + \frac{\partial u}{\partial y}\right) dx + \left(\frac{\partial \beta}{\partial y} - \frac{\partial u}{\partial x}\right) dy\right)$$

durch die ganze Begrenzung eines Theils der Fläche T erstreckt stets $= 0$ ist. Zerlegt man nun (nach der vorhergehenden Abhandlung) die Fläche T, wenn sie eine mehrfach zusammenhängende ist, in eine einfach zusammenhängende T', so liefert die Integration durch das Innere von T' von einem festen Anfangspunkte bis zum Punkte (x, y) eine Function von x, y,

$$\nu = \int\left(\left(\frac{\partial \beta}{\partial x} + \frac{\partial u}{\partial y}\right) dx + \left(\frac{\partial \beta}{\partial y} - \frac{\partial u}{\partial x}\right) dy\right) + \text{const.},$$

welche in T' überall stetig oder unstetig von der ersten Art ist und sich beim Ueberschreiten der Querschnitte um endliche von einem Knotenpunkte des Schnittnetzes zum andern constante Grössen ändert. Es genügt dann $v = \beta - \nu$ den Gleichungen

$$\frac{\partial v}{\partial x} = -\frac{\partial u}{\partial y}, \quad \frac{\partial v}{\partial y} = \frac{\partial u}{\partial x},$$

und folglich ist $u + vi$ eine Lösung der Differentialgleichung

$$\frac{\partial (u + vi)}{\partial y} - i\,\frac{\partial (u + vi)}{\partial x} = 0$$

oder eine Function von $x + yi$.

Man erhält auf diesem Wege den in der erwähnten Abhandlung Art. 18 ausgesprochenen Satz:

Ist in einer zusammenhängenden durch Querschnitte in eine einfach zusammenhängende T' zerlegten Fläche T eine complexe Function $\alpha + \beta i$ von x, y gegeben, für welche

$$\int\left(\left(\frac{\partial \alpha}{\partial x} - \frac{\partial \beta}{\partial y}\right)^2 + \left(\frac{\partial \alpha}{\partial y} + \frac{\partial \beta}{\partial x}\right)^2\right) dT$$

durch die ganze Fläche ausgedehnt einen endlichen Werth hat, so kann sie immer und nur auf Eine Art in eine Function von $x + yi$ verwandelt werden durch Subtraction einer Function $\mu + \nu i$ von x, y, welche folgenden Bedingungen genügt:

1) *μ ist am Rande $= 0$ oder doch nur in einzelnen Punkten davon verschieden, ν in Einem Punkte beliebig gegeben.*

2) *Die Aenderungen von μ sind in T, von ν in T' nur in einzelnen Punkten und nur so unstetig, dass*

$$\int\left(\left(\frac{\partial \mu}{\partial x}\right)^2+\left(\frac{\partial \mu}{\partial y}\right)^2\right) d\,T$$

und

$$\int\left(\left(\frac{\partial \nu}{\partial x}\right)^2+\left(\frac{\partial \nu}{\partial y}\right)^2\right) d\,T,$$

durch die ganze Fläche erstreckt, endlich bleiben, und letztere längs der Querschnitte beiderseits gleich.

Wenn die Function $\alpha+\beta i$, wo ihre Differentialquotienten unendlich werden, unstetig wird, wie eine gegebene dort unstetige Function von $x+yi$, und keine durch eine Abänderung ihres Werthes in einem einzelnen Punkte hebbare Unstetigkeit besitzt, so bleibt $\Omega(\alpha)$ endlich, und es wird $\mu+\nu i$ in T' allenthalben stetig. Denn da eine Function von $x+yi$ gewisse Unstetigkeiten, wie z. B. Unstetigkeiten erster Art, gar nicht annehmen kann (Meine Diss. Art. 12), so muss die Differenz zweier solcher Functionen stetig sein, sobald sie nicht von der zweiten Art unstetig ist.

Nach dem eben bewiesenen Satze lässt sich daher eine Function von $x+yi$ so bestimmen, dass sie im Innern von T, von der Unstetigkeit des imaginären Theils in den Querschnitten abgesehen, gegebene Unstetigkeiten annimmt, und ihr reeller Theil an der Grenze einen dort allenthalben beliebig gegebenen Werth erhält; wenn nur für jeden Punkt, wo ihre Differentialquotienten unendlich werden sollen, die vorgeschriebene Unstetigkeit die einer gegebenen dort unstetigen Function von $x+yi$ ist. Die Bedingung an der Grenze kann man, wie leicht zu sehen, ohne eine wesentliche Aenderung der gemachten Schlüsse durch manche andere ersetzen.

4. Theorie der Abel'schen Functionen.

In der folgenden Abhandlung habe ich die Abel'schen Functionen nach einer Methode behandelt, deren Principien in meiner Inauguraldissertation*) aufgestellt und in einer etwas veränderten Form in den drei vorhergehenden Aufsätzen dargestellt worden sind. Zur Erleichterung der Uebersicht schicke ich eine kurze Inhaltsangabe vorauf.

Die erste Abtheilung enthält die Theorie eines Systems von gleichverzweigten algebraischen Functionen und ihren Integralen, soweit für dieselbe nicht die Betrachtung von ϑ-Reihen massgebend ist, und han-

---

*) Grundlagen für eine allgemeine Theorie der Functionen einer veränderlichen complexen Grösse. Göttingen 1851.

delt im §. 1—5 von der Bestimmung dieser Functionen durch ihre Verzweigungsart und ihre Unstetigkeiten, im §. 6—10 von den rationalen Ausdrücken derselben in zwei durch eine algebraische Gleichung verknüpfte veränderliche Grössen, und im §. 11—13 von der Transformation dieser Ausdrücke durch rationale Substitutionen. Der bei dieser Untersuchung sich darbietende Begriff einer Klasse von algebraischen Gleichungen, welche sich durch rationale Substitutionen in einander transformiren lassen, dürfte auch für andere Untersuchungen wichtig und die Transformation einer solchen Gleichung in Gleichungen niedrigsten Grades ihrer Klasse (§. 13) auch bei anderen Gelegenheiten von Nutzen sein. Diese Abtheilung behandelt endlich im §. 14—16 zur Vorbereitung der folgenden die Anwendung des Abel'schen Additionstheorems für ein beliebiges System allenthalben endlicher Integrale von gleichverzweigten algebraischen Functionen zur Integration eines Systems von Differentialgleichungen.

In der zweiten Abtheilung werden für ein beliebiges System von immer endlichen Integralen gleichverzweigter, algebraischer, $\overline{2p+1}$ fach zusammenhängender Functionen die Jacobi'schen Umkehrungsfunctionen von p veränderlichen Grössen durch $p$fach unendliche ϑ-Reihen ausgedrückt, d. h. durch Reihen von der Form

$$\vartheta(v_1, v_2, \ldots, v_p) = \left(\sum_{-\infty}^{\infty}\right)^p e^{\left(\sum_1^p\right)^2 a_{\mu,\mu'}\, m_\mu m_{\mu'} + 2\sum_1^p v_\mu m_\mu},$$

worin die Summationen im Exponenten sich auf μ und μ', die äusseren Summationen auf $m_1, m_2, \ldots, m_p$ beziehen. Es ergiebt sich, dass zur allgemeinen Lösung dieser Aufgabe eine — wenn $p > 3$ specielle — Gattung von ϑ-Reihen ausreicht, in denen zwischen den $\frac{p(p+1)}{2}$ Grössen a $\frac{(p-2)(p-3)}{1.2}$ Relationen stattfinden, so dass nur $3p-3$ willkürlich bleiben. Dieser Theil der Abhandlung bildet zugleich eine Theorie dieser speciellen Gattung von ϑ-Functionen; die allgemeinen ϑ-Functionen bleiben hier ausgeschlossen, lassen sich jedoch nach einer ganz ähnlichen Methode behandeln.

Das hier erledigte Jacobi'sche Umkehrungsproblem ist für die hyperelliptischen Integrale schon auf mehreren Wegen durch die beharrlichen mit so schönem Erfolge gekrönten Arbeiten von Weierstrass gelöst worden, von denen eine Uebersicht im 47. Bande des Journ. für Mathm. (S. 289) mitgetheilt worden ist. Es ist jedoch bis jetzt nur von dem Theile dieser Arbeiten, welcher in den §§. 1 und 2 und der ersten die elliptischen Functionen betreffenden Hälfte des §. 3 der angeführten Abhandlung skizzirt wird, die wirkliche Ausführung veröffentlicht (Bd. 52, S. 285 d. Journ. f. Math.); in wie weit zwischen den späteren Theilen dieser Arbeiten und meinen hier dargestellten eine Uebereinstimmung nicht bloss in Resultaten, sondern auch in den zu ihnen führenden Methoden stattfindet, wird grossentheils erst die versprochene ausführliche Darstellung derselben ergeben können.

Die gegenwärtige Abhandlung bildet mit Ausnahme der beiden letzten §§. 26 und 27, deren Gegenstand damals nur kurz angedeutet werden konnte, einen Auszug aus einem Theile meiner von Michaelis 1855 bis Michaelis 1856 zu Göttingen gehaltenen Vorlesungen. Was die Auffindung der einzelnen Resultate betrifft, so wurde ich auf das im §. 1 — 5, 9 und 12 Mitgetheilte und die dazu nöthigen vorbereitenden Sätze, welche später Behufs der Vorlesungen so, wie es in dieser Abhandlung geschehen ist, weiter ausgeführt wurden, im Herbste 1851 und zu Anfang 1852 durch Untersuchungen über die conforme Abbildung mehrfach zusammenhängender Flächen geführt, ward aber dann durch einen andern Gegenstand von dieser Untersuchung abgezogen. Erst um Ostern 1855 wurde sie wieder aufgenommen und in den Oster- und Michaelisferien jenes Jahres bis zu §. 21 incl. fortgeführt; das Uebrige wurde bis Michaelis 1856 hinzugefügt. Einzelne ergänzende Zusätze sind an manchen Stellen während der Ausarbeitung hinzugekommen.

Erste Abtheilung.

1.

Ist s die Wurzel einer irreductibeln Gleichung $n$ten Grades, deren Coefficienten ganze Functionen $m$ten Grades von z sind, so entsprechen jedem Werthe von z n Werthe von s, die sich mit z überall, wo sie nicht unendlich werden, stetig ändern. Stellt man daher (nach S. 83) die Verzweigungsart dieser Function durch eine in der z-Ebene ausgebreitete unbegrenzte Fläche T dar, so ist diese in jedem Theile der Ebene $n$fach, und s ist dann eine einwerthige Function des Orts in dieser Fläche. Eine unbegrenzte Fläche kann entweder als eine Fläche mit unendlich weit entfernter Begrenzung oder als eine geschlossene angesehen werden, und Letzteres soll bei der Fläche T geschehen, so dass dem Werthe $z = \infty$ in jedem der n Blätter der Fläche Ein Punkt entspricht, wenn nicht etwa für $z = \infty$ eine Verzweigung stattfindet.

Jede rationale Function von s und z ist offenbar ebenfalls eine einwerthige Function des Orts in der Fläche T und besitzt also dieselbe Verzweigungsart wie die Function s, und es wird sich unten ergeben, dass auch das Umgekehrte gilt.

Durch Integration einer solchen Function erhält man eine Function, deren verschiedene Fortsetzungen für denselben Theil der Fläche T sich nur um Constanten unterscheiden, da ihre Derivirte für denselben Punkt dieser Fläche immer denselben Werth wieder annimmt.

Ein solches System von gleichverzweigten algebraischen Functionen und Integralen dieser Functionen bildet zunächst den Gegenstand unserer Betrachtung; statt aber von diesen Ausdrücken dieser Functionen auszugehen, werden wir sie mit Anwendung des Dirichlet'schen Princips (S. 92) durch ihre Unstetigkeiten definiren.

2.

Zur Vereinfachung des Folgenden heisse eine Function *für einen Punkt der Fläche T unendlich klein von der ersten Ordnung*, wenn ihr Logarithmus bei einem positiven Umlaufe um ein diesen Punkt umgebendes Flächenstück, in welchem sie endlich und von Null verschieden bleibt, um $2\pi i$ wächst. Es ist demnach für einen Punkt, um den die Fläche T sich μ mal windet, wenn dort z einen endlichen Werth a hat, $(z-a)^{\frac{1}{\mu}}$, also $(dz)^{\frac{1}{\mu}}$, wenn aber $z=\infty$, $\left(\frac{1}{z}\right)^{\frac{1}{\mu}}$ unendlich klein von der ersten Ordnung. Der Fall, wo eine Function in einem Punkte der Fläche T unendlich klein oder unendlich gross von der νten Ordnung wird, kann so betrachtet werden, als wenn die Function in ν dort zusammenfallenden (oder unendlich nahen) Punkten unendlich klein oder unendlich gross von der ersten Ordnung wird, wie in der Folge bisweilen geschehen soll.

Die Art und Weise, wie jene hier zu betrachtenden Functionen unstetig werden, kann dann so ausgedrückt werden. Wird eine von ihnen in einem Punkte der Fläche T unendlich, so kann sie, wenn r eine beliebige Function bezeichnet, die in diesem Punkte unendlich klein von der ersten Ordnung wird, stets durch Subtraction eines endlichen Ausdrucks von der Form

$$A\log r + Br^{-1} + Cr^{-2} + \cdots$$

in eine dort stetige verwandelt werden, wie sich aus den bekannten — nach Cauchy oder durch die Fourier'sche Reihe zu beweisenden — Sätzen über die Entwicklung einer Function in Potenzreihen ergiebt.

3.

Man denke sich jetzt eine in der z-Ebene allenthalben $n$fach ausgebreitete unbegrenzte und nach dem Obigen als geschlossen zu betrachtende zusammenhängende Fläche T gegeben und diese in eine einfach zusammenhängende T' zerschnitten. Da die Begrenzung einer einfach zusammenhängenden Fläche aus Einem Stücke besteht, eine geschlossene Fläche aber durch eine ungerade Anzahl von Schnitten eine gerade Zahl von Begrenzungsstücken, durch eine gerade eine ungerade erhält, so ist zu dieser Zerschneidung eine gerade Anzahl von Schnitten erforderlich. Die Anzahl dieser Querschnitte sei $= 2p$. Die Zerschneidung werde zur Vereinfachung des Folgenden so ausgeführt, dass jeder spätere Schnitt von einem Punkte eines früheren bis zu dem anstossenden Punkte auf der andern Seite desselben geht: wenn sich dann eine Grösse längs der ganzen Begrenzung von T' stetig ändert und im ganzen Schnittsysteme zu beiden Seiten gleiche Aenderungen erleidet, so ist die Differenz der beiden Werthe, die sie in demselben Punkte des Schnittnetzes annimmt, in allen Theilen Eines Querschnitts derselben Constanten gleich.

Man setze nun $z = x + yi$ und nehme in T eine Function $\alpha + \beta i$ von x, y folgendermassen an:

In der Umgebung der Punkte ε_1, ε_2, ... bestimme man sie gleich gegebenen in diesen Punkten unendlich werdenden Functionen von $x + yi$, und zwar um ε_ν, indem man eine beliebige Function von z, die in ε_ν unendlich klein von der ersten Ordnung wird, durch r_ν bezeichnet, gleich einem endlichen Ausdrucke von der Form

$$A_\nu \log r_\nu + B_\nu r_\nu^{-1} + C_\nu r_\nu^{-2} + \cdots = \varphi_\nu(r_\nu),$$

worin A_ν, B_ν, C_ν, ... willkürliche Constanten sind. Man ziehe ferner nach einem beliebigen Punkte von allen Punkten ε, für welche die Grösse A von Null verschieden ist, einander nicht schneidende Linien durch das Innere von T', von ε_ν die Linie l_ν. Man nehme endlich die Function in der ganzen noch übrigen Fläche T so an, dass sie ausser den Linien l und den Querschnitten überall stetig, auf der positiven (linken) Seite der Linie l_ν um $-2\pi i A_\nu$ und auf der positiven Seite des νten Querschnitts um die gegebene Constante $h^{(\nu)}$ grösser ist, als auf der andern, und dass das Integral

$$\int \left(\left(\frac{\partial \alpha}{\partial x} - \frac{\partial \beta}{\partial y} \right)^2 + \left(\frac{\partial \alpha}{\partial y} + \frac{\partial \beta}{\partial x} \right)^2 \right) dT$$

durch die Fläche T ausgedehnt einen endlichen Werth erhält. Dies ist wie leicht zu sehen immer möglich, wenn die Summe sämmtlicher

Grössen A gleich Null ist, aber auch nur unter dieser Bedingung, weil nur dann die Function nach einem Umlaufe um das System der Linien l den vorigen Werth wieder annehmen kann.

Die Constanten $h^{(1)}, h^{(2)}, \ldots, h^{(2p)}$, um welche eine solche Function auf der positiven Seite der Querschnitte grösser ist, als auf der andern, sollen die *Periodicitätsmoduln* dieser Function genannt werden.

Nach dem Dirichlet'schen Princip kann nun die Function $\alpha + \beta i$ in eine Function ω von $x + yi$ verwandelt werden durch Subtraction einer ähnlichen in T' allenthalben stetigen Function von x, y mit rein imaginären Periodicitätsmoduln, und diese ist bis auf eine additive Constante völlig bestimmt. Die Function ω stimmt dann mit $\alpha + \beta i$ in den Unstetigkeiten im Innern von T' und in den reellen Theilen der Periodicitätsmoduln überein. Für ω können daher die Functionen φ_ν und die reellen Theile ihrer Periodicitätsmoduln willkürlich gegeben werden. Durch diese Bedingungen ist sie bis auf eine additive Constante völlig bestimmt, folglich auch der imaginäre Theil ihrer Periodicitätsmoduln.

Es wird sich zeigen, dass diese Function ω sämmtliche im §. 1 bezeichneten Functionen als specielle Fälle unter sich enthält.

4.

Allenthalben endliche Functionen ω. (Integrale erster Gattung.)

Wir wollen jetzt die einfachsten von ihnen betrachten und zwar zuerst diejenigen, die immer endlich bleiben und also im Innern von T' allenthalben stetig sind. Sind $w_1, w_2, \ldots, w_p$ solche Functionen, so ist auch

$$w = \alpha_1 w_1 + \alpha_2 w_2 + \cdots + \alpha_p w_p + \text{const.},$$

worin $\alpha_1, \alpha_2, \ldots, \alpha_p$ beliebige Constanten sind, eine solche Function. Es seien die Periodicitätsmoduln der Functionen $w_1, w_2, \ldots, w_p$ für den νten Querschnitt $k_1^{(\nu)}, k_2^{(\nu)}, \ldots, k_p^{(\nu)}$. Der Periodicitätsmodul von w für diesen Querschnitt ist dann $\alpha_1 k_1^{(\nu)} + \alpha_2 k_2^{(\nu)} + \cdots + \alpha_p k_p^{(\nu)} = k^{(\nu)}$; und setzt man die Grössen α in die Form $\gamma + \delta i$, so sind die reellen Theile der $2p$ Grössen $k^{(1)}, k^{(2)}, \ldots, k^{(2p)}$ lineare Functionen der Grössen $\gamma_1, \gamma_2, \ldots, \gamma_p, \delta_1, \delta_2, \ldots, \delta_p$. Wenn nun zwischen den Grössen w_1, $w_2, \ldots, w_p$ keine lineare Gleichung mit constanten Coefficienten stattfindet, so kann die Determinante dieser linearen Ausdrücke nicht verschwinden; denn es liessen sich sonst die Verhältnisse der Grössen α so bestimmen, dass die Periodicitätsmoduln des reellen Theils von w sämmtlich 0 würden, folglich der reelle Theil von w und also auch w

selbst nach dem Dirichlet'schen Princip eine Constante sein müsste. Es können daher dann die $2p$ Grössen γ und δ so bestimmt werden, dass die reellen Theile der Periodicitätsmoduln gegebene Werthe erhalten; und folglich kann w jede immer endlich bleibende Function ω darstellen, wenn $w_1, w_2, \ldots, w_p$ keiner linearen Gleichung mit constanten Coefficienten genügen. Diese Functionen lassen sich aber immer dieser Bedingung gemäss wählen; denn so lange $\mu < p$, finden zwischen den Periodicitätsmoduln des reellen Theils von

$$\alpha_1 w_1 + \alpha_2 w_2 + \cdots + \alpha_\mu w_\mu + \text{const.}$$

lineare Bedingungsgleichungen statt; es ist daher $w_{\mu+1}$ nicht in dieser Form enthalten, wenn man, was nach dem Obigen immer möglich ist, die Periodicitätsmoduln des reellen Theils dieser Function so bestimmt, dass sie diesen Bedingungsgleichungen nicht genügen.

Functionen ω, die für einen Punkt der Fläche T unendlich von der ersten Ordnung werden. (Integrale zweiter Gattung.)

Es sei ω nur für einen Punkt ε der Fläche T unendlich, und für diesen seien alle Coefficienten in φ ausser B gleich 0. Eine solche Function ist dann bis auf eine additive Constante bestimmt durch die Grösse B und die reellen Theile ihrer Periodicitätsmoduln. Bezeichnet $t^0(\varepsilon)$ irgend eine solche Function, so können in dem Ausdrucke

$$t(\varepsilon) = \beta t^0(\varepsilon) + \alpha_1 w_1 + \alpha_2 w_2 + \cdots + \alpha_p w_p + \text{const.}$$

die Constanten $\beta, \alpha_1, \alpha_2, \ldots, \alpha_p$ immer so bestimmt werden, dass für ihn die Grösse B und die reellen Theile der Periodicitätsmoduln beliebig gegebene Werthe erhalten. Dieser Ausdruck stellt also jede solche Function dar.

Functionen ω, welche für zwei Punkte der Fläche T logarithmisch unendlich werden. (Integrale dritter Gattung.)

Betrachten wir drittens den Fall, wo die Function ω nur logarithmisch unendlich wird, so muss dies, da die Summe der Grössen A gleich 0 sein muss, wenigstens für zwei Punkte der Fläche T, ε_1 und ε_2, geschehen und $A_2 = - A_1$ sein. Ist von den Functionen, bei denen dies statt hat und die beiden letztern Grössen $= 1$ sind, irgend eine $\varpi^0(\varepsilon_1, \varepsilon_2)$, so sind nach ähnlichen Schlüssen, wie oben, alle übrigen in der Form

$$\varpi(\varepsilon_1, \varepsilon_2) = \varpi^0(\varepsilon_1, \varepsilon_2) + \alpha_1 w_1 + \alpha_2 w_2 + \cdots + \alpha_p w_p + \text{const.}$$

enthalten.

Für die folgenden Bemerkungen nehmen wir zur Vereinfachung an, dass die Punkte ε keine Verzweigungspunkte sind und nicht im Unendlichen liegen. Man kann dann $r_\nu = z - z_\nu$ setzen, indem man durch z_ν den Werth von z in ε_ν bezeichnet. Wenn man dann $\varpi(\varepsilon_1, \varepsilon_2)$ so nach z_1 differentiirt, dass die reellen Theile der Periodicitätsmoduln (oder auch p von den Periodicitätsmoduln) und der Werth von $\varpi(\varepsilon_1, \varepsilon_2)$ für einen beliebigen Punkt der Fläche T constant bleiben, so erhält man eine Function $t(\varepsilon_1)$, die in ε_1 unstetig wie $\frac{1}{z - z_1}$ wird. Umgekehrt ist, wenn $t(\varepsilon_1)$ eine solche Function ist, $\int\limits_{z_2}^{z_3} t(\varepsilon_1)\, dz_1$, durch eine beliebige in T von ε_2 nach ε_3 führende Linie genommen, gleich einer Function $\varpi(\varepsilon_2, \varepsilon_3)$. Auf ähnliche Art erhält man durch n successive Differentiationen eines solchen $t(\varepsilon_1)$ nach z_1 Functionen ω, welche im Punkte ε_1 wie $n!\,(z - z_1)^{-n-1}$ unstetig werden und übrigens endlich bleiben.

Für die ausgeschlossenen Lagen der Punkte ε bedürfen diese Sätze einer leichten Modification.

Offenbar kann nun ein mit constanten Coefficienten aus Functionen w, aus Functionen ϖ und ihren Derivirten nach den Unstetigkeitswerthen gebildeter linearer Ausdruck so bestimmt werden, dass er im Innern von T' beliebig gegebene Unstetigkeiten von der Form, wie ω, erhält, und die reellen Theile seiner Periodicitätsmoduln beliebig gegebene Werthe annehmen. Durch einen solchen Ausdruck kann also jede gegebene Function ω dargestellt werden.

5.

Der allgemeine Ausdruck einer Function ω, die für m Punkte der Fläche T, $\varepsilon_1, \varepsilon_2, \ldots, \varepsilon_m$ unendlich gross von der ersten Ordnung wird, ist nach dem Obigen

$$s = \beta_1 t_1 + \beta_2 t_2 + \cdots + \beta_m t_m + \alpha_1 w_1 + \alpha_2 w_2 + \cdots + \alpha_p w_p + \text{const.},$$

worin t_ν eine beliebige Function $t(\varepsilon_\nu)$ und die Grössen α und β Constanten sind. Wenn von den m Punkten ε eine Anzahl ϱ in denselben Punkt η der Fläche T zusammenfallen, so sind die ϱ diesen Punkten zugehörigen Functionen t zu ersetzen durch eine Function $t(\eta)$ und deren $\varrho - 1$ erste Derivirte nach ihrem Unstetigkeitswerthe (§. 2).

Die $2p$ Periodicitätsmoduln dieser Function s sind lineare homogene Functionen der $p + m$ Grössen α und β. Wenn $m \geqq p + 1$, lassen sich also $2p$ von den Grössen α und β als lineare homogene Functionen der übrigen so bestimmen, dass die Periodicitätsmoduln sämmtlich 0 werden. Die Function enthält dann noch $m-p+1$ willkürliche Constanten, von denen sie eine lineare homogene Function ist, und kann als ein linearer Ausdruck von $m-p$ Functionen betrachtet werden, deren jede nur für $p+1$ Werthe unendlich von der ersten Ordnung wird.

Wenn $m=p+1$ ist, so sind die Verhältnisse der $2p+1$ Grössen α und β bei jeder Lage der $p+1$ Punkte ε völlig bestimmt. Es können jedoch für besondere Lagen dieser Punkte einige der Grössen β gleich 0 werden. Die Anzahl dieser Grössen sei $=m-\mu$, so dass die Function nur für μ Punkte unendlich von der ersten Ordnung wird. Diese μ Punkte müssen dann eine solche Lage haben, dass von den $2p$ Bedingungsgleichungen zwischen den $p+\mu$ übrigen Grössen β und α $p+1-\mu$ eine identische Folge der übrigen sind, und es können daher nur $2\mu-p-1$ von ihnen beliebig gewählt werden. Ausserdem enthält die Function noch 2 willkürliche Constanten.

Es sei nun s so zu bestimmen, dass μ möglichst klein wird. Wenn s μmal unendlich von der ersten Ordnung wird, so ist dies auch mit jeder rationalen Function ersten Grades von s der Fall; man kann daher für die Lösung dieser Aufgabe einen der μ Punkte beliebig wählen. Die Lage der übrigen muss dann so bestimmt werden, dass $p+1-\mu$ von den Bedingungsgleichungen zwischen den Grössen α und β eine identische Folge der übrigen sind; es muss also, wenn die Verzweigungswerthe der Fläche T nicht besondern Bedingungsgleichungen genügen, $p+1-\mu \leqq \mu-1$ oder $\mu \geqq \frac{1}{2}p+1$ sein.

Die Anzahl der in einer Function s, die nur für m Punkte der Fläche T unendlich von der ersten Ordnung wird und übrigens stetig bleibt, enthaltenen willkürlichen Constanten ist in allen Fällen $=2m-p+1$.

Eine solche Function ist die Wurzel einer Gleichung n^{ten} Grades, deren Coefficienten ganze Functionen m^{ten} Grades von z sind.

Sind $s_1, s_2, \ldots, s_n$ die n Werthe der Function s für dasselbe z, und bezeichnet σ eine beliebige Grösse, so ist $(\sigma-s_1)(\sigma-s_2)\ldots(\sigma-s_n)$ eine einwerthige Function von z, die nur für einen Punkt der z-Ebene, der mit einem Punkte ε zusammenfällt, unendlich wird und unendlich von einer so hohen Ordnung, als Punkte ε auf ihn fallen. In der That wird für jeden auf ihn fallenden Punkt ε, der kein Verzweigungspunkt ist, nur *ein* Factor dieses Products von einer um 1 höheren Ordnung unendlich, für einen Punkt ε, um den die Fläche T sich μmal windet, aber μ Factoren von einer um $\frac{1}{\mu}$ höheren Ordnung. Bezeichnet man nun die Werthe von z in *den* Punkten ε, wo z nicht unendlich ist, durch $\zeta_1, \zeta_2, \ldots, \zeta_\nu$ und $(z-\zeta_1)(z-\zeta_2)\ldots(z-\zeta_\nu)$ durch a_0, so ist $a_0(\sigma-s_1)\ldots(\sigma-s_n)$ eine einwerthige Function von z, die für alle endlichen Werthe von z endlich ist und für $z=\infty$ unendlich von der m^{ten} Ordnung wird, also eine ganze Function m^{ten} Grades von z. Sie ist zugleich eine ganze Function n^{ten} Grades von σ, die für $\sigma=s$ verschwindet. Bezeichnet man sie durch F und, wie wir in der Folge thun wollen, *eine ganze Function F n^{ten} Grades von σ und m^{ten} Grades von z* durch $F(\overset{n}{\sigma}, \overset{m}{z})$, so ist s die Wurzel der Gleichung $F(\overset{n}{s}, \overset{m}{z})=0$.

Die Function F ist eine Potenz einer unzerfällbaren — d. h. nicht als ein Product aus ganzen Functionen von σ und z darstellbaren — Function. Denn jeder ganze rationale Factor von $F(\sigma, z)$ bildet, da er für einige der Wurzeln $s_1, s_2, \ldots, s_n$ verschwinden muss, für $\sigma=s$ eine Function von z, die in einem Theile der Fläche T verschwindet und folglich, da diese Fläche zusammenhängend ist, in der ganzen Fläche 0 sein muss. Zwei unzerfällbare Factoren von $F(\sigma, z)$ könnten aber nur für eine endliche Anzahl von Werthenpaaren zugleich verschwinden, wenn die eine nicht durch Multiplication mit einer Constanten aus der andern erhalten werden könnte. Folglich muss F eine Potenz einer unzerfällbaren Function sein.

Wenn der Exponent ν dieser Potenz >1 ist, so wird die Verzweigungsart der Function s nicht dargestellt durch die Fläche T, sondern durch eine in der z-Ebene allenthalben $\frac{n}{\nu}$fach ausgebreitete Fläche τ, in welcher die Fläche T allenthalben νfach ausgebreitet ist. Es kann dann zwar s als eine wie T verzweigte Function betrachtet werden, nicht aber umgekehrt T als verzweigt, wie s.

Eine solche nur in einzelnen Punkten von T unstetige Function, wie s, ist auch $\frac{d\omega}{dz}$. Denn diese Function nimmt zu beiden Seiten der Querschnitte und der Linien l denselben Werth an, da die Differenz der beiden Werthe von ω in diesen Linien längs denselben constant ist; sie kann nur unendlich werden, wo ω unendlich wird, und in den Verzweigungspunkten der Fläche und ist sonst allenthalben stetig, da die Derivirte einer einändrig und endlich bleibenden Function ebenfalls einändrig und endlich bleibt.

Es sind daher sämmtliche Functionen ω algebraische wie T verzweigte Functionen von z oder Integrale solcher Functionen. Dieses System von Functionen ist bestimmt, wenn die Fläche T gegeben ist und hängt nur von der Lage ihrer Verzweigungspunkte ab.

6.

Es sei jetzt die irreductible Gleichung $F(\overset{n}{s}, \overset{m}{z}) = 0$ gegeben und die Art der Verzweigung der Function s oder der sie darstellenden Fläche T zu bestimmen. Wenn für einen Werth β von z μ Zweige der Function zusammenhängen, so dass einer dieser Zweige sich erst nach μ Umläufen des z um β wieder in sich selbst fortsetzt, so können diese μ Zweige der Function (wie nach Cauchy oder durch die Fourier'sche Reihe leicht bewiesen werden kann) dargestellt werden durch eine Reihe nach steigenden rationalen Potenzen von $z - \beta$ mit Exponenten vom kleinsten gemeinschaftlichen Nenner μ, und umgekehrt.

Ein Punkt der Fläche T, in welchem nur zwei Zweige einer Function zusammenhängen, so dass sich um diesen Punkt der erste in den zweiten und dieser in jenen fortsetzt, heisse ein *einfacher Verzweigungspunkt.*

Ein Punkt der Fläche, um welchen sie sich $(\mu + 1)$mal windet, kann dann angesehen werden als μ zusammengefallene (oder unendlich nahe) einfache Verzweigungspunkte.

Um dies zu zeigen, seien in einem diesen Punkt umgebenden Stücke der z-Ebene $s_1, s_2, \ldots, s_{\mu+1}$ einändrige Zweige der Function s und in der Begrenzung desselben, bei positiver Umschreibung auf einander folgend, $a_1, a_2, \ldots, a_\mu$ einfache Verzweigungspunkte. Durch einen positiven Umlauf um a_1 werde s_1 mit s_2, um a_2 s_1 mit $s_3, \ldots,$ um a_μ s_1 mit $s_{\mu+1}$ vertauscht. Es gehen dann nach einem positiven Umlaufe um ein alle diese Punkte (und keinen andern Verzweigungspunkt) enthaltendes Gebiet

$$s_1, s_2, \ldots, s_\mu, s_{\mu+1}$$
$$\text{in } s_2, s_3, \ldots, s_{\mu+1}, s_1, \text{ über,}$$

und es entsteht daher, wenn sie zusammenfallen, ein μfacher Windungspunkt.

Die Eigenschaften der Functionen ω hängen wesentlich davon ab, wie vielfach zusammenhängend die Fläche T ist. Um dies zu entscheiden, wollen wir zunächst die Anzahl der einfachen Verzweigungspunkte der Function s bestimmen.

In einem Verzweigungspunkte nehmen die dort zusammenhängenden Zweige der Function denselben Werth an, und es werden daher zwei oder mehrere Wurzeln der Gleichung

$$F(s) = a_0 s^n + a_1 s^{n-1} + \cdots + a_n = 0$$

einander gleich. Dies kann nur geschehen, wenn

$$F'(s) = a_0 n s^{n-1} + a_1 \overline{n-1}\, s^{n-2} + \cdots + a_{n-1}$$

oder die einwerthige Function von z, $F'(s_1) F'(s_2) \ldots F'(s_n)$, verschwindet. Diese Function wird für endliche Werthe von z nur unendlich, wenn $s = \infty$, also $a_0 = 0$ ist und muss, um endlich zu bleiben, mit a_0^{n-2} multiplicirt werden. Sie wird dann eine einwerthige, für ein endliches z endliche Function von z, welche für $z = \infty$ unendlich von der $2m(n-1)$ten Ordnung wird, also eine ganze Function $2m(n-1)$ten Grades. Die Werthe von z, für welche $F'(s)$ und $F(s)$ gleichzeitig verschwinden, sind also die Wurzeln der Gleichung $2m(n-1)$ten Grades

$$Q(z) = a_0^{n-2} \prod_i F'(s_i) = 0 \text{ oder auch, da } F'(s_i) = a_0 \prod_{i'} (s_i - s_{i'}),\ (i \gtrless i'),$$

$$= a_0^{2(n-1)} \prod_{i,i'} (s_i - s_{i'}) = 0,\ (i \gtrless i'),$$

welche durch Elimination von s aus $F'(s) = 0$ und $F(s) = 0$ gebildet werden kann.

Wird $F(s, z) = 0$ für $s = \alpha$, $z = \beta$, so ist

$$F(s,z) = \frac{\partial F}{\partial s}(s-\alpha) + \frac{\partial F}{\partial z}(z-\beta)$$
$$+ \tfrac{1}{2}\left\{\frac{\partial^2 F}{\partial s^2}(s-\alpha)^2 + 2\frac{\partial^2 F}{\partial s\,\partial z}(s-\alpha)(z-\beta) + \frac{\partial^2 F}{\partial z^2}(z-\beta)^2\right\}$$
$$+ \cdots\cdots,$$

$$F'(s) = \frac{\partial F}{\partial s} + \frac{\partial^2 F}{\partial s^2}(s-\alpha) + \frac{\partial^2 F}{\partial s\,\partial z}(z-\beta) + \cdots$$

Ist also für $(s = \alpha,\ z = \beta)$ $\frac{\partial F}{\partial s} = 0$ und verschwinden $\frac{\partial F}{\partial z}, \frac{\partial^2 F}{\partial s^2}$ dann nicht, so wird $s - \alpha$ unendlich klein, wie $(z-\beta)^{\frac{1}{2}}$, und findet also ein einfacher Verzweigungspunkt statt. Es werden zugleich in dem Producte $\prod_i F'(s_i)$ zwei Factoren unendlich klein wie $(z-\beta)^{\frac{1}{2}}$, und $Q(z)$ erhält dadurch den Factor $(z-\beta)$. In dem Falle, dass $\frac{\partial F}{\partial z}$ und $\frac{\partial^2 F}{\partial s^2}$ nie verschwinden, wenn gleichzeitig $F = 0$ und $\frac{\partial F}{\partial s} = 0$ werden, entspricht demnach jedem linearen Factor von $Q(z)$ *ein* einfacher Verzweigungspunkt, und die Anzahl dieser Punkte ist also $= 2m(n-1)$.

Die Lage der Verzweigungspunkte hängt von den Coefficienten der Potenzen von z in den Functionen a ab und ändert sich stetig mit denselben.

Wenn diese Coefficienten solche Werthe annehmen, dass zwei demselben Zweigepaar angehörige einfache Verzweigungspunkte zusammenfallen, so heben diese sich auf, und es werden zwei Wurzeln von $F(s)$ einander gleich, ohne dass eine Verzweigung stattfindet. Setzt sich um jeden von ihnen s_1 in s_2 und s_2 in s_1 fort, so geht durch einen Umlauf um ein beide enthaltendes Stück der z-Ebene s_1 in s_1 und s_2 in s_2 über, und beide Zweige werden einändrig, wenn sie zusammenfallen. Es bleibt dann also auch ihre Derivirte $\frac{ds}{dz}$ einändrig und endlich, und folglich wird $\frac{\partial F}{\partial z} = -\frac{ds}{dz}\frac{\partial F}{\partial s} = 0$.

Wird $F = \frac{\partial F}{\partial s} = \frac{\partial F}{\partial z} = 0$ für $s = \alpha$, $z = \beta$, so ergeben sich aus den drei folgenden Gliedern der Entwicklung von $F(s, z)$ zwei Werthe für $\frac{s-\alpha}{z-\beta} = \frac{ds}{dz}$, $(s = \alpha,\ z = \beta)$. Sind diese Werthe ungleich und endlich, so können die beiden Zweige der Function s, denen sie angehören, dort nicht zusammenhängen und sich nicht verzweigen. Es wird dann $\frac{\partial F}{\partial s}$ für beide unendlich klein wie $z - \beta$, und $Q(z)$ erhält dadurch den Factor $(z-\beta)^2$; es fallen also nur zwei einfache Verzweigungspunkte zusammen.

Um in jedem Falle, wenn für $z = \beta$ mehrere Wurzeln der Gleichung $F(s) = 0$ gleich α werden, zu entscheiden, wie viele einfache Verzweigungspunkte für $(s = \alpha,\ z = \beta)$ zusammenfallen, und wie viele von diesen sich aufheben, muss man diese Wurzeln (nach dem Verfahren von Lagrange) soweit nach steigenden Potenzen von $z - \beta$ entwickeln, bis diese Entwicklungen sämmtlich von einander verschieden werden; wodurch sich die wirklich noch stattfindenden Verzweigungen ergeben. Und man muss dann untersuchen, von welcher Ordnung $F'(s)$ für jede dieser Wurzeln unendlich klein wird, um die Anzahl der ihnen zugehörigen linearen Factoren von $Q(z)$ oder der für $(s = \alpha,\ z = \beta)$ zusammengefallenen einfachen Verzweigungspunkte zu bestimmen.

Bezeichnet die Zahl ϱ, wie oft sich die Fläche T um den Punkt (s, z) windet, so wird im Punkte (z) $F'(s)$ so oft unendlich klein von der ersten Ordnung, als dort einfache Verzweigungspunkte zusammenfallen, $dz^{1-\frac{1}{\varrho}}$ so oft, als deren wirklich stattfinden, folglich $F'(s)\, dz^{\frac{1}{\varrho}-1}$ so oft, als von ihnen sich aufheben.

Ist die Anzahl der wirklich stattfindenden einfachen Verzweigungen w, die Anzahl der sich aufhebenden $2r$, so ist

$$\mathrm{w} + 2r = 2(n-1)m.$$

Nimmt man an, dass die Verzweigungspunkte nur paarweise und sich aufhebend zusammenfallen, so ist für r Werthenpaare $(s = \gamma_\varrho,\ z = \delta_\varrho)$

$$F = \frac{\partial F}{\partial s} = \frac{\partial F}{\partial z} = 0 \text{ und } \frac{\partial^2 F}{\partial z^2}\frac{\partial^2 F}{\partial s^2} - \left(\frac{\partial^2 F}{\partial s \partial z}\right)^2$$

nicht Null und für w Werthenpaare von s und z $F = 0$, $\frac{\partial F}{\partial s} = 0$, $\frac{\partial F}{\partial z}$ nicht Null und $\frac{\partial^2 F}{\partial s^2}$ nicht Null.

Wir beschränken uns meistens auf die Behandlung dieses Falles, da sich die Resultate auf die übrigen als Grenzfälle desselben leicht ausdehnen lassen, und wir können dies hier um so mehr thun, da wir die Theorie dieser Functionen auf eine von der Ausdrucksform unabhängige, keinen Ausnahmefällen unterworfene Grundlage gestützt haben.

7.

Es findet nun bei einer einfach zusammenhängenden, über einen endlichen Theil der z-Ebene ausgebreiteten Fläche zwischen der Anzahl ihrer einfachen Verzweigungspunkte und der Anzahl der Umdrehungen, welche die Richtung ihrer Begrenzungslinie macht, die Relation statt, dass die letztere um eine Einheit grösser ist, als die erstere; und aus dieser ergiebt sich für eine mehrfach zusammenhängende Fläche eine Relation zwischen diesen Anzahlen und der Anzahl der Querschnitte, welche sie in eine einfach zusammenhängende verwandeln. Wir können diese Relation, welche im Grunde von Massverhältnissen unabhängig ist und der *analysis situs* angehört, hier für die Fläche T so ableiten.

Nach dem Dirichlet'schen Princip lässt sich in der einfach zusammenhängenden Fläche T die Function $\log \zeta$ von z so bestimmen, dass ζ für einen beliebigen Punkt im Innern derselben unendlich klein von der ersten Ordnung wird, und $\log \zeta$ längs einer beliebigen sich nicht schneidenden, von dort nach der Begrenzung führenden Linie auf der positiven Seite um $-2\pi i$ grösser, als auf der negativen, übrigens aber allenthalben stetig und längs der Begrenzung von T' rein imaginär ist. Es nimmt dann die Function ζ jeden Werth, dessen Modul < 1, einmal an; die Gesammtheit ihrer Werthe wird folglich durch eine über einen Kreis in der ζ-Ebene einfach ausgebreitete Fläche vertreten. Jedem Punkte von T' entspricht ein Punkt des Kreises, und umgekehrt. Es wird daher für einen beliebigen Punkt der Fläche, wo $z = z'$, $\zeta = \zeta'$, die Function $\zeta - \zeta'$ unendlich klein von der ersten Ordnung, und folglich bleibt dort, wenn die Fläche T' sich $(\mu + 1)$mal um ihn windet, bei endlichem z'

$$(\mu + 1)\frac{z - z'}{(\zeta - \zeta')^{\mu+1}} = \frac{dz}{d\zeta(\zeta - \zeta')^{\mu}},$$

bei unendlichem z' aber

$$(\mu+1)\frac{z^{-1}}{(\zeta-\zeta')^{\mu+1}} = -\frac{dz}{z z\, d\zeta(\zeta-\zeta')^{\mu}}$$

endlich. Das Integral $\int d\log\frac{dz}{d\zeta}$, um den ganzen Kreis positiv herumgenommen, ist gleich der Summe der Integrale um die Punkte, wo $\frac{dz}{d\zeta}$ unendlich oder Null wird, und also $=2\pi i(\mathrm{w}-2n)$. Bezeichnet s ein Stück der Begrenzung von T' von einem und demselben bestimmten Punkte bis zu einem veränderlichen Punkte der Begrenzung, und σ das entsprechende Stück auf dem Kreisumfange, so ist

$$\log\frac{dz}{d\zeta} = \log\frac{dz}{ds} + \log\frac{ds}{d\sigma} - \log\frac{d\zeta}{d\sigma},$$

und, durch die ganze Begrenzung ausgedehnt,

$$\int d\log\frac{dz}{ds} = (2p-1)\,2\pi i,\quad \int d\log\frac{ds}{d\sigma} = 0,\quad -\int d\log\frac{d\zeta}{d\sigma} = -\,2\pi i,$$

also

$$\int d\log\frac{dz}{d\zeta} = (2p-2)\,2\pi i.$$

Es ergiebt sich demnach $\mathrm{w}-2n = 2\,(p-1)$. Da nun

$$\mathrm{w} = 2\,\big((n-1)\,m - r\big),$$

so ist

$$p = (n-1)\,(m-1) - r.$$

8.

Der allgemeine Ausdruck der wie T verzweigten Functionen s' von z, die für m' beliebig gegebene Punkte von T unendlich von der ersten Ordnung werden und übrigens stetig bleiben, enthält nach dem Obigen $m'-p+1$ willkürliche Constanten und ist eine lineäre Function derselben (§. 5). Lassen sich also, wie jetzt gezeigt werden soll, rationale Ausdrücke von s und z bilden, die für m' beliebig gegebene, der Gleichung $F=0$ genügende Werthenpaare von s und z unendlich von der ersten Ordnung werden und lineare Functionen von $m'-p+1$ willkürlichen Constanten sind, so kann durch diese Ausdrücke jede Function s' dargestellt werden.

Damit der Quotient zweier ganzen Functionen $\chi(s,z)$ und $\psi(s,z)$ für $s=\infty$ und $z=\infty$ beliebige endliche Werthe annehmen kann, müssen beide von gleichem Grade sein; der Ausdruck, durch welchen

s' dargestellt werden soll, sei daher von der Form $\dfrac{\psi(\overset{\nu}{s}, \overset{\mu}{z})}{\chi(\overset{\nu}{s}, \overset{\mu}{z})}$, und überdies sei $\nu \geqq n - 1$, $\mu \geqq m - 1$. Wenn zwei Zweige der Function s ohne zusammenzuhängen einander gleich werden, also für zwei verschiedene Punkte der Fläche T $z = \gamma$ und $s = \delta$ wird, so wird s' allgemein zu reden in diesen beiden Punkten verschiedene Werthe annehmen; soll also $\psi - s'\chi$ allenthalben $= 0$ sein, so muss für zwei verschiedene Werthe von s' $\psi(\gamma, \delta) - s'\chi(\gamma, \delta) = 0$ sein, folglich $\chi(\gamma, \delta) = 0$ und $\psi(\gamma, \delta) = 0$. Es müssen also die Functionen χ und ψ für die r Werthenpaare $s = \gamma_\varrho$, $z = \delta_\varrho$ (S. 105) verschwinden*).

Die Function χ verschwindet für einen Werth von z, für welchen die einwerthige und für ein endliches z endliche Function von z

$$K(z) = a_0{}^\nu \chi(s_1)\chi(s_2) \ldots \chi(s_n) = 0$$

ist; diese Function wird für ein unendliches z unendlich von der Ordnung $m\nu + n\mu$ und ist also eine ganze Function $(m\nu + n\mu)$ten Grades. Da für die Werthenpaare (γ, δ) zwei Factoren des Products $\prod\limits_i \chi(s_i)$ unendlich klein von der ersten Ordnung werden, also $K(z)$ unendlich klein von der zweiten Ordnung, so wird χ ausserdem noch unendlich klein von der ersten Ordnung für

$$i = m\nu + n\mu - 2r$$

Werthenpaare von s und z oder Punkte von T.

Ist $\nu > n - 1$, $\mu > m - 1$, so bleibt der Werth der Function χ ungeändert, wenn man

$$\chi(\overset{\nu}{s}, \overset{\mu}{z}) + \varrho(\overset{\nu-n}{s}, \overset{\mu-m}{z})\, F(\overset{n}{s}, \overset{m}{z}),$$

worin o beliebig ist, für $\chi(\overset{\nu}{s}, \overset{\mu}{z})$ setzt; es können also

$$(\nu - n + 1)(\mu - m + 1)$$

von den Coefficienten dieses Ausdrucks willkürlich angenommen werden. Werden nun von den

---

*) Es ist hier, wie gesagt, nur der Fall berücksichtigt, wo die Verzweigungspunkte der Function s nur paarweise und sich aufhebend zusammenfallen. Im Allgemeinen müssen in einem Punkte von T, wo nach der Auffassung im §. 6 sich aufhebende Verzweigungspunkte zusammenfallen, χ und ψ, wenn T sich um diesen Punkt ϱ mal windet, unendlich klein werden, wie $F'(s)\,dz^{\frac{1}{\varrho}-1}$, damit die ersten Glieder in der Entwicklung der darzustellenden Function nach ganzen Potenzen von $(\Delta z)^{\frac{1}{\varrho}}$ beliebige Werthe annehmen können.

$$(\mu + 1)(\nu + 1) - (\nu - n + 1)(\mu - m + 1)$$

noch übrigen r als lineare Functionen der übrigen so bestimmt, dass χ für die r Werthenpaare (γ, δ) verschwindet, so enthält die Function χ noch

$$\begin{aligned}\varepsilon &= (\mu + 1)(\nu + 1) - (\nu - n + 1)(\mu - m + 1) - r \\ &= n\mu + m\nu - (n - 1)(m - 1) - r + 1\end{aligned}$$

willkürliche Constanten. Es ist also

$$i - \varepsilon = (n - 1)(m - 1) - r - 1 = p - 1.$$

Nimmt man μ und ν so an, dass $\varepsilon > m'$ ist, so kann man χ so bestimmen, dass es für m' beliebig gegebene Werthenpaare unendlich klein von der ersten Ordnung wird, und dann, wenn $m' > p$, ψ so einrichten, dass $\frac{\psi}{\chi}$ für alle übrigen Werthe endlich bleibt. In der That ist ψ ebenfalls eine lineare homogene Function von ε willkürlichen Constanten, und es lassen sich also, wenn $\varepsilon - i + m' > 1$ ist, $i - m'$ von ihnen als lineare Functionen der übrigen so bestimmen, dass ψ für die $i - m'$ Werthenpaare von s und z, für welche χ noch unendlich klein von der ersten Ordnung wird, ebenfalls verschwindet. Die Function ψ enthält demnach $\varepsilon - i + m' = m' - p + 1$ willkürliche Constanten, und $\frac{\psi}{\chi}$ kann also jede Function s' darstellen.

9.

Da die Functionen $\frac{d\omega}{dz}$ algebraische wie s verzweigte Functionen von z sind (§. 5), so lassen sie sich zufolge des eben bewiesenen Satzes rational in s und z ausdrücken, und sämmtliche Functionen ω als Integrale rationaler Functionen von s und z.

Ist w eine allenthalben endliche Function ω, so wird $\frac{dw}{dz}$ unendlich von der ersten Ordnung für jeden einfachen Verzweigungspunkt der Fläche T, da dw und $(dz)^{\frac{1}{2}}$ dort unendlich klein von der ersten Ordnung sind, bleibt aber sonst allenthalben stetig und wird für $z = \infty$ unendlich klein von der zweiten Ordnung. Umgekehrt bleibt das Integral einer Function, die sich so verhält, allenthalben endlich.

Um diese Function $\frac{dw}{dz}$ als Quotient zweier ganzen Functionen von s und z auszudrücken, muss man (nach §. 8) zum Nenner eine Function nehmen, die verschwindet in den Verzweigungspunkten und für die r Werthenpaare (γ, δ). Dieser Bedingung genügt man am einfachsten durch eine Function, die nur für diese Werthe 0 wird. Eine solche ist

$$\frac{\partial F}{\partial s} = a_0 n s^{n-1} + a_1 \overline{n-1} s^{n-2} + \cdots + a_{n-1}.$$

Diese wird für ein unendliches s unendlich von der $n-2$ten Ordnung (da a_0 dann unendlich klein von der ersten Ordnung wird) und für ein unendliches z unendlich von der $m$ten Ordnung. Damit $\frac{dw}{dz}$ ausser den Verzweigungspunkten endlich und für ein unendliches z unendlich klein von der zweiten Ordnung ist, muss also der Zähler eine ganze Function $\varphi(\overset{n-2}{s}, \overset{m-2}{z})$ sein, die für die r Werthenpaare (γ, δ) (S. 105) verschwindet. Demnach ist

$$w = \int \frac{\varphi(\overset{n-2}{s}, \overset{m-2}{z})\, dz}{\frac{\partial F}{\partial s}} = -\int \frac{\varphi(\overset{n-2}{s}, \overset{m-2}{z})\, ds}{\frac{\partial F}{\partial z}},$$

worin $\varphi = 0$ für $s = \gamma_\varrho$, $z = \delta_\varrho$, $\varrho = 1, 2, \ldots, r$.

Die Function φ enthält $(n-1)(m-1)$ constante Coefficienten, und wenn r von ihnen als lineare Functionen der übrigen so bestimmt werden, dass $\varphi = 0$ für die r Werthenpaare $s = \gamma$, $z = \delta$, so bleiben noch $(m-1)(n-1) - r$ oder p willkürlich, und es erhält φ die Form

$$\alpha_1 \varphi_1 + \alpha_2 \varphi_2 + \cdots + \alpha_p \varphi_p,$$

worin $\varphi_1, \varphi_2, \ldots, \varphi_p$ besondere Functionen φ, von denen keine eine lineare Function der übrigen ist, und $\alpha_1, \alpha_2, \ldots, \alpha_p$ beliebige Constanten sind. Als allgemeiner Ausdruck von w ergiebt sich, wie oben auf anderem Wege

$$\alpha_1 w_1 + \alpha_2 w_2 + \cdots + \alpha_p w_p + \text{const.}$$

Die nicht allenthalben endlich bleibenden Functionen ω und also die Integrale zweiter und dritter Gattung lassen sich nach denselben Principien rational in s und z ausdrücken, wobei wir indess hier nicht verweilen, da die allgemeinen Regeln des vorigen Paragraphen keiner weitern Erläuterung bedürfen und zur Betrachtung bestimmter Formen dieser Integrale erst die Theorie der ϑ-Functionen Anlass giebt.

10.

Die Function φ wird ausser für die r Werthenpaare (γ, δ) noch für $m(n-2) + n(m-2) - 2r$ oder $2(p-1)$ der Gleichung $F = 0$ genügende Werthenpaare von s und z unendlich klein von der ersten Ordnung. Sind nun

$$\varphi^{(1)} = \alpha_1^{(1)} \varphi_1 + \alpha_2^{(1)} \varphi_2 + \cdots + \alpha_p^{(1)} \varphi_p$$

und

$$\varphi^{(2)} = \alpha_1^{(2)} \varphi_1 + \alpha_2^{(2)} \varphi_2 + \cdots + \alpha_p^{(2)} \varphi_p$$

zwei beliebige Functionen φ, so kann man in dem Ausdrucke $\frac{\varphi^{(2)}}{\varphi^{(1)}}$ den Nenner so bestimmen, dass er für $p-1$ beliebig gegebene der Gleichung $F=0$ genügende Werthenpaare von s und z gleich Null wird, und dann den Zähler so, dass er für $p-2$ von den übrigen Werthenpaaren, für welche $\varphi^{(1)}$ noch gleich 0 wird, gleichfalls verschwindet. Er ist dann noch eine lineare Function von zwei willkürlichen Constanten und folglich ein allgemeiner Ausdruck einer Function, die nur für p Punkte der Fläche T unendlich von der ersten Ordnung wird. Eine Function, die für weniger als p Punkte unendlich wird, bildet einen speciellen Fall dieser Function; es lassen sich daher alle Functionen, die für weniger als $p+1$ Punkte der Fläche T unendlich von der ersten Ordnung werden, in der Form $\frac{\varphi^{(2)}}{\varphi^{(1)}}$ oder in der Form $\frac{dw^{(2)}}{dw^{(1)}}$, wenn $w^{(1)}$ und $w^{(2)}$ zwei allenthalben endliche Integrale rationaler Functionen von s und z sind, darstellen.

11.

Eine wie T verzweigte Function z_1 von z, die für n_1 Punkte dieser Fläche unendlich von der ersten Ordnung wird, ist nach dem Früheren (S. 101) die Wurzel einer Gleichung von der Form

$$G(\overset{n}{z_1}, \overset{n_1}{z}) = 0$$

und nimmt daher jeden Werth für n_1 Punkte der Fläche T an. Wenn man sich also jeden Punkt von T durch einen den Werth von z_1 in diesem Punkte geometrisch repräsentirenden Punkt einer Ebene abgebildet denkt, so bildet die Gesammtheit dieser Punkte eine in der z_1-Ebene allenthalben $n_1$fach ausgebreitete und die Fläche T — bekanntlich in den kleinsten Theilen ähnlich — abbildende Fläche T_1. Jedem Punkt in der einen Fläche entspricht dann *ein* Punkt in der andern. Die Functionen ω oder die Integrale wie T verzweigter Functionen von z gehen daher, wenn man für z als unabhängig veränderliche Grösse z_1 einführt, in Functionen über, welche in der Fläche T_1 allenthalben *einen* bestimmten Werth und dieselben Unstetigkeiten haben, wie die Functionen ω in den entsprechenden Punkten von T, und welche folglich Integrale wie T_1 verzweigter Functionen von z_1 sind.

Bezeichnet s_1 irgend eine andere wie T verzweigte Function von z, die für m_1 Punkte von T und also auch von T_1 unendlich von der ersten Ordnung wird, so findet (§. 5) zwischen s_1 und z_1 eine Gleichung von der Form

$$F_1(\overset{n_1}{s_1}, \overset{m_1}{z_1}) = 0$$

statt, worin F_1 eine Potenz einer unzerfällbaren ganzen Function von s_1 und z_1 ist, und es lassen sich, wenn diese Potenz die erste ist, alle wie T_1 verzweigten Functionen von z_1, folglich alle rationalen Functionen von s und z rational in s_1 und z_1 ausdrücken (§. 8).

Die Gleichung $F(\overset{n}{s}, \overset{m}{z}) = 0$ kann also durch eine rationale Substitution in $F_1(\overset{n_1}{s_1}, \overset{m_1}{z_1}) = 0$ und diese in jene transformirt werden.

Die Grössengebiete (s, z) und (s_1, z_1) sind gleichvielfach zusammenhängend, da jedem Punkte des einen *ein* Punkt des andern entspricht. Bezeichnet daher r_1 die Anzahl der Fälle, in welchen s_1 und z_1 für zwei verschiedene Punkte des Grössengebiets (s_1, z_1) beide denselben Werth annehmen und folglich gleichzeitig F_1, $\frac{\partial F_1}{\partial s_1}$ und $\frac{\partial F_1}{\partial z_1}$ gleich 0 und

$$\frac{\partial^2 F_1}{\partial s_1{}^2} \frac{\partial^2 F_1}{\partial z_1{}^2} - \left(\frac{\partial^2 F_1}{\partial s_1 \partial z_1}\right)^2$$

nicht Null ist, so muss

$$(n_1 - 1)(m_1 - 1) - r_1 = p = (n - 1)(m - 1) - r$$

sein.

12.

Man betrachte nun als zu Einer *Klasse* gehörend *alle irreductiblen algebraischen Gleichungen zwischen zwei veränderlichen Grössen, welche sich durch rationale Substitutionen in einander transformiren lassen*, so dass $F(s, z) = 0$ und $F_1(s_1, z_1) = 0$ zu derselben Klasse gehören, wenn sich für s und z solche rationale Functionen von s_1 und z_1 setzen lassen, dass $F(s, z) = 0$ in $F_1(s_1, z_1) = 0$ übergeht und zugleich s_1 und z_1 rationale Functionen von s und z sind.

Die rationalen Functionen von s und z bilden, als Functionen von irgend einer von ihnen ζ betrachtet, ein System gleichverzweigter algebraischer Functionen. Auf diese Weise führt jede Gleichung offenbar zu einer Klasse von Systemen gleichverzweigter algebraischer Functionen, welche sich durch Einführung einer Function des Systems als unabhängig veränderlicher Grösse in einander transformiren lassen und zwar alle Gleichungen Einer Klasse zu derselben Klasse von Systemen algebraischer Functionen, und umgekehrt führt (§. 11) jede Klasse von solchen Systemen zu Einer Klasse von Gleichungen.

Ist das Grössengebiet (s, z) $\overline{2p+1}$ fach zusammenhängend und die Function ζ in μ Punkten desselben unendlich von der ersten Ordnung, so ist die Anzahl der Verzweigungswerthe der gleichverzweigten Functionen von ζ, welche durch die übrigen rationalen Functionen von s und z gebildet werden, $2(\mu+p-1)$, und die Anzahl der willkürlichen Constanten in der Function ζ $2\mu-p+1$ (§. 5). Diese lassen sich so bestimmen, dass $2\mu-p+1$ Verzweigungswerthe gegebene Werthe annehmen, wenn diese Verzweigungswerthe von einander unabhängige Functionen von ihnen sind, und zwar nur auf eine endliche Anzahl Arten, da die Bedingungsgleichungen algebraisch sind. In jeder Klasse von Systemen gleichverzweigter $\overline{2p+1}$ fach zusammenhängender Functionen giebt es daher eine endliche Anzahl von Systemen μwerthiger Functionen, in welchen $2\mu-p+1$ Verzweigungswerthe gegebene Werthe annehmen. Wenn andererseits die $2(\mu+p-1)$ Verzweigungspunkte einer die ζ-Ebene allenthalben μfach bedeckenden $\overline{2p+1}$ fach zusammenhängenden Fläche beliebig gegeben sind, so giebt es (§§. 3—5) immer ein System wie diese Fläche verzweigter algebraischer Functionen von ζ. Die $3p-3$ übrigen Verzweigungswerthe in jenen Systemen gleichverzweigter μwerthiger Functionen können daher beliebige Werthe annehmen; und es hängt also eine Klasse von Systemen gleichverzweigter $\overline{2p+1}$ fach zusammenhängender Functionen und die zu ihr gehörende Klasse algebraischer Gleichungen von $3p-3$ stetig veränderlichen Grössen ab, welche die Moduln dieser Klasse genannt werden sollen.

Diese Bestimmung der Anzahl der Moduln einer Klasse $\overline{2p+1}$ fach zusammenhängender algebraischer Functionen gilt jedoch nur unter der Voraussetzung, dass es $2\mu-p+1$ Verzweigungswerthe giebt, welche von einander unabhängige Functionen der willkürlichen Constanten in der Function ζ sind. Diese Voraussetzung trifft nur zu, wenn $p>1$, und die Anzahl der Moduln ist nur dann $=3p-3$, für $p=1$ aber $=1$. Die directe Untersuchung derselben wird indess schwierig durch die Art und Weise, wie die willkürlichen Constanten in ζ enthalten sind. Man führe deshalb in einem Systeme gleichverzweigter $\overline{2p+1}$ fach zusammenhängender Functionen, um die Anzahl der Moduln zu bestimmen, als unabhängig veränderliche Grösse nicht eine dieser Functionen, sondern ein allenthalben endliches Integral einer solchen Function ein.

Die Werthe, welche die Function w von z innerhalb der Fläche T' annimmt, werden geometrisch repräsentirt durch eine einen endlichen Theil der w-Ebene einfach oder mehrfach bedeckende und die Fläche T' (in den kleinsten Theilen ähnlich) abbildende Fläche, welche durch S bezeichnet werden soll. Da w auf der positiven Seite des νten Querschnitts um die Constante $k^{(\nu)}$ grösser ist, als auf der negativen, so besteht die Begrenzung von S aus Paaren von parallelen Curven, welche denselben Theil des T' begrenzenden Schnittsystems abbilden, und es wird die Ortsverschiedenheit der entsprechenden Punkte in den parallelen, den νten Querschnitt abbildenden Begrenzungstheilen von S durch die complexe Grösse $k^{(\nu)}$ ausgedrückt. Die Anzahl der einfachen Verzweigungspunkte der Fläche S ist $2p-2$, da dw in $2p-2$ Punkten der Fläche T unendlich klein von der zweiten Ordnung wird. Die rationalen Functionen von s und z sind dann Functionen von w, welche für jeden Punkt von S Einen bestimmten, wo sie nicht unendlich werden, stetig sich ändernden Werth haben und in den entsprechenden Punkten paralleler Begrenzungstheile denselben Werth annehmen. Sie bilden daher ein System gleichverzweigter und $2p$fach periodischer Functionen von w. Es lässt sich nun (auf ähnlichem Wege, wie in den §§. 3—5) zeigen, dass, die $2p-2$ Verzweigungspunkte und die $2p$ Ortsverschiedenheiten paralleler Begrenzungstheile der Fläche S als willkürlich gegeben vorausgesetzt, immer ein System wie diese Fläche verzweigter Functionen existirt, welche in den entsprechenden Punkten paralleler Begrenzungstheile denselben Werth annehmen und also $2p$fach periodisch sind, und die, als Functionen von einer von ihnen betrachtet, ein System gleichverzweigter $\overline{2p+1}$fach zusammenhängender algebraischer Functionen bilden, folglich zu einer Klasse von $\overline{2p+1}$fach zusammenhängenden algebraischen Functionen führen. In der That ergiebt sich nach dem Dirichlet'schen Princip, dass in der Fläche S eine Function von w bis auf eine additive Constante bestimmt ist durch die Bedingungen, im Innern von S beliebig gegebene Unstetigkeiten von der Form wie ω in T' anzunehmen und in den entsprechenden Punkten paralleler Begrenzungstheile um Constanten, deren reeller Theil gegeben ist, verschiedene Werthe zu erhalten. Hieraus schliesst man ähnlich, wie im §. 5, die Möglichkeit von Functionen, welche nur in einzelnen Punkten von S unstetig werden und in den entsprechenden Punkten paralleler Begrenzungstheile denselben Werth annehmen. Wird eine solche Function z in n Punkten von S unendlich von der ersten Ordnung und sonst nicht unstetig, so nimmt sie jeden complexen Werth in n Punkten von S an; denn wenn a eine beliebige Constante ist, so ist $\int d\log(z-a)$, um S erstreckt, $=0$, da die Integration durch parallele Begrenzungstheile sich aufhebt, und es wird daher $z-a$ in S ebenso oft unendlich klein, als unendlich von der ersten Ordnung. Die Werthe, welche z annimmt, werden folglich durch eine über die z-Ebene allenthalben n fach ausgebreitete Fläche repräsentirt, und die übrigen ebenso verzweigten und periodischen Functionen von w bilden daher ein System wie diese Fläche verzweigter $\overline{2p+1}$ fach zusammenhängender algebraischer Functionen von z, w. z. b. w.

Für eine beliebig gegebene Klasse $\overline{2p+1}$ fach zusammenhängender algebraischer Functionen kann man nun in dem als unabhängig veränderliche Grösse einzuführenden

$$w = \alpha_1 w_1 + \alpha_2 w_2 + \cdots + \alpha_p w_p + c$$

die Grössen α so bestimmen, dass p von den $2p$ Periodicitätsmoduln gegebene Werthe annehmen, und c wenn $p > 1$ so, dass einer von den $2p - 2$ Verzweigungswerthen der periodischen Functionen von w einen gegebenen Werth erhält. Dadurch ist w völlig bestimmt, und also sind es auch die $3p - 3$ übrigen Grössen, von denen die Verzweigungsart und Periodicität jener Functionen von w abhängt; und da jedweden Werthen dieser $3p - 3$ Grössen eine Klasse von $\overline{2p+1}$ fach zusammenhängenden algebraischen Functionen entspricht, so hängt eine solche von $3p - 3$ unabhängig veränderlichen Grössen ab.

Wenn $p = 1$ ist, so ist kein Verzweigungspunkt vorhanden, und es lässt sich in

$$w = \alpha_1 w_1 + c$$

die Grösse α_1 so bestimmen, dass *ein* Periodicitätsmodul einen gegebenen Werth erhält, und dadurch ist der andere Periodicitätsmodul bestimmt. Die Anzahl der Moduln einer Klasse ist also dann $= 1$.

13.

Nach den obigen (im §. 11 entwickelten) Principien der Transformation muss man, um eine beliebig gegebene Gleichung $F(s, z) = 0$ durch eine rationale Substitution in eine Gleichung derselben Klasse

$$F_1(\overset{n_1}{s_1}, \overset{m_1}{z_1}) = 0$$

von möglichst niedrigem Grade zu transformiren, zuerst für z_1 einen rationalen Ausdruck in s und z, $r(s, z)$, so bestimmen, dass n_1 möglichst klein wird, und dann s_1 gleich einem andern rationalen Ausdrucke $r'(s, z)$ so, dass m_1 möglichst klein wird und zugleich die zu einem beliebigen Werthe von z_1 gehörigen Werthe von s_1 nicht in Gruppen unter einander gleicher zerfallen, so dass $F_1(\overset{n_1}{s_1}, \overset{m_1}{z_1})$ nicht eine höhere Potenz einer unzerfällbaren Function sein kann.

Wenn das Grössengebiet (s, z) $\overline{2p+1}$ fach zusammenhängend ist, so ist der kleinste Werth, den n_1 annehmen kann, allgemein zu reden, $\geqq \frac{p}{2} + 1$ (§. 5) und die Anzahl der Fälle, in denen s_1 und z_1 für zwei verschiedene Punkte des Grössengebiets beide denselben Werth annehmen,

$$= (n_1 - 1)(m_1 - 1) - p.$$

In einer Klasse von algebraischen Gleichungen zwischen zwei veränderlichen Grössen haben demnach, wenn ihre Moduln nicht besonderen Bedingungsgleichungen genügen, die Gleichungen niedrigsten Grades folgende Form:

$$\text{für } p = 1, \quad F(\overset{2}{s}, \overset{2}{z}) = 0, \quad r = 0$$

$$p = 2, \quad F(\overset{2}{s}, \overset{3}{z}) = 0, \quad r = 0$$

$$p > 2 \begin{cases} p = 2\mu - 3, & F(\overset{\mu}{s}, \overset{\mu}{z}) = 0, \quad r = (\mu - 2)^2 \\ p = 2\mu - 2, & F(\overset{\mu}{s}, \overset{\mu}{z}) = 0, \quad r = (\mu - 1)(\mu - 3). \end{cases}$$

Von den Coefficienten der Potenzen von s und z in den ganzen Functionen F müssen r als lineare homogene Functionen der übrigen so bestimmt werden, dass $\frac{\partial F}{\partial s}$ und $\frac{\partial F}{\partial z}$ für r der Gleichung $F = 0$ genügende Werthenpaare gleichzeitig verschwinden. Die rationalen Functionen von s und z, als Functionen von einer von ihnen betrachtet, stellen dann alle Systeme $\overline{2p+1}$ fach zusammenhängender algebraischer Functionen dar.

14.

Ich benutze nun nach Jacobi (Journ. f. Math. Bd. 9 Nr. 32 §. 8) das Abel'sche Additionstheorem zur Integration eines Systems von Differentialgleichungen; ich werde mich dabei auf das beschränken, was in dieser Abhandlung später nöthig ist.

Führt man in einem allenthalben endlichen Integrale w einer rationalen Function von s und z als unabhängig veränderliche Grösse eine rationale Function von s und z, ζ, ein, die für m Werthenpaare von s und z unendlich von der ersten Ordnung wird, so ist $\frac{dw}{dz}$ eine m werthige Function von ζ. Bezeichnet man die m Werthe von w für dasselbe ζ durch $w^{(1)}, w^{(2)}, \ldots, w^{(m)}$, so ist

$$\frac{dw^{(1)}}{d\zeta} + \frac{dw^{(2)}}{d\zeta} + \cdots + \frac{dw^{(m)}}{d\zeta}$$

eine einwerthige Function von ζ, deren Integral allenthalben endlich bleibt, und folglich ist auch $\int d(w^{(1)} + w^{(2)} + \cdots + w^{(m)})$ allenthalben einwerthig und endlich, mithin constant. Auf ähnliche Weise findet sich, wenn $\omega^{(1)}, \omega^{(2)}, \ldots, \omega^{(m)}$ die demselben ζ entsprechenden Werthe eines beliebigen Integrals ω einer rationalen Function von s und z bezeichnen, $\int d(\omega^{(1)} + \omega^{(2)} + \cdots + \omega^{(m)})$ bis auf eine additive Constante aus den Unstetigkeiten von ω und zwar als Summe von einer rationalen Function und mit constanten Coefficienten versehenen Logarithmen rationaler Functionen von ζ.

Mittelst dieses Satzes lassen sich, wie jetzt gezeigt werden soll, folgende p gleichzeitige Differentialgleichungen zwischen den $p+1$ der Gleichung $F(s, z) = 0$ genügenden Werthenpaaren von s und z, $(s_1, z_1), (s_2, z_2), \ldots, (s_{p+1}, z_{p+1})$

$$\frac{\varphi_\pi(s_1, z_1)\, dz_1}{\dfrac{\partial F(s_1, z_1)}{\partial s_1}} + \frac{\varphi_\pi(s_2, z_2)\, dz_2}{\dfrac{\partial F(s_2, z_2)}{\partial s_2}} + \cdots + \frac{\varphi_\pi(s_{p+1}, z_{p+1})\, dz_{p+1}}{\dfrac{\partial F(s_{p+1}, z_{p+1})}{\partial s_{p+1}}} = 0$$

für $\pi = 1, 2, \ldots, p$, allgemein oder vollständig (complete) integriren.

Durch diese Differentialgleichungen sind p von den Grössenpaaren (s_μ, z_μ) als Functionen des einen noch übrigen völlig bestimmt, wenn für einen beliebigen Werth des letzteren die Werthe der übrigen gegeben werden. Wenn man also diese $p+1$ Grössenpaare als Functionen *einer* veränderlichen Grösse ζ so bestimmt, dass sie für denselben Werth 0 dieser Grösse *beliebig* gegebene Anfangswerthe $(s_1^0, z_1^0), (s_2^0, z_2^0), \ldots, (s^0_{p+1}, z^0_{p+1})$ annehmen und den Differentialgleichungen genügen, so hat man dadurch die Differentialgleichungen allgemein integrirt. Nun lässt sich die Grösse $\frac{1}{\zeta}$ als einwerthige und folglich rationale Function von (s, z) immer so bestimmen, dass sie nur für alle oder einige von den $p+1$ Werthenpaaren (s_μ^0, z_μ^0) unendlich und für diese nur unendlich von der ersten Ordnung wird, da sich in dem Ausdrucke

$$\sum_{\mu=1}^{\mu=p+1} \beta_\mu t(s_\mu^0, z_\mu^0) + \sum_{\mu=1}^{\mu=p} \alpha_\mu w_\mu + \text{const.}$$

die Verhältnisse der Grössen α und β immer so bestimmen lassen, dass die Periodicitätsmoduln sämmtlich 0 werden. Es genügen dann, wenn kein $\beta = 0$ ist, den zu lösenden Differentialgleichungen die $p+1$ Zweige der $\overline{p+1}$ werthigen gleichverzweigten Functionen s und z von ζ, $(s_1, z_1), (s_2, z_2), \ldots, (s_{p+1}, z_{p+1})$, welche für $\zeta = 0$ die Werthe $(s_1^0, z_1^0), (s_2^0, z_2^0), \ldots, (s^0_{p+1}, z^0_{p+1})$ annehmen. Wenn aber von den Grössen β einige, etwa die $p+1-m$ letzten gleich 0 werden, so werden die zu lösenden Differentialgleichungen befriedigt durch die m Zweige der $m$werthigen Functionen s und z von ζ, (s_1, z_1), (s_2, z_2), ..., (s_m, z_m), welche für $\zeta = 0$ gleich (s_1^0, z_1^0), (s_2^0, z_2^0), ..., (s_m^0, z_m^0) werden, und durch constante also ihren Anfangswerthen $s^0_{m+1}, \ldots, z^0_{p+1}$ gleiche Werthe der Grössen $s_{m+1}, z_{m+1}; \ldots; s_{p+1}, z_{p+1}$. Im letzteren Falle sind von den p linearen homogenen Gleichungen

$$\sum_{\mu=1}^{\mu=m} \frac{\varphi_\pi(s_\mu, z_\mu)\, dz_\mu}{\frac{\partial F(s_\mu, z_\mu)}{\partial s_\mu}} = 0$$

für $\pi = 1, 2, \ldots, p$ zwischen den Grössen $\frac{dz_\mu}{\frac{\partial F(s_\mu, z_\mu)}{\partial s_\mu}}$ $p + 1 - m$ eine Folge der übrigen; es ergeben sich hieraus $p + 1 - m$ Bedingungsgleichungen, welche, damit dieser Fall eintritt, zwischen den Functionen (s_1, z_1), ..., (s_m, z_m) und also auch zwischen ihren Anfangswerthen (s_1^0, z_1^0), ..., (s_m^0, z_m^0) erfüllt sein müssen, und es können daher von diesen, wie oben (§. 5) gefunden, nur $2m - p - 1$ beliebig gegeben werden.

15.

Es sei nun

$$\int \frac{\varphi_\pi(s, z)\, dz}{\frac{\partial F(s, z)}{\partial s}} + \text{const.},$$

durch das Innere von T' integrirt, gleich w_π und der Periodicitätsmodul von w_π für den νten Querschnitt gleich $k_\pi^{(\nu)}$, so dass sich die Functionen $w_1, w_2, \ldots, w_p$ des Grössenpaars (s, z) beim Uebertritt des Punkts (s, z) von der negativen auf die positive Seite des νten Querschnitts gleichzeitig um $k_1^{(\nu)}, k_2^{(\nu)}, \ldots, k_p^{(\nu)}$ ändern. Zur Abkürzung mag ein System von p Grössen $(b_1, b_2, \ldots, b_p)$ einem andern $(a_1, a_2, \ldots, a_p)$ *congruent nach 2p Systemen zusammengehöriger Moduln* genannt werden, wenn es aus ihm durch gleichzeitige Aenderungen sämmtlicher Grössen um zusammengehörige Moduln erhalten werden kann. Ist der Modul der πten Grösse im νten Systeme $= k_\pi^{(\nu)}$, so heisst demnach

$$(b_1, b_2, \ldots, b_p) \equiv (a_1, a_2, \ldots, a_p),$$

wenn

$$b_\pi = a_\pi + \sum_{\nu=1}^{\nu=2p} m_\nu k_\pi^{(\nu)}$$

für $\pi = 1, 2, \ldots, p$ und $m_1, m_2, \ldots, m_{2p}$ ganze Zahlen sind.

Da sich p beliebige Grössen $a_1, a_2, \ldots, a_p$ immer und nur auf eine Weise in die Form $a_\pi = \sum_{\nu=1}^{\nu=2p} \xi_\nu k_\pi^{(\nu)}$ setzen lassen, so dass die $2p$ Grössen ξ reell sind, und durch Aenderung dieser Grössen ξ um ganze Zahlen alle congruenten Systeme und nur diese sich ergeben, so erhält man aus jeder Reihe congruenter Systeme eins und nur eins, wenn man in diesen Ausdrücken jede Grösse ξ alle Werthe von einem beliebigen Werthe bis zu einem um 1 grösseren, einen der beiden Grenzwerthe eingeschlossen, stetig durchlaufen lässt.

Dieses festgesetzt, folgt aus den obigen Differentialgleichungen oder aus den p Gleichungen

$$\sum_{\mu=1}^{\mu=p+1} dw_\pi^{(\mu)} = 0 \text{ für } \pi = 1, 2, \ldots, p$$

durch Integration

$$(\Sigma w_1^{(\mu)}, \Sigma w_2^{(\mu)}, \ldots, \Sigma w_p^{(\mu)}) \equiv (c_1, c_2, \ldots, c_p),$$

worin $c_1, c_2, \ldots, c_p$ constante von den Werthen (s^0, z^0) abhängige Grössen sind.

16.

Drückt man ζ als Quotienten zweier ganzen Functionen von s und z, $\frac{\chi}{\psi}$, aus, so sind die Grössenpaare $(s_1, z_1), \ldots, (s_m, z_m)$ die gemeinschaftlichen Wurzeln der Gleichungen $F = 0$ und $\frac{\chi}{\psi} = \zeta$. Da die ganze Function

$$\chi - \zeta\psi = f(s, z)$$

für alle Werthenpaare, für welche χ und ψ gleichzeitig verschwinden, ebenfalls, was auch ζ sei, verschwindet, so können die Grössenpaare $(s_1, z_1), \ldots, (s_m, z_m)$ auch definirt werden als gemeinschaftliche Wurzeln der Gleichung $F = 0$ und einer Gleichung $f(s, z) = 0$, deren Coefficienten so sich ändern, dass alle übrigen gemeinschaftlichen Wurzeln constant bleiben. Wenn $m < p + 1$, kann ζ in der Form $\frac{\varphi^{(1)}}{\varphi^{(2)}}$ dargestellt werden (§. 10) und f in der Form

$$\varphi^{(1)} - \zeta\varphi^{(2)} = \varphi^{(3)}.$$

Die allgemeinsten Werthe der den p Gleichungen

$$\sum_{\mu=1}^{\mu=p} dw_\pi^{(\mu)} = 0 \text{ für } \pi = 1, 2, \ldots, p$$

genügenden Functionenpaare $(s_1, z_1), \ldots, (s_p, z_p)$ werden daher gebildet durch p gemeinschaftliche Wurzeln der Gleichungen $F = 0$ und $\varphi = 0$, welche so sich ändern, dass die übrigen gemeinschaftlichen Wurzeln constant bleiben. Hieraus folgt leicht der später nöthige Satz, dass die Aufgabe, $p - 1$ von den $2p - 2$ Grössenpaaren $(s_1, z_1), \ldots, (s_{2p-2}, z_{2p-2})$ als Functionen der $p - 1$ übrigen so zu bestimmen, dass die p Gleichungen

$$\sum_{\mu=1}^{\mu=2p-2} dw_\pi^{(\mu)} = 0 \text{ für } \pi = 1, 2, \ldots, p$$

erfüllt werden, völlig allgemein gelöst wird, wenn man für diese $2p - 2$ Grössenpaare die von den r Wurzeln $s = \gamma_\varrho$, $z = \delta_\varrho$ (§. 6) verschiedenen gemeinschaftlichen Wurzeln der Gleichungen $F = 0$ und $\varphi = 0$ oder die $2p - 2$ Werthenpaare nimmt, für welche dw unendlich klein von der zweiten Ordnung wird, und dass diese Aufgabe daher nur *eine* Lösung zulässt. Solche Grössenpaare sollen *durch die Gleichung* $\varphi = 0$ *verknüpft* heissen. In Folge der Gleichungen

$$\sum_1^{2p-2} dw_\pi^{(\mu)} = 0 \text{ wird } \left(\sum_1^{2p-2} w_1^{(\mu)}, \sum_1^{2p-2} w_2^{(\mu)}, \ldots, \sum_1^{2p-2} w_p^{(\mu)}\right),$$

die Summen über solche Grössenpaare ausgedehnt, congruent einem constanten Grössensysteme $(c_1, c_2, \ldots, c_p)$, worin c_π nur von der additiven Constante in der Function w_π oder dem Anfangswerthe des sie ausdrückenden Integrals abhängt.

Zweite Abtheilung.

17.

Für die ferneren Untersuchungen über Integrale von algebraischen, $2p + 1$ fach zusammenhängenden Functionen ist die Betrachtung einer p fach unendlichen ϑ-Reihe von grossem Nutzen, d. h. einer p fach unendlichen Reihe, in welcher der Logarithmus des allgemeinen Gliedes eine ganze Function zweiten Grades der Stellenzeiger ist. Es sei in dieser Function für ein Glied, dessen Stellenzeiger $m_1, m_2, \ldots, m_p$ sind, der Coefficient des Quadrats m_μ^2 gleich $a_{\mu,\mu}$, des doppelten Products $m_\mu m_{\mu'}$ gleich $a_{\mu,\mu'} = a_{\mu',\mu}$, der doppelten Grösse m_μ gleich v_μ, und das constante Glied $= 0$. Die Summe der Reihe, über alle ganzen positiven oder negativen Werthe der Grössen m ausgedehnt, werde als Function der p Grössen v betrachtet und durch $\vartheta(v_1, v_2, \ldots, v_p)$ bezeichnet, so dass

$$(1.)\qquad \vartheta(v_1, v_2, \ldots, v_p) = \left(\sum_{-\infty}^{\infty}\right)^p e^{\left(\overset{p}{\underset{1}{\Sigma}}\right)^2 a_{\mu,\mu'} m_\mu m_{\mu'} + 2\overset{p}{\underset{1}{\Sigma}} v_\mu m_\mu},$$

worin die Summationen im Exponenten sich auf μ und μ', die äusseren Summationen auf $m_1, m_2, \ldots, m_p$ beziehen. Damit diese Reihe convergirt, muss der reelle Theil von $\left(\overset{p}{\underset{1}{\Sigma}}\right)^2 a_{\mu,\mu'} m_\mu m_{\mu'}$ wesentlich negativ sein oder, als eine Summe von positiven oder negativen Quadraten reeller linearer von einander unabhängiger Functionen der Grössen m dargestellt, aus p negativen Quadraten zusammengesetzt sein.

Die Function ϑ hat die Eigenschaft, dass es Systeme von gleichzeitigen Aenderungen der p Grössen v giebt, durch welche $\log \vartheta$ nur um eine lineare Function der Grössen v geändert wird, und zwar $2p$ von einander unabhängige Systeme (d. h. von denen keins eine Folge der übrigen ist). Denn man hat, die ungeändert bleibenden Grössen v unter dem Functionszeichen ϑ weglassend, für $\mu = 1, 2, \ldots, p$

$$(2.)\qquad \vartheta = \vartheta(v_\mu + \pi i) \quad \text{und}$$

$$(3.)\qquad \vartheta = e^{2v_\mu + a_{\mu,\mu}} \vartheta(v_1 + a_{1,\mu}, v_2 + a_{2,\mu}, \ldots, v_p + a_{p,\mu}),$$

wie sich sofort ergiebt, wenn man in der Reihe für ϑ den Stellenzeiger m_μ in $m_\mu + 1$ verwandelt, wodurch sie, während ihr Werth ungeändert bleibt, in den Ausdruck zur Rechten übergeht.

Die Function ϑ ist durch diese Relationen und durch die Eigenschaft, allenthalben endlich zu bleiben, bis auf einen constanten Factor bestimmt. Denn in Folge der letzteren Eigenschaft und der Relationen (2.) ist sie eine einwerthige für endliche v endliche Function von $e^{2v_1}, e^{2v_2}, \ldots, e^{2v_p}$ und folglich in eine $p$fach unendliche Reihe von der Form

$$\left(\sum_{-\infty}^{\infty}\right)^p A_{m_1, m_2, \ldots, m_p}\, e^{2\overset{p}{\underset{1}{\Sigma}} v_\mu m_\mu}$$

mit den constanten Coefficienten A entwickelbar. Aus den Relationen (3.) ergiebt sich aber

$$A_{m_1, \ldots, m_\nu + 1, \ldots, m_p} = A_{m_1, \ldots, m_\nu, \ldots, m_p}\, e^{2\overset{p}{\underset{1}{\Sigma}} a_{\mu,\nu} m_\mu + a_{\nu,\nu}}$$

folglich

$$A_{m_1, \ldots, m_p} = \text{const.}\; e^{\left(\overset{p}{\underset{1}{\Sigma}}\right)^2 a_{\mu,\mu'} m_\mu m_{\mu'}}, \text{ w. z. b. w.}$$

Man kann daher diese Eigenschaften der Function zu ihrer Definition verwenden. Die Systeme gleichzeitiger Aenderungen der Grössen v, durch welche sich $\log \vartheta$ nur um eine lineare Function von ihnen ändert, sollen *Systeme zusammengehöriger Periodicitätsmoduln der unabhängig veränderlichen Grössen* in dieser ϑ-Function genannt werden.

18.

Ich substituire nun für die p Grössen $v_1, v_2, \ldots, v_p$ p immer endlich bleibende Integrale $u_1, u_2, \ldots, u_p$ rationaler Functionen einer veränderlichen Grösse z und einer $\overline{2p+1}$ fach zusammenhängenden algebraischen Function s dieser Grösse, und für die zusammengehörigen Periodicitätsmoduln der Grössen v zusammengehörige (d. h. an demselben Querschnitte stattfindende) Periodicitätsmoduln dieser Integrale, so dass $\log \vartheta$ in eine Function *einer* Veränderlichen z übergeht, welche sich, wenn s und z nach beliebiger stetiger Aenderung von z den vorigen Werth wieder annehmen, um lineare Functionen der Grössen u ändert.

Es soll zunächst gezeigt werden, dass eine solche Substitution für jede $\overline{2p+1}$ fach zusammenhängende Function s möglich ist. Die Zerschneidung der Fläche T muss zu diesem Zwecke so durch $2p$ in sich zurücklaufende Schnitte $a_1, a_2, \ldots, a_p, b_1, b_2, \ldots, b_p$ geschehen, dass folgende Bedingungen erfüllt werden. Wenn man $u_1, u_2, \ldots, u_p$ so wählt, dass der Periodicitätsmodul von u_μ an dem Schnitte a_μ gleich πi, an den übrigen Schnitten a gleich 0 ist, und man den Periodicitätsmodul von u_μ an dem Schnitte b_ν durch $a_{\mu,\nu}$ bezeichnet, so muss $a_{\mu,\nu} = a_{\nu,\mu}$ und der reelle Theil von $\sum\limits_{\mu,\mu'} a_{\mu,\mu'} m_\mu m_{\mu'}$ für alle reellen (ganzen) Werthe der p Grössen m negativ sein.

19.

Die Zerlegung der Fläche T werde nicht wie bisher nur durch in sich zurücklaufende Querschnitte, sondern folgendermassen ausgeführt. Man mache zuerst einen in sich zurücklaufenden die Fläche nicht zerstückelnden Schnitt a_1 und führe dann einen Querschnitt b_1 von der positiven Seite von a_1 auf die negative zum Anfangspunkte zurück, worauf die Begrenzung aus *einem* Stücke bestehen wird. Einen dritten die Fläche nicht zerstückelnden Querschnitt kann man demzufolge (wenn die Fläche noch nicht einfach zusammenhängend ist) von einem beliebigen Punkte dieser Begrenzung bis zu einem beliebigen Begrenzungspunkte, also auch zu einem früheren Punkte dieses Querschnitts führen. Man thue das Letztere, so dass dieser Querschnitt aus einer in sich zurücklaufenden Linie a_2 und einem dieser Linie voraufgehenden Theile c_1 besteht, welcher das frühere Schnittsystem mit ihr verbindet. Den folgenden Querschnitt b_2 ziehe man von der positiven Seite von a_2 auf die negative zum Anfangspunkte zurück, worauf die Begrenzung wieder aus *einem* Stücke besteht. Die weitere Zerschneidung kann daher, wenn nöthig, wieder durch zwei in demselben Punkte anfangende und endende Schnitte a_3 und b_3 und eine das System der Linien a_2 und b_2 mit ihnen verbindende Linie c_2 geschehen. Wird dieses Verfahren fortgesetzt, bis die Fläche einfach zusammenhängend ist, so erhält man ein Schnittnetz, welches aus p Paaren von zwei in einem und demselben Punkte anfangenden und endenden Linien a_1 und b_1, a_2 und $b_2, \ldots, a_p$ und b_p besteht und aus $p-1$ Linien $c_1, c_2, \ldots, c_{p-1}$, welche jedes Paar mit dem folgenden verbinden. Es möge c_ν von einem Punkte von b_ν nach einem Punkte von $a_{\nu+1}$ gehen. Das Schnittnetz wird als so entstanden betrachtet, dass der $2\nu-1$ te Querschnitt aus $c_{\nu-1}$ und der von dem Endpunkte von $c_{\nu-1}$ zu diesem zurückgezogenen Linie a_ν besteht, und der 2ν te durch die von der *positiven* auf die *negative* Seite von a_ν gezogene Linie b_ν gebildet wird. Die Begrenzung der Fläche besteht bei dieser Zerschneidung nach einer geraden Anzahl von Schnitten aus *einem*, nach einer ungeraden aus zwei Stücken.

Ein allenthalben endliches Integral w einer rationalen Function von s und z nimmt dann zu beiden Seiten einer Linie c denselben Werth an. Denn die ganze früher entstandene Begrenzung besteht, aus *einem* Stücke und bei der Integration längs derselben von der einen Seite der Linie c bis auf die andere wird $\int dw$ durch jedes früher entstandene Schnittelement zweimal, in entgegengesetzter Richtung, erstreckt. Eine solche Function ist daher in T allenthalben ausser den Linien a und b stetig. Die durch diese Linien zerschnittene Fläche T möge durch T'' bezeichnet werden.

20.

Es seien nun $w_1, w_2, \ldots, w_p$ von einander unabhängige solche Functionen, und der Periodicitätsmodul von w_μ an dem Querschnitte a_ν gleich $A_\mu^{(\nu)}$ und an dem Querschnitte b_ν gleich $B_\mu^{(\nu)}$. Es ist dann das Integral $\int w_\mu dw_{\mu'}$, um die Fläche T'' positiv herum ausgedehnt, $=0$, da die Function unter dem Integralzeichen allenthalben endlich ist. Bei dieser Integration wird jede der Linien a und b zweimal, einmal in positiver und einmal in negativer Richtung durchlaufen, und es muss während jener Integration, wo sie als Begrenzung des positiverseits gelegenen Gebiets dient, für w_μ der Werth auf der positiven Seite oder $w_\mu +$, während dieser der Werth auf der negativen oder $w_\mu -$ genommen werden. Es ist also dies Integral gleich der Summe aller Integrale $\int (w_\mu + - w_\mu -)\, dw_{\mu'}$ durch die Linien a und b. Die Linien b führen von der positiven zur negativen Seite der Linien a, und folglich die Linien a von der negativen zur positiven Seite der Linien b. Das Integral durch die Linie a_ν ist daher

$$\int A_\mu^{(\nu)} dw_{\mu'} = A_\mu^{(\nu)} \int dw_{\mu'} = A_\mu^{(\nu)} B_{\mu'}^{(\nu)},$$

und das Integral durch die Linie b_ν

$$= \int B_\mu^{(\nu)} dw_{\mu'} = - B_\mu^{(\nu)} A_{\mu'}^{(\nu)}$$

Das Integral $\int w_\mu dw_{\mu'}$, um die Fläche T'' positiv herum erstreckt, ist also

$$= \sum_\nu (A_\mu^{(\nu)} B_{\mu'}^{(\nu)} - B_\mu^{(\nu)} A_{\mu'}^{(\nu)}),$$

und diese Summe folglich $= 0$. Diese Gleichung gilt für je zwei von den Functionen $w_1, w_2, \ldots, w_p$ und liefert also $\frac{p(p-1)}{1 \cdot 2}$ Relationen zwischen deren Periodicitätsmoduln.

Nimmt man für die Functionen w die Functionen u oder wählt man sie so, dass $A_\mu^{(\nu)}$ für ein von μ verschiedenes ν gleich 0 und $A_\nu^{(\nu)} = \pi i$ ist, so gehen diese Relationen über in $B_{\mu'}^{(\mu)} \pi i - B_\mu^{(\mu')} \pi i = 0$ oder in $a_{\mu, \mu'} = a_{\mu', \mu}$.

21.

Es bleibt noch zu zeigen, dass die Grössen a die zweite oben nöthig gefundene Eigenschaft besitzen.

Man setze $w = \mu + \nu i$ und den Periodicitätsmodul dieser Function an dem Schnitte a_ν gleich $A^{(\nu)} = \alpha_\nu + \gamma_\nu i$ und an dem Schnitte b_ν gleich $B^{(\nu)} = \beta_\nu + \delta_\nu i$. Es ist dann das Integral

$$\int \left(\left(\frac{\partial \mu}{\partial x}\right)^2 + \left(\frac{\partial \mu}{\partial y}\right)^2 \right) dT$$

oder

$$\int \left(\frac{\partial \mu}{\partial x}\frac{\partial \nu}{\partial y} - \frac{\partial \mu}{\partial y}\frac{\partial \nu}{\partial x} \right) dT^{*)}$$

*) Dies Integral drückt den Inhalt der Fläche aus, welche die Gesammtheit der Werthe, die w innerhalb T'' annimmt, auf der w-Ebene repräsentirt.

durch die Fläche T'' gleich dem Begrenzungsintegral $\int \mu\, dv$ um T'' positiv herum erstreckt, also gleich der Summe der Integrale $\int(\mu^+ - \mu^-)dv$ durch die Linien a und b. Das Integral durch die Linie a_ν ist $= \alpha_\nu \int dv = \alpha_\nu \delta_\nu$, das Integral durch die Linie b_ν gleich $\beta_\nu \int dv = -\beta_\nu \gamma_\nu$ und folglich

$$\int \left(\left(\frac{\partial \mu}{\partial x}\right)^2 + \left(\frac{\partial \mu}{\partial y}\right)^2\right) dT = \sum_{\nu=1}^{\nu=p} (\alpha_\nu \delta_\nu - \beta_\nu \gamma_\nu).$$

Diese Summe ist daher stets positiv.

Hieraus ergiebt sich die zu beweisende Eigenschaft der Grössen a, wenn man für w setzt $u_1 m_1 + u_2 m_2 + \cdots + u_p m_p$. Denn es ist dann $A^{(\nu)} = m_\nu \pi i$, $B^{(\nu)} = \sum_\mu a_{\mu,\nu} m_\mu$, folglich α_ν stets $= 0$ und

$$\int \left(\left(\frac{\partial \mu}{\partial x}\right)^2 + \left(\frac{\partial \mu}{\partial y}\right)^2\right) dT = -\Sigma \beta_\nu \gamma_\nu = -\pi \Sigma m_\nu \beta_\nu$$

oder gleich dem reellen Theile von $-\pi \sum_{\mu,\nu} a_{\mu,\nu} m_\mu m_\nu$, welcher also für alle reellen Werthe der Grössen m positiv ist.

22.

Setzt man nun in der ϑ Reihe (1.) §. 17 für $a_{\mu,\mu'}$ den Periodicitätsmodul der Function u_μ an dem Schnitt $b_{\mu'}$ und, durch $e_1, e_2, \ldots, e_p$ beliebige Constanten bezeichnend, $u_\mu - e_\mu$ für v_μ, so erhält man eine in jedem Punkte von T eindeutig bestimmte Function von z,

$$\vartheta\,(u_1 - e_1,\ u_2 - e_2,\ \ldots,\ u_p - e_p),$$

welche ausser den Linien b stetig und endlich und auf der positiven Seite der Linie b_ν $(e^{-2(u_\nu - e_\nu)})$ mal so gross als auf der negativen ist, wenn man den Functionen u in den Linien b selbst den Mittelwerth von den Werthen zu beiden Seiten beilegt. Für wie viele Punkte von T' oder Werthenpaare von s und z diese Function unendlich klein von der ersten Ordnung wird, kann durch Betrachtung des Begrenzungsintegrals $\int d \log \vartheta$, um T' positiv herum erstreckt, gefunden werden; denn dieses Integral ist gleich der Anzahl dieser Punkte multiplicirt mit $2\pi i$. Andererseits ist dies Integral gleich der Summe der Integrale $\int(d \log \vartheta^+ - d \log \vartheta^-)$ durch sämmtliche Schnittlinien a, b und c. Die Integrale durch die Linien a und c sind $= 0$, das Integral durch b_ν aber gleich $-2\int du_\nu = 2\pi i$, die Summe aller also $= p 2\pi i$. Die Function ϑ wird daher unendlich klein von der ersten Ordnung in p Punkten der Fläche T', welche durch $\eta_1, \eta_2, \ldots, \eta_p$ bezeichnet werden mögen.

Durch einen positiven Umlauf des Punktes (s, z) um einen dieser Punkte wächst $\log \vartheta$ um $2\pi i$, durch einen positiven Umlauf um das Schnittepaar a_ν und b_ν um $-2\pi i$. Um daher die Function $\log \vartheta$ allenthalben eindeutig zu bestimmen, führe man von jedem Punkte η einen Schnitt durch das Innere nach je einem Linienpaar, von η_ν den Schnitt l_ν nach a_ν und b_ν, und zwar nach ihrem gemeinschaftlichen Anfangs- und Endpunkte, und nehme in der dadurch entstandenen Fläche T^* die Function allenthalben stetig an. Sie ist dann auf der positiven Seite der Linien l um $-2\pi i$, auf der positiven Seite der Linie a_ν um $g_\nu 2\pi i$ und auf der positiven Seite der Linie b_ν um $-2(u_\nu - e_\nu) - h_\nu 2\pi i$ grösser, als auf der negativen, wenn g_ν und h_ν ganze Zahlen bezeichnen.

Die Lage der Punkte η und die Werthe der Zahlen g und h hängen von den Grössen e ab, und diese Abhängigkeit lässt sich auf folgendem Wege näher bestimmen. Das Integral $\int \log \vartheta \, du_\mu$, um T^* positiv herum erstreckt, ist $= 0$, da die Function $\log \vartheta$ in T^* stetig bleibt. Dieses Integral ist aber auch gleich der Summe der Integrale $\int (\log \vartheta^+ - \log \vartheta^-) \, du_\mu$ durch sämmtliche Schnittlinien l, a, b und c und findet sich, wenn man den Werth von u_μ im Punkte η_ν durch $\alpha_\mu^{(\nu)}$ bezeichnet,

$$= 2\pi i \left(\sum_\nu \alpha_\mu^{(\nu)} + h_\mu \pi i + \sum_\nu g_\nu a_{\nu,\mu} - e_\mu + k_\mu \right),$$

worin k_μ von den Grössen e, g, h und der Lage der Punkte η unabhängig ist. Dieser Ausdruck ist also $= 0$.

Die Grösse k_μ hängt von der Wahl der Function u_μ ab, welche durch die Bedingung, an dem Schnitte a_μ den Periodicitätsmodul πi, an den übrigen Schnitten a den Periodicitätsmodul 0 anzunehmen, nur bis auf eine additive Constante bestimmt ist. Nimmt man für u_μ eine um die Constante c_μ grössere Function und zugleich e_μ um c_μ grösser, so bleiben die Function ϑ und folglich die Punkte η und die Grössen g, h ungeändert, der Werth von u_μ im Punkte η_ν aber wird $\alpha_\mu^{(\nu)} + c_\mu$. Es geht daher k_μ in $k_\mu - (p-1) c_\mu$ über und verschwindet, wenn $c_\mu = \frac{k_\mu}{p-1}$ genommen wird.

Man kann folglich, wie für die Folge geschehen soll, die additiven Constanten in den Functionen u oder die Anfangswerthe in den sie ausdrückenden Integralen so bestimmen, dass man durch die Substitution von $u_\mu - \Sigma \alpha_\mu^{(\nu)}$ für v_μ in $\log \vartheta(v_1, \ldots, v_p)$ eine Function erhält, welche in den Punkten η logarithmisch unendlich wird und, durch T^* stetig fortgesetzt, auf der positiven Seite der Linien l um $-2\pi i$, der Linien a um 0 und der Linie b_ν um $-2(u_\nu - \sum_1^p \alpha_\nu^{(\mu)})$ grösser wird, als auf der negativen. Zur Bestimmung dieser Anfangswerthe werden sich später leichtere Mittel darbieten, als der obige Integralausdruck für k_μ.

23.

Setzt man $(u_1, u_2, \ldots, u_p) \equiv (\alpha_1^{(p)}, \alpha_2^{(p)}, \ldots, \alpha_p^{(p)})$ nach den $2p$ Modulsystemen der Functionen u (§. 15), also

$$(v_1, v_2, \ldots, v_p) \equiv \left(-\sum_1^{p-1} \alpha_1^{(\nu)}, -\sum_1^{p-1} \alpha_2^{(\nu)}, \ldots, -\sum_1^{p-1} \alpha_p^{(\nu)}\right),$$

so wird $\vartheta = 0$. Wird umgekehrt $\vartheta = 0$ für $v_\mu = r_\mu$, so ist $(r_1, r_2, \ldots, r_p)$ einem Grössensysteme von der Form

$$\left(-\sum_1^{p-1} \alpha_1^{(\nu)} - \sum_1^{p-1} \alpha_2^{(\nu)}, \ldots, -\sum_1^{p-1} \alpha_p^{(\nu)}\right)$$

congruent. Denn setzt man $v_\mu = u_\mu - \alpha_\mu^{(p)} + r_\mu$, indem man η_p beliebig wählt, so wird die Function ϑ ausser in η_p noch in $p-1$ andern Punkten unendlich klein von der ersten Ordnung, und bezeichnet man diese durch $\eta_1, \eta_2, \ldots, \eta_{p-1}$, so ist

$$\left(-\sum_1^{p-1} \alpha_1^{(\nu)}, -\sum_1^{p-1} \alpha_2^{(\nu)}, \ldots, -\sum_1^{p-1} \alpha_p^{(\nu)}\right) \equiv (r_1, r_2, \ldots, r_p).$$

Die Function ϑ bleibt ungeändert, wenn man sämmtliche Grössen v in's Entgegengesetzte verwandelt; denn verwandelt man in der Reihe für $\vartheta(v_1, v_2, \ldots, v_p)$ sämmtliche Indices m in's Entgegengesetzte, wodurch der Werth der Reihe ungeändert bleibt, da $-m_\nu$ dieselben Werthe wie m_ν durchläuft, so geht $\vartheta(v_1, v_2, \ldots, v_p)$ über in $\vartheta(-v_1, -v_2, \ldots, -v_p)$.

Nimmt man nun die Punkte $\eta_1, \eta_2, \ldots, \eta_{p-1}$ beliebig an, so wird $\vartheta(-\sum_1^{p-1} \alpha_1^{(\nu)}, \ldots, -\sum_1^{p-1} \alpha_p^{(\nu)}) = 0$ und folglich, da die Function ϑ wie eben bemerkt gerade ist, auch $\vartheta(\sum_1^{p-1} \alpha_1^{(\nu)}, \ldots, \sum_1^{p-1} \alpha_p^{(\nu)}) = 0$. Es lassen sich also die $p-1$ Punkte $\eta_p, \eta_{p-1}, \ldots, \eta_{2p-2}$ so bestimmen, dass

$$\left(\sum_1^{p-1} \alpha_1^{(\nu)}, \ldots, \sum_1^{p-1} \alpha_p^{(\nu)}\right) \equiv \left(-\sum_p^{2p-2} \alpha_1^{(\nu)}, \ldots, -\sum_p^{2p-2} \alpha_p^{(\nu)}\right)$$

und folglich

$$\left(\sum_1^{2p-2} \alpha_1^{(\nu)}, \ldots, \sum_1^{2p-2} \alpha_p^{(\nu)}\right) \equiv (0, \ldots\ldots, 0)$$

ist. Die Lage der $p-1$ letzten Punkte hängt dann von der Lage der $p-1$ ersten so ab, dass bei beliebiger stetiger Aenderung derselben $\sum\limits_1^{2p-2} d\alpha_\pi^{(\nu)} = 0$ für $\pi = 1, 2, \ldots, p$, und folglich sind (§. 16) die Punkte η solche $2p-2$ Punkte, für welche ein dw unendlich klein von der zweiten Ordnung wird, oder wenn man den Werth des Grössenpaars (s, z) im Punkte η_ν durch (σ_ν, ζ_ν), bezeichnet, so sind $(\sigma_1, \zeta_1), \ldots, (\sigma_{2p-2}, \zeta_{2p-2})$ durch die Gleichung $\varphi = 0$ verknüpfte Werthenpaare (§. 16).

Bei den hier gewählten Anfangswerthen der Integrale u wird also

$$\left(\sum_1^{2p-2} u_1^{(\nu)}, \ldots, \sum_1^{2p-2} u_p^{(\nu)}\right) \equiv (0, \ldots, 0)$$

wenn die Summationen über sämmtliche von den Grössenpaaren $(\gamma_\varrho, \delta_\varrho)$ (§. 6) *verschiedene gemeinschaftliche Wurzeln der Gleichung* $F = 0$ *und der Gleichung* $c_1\varphi_1 + c_2\varphi_2 + \cdots + c_p\varphi_p = 0$ *erstreckt werden, wobei die Constanten Grössen c beliebig sind.*

Sind $\varepsilon_1, \varepsilon_2, \ldots, \varepsilon_m$ m Punkte, für welche eine rationale Function ξ von s und z, die m mal unendlich von der ersten Ordnung wird, denselben Werth annimmt, und $u_\pi^{(\mu)}$, s_μ, z_μ die Werthe von u_π, s, z im Punkte ε_μ, so ist (§. 15) $(\sum\limits_1^m u_1^{(\mu)}, \sum\limits_1^m u_2^{(\mu)}, \ldots, \sum\limits_1^m u_p^{(\mu)})$ congruent einem constanten, d. h. vom Werthe der Grösse ξ unabhängigen Grössensysteme $(b_1, b_2, \ldots, b_p)$, und es kann dann für jede beliebige Lage eines Punktes ε die Lage der übrigen so bestimmt werden, dass

$$\left(\sum_1^m u_1^{(\mu)}, \ldots, \sum_1^m u_p^{(\mu)}\right) \equiv (b_1, \ldots, b_p).$$

Man kann daher, wenn $m = p$, $(u_1 - b_1, \ldots, u_p - b_p)$ und, wenn $m < p$,

$$(u_1 - \sum_1^{p-m} \alpha_1^{(\nu)} - b_1, \ldots, u_p - \sum_1^{p-m} \alpha_p^{(\nu)} - b_p)$$

für jede beliebige Lage des Punkts (s, z) und der $p-m$ Punkte η auf die Form $(-\sum\limits_1^{p-1} \alpha_1^{(\nu)}, \ldots, -\sum\limits_1^{p-1} \alpha_p^{(\nu)})$ bringen, indem man einen der Punkte ε mit (s, z) zusammenfallen lässt, und folglich ist

$$\vartheta\,(u_1 - \sum_1^{p-m} \alpha_1^{(\nu)} - b_1, \ldots, u_p - \sum_1^{p-m} \alpha_p^{(\nu)} - b_p)$$

für jedwede Werthe des Grössenpaars (s, z) und der $p - m$ Grössenpaare (σ_ν, ζ_ν) gleich 0.

24.

Aus der Untersuchung des §. 22 folgt als Corollar, dass ein beliebig gegebenes Grössensystem $(e_1, \ldots, e_p)$ immer einem und nur einem Grössensysteme von der Form $(\sum_1^p \alpha_1^{(\nu)}, \ldots, \sum_1^p \alpha_p^{(\nu)})$ congruent ist, wenn die Function $\vartheta(u_1 - e_1, \ldots, u_p - e_p)$ nicht identisch verschwindet; denn es müssen dann die Punkte η die p Punkte sein, für welche diese Function 0 wird. Wenn aber $\vartheta(u_1^{(p)} - e_1, \ldots, u_p^{(p)} - e_p)$ für jeden Werth von (s_p, z_p) verschwindet, so lässt sich

$$(u_1^{(p)} - e_1, \ldots, u_p^{(p)} - e_p) \equiv (-\sum_1^{p-1} u_1^{(\nu)}, \ldots, -\sum_1^{p-1} u_p^{(\nu)})$$

setzen (§. 23), und es lassen sich also für jeden Werth des Grössenpaars (s_p, z_p) die Grössenpaare $(s_1, z_1), \ldots, (s_{p-1}, z_{p-1})$ so bestimmen, dass

$$\left(\sum_1^p u_1^{(\nu)}, \ldots, \sum_1^p u_p^{(\nu)}\right) \equiv (e_1, \ldots, e_p)$$

und folglich, bei stetiger Aenderung von (s_p, z_p), $\sum_1^p du_\pi^{(\nu)} = 0$ ist für $\pi = 1, 2, \ldots, p$. Die p Grössenpaare (s_ν, z_ν) sind daher p von den Grössenpaaren $(\gamma_\varrho, \delta_\varrho)$ verschiedene Wurzeln einer Gleichung $\varphi = 0$, deren Coefficienten so sich ändern, dass die übrigen $p - 2$ Wurzeln constant bleiben. Bezeichnet man die Werthe von u_π für diese $p - 2$ Werthenpaare von s und z durch $u_\pi^{(p+1)}, u_\pi^{(p+2)}, \ldots, u_\pi^{(2p-2)}$, so ist

$$\left(\sum_1^{2p-2} u_1^{(\nu)}, \ldots, \sum_1^{2p-2} u_p^{(\nu)}\right) \equiv (0, \ldots\ldots, 0)$$

und folglich

$$(e_1, \ldots, e_p) \equiv (-\sum_{p+1}^{2p-2} u_1^{(\nu)}, \ldots, -\sum_{p+1}^{2p-2} u_p^{(\nu)}).$$

Umgekehrt ist, wenn diese Congruenz stattfindet,

$$\vartheta(u_1^{(p)} - e_1, \ldots, u_p^{(p)} - e_p) = \vartheta\left(\sum_p^{2p-2} u_1^{(\nu)}, \ldots, \sum_p^{2p-2} u_p^{(\nu)}\right) = 0.$$

Ein beliebig gegebenes Grössensystem $(e_1, \ldots, e_p)$ ist also nur Einem Grössensysteme von der Form $(\sum_1^p \alpha_1^{(\nu)}, \ldots, \sum_1^p \alpha_p^{(\nu)})$ congruent, wenn es *nicht einem Grössensysteme von der Form* $(-\sum_1^{p-2}\alpha_1^{(\nu)}, \ldots, -\sum_1^{p-2}\alpha_p^{(\nu)})$ *congruent ist, und unendlich vielen, wenn dieses stattfindet.*

Da $\vartheta(u_1-\sum_1^p\alpha_1^{(\mu)},\ldots,u_p-\sum_1^p\alpha_p^{(\mu)})=\vartheta(\sum_1^p\alpha_1^{(\mu)}-u_1,\ldots,\sum_1^p\alpha_p^{(\mu)}-u_p)$, so ist ϑ eine ganz ähnliche Function wie von (s, z) auch von jedem der p Grössenpaare (σ_μ, ζ_μ). Diese Function von (σ_μ, ζ_μ) wird $=0$ für das Werthenpaar (s, z) und für die den übrigen $p-1$ Grössenpaaren (σ, ζ) durch die Gleichung $\varphi=0$ verknüpften $p-1$ Punkte. Denn bezeichnet man den Werth von u_π in diesen Punkten mit $\beta_\pi^{(1)}, \beta_\pi^{(2)}, \ldots, \beta_\pi^{(p-1)}$, so ist

$$\left(\sum_1^p\alpha_1^{(\mu)}, \ldots, \sum_1^p\alpha_p^{(\mu)}\right)\equiv(\alpha_1^{(\mu)}-\sum_1^{p-1}\beta_1^{(\nu)}, \ldots, \alpha_p^{(\mu)}-\sum_1^{p-1}\beta_p^{(\nu)})$$

und folglich $\vartheta=0$, wenn η_μ mit einem dieser Punkte oder mit dem Punkte (s, z) zusammenfällt.

25.

Aus den bisher entwickelten Eigenschaften der Function ϑ ergiebt sich der Ausdruck von $\log\vartheta$ durch Integrale algebraischer Functionen von $(s, z), (\sigma_1, \zeta_1), \ldots, (\sigma_p, \zeta_p)$.

Die Grösse $\log\vartheta(u_1^{(2)}-\sum_1^p\alpha_1^{(\mu)}, \ldots)-\log\vartheta(u_1^{(1)}-\sum_1^p\alpha_1^{(\mu)}, \ldots)$ ist, als Function von (σ_μ, ζ_μ) betrachtet, eine Function von der Lage des Punkts η_μ, welche im Punkte ε_1, wie $-\log(\zeta_\mu-z_1)$, im Punkte ε_2, wie $\log(\zeta_\mu-z_2)$ unstetig wird und auf der positiven Seite einer von ε_1 nach ε_2 zu ziehenden Linie um $2\pi i$, auf der positiven Seite der Linie b_ν um $2(u_\nu^{(1)}-u_\nu^{(2)})$ grösser ist, als auf der negativen, ausser den Linien b und der Verbindungslinie von ε_1 und ε_2 aber allenthalben stetig bleibt. Bezeichnet nun $\varpi^{(\mu)}(\varepsilon_1, \varepsilon_2)$ irgend eine Function von (σ_μ, ζ_μ), welche ausser den Linien b ebenso unstetig ist und auf der einen Seite einer solchen Linie ebenfalls um eine Constante grösser ist, als auf der andern, so unterscheidet sie sich (§. 3) von dieser nur um eine von (σ_μ, ζ_μ) unabhängige Grösse, und folglich ist sie von $\sum_1^p\varpi^{(\mu)}(\varepsilon_1, \varepsilon_2)$ nur um eine von sämmtlichen Grössen (σ, ζ) unabhängige und also bloss von (s_1, z_1) und (s_2, z_2) abhängende Grösse verschieden. $\varpi^{(\mu)}(\varepsilon_1, \varepsilon_2)$ drückt den Werth einer Function $\varpi(\varepsilon_1, \varepsilon_2)$ des §. 4 für $(s, z)=(\sigma_\mu, \zeta_\mu)$ aus, deren Periodicitätsmoduln an den Schnitten a gleich 0 sind. Aendert man diese Function um die Constante c, so ändert sich $\sum_1^p\varpi^{(\mu)}(\varepsilon_1, \varepsilon_2)$ um pc; man kann daher, wie für die Folge geschehen soll, die additive Constante in der Function $\varpi(\varepsilon_1, \varepsilon_2)$ oder den Anfangswerth in dem sie darstellenden Integrale dritter Gattung so bestimmen, dass $\log \vartheta^{(2)} - \log \vartheta^{(1)} = \sum_1^p \varpi^{(\mu)}(\varepsilon_1, \varepsilon_2)$. Da ϑ von jedem der Grössenpaare (σ, ζ) auf ähnliche Art, wie von (s, z) abhängt, so kann die Aenderung von $\log \vartheta$, wenn irgend eins der Grössenpaare $(s, z), (\sigma_1, \zeta_1), \ldots, (\sigma_p, \zeta_p)$ eine endliche Aenderung erleidet, während die übrigen constant bleiben, durch eine Summe von Functionen ϖ ausgedrückt werden. Offenbar kann man also, indem man nach und nach die einzelnen Grössenpaare $(s, z), (\sigma_1, \zeta_1), \ldots, (\sigma_p, \zeta_p)$ ändert, $\log \vartheta$ ausdrücken durch eine Summe von Functionen ϖ und

$$\log \vartheta\,(0, 0, \ldots, 0)$$

oder dem Werth von $\log \vartheta$ für ein beliebiges anderes Werthensystem. Die Bestimmung von $\log \vartheta\,(0, 0, \ldots, 0)$ als Function der $3p - 3$ Moduln des Systems rationaler Functionen von s und z (§. 12) erfordert ähnliche Betrachtungen, wie sie von Jacobi in seinen Arbeiten über elliptische Functionen zur Bestimmung von $\Theta(0)$ angewandt worden sind. Man kann dazu gelangen, indem man mit Hülfe der Gleichungen

$$4 \frac{\partial \vartheta}{\partial a_{\mu,\mu}} = \frac{\partial^2 \vartheta}{\partial v_\mu^2} \quad \text{und} \quad 2 \frac{\partial \vartheta}{\partial a_{\mu,\mu'}} = \frac{\partial^2 \vartheta}{\partial v_\mu \partial v_{\mu'}},$$

wenn μ von μ' verschieden ist, die Differentialquotienten von $\log \vartheta$ nach den Grössen a in

$$d \log \vartheta = \sum \frac{\partial \log \vartheta}{\partial a_{\mu,\mu'}}\, d a_{\mu,\mu'}$$

durch Integrale algebraischer Functionen ausdrückt. Für die Ausführung dieser Rechnung scheint jedoch eine ausführlichere Theorie der Functionen, welche einer linearen Differentialgleichung mit algebraischen Coefficienten genügen, nöthig, die ich nach den hier angewandten Principien nächstens zu liefern beabsichtige.

Ist (s_2, z_2) unendlich wenig von (s_1, z_1) verschieden, so geht $\varpi(\varepsilon_1, \varepsilon_2)$ über in $dz_1\, t(\varepsilon_1)$, worin $t(\varepsilon_1)$ ein Integral zweiter Gattung einer rationalen Function von s und z ist, welches in ε_1 wie $\frac{1}{z - z_1}$ unstetig wird und an den Schnitten a den Periodicitätsmodul 0 hat; und es ergiebt sich, dass der Periodicitätsmodul eines solchen Integrals an dem Schnitte b_ν gleich $2 \frac{d u_\nu^{(1)}}{d z_1}$ ist und die Integrationsconstante sich so bestimmen lässt, dass die Summe der Werthe von $t(\varepsilon_1)$ für die p Werthenpaare $(\sigma_1, \zeta_1), \ldots, (\sigma_p, \zeta_p)$ gleich $\frac{\partial \log \vartheta^{(1)}}{\partial z_1}$ wird. Es ist dann

$\frac{\partial \log \vartheta^{(1)}}{\partial \zeta_\mu}$ gleich der Summe der Werthe von $t(\eta_\mu)$ für die den $p-1$ von (σ_μ, ζ_μ) verschiedenen Grössenpaaren (σ, ζ) durch-die Gleichung $\varphi = 0$ verknüpften $p-1$ Werthenpaare und für das Werthenpaar (s, z), und man erhält für

$$\frac{\partial \log \vartheta^{(1)}}{\partial z_1} dz_1 + \sum_1^p \frac{\partial \log \vartheta^{(1)}}{\partial \zeta_\mu} d\zeta_\mu = d \log \vartheta^{(1)},$$

einen Ausdruck, welchen Weierstrass für den Fall, wenn s nur eine zweiwerthige Function von z ist, gegeben hat (Journ. für Mathem. Bd. 47 S. 300 Form. 35).

Die Eigenschaften von $\varpi(\varepsilon_1, \varepsilon_2)$ und $t(\varepsilon_1)$ als Functionen von (s_1, z_1) und (s_2, z_2) ergeben sich aus den Gleichungen

$$\varpi(\varepsilon_1, \varepsilon_2) = \frac{1}{p} \left(\log \vartheta(u_1^{(2)} - p u_1, \ldots) - \log \vartheta(u_1^{(1)} - p u_1, \ldots)\right)$$

und

$$t(\varepsilon_1) = \frac{1}{p} \frac{\partial \log \vartheta(u_1^{(1)} - p u_1, \ldots)}{\partial z_1},$$

welche in den obigen Ausdrücken für $\log \vartheta^{(2)} - \log \vartheta^{(1)}$ und $\frac{\partial \log \vartheta^{(1)}}{\partial z_1}$ als specielle Fälle enthalten sind.

26.

Es soll jetzt die Aufgabe behandelt werden, algebraische Functionen von z als Quotienten zweier Producte von gleichvielen Functionen $\vartheta(u_1 - e_1, \ldots)$ und Potenzen der Grössen e^u darzustellen.

Ein solcher Ausdruck erlangt bei den Uebergängen von (s, z) über die Querschnitte constante Factoren, und diese müssen Wurzeln der Einheit sein, wenn er algebraisch von z abhängen und also bei stetiger Fortsetzung für dasselbe z nur eine endliche Anzahl von Werthen annehmen soll. Sind alle diese Factoren μte Wurzeln der Einheit, so ist die μte Potenz des Ausdrucks eine einwerthige und folglich rationale Function von s und z.

Umgekehrt lässt sich leicht zeigen, dass jede algebraische Function r von z, die innerhalb der ganzen Fläche T' stetig fortgesetzt, allenthalben nur *einen* bestimmten Werth annimmt und beim Ueberschreiten eines Querschnitts einen constanten Factor erlangt, sich auf mannigfaltige Art als Quotient zweier Producte von ϑ-Functionen und Potenzen der Grössen e^u ausdrücken lässt. Man bezeichne einen Werth von u_μ für $r = \infty$ durch β_μ und für $r = 0$ durch γ_μ und nehme $\log r$, indem man von jedem Punkte, wo r unendlich von der ersten Ordnung wird, nach je einem Punkte, wo r unendlich klein von der ersten Ordnung wird, eine Linie durch das Innere von T'

zieht, ausser diesen Linien in T' allenthalben stetig an. Ist dann $\log r$ auf der positiven Seite der Linie b_ν um $g_\nu 2\pi i$ und auf der positiven Seite der Linie a_ν um $-h_\nu 2\pi i$ grösser, als auf der negativen, so ergiebt sich durch die Betrachtung des Begrenzungsintegrals $\int \log r \, du_\mu$

$$\Sigma \gamma_\mu - \Sigma \beta_\mu = g_\mu \pi i + \sum_\nu h_\nu a_{\mu,\nu}$$

für $\mu = 1, 2, \ldots, p$, worin g_ν und h_ν nach dem oben Bemerkten rationale Zahlen sein müssen und die Summen auf der linken Seite der Gleichung über sämmtliche Punkte, wo r unendlich klein oder unendlich gross von der ersten Ordnung wird, auszudehnen sind, indem man einen Punkt, wo r unendlich klein oder unendlich gross von einer höheren Ordnung wird, als aus mehreren solchen Punkten bestehend betrachtet (§. 2). Wenn diese Punkte bis auf p gegeben sind, so lassen sich diese p immer und allgemein zu reden nur auf eine Weise so bestimmen, dass die $2p$ Factoren $e^{g_\nu 2\pi i}$, $e^{-h_\nu 2\pi i}$ gegebene Werthe annehmen (§§. 15, 24).

Wenn man nun in dem Ausdrucke

$$\frac{P}{Q} e^{-2\Sigma h_\nu u_\nu},$$

worin P und Q Producte von gleichvielen Functionen $\vartheta(u_1 - \Sigma \alpha_1^{(\pi)}, \ldots)$ mit demselben (s, z) und verschiedenen (σ, ζ) sind, die Werthenpaare von s und z, für welche r unendlich wird, für Grössenpaare (σ, ζ) in den ϑ-Functionen des Nenners und die Werthenpaare, für welche r verschwindet, für Grössenpaare (σ, ζ) in den ϑ-Functionen des Zählers substituirt und die übrigen Grössenpaare (σ, ζ) im Nenner und im Zähler gleich annimmt, so stimmt der Logarithme dieses Ausdrucks in Bezug auf die Unstetigkeiten im Innern von T' mit $\log r$ überein und ändert sich beim Ueberschreiten der Linien a und b, wie $\log r$, nur um rein imaginäre längs diesen Linien constante Grössen; er unterscheidet sich also von $\log r$ nach dem Dirichlet'schen Princip nur um eine Constante und der Ausdruck selbst von r nur durch einen constanten Factor. Bei dieser Substitution darf selbstredend keine der ϑ-Functionen identisch, für jeden Werth von z, verschwinden. Dieses würde geschehen (§ 23.), wenn sämmtliche Werthenpaare, für welche eine einwerthige Function von (s, z) verschwindet, für Grössenpaare (σ, ζ) in einer und derselben ϑ-Function substituirt würden.

27.

Als Quotient *zweier* ϑ-Functionen, multiplicirt mit Potenzen der Grössen e^u, lässt sich demnach eine einwerthige oder rationale Function von (s, z) nicht darstellen. Alle Functionen r aber, die für dasselbe Werthenpaar von s und z mehrere Werthe annehmen und nur für p oder weniger Werthenpaare unendlich von der ersten Ordnung werden, sind in dieser Form darstellbar und umfassen alle in dieser Form darstellbaren algebraischen Functionen von z. Man erhält, abgesehen von einem constanten Factor, jede und jede nur einmal, wenn man in

$$\frac{\vartheta(v_1 - g_1\pi i - \sum_\nu h_\nu a_{1,\nu}, \ldots)}{\vartheta(v_1, \ldots, v_p)} e^{-2\sum_\nu v_\nu h_\nu}$$

für h_ν und g_ν rationale ächte Brüche und $u_\nu - \sum_1^p \alpha_\nu^{(\mu)}$ für v_ν setzt.

Diese Grösse ist zugleich eine algebraische Function von jeder der Grössen ζ und die (im vor. §.) entwickelten Principien reichen völlig hin, um sie durch die Grössen $z, \zeta_1, \ldots, \zeta_p$ algebraisch auszudrücken.

In der That: Als Function von (s, z) nimmt sie, durch die ganze Fläche T' stetig fortgesetzt, allenthalben *einen* bestimmten Werth an, wird unendlich von der ersten Ordnung für die Werthenpaare $(\sigma_1, \zeta_1), \ldots, (\sigma_p, \zeta_p)$ und erlangt an dem Schnitte a_ν beim Uebergange von der positiven zur negativen Seite den Factor $e^{h_\nu 2\pi i}$, an dem Schnitte b_ν den Factor $e^{-g_\nu 2\pi i}$; und jede andere dieselben Bedingungen erfüllende Function von (s, z) unterscheidet sich von ihr nur durch einen von (s, z) unabhängigen Factor. Als Function von (σ_μ, ζ_μ) nimmt sie, durch die ganze Fläche T' stetig fortgesetzt, allenthalben *einen* bestimmten Werth an, wird unendlich von der ersten Ordnung für das Werthenpaar (s, z) und für die den übrigen $p-1$ Grössenpaaren (σ, ζ) durch die Gleichung $\varphi = 0$ verknüpften $p - 1$ Werthenpaare $(\sigma_1^{(\mu)}, \zeta_1^{(\mu)}), \ldots, (\sigma_{p-1}^{(\mu)}, \zeta_{p-1}^{(\mu)})$ und erlangt an dem Schnitte a_ν den Factor $e^{-h_\nu 2\pi i}$, an dem Schnitte b_ν den Factor $e^{g_\nu 2\pi i}$; und jede andere dieselben Bedingungen erfüllende Function von (σ_μ, ζ_μ) unterscheidet sich von ihr nur durch einen von (σ_μ, ζ_μ) unabhängigen Factor. Bestimmt man also eine algebraische Function von $z, \zeta_1, \ldots, \zeta_p$

$$f\big((s, z); (\sigma_1, \zeta_1), \ldots, (\sigma_p, \zeta_p)\big)$$

so, dass sie als Function von jeder dieser Grössen dieselben Eigenschaften besitzt, so unterscheidet sie sich von dieser nur durch einen von sämmtlichen Grössen $z, \zeta_1, \ldots, \zeta_p$ unabhängigen Factor und wird also $= Af$, wenn A diesen Factor bezeichnet. Um diesen Factor zu bestimmen, drücke man in f die von (σ_μ, ζ_μ) verschiedenen Grössenpaare (σ, ζ) durch $(\sigma_1^{(\mu)}, \zeta_1^{(\mu)}), \ldots, (\sigma_{p-1}^{(\mu)}, \zeta_{p-1}^{(\mu)})$ aus, wodurch er in

$$g\left((\sigma_\mu, \zeta_\mu); (s, z), (\sigma_1^{(\mu)}, \zeta_1^{(\mu)}), \ldots, (\sigma_{p-1}^{(\mu)}, \zeta_{p-1}^{(\mu)})\right)$$

übergehe; offenbar erhält man dann den inversen Werth der darzustellenden Function und also einen Ausdruck, welcher $= \frac{1}{Af}$ sein muss, wenn man in $A\vartheta$ für (σ_μ, ζ_μ) das Grössenpaar (s, z) und für die Grössenpaare (s, z), $(\sigma_1^{(\mu)}, \zeta_1^{(\mu)}), \ldots, (\sigma_{p-1}^{(\mu)}, \zeta_{p-1}^{(\mu)})$ die Werthenpaare von (s, z) substituirt, für welche die darzustellende Function und also $f = 0$ wird. Hieraus ergiebt sich A^2 und also A bis auf das Vorzeichen, welches durch directe Betrachtung der ϑ-Reihen in dem darzustellenden Ausdrucke gefunden werden kann.*)

*) Ueber die Form der algebraischen Function f mögen noch einige Bemerkungen folgen. Ist n der kleinste gemeinschaftliche Nenner der Grössen h_ν und g_ν, so ist die $n$te Potenz von f eine einwerthige Function sowohl von (s, z) als von sämmtlichen Grössenpaaren (σ, ζ) und folglich f die $n$te Wurzel aus einer rationalen Function. Diese rationale Function muss als Function von (s, z) so bestimmt werden, dass sie für die p Grössenpaare (σ, ζ) unendlich von der $n$ten Ordnung wird, und dass von den np Punkten, für welche sie unendlich klein wird, ebenfalls je n zusammenfallen.

Ist l irgend eine Function von (s, z) welche an den Querschnitten dieselben Factoren erlangt, wie f und bezeichnet λ_μ den Werth dieser Function für das Werthenpaar (σ_μ, ζ_μ), so ist $f.\, l^{-1}\, \lambda_1\, \lambda_2\, \ldots\, \lambda_p$ eine rationale Function ϱ von s, z und sämmtlichen Grössen (σ, ϱ); also:

$$f = \frac{\varrho\, l}{\lambda_1\, \lambda_2 \ldots \lambda_p}$$

[Bemerkung aus den in Riemann's Nachlass befindlichen Entwürfen zur vorstehenden Abhandlung.]

VII.

Ueber die Anzahl der Primzahlen unter einer gegebenen Grösse.

(Monatsberichte der Berliner Akademie, November 1859.)

Meinen Dank für die Auszeichnung, welche mir die Akademie durch die Aufnahme unter ihre Correspondenten hat zu Theil werden lassen, glaube ich am besten dadurch zu erkennen zu geben, dass ich von der hierdurch erhaltenen Erlaubniss baldigst Gebrauch mache durch Mittheilung einer Untersuchung über die Häufigkeit der Primzahlen; ein Gegenstand, welcher durch das Interesse, welches Gauss und Dirichlet demselben längere Zeit geschenkt haben, einer solchen Mittheilung vielleicht nicht ganz unwerth erscheint.

Bei dieser Untersuchung diente mir als Ausgangspunkt die von Euler gemachte Bemerkung, dass das Product

$$\Pi \frac{1}{1 - \frac{1}{p^s}} = \Sigma \frac{1}{n^s},$$

wenn für p alle Primzahlen, für n alle ganzen Zahlen gesetzt werden. Die Function der complexen Veränderlichen s, welche durch diese beiden Ausdrücke, so lange sie convergiren, dargestellt wird, bezeichne ich durch $\zeta(s)$. Beide convergiren nur, so lange der reelle Theil von s grösser als 1 ist; es lässt sich indess leicht ein immer gültig bleibender Ausdruck der Function finden. Durch Anwendung der Gleichung

$$\int_0^\infty e^{-nx} x^{s-1}\, dx = \frac{\Pi(s-1)}{n^s}$$

erhält man zunächst

$$\Pi(s-1)\, \zeta(s) = \int_0^\infty \frac{x^{s-1}\, dx}{e^x - 1}$$

Betrachtet man nun das Integral

$$\int \frac{(-x)^{s-1}\,dx}{e^x-1}$$

von $+\infty$ bis $+\infty$ positiv um ein Grössengebiet erstreckt, welches den Werth 0, aber keinen andern Unstetigkeitswerth der Function unter dem Integralzeichen im Innern enthält, so ergiebt sich dieses leicht gleich

$$(e^{-\pi s i} - e^{\pi s i}) \int\limits_0^\infty \frac{x^{s-1}\,dx}{e^x-1},$$

vorausgesetzt, dass in der vieldeutigen Function $(-x)^{s-1} = e^{(s-1)\log(-x)}$ der Logarithmus von $-x$ so bestimmt worden ist, dass er für ein negatives x reell wird. Man hat daher

$$2\sin\pi s\;\Pi(s-1)\;\zeta(s) = i\int\limits_\infty^\infty \frac{(-x)^{s-1}\,dx}{e^x-1},$$

das Integral in der eben angegebenen Bedeutung verstanden.

Diese Gleichung giebt nun den Werth der Function $\zeta(s)$ für jedes beliebige complexe s und zeigt, dass sie einwerthig und für alle endlichen Werthe von s, ausser 1, endlich ist, so wie auch, dass sie verschwindet, wenn s gleich einer negativen geraden Zahl ist.

Wenn der reelle Theil von s negativ ist, kann das Integral, statt positiv um das angegebene Grössengebiet auch negativ um das Grössengebiet welches sämmtliche übrigen complexen Grössen enthält erstreckt werden, da das Integral durch Werthe mit unendlich grossem Modul dann unendlich klein ist. Im Innern dieses Grössengebiets aber wird die Function unter dem Integralzeichen nur unstetig, wenn x gleich einem ganzen Vielfachen von $\pm 2\pi i$ wird und das Integral ist daher gleich der Summe der Integrale negativ um diese Werthe genommen. Das Integral um den Werth $n\,2\pi i$ aber ist $= (-n\,2\pi i)^{s-1}(-2\pi i)$, man erhält daher

$$2\sin\pi s\,\Pi(s-1)\,\zeta(s) = (2\pi)^s\,\Sigma n^{s-1}\left((-i)^{s-1} + i^{s-1}\right),$$

also eine Relation zwischen $\zeta(s)$ und $\zeta(1-s)$, welche sich mit Benutzung bekannter Eigenschaften der Function Π auch so ausdrücken lässt:

$$\Pi\left(\frac{s}{2}-1\right)\pi^{-\frac{s}{2}}\,\zeta(s)$$

bleibt ungeändert, wenn s in $1-s$ verwandelt wird.

Diese Eigenschaft der Function veranlasste mich statt $\Pi(s-1)$ das Integral $\Pi\left(\frac{s}{2}-1\right)$ in dem allgemeinen Gliede der Reihe $\sum\frac{1}{n^s}$

einzuführen, wodurch man einen sehr bequemen Ausdruck der Function $\zeta(s)$ erhält. In der That hat man

$$\frac{1}{n^s}\,\Pi\left(\frac{s}{2}-1\right)\pi^{-\frac{s}{2}}=\int_0^\infty e^{-nn\pi x}\cdot x^{\frac{s}{2}-1}\,dx,$$

also, wenn man

$$\sum_1^\infty e^{-nn\pi x}=\psi(x)$$

setzt,

$$\Pi\left(\frac{s}{2}-1\right)\pi^{-\frac{s}{2}}\,\zeta(s)=\int_0^\infty \psi(x)\,x^{\frac{s}{2}-1}\,dx,$$

oder da

$$2\psi(x)+1=x^{-\frac{1}{2}}\left(2\psi\left(\frac{1}{x}\right)+1\right),\ \text{(Jacobi, Fund. S. 184)}$$

$$\Pi\left(\frac{s}{2}-1\right)\pi^{-\frac{s}{2}}\,\zeta(s)=\int_1^\infty \psi(x)\,x^{\frac{s}{2}-1}\,dx+\int_0^1 \psi\left(\frac{1}{x}\right)x^{\frac{s-3}{2}}\,dx$$

$$+\tfrac{1}{2}\int_0^1\left(x^{\frac{s-3}{2}}-x^{\frac{s}{2}-1}\right)dx$$

$$=\frac{1}{s(s-1)}+\int_1^\infty \psi(x)\left(x^{\frac{s}{2}-1}+x^{-\frac{1+s}{2}}\right)dx.$$

Ich setze nun $s=\frac{1}{2}+ti$ und

$$\Pi\left(\frac{s}{2}\right)(s-1)\,\pi^{-\frac{s}{2}}\,\zeta(s)=\xi(t),$$

so dass

$$\xi(t)=\tfrac{1}{2}-(tt+\tfrac{1}{4})\int_1^\infty \psi(x)\,x^{-\frac{3}{4}}\cos(\tfrac{1}{2}t\log x)\,dx$$

oder auch

$$\xi(t)=4\int_1^\infty \frac{d\left(x^{\frac{3}{2}}\psi'(x)\right)}{dx}\,x^{-\frac{1}{4}}\cos(\tfrac{1}{2}t\log x)\,dx.$$

Diese Function ist für alle endlichen Werthe von t endlich, und lässt sich nach Potenzen von tt in eine sehr schnell convergirende Reihe entwickeln. Da für einen Werth von s, dessen reeller Bestandtheil grösser als 1 ist, $\log\zeta(s)=-\Sigma\log(1-p^{-s})$ endlich bleibt und von den Logarithmen der übrigen Factoren von $\xi(t)$ dasselbe gilt, so kann die Function $\xi(t)$ nur verschwinden, wenn der imaginäre Theil von t zwischen $\frac{1}{2}i$ und $-\frac{1}{2}i$ liegt. Die Anzahl der Wurzeln von $\xi(t)=0$, deren reeller Theil zwischen 0 und T liegt, ist etwa

$$= \frac{T}{2\pi} \log \frac{T}{2\pi} - \frac{T}{2\pi};$$

denn das Integral $\int d \log \xi(t)$ positiv um den Inbegriff der Werthe von t erstreckt, deren imaginärer Theil zwischen $\frac{1}{2}i$ und $-\frac{1}{2}i$ und deren reeller Theil zwischen 0 und T liegt, ist (bis auf einen Bruchtheil von der Ordnung der Grösse $\frac{1}{T}$) gleich $\left(T \log \frac{T}{2\pi} - T\right) i$; dieses Integral aber ist gleich der Anzahl der in diesem Gebiet liegenden Wurzeln von $\xi(t) = 0$, multiplicirt mit $2\pi i$. Man findet nun in der That etwa so viel reelle Wurzeln innerhalb dieser Grenzen, und es ist sehr wahrscheinlich, dass alle Wurzeln reell sind. Hiervon wäre allerdings ein strenger Beweis zu wünschen; ich habe indess die Aufsuchung desselben nach einigen flüchtigen vergeblichen Versuchen vorläufig bei Seite gelassen, da er für den nächsten Zweck meiner Untersuchung entbehrlich schien.

Bezeichnet man durch α jede Wurzel der Gleichung $\xi(\alpha) = 0$, so kann man $\log \xi(t)$ durch

$$\Sigma \log \left(1 - \frac{tt}{\alpha\alpha}\right) + \log \xi(0)$$

ausdrücken; denn da die Dichtigkeit der Wurzeln von der Grösse t mit t nur wie $\log \frac{t}{2\pi}$ wächst, so convergirt dieser Ausdruck und wird für ein unendliches t nur unendlich wie $t \log t$; er unterscheidet sich also von $\log \xi(t)$ um eine Function von tt, die für ein endliches t stetig und endlich bleibt und mit tt dividirt für ein unendliches t unendlich klein wird. Dieser Unterschied ist folglich eine Constante, deren Werth durch Einsetzung von $t = 0$ bestimmt werden kann.

Mit diesen Hülfsmitteln lässt sich nun die Anzahl der Primzahlen, die kleiner als x sind, bestimmen.

Es sei $F(x)$, wenn x nicht gerade einer Primzahl gleich ist, gleich dieser Anzahl, wenn aber x eine Primzahl ist, um $\frac{1}{2}$ grösser, so dass für ein x, bei welchem $F(x)$ sich sprungweise ändert,

$$F(x) = \frac{F(x+0) + F(x-0)}{2}.$$

Ersetzt man nun in

$$\log \zeta(s) = -\Sigma \log (1 - p^{-s}) = \Sigma p^{-s} + \tfrac{1}{2} \Sigma p^{-2s} + \tfrac{1}{3} \Sigma p^{-3s} + \cdots$$

$$p^{-s} \text{ durch } s \int_p^\infty x^{-s-1} dx,\; p^{-2s} \text{ durch } s \int_{p^2}^\infty x^{-s-1} dx, \ldots,$$

so erhält man

$$\frac{\log \zeta(s)}{s} = \int_1^\infty f(x) x^{-s-1} dx,$$

wenn man

$$F(x) + \tfrac{1}{2} F(x^{\frac{1}{2}}) + \tfrac{1}{3} F(x^{\frac{1}{3}}) + \cdots$$

durch $f(x)$ bezeichnet.

Diese Gleichung ist gültig für jeden complexen Werth $a + bi$ von s, wenn $a > 1$. Wenn aber in diesem Umfange die Gleichung

$$g(s) = \int_0^\infty h(x)\, x^{-s} d \log x$$

gilt, so kann man mit Hülfe des Fourier'schen Satzes die Function h durch die Function g ausdrücken. Die Gleichung zerfällt, wenn $h(x)$ reell ist und

$$g(a + bi) = g_1(b) + i g_2(b),$$

in die beiden folgenden:

$$g_1(b) = \int_0^\infty h(x) x^{-a} \cos(b \log x)\, d \log x,$$

$$i g_2(b) = -i \int_0^\infty h(x) x^{-a} \sin(b \log x)\, d \log x.$$

Wenn man beide Gleichungen mit

$$\big(\cos(b \log y) + i \sin(b \log y)\big)\, db$$

multiplicirt und von $-\infty$ bis $+\infty$ integrirt, so erhält man in beiden auf der rechten Seite nach dem Fourier'schen Satze $\pi h(y) y^{-a}$, also, wenn man beide Gleichungen addirt und mit $i y^a$ multiplicirt

$$2\pi i h(y) = \int_{a-\infty i}^{a+\infty i} g(s) y^s ds,$$

worin die Integration so auszuführen ist, dass der reelle Theil von s constant bleibt.

Das Integral stellt für einen Werth von y, bei welchem eine sprungweise Aenderung der Function $h(y)$ stattfindet, den Mittelwerth aus den Werthen der Function h zu beiden Seiten des Sprunges dar. Bei der hier vorausgesetzten Bestimmungsweise der Function $f(x)$ besitzt diese dieselbe Eigenschaft, und man hat daher völlig allgemein

$$f(y) = \frac{1}{2\pi i} \int_{a-\infty i}^{a+\infty i} \frac{\log \zeta(s)}{s} \, y^s ds.$$

Für $\log \zeta$ kann man nun den früher gefundenen Ausdruck

$$\frac{s}{2}\log \pi - \log(s-1) - \log \Pi\left(\frac{s}{2}\right) + \Sigma^\alpha \log\left(1 + \frac{(s-\frac{1}{2})^2}{\alpha\alpha}\right) + \log \xi(0)$$

substituiren; die Integrale der einzelnen Glieder dieses Ausdrucks würden aber dann ins Unendliche ausgedehnt nicht convergiren, weshalb es zweckmässig ist, die Gleichung vorher durch partielle Integration in

$$f(x) = -\frac{1}{2\pi i}\frac{1}{\log x} \int_{a-\infty i}^{a+\infty i} \frac{d \frac{\log \zeta(s)}{s}}{ds} \, x^s ds$$

umzuformen.

Da

$$-\log \Pi\left(\frac{s}{2}\right) = \lim \left(\sum_{n=1}^{n=m} \log\left(1 + \frac{s}{2n}\right) - \frac{s}{2}\log m\right),$$

für $m = \infty$, also

$$-\frac{d\frac{1}{s}\log \Pi\left(\frac{s}{2}\right)}{ds} = \sum_{1}^{\infty} \frac{d\frac{1}{s}\log\left(1 + \frac{s}{2n}\right)}{ds},$$

so erhalten dann sämmtliche Glieder des Ausdruckes für $f(x)$ mit Ausnahme von

$$\frac{1}{2\pi i}\frac{1}{\log x} \int_{a-\infty i}^{a+\infty i} \frac{1}{ss} \log \xi(0) x^s \, ds = \log \xi(0)$$

die Form

$$\pm \frac{1}{2\pi i}\frac{1}{\log x} \int_{a-\infty i}^{a+\infty i} \frac{d\left(\frac{1}{s}\log\left(1 - \frac{s}{\beta}\right)\right)}{ds} \, x^s ds.$$

Nun ist aber

$$\frac{d\left(\frac{1}{s}\log\left(1 - \frac{s}{\beta}\right)\right)}{d\beta} = \frac{1}{(\beta - s)\beta},$$

und, wenn der reelle Theil von s grösser als der reelle Theil von β ist,

$$-\frac{1}{2\pi i} \int_{a-\infty i}^{a+\infty i} \frac{x^s ds}{(\beta - s)\beta} = \frac{x^\beta}{\beta} = \int_{\infty}^{x} x^{\beta-1} dx,$$

oder

$$= \int_0^x x^{\beta - 1} dx,$$

je nachdem der reelle Theil von β negativ oder positiv ist. Man hat daher

$$\frac{1}{2\pi i} \frac{1}{\log x} \int_{a - \infty i}^{a + \infty i} \frac{d\left(\frac{1}{s}\log\left(1 - \frac{s}{\beta}\right)\right)}{ds} x^s ds$$

$$= -\frac{1}{2\pi i} \int_{a - \infty i}^{a + \infty i} \frac{1}{s} \log\left(1 - \frac{s}{\beta}\right) x^s ds$$

$$= \int_\infty^x \frac{x^{\beta - 1}}{\log x} dx + \text{const. im ersten}$$

und

$$= \int_0^x \frac{x^{\beta - 1}}{\log x} dx + \text{const. im zweiten Falle.}$$

Im ersten Falle bestimmt sich die Integrationsconstante, wenn man den reellen Theil von β negativ unendlich werden lässt; im zweiten Falle erhält das Integral von 0 bis x um $2\pi i$ verschiedene Werthe, je nachdem die Integration durch complexe Werthe mit positivem oder negativem Arcus geschieht, und wird, auf jenem Wege genommen, unendlich klein, wenn der Coefficient von i in dem Werthe von β positiv unendlich wird, auf letzterem aber, wenn dieser Coefficient negativ unendlich wird. Hieraus ergiebt sich, wie auf der linken Seite $\log\left(1 - \frac{s}{\beta}\right)$ zu bestimmen ist, damit die Integrationsconstante wegfällt.

Durch Einsetzung dieser Werthe in den Ausdruck von $f(x)$ erhält man

$$f(x) = Li(x) - \Sigma^\alpha \left(Li(x^{\frac{1}{2} + \alpha i}) + Li(x^{\frac{1}{2} - \alpha i})\right)$$

$$+ \int_x^\infty \frac{1}{x^2 - 1} \frac{dx}{x \log x} + \log \xi(0),$$

wenn in Σ^α für α sämmtliche positiven (oder einen positiven reellen Theil enthaltenden) Wurzeln der Gleichung $\xi(\alpha) = 0$, ihrer Grösse nach geordnet, gesetzt werden. Es lässt sich, mit Hülfe einer genaueren Discussion der Function ξ, leicht zeigen, dass bei dieser Anordnung der Werth der Reihe

$$\Sigma\left(Li\left(x^{\frac{1}{2}+\alpha i}\right)+Li\left(x^{\frac{1}{2}-\alpha i}\right)\right)\log x$$

mit dem Grenzwerth, gegen welchen

$$\frac{1}{2\pi i}\int\limits_{a-bi}^{a+bi}\frac{d\,\frac{1}{s}\,\Sigma\log\left(1+\frac{(s-\frac{1}{2})^2}{\alpha\alpha}\right)}{ds}\,x^s ds$$

bei unaufhörlichem Wachsen der Grösse b convergirt, übereinstimmt; durch veränderte Anordnung aber würde sie jeden beliebigen reellen Werth erhalten können.

Aus $f(x)$ findet sich $F(x)$ mittelst der durch Umkehrung der Relation

$$f(x)=\Sigma\,\frac{1}{n}\,F\left(x^{\frac{1}{n}}\right)$$

sich ergebenden Gleichung

$$F(x)=\Sigma\,(-1)^{\mu}\,\frac{1}{m}\,f\left(x^{\frac{1}{m}}\right),$$

worin für m der Reihe nach die durch kein Quadrat ausser 1 theilbaren Zahlen zu setzen sind und μ die Anzahl der Primfactoren von m bezeichnet.

Beschränkt man Σ^{α} auf eine endliche Zahl von Gliedern, so giebt die Derivirte des Ausdrucks für $f(x)$ oder, bis auf einen mit wachsendem x sehr schnell abnehmenden Theil,

$$\frac{1}{\log x}-2\,\Sigma^{\alpha}\,\frac{\cos(\alpha\log x)\,x^{-\frac{1}{2}}}{\log x}$$

einen angenäherten Ausdruck für die Dichtigkeit der Primzahlen + der halben Dichtigkeit der Primzahlquadrate + $\frac{1}{3}$ von der Dichtigkeit der Primzahlcuben u. s. w. von der Grösse x.

Die bekannte Näherungsformel $F(x)=Li(x)$ ist also nur bis auf Grössen von der Ordnung $x^{\frac{1}{2}}$ richtig und giebt einen etwas zu grossen Werth; denn die nicht periodischen Glieder in dem Ausdrucke von $F(x)$ sind, von Grössen, die mit x nicht in's Unendliche wachsen, abgesehen:

$$Li(x)-\tfrac{1}{2}Li\left(x^{\frac{1}{2}}\right)-\tfrac{1}{3}Li\left(x^{\frac{1}{3}}\right)-\tfrac{1}{5}Li\left(x^{\frac{1}{5}}\right)+\tfrac{1}{6}Li\left(x^{\frac{1}{6}}\right)$$
$$-\tfrac{1}{7}Li\left(x^{\frac{1}{7}}\right)+\cdots$$

In der That hat sich bei der von Gauss und Goldschmidt vorgenommenen und bis zu $x=$ drei Millionen fortgesetzten Vergleichung von $Li(x)$ mit der Anzahl der Primzahlen unter x diese Anzahl schon vom ersten Hunderttausend an stets kleiner als $Li(x)$ ergeben, und zwar wächst die Differenz unter manchen Schwankungen allmählich mit x. Aber auch die von den periodischen Gliedern abhängige stellenweise Verdichtung und Verdünnung der Primzahlen hat schon bei den Zählungen die Aufmerksamkeit erregt, ohne dass jedoch hierin eine Gesetzmässigkeit bemerkt worden wäre. Bei einer etwaigen neuen Zählung würde es interessant sein, den Einfluss der einzelnen in dem Ausdrucke für die Dichtigkeit der Primzahlen enthaltenen periodischen Glieder zu verfolgen. Einen regelmässigeren Gang als $F(x)$ würde die Function $f(x)$ zeigen, welche sich schon im ersten Hundert sehr deutlich als mit $Li(x) + \log \xi(0)$ im Mittel übereinstimmend erkennen lässt.

VIII.

Ueber die Fortpflanzung ebener Luftwellen von endlicher Schwingungsweite.

(Aus dem achten Bande der Abhandlungen der Königlichen Gesellschaft der Wissenschaften zu Göttingen. 1860.)

Obwohl die Differentialgleichungen, nach welchen sich die Bewegung der Gase bestimmt, längst aufgestellt worden sind, so ist doch ihre Integration fast nur für den Fall ausgeführt worden, wenn die Druckverschiedenheiten als unendlich kleine Bruchtheile des ganzen Drucks betrachtet werden können, und man hat sich bis auf die neueste Zeit begnügt, nur die ersten Potenzen dieser Bruchtheile zu berücksichtigen. Erst ganz vor Kurzem hat Helmholtz auch die Glieder zweiter Ordnung mit in die Rechnung gezogen und daraus die objective Entstehung von Combinationstönen erklärt. Es lassen sich indess für den Fall, dass die anfängliche Bewegung allenthalben in gleicher Richtung stattfindet und in jeder auf dieser Richtung senkrechten Ebene Geschwindigkeit und Druck constant sind, die exacten Differentialgleichungen vollständig integriren; und wenn auch zur Erklärung der bis jetzt experimentell festgestellten Erscheinungen die bisherige Behandlung vollkommen ausreicht, so könnten doch, bei den grossen Fortschritten, welche in neuester Zeit durch Helmholtz auch in der experimentellen Behandlung akustischer Fragen gemacht worden sind, die Resultate dieser genaueren Rechnung in nicht allzu ferner Zeit vielleicht der experimentellen Forschung einige Anhaltspunkte gewähren; und dies mag, abgesehen von dem theoretischen Interesse, welches die Behandlung nicht linearer partieller Differentialgleichungen hat, die Mittheilung derselben rechtfertigen.

Für die Abhängigkeit des Drucks von der Dichtigkeit würde das Boyle'sche Gesetz vorauszusetzen sein, wenn die durch die Druckveränderungen bewirkten Temperaturverschiedenheiten sich so schnell ausglichen, dass die Temperatur des Gases als constant betrachtet werden dürfte. Es ist aber wahrscheinlich der Wärmeaustausch ganz zu vernachlässigen, und man muss daher für diese Abhängigkeit das

Gesetz zu Grunde legen, nach welchem sich der Druck des Gases mit der Dichtigkeit ändert, wenn es keine Wärme aufnimmt oder abgiebt.

Nach dem Boyle'schen und Gay-Lussac'schen Gesetze ist, wenn v das Volumen der Gewichtseinheit, p den Druck und T die Temperatur von — 273°C an gerechnet bezeichnet,

$$\log p + \log v = \log T + \text{const.}$$

Betrachten wir hier T als Function von p und v und nennen die specifische Wärme bei constantem Drucke c, bei constantem Volumen c', beide auf die Gewichtseinheit bezogen, so wird von dieser Gewichtseinheit, wenn p und v sich um dp und dv ändern, die Wärmemenge

$$c \frac{\partial T}{\partial v} dv + c' \frac{\partial T}{\partial p} dp$$

oder, da $\frac{\partial \log T}{\partial \log v} = \frac{\partial \log T}{\partial \log p} = 1$,

$$T\,(c\, d \log v + c'\, d \log p)$$

aufgenommen. Wenn daher keine Wärmeaufnahme stattfindet, so ist $d \log p = -\frac{c}{c'}\, d \log v$, und also, wenn man mit Poisson annimmt, dass das Verhältniss der beiden specifischen Wärmen $\frac{c}{c'} = k$ von Temperatur und Druck unabhängig ist,

$$\log p = -k \log v + \text{const.}$$

Nach neueren Versuchen von Regnault, Joule und W. Thomson sind diese Gesetze für Sauerstoff, Stickstoff und Wasserstoff und deren Gemenge unter allen darstellbaren Drucken und Temperaturen wahrscheinlich sehr nahe gültig.

Durch Regnault ist für diese Gase eine sehr nahe Anschmiegung an das Boyle'sche und Gay-Lussac'sche Gesetz und die Unabhängigkeit der specifischen Wärme c von Temperatur und Druck festgestellt worden.

Für atmosphärische Luft fand Regnault

zwischen	— 30°C	und	+ 10°C	$c = 0{,}2377$
„	+ 10°C	„	+ 100°C	$c = 0{,}2379$
„	+ 100°C	„	+ 215°C	$c = 0{,}2376.$

Ebenso ergab sich für Drucke von 1 bis 10 Atmosphären kein merklicher Unterschied der specifischen Wärme.

Nach Versuchen von Regnault und Joule scheint ferner für diese Gase die von Clausius adoptirte Annahme Mayer's sehr nahe richtig zu sein, dass ein bei constanter Temperatur sich ausdehnendes Gas nur so viel Wärme aufnimmt, als zur Erzeugung der äusseren

Arbeit erforderlich ist. Wenn das Volumen des Gases sich um dv ändert, während die Temperatur constant bleibt, so ist $d \log p = - d \log v$, die aufgenommene Wärmemenge $T(c - c') \, d \log v$, die geleistete Arbeit pdv. Diese Hypothese giebt daher, wenn A das mechanische Aequivalent der Wärme bezeichnet,

$$AT \, (c - c') \, d \log v = pdv$$

oder

$$c - c' = \frac{pv}{AT},$$

also von Druck und Temperatur unabhängig.

Hienach ist auch $k = \frac{c}{c'}$ von Druck und Temperatur unabhängig und ergiebt sich, wenn $c = 0{,}237733$, A nach Joule $= 424{,}55$ Kilogr. met. und, für die Temperatur 0°C oder $T = \frac{100^0\mathrm{C}}{0{,}3665}$, pv nach Regnault $= 7990^{\mathrm{m}}{,}267$ angenommen wird, gleich 1,4101. Die Schallgeschwindigkeit in trockner Luft von 0°C beträgt in der Secunde

$$\sqrt{7990^{\mathrm{m}}{,}267 \, . \, 9^{\mathrm{m}}{,}8088 \, k}$$

und würde also mit diesem Werthe von k gleich $332^{\mathrm{m}}{,}440$ gefunden werden, während die beiden vollständigsten Versuchsreihen von Moll und van Beek dafür, einzeln berechnet, $332^{\mathrm{m}}{,}528$ und $331^{\mathrm{m}}{,}867$, vereinigt $332^{\mathrm{m}}{,}271$ geben und die Versuche von Martins und A. Bravais nach ihrer eignen Berechnung $332^{\mathrm{m}}{,}37$.

1.

Für's erste ist es nicht nöthig über die Abhängigkeit des Drucks von der Dichtigkeit eine bestimmte Voraussetzung zu machen; wir nehmen daher an, dass bei der Dichtigkeit ϱ der Druck $\varphi(\varrho)$ sei, und lassen die Function φ vorläufig noch unbestimmt.

Man denke sich nun rechtwinklige Coordinaten x, y, z eingeführt, die x-Axe in der Richtung der Bewegung, und bezeichne durch ϱ die Dichtigkeit, durch p den Druck, durch u die Geschwindigkeit für die Coordinate x zur Zeit t und durch ω ein Element der Ebene, deren Coordinate x ist.

Der Inhalt des auf dem Element ω stehenden geraden Cylinders von der Höhe dx ist dann ωdx, die in ihm enthaltene Masse $\omega \varrho dx$. Die Aenderung dieser Masse während des Zeitelements dt oder die Grösse $\omega \frac{\partial \varrho}{\partial t} dt \, dx$ bestimmt sich durch die in ihn einströmende Masse, welche $= - \omega \frac{\partial \varrho u}{\partial x} dx \, dt$ gefunden wird. Ihre Beschleunigung ist

$\frac{\partial u}{\partial t} + u \frac{\partial u}{\partial x}$ und die Kraft, welche sie in der Richtung der positiven x-Axe forttreibt, $= - \frac{\partial p}{\partial x} \omega\, dx = - \varphi'(\varrho) \frac{\partial \varrho}{\partial x} \omega\, dx$, wenn $\varphi'(\varrho)$ die Derivirte von $\varphi(\varrho)$ bezeichnet. Man hat daher für ϱ und u die beiden Differentialgleichungen

$$\frac{\partial \varrho}{\partial t} = - \frac{\partial \varrho u}{\partial x} \text{ und } \varrho \left(\frac{\partial u}{\partial t} + u \frac{\partial u}{\partial x}\right) = - \varphi'(\varrho) \frac{\partial \varrho}{\partial x} \text{ oder}$$

$$\frac{\partial u}{\partial t} + u \frac{\partial u}{\partial x} = - \varphi'(\varrho) \frac{\partial \log \varrho}{\partial x}$$

$$\text{und } \frac{\partial \log \varrho}{\partial t} + u \frac{\partial \log \varrho}{\partial x} = - \frac{\partial u}{\partial x}$$

Wenn man die zweite Gleichung, mit $\pm \sqrt{\varphi'(\varrho)}$ multiplicirt, zur ersteren addirt und zur Abkürzung

$$(1) \qquad \int \sqrt{\varphi'(\varrho)}\, d \log \varrho = f(\varrho) \text{ und}$$

$$(2) \qquad f(\varrho) + u = 2r,\ f(\varrho) - u = 2s$$

setzt, so erhalten diese Gleichungen die einfachere Gestalt

$$(3) \qquad \frac{\partial r}{\partial t} = - (u + \sqrt{\varphi'(\varrho)}) \frac{\partial r}{\partial x},\ \frac{\partial s}{\partial t} = - (u - \sqrt{\varphi'(\varrho)}) \frac{\partial s}{\partial x},$$

worin u und ϱ durch die Gleichungen (2) bestimmte Functionen von r und s sind. Aus ihnen folgt

$$(4) \qquad dr = \frac{\partial r}{\partial x} (dx - (u + \sqrt{\varphi'(\varrho)})\, dt)$$

$$(5) \qquad ds = \frac{\partial s}{\partial x} (dx - (u - \sqrt{\varphi'(\varrho)})\, dt).$$

Unter der in der Wirklichkeit immer zutreffenden Voraussetzung, dass $\varphi'(\varrho)$ positiv ist, besagen diese Gleichungen, dass r constant bleibt, wenn x sich mit t so ändert, dass $dx = (u + \sqrt{\varphi'(\varrho)})dt$, und s constant bleibt, wenn x sich mit t so ändert, dass $dx = (u - \sqrt{\varphi'(\varrho)})dt$ ist.

Ein bestimmter Werth von r oder von $f(\varrho) + u$ rückt daher zu grösseren Werthen von x mit der Geschwindigkeit $\sqrt{\varphi'(\varrho)} + u$ fort, ein bestimmter Werth von s oder von $f(\varrho) - u$ zu kleineren Werthen von x mit der Geschwindigkeit $\sqrt{\varphi'(\varrho)} - u$.

Ein bestimmter Werth von r wird also nach und nach mit jedem vor ihm stattfindenden Werthe von s zusammentreffen, und die Geschwindigkeit seines Fortrückens wird in jedem Augenblicke von dem Werthe von s abhängen, mit welchem er zusammentrifft.

2.

Die Analysis bietet nun zunächst die Mittel, die Frage zu beantworten, wo und wann ein Werth r' von r einem vor ihm befindlichen Werthe s' von s begegnet, d. h. x und t als Functionen von r und s zu bestimmen. In der That wenn man in den Gleichungen (3) des vor. Art. r und s als unabhängige Variable einführt, so gehen diese Gleichungen in lineare Differentialgleichungen für x und t über und lassen sich also nach bekannten Methoden integriren. Um die Zurückführung der Differentialgleichungen auf eine lineare zu bewirken, ist es am zweckmässigsten, die Gleichungen (4) und (5) des vorigen Art. in die Form zu setzen:

$$(1)\qquad dr = \frac{\partial r}{\partial x}\Big\{d\,(x-(u+\sqrt{\varphi'(\varrho)})\,t) + \Big[dr\left(\frac{d\log\sqrt{\varphi'(\varrho)}}{d\log\varrho}+1\right) + ds\left(\frac{d\log\sqrt{\varphi'(\varrho)}}{d\log\varrho}-1\right)\Big]t\Big\}$$

$$(2)\qquad ds = \frac{\partial s}{\partial x}\Big\{d\,(x-(u-\sqrt{\varphi'(\varrho)})\,t) - \Big[ds\left(\frac{d\log\sqrt{\varphi'(\varrho)}}{d\log\varrho}+1\right) + dr\left(\frac{d\log\sqrt{\varphi'(\varrho)}}{d\log\varrho}-1\right)\Big]t\Big\}.$$

Man erhält dann, wenn man s und r als unabhängige Variable betrachtet, für x und t die beiden linearen Differentialgleichungen:

$$\frac{\partial\,(x-(u+\sqrt{\varphi'(\varrho)})\,t)}{\partial s} = -\,t\left(\frac{d\log\sqrt{\varphi'(\varrho)}}{d\log\varrho}-1\right)$$

$$\frac{\partial\,(x-(u-\sqrt{\varphi'(\varrho)})\,t)}{\partial r} = t\left(\frac{d\log\sqrt{\varphi'(\varrho)}}{d\log\varrho}-1\right).$$

In Folge derselben ist

$$(3)\qquad (x-(u+\sqrt{\varphi'(\varrho)})\,t)\,dr - (x-(u-\sqrt{\varphi'(\varrho)})\,t)\,ds$$

ein vollständiges Differential, dessen Integral, w, der Gleichung

$$\frac{\partial^2 w}{\partial r\,\partial s} = -\,t\left(\frac{d\log\sqrt{\varphi'(\varrho)}}{d\log\varrho}-1\right) = m\left(\frac{\partial w}{\partial r}+\frac{\partial w}{\partial s}\right)$$

genügt, worin $m = \frac{1}{2\sqrt{\varphi'(\varrho)}}\left(\frac{d\log\sqrt{\varphi'(\varrho)}}{d\log\varrho}-1\right)$, also eine Function von $r+s$ ist. Setzt man $f(\varrho) = r+s = \sigma$, so wird $\sqrt{\varphi'(\varrho)} = \frac{d\sigma}{d\log\varrho}$, folglich $m = -\frac{1}{2}\,\frac{d\log\frac{d\varrho}{d\sigma}}{d\sigma}$.

Bei der Poisson'schen Annahme $\varphi(\varrho) = aa\varrho^k$ wird

$$f(\varrho) = \frac{2a\sqrt{k}}{k-1}\,\varrho^{\frac{k-1}{2}} + \text{const.}$$

und, wenn man für die willkürliche Constante den Werth Null wählt,

$$\sqrt{\varphi'(\varrho)} + u = \frac{k+1}{2} r + \frac{k-3}{2} s, \quad \sqrt{\varphi'(\varrho)} - u = \frac{k-3}{2} r + \frac{k+1}{2} s$$

$$m = \left(\tfrac{1}{2} - \frac{1}{k-1}\right) \frac{1}{\sigma} = \frac{k-3}{2\,(k-1)\,(r+s)}$$

Unter Voraussetzung des Boyle'schen Gesetzes $\varphi(\varrho) = aa\varrho$ erhält man

$$f(\varrho) = a \log \varrho$$

$$\sqrt{\varphi'(\varrho)} + u = r - s + a, \quad \sqrt{\varphi'(\varrho)} - u = s - r + a$$

$$m = -\frac{1}{2a}$$

Werthe, die aus den obigen fliessen, wenn man $f(\varrho)$ um die Constante $\frac{2a\sqrt{k}}{k-1}$, also r und s um $\frac{a\sqrt{k}}{k-1}$ vermindert und dann $k = 1$ setzt.

Die Einführung von r und s als unabhängig veränderlichen Grössen ist indess nur möglich, wenn die Determinante dieser Functionen von x und t, welche $= 2\sqrt{\varphi'(\varrho)}\,\frac{\partial r}{\partial x}\,\frac{\partial s}{\partial x}$, nicht verschwindet, also nur, wenn $\frac{\partial r}{\partial x}$ und $\frac{\partial s}{\partial x}$ beide von Null verschieden sind.

Wenn $\frac{\partial r}{\partial x} = 0$ ist, ergiebt sich aus (1) $dr = 0$ und aus (2) $x - (u - \sqrt{\varphi'(\varrho)})\,t$ $=$ einer Function von s. Es ist folglich auch dann der Ausdruck (3) ein vollständiges Differential, und es wird w eine blosse Function von s.

Aus ähnlichen Gründen werden, wenn $\frac{\partial s}{\partial x} = 0$ ist, s auch in Bezug auf t constant, $x - (u + \sqrt{\varphi'(\varrho)})\,t$ und w Functionen von r.

Wenn endlich $\frac{\partial r}{\partial x}$ und $\frac{\partial s}{\partial x}$ beide $= 0$ sind, so werden in Folge der Differentialgleichungen r, s und w Constanten.

3.

Um die Aufgabe zu lösen, muss nun zunächst w als Function von r und s so bestimmt werden, dass sie der Differentialgleichung

$$(1) \qquad \frac{\partial^2 w}{\partial r\,\partial s} - m\left(\frac{\partial w}{\partial r} + \frac{\partial w}{\partial s}\right) = 0$$

und den Anfangsbedingungen genügt, wodurch sie bis auf eine Constante, die ihr offenbar willkürlich hinzugefügt werden kann, bestimmt ist.

Wo und wann ein bestimmter Werth von r mit einem bestimmten Werthe von s zusammentrifft, ergiebt sich dann aus der Gleichung

(2) $$\left(x - \left(u + \sqrt{\varphi'(\varrho)}\right)t\right)dr - \left(x - \left(u - \sqrt{\varphi'(\varrho)}\right)t\right)ds = dw;$$

und hierauf findet man schliesslich u und ϱ als Functionen von x und t durch Hinzuziehung der Gleichungen

(3) $$f(\varrho) + u = 2r,\ f(\varrho) - u = 2s.$$

In der That folgen, wenn nicht etwa in einer endlichen Strecke dr oder ds Null und folglich r oder s constant ist, aus (2) die Gleichungen

(4) $$x - \left(u + \sqrt{\varphi'(\varrho)}\right)t = \frac{\partial w}{\partial r},$$

(5) $$x - \left(u - \sqrt{\varphi'(\varrho)}\right)t = -\frac{\partial w}{\partial s},$$

durch deren Verbindung mit (3) man u und ϱ in x und t ausgedrückt erhält.

Wenn aber r anfangs in einer endlichen Strecke denselben Werth r' hat, so rückt diese Strecke allmählich zu grösseren Werthen von x fort. Innerhalb dieses Gebietes, wo $r = r'$, kann man dann aus der Gleichung (2) den Werth von $x - \left(u + \sqrt{\varphi(\varrho)}\right) t$ nicht ableiten, da $dr = 0$; und in der That lässt die Frage, wo und wann dieser Werth r' einem bestimmten Werthe von s begegnet, dann keine bestimmte Antwort zu. Die Gleichung (4) gilt dann nur an den Grenzen dieses Gebietes und giebt an, zwischen welchen Werthen von x zu einer bestimmten Zeit der constante Werth r' von r stattfindet, oder auch, während welches Zeitraums r an einer bestimmten Stelle diesen Werth behält. Zwischen diesen Grenzen bestimmen sich u und ϱ als Functionen von x und t aus den Gleichungen (3) und (5). Auf ähnlichem Wege findet man diese Functionen, wenn s den Werth s' in einem endlichen Gebiete besitzt, während r veränderlich ist, sowie auch wenn r und s beide constant sind. In letzterem Falle nehmen sie zwischen gewissen durch (4) und (5) bestimmten Grenzen constante aus (3) fliessende Werthe an.

4.

Bevor wir die Integration der Gleichung (1) des vor. Art. in Angriff nehmen, scheint es zweckmässig, einige Erörterungen voraufzuschicken, welche die Ausführung dieser Integration nicht voraussetzen. Ueber die Function $\varphi(\varrho)$ ist dabei nur die Annahme nöthig, dass ihre Derivirte bei wachsendem ϱ nicht abnimmt, was in der Wirklichkeit gewiss immer der Fall ist; und wir bemerken gleich hier, was im folgenden Art. mehrfach angewandt werden wird, dass dann

$$\frac{\varphi(\varrho_1) - \varphi(\varrho_2)}{\varrho_1 - \varrho_2} = \int_0^1 \varphi'(\alpha \varrho_1 + (1 - \alpha)\, \varrho_2)\, d\alpha,$$

wenn nur eine der Grössen ϱ_1 und ϱ_2 sich ändert, entweder constant bleibt oder mit dieser Grösse zugleich wächst und abnimmt, woraus zugleich folgt, dass der Werth dieses Ausdrucks stets zwischen $\varphi'(\varrho_1)$ und $\varphi'(\varrho_2)$ liegt.

Wir betrachten zunächst den Fall, wo die anfängliche Gleichgewichtsstörung auf ein endliches durch die Ungleichheiten $a < x < b$ begrenztes Gebiet beschränkt ist, so dass ausserhalb desselben u und ϱ und folglich auch r und s constant sind; die Werthe dieser Grössen für $x < a$ mögen durch Anhängung des Index 1, für $x > b$ durch den Index 2 bezeichnet werden. Das Gebiet, in welchem r veränderlich ist, bewegt sich nach Art. 1 allmählich vorwärts und zwar seine hintere Grenze mit der Geschwindigkeit $\sqrt{\varphi'(\varrho_1)} + u_1$, während die vordere Grenze des Gebiets, in welchem s veränderlich ist, mit der Geschwindigkeit $\sqrt{\varphi'(\varrho_2)} - u_2$ rückwärts geht. Nach Verlauf der Zeit

$$\frac{b - a}{\sqrt{\varphi'(\varrho_1)} + \sqrt{\varphi'(\varrho_2)} + u_1 - u_2}$$

fallen daher beide Gebiete auseinander, und zwischen ihnen bildet sich ein Raum, in welchem $s = s_2$ und $r = r_1$ ist und folglich die Gastheilchen wieder im Gleichgewicht sind. Von der anfangs erschütterten Stelle gehen also zwei nach entgegengesetzten Richtungen fortschreitende Wellen aus. In der vorwärtsgehenden ist $s = s_2$; es ist daher mit einem bestimmten Werthe ϱ der Dichtigkeit stets die Geschwindigkeit $u = f(\varrho) - 2s_2$ verbunden, und beide Werthe rücken mit der constanten Geschwindigkeit

$$\sqrt{\varphi'(\varrho)} + u = \sqrt{\varphi'(\varrho)} + f(\varrho) - 2s_2$$

vorwärts. In der rückwärtslaufenden ist dagegen mit der Dichtigkeit ϱ die Geschwindigkeit $- f(\varrho) + 2r_1$ verbunden, und diese beiden Werthe bewegen sich mit der Geschwindigkeit $\sqrt{\varphi'(\varrho)} + f(\varrho) - 2r_1$ rückwärts. Die Fortpflanzungsgeschwindigkeit ist für grössere Dichtigkeiten eine grössere, da sowohl $\sqrt{\varphi'(\varrho)}$, als $f(\varrho)$ mit ϱ zugleich wächst.

Denkt man sich ϱ als Ordinate einer Curve für die Abscisse x, so bewegt sich jeder Punkt dieser Curve parallel der Abscissenaxe mit constanter Geschwindigkeit fort und zwar mit desto grösserer, je grösser seine Ordinate ist. Man bemerkt leicht, dass bei diesem Gesetze Punkte mit grösseren Ordinaten schliesslich voraufgehende Punkte mit kleineren Ordinaten überholen würden, so dass zu einem Werthe von x mehr als ein Werth von ϱ gehören würde. Da nun dieses in Wirklichkeit nicht stattfinden kann, so muss ein Umstand eintreten, wodurch dieses Gesetz ungültig wird. In der That liegt nun der Herleitung der Differentialgleichungen die Voraussetzung zu Grunde, dass u und ϱ stetige Functionen von x sind und endliche Derivirten haben; diese Voraussetzung hört aber auf erfüllt zu sein, sobald in irgend einem Punkte die Dichtigkeitscurve senkrecht zur Abscissenaxe wird, und von diesem Augenblicke an tritt in dieser Curve eine Discontinuität ein, so dass ein grösserer Werth von ϱ einem kleineren unmittelbar nachfolgt; ein Fall, der im nächsten Art. erörtert werden wird.

Die Verdichtungswellen, d. h. die Theile der Welle, in welchen die Dichtigkeit in der Fortpflanzungsrichtung abnimmt, werden demnach bei ihrem Fortschreiten immer schmäler und gehen schliesslich in Verdichtungsstösse über; die Breite der Verdünnungswellen aber wächst beständig der Zeit proportional.

Es lässt sich, wenigstens unter Voraussetzung des Poisson'schen (oder Boyle'schen) Gesetzes, leicht zeigen, dass auch dann, wenn die anfängliche Gleichgewichtsstörung nicht auf ein endliches Gebiet beschränkt ist, sich stets, von ganz besonderen Fällen abgesehen, im Laufe der Bewegung Verdichtungsstösse bilden müssen. Die Geschwindigkeit, mit welcher ein Werth von r vorwärts rückt, ist bei dieser Annahme

$$\frac{k+1}{2}\, r + \frac{k-3}{2}\, s;$$

grössere Werthe werden sich also durchschnittlich mit grösserer Geschwindigkeit bewegen, und ein grösserer Werth r' wird einen voraufgehenden kleineren Werth r'' schliesslich einholen müssen, wenn nicht der mit r'' zusammentreffende Werth von s durchschnittlich um

$$(r' - r'')\, \frac{1+k}{3-k}$$

kleiner ist, als der gleichzeitig mit r' zusammentreffende. In diesem Falle würde s für ein positiv unendliches x negativ unendlich werden, und also für $x = +\infty$ die Geschwindigkeit $u = +\infty$ (oder auch statt dessen beim Boyle'schen Gesetz die Dichtigkeit unendlich klein) werden. Von speciellen Fällen abgesehen wird also immer der Fall eintreten müssen, dass ein um eine endliche Grösse grösserer Werth von r einem kleineren unmittelbar nachfolgt; es werden folglich, durch ein Unendlichwerden von $\frac{\partial r}{\partial x}$, die Differentialgleichungen ihre Gültigkeit verlieren und vorwärtslaufende Verdichtungsstösse entstehen müssen Ebenso werden fast immer, indem $\frac{\partial s}{\partial x}$ unendlich wird, rückwärtslaufende Verdichtungsstösse sich bilden.

Zur Bestimmung der Zeiten und Orte, für welche $\frac{\partial r}{\partial x}$ oder $\frac{\partial s}{\partial x}$ unendlich wird und plötzliche Verdichtungen ihren Anfang nehmen, erhält man aus den Gleichungen (1) und (2) des Art. 2., wenn man darin die Function w einführt,

$$\frac{\partial r}{\partial x}\left(\frac{\partial^2 w}{\partial r^2} + \left(\frac{d \log \sqrt{\varphi'(\varrho)}}{d \log \varrho} + 1\right) t\right) = 1,$$

$$\frac{\partial s}{\partial x}\left(- \frac{\partial^2 w}{\partial s^2} - \left(\frac{d \log \sqrt{\varphi'(\varrho)}}{d \log \varrho} + 1\right) t\right) = 1.$$

5.

Wir müssen nun, da sich plötzliche Verdichtungen fast immer einstellen, auch wenn sich Dichtigkeit und Geschwindigkeit anfangs allenthalben stetig ändern, die Gesetze für das Fortschreiten von Verdichtungsstössen aufsuchen.

Wir nehmen an, dass zur Zeit t für $x = \xi$ eine sprungweise Aenderung von u und ϱ stattfinde, und bezeichnen die Werthe dieser und der von ihnen abhängigen Grössen für $x = \xi - 0$ durch Anhängung des Index 1 und für $x = \xi + 0$ durch den Index 2; die relativen Geschwindigkeiten, mit welchen das Gas sich gegen die Unstetigkeitsstelle bewegt, $u_1 - \frac{d\xi}{dt}$, $u_2 - \frac{d\xi}{dt}$, mögen durch v_1 und v_2 bezeichnet werden. Die Masse, welche durch ein Element ω der Ebene, wo $x = \xi$, im Zeitelement dt in positiver Richtung hindurchgeht, ist dann $= v_1 \varrho_1 \omega\, dt = v_2 \varrho_2 \omega\, dt$; die ihr eingedrückte Kraft $(\varphi(\varrho_1) - \varphi(\varrho_2))\,\omega dt$ und der dadurch bewirkte Zuwachs an Geschwindigkeit $v_2 - v_1$; man hat daher

$$(\varphi(\varrho_1) - \varphi(\varrho_2))\,\omega\, dt = (v_2 - v_1)\, v_1\, \varrho_1\, \omega\, dt \text{ und } v_1\, \varrho_1 = v_2\, \varrho_2,$$

woraus folgt $v_1 = \mp \sqrt{\frac{\varrho_2}{\varrho_1} \frac{\varphi(\varrho_1) - \varphi(\varrho_2)}{\varrho_1 - \varrho_2}}$, also

$$(1) \qquad \frac{d\xi}{dt} = u_1 \pm \sqrt{\frac{\varrho_2}{\varrho_1} \frac{\varphi(\varrho_1) - \varphi(\varrho_2)}{\varrho_1 - \varrho_2}} = u_2 \pm \sqrt{\frac{\varrho_1}{\varrho_2} \frac{\varphi(\varrho_1) - \varphi(\varrho_2)}{\varrho_1 - \varrho_2}}$$

Für einen Verdichtungsstoss muss $\varrho_2 - \varrho_1$ dasselbe Zeichen, wie v_1 und v_2, haben und zwar für einen vorwärtslaufenden das negative, für einen rückwärtslaufenden das positive. Im erstern Falle gelten die oberen Zeichen und ϱ_1 ist grösser, als ϱ_2; es ist daher, bei der zu Anfang des vorigen Artikels gemachten Annahme über die Function $\varphi(\varrho)$

$$(2) \quad u_1 + \sqrt{\varphi'(\varrho_1)} > \frac{d\xi}{dt} > u_2 + \sqrt{\varphi'(\varrho_2)},$$

und folglich rückt die Unstetigkeitsstelle langsamer fort als die nachfolgenden und schneller als die voraufgehenden Werthe von r; r_1 und r_2 sind also in jedem Augenblicke durch die zu beiden Seiten der Unstetigkeitsstelle geltenden Differentialgleichungen bestimmt. Dasselbe gilt, da die Werthe von s sich mit der Geschwindigkeit $\sqrt{\varphi'(\varrho)} - u$ rückwärts bewegen, auch für s_2 und folglich für ϱ_2 und u_2, aber nicht für s_1. Die Werthe von s_1 und $\frac{d\xi}{dt}$ bestimmen sich aus r_1, ϱ_2 und u_2 eindeutig durch die Gleichungen (1). In der That genügt der Gleichung

$$(3)\quad 2\,(r_1 - r_2) = f(\varrho_1) - f(\varrho_2) + \sqrt{\frac{(\varrho_1 - \varrho_2)\,(\varphi(\varrho_1) - \varphi(\varrho_2))}{\varrho_1\,\varrho_2}}$$

nur ein Werth von ϱ_1; denn die rechte Seite nimmt, wenn ϱ_1 von ϱ_2 an in's Unendliche wächst, jeden positiven Werth nur einmal an, da sowohl $f(\varrho_1)$ als auch die beiden Factoren

$$\sqrt{\frac{\varrho_1}{\varrho_2}} - \sqrt{\frac{\varrho_2}{\varrho_1}} \text{ und } \sqrt{\frac{\varphi(\varrho_1) - \varphi(\varrho_2)}{\varrho_1 - \varrho_2}},$$

in welche sich das letzte Glied zerlegen lässt, beständig wachsen oder doch nur der letztere Factor constant bleibt. Wenn aber ϱ_1 bestimmt ist, erhält man durch die Gleichungen (1) offenbar völlig bestimmte Werthe für u_1 und $\frac{d\xi}{dt}$

Ganz Aehnliches gilt für einen rückwärtslaufenden Verdichtungsstoss.

6.

Wir haben eben gefunden, dass in einem fortschreitenden Verdichtungsstosse zwischen den Werthen von u und ϱ zu beiden Seiten desselben stets die Gleichung

$$(u_1 - u_2)^2 = \frac{(\varrho_1 - \varrho_2)\,(\varphi(\varrho_1) - \varphi(\varrho_2))}{\varrho_1\,\varrho_2}$$

stattfindet. Es fragt sich nun, was eintritt, wenn zu einer gegebenen Zeit an einer gegebenen Stelle beliebig gegebene Unstetigkeiten vorhanden sind. Es können dann von dieser Stelle, je nach den Werthen von u_1, ϱ_1, u_2, ϱ_2, entweder zwei nach entgegengesetzten Seiten laufende Verdichtungsstösse ausgehen, oder ein vorwärtslaufender, oder ein rückwärtslaufender, oder endlich kein Verdichtungsstoss, so dass die Bewegung nach den Differentialgleichungen erfolgt.

Bezeichnet man die Werthe, welche u und ϱ hinter oder zwischen den Verdichtungsstössen im ersten Augenblicke ihres Fortschreitens annehmen, durch Hinzufügung eines Accents, so ist im ersten Falle $\varrho' > \varrho_1$ und $> \varrho_2$, und man hat

(1)
$$u_1 - u' = \sqrt{\frac{(\varrho' - \varrho_1)\,(\varphi(\varrho') - \varphi(\varrho_1))}{\varrho'\,\varrho_1}},$$
$$u' - u_2 = \sqrt{\frac{(\varrho' - \varrho_2)\,(\varphi(\varrho') - \varphi(\varrho_2))}{\varrho'\,\varrho_2}}$$

(2)
$$u_1 - u_2 = \sqrt{\frac{(\varrho' - \varrho_1)\,(\varphi(\varrho') - \varphi(\varrho_1))}{\varrho'\,\varrho_1}} + \sqrt{\frac{(\varrho' - \varrho_2)\,(\varphi(\varrho') - \varphi(\varrho_2))}{\varrho\,\varrho_2}}$$

Es muss also, da beide Glieder der rechten Seite von (2) mit ϱ' zugleich wachsen, $u_1 - u_2$ positiv sein und
$$(u_1 - u_2)^2 > \frac{(\varrho_1 - \varrho_2)\,(\varphi(\varrho_1) - \varphi(\varrho_2))}{\varrho_1\,\varrho_2};$$
und umgekehrt giebt es, wenn diese Bedingungen erfüllt sind, stets ein und nur ein den Gleichungen (1) genügendes Werthenpaar von u' und ϱ'.

Damit der letzte Fall eintritt und also die Bewegung sich den Differentialgleichungen gemäss bestimmen lässt, ist es nothwendig und hinreichend, dass $r_1 \leqq r_2$ und $s_1 \geqq s_2$ sei, also $u_1 - u_2$ negativ und $(u_1 - u_2)^2 \geqq (f(\varrho_1) - f(\varrho_2))^2$. Die Werthe r_1 und r_2, s_1 und s_2 treten dann, da der voraufgehende Werth mit grösserer Geschwindigkeit fortrückt, im Fortschreiten auseinander, so dass die Unstetigkeit verschwindet.

Wenn weder die ersteren, noch die letztern Bedingungen erfüllt sind, so genügt den Anfangswerthen Ein Verdichtungsstoss, und zwar ein vorwärts oder rückwärts laufender, je nachdem ϱ_1 grösser oder kleiner als ϱ_2 ist.

In der That ist dann, wenn $\varrho_1 > \varrho_2$,
$$2(r_1 - r_2) \text{ oder } f(\varrho_1) - f(\varrho_2) + u_1 - u_2$$
positiv, — weil $(u_1 - u_2)^2 < (f(\varrho_1) - f(\varrho_2))^2$ —, und zugleich
$$\leqq f(\varrho_1) - f(\varrho_2) + \sqrt{\frac{(\varrho_1 - \varrho_2)\,(\varphi(\varrho_1) - \varphi(\varrho_2))}{\varrho_1\,\varrho_2}}$$
— weil
$$(u_1 - u_2)^2 \leqq \frac{(\varrho_1 - \varrho_2)\,(\varphi(\varrho_1) - \varphi(\varrho_2))}{\varrho_1\,\varrho_2};$$
es lässt sich also für die Dichtigkeit ϱ' hinter dem Verdichtungsstoss ein der Bedingung (3) des vor. Art. genügender Werth finden und dieser ist $\leqq \varrho_1$. Folglich wird, da $s' = f(\varrho') - r_1$, $s_1 = f(\varrho_1) - r_1$, auch $s' \leqq s_1$, so dass die Bewegung hinter dem Verdichtungsstosse nach den Differentialgleichungen erfolgen kann.

Der andere Fall, wenn $\varrho_1 < \varrho_2$, ist offenbar von diesem nicht wesentlich verschieden.

7.

Um das Bisherige durch ein einfaches Beispiel zu erläutern, wo sich die Bewegung mit den bis jetzt gewonnenen Mitteln bestimmen lässt, wollen wir annehmen, dass Druck und Dichtigkeit von einander nach dem Boyle'schen Gesetz abhängen und anfangs Dichtigkeit und Geschwindigkeit sich bei $x = 0$ sprungweise ändern, aber zu beiden Seiten dieser Stelle constant sind.

Es sind dann nach dem Obigen vier Fälle zu unterscheiden.

I. Wenn $u_1 - u_2 > 0$, also die beiden Gasmassen sich einander entgegen bewegen und $\left(\frac{u_1 - u_2}{a}\right)^2 > \frac{(\varrho_1 - \varrho_2)^2}{\varrho_1 \varrho_2}$, so bilden sich zwei entgegengesetzt laufende Verdichtungsstösse. Nach Art. 6. (1) ist, wenn $\sqrt[4]{\frac{\varrho_1}{\varrho_2}}$ durch α und durch θ die positive Wurzel der Gleichung

$$\frac{u_1 - u_2}{a\left(\alpha + \frac{1}{\alpha}\right)} = \theta - \frac{1}{\theta}$$

bezeichnet wird, die Dichtigkeit zwischen den Verdichtungsstössen $\varrho' = \theta\theta \sqrt{\varrho_1 \varrho_2}$, und nach Art. 5. (1) hat man für den vorwärtslaufenden Verdichtungsstoss

$$\frac{d\xi}{dt} = u_2 + a\alpha\theta = u' + \frac{a}{\alpha\theta},$$

für den rückwärtslaufenden

$$\frac{d\xi}{dt} = u_1 - a\frac{\theta}{\alpha} = u' - a\frac{\alpha}{\theta};$$

die Werthe der Geschwindigkeit und Dichtigkeit sind also nach Verlauf der Zeit t, wenn

$$\left(u_1 - a\frac{\theta}{\alpha}\right)t < x < (u_2 + a\alpha\theta)\,t,$$

u' und ϱ', für ein kleineres x u_1 und ϱ_1 und für ein grösseres u_2 und ϱ_2.

II. Wenn $u_1 - u_2 < 0$, folglich die Gasmassen sich aus einander bewegen, und zugleich

$$\left(\frac{u_1 - u_2}{a}\right)^2 \geqq \left(\log\frac{\varrho_1}{\varrho_2}\right)^2,$$

so gehen von der Grenze nach entgegengesetzten Richtungen zwei allmählich breiter werdende Verdünnungswellen aus. Nach Art. 4. ist zwischen ihnen $r = r_1$, $s = s_2$, $u = r_1 - s_2$. In der vorwärtslaufenden ist $s = s_2$ und $x - (u + a)\,t$ eine Function von r, deren Werth, aus den Anfangswerthen $t = 0$, $x = 0$, sich $= 0$ findet; für die rückwärtslaufende dagegen hat man $r = r_1$ und $x - (u - a)\,t = 0$. Die eine Gleichung zur Bestimmung von u und ϱ ist also, wenn

$$(r_1 - s_2 + a)\, t < x < (u_2 + a)\, t,\; u = -a + \frac{x}{t},$$

für kleinere Werthe von x $r = r_1$ und für grössere $r = r_2$; die andere Gleichung ist, wenn

$$(u_1 - a)\, t < x < (r_1 - s_2 - a)\, t,\; u = a + \frac{x}{t},$$

für ein kleineres x $s = s_1$ und für ein grösseres $s = s_2$.

III. Wenn keiner dieser beiden Fälle stattfindet und $\varrho_1 > \varrho_2$, so entsteht eine rückwärtslaufende Verdünnungswelle und ein vorwärtsschreitender Verdichtungsstoss. Für letzteren findet sich aus Art. 5, (3), wenn θ die Wurzel der Gleichung

$$\frac{2\,(r_1 - r_2)}{a} = 2 \log \theta + \theta - \frac{1}{\theta}$$

bezeichnet, $\varrho' = \theta\theta\varrho_2$ und aus Art. 5, (1)

$$\frac{d\xi}{dt} = u_2 + a\theta = u' + \frac{a}{\theta}.$$

Nach Verlauf der Zeit t ist demnach vor dem Verdichtungsstosse, also wenn $x > (u_2 + a\theta)\, t$, $u = u_2$, $\varrho = \varrho_2$, hinter dem Verdichtungsstosse aber hat man $r = r_1$ und ausserdem, wenn

$$(u_1 - a)\, t < x < (u' - a)\, t,\; u = a + \frac{x}{t},$$

für ein kleineres x $u = u_1$ und für ein grösseres $u = u'$.

IV. Wenn endlich die beiden ersten Fälle nicht stattfinden und $\varrho_1 < \varrho_2$, so ist der Verlauf ganz wie in III., nur der Richtung nach entgegengesetzt.

8.

Um unsere Aufgabe allgemein zu lösen, muss nach Art. 3. die Function w so bestimmt werden, dass sie der Differentialgleichung

$$(1) \qquad \frac{\partial^2 w}{\partial r\, \partial s} - m\left(\frac{\partial w}{\partial r} + \frac{\partial w}{\partial s}\right) = 0$$

und den Anfangsbedingungen genügt.

Schliessen wir den Fall aus, dass Unstetigkeiten eintreten, so sind offenbar nach Art. 1. Ort und Zeit oder die Werthe von x und t, für welche ein bestimmter Werth r' von r mit einem bestimmten Werthe s' von s zusammentrifft, völlig bestimmt, wenn die Anfangswerthe von r und s für die Strecke zwischen den beiden Werthen r' von r und s' von s gegeben sind und überall in dem Grössengebiet (S), welches für jeden Werth von t die zwischen den beiden Werthen, wo $r = r'$ und $s = s'$, liegenden Werthe von x umfasst, die Differentialgleichungen (3) des Art. 1. erfüllt sind. Es ist also auch der Werth von w für $r = r'$, $s = s'$ völlig bestimmt, wenn w überall in dem Grössengebiet (S) der Differentialgleichung (1) genügt und für die Anfangswerthe von r und s die Werthe von $\frac{\partial w}{\partial r}$ und $\frac{\partial w}{\partial s}$, also, bis auf eine additive Constante, auch von w gegeben sind und diese Constante beliebig gewählt worden ist. Denn diese Bedingungen sind mit den obigen gleichbedeutend. Auch folgt aus Art. 3. noch, dass $\frac{\partial w}{\partial r}$ zwar zu beiden Seiten eines Werthes r'' von r, wenn dieser Werth in einer endlichen Strecke stattfindet, verschiedene Werthe annimmt, sich aber allenthalben stetig mit s ändert; ebenso ändert sich $\frac{\partial w}{\partial s}$ mit r, die Function w selbst aber sowohl mit r, als mit s allenthalben stetig.

Nach diesen Vorbereitungen können wir nun an die Lösung unserer Aufgabe gehen, an die Bestimmung des Werthes von w für zwei beliebige Werthe, r' und s', von r und s.

Zur Veranschaulichung denke man sich x und t als Abscisse und Ordinate eines Punkts in einer Ebene und in dieser Ebene die Curven gezogen, wo r und wo s constante Werthe hat. Von diesen Curven mögen die ersteren durch (r), die letzteren durch (s) bezeichnet und in ihnen die Richtung, in welcher t wächst, als die positive betrachtet werden. Das Grössengebiet (S) wird dann repräsentirt durch ein Stück der Ebene, welches begrenzt ist durch die Curve (r'), die Curve (s') und das zwischen beiden liegende Stück der Abscissenaxe, und es handelt sich darum, den Werth von w in dem Durchschnittspunkte der beiden ersteren aus den in letzterer Linie gegebenen Werthen zu bestimmen. Wir wollen die Aufgabe noch etwas verallgemeinern und annehmen, dass das Grössengebiet (S), statt durch diese letztere Linie, durch eine beliebige Curve c begrenzt werde, welche keine der Curven (r) und (s) mehr als einmal schneidet, und dass für die dieser Curve angehörigen Werthenpaare von r und s die Werthe von $\frac{\partial w}{\partial r}$ und $\frac{\partial w}{\partial s}$ gegeben seien. Wie sich aus der Auflösung der Aufgabe ergeben wird, unterliegen auch dann diese Werthe von $\frac{\partial w}{\partial r}$ und $\frac{\partial w}{\partial s}$ nur der Bedingung, sich stetig mit dem Ort in der Curve zu ändern, können aber übrigens willkürlich angenommen werden, während diese Werthe nicht von einander unabhängig sein würden, wenn die Curve c eine der Curven (r) oder (s) mehr als einmal schnitte.

Um Functionen zu bestimmen, welche linearen partiellen Differentialgleichungen und linearen Grenzbedingungen genügen sollen, kann man ein ganz ähnliches Verfahren anwenden, wie wenn man zur Auflösung eines Systems von linearen Gleichungen sämmtliche Gleichungen, mit unbestimmten Factoren multiplicirt, addirt und diese Factoren dann so bestimmt, dass aus der Summe alle unbekannten Grössen bis auf eine herausfallen.

Man denke sich das Stück (S) der Ebene durch die Curven (r) und (s) in unendlich kleine Parallelogramme zerschnitten und bezeichne durch δr und δs die Aenderungen, welche die Grössen r und s erleiden, wenn die Curvenelemente, welche die Seiten dieser Parallelogramme bilden, in positiver Richtung durchlaufen werden; man bezeichne ferner durch v eine beliebige Function von r und s, welche allenthalben stetig ist und stetige Derivirten hat. In Folge der Gleichung (1) hat man dann

(2) $$0 = \int v \left(\frac{\partial^2 w}{\partial r\,\partial s} - m\left(\frac{\partial w}{\partial r} + \frac{\partial w}{\partial s}\right)\right) \delta r \delta s$$

über das ganze Grössengebiet (S) ausgedehnt. Es muss nun die rechte Seite dieser Gleichung nach den Unbekannten geordnet, d. h. hier, das Integral durch partielle Integration so umgeformt werden, dass es ausser bekannten Grössen nur die gesuchte Function, nicht ihre Derivirten enthält. Bei Ausführung dieser Operation geht das Integral zunächst über in das über (S) ausgedehnte Integral

$$\int w \left(\frac{\partial^2 v}{\partial r\,\partial s} + \frac{\partial mv}{\partial r} + \frac{\partial mv}{\partial s}\right) \delta r \delta s$$

und ein einfaches Integral, welches sich, weil sich $\frac{dw}{dr}$ mit s, $\frac{dw}{ds}$ mit r und w mit beiden Grössen stetig ändert, nur über die Begrenzung von (S) erstrecken wird. Bedeuten dr und ds die Aenderungen von r und s in einem Begrenzungselemente, wenn die Begrenzung in der Richtung durchlaufen wird, welche gegen die Richtung nach Innen ebenso liegt, wie die positive Richtung in den Curven (r) gegen die positive Richtung in den Curven (s), so ist dies Begrenzungsintegral

$$= -\int \left(v\left(\frac{\partial w}{\partial s} - mw\right) ds + w\left(\frac{\partial v}{\partial r} + mv\right) dr\right).$$

Das Integral durch die ganze Begrenzung von S ist gleich der Summe der Integrale durch die Curven c, (s'), (r'), welche diese Begrenzung bilden, also, wenn ihre Durchschnittspunkte durch (c, r'), (c, s'), (r', s') bezeichnet werden,

$$= \int_{c,\,r'}^{c,\,s'} + \int_{c,\,s'}^{r',\,s'} + \int_{s',\,r'}^{c,\,r'}$$

Von diesen drei Bestandtheilen enthält der erste ausser der Function v nur bekannte Grössen, der zweite enthält, da in ihm $ds = 0$ ist, nur die unbekannte Function w selbst, nicht ihre Derivirten; der dritte Bestandtheil aber kann durch partielle Integration in

$$(vw)_{r',s'} - (vw)_{c,r'} + \int_{s',r'}^{c,r'} w\left(\frac{\partial v}{\partial s} + mv\right) ds$$

verwandelt werden, so dass in ihm ebenfalls nur die gesuchte Function w selbst vorkommt.

Nach diesen Umformungen liefert die Gleichung (2) offenbar den Werth der Function w im Punkte (r', s'), durch bekannte Grössen ausgedrückt, wenn man die Function v den folgenden Bedingungen gemäss bestimmt:

(3)

1) allenthalben in S: $\frac{\partial^2 v}{\partial r \partial s} + \frac{\partial mv}{\partial r} + \frac{\partial mv}{\partial s} = 0$

2) für $r = r'$: $\frac{\partial v}{\partial s} + mv = 0$

3) für $s = s'$: $\frac{\partial v}{\partial r} + mv = 0$

4) für $r = r'$, $s = s'$: $v = 1$.

Man hat dann

$$(4) \qquad w_{r',s'} = (vw)_{c,r'} + \int_{c,r'}^{c,s'} \left(v\left(\frac{\partial w}{\partial s} - mw\right) ds + w\left(\frac{\partial v}{\partial r} + mv\right) dr\right).$$

9.

Durch das eben angewandte Verfahren wird die Aufgabe, eine Function w einer linearen Differentialgleichung und linearen Grenzbedingungen gemäss zu bestimmen, auf die Lösung einer ähnlichen, aber viel einfacheren Aufgabe für eine andere Function v zurückgeführt; die Bestimmung dieser Function erreicht man meistens am Leichtesten durch Behandlung eines speciellen Falls jener Aufgabe nach der Fourier'schen Methode. Wir müssen uns hier begnügen, diese Rechnung nur anzudeuten und das Resultat auf anderem Wege zu beweisen.

Führt man in der Gleichung (1) des vor. Art. für r und s als unabhängig veränderliche Grössen $\sigma = r + s$ und $u = r - s$ ein und wählt man für die Curve c eine Curve, in welcher σ constant ist, so lässt sich die Aufgabe nach den Regeln Fourier's behandeln, und man erhält durch Vergleichung des Resultats mit der Gleichung (4) des vor. Art., wenn $r' + s' = \sigma'$, $r' - s' = u'$ gesetzt wird,

$$v = \frac{2}{\pi} \int_0^\infty \cos \mu (u - u') \frac{d\varrho}{d\sigma} \left(\psi_1(\sigma') \psi_2(\sigma) - \psi_2(\sigma') \psi_1(\sigma)\right) d\mu,$$

worin $\psi_1(\sigma)$ und $\psi_2(\sigma)$ zwei solche particulare Lösungen der Differentialgleichung $\psi'' - 2m\psi' + \mu\mu\psi = 0$ bezeichnen, dass

$$\psi_1 \psi'_2 - \psi_2 \psi'_1 = \frac{d\sigma}{d\varrho}.$$

Bei Voraussetzung des Poisson'schen Gesetzes, nach welchem $m = \left(\frac{1}{2} - \frac{1}{k-1}\right) \frac{1}{\sigma}$, kann man ψ_1 und ψ_2 durch bestimmte Integrale ausdrücken, so dass man für v ein dreifaches Integral erhält, durch dessen Reduction sich ergiebt

$$v = \left(\frac{r' + s'}{r + s}\right)^{\frac{1}{2} - \frac{1}{k-1}} F\left(\frac{3}{2} - \frac{1}{k-1}, \frac{1}{k-1} - \frac{1}{2}, 1, -\frac{(r - r')(s - s')}{(r + s)(r' + s')}\right).$$

Man kann nun die Richtigkeit dieses Ausdrucks leicht beweisen, indem man zeigt, dass er wirklich den Bedingungen (3) des vor. Art. genügt.

Setzt man $v = e^{-\int_{\sigma'}^{\sigma} m\, d\sigma} y$, so gehen diese für y über in

$$\frac{\partial^2 y}{\partial r\, \partial s} + \left(\frac{dm}{d\sigma} - mm\right) y = 0$$

und $y = 1$ sowohl für $r = r'$, als für $s = s'$. Bei der Poisson'schen Annahme kann man aber diesen Bedingungen genügen, wenn man annimmt, dass y eine Function von $z = -\frac{(r - r')(s - s')}{(r + s)(r' + s')}$ sei. Denn es wird dann, wenn man $\frac{1}{2} - \frac{1}{k-1}$ durch λ bezeichnet, $m = \frac{\lambda}{\sigma}$, also $\frac{dm}{d\sigma} - mm = -\frac{\lambda + \lambda^2}{\sigma^2}$ und

$$\frac{\partial^2 y}{\partial s\, \partial r} = \frac{1}{\sigma^2} \left(\frac{d^2 y}{d \log z^2} \left(1 - \frac{1}{z}\right) + \frac{dy}{d \log z}\right).$$

Es ist folglich $v = \left(\frac{\sigma'}{\sigma}\right)^\lambda y$ und y eine Lösung der Differentialgleichung

$$(1 - z) \frac{d^2 y}{d \log z^2} - z \frac{dy}{d \log z} + (\lambda + \lambda^2) z y = 0$$

oder nach der in meiner Abhandlung über die Gauss'sche Reihe eingeführten Bezeichnung eine Function

$$P \begin{pmatrix} 0 & -\lambda & 0 & \\ 0 & 1 + \lambda & 0 & z \end{pmatrix}$$

und zwar diejenige particulare Lösung, welche für $z = 0$ gleich 1 wird.

Nach den in jener Abhandlung entwickelten Transformationsprincipien lässt sich y nicht bloss durch die Functionen $P(0, 2\lambda + 1, 0)$, sondern auch durch die Functionen $P(\frac{1}{2}, 0, \lambda+\frac{1}{2})$, $P(0, \lambda+\frac{1}{2}, \lambda+\frac{1}{2})$ ausdrücken; man erhält daher für y eine grosse Menge von Darstellungen durch hypergeometrische Reihen und bestimmte Integrale, von denen wir hier nur die folgenden

$$y = F(1+\lambda, -\lambda, 1, z) = (1-z)^{\lambda}\, F\left(-\lambda, -\lambda, 1, \frac{z}{z-1}\right)$$
$$= (1-z)^{-1-\lambda}\, F\left(1+\lambda, 1+\lambda, 1, \frac{z}{z-1}\right)$$

bemerken, mit denen man in allen Fällen ausreicht.

Um aus diesen für das Poisson'sche Gesetz gefundenen Resultaten die für das Boyle'sche geltenden abzuleiten, muss man nach Art. 2. die Grössen r, s, r', s' um $\frac{a\sqrt{k}}{k-1}$ vermindern und dann $k=1$ werden lassen, wodurch man erhält $m = -\frac{1}{2a}$ und

$$v = e^{\frac{1}{2a}(r-r'+s-s')} \sum_{0}^{\infty} \frac{(r-r')^n (s-s')^n}{n!\; n!\; (2a)^{2n}}$$

10.

Wenn man den im vor. Art. gefundenen Ausdruck für v in die Gleichung (4) des Art. 8. einsetzt, erhält man den Werth von w für $r=r'$, $s=s'$ durch die Werthe von w, $\frac{\partial w}{\partial r}$ und $\frac{\partial w}{\partial s}$ in der Curve c ausgedrückt; da aber bei unserm Problem in dieser Curve immer nur $\frac{\partial w}{\partial r}$ und $\frac{\partial w}{\partial s}$ unmittelbar gegeben sind und w erst durch eine Quadratur aus ihnen gefunden werden müsste, so ist es zweckmässig, den Ausdruck für $w_{r',s'}$ so umzuformen, dass unter dem Integralzeichen nur die Derivirten von w vorkommen.

Man bezeichne die Integrale der Ausdrücke $-mvds + \left(\frac{\partial v}{\partial r} + mv\right)dr$ und $\left(\frac{\partial v}{\partial s} + mv\right)ds - mvdr$, welche in Folge der Gleichung

$$\frac{\partial^2 v}{\partial r\,\partial s} + \frac{\partial mv}{\partial r} + \frac{\partial mv}{\partial s} = 0$$

vollständige Differentiale sind, durch P und Σ und das Integral von $Pdr + \Sigma ds$, welcher Ausdruck wegen $\frac{\partial P}{\partial s} = -mv = \frac{\partial \Sigma}{\partial r}$ ebenfalls ein vollständiges Differential ist, durch ω.

Bestimmt man nun die Integrationsconstanten in diesen Integralen so, dass ω, $\frac{\partial \omega}{\partial r}$ und $\frac{\partial \omega}{\partial s}$ für $r=r'$, $s=s'$ verschwinden, so genügt ω den Gleichungen $\frac{\partial \omega}{\partial r} + \frac{\partial \omega}{\partial s} + 1 = v$, $\frac{\partial^2 \omega}{\partial r\,\partial s} = -mv$ und sowohl für

$r = r'$, als für $s = s'$ der Gleichung $\omega = 0$ und ist, beiläufig bemerkt, durch diese Grenzbedingung und die Differentialgleichung

$$\frac{\partial^2 \omega}{\partial r \partial s} + m \left(\frac{\partial \omega}{\partial r} + \frac{\partial \omega}{\partial s} + 1\right) = 0$$

völlig bestimmt.

Führt man nun in dem Ausdrucke von $w_{r', s'}$ für v die Function ω ein, so kann man ihn durch partielle Integration in

$$(1) \qquad w_{r', s'} = w_{c, r'} + \int_{c, r'}^{c, s'} \left(\left(\frac{\partial \omega}{\partial s} + 1\right) \frac{\partial w}{\partial s} ds - \frac{\partial \omega}{\partial r} \frac{\partial w}{\partial r} dr\right)$$

umwandeln.

Um die Bewegung des Gases aus dem Anfangszustande zu bestimmen, muss man für c die Curve, in welcher $t = 0$ ist, nehmen; in dieser Curve hat man dann $\frac{\partial w}{\partial r} = x$, $\frac{\partial w}{\partial s} = -x$, und man erhält durch abermalige partielle Integration

$$w_{r', s'} = w_{c, r'} + \int_{c, r'}^{c, s'} (\omega \, dx - x \, ds),$$

folglich nach Art. 3., (4) und (5)

$$(2) \qquad \begin{cases} \left(x - (\sqrt{\varphi'(\varrho)} + u)t\right)_{r', s'} = x_{r'} + \int_{x_{r'}}^{x_{s'}} \frac{\partial \omega}{\partial r'} dx \\ \left(x + (\sqrt{\varphi'(\varrho)} - u)t\right)_{r', s'} = x_{s'} - \int_{x_{r'}}^{x_{s'}} \frac{\partial \omega}{\partial s'} dx. \end{cases}$$

Diese Gleichungen (2) drücken aber die Bewegung nur aus, so lange $\frac{\partial^2 w}{\partial r^2} + \left(\frac{d \log \sqrt{\varphi'(\varrho)}}{d \log \varrho} + 1\right) t$ und $\frac{\partial^2 w}{\partial s^2} + \left(\frac{d \log \sqrt{\varphi'(\varrho)}}{d \log \varrho} + 1\right) t$ von Null verschieden bleiben. Sobald eine dieser Grössen verschwindet, entsteht ein Verdichtungsstoss, und die Gleichung (1) gilt dann nur innerhalb solcher Grössengebiete, welche ganz auf einer und derselben Seite dieses Verdichtungsstosses liegen. Die hier entwickelten Principien reichen dann, wenigstens im Allgemeinen, nicht aus, um aus dem Anfangszustande die Bewegung zu bestimmen; wohl aber kann man mit Hülfe der Gleichung (1) und der Gleichungen, welche nach Art. 5. für den Verdichtungsstoss gelten, die Bewegung bestimmen, wenn der Ort des Verdichtungsstosses zur Zeit t, also ξ als Function von t, gegeben ist. Wir wollen indess dies nicht weiter verfolgen und verzichten auch auf die Behandlung des Falles, wenn die Luft durch eine feste Wand begrenzt ist, da die Rechnung keine Schwierigkeiten hat und eine Vergleichung der Resultate mit der Erfahrung gegenwärtig noch nicht möglich ist.

IX.

Selbstanzeige der vorstehenden Abhandlung.

(Göttinger Nachrichten, 1859, Nr. 19.)

Diese Untersuchung macht nicht darauf Anspruch, der experimentellen Forschung nützliche Ergebnisse zu liefern; der Verfasser wünscht sie nur als einen Beitrag zur Theorie der nicht linearen partiellen Differentialgleichungen betrachtet zu sehen. Wie für die Integration der linearen partiellen Differentialgleichungen die fruchtbarsten Methoden nicht durch Entwicklung des allgemeinen Begriffs dieser Aufgabe gefunden worden, sondern vielmehr aus der Behandlung specieller physikalischer Probleme hervorgegangen sind, so scheint auch die Theorie der nichtlinearen partiellen Differentialgleichungen durch eine eingehende, alle Nebenbedingungen berücksichtigende, Behandlung specieller physikalischer Probleme am meisten gefördert zu werden, und in der That hat die Lösung der ganz speciellen Aufgabe, welche den Gegenstand dieser Abhandlung bildet, neue Methoden und Auffassungen erfordert, und zu Ergebnissen geführt, welche wahrscheinlich auch bei allgemeineren Aufgaben eine Rolle spielen werden.

Durch die vollständige Lösung dieser Aufgabe dürften die vor einiger Zeit zwischen den englischen Mathematikern Challis, Airy und Stokes lebhaft verhandelten Fragen*), soweit dies nicht schon durch Stokes**) geschehen ist, zu klarer Entscheidung gebracht worden sein, so wie auch der Streit, welcher über eine andre denselben Gegenstand betreffende Frage in der K. K. Ges. d. W. zu Wien zwischen den Herrn Petzval, Doppler und A. von Ettinghausen***) geführt wurde.

Das einzige empirische Gesetz, welches ausser den allgemeinen Bewegungsgesetzen bei dieser Untersuchung vorausgesetzt werden

---

*) Phil. mag. voll. 33. 34. und 35.

**) Phil. mag. vol. 33. p. 349.

***) Sitzungsberichte der K. K. Ges. d. W. vom 15. Jan., 21. Mai und 1. Juni 1852.

musste, ist das Gesetz, nach welchem der Druck eines Gases sich mit der Dichtigkeit ändert, wenn es keine Wärme aufnimmt oder abgiebt. Die schon von Poisson gemachte, aber damals auf sehr unsicherer Grundlage ruhende Annahme, dass der Druck bei der Dichtigkeit ϱ proportional ϱ^k sich ändere, wenn k das Verhältniss der specifischen Wärme bei constantem Druck zu der bei constantem Volumen bedeutet, kann jetzt durch die Versuche von Regnault über die specifischen Wärmen der Gase und ein Princip der mechanischen Wärmetheorie begründet werden, und es schien nöthig diese Begründung des Poisson'schen Gesetzes, da sie noch wenig bekannt zu sein scheint, in der Einleitung voranzuschicken. Der Werth von k findet sich dabei $= 1{,}4101$, während die Schallgeschwindigkeit bei 0^0 C. und trockner Luft nach den Versuchen von Martins und A. Bravais*) $= \frac{332^{\text{m}},37}{1''}$ sich ergeben und für k den Werth 1,4095 liefern würde.

Obwohl die Vergleichung der Resultate unserer Untersuchung mit der Erfahrung durch Versuche und Beobachtungen grosse Schwierigkeiten hat und gegenwärtig kaum ausführbar sein wird, so mögen diese doch, soweit es ohne Weitläufigkeit möglich ist, hier mitgetheilt werden.

Die Abhandlung behandelt die Bewegung der Luft oder eines Gases nur für den Fall, wenn anfangs und also auch in der Folge die Bewegung allenthalben gleich gerichtet ist, und in jeder auf ihrer Richtung senkrechten Ebene Geschwindigkeit und Dichtigkeit constant sind. Für den Fall, wo die anfängliche Gleichgewichtsstörung auf eine endliche Strecke beschränkt ist, ergiebt sich bekanntlich bei der gewöhnlichen Voraussetzung, dass die Druckverschiedenheiten unendlich kleine Bruchtheile des ganzen Drucks sind, das Resultat, dass von der erschütterten Stelle zwei Wellen, in deren jeder die Geschwindigkeit eine bestimmte Function der Dichtigkeit ist, ausgehen und in entgegengesetzten Richtungen mit der bei dieser Voraussetzung constanten Geschwindigkeit $\sqrt{\varphi'(\varrho)}$ fortschreiten, wenn $\varphi(\varrho)$ den Druck bei der Dichtigkeit ϱ und $\varphi'(\varrho)$ die Derivirte dieser Function bezeichnet. Etwas ganz ähnliches gilt nun für diesen Fall auch, wenn die Druckverschiedenheiten endlich sind. Die Stelle, wo das Gleichgewicht gestört ist, zerlegt sich ebenfalls nach Verlauf einer endlichen Zeit in zwei nach entgegengesetzten Richtungen fortschreitende Wellen. In diesen ist die Geschwindigkeit, in der Fortpflanzungsrichtung gemessen, eine bestimmte Function $\int \sqrt{\varphi'(\varrho)}\, d \log \varrho$ der Dichtigkeit, wobei die

*) Ann. de chim. et de phys. Ser. III, T. XIII, p. 5.

Integrationsconstante in beiden verschieden sein kann; in jeder ist also mit einem und demselben Werthe der Dichtigkeit stets derselbe Werth der Geschwindigkeit verbunden, und zwar mit einem grösseren Werthe ein algebraisch grösserer Werth der Geschwindigkeit. Beide Werthe rücken mit constanter Geschwindigkeit fort. Ihre Fortpflanzungsgeschwindigkeit im Gase ist $\sqrt{\varphi'(\varrho)}$, im Raume aber um die in der Fortpflanzungsrichtung gemessene Geschwindigkeit des Gases grösser. Unter der in der Wirklichkeit zutreffenden Voraussetzung, dass $\varphi'(\varrho)$ bei wachsendem ϱ nicht abnimmt, rücken daher grössere Dichtigkeiten mit grösserer Geschwindigkeit fort, und hieraus folgt, dass die Verdünnungswellen, d. h. die Theile der Welle, in denen die Dichtigkeit in der Fortpflanzungsrichtung wächst, der Zeit proportional an Breite zunehmen, die Verdichtungswellen aber ebenso an Breite abnehmen, und schliesslich in Verdichtungsstösse übergehen müssen. Die Gesetze, welche vor der Scheidung beider Wellen oder bei einer über den ganzen Raum sich erstreckenden Gleichgewichtsstörung gelten, so wie die Gesetze für das Fortschreiten von Verdichtungsstössen, können hier, weil dazu grössere Formeln erforderlich wären, nicht angegeben werden.

In akustischer Beziehung liefert demnach diese Untersuchung das Resultat, dass in den Fällen, wo die Druckverschiedenheiten nicht als unendlich klein betrachtet werden können, eine Aenderung der Form der Schallwellen, also des Klanges, während der Fortpflanzung eintritt. Eine Prüfung dieses Resultats durch Versuche scheint aber trotz der Fortschritte, welche in der Analyse des Klanges in neuester Zeit durch Helmholtz u. A. gemacht worden sind, sehr schwer zu sein; denn in geringeren Entfernungen ist eine Aenderung des Klanges nicht merklich, und bei grösseren Entfernungen wird es schwer sein, die mannigfachen Ursachen, welche den Klang modificiren können, zu sondern. An eine Anwendung auf die Meteorologie ist wohl nicht zu denken, da die hier untersuchten Bewegungen der Luft solche Bewegungen sind, die sich mit der Schallgeschwindigkeit fortpflanzen, die Strömungen in der Atmosphäre aber allem Anschein nach mit viel geringerer Geschwindigkeit fortschreiten.

X.

Ein Beitrag zu den Untersuchungen über die Bewegung eines flüssigen gleichartigen Ellipsoides.

(Aus dem neunten Bande der Abhandlungen der Königlichen Gesellschaft der Wissenschaften zu Göttingen. 1861.)

Für die Untersuchungen über die Bewegung eines gleichartigen flüssigen Ellipsoides, dessen Elemente sich nach dem Gesetze der Schwere anziehen, hat Dirichlet durch seine letzte von Dedekind herausgegebene Arbeit auf überraschende Weise eine neue Bahn gebrochen. Die Verfolgung dieser schönen Entdeckung hat für den Mathematiker ihren besondern Reiz, ganz abgesehen von der Frage nach den Gründen der Gestalt der Himmelskörper, durch welche diese Untersuchungen veranlasst worden sind. Dirichlet selbst hat die Lösung der von ihm behandelten Aufgabe nur in den einfachsten Fällen vollständig durchgeführt. Für die weitere Ausführung der Untersuchung ist es zweckmässig, den Differentialgleichungen für die Bewegung der flüssigen Masse eine von dem gewählten Anfangszeitpunkte unabhängige Form zu geben, was z. B. dadurch geschehen kann, dass man die Gesetze aufsucht, nach welchen die Grösse der Hauptaxen des Ellipsoides und die relative Bewegung der flüssigen Masse gegen dieselben sich ändert. Indem wir hier die Aufgabe in dieser Weise behandeln, werden wir zwar die Dirichlet'sche Abhandlung voraussetzen, müssen aber dabei zur Vermeidung von Irrungen gleich bevorworten, dass es nicht möglich gewesen ist, die dort gebrauchten Zeichen unverändert beizubehalten.

1.

Wir bezeichnen durch a, b, c die Hauptaxen des Ellipsoides zur Zeit t, ferner durch x, y, z die Coordinaten eines Elements der flüssigen Masse zur Zeit t und die Anfangswerthe dieser Grössen durch Anhängung des Index 0 und nehmen an, dass für die Anfangszeit die Hauptaxen des Ellipsoides mit den Coordinatenaxen zusammenfallen.

Den Ausgangspunkt für die Untersuchung Dirichlet's bildet bekanntlich die Bemerkung, dass man den Differentialgleichungen für die Bewegung der Flüssigkeitstheile genügen kann, wenn man die Coordinaten x, y, z linearen Ausdrücken von ihren Anfangswerthen gleichsetzt, in denen die Coefficienten blosse Functionen der Zeit sind. Diese Ausdrücke setzen wir in die Form

$$\begin{aligned} x &= l\,\frac{x_0}{a_0} + m\,\frac{y_0}{b_0} + n\,\frac{z_0}{c_0} \\ y &= l'\,\frac{x_0}{a_0} + m'\,\frac{y_0}{b_0} + n'\,\frac{z_0}{c_0} \qquad (1) \\ z &= l''\,\frac{x_0}{a_0} + m''\,\frac{y_0}{b_0} + n''\,\frac{z_0}{c_0}. \end{aligned}$$

Bezeichnet man nun durch ξ, η, ζ die Coordinaten des Punktes (x, y, z) in Bezug auf ein bewegliches Coordinatensystem, dessen Axen in jedem Augenblicke mit den Hauptaxen des Ellipsoides zusammenfallen, so sind bekanntlich ξ, η, ζ gleich linearen Ausdrücken von x, y, z

$$\begin{aligned} \xi &= \alpha x + \beta y + \gamma z \\ \eta &= \alpha' x + \beta' y + \gamma' z \qquad (2) \\ \zeta &= \alpha'' x + \beta'' y + \gamma'' z \end{aligned}$$

worin die Coefficienten die Cosinus der Winkel sind, welche die Axen des einen Systems mit den Axen des andern bilden, $\alpha = \cos \xi x$, $\beta = \cos \xi y$ etc., und zwischen diesen Coefficienten finden sechs Bedingungsgleichungen statt, welche sich daraus herleiten lassen, dass durch die Substitution dieser Ausdrücke

$$\xi^2 + \eta^2 + \zeta^2 = x^2 + y^2 + z^2$$

werden muss.

Da die Oberfläche stets von denselben Flüssigkeitstheilchen gebildet wird, so muss

$$\frac{\xi^2}{a^2} + \frac{\eta^2}{b^2} + \frac{\zeta^2}{c^2} = \frac{x_0^{\,2}}{a_0^{\,2}} + \frac{y_0^{\,2}}{b_0^{\,2}} + \frac{z_0^{\,2}}{c_0^{\,2}}$$

sein; setzt man also

$$\begin{aligned} \frac{\xi}{a} &= \alpha_{,}\,\frac{x_0}{a_0} + \beta_{,}\,\frac{y_0}{b_0} + \gamma_{,}\,\frac{z_0}{c_0} \\ \frac{\eta}{b} &= \alpha_{,}'\,\frac{x_0}{a_0} + \beta_{,}'\,\frac{y_0}{b_0} + \gamma_{,}'\,\frac{z_0}{c_0} \qquad (3) \\ \frac{\zeta}{c} &= \alpha_{,}''\,\frac{x_0}{a_0} + \beta_{,}''\,\frac{y_0}{b_0} + \gamma_{,}''\,\frac{z_0}{c_0} \end{aligned}$$

d. h. bezeichnet man in den Ausdrücken von $\frac{\xi}{a}$, $\frac{\eta}{b}$, $\frac{\zeta}{c}$ durch $\frac{x_0}{a_0}$, $\frac{y_0}{b_0}$, $\frac{z_0}{c_0}$ welche man durch Einsetzung der Werthe (1) in die Gleichungen (2) erhält, die Coefficienten durch $\alpha_{,}, \beta_{,}, \ldots, \gamma_{,}''$, so bilden diese Grössen $\alpha_{,}, \beta_{,}, \ldots, \gamma_{,}''$ ebenfalls die Coefficienten einer orthogonalen Coordinatentransformation: sie können betrachtet werden als die Cosinus der Winkel, welche die Axen eines beweglichen Coordinatensystems der $\xi_{,}, \eta_{,}, \zeta_{,}$ mit den Axen des festen Coordinatensystems der x, y, z bilden. Drückt man die Grössen x, y, z mit Hülfe der Gleichungen (2) und (3) in $\frac{x_0}{a_0}, \frac{y_0}{b_0}, \frac{z_0}{c_0}$ aus, so ergiebt sich

$$(4)\quad \begin{aligned}
l &= a\alpha\alpha_{,} + b\alpha'\alpha_{,}' + c\alpha''\alpha_{,}'' \\
m &= a\alpha\beta_{,} + b\alpha'\beta_{,}' + c\alpha''\beta_{,}'' \\
n &= a\alpha\gamma_{,} + b\alpha'\gamma_{,}' + c\alpha''\gamma_{,}'' \\[4pt]
l' &= a\beta\alpha_{,} + b\beta'\alpha_{,}' + c\beta''\alpha_{,}'' \\
m' &= a\beta\beta_{,} + b\beta'\beta_{,}' + c\beta''\beta_{,}'' \\
n' &= a\beta\gamma_{,} + b\beta'\gamma_{,}' + c\beta''\gamma_{,}'' \\[4pt]
l'' &= a\gamma\alpha_{,} + b\gamma'\alpha_{,}' + c\gamma''\alpha_{,}'' \\
m'' &= a\gamma\beta_{,} + b\gamma'\beta_{,}' + c\gamma''\beta_{,}'' \\
n'' &= a\gamma\gamma_{,} + b\gamma'\gamma_{,}' + c\gamma''\gamma_{,}''
\end{aligned}$$

Wir können daher die Lage der Flüssigkeitstheilchen oder die Werthe der Grössen $l, m, \ldots, n''$ zur Zeit t als abhängig betrachten von den Grössen a, b, c und der Lage zweier beweglichen Coordinatensysteme und können zugleich bemerken, dass durch Vertauschung dieser beiden Coordinatensysteme in dem Systeme der Grössen l, m, n die Horizontalreihen mit den Vertikalreihen vertauscht werden, also l, m', n'' ungeändert bleiben, während von den Grössen m und l', n und l'', n' und m'' jede in die andere übergeht. Es wird nun unser nächstes Geschäft sein, die Differentialgleichungen für die Veränderungen der Hauptaxen und die Bewegung dieser beiden Coordinatensysteme aus den in der Dirichlet'schen Abhandlung (§. 1, 1) angegebenen Grundgleichungen für die Bewegung der Flüssigkeitstheilchen abzuleiten.

2.

Offenbar ist es erlaubt, in jenen Gleichungen, statt der Derivirten nach den Anfangswerthen der Grössen x, y, z, welche dort durch a, b, c bezeichnet sind, die Derivirten nach den Grössen ξ, η, ζ zu setzen; denn die hiedurch gebildeten Gleichungen lassen sich als Aggregate von jenen darstellen und umgekehrt. Wir erhalten dadurch, wenn wir für $\frac{\partial x}{\partial \xi}, \frac{\partial y}{\partial \eta}, \ldots, \frac{\partial z}{\partial \zeta}$ ihre Werthe einsetzen

$$(1)\quad \begin{aligned}
\frac{\partial^2 x}{\partial t^2}\alpha + \frac{\partial^2 y}{\partial t^2}\beta + \frac{\partial^2 z}{\partial t^2}\gamma &= \varepsilon\frac{\partial V}{\partial \xi} - \frac{\partial P}{\partial \xi}\\
\frac{\partial^2 x}{\partial t^2}\alpha' + \frac{\partial^2 y}{\partial t^2}\beta' + \frac{\partial^2 z}{\partial t^2}\gamma' &= \varepsilon\frac{\partial V}{\partial \eta} - \frac{\partial P}{\partial \eta}\\
\frac{\partial^2 x}{\partial t^2}\alpha'' + \frac{\partial^2 y}{\partial t^2}\beta'' + \frac{\partial^2 z}{\partial t^2}\gamma'' &= \varepsilon\frac{\partial V}{\partial \zeta} - \frac{\partial P}{\partial \zeta}
\end{aligned}$$

worin V das Potential, P den Druck im Punkte x, y, z zur Zeit t und ε die Constante bezeichnet, welche die Anziehung zwischen zwei Masseneinheiten in der Entfernungseinheit ausdrückt.

Es handelt sich nun zunächst darum, die Grössen links vom Gleichheitszeichen in die Form linearer Functionen von den Grössen ξ, η, ζ zu setzen, wozu einige Vorbereitungen nöthig sind.

Durch Differentiation der Gleichungen 2) erhält man, wenn man zur Abkürzung

$$(2)\quad \begin{aligned}
\frac{\partial x}{\partial t}\alpha + \frac{\partial y}{\partial t}\beta + \frac{\partial z}{\partial t}\gamma &= \xi'\\
\frac{\partial x}{\partial t}\alpha' + \frac{\partial y}{\partial t}\beta' + \frac{\partial z}{\partial t}\gamma' &= \eta'\\
\frac{\partial x}{\partial t}\alpha'' + \frac{\partial y}{\partial t}\beta'' + \frac{\partial z}{\partial t}\gamma'' &= \zeta'
\end{aligned}$$

setzt,

$$\begin{aligned}
\frac{\partial \xi}{\partial t} &= \frac{d\alpha}{dt}x + \frac{d\beta}{dt}y + \frac{d\gamma}{dt}z + \xi'\\
\frac{\partial \eta}{\partial t} &= \frac{d\alpha'}{dt}x + \frac{d\beta'}{dt}y + \frac{d\gamma'}{dt}z + \eta'\\
\frac{\partial \zeta}{\partial t} &= \frac{d\alpha''}{dt}x + \frac{d\beta''}{dt}y + \frac{d\gamma''}{dt}z + \zeta'
\end{aligned}$$

und wenn man hierin x, y, z wieder durch ξ, η, ζ ausdrückt

$$\begin{aligned}
\frac{\partial \xi}{\partial t} = {} & \left(\frac{d\alpha}{dt}\alpha + \frac{d\beta}{dt}\beta + \frac{d\gamma}{dt}\gamma\right)\xi + \left(\frac{d\alpha}{dt}\alpha' + \frac{d\beta}{dt}\beta' + \frac{d\gamma}{dt}\gamma'\right)\eta\\
& + \left(\frac{d\alpha}{dt}\alpha'' + \frac{d\beta}{dt}\beta'' + \frac{d\gamma}{dt}\gamma''\right)\zeta + \xi'\\
\frac{\partial \eta}{\partial t} = {} & \left(\frac{d\alpha'}{dt}\alpha + \frac{d\beta'}{dt}\beta + \frac{d\gamma'}{dt}\gamma\right)\xi + \left(\frac{d\alpha'}{dt}\alpha' + \frac{d\beta'}{dt}\beta' + \frac{d\gamma'}{dt}\gamma'\right)\eta\\
& + \left(\frac{d\alpha'}{dt}\alpha'' + \frac{d\beta'}{dt}\beta'' + \frac{d\gamma'}{dt}\gamma''\right)\zeta + \eta'\\
\frac{\partial \zeta}{\partial t} = {} & \left(\frac{d\alpha''}{dt}\alpha + \frac{d\beta''}{dt}\beta + \frac{d\gamma''}{dt}\gamma\right)\xi + \left(\frac{d\alpha''}{dt}\alpha' + \frac{d\beta''}{dt}\beta' + \frac{d\gamma''}{dt}\gamma'\right)\eta\\
& + \left(\frac{d\alpha''}{dt}\alpha'' + \frac{d\beta''}{dt}\beta'' + \frac{d\gamma''}{dt}\gamma''\right)\zeta + \zeta'.
\end{aligned}$$

Nun giebt aber die Differentiation der bekannten Gleichungen $\alpha^2 + \beta^2 + \gamma^2 = 1,\ \alpha\alpha' + \beta\beta' + \gamma\gamma' = 0$, etc.

$$\alpha\frac{d\alpha}{dt}+\beta\frac{d\beta}{dt}+\gamma\frac{d\gamma}{dt}=0 \qquad \alpha'\frac{d\alpha}{dt}+\beta'\frac{d\beta'}{dt}+\gamma'\frac{d\gamma'}{dt}=0$$

$$\alpha''\frac{d\alpha''}{dt}+\beta''\frac{d\beta''}{dt}+\gamma''\frac{d\gamma''}{dt}=0$$

$$\begin{aligned} \frac{d\alpha'}{dt}\alpha''+\frac{d\beta'}{dt}\beta''+\frac{d\gamma'}{dt}\gamma'' &= -\left(\frac{d\alpha''}{dt}\alpha'+\frac{d\beta''}{dt}\beta'+\frac{d\gamma''}{dt}\gamma'\right)\\ \frac{d\alpha''}{dt}\alpha+\frac{d\beta''}{dt}\beta+\frac{d\gamma''}{dt}\gamma &= -\left(\frac{d\alpha}{dt}\alpha''+\frac{d\beta}{dt}\beta''+\frac{d\gamma}{dt}\gamma''\right)\\ \frac{d\alpha}{dt}\alpha'+\frac{d\beta}{dt}\beta'+\frac{d\gamma}{dt}\gamma' &= -\left(\frac{d\alpha'}{dt}\alpha+\frac{d\beta'}{dt}\beta+\frac{d\gamma'}{dt}\gamma\right) \end{aligned} \tag{3}$$

und es wird folglich, wenn man diese letzteren drei Grössen durch p, q, r bezeichnet,

$$\begin{aligned} \xi' &= \frac{\partial\xi}{\partial t}-r\eta+q\zeta\\ \eta' &= r\xi+\frac{\partial\eta}{\partial t}-p\zeta\\ \zeta' &= -q\xi+p\eta+\frac{\partial\zeta}{\partial t} \end{aligned} \tag{4}$$

Durch ein ganz ähnliches Verfahren ergiebt sich aus den Gleichungen (2)

$$\begin{aligned} \frac{\partial^2 x}{\partial t^2}\alpha+\frac{\partial^2 y}{\partial t^2}\beta+\frac{\partial^2 z}{\partial t^2}\gamma &= \frac{\partial\xi'}{\partial t}-r\eta'+q\zeta'\\ \frac{\partial^2 x}{\partial t^2}\alpha'+\frac{\partial^2 y}{\partial t^2}\beta'+\frac{\partial^2 z}{\partial t^2}\gamma' &= r\xi'+\frac{\partial\eta'}{\partial t}-p\zeta'\\ \frac{\partial^2 x}{\partial t^2}\alpha''+\frac{\partial^2 y}{\partial t^2}\beta''+\frac{\partial^2 z}{\partial t^2}\gamma'' &= -q\xi'+p\eta'+\frac{\partial\zeta'}{\partial t}, \end{aligned} \tag{5}$$

und aus den Gleichungen Art. 1. 3), wenn $p_{,}$, $q_{,}$, $r_{,}$ die Grössen bezeichnen, welche von den Functionen $\alpha_{,}$, $\beta_{,}$, $\ldots$, $\gamma_{,}''$ ebenso abhängen, wie die Grössen p, q, r von den Functionen α, β, $\ldots$, γ''

$$\begin{aligned} \frac{\partial\frac{\xi}{a}}{\partial t} &= r_{,}\frac{\eta}{b}-q_{,}\frac{\zeta}{c}\\ \frac{\partial\frac{\eta}{b}}{\partial t} &= p_{,}\frac{\zeta}{c}-r_{,}\frac{\xi}{a}\\ \frac{\partial\frac{\zeta}{c}}{\partial t} &= q_{,}\frac{\xi}{a}-p_{,}\frac{\eta}{b}. \end{aligned} \tag{6}$$

Setzt man die Werthe $\frac{\partial\xi}{\partial t}$, $\frac{\partial\eta}{\partial t}$, $\frac{\partial\zeta}{\partial t}$ aus (6) in (4) ein, so erhält man

$$\xi' = \frac{da}{dt}\frac{\xi}{a} + (ar_, - br)\frac{\eta}{b} + (cq - aq_,)\frac{\zeta}{c}$$

(7) $$\eta' = (ar - br_,)\frac{\xi}{a} + \frac{db}{dt}\frac{\eta}{b} + (bp_, - cp)\frac{\zeta}{c}$$

$$\zeta' = (cq_, - aq)\frac{\xi}{a} + (bp - cp_,)\frac{\eta}{b} + \frac{dc}{dt}\frac{\zeta}{c}.$$

Was die geometrische Bedeutung dieser Grössen betrifft, so sind, wie leicht ersichtlich ist, ξ', η', ζ' die Geschwindigkeitscomponenten des Punktes x, y, z der flüssigen Masse parallel den Axen ξ, η, ζ; $\frac{\partial \xi}{\partial t}, \frac{\partial \eta}{\partial t}, \frac{\partial \zeta}{\partial t}$ die ebenso zerlegten relativen Geschwindigkeiten gegen das Coordinatensystem der ξ, η, ζ; ferner in den Gleichungen (1) die Grössen auf der linken. Seite die Beschleunigungen und die auf der rechten die beschleunigenden Kräfte parallel diesen Axen; endlich sind p, q, r die augenblicklichen Rotationen des Coordinatensystems der ξ, η, ζ um seine Axen und $p_,, q_,, r_,$ haben dieselbe Bedeutung für das Coordinatensystem der $\xi_,, \eta_,, \zeta_,$.

3.

Wenn man nun die Werthe der Grössen ξ', η', ζ' aus (7) in die Gleichungen (5) substituirt und mit Hülfe der Gleichungen (6) die Derivirten von $\frac{\xi}{a}, \frac{\eta}{b}, \frac{\zeta}{c}$ wieder durch die Grössen ξ, η, ζ ausdrückt, so nehmen die Grössen auf der linken Seite der Gleichungen (1) die Form linearer Ausdrücke von den Grössen ξ, η, ζ an. Auf der rechten Seite hat V die Form

$$H - A\xi^2 - B\eta^2 - C\zeta^2$$

worin H, A, B, C auf bekannte Weise von den Grössen a, b, c abhängen; und man genügt ihnen daher, wenn an der Oberfläche der Druck den constanten Werth Q hat, indem man

$$P = Q + \sigma\left(1 - \frac{\xi^2}{a^2} - \frac{\eta^2}{b^2} - \frac{\zeta^2}{c^2}\right)$$

setzt und die zehn Functionen der Zeit a, b, c; p, q, r; $p_,, q_,, r_,$ und σ so bestimmt, dass die neun Coefficienten der Grössen ξ, η, ζ auf beiden Seiten einander gleich werden und zugleich die aus der Incompressibilität folgende Bedingungsgleichung $abc = a_0 b_0 c_0$ befriedigt wird. Durch Gleichsetzung der Coefficienten von $\frac{\xi}{a}, \frac{\eta}{b}$, in der ersten und von $\frac{\xi}{a}$ in der zweiten Gleichung ergiebt sich

$$\frac{d^2a}{dt^2} + 2brr_{,} + 2cqq_{,} - a(r^2 + r_{,}^2 + q^2 + q_{,}^2) = 2\frac{\sigma}{a} - 2\varepsilon aA$$

$$a\frac{dr}{dt} - b\frac{dr_{,}}{dt} + 2\frac{da}{dt}r - 2\frac{db}{dt}r_{,} + apq + bp_{,}q_{,} - 2cpq_{,} = 0$$

$$a\frac{dr_{,}}{dt} - b\frac{dr}{dt} + 2\frac{da}{dt}r_{,} - 2\frac{db}{dt}r + ap_{,}q_{,} + bpq - 2cp_{,}q = 0$$

Aus diesen Gleichungen erhält man die sechs übrigen durch cyclische Versetzung der Axen, oder auch durch beliebige Vertauschungen, wenn man nur dabei beachtet, dass durch Vertauschung zweier Axen nicht bloss die ihnen entsprechenden Grössen vertauscht werden, sondern zugleich die sechs Grössen $p, q, \ldots, r_{,}$ ihr Zeichen ändern.

Man kann diesen Gleichungen eine für die weitere Untersuchung bequemere Form geben, wenn man statt der Grössen $p, p_{,}$; $q, q_{,}$; $r, r_{,}$ ihre halben Summen und Differenzen

$$u = \frac{p + p_{,}}{2} \qquad v = \frac{q + q_{,}}{2} \qquad w = \frac{r + r_{,}}{2}$$

$$u' = \frac{p - p_{,}}{2} \qquad v' = \frac{q - q_{,}}{2} \qquad w' = \frac{r - r_{,}}{2}$$

als unbekannte Functionen einführt.

Dadurch wird das System von Gleichungen, welchen die zehn unbekannten Functionen der Zeit genügen müssen

$$(\alpha)\left\{\begin{aligned}
&(a-c)v^2 + (a+c)v'^2 + (a-b)w^2 + (a+b)w'^2 - \tfrac{1}{2}\frac{d^2a}{dt^2} = \varepsilon aA - \frac{\sigma}{a}\\
&(b-a)w^2 + (b+a)w'^2 + (b-c)u^2 + (b+c)u'^2 - \tfrac{1}{2}\frac{d^2b}{dt^2} = \varepsilon bB - \frac{\sigma}{b}\\
&(c-b)u^2 + (c+b)u'^2 + (c-a)v^2 + (c+a)v'^2 - \tfrac{1}{2}\frac{d^2c}{dt^2} = \varepsilon cC - \frac{\sigma}{c}\\
&(b-c)\frac{du}{dt} + 2\frac{d(b-c)}{dt}u + (b+c-2a)vw + (b+c+2a)v'w' = 0\\
&(b+c)\frac{du'}{dt} + 2\frac{d(b+c)}{dt}u' + (b-c+2a)vw' + (b-c-2a)v'w = 0\\
&(c-a)\frac{dv}{dt} + 2\frac{d(c-a)}{dt}v + (c+a-2b)wu + (c+a+2b)w'u' = 0\\
&(c+a)\frac{dv'}{dt} + 2\frac{d(c+a)}{dt}v' + (c-a+2b)wu' + (c-a-2b)w'u = 0\\
&(a-b)\frac{dw}{dt} + 2\frac{d(a-b)}{dt}w + (a+b-2c)uv + (a+b+2c)u'v' = 0\\
&(a+b)\frac{dw'}{dt} + 2\frac{d(a+b)}{dt}w' + (a-b+2c)uv' + (a-b-2c)u'v = 0\\
&\qquad\qquad abc = a_0b_0c_0.
\end{aligned}\right.$$

Die Werthe von A, B, C ergeben sich aus dem bekannten Ausdrucke für V

$$V = H - A\xi^2 - B\eta^2 - C\zeta^2 = \pi \int_0^\infty \frac{ds}{\Delta}\left(1 - \frac{\xi^2}{a^2+s} - \frac{\eta^2}{b^2+s} - \frac{\zeta^2}{c^2+s}\right),$$

worin

$$\Delta = \sqrt{\left(1+\frac{s}{a^2}\right)\left(1+\frac{s}{b^2}\right)\left(1+\frac{s}{c^2}\right)}.$$

Nach ausgeführter Integration dieser Differentialgleichungen hat man noch, um die Functionen $\alpha, \beta, \ldots, \gamma''$ zu bestimmen, die allgemeine Lösung $\theta, \theta', \theta''$ der Differentialgleichungen

$$(\beta) \qquad \frac{d\theta}{dt} = r\theta' - q\theta'', \quad \frac{d\theta'}{dt} = -r\theta + p\theta'', \quad \frac{d\theta''}{dt} = q\theta - p\theta'$$

zu suchen, — von welchen, wie aus Art. 2, (3) hervorgeht, $\alpha, \alpha', \alpha''$; β, β', β''; $\gamma, \gamma', \gamma''$ die drei particularen Auflösungen sind, die für $t = 0$ die Werthe 1, 0, 0; 0, 1, 0; 0, 0, 1 annehmen, — und zur Bestimmung der Functionen $\alpha_{,}, \beta_{,}, \ldots, \gamma_{,}''$ die allgemeine Lösung der simultanen Differentialgleichungen

$$(\gamma) \qquad \frac{d\theta_{,}}{dt} = r_{,}\theta_{,}' - q_{,}\theta_{,}'', \quad \frac{d\theta_{,}'}{dt} = -r_{,}\theta_{,} + p_{,}\theta_{,}'', \quad \frac{d\theta_{,}''}{dt} = q_{,}\theta_{,} - p_{,}\theta_{,}'.$$

4.

Es fragt sich nun, welche Hülfsmittel für die Integration dieser Differentialgleichungen (α), (β), (γ) die allgemeinen hydrodynamischen Principien darbieten, aus denen Dirichlet sieben Integrale erster Ordnung der durch die Functionen $l, m, \ldots, n''$ zu erfüllenden Differentialgleichungen (§. 1. (a)) schöpfte. Die aus ihnen fliessenden Gleichungen lassen sich mit Hülfe der oben für ξ', η', ζ' gegebenen Ausdrücke leicht herleiten.

Der Satz von der Erhaltung der Flächen giebt

$$(1) \qquad \begin{aligned} (b-c)^2 u + (b+c)^2 u' &= g = \alpha\, g^0 + \beta\, h^0 + \gamma\, k^0 \\ (c-a)^2 v + (c+a)^2 v' &= h = \alpha' g^0 + \beta' h^0 + \gamma' k^0 \\ (a-b)^2 w + (a+b)^2 w' &= k = \alpha'' g^0 + \beta'' h^0 + \gamma'' k^0 \end{aligned}$$

worin die Constanten g^0, h^0, k^0, die Anfangswerthe von g, h, k, mit den Constanten $\mathfrak{K}, \mathfrak{K}', \mathfrak{K}''$ in der Abhandlung von Dirichlet übereinkommen; er liefert also das aus den sechs letzten Differentialgleichungen (α) leicht zu bestätigende Resultat, dass $\theta = g$, $\theta' = h$, $\theta'' = k$ eine Lösung der Differentialgleichungen (β) ist.

Aus dem Helmholtz'schen Princip der Erhaltung der Rotation folgen die Gleichungen

$$(2)\quad \begin{aligned}(b-c)^2u-(b+c)^2u' &= g_{,}=\alpha_{,}\,g_{,}^0+\beta_{,}\,h_{,}^0+\gamma_{,}\,k_{,}^0\\ (c-a)^2v-(c+a)^2v' &= h_{,}=\alpha_{,}'\,g_{,}^0+\beta_{,}'\,h_{,}^0+\gamma_{,}'\,k_{,}^0\\ (a-b)^2w-(a+b)^2w' &= k_{,}=\alpha_{,}''g_{,}^0+\beta_{,}''h_{,}^0+\gamma_{,}''k_{,}^0\end{aligned}$$

in welchen die Constanten $g_{,}^0$, $h_{,}^0$, $k_{,}^0$ den Grössen $BC\mathfrak{A}$, $CA\mathfrak{B}$, $AB\mathfrak{C}$ der genannten Abhandlung gleich sind.

Der Satz von der Erhaltung der lebendigen Kraft endlich giebt ein Integral erster Ordnung der Differentialgleichungen (α)

$$(\mathrm{I})\quad \left\{\begin{aligned}&\tfrac{1}{2}\left(\left(\frac{da}{dt}\right)^2+\left(\frac{db}{dt}\right)^2+\left(\frac{dc}{dt}\right)^2\right)\\ &+(b-c)^2u^2+(c-a)^2v^2+(a-b)^2w^2\\ &+(b+c)^2u'^2+(c+a)^2v'^2+(a+b)^2w'^2\end{aligned}\right\}=2\,\varepsilon H+\text{const.}$$

Aus den Gleichungen (1) und (2) folgen zunächst noch zwei Integrale der Gleichungen (α)

$$(\mathrm{II})\qquad g^2+h^2+k^2=\text{const.}=\omega^2$$

$$(\mathrm{III})\qquad g_{,}^2+h_{,}^2+k_{,}^2=\text{const.}=\omega_{,}^2.$$

Ferner lassen sich von den Gleichungen (β) zwei Integrale

$$(\mathrm{IV})\qquad \theta^2+\theta'^2+\theta''^2=\text{const.}$$

$$(\mathrm{V})\qquad \theta g+\theta' h+\theta'' k=\text{const.}$$

angeben, wodurch ihre Integration *allgemein* auf eine Quadratur zurückgeführt wird. Zur Aufstellung ihrer allgemeinen Lösung ist es jedoch, da sie linear und homogen sind, nur nöthig, noch zwei von der Lösung g, h, k verschiedene *particulare* Lösungen zu suchen, für welchen Zweck man die willkürlichen Constanten in diesen beiden Integralgleichungen so wählen kann, dass sich die Rechnung vereinfacht. Giebt man beiden den Werth Null, so hat man

$$(3)\qquad \theta' h+\theta'' k=-g\theta,$$

und ferner erhält man, wenn man diese Gleichung quadrirt und dazu die Gleichung

$$-\theta'^2-\theta''^2=\theta^2$$

multiplicirt mit h^2+k^2, addirt

$$-(\theta' k-\theta'' h)^2=\omega^2\theta^2$$

folglich

$$(4)\qquad \theta' k-\theta'' h=\omega i\theta$$

Durch Auflösung dieser beiden linearen Gleichungen (3) und (4) findet sich

(5) $$\theta' = \frac{-gh + k\omega i}{h^2 + k^2}\,\theta$$

(6) $$\theta'' = \frac{-gk - h\omega i}{h^2 + k^2}\,\theta$$

und durch Einsetzung dieser Werthe in die erste der Gleichungen (β)

$$\frac{1}{\theta}\,\frac{d\theta}{dt} = \frac{-g\,\frac{dg}{dt}}{h^2 + k^2} + \frac{rk + qh}{h^2 + k^2}\,\omega i$$

(7) $$\log\theta = \tfrac{1}{2}\log(h^2 + k^2) + \omega i \int \frac{qh + rk}{h^2 + k^2}\,dt + \text{const.}$$

Aus dieser in (5), (6) und (7) enthaltenen Lösung der Differentialgleichungen (β) erhält man eine dritte, indem man für $\sqrt{-1}$ überall $-\sqrt{-1}$ setzt, und es ist dann leicht aus den gefundenen drei particularen Lösungen die Ausdrücke für die Functionen $\alpha, \beta, \ldots, \gamma''$ zu bilden.

Die geometrische Bedeutung jeder reellen Lösung der Differentialgleichungen (β) besteht darin, dass sie, mit einem geeigneten constanten Factor multiplicirt, die Cosinus der Winkel ausdrückt, welche die Axen der ξ, η, ζ zur Zeit t mit einer festen Linie machen. Diese feste Linie wird für die erste der drei eben gefundenen Lösungen durch die Normale auf der unveränderlichen Ebene der ganzen bewegten Masse gebildet, für den reellen und den imaginären Bestandtheil der beiden andern durch zwei in dieser Ebene enthaltene und auf einander senkrechte Linien. Die Cosinus der Winkel zwischen den Axen und jener Normalen sind demnach $\frac{g}{\omega}, \frac{h}{\omega}, \frac{k}{\omega}$; die Lage der Axen gegen diese Normale ergiebt sich also nach Auflösung der Gleichungen (α) ohne weitere Integration und zur vollständigen Bestimmung ihrer Lage genügt eine einzige Quadratur, z. B. die Integration $\omega \int_0^t \frac{qh + rk}{h^2 + k^2}\,dt$, welche die Drehung der durch die Normale und die Axe der ξ gehenden Ebene um die Normale giebt.

Ganz Aehnliches gilt von den Differentialgleichungen (γ). Man kann auf demselben Wege aus den beiden Integralen

(VI) $$\theta_{,}^2 + \theta_{,}'^2 + \theta_{,}''^2 = \text{const.}$$

(VII) $$\theta_{,} g_{,} + \theta_{,}' h_{,} + \theta_{,}'' k_{,} = \text{const.}$$

ihre allgemeine Lösung und folglich auch die Werthe der Grössen $\alpha_{,}, \beta_{,}, \ldots, \gamma_{,}''$ zur Zeit t ableiten, und es wird dabei nur eine Quadratur erforderlich sein. Es ergiebt sich dann schliesslich der Ort eines beliebigen Flüssigkeitstheilchens zur Zeit t aus den oben (Art. 1, 1 und 4) für die Grössen x, y, z und die Functionen $l, m, \ldots, n''$ gegebenen Ausdrücken.

5.

Wir wollen uns jetzt Rechenschaft darüber geben, was durch die Zurückführung der Differentialgleichungen zwischen den Functionen $l, m, \ldots, n''$ (der Differentialgleichungen (a) §. 1 bei Dirichlet) auf unsere Differentialgleichungen für das Geschäft der Integration gewonnen ist. Das System der Differentialgleichungen (a) ist von der sechszehnten Ordnung, und man kennt von denselben sieben Integrale erster Ordnung, wodurch es auf ein System der neunten Ordnung, zurückgeführt wird. Das System (α) ist nur von der zehnten Ordnung, und man kennt von demselben noch drei Integrale erster Ordnung. Durch die hier bewirkte Umformung jener Differentialgleichungen ist also die Ordnung des noch zu integrirenden Systems von Differentialgleichungen um zwei Einheiten erniedrigt, und man hat statt dessen nur schliesslich noch zwei Quadraturen auszuführen. Diese Umformung leistet also dasselbe, wie die Auffindung von zwei Integralen erster Ordnung.

Wir bemerken indess ausdrücklich, dass hierdurch unsere Form der Differentialgleichungen nur für die Integration und die wirkliche Bestimmung der Bewegung einen Vorzug erhält. Für die allgemeinsten Untersuchungen über diese Bewegung ist dagegen diese Form der Differentialgleichungen weniger geeignet, nicht bloss, weil ihre Herleitung weniger einfach ist, sondern auch desshalb, weil der Fall der Gleichheit zweier Axen eine besondere Betrachtung erfordert. Bei Gleichheit zweier Axen tritt nämlich der besondere Umstand ein, dass die ihnen zu gebende Lage durch die Gestalt der flüssigen Masse nicht völlig bestimmt ist; sie hängt dann im Allgemeinen auch von der augenblicklichen Bewegung ab und bleibt nur dann willkürlich, wenn diese Bewegung so beschaffen ist, dass die Axen fortwährend einander gleich bleiben. Die Untersuchung dieses Falles ist zwar immer leicht und bedarf daher keiner weiteren Ausführung, kann aber in speciellen Fällen noch wieder besondere Formen annehmen, und die allgemeinen Untersuchungen, wie z. B. der allgemeine Nachweis der Möglichkeit der Bewegung (§. 2 bei Dirichlet), würden daher wegen der Menge von besonders zu behandelnden Fällen ziemlich weitläufig werden.

Ehe wir zur Behandlung von speciellen Fällen schreiten, in welchen sich die Differentialgleichungen (α) integriren lassen, ist es zweckmässig, zu bemerken, dass in einer Lösung dieser Differentialgleichungen, wie unmittelbar aus der Form dieser Gleichungen hervorgeht, jede Zeichenänderung der Functionen $u, v, \ldots, w'$ zulässig ist, bei welcher uvw, $uv'w'$, $u'vw'$, $u'v'w$ ungeändert bleiben. Es können also erstens die Zeichen der Functionen u', v', w' gleichzeitig geändert werden, und dadurch werden die Grössen $\alpha, \beta, \ldots, \gamma''$ mit den Grössen $\alpha_{,}, \beta_{,}, \ldots, \gamma_{,}''$, also in dem System der Grössen $l, m, \ldots, n''$ die Horizontalreihen mit den Verticalreihen vertauscht. Zweitens können gleichzeitig zwei der Grössenpaare u, u'; v, v'; w, w' mit den entgegengesetzten Zeichen versehen werden, und diese Aenderung lässt sich auf eine Aenderung in dem Zeichen einer Coordinatenaxe zurückführen, wobei die Bewegung in eine ihr symmetrisch gleiche übergeht. In dieser Bemerkung ist der von Dedekind gefundene Reciprocitätssatz enthalten.

6.

Wir wollen nun den Fall untersuchen, in welchem eins der Grössenpaare u, u'; v, v'; w, w' fortwährend gleich Null ist, also z. B. $u = u' = 0$; die geometrische Bedeutung dieser Voraussetzung ist diese, dass die Hauptaxe a stets in der unveränderlichen Ebene der ganzen bewegten Masse liegt und die augenblickliche Rotationsaxe auf dieser Hauptaxe senkrecht steht.

Aus den sechs letzten Differentialgleichungen (α) folgt sogleich, dass in diesem Falle die Grössen

$$(\mu) \qquad (c-a)^2 v,\ (c+a)^2 v',\ (a-b)^2 w,\ (a+b)^2 w'$$

constant sind und die Gleichungen

$$(\nu) \qquad \begin{aligned} (b+c-2a)\, vw + (b+c+2a)\, v'w' &= 0 \\ (b-c+2a)\, vw' + (b-c-2a)\, v'w &= 0 \end{aligned}$$

stattfinden müssen.

Bei der weiteren Untersuchung ist zu unterscheiden, ob noch ein zweites der drei Grössenpaare Null ist oder nicht, und wir können im Allgemeinen nur noch bemerken, dass in Folge der Gleichungen (μ) die Grössen $h, k, h_{,}, k_{,}$ constant sind und folglich auch die Winkel zwischen den Hauptaxen und der unveränderlichen Ebene der ganzen bewegten Masse, und dass dann ferner aus den Differentialgleichungen (β) und (γ) die Verhältnissgleichungen

$$\begin{aligned} g : h : k &= p : q : r \\ g_{,} : h_{,} : k_{,} &= p_{,} : q_{,} : r_{,} \end{aligned}$$

folgen, wodurch die Lösungen dieser Gleichungen sich vereinfachen.

Erster Fall. Nur eins der drei Grössenpaare u, u'; v, v'; w, w' ist gleich Null.

Wenn weder zugleich v und v', noch zugleich w und w' Null sind, folgt aus den Gleichungen (μ) und (ν)

$$(1)\quad \begin{aligned} \frac{v'^2}{v^2} &= \frac{(2a-b-c)\,(2a+b-c)}{(2a+b+c)\,(2a-b+c)} = \left(\frac{a-c}{a+c}\right)^4 \text{const.} \\ \frac{w'^2}{w^2} &= \frac{(2a-b-c)\,(2a-b+c)}{(2a+b+c)\,(2a+b-c)} = \left(\frac{a-b}{a+b}\right)^4 \text{const.} \end{aligned}$$

woraus sich mit Hinzuziehung von

$$abc = \text{const.}$$

ergiebt, dass a, b, c und folglich auch v, v', w, w' constant sind.

Setzen wir nun

$$(2)\quad \begin{aligned} \frac{v^2}{(2a+b+c)\,(2a-b+c)} &= \frac{v'^2}{(2a-b-c)\,(2a+b-c)} = S \\ \frac{w^2}{(2a+b+c)\,(2a+b-c)} &= \frac{w'^2}{(2a-b-c)\,(2a-b+c)} = T \end{aligned}$$

so erhalten wir aus den drei ersten Differentialgleichungen (α) die drei Gleichungen

$$(3)\quad (4a^2-b^2-3c^2)\,S + (4a^2-3b^2-c^2)\,T = \frac{\varepsilon A}{2} - \frac{\sigma}{2a^2}$$

$$(4)\quad \begin{cases} (b^2-c^2)\,T = \dfrac{\varepsilon B}{2} - \dfrac{\sigma}{2b^2} \\ (c^2-b^2)\,S = \dfrac{\varepsilon C}{2} - \dfrac{\sigma}{2c^2} \end{cases}$$

Um hieraus die Werthe von S, T und σ abzuleiten, bilde man aus den Gleichungen (4) die Gleichungen

$$b^2T + c^2S = \frac{\varepsilon\pi}{2}\int_0^\infty \frac{s\,ds}{\Delta\,(b^2+s)\,(c^2+s)}$$

$$T + S = \frac{\sigma}{2b^2c^2} - \frac{\varepsilon\pi}{2}\int_0^\infty \frac{ds}{\Delta\,(b^2+s)\,(c^2+s)}$$

und substituire diese Werthe in der Gleichung (3)

$$(4a^2-b^2-c^2)\,(T+S) - 2\,(b^2T+c^2S) = \frac{\varepsilon A}{2} - \frac{\sigma}{2a^2},$$

wodurch man

$$(5)\quad \frac{D\sigma}{2a^2b^2c^2} = \frac{\varepsilon\pi}{2}\int_0^\infty \frac{ds}{\Delta}\left(\frac{2s+4a^2-b^2-c^2}{(b^2+s)\,(c^2+s)} + \frac{1}{a^2+s}\right)$$

erhält, wenn zur Abkürzung

$$(6)\quad 4a^4 - a^2\,(b^2+c^2) + b^2c^2 = D$$

gesetzt wird.

Durch Einsetzung des Werthes von σ in die Gleichungen (4) findet sich dann

$$(7)\qquad \frac{b^2-c^2}{b^2-a^2}DS=\frac{\varepsilon\pi}{2}\int_0^\infty\frac{sds}{\Delta(b^2+s)}\left(\frac{4a^2-c^2+b^2}{c^2+s}-\frac{b^2}{a^2+s}\right)$$

$$(8)\qquad \frac{c^2-b^2}{c^2-a^2}DT=\frac{\varepsilon\pi}{2}\int_0^\infty\frac{sds}{\Delta(c^2+s)}\left(\frac{4a^2-b^2+c^2}{b^2+s}-\frac{c^2}{a^2+s}\right)$$

Es bleibt nun noch zu untersuchen, welchen Bedingungen a, b, c genügen müssen, damit sich aus den Gleichungen (7) und (8) und den Gleichungen (2) für v, v', w, w' reelle Werthe ergeben.

Damit $\left(\frac{v'}{v}\right)^2$ und $\left(\frac{w'}{w}\right)^2$ nicht negativ werden, ist es nothwendig und hinreichend, dass die Grösse

$$(4a^2-(b+c)^2)(4a^2-(b-c)^2)\geqq 0$$

sei. Es muss also a^2 entweder $\geqq\left(\frac{b+c}{2}\right)^2$ oder $\leqq\left(\frac{b-c}{2}\right)^2$ sein.

Wenn $a\geqq\frac{b+c}{2}$, müssen die Grössen S und T beide $\geqq 0$ sein, damit die Gleichungen (2) für v, v', w, w' reelle Werthe liefern. Man kann nun aber leicht zeigen, dass, wenn $a\geqq\frac{b+c}{2}$, D und die beiden Integrale auf der rechten Seite der Gleichungen (7) und (8) immer positiv sind. Man hat dazu nur nöthig, D in die Form zu setzen

$$a^2(4a^2-(b+c)^2)+bc(2a^2+bc)$$

und das in (7) enthaltene Integral in die Form

$$\frac{\varepsilon\pi}{2a^2b^2c^2}\int_0^\infty\frac{sds}{\Delta^3}\left((4a^2-c^2)s+a^2(4a^2+b^2-c^2)-b^2c^2\right)$$

und dann zu bemerken, dass aus $a\geqq\frac{b+c}{2}$ die folgenden Ungleichheiten fliessen, $4a^2-(b+c)^2\geqq 0$, $4a^2-c^2>0$, ferner

$$4a^2+b^2-c^2\geqq(b+c)^2+b^2-c^2=2b(b+c)$$

und folglich

$$a^2(4a^2+b^2-c^2)\geqq 2b(b+c)a^2\geqq\tfrac{1}{2}b(b+c)^3>b^2c^2.$$

Aus diesen Ungleichheiten folgt, dass sowohl D, als das betrachtete Integral nur positive Bestandtheile hat, und dasselbe gilt auch von dem Integral auf der rechten Seite der Gleichung (8), welches aus diesem durch Vertauschung von b und c erhalten wird. Lassen wir nun a die Werthe von $\frac{b+c}{2}$ bis ∞ durchlaufen, so wird, wenn $b > c$, T immer positiv bleiben, S aber nur so lange $a < b$. Die Bedingungen für diesen Fall sind also, wenn b die grössere der beiden Axen b und c bezeichnet,

$$\text{(I)} \qquad \frac{b+c}{2} \leqq a \leqq b.$$

Für die Untersuchung des zweiten Falles, wenn $a^2 \leqq \left(\frac{b-c}{2}\right)^2$, wollen wir annehmen, dass b die grössere der beiden Axen b und c sei, so dass $a \leqq \frac{b-c}{2}$. Es muss dann, damit v, v', w, w' reell werden, $S \leqq 0$ und $T \geqq 0$ sein. Da aus den Ungleichheiten

$$b^2 \geqq (2a+c)^2 > 4a^2 + c^2$$

hervorgeht, dass das Integral auf der rechten Seite der Gleichung (8) in unserm Falle stets negativ ist, so wird die letztere Bedingung $T \geqq 0$ nur erfüllt werden, wenn $D(c^2 - a^2) \geqq 0$, also c^2 entweder $< \frac{a^2(b^2-4a^2)}{b^2-a^2}$, oder $\geqq a^2$ ist. Dieser Fall spaltet sich also wieder in zwei Fälle, und diese sind, da $\frac{a^2(b^2-4a^2)}{b^2-a^2} < a^2$ durch einen endlichen Zwischenraum getrennt, so dass von einem zum andern kein stetiger Uebergang stattfindet. Da das Integral in der Gleichung (7), so lange $c^2 \leqq a^2$ ist, wegen der beiden Ungleichheiten $c^2 + s \leqq a^2 + s$, $4a^2 - c^2 + b^2 > b^2$ nur positiv sein kann, so reduciren sich die zu erfüllenden Bedingungen im ersten dieser Fälle auf $a \leqq \frac{b-c}{2}$ oder

$$\text{(II)} \qquad c \leqq b - 2a \text{ und } c^2 < \frac{a^2(b^2-4a^2)}{b^2-a^2}$$

und im zweiten auf

$$\text{(III)} \quad a \leqq \frac{b-c}{2} \text{ und } \int_0^\infty \frac{s\,ds}{\Delta(b^2+s)} \left(\frac{4a^2-c^2+b^2}{c^2+s} - \frac{b^2}{a^2+s}\right) \leqq 0.$$

Es ist leicht zu sehen, dass das Integral auf der linken Seite der letzten Ungleichheit, wenn a die Werthe von 0 bis c durchläuft, negativ bleibt, so lange $a \leqq \frac{c}{2}$ ist, während es für $a = c$ einen positiven Werth annimmt; die genaue Bestimmung der Grenzen aber, innerhalb deren diese Ungleichheit erfüllt ist, hängt, wie man sieht, von der Auflösung einer transcendenten Gleichung ab.

In Bezug auf das Zeichen von σ, welches bekanntlich entscheidet, ob die Bewegung ohne äussern Druck möglich ist, können wir bemerken, dass sich der oben gefundene Werth dieser Grösse in die Form

$$\frac{\varepsilon\pi}{D}\int_0^\infty \frac{3s^2 + 6a^2 s + D}{\Delta^3}\, ds$$

setzen lässt, und also in den Fällen I und III, wo $D > 0$, jedenfalls positiv ist, für einen negativen Werth von D aber, wenigstens so lange dieser Werth absolut genommen unter einer gewissen Grenze liegt, negativ wird.

7.

Zweiter Fall. Zwei der Grössenpaare u, u'; v, v'; w, w' sind gleich Null.

Wir haben nun noch den Fall zu behandeln, wenn zwei der Grössenpaare u, u'; v, v'; w, w' fortwährend Null sind, und also nur um eine Hauptaxe eine Rotation stattfindet.

Wenn ausser u und u' auch v und v' fortwährend Null sind, so reduciren sich die Gleichungen (μ) und (ν) auf

$$(a - b)^2 w = \text{const.} = \tau \qquad (a + b)^2 w' = \text{const.} = \tau'$$

und die ersten drei Differentialgleichungen (α) liefern daher die Gleichungen

$$(1) \qquad \begin{aligned} \frac{\tau^2}{(a-b)^3} + \frac{\tau'^2}{(a+b)^3} - \frac{1}{2}\frac{d^2 a}{dt^2} &= \varepsilon a A - \frac{\sigma}{a} \\ \frac{\tau^2}{(b-a)^3} + \frac{\tau'^2}{(b+a)^3} - \frac{1}{2}\frac{d^2 b}{dt^2} &= \varepsilon b B - \frac{\sigma}{b} \\ - \frac{1}{2}\frac{d^2 c}{dt^2} &= \varepsilon c C - \frac{\sigma}{c} \end{aligned}$$

welche verbunden mit

$$abc = a_0 b_0 c_0$$

die Grössen a, b, c und σ als Functionen der Zeit bestimmen. Das Princip der Erhaltung der lebendigen Kraft giebt für diese Differentialgleichungen das Integral erster Ordnung

$$(2) \quad \frac{1}{2}\left(\left(\frac{da}{dt}\right)^2 + \left(\frac{db}{dt}\right)^2 + \left(\frac{dc}{dt}\right)^2\right) + \frac{\tau^2}{(a-b)^2} + \frac{\tau'^2}{(a+b)^2} = 2\varepsilon H + \text{const.}$$

woraus unmittelbar hervorgeht, dass wenn τ nicht Null ist, die Hauptaxen a und b nie einander gleich werden können.

Ausser den schon von Mac-Laurin und Dirichlet untersuchten Fällen, wenn $a = b$, lässt noch der Fall, wenn die Grössen a, b, c constant sind, eine Bestimmung der Bewegung in geschlossenen Ausdrücken zu. In diesem Falle erhält man aus (1) durch Elimination von σ die beiden Gleichungen

$$(3)\quad \begin{aligned} \frac{\tau'^2}{(b+a)^3} + \frac{\tau^2}{(b-a)^3} &= \frac{\varepsilon\pi}{b}\int_0^\infty \frac{ds}{\Delta}\,\frac{(b^2-c^2)\,s}{(b^2+s)\,(c^2+s)} = K \\ \frac{\tau'^2}{(b+a)^3} - \frac{\tau^2}{(b-a)^3} &= \frac{\varepsilon\pi}{a}\int_0^\infty \frac{ds}{\Delta}\,\frac{(a^2-c^2)\,s}{(a^2+s)\,(c^2+s)} = L \end{aligned}$$

worin die Integrale auf der rechten Seite durch K und L bezeichnet werden mögen; sie lassen sich auch in die Form setzen

$$(4)\qquad w'^2 = \frac{\tau'^2}{(b+a)^4} = \frac{\varepsilon\pi}{2}\int_0^\infty \frac{ds}{\Delta}\left(\frac{s+ab}{(a^2+s)\,(b^2+s)} - \frac{c^2}{ab\,(c^2+s)}\right)$$

$$(5)\qquad w^2 = \frac{\tau^2}{(b-a)^4} = \frac{\varepsilon\pi}{2}\int_0^\infty \frac{ds}{\Delta}\left(\frac{s-ab}{(a^2+s)\,(b^2+s)} + \frac{c^2}{ab\,(c^2+s)}\right)$$

Nehmen wir an, dass b, wie in den früher betrachteten Fällen, die grössere der beiden Axen a und b bezeichne, so liefern diese beiden Gleichungen dann und auch nur dann für τ^2 und τ'^2 positive Werthe, wenn K positiv und abgesehen vom Zeichen grösser als L ist; und es ist klar, dass die erste Bedingung erfüllt ist, solange $c < b$. Der zweiten Bedingung wird genügt, wenn $c = a$ also $L = 0$ ist, und folglich auch, da K und L sich mit c stetig ändern, innerhalb eines endlichen Gebiets zu beiden Seiten dieses Werthes. Dieses erstreckt sich aber nicht bis zu den Werthen b und 0; denn für $c = b$ würde τ'^2 negativ werden, für ein unendlich kleines c aber τ^2, da dann

$$\frac{K}{c} = \varepsilon\pi\int_0^\infty \frac{ds}{s^{\frac{1}{2}}(1+s)^{\frac{3}{2}}(1+\frac{b^2}{a^2}s)^{\frac{1}{2}}} \qquad \frac{L}{c} = \varepsilon\pi\int_0^\infty \frac{ds}{s^{\frac{1}{2}}(1+s)^{\frac{3}{2}}(1+\frac{a^2}{b^2}s)^{\frac{1}{2}}}$$

und folglich $L > K$ wird. Wächst b, während a und c endlich bleiben, in's Unendliche, so kann L nur dann kleiner als K bleiben, wenn zugleich $a^2 - c^2$ in's Unendliche abnimmt; beide Grenzen für c sind also dann nur unendlich wenig von a verschieden. Wenn dagegen b seiner unteren Grenze a unendlich nahe kommt, so convergirt die obere Grenze für c, wo $\tau'^2 = 0$ wird, gegen a, die untere Grenze aber gegen einen Werth, für welchen das Integral auf der rechten Seite von (5) verschwindet. Zur Bestimmung dieses Werthes erhält man, wenn man $\frac{c}{a} = \sin\psi$ setzt, die Gleichung

$$(-5 + 2\cos 2\psi + \cos 4\psi)\,(\pi - 2\psi) + 10\sin 2\psi + 2\sin 4\psi = 0,$$

und diese hat zwischen $\psi = 0$ und $\psi = \frac{\pi}{2}$ nur eine Wurzel, welche

$$\frac{c}{a} = 0{,}303327\ ..$$

giebt. Für $b = a$ kann freilich c jeden Werth zwischen 0 und b annehmen, da dann τ^2 wegen des Factors $b - a$ immer Null wird. Man erhält dann den von Mac-Laurin untersuchten Fall, während sich für $w^2 = w'^2$ die beiden von Jacobi und Dedekind gefundenen Fälle ergeben.

Der eben behandelte Fall fällt für $b = a$ mit dem Falle (I) des vorigen Artikels zusammen und, wenn

$$\frac{w^2}{(b+c+2a)(b-c+2a)} = \frac{w'^2}{(b+c-2a)(b-c-2a)},$$

mit dem Falle (III). Von den bisher gefundenen vier Fällen, in denen das flüssige Ellipsoid während der Bewegung seine Form nicht ändert, hängen also diese drei Fälle stetig unter einander zusammen, während der Fall (II) isolirt bleibt.

8.

Die Untersuchung, ob ausser diesen vier Fällen noch andere vorhanden sind, in denen die Hauptaxen während der Bewegung constant bleiben, führt auf eine ziemlich weitläufige Rechnung, welche wir nur kurz andeuten wollen, da sie nur ein negatives Resultat liefert.

Aus der Voraussetzung, dass a, b, c constant sind, kann man zunächst leicht folgern, dass σ constant ist, indem man die drei ersten Differentialgleichungen (α), multiplicirt mit a, b, c, zu einander addirt und dann die Integralgleichung I, also den Satz von der Erhaltung der lebendigen Kraft, benutzt.

Durch Differentiation dieser drei Gleichungen erhält man dann ferner, wenn man die Werthe von $\frac{du}{dt}, \frac{du'}{dt}, \ldots, \frac{dw'}{dt}$ aus den sechs letzten Differentialgleichungen (α) einsetzt, die drei Gleichungen

$$\begin{aligned}
&(b-c)\,u\,(vw - v'w') + (b+c)\,u'\,(v'w - vw') = 0\\
(1)\qquad &(c-a)\,v\,(wu - w'u') + (c+a)\,v'\,(w'u - wu') = 0\\
&(a-b)\,w\,(uv - u'v') + (a+b)\,w'\,(u'v - uv') = 0,
\end{aligned}$$

von denen eine eine Folge der übrigen ist.

I. Wenn nun keine von den sechs Grössen $u, u', \ldots, w'$ Null ist, folgt aus diesen Gleichungen die Gleichheit der folgenden drei Grössenpaare, deren Werthe wir durch $2a'$, $2b'$, $2c'$ bezeichnen wollen

$$\begin{aligned}
(a-c)\frac{v}{v'} + (a+c)\frac{v'}{v} &= (a-b)\frac{w}{w'} + (a+b)\frac{w'}{w} = 2a'\\
(b-a)\frac{w}{w'} + (b+a)\frac{w'}{w} &= (b-c)\frac{u}{u'} + (b+c)\frac{u'}{u} = 2b'\\
(c-b)\frac{u}{u'} + (c+b)\frac{u'}{u} &= (c-a)\frac{v}{v'} + (c+a)\frac{v'}{v} = 2c'
\end{aligned}$$

Es ergiebt sich dann $a'^2 - b'^2 = a^2 - b^2$, $b'^2 - c'^2 = b^2 - c^2$, so dass wir

$$aa - a'a' = bb - b'b' = cc - c'c' = \theta$$

setzen können, und aus den drei ersten Differentialgleichungen (α)

$$2\pi a' = \text{const.},\quad 2\chi b' = \text{const.},\quad 2\varrho c' = \text{const.}$$

wenn wir $vv' + ww'$, $ww' + uu'$, $uu' + vv'$ zur Abkürzung durch π, χ, ϱ bezeichnen. Aus diesen Gleichungen und der aus den Integralgleichungen II und III leicht herzuleitenden Gleichung

$$(a^2 - b^2)(a^2 - c^2)\pi + (b^2 - a^2)(b^2 - c^2)\chi + (c^2 - a^2)(c^2 - b^2)\varrho$$
$$= \tfrac{1}{4}(\omega^2 - \omega_{,}^2)$$

folgt, wenn nicht $a = b = c$, dass θ und folglich $u, u', \ldots, w'$ constant sein müssen. Es ergiebt sich aber leicht, dass dann die sechs letzten Differentialgleichungen (α) nicht erfüllt werden können; und hierdurch ist, wenn nicht alle drei Axen einander gleich sind, die Unzulässigkeit der Annahme, dass $u, u', \ldots, w'$ sämmtlich von Null verschieden sind, erwiesen.

Die Annahme $a = b = c$ würde auf den Fall einer ruhenden Kugel führen; u', v', w' ergeben sich $= 0$, u, v, w aber bleiben ganz willkürlich, was davon herrührt, dass die Lage der Axen in jedem Augenblicke willkürlich geändert werden kann.

II. Es bleibt also nur die Annahme übrig, dass eine der Grössen $u, v, \ldots, w'$ Null ist, und diese zieht, wie wir gleich sehen werden, immer die früher untersuchte Voraussetzung nach sich, dass eins der drei Grössenpaare u, u'; v, v'; w, w' verschwinde.

1. Wenn eine der Grössen u', v', w', z. B. $u' = 0$ ist, folgen aus (1) die Gleichungen

$$(b - c)uvw = 0,\qquad (b - c)uv'w' = 0$$

und diese lassen nur eine von den folgenden Annahmen zu: erstens die früher untersuchte Voraussetzung, zweitens $b = c$, drittens $v = 0$ und $w' = 0$ oder $v' = 0$ und $w = 0$, was nicht wesentlich verschieden ist.

Wenn $b = c$, bleibt u ganz willkürlich und kann also auch $= 0$ gesetzt werden, wodurch der früher untersuchte Fall eintritt.

Wenn $v = 0$ und $w' = 0$, erhält man aus den Differentialgleichungen (α)

$$(b - c - 2a)uv'w = 0,\quad (c + a - 2b)uv'w = 0,\quad (a - b + 2c)uv'w = 0,$$

und, wenn man die erste dieser Gleichungen zur zweiten addirt,

$$-(a + b)uv'w = 0;$$

es muss also ausser den Grössen u', v, w' noch eine der Grössen u, v', w Null sein, wodurch wieder der früher untersuchte Fall eintritt.

2. Wenn endlich eine der Grössen u, v, w, z. B. $u = 0$ ist, folgt aus den Gleichungen (1)

$$u'v'w = 0, \quad u'vw' = 0$$

und diese Gleichungen führen entweder zu unserer früheren Voraussetzung, oder zu der Annahme, $u = v' = w' = 0$, welche von der eben untersuchten $u' = v = w' = 0$ nicht wesentlich verschieden ist, oder endlich zu der Annahme $u = v = w = 0$. Unter dieser Voraussetzung aber geben die Differentialgleichungen (α) $v'w' = w'u' = u'v' = 0$, und es müssen also noch zwei von den Grössen u', v', w' Null sein, was wieder den früher behandelten Fall liefert.

Es hat sich also ergeben, dass mit der Beständigkeit der Gestalt nothwendig eine Beständigkeit des Bewegungszustandes verbunden ist, d. h., dass allemal, wenn die flüssige Masse fortwährend denselben Körper bildet, auch die relative Bewegung aller Theile dieses Körpers immerfort dieselbe bleibt. Die absolute Bewegung im Raume kann man sich in diesem Falle aus zwei einfacheren zusammengesetzt denken, indem man sich zuerst der flüssigen Masse eine innere Bewegung ertheilt denkt, bei welcher sich die Flüssigkeitstheilchen in ähnlichen, parallelen und auf einem Hauptschnitte senkrechten Ellipsen bewegen, und dann dem ganzen System eine gleichförmige Rotation um eine in diesem Hauptschnitte liegende Axe. Wenn dieser Hauptschnitt, wie oben angenommen, senkrecht zur Hauptaxe a ist, so sind die Cosinus der Winkel zwischen der Umdrehungsaxe und den Hauptaxen $0, \frac{h}{\omega}, \frac{k}{\omega}$ und die Umdrehungszeit $\frac{2\pi}{\sqrt{q^2 + r^2}}$. Ferner sind $0, b\frac{h_,}{\omega_,}, c\frac{k_,}{\omega_,}$ die auf die Hauptaxen bezogenen Coordinaten des Endpunkts der augenblicklichen Rotationsaxe, und bei der innern Bewegung sind die elliptischen Bahnen der Flüssigkeitstheilchen der in diesem Punkte an das Ellipsoid gelegten Tangentialebene parallel, so dass ihre Mittelpunkte in dieser Rotationsaxe liegen. Die Theilchen bewegen sich in diesen Bahnen so, dass die nach den Mittelpunkten gezogenen Radienvectoren in gleichen Zeiten gleiche Flächen durchstreichen, und durchlaufen sie in der Zeit $\frac{2\pi}{\sqrt{q_,^2 + r_,^2}}$.

9.

Wir kehren jetzt zurück zur Betrachtung der Bewegung der flüssigen Masse in dem Falle, wenn u, u'; v, v' fortwährend Null sind und also nur um eine Hauptaxe eine Rotation stattfindet, und bemerken zunächst, dass sich den Gleichungen (1) Art. 7., nach welchen sich die Hauptaxen in diesem Falle ändern, noch eine andere anschaulichere mechanische Bedeutung geben lässt. Man kann sie nämlich betrachten als die Gleichungen für die Bewegung eines materiellen Punktes (a, b, c) von der Masse 1, der gezwungen ist auf einer durch die Gleichung $abc =$ const. bestimmten Fläche zu bleiben und von Kräften getrieben wird, deren Potentialfunction der Grösse

$$\frac{\tau^2}{(a-b)^2} + \frac{\tau'^2}{(a+b)^2} - 2\varepsilon H$$

dem Werthe nach gleich und dem Zeichen nach entgegengesetzt ist.

Bezeichnen wir diese Grösse mit G, so lassen sich die Gleichungen für beide Bewegungen in die Form setzen:

$$(1) \qquad \frac{d^2a}{dt^2}\,\delta a + \frac{d^2b}{dt^2}\,\delta b + \frac{d^2c}{dt^2}\,\delta c + \delta G = 0$$

für alle unendlich kleinen Werthe von $\delta a, \delta b, \delta c$, welche der Bedingung $abc =$ const. genügen; und der Satz von der Erhaltung der mechanischen Kraft giebt

$$\tfrac{1}{2}\left(\left(\frac{da}{dt}\right)^2 + \left(\frac{db}{dt}\right)^2 + \left(\frac{dc}{dt}\right)^2\right) + G = \text{const.},$$

wonach der von der Formänderung der flüssigen Masse unabhängige Theil der mechanischen Kraft $= G$ ist.

Damit a, b, c und folglich Form und Bewegungszustand des flüssigen Ellipsoids constant bleiben, wenn $\frac{da}{dt}, \frac{db}{dt}, \frac{dc}{dt}$ Null sind, ist es offenbar nothwendig und hinreichend, dass die Variation erster Ordnung der Function G von den veränderlichen Grössen a, b, c, zwischen welchen die Bedingung $abc =$ const. stattfindet, verschwinde, was auf die Gleichungen (3.) oder (4.) und (5.) des Art. 7. führt. Diese Beständigkeit des Bewegungszustandes wird aber nur eine labile sein, wenn der Werth der Function kein Minimumwerth ist; es lassen sich dann immer beliebig kleine Aenderungen des Zustandes der flüssigen Masse angeben, welche eine völlige Aenderung desselben zur Folge haben.

Die directe Untersuchung der Variation zweiter Ordnung für den Fall, wenn die Variation erster Ordnung der Function G verschwindet, würde sehr verwickelt werden; es lässt sich jedoch die Frage, ob die Function für diesen Fall einen Minimumwerth habe, auf folgendem Wege entscheiden.

Zunächst lässt sich leicht zeigen, dass die Function immer, welche Werthe auch τ^2, τ'^2 und abc haben mögen, für ein System von Werthen der unabhängig veränderlichen Grössen ein Minimum haben müsse; es folgt dies offenbar aus den drei Umständen, dass erstens die Function G für den Grenzfall, wenn die Axen unendlich klein oder unendlich gross werden, sich einem Grenzwerth nähert, der nicht negativ ist, dass zweitens sich immer Werthe von a, b, c angeben lassen, für welche G negativ wird und dass drittens G nie negativ unendlich werden kann. Diese drei Eigenschaften der Function G ergeben sich aber aus bekannten Eigenschaften der Function H. Die Function H erhält ihren grössten Werth in dem Fall, wenn die flüssige Masse die Gestalt einer Kugel annimmt, nämlich den Werth $2\pi\varrho^2$, wenn ϱ den Radius dieser Kugel also $\sqrt[3]{abc}$ bezeichnet; ferner wird H unendlich klein, wenn eine der Axen unendlich gross und folglich wenigstens Eine andere unendlich klein wird, jedoch so, dass, wenn b in's Unendliche wächst, Hb nicht unendlich klein wird, und folglich in der Function G, wenn nicht zugleich a in's Unendliche wächst, der negative Bestandtheil schliesslich immer den positiven überwiegt.

Wenn τ^2 nicht Null ist, muss schon unter den Werthen von a, b, c, welche der Bedingung $b > a$ genügen, ein Werthensystem enthalten sein, für welches die Function ein Minimum wird; denn dann sind die obigen drei Bedingungen, aus welchen die Existenz eines Minimums folgt, schon für dieses Grössengebiet erfüllt, da G auch für den Grenzfall $a = b$ nicht negativ wird.

Man kann nun ferner untersuchen, wie viele Lösungen die Gleichungen (3.) Art. 7 zulassen, welche das Verschwinden der Variation erster Ordnung bedingen. Diese Untersuchung lässt sich leicht führen, wenn man die Werthe der aus ihnen sich ergebenden Ausdrücke für τ^2 und τ'^2 auch für complexe Werthe der Grössen a, b, c in Betracht zieht. Wir können jedoch diese Untersuchung in die gegenwärtige Abhandlung nicht aufnehmen und müssen uns begnügen das Resultat derselben anzugeben, dessen wir in der Folge bedürfen.

Wenn τ^2 nicht Null ist, lassen die Gleichungen (3.) auf jeder Seite von $b = a$ nur Eine Lösung zu; die Variation erster Ordnung verschwindet also auf jeder Seite dieser Gleichung nur für ein Werthensystem, und die Function G muss für dieses ihr Minimum haben, welches wir durch G^* bezeichnen wollen.

Wenn τ^2 Null ist, verschwindet die Variation erster Ordnung immer für $b = a$ und einen Werth von c, der für $\tau'^2 = 0$ gleich a ist und mit wachsendem τ'^2 beständig abnimmt. Die Variation zweiter Ordnung lässt sich für dieses Werthensystem leicht in die Form eines Aggregats von $(\delta a + \delta b)^2$ und $(\delta a - \delta b)^2$ setzen, und hierin ist der Coefficient von $(\delta a + \delta b)^2$ immer positiv, da die Function, wie aus den früheren Untersuchungen bekannt ist, unter allen Werthen, die sie für $b = a$ annehmen kann, hier ihren kleinsten Werth hat.

Der Coefficient von $(\delta a - \delta b)^2$ aber ist

$$\frac{\varepsilon\pi}{2}\int\limits_0^\infty \frac{ds}{\Delta}\left(\frac{s-ab}{(a^2+s)(b^2+s)}+\frac{c^2}{ab(c^2+s)}\right)$$

also nur positiv, wenn $\frac{c}{a} > 0{,}303327\ldots$ und folglich $\tau'^2 < \varepsilon\pi\varrho^4 . 8{,}64004\ldots$, aber negativ, wenn $\frac{c}{a}$ diesen Werth überschreitet.

Die Function G hat also für dieses Werthensystem nur im ersten Falle ein Minimum (G^*), und die Untersuchung der Gleichungen (3) zeigt, dass die Variation erster Ordnung dann nur für dieses Werthensystem verschwindet; im letztern Falle aber hat sie einen Sattelwerth; sie muss dann nothwendig noch für zwei Werthensysteme ein Minimum (G^*) haben, und aus der Untersuchung der Gleichungen (3) folgt, dass die Variation erster Ordnung nur noch für zwei Werthensysteme verschwindet, welche durch Vertauschung von b und a aus einander erhalten werden.

Aus dieser Untersuchung ergiebt sich also, dass in dem schon seit Mac-Laurin bekannten Falle der Rotation eines abgeplatteten Umdrehungsellipsoids um seine kleinere Axe die Beständigkeit des Bewegungszustandes nur labil ist, sobald das Verhältniss der kleinern Axe zu den andern kleiner ist als 0,303327 ...; bei der geringsten Verschiedenheit der beiden andern würde in diesem Falle die flüssige Masse Form und Bewegungszustand völlig ändern und ein fortwährendes Schwanken um den Zustand eintreten, welcher dem Minimum der Function G entspricht. Dieser besteht in einer gleichförmigen Umdrehung eines ungleichaxigen Ellipsoids um seine kleinste Axe verbunden mit einer gleichgerichteten innern Bewegung, bei welcher die Theilchen sich in einander ähnlichen zur Umdrehungsaxe senkrechten Ellipsen bewegen. Die Umlaufszeit ist dabei der Umdrehungszeit gleich, so dass jedes Theilchen schon nach einer halben Umdrehung des Ellipsoids in seine Anfangslage zurückkehrt.

10.

Wenn die mechanische Kraft des Systems,

$$\tfrac{1}{2}\left(\left(\frac{da}{dt}\right)_0^2+\left(\frac{db}{dt}\right)_0^2+\left(\frac{dc}{dt}\right)_0^2\right)+G_0=\Omega,$$

welche offenbar nicht kleiner als G^* sein kann, negativ ist, so kann die Form des Ellipsoids nur innerhalb eines endlichen durch die Ungleichheit $G \leqq \Omega$ begrenzten Gebiets fortwährend schwanken.

Für den Fall, dass $\Omega - G^*$ als unendlich klein betrachtet werden kann, können wir diese Schwankungen leicht untersuchen.

Denken wir uns in der Function G für c seinen Werth aus der Gleichung $abc = a_0 b_0 c_0$ substituirt, so giebt die Gleichung (1) des vorigen Artikels

$$\frac{d^2 a}{dt^2} - \frac{c}{a}\frac{d^2 c}{dt^2} + \frac{\partial G}{\partial a} = 0\,, \quad \frac{d^2 b}{dt^2} - \frac{c}{b}\frac{d^2 c}{dt^2} + \frac{\partial G}{\partial b} = 0\,.$$

Die Werthe von a, b, c können nun stets nur unendlich wenig von den Werthen, die dem Minimum von G entsprechen, abweichen, und wenn wir die Abweichungen zur Zeit t mit δa, δb, δc bezeichnen und die Glieder höherer Ordnung vernachlässigen, so erhalten wir zwischen diesen die Gleichungen

$$\frac{\delta a}{a} + \frac{\delta b}{b} + \frac{\delta c}{c} = 0$$

$$(1) \qquad \frac{d^2 \delta a}{dt^2} - \frac{c}{a}\frac{d^2 \delta c}{dt^2} + \frac{\partial^2 G}{\partial a^2}\,\delta a + \frac{\partial^2 G}{\partial a \partial b}\,\delta b = 0$$

$$\frac{d^2 \delta b}{dt^2} - \frac{c}{b}\frac{d^2 \delta c}{dt^2} + \frac{\partial^2 G}{\partial b^2}\,\delta b + \frac{\partial^2 G}{\partial a \partial b}\,\delta a = 0$$

welchen man bekanntlich genügen kann, wenn man $\frac{d^2 \delta a}{dt^2} = -\mu\mu\,\delta a$, $\frac{d^2 \delta b}{dt^2} = -\mu\mu\,\delta b$, also auch $\frac{d^2 \delta c}{dt^2} = -\mu\mu\,\delta c$ setzt und dann die Constante $\mu\mu$ so bestimmt, dass Eine eine Folge der übrigen wird. Die letztere Bedingung für $\mu\mu$ kommt mit der Bedingung überein, den Ausdruck zweiten Grades von den Grössen δa, δb

$$2\delta^2 G - \mu\mu(\delta a^2 + \delta b^2 + \delta c^2)$$

zu einem Quadrat eines linearen Ausdrucks von diesen Grössen zu machen; und dieser genügen, da $\delta^2 G$ und $\delta a^2 + \delta b^2 + \delta c^2$ wesentlich positiv sind, immer zwei positive Werthe von $\mu\mu$, welche einander gleich werden, wenn $\delta^2 G$ und $\delta a^2 + \delta b^2 + \delta c^2$ sich nur durch einen constanten Factor unterscheiden. Diese beiden Werthe von $\mu\mu$ geben zwei Lösungen der Differentialgleichungen (1), bei denen sich δa, δb, δc einer periodischen Function der Zeit von der Form $\sin(\mu t + \text{const.})$ proportional ändern, und aus denen sich ihre allgemeine Lösung zusammensetzen lässt.

Jede einzeln genommen liefert periodische unendlich kleine Oscillationen der Gestalt und des Bewegungszustandes. Hieraus würde freilich nur folgen, dass es zwei Arten von Oscillationen giebt, welche sich desto mehr periodischen nähern, je kleiner sie sind; es ergiebt sich jedoch die Existenz von endlichen periodischen Schwingungen aus folgender Betrachtung.

Wenn Ω negativ ist, muss offenbar a einen und denselben Werth mehr als einmal annehmen, und betrachten wir die Bewegung von dem Augenblicke an, wo a einen solchen Werth zum erstenmal annimmt, so wird die Bewegung durch die Anfangswerthe $\frac{da}{dt}, \frac{db}{dt}$ und b völlig bestimmt sein; es sind also auch die Werthe, welche diese Grössen erhalten, wenn a später wieder diesen Werth annimmt, Functionen von ihren Anfangswerthen. Diese Functionen wollen wir zusammengenommen durch χ bezeichnen. Die Bewegung wird periodisch sein, wenn ihre Werthe den Anfangswerthen gleich sind. In Folge der Gleichung $abc = \text{const.}$ und des Satzes von der lebendigen Kraft müssen aber, wenn b und $\frac{da}{dt}$ ihre Anfangswerthe wieder annehmen, auch c, $\frac{db}{dt}$ und $\frac{dc}{dt}$ wieder ihren Anfangswerthen gleich werden. Es sind also hierzu nur zwei Bedingungen zu erfüllen; und man kann, indem man die Derivirten der Functionen χ für den Fall unendlich kleiner Schwingungen bildet, zeigen, dass diese Bedingungsgleichungen sich nicht widersprechen und innerhalb eines endlichen Gebiets reelle Wurzeln haben.

Die Grössen a, b, c lassen sich für diesen Fall periodischer Schwingungen als Function der Zeit durch Fourier'sche Reihen ausdrücken, in welchen freilich sämmtliche Constanten, den von Dirichlet behandelten Fall ausgenommen, nur näherungsweise bestimmt werden können. Dieses kann z. B. dadurch geschehen, dass man die oben für den Fall unendlich kleiner Schwingungen gemachte Entwicklung auf Glieder höherer Ordnung ausdehnt.

Es schien uns der Mühe werth, diese Bewegungen, welche den Bewegungen, bei denen Gestalt und Bewegungszustand constant sind, an Einfachheit zunächst stehen, wenigstens einer oberflächlichen Betrachtung zu unterwerfen. Wir wollen nun die Untersuchung, welche wir im vorigen Artikel für den Fall, wenn nur um eine Hauptaxe eine Rotation stattfindet, ausgeführt haben, auf alle der Dirichlet'schen Voraussetzung genügenden Bewegungen ausdehnen.

11.

Um für diesen Zweck die Differentialgleichungen (α) in eine übersichtlichere Form zu bringen, wollen wir statt der Grössen $u, v, \ldots, w'$ die Grössen $g, h, \ldots, k_,$ einführen und die Bedeutung von G dahin verallgemeinern, dass wir dadurch den Ausdruck

$$\frac{1}{4}\left\{\begin{matrix}\left(\frac{g+g_,}{b-c}\right)^2 + \left(\frac{h+h_,}{c-a}\right)^2 + \left(\frac{k+k_,}{a-b}\right)^2 \\ \left(\frac{g-g_,}{b+c}\right)^2 + \left(\frac{h-h_,}{c+a}\right)^2 + \left(\frac{k-k_,}{a+b}\right)^2\end{matrix}\right\} - 2\varepsilon\pi \int_0^\infty \frac{a_0 b_0 c_0 \, ds}{\sqrt{(a^2+s)(b^2+s)(c^2+s)}}$$

also auch jetzt den von der Formänderung unabhängigen Theil der mechanischen Kraft bezeichnen.

Es wird dann

$$p = \frac{\partial G}{\partial g},\ q = \frac{\partial G}{\partial h},\ r = \frac{\partial G}{\partial k}$$

$$p_, = \frac{\partial G}{\partial g_,},\ q_, = \frac{\partial G}{\partial h_,},\ r_, = \frac{\partial G}{\partial k_,}$$

und die letzten sechs Differentialgleichungen (α) lassen sich daher in die Form setzen

$$\frac{\partial g}{dt} = h\frac{\partial G}{\partial k} - k\frac{\partial G}{\partial h},\quad \frac{dg_,}{dt} = h_,\frac{\partial G}{\partial k_,} - k_,\frac{\partial G}{\partial h_,}$$

$$(1.)\quad \frac{dh}{dt} = k\frac{\partial G}{\partial g} - g\frac{\partial G}{\partial k},\quad \frac{dh_,}{dt} = k_,\frac{\partial G}{\partial g_,} - g_,\frac{\partial G}{\partial k_,}$$

$$\frac{dk}{dt} = g\frac{\partial G}{\partial h} - h\frac{\partial G}{\partial g},\quad \frac{dk_,}{dt} = g_,\frac{\partial G}{\partial h_,} - h_,\frac{\partial G}{\partial g_,}$$

während die drei ersten in

$$(2.)\quad \frac{d^2a}{dt^2} + \frac{\partial G}{\partial a} - 2\frac{\sigma}{a} = 0,\quad \frac{d^2b}{dt^2} + \frac{\partial G}{\partial b} - 2\frac{\sigma}{b} = 0,\quad \frac{d^2c}{dt^2} + \frac{\partial G}{\partial c} - 2\frac{\sigma}{c} = 0$$

übergehen. Wir bemerken zugleich, dass aus der Integralgleichung II, wenn $\omega = 0$, drei Integralgleichungen, $g = 0$, $h = 0$, $k = 0$, folgen, d. h., dass diese Grössen immer Null bleiben, wenn sie anfangs Null sind. Dasselbe gilt natürlich auch von den Grössen $g_,$, $h_,$, $k_,$.

Aus den Differentialgleichungen (1.) und (2.) ist nun leicht ersichtlich, dass das Verschwinden der Variation erster Ordnung der Function G von den neun veränderlichen Grössen $a, b, \ldots, k_,$, zwischen welchen die drei Bedingungen

$$abc = \text{const.},\quad g^2 + h^2 + k^2 = \omega^2,\quad g_,^2 + h_, + k_,^2 = \omega_,^2$$

stattfinden, nothwendig und hinreichend ist, damit

$$\frac{d^2a}{dt^2},\ \frac{d^2b}{dt^2},\ \frac{d^2c}{dt^2},\ \frac{dg}{dt},\ \ldots,\ \frac{dk_,}{dt}$$

Null werden und also Gestalt und Bewegungszustand des Ellipsoids constant bleiben, wenn $\frac{da}{dt}, \frac{db}{dt}, \frac{dc}{dt}$ Null sind. Die Fälle, in denen dieses stattfindet, haben wir früher vollständig erörtert. Es ergiebt sich nun aber auch hier wieder leicht, dass die Function G wenigstens für Ein System von Werthen der unabhängig veränderlichen Grössen ein Minimum haben müsse, da sie für den alleinigen Grenzfall, wenn die Axen unendlich gross oder unendlich klein werden, gegen einen Grenzwerth convergirt, der nicht negativ ist, und, wie wir schon gesehen haben, immer für gewisse Werthe der unabhängig veränderlichen Grössen negativ wird, ohne je negativ unendlich zu werden. Für den einem solchen Minimum entsprechenden constanten Bewegungszustand folgt aus dem Satz von der Erhaltung der lebendigen Kraft, dass jede der Dirichlet'schen Voraussetzung genügende unendlich kleine Abweichung von demselben nur unendlich kleine Schwankungen zur Folge hat, während in jedem andern Falle die Beständigkeit der Gestalt und des Bewegungszustandes nur labil ist. Die Aufsuchung der einem Minimum von G entsprechenden Bewegungszustände ist nicht bloss für die Bestimmung der möglichen stabilen Formen einer bewegten flüssigen und schweren Masse wichtig, sondern würde auch für die Integration unserer Differentialgleichungen durch unendliche Reihen die Grundlage bilden müssen; wir wollen daher jetzt untersuchen, in welchen von den Fällen, wo ihre Variation erster Ordnung verschwindet, die Function G ein Minimum hat. Aus jedem von den früher gefundenen Fällen, in denen das Ellipsoid seine Form behält, erhält man zwar durch Vertauschung der Axen und Aenderungen in den Zeichen der Grössen $g, h, \ldots, k_,$ mehrere Systeme von Werthen der Grössen $a, b, \ldots, k_,$, welche das Verschwinden der Variation erster Ordnung der Function G bewirken; wir können aber diese hier zusammenfassen, da die Function G für alle denselben Werth hat und in Bezug auf unsere Frage von allen dasselbe gilt.

Ehe wir die einzelnen Fälle betrachten, müssen wir ferner noch bemerken, dass die Untersuchung, wenn ω oder $\omega_,$ Null ist, eine besondere einfachere Gestalt annimmt, indem dann g, h, k oder $g_,, h_,, k_,$ aus der Function G ganz herausfallen. Die frühere Untersuchung der constanten Bewegungszustände giebt nur zwei wesentlich verschiedene Fälle, in denen eine dieser beiden Grössen Null wird. In dem im Art. 6. behandelten Falle kann dies nur eintreten, wenn

$$\frac{w'^2}{w^2} = \frac{(2a - b - c)(2a - b + c)}{(2a + b + c)(2a + b - c)} = \left(\frac{a - b}{a + b}\right)^4$$

also der Ausdruck

$$(3.) \qquad b^2c^2 + a^2b^2 + a^2c^2 - 3a^4$$

den wir durch E bezeichnen wollen, Null ist; und dann ergiebt sich in der That ω oder $\omega_,$ gleich Null. Die Gleichung $E = 0$ liefert aber nach a aufgelöst nur eine positive Wurzel, die zwischen $\frac{b + c}{2}$ und b liegt, und kann also nur im Falle (I.) erfüllt werden. Ausser diesem Falle giebt noch der im Art. 7. untersuchte Fall ω oder $\omega_,$ gleich Null, wenn $\tau^2 = \tau'^2$.

Es lässt sich nun zunächst zeigen, dass in den Fällen (I.), (II.) und (III.) die Function G keinen Minimumwerth haben kann, weil sich immer, während a, b, c constant bleiben, die Grössen $g, h, \ldots, k_,$ so ändern lassen, dass der Werth der Function noch abnimmt. Da

g und $g_,$ Null und $h, h_,, k, k_,$, den Fall $E = 0$ ausgenommen, nicht Null sind, so finden zwischen den Variationen dieser Grössen die Bedingungen statt

$$\delta g^2 + 2h\delta h + 2k\delta k = 0, \quad \delta g_,^2 + 2h_,\delta h_, + 2k_,\delta k_, = 0$$

und die Variation von G wird

$$\tfrac{1}{4}\left(\left(\frac{\delta g + \delta g_,}{b-c}\right)^2 + \left(\frac{\delta g - \delta g_,}{b+c}\right)^2\right) + \frac{\partial G}{\partial h}\delta h + \frac{\partial G}{\partial k}\delta k + \frac{\partial G}{\partial h_,}\delta h_, + \frac{\partial G}{\partial k_,}\delta k$$

oder da

$$\frac{\partial G}{\partial h} : \frac{\partial G}{\partial k} = h : k, \quad \frac{\partial G}{\partial h_,} : \frac{\partial G}{\partial k_,} = h_, : k_,$$

$$(4.)\quad \delta G = \tfrac{1}{4}\left(\left(\frac{\delta g + \delta g_,}{b-c}\right)^2 + \left(\frac{\delta g - \delta g_,}{b+c}\right)^2\right) - \frac{1}{2h}\frac{\partial G}{\partial h}\delta g^2 - \frac{1}{2h_,}\frac{\partial G}{\partial h_,}\delta g_,^2.$$

Bildet man die Determinante dieses Ausdrucks zweiten Grades von δg und $\delta g_,$ und substituirt darin die aus Art. 6. (1.) sich ergebenden Werthe

$$(5.)\quad \begin{aligned} \frac{2h}{q} &= b^2 + c^2 - 2a^2 \pm \sqrt{(4a^2 - (b+c)^2)(4a^2 - (b-c)^2)} \\ \frac{2h_,}{q_,} &= b^2 + c^2 - 2a^2 \mp \sqrt{(4a^2 - (b+c)^2)(4a^2 - (b-c)^2)} \end{aligned}$$

und folglich $\frac{hh_,}{qq_,} = E$, so findet sich diese

$$= \frac{3(a^2 - b^2)(a^2 - c^2)}{4E(b^2 - c^2)^2}$$

Sie ist also positiv im Falle (I.), wenn $E < 0$, und im Falle (III.), aber negativ im Falle (I.), wenn $E > 0$, und im Falle (II.). In den beiden ersteren Fällen kann daher der Ausdruck (4.) sowohl positive, als negative Werthe annehmen, in den beiden andern aber entweder nur positive, oder nur negative. Er erhält aber für $\delta g_, = -\delta g$ den Werth

$$\delta g^2\left(\frac{1}{(b+c)^2} - \frac{b^2 + c^2 - 2a^2}{2E}\right)$$

welcher unter den in diesen Fällen geltenden Voraussetzungen immer negativ ist, wie man leicht sieht, wenn man ihn in die Form setzt

$$-\frac{(b^2 + c^2 - 2a^2)(b^2 + 4bc + c^2 + 2a^2) + (4a^2 - (b+c)^2)(4a^2 - (b-c)^2)}{4(b+c)^2 E}\delta g^2$$

und bemerkt, dass $b^2 + c^2 - 2a^2$ stets positiv ist, wenn $E \geqq 0$.

Wenn eine der beiden Grössen ω oder $\omega_,$, z. B. $\omega_, = 0$ ist, wird die Bedingungsgleichung zwischen $\delta g_,$, $\delta h_,$, $\delta k_,$

$$\delta g_,^2 + \delta h_,^2 + \delta k_,^2 = 0;$$

der Ausdruck der Variation von G reducirt sich folglich auf

$$\delta G = \tfrac{1}{2}\left(\frac{b^2+c^2}{(b^2-c^2)^2} - \frac{q}{h}\right)\delta g^2$$

und aus (5.) erhält man, da $\frac{2h_{,}}{q_{,}} = 0$,

$$\frac{h}{q} = b^2 + c^2 - 2a^2.$$

Durch Einsetzung dieses Werthes ergiebt sich

$$\delta G = -\frac{(b^2+c^2)(4a^2-(b+c)^2)+(b-c)^2(b^2+4bc+c^2)}{4(b^2-c^2)^2(b^2+c^2-2a^2)}\delta g^2$$

also negativ, da $b^2 + c^2 - 2a^2$ und $4a^2 - (b+c)^2$ in diesem Falle positiv sind.

In allen diesen Fällen hat also die Function G keinen Minimumwerth, und wir haben nun nur noch den Fall des Art. 7. zu betrachten, wobei wir den singulären Fall, wo $b = a$ und $\tau'^2 > \varepsilon\pi\varrho^4 . 8{,}64004\ldots$, ganz ausschliessen können. Wenn eine der beiden Grössen ω^2 oder $\omega_{,}^2$ Null ist, liefert dieser Fall für jeden gegebenen Werth der andern Grösse nur Einen constanten Bewegungszustand, für welchen $\tau^2 = \tau'^2$, und die Function G muss dann für diesen ihr Minimum haben. Für je zwei gegebene von Null verschiedene Werthe von ω^2 und $\omega_{,}^2$ aber liefert dieser Fall zwei constante Bewegungszustände der flüssigen Masse, die durch Vertauschung von τ^2 und τ'^2 in einander übergehen; denn man kann, um τ^2 und τ'^2 aus ω^2 und $\omega_{,}^2$ zu bestimmen,

$$\tau = \frac{\omega + \omega_{,}}{2}, \quad \tau' = \frac{\omega - \omega_{,}}{2}$$

setzen und dabei die Zeichen von ω und $\omega_{,}$ beliebig wählen.

Man kann aber leicht zeigen, dass in dem einen Falle, wenn ω und $\omega_{,}$ gleiche Zeichen haben und also τ^2 den grösseren Werth hat, kein Minimum von G stattfindet. Die Bedingungen aus den Variationen der Grössen $g, h, \ldots, k_{,}$ sind jetzt

$$\delta g^2 + \delta h^2 + 2k\delta k = 0, \quad \delta g_{,}^2 + \delta h_{,}^2 + 2k_{,}\delta k_{,} = 0,$$

und die Variation von G wird daher

$$\tfrac{1}{4}\left\{\begin{matrix}\left(\frac{\delta g + \delta g_{,}}{b-c}\right)^2 + \left(\frac{\delta h + \delta h_{,}}{c-a}\right)^2 \\ \left(\frac{\delta g - \delta g_{,}}{b+c}\right)^2 + \left(\frac{\delta h - \delta h_{,}}{c+a}\right)^2\end{matrix}\right\} - \tfrac{1}{4}\left\{\begin{matrix}\left(\frac{1+\frac{\omega_{,}}{\omega}}{(a-b)^2} + \frac{1-\frac{\omega_{,}}{\omega}}{(a+b)^2}\right)(\delta g^2 + \delta h^2) \\ \left(\frac{1+\frac{\omega}{\omega_{,}}}{(a-b)^2} + \frac{1-\frac{\omega}{\omega_{,}}}{(a+b)^2}\right)(\delta g_{,}^2 + \delta h_{,}^2)\end{matrix}\right\}$$

Diese erhält aber einen negativen Werth, wenn ω und $\omega_{,}$ gleiche Zeichen haben und $\delta h = \delta h_{,} = 0$, $\delta g_{,} = -\delta g$ angenommen wird; denn es ergiebt sich

$$\delta G = \left\{\frac{1}{(b+c)^2} - \frac{1}{(b+a)^2} + \left(\frac{1}{(b+a)^2} - \frac{1}{(b-a)^2}\right)\frac{(\omega+\omega_{,})^2}{4\omega\omega_{,}}\right\}\delta g^2$$

und hierin ist $\frac{1}{(b+a)^2} < \frac{1}{(b-a)^2}$ und auch $\frac{1}{(b+c)^2} < \frac{1}{(b+a)^2}$, da für $c \leqq a$ nach Art. 7. (3.) $\frac{\tau'^2}{(b+a)^3} \geqq \frac{\tau^2}{(b-a)^3}$, folglich $\tau'^2 > \tau^2$ ist und also τ^2 nur grösser als τ'^2 sein kann, wenn $c > a$.

Die Function hat also auch in diesem Falle kein Minimum und muss folglich in dem allein noch übrig bleibenden Falle ihr Minimum haben.

Dieses findet demnach statt für die im Art. 7. betrachtete Bewegung, wenn $\tau^2 \leqq \tau'^2$ (den oben angegebenen singulären Fall ausgenommen); und in diesem Falle würde daher, während in allen andern Fällen die Beständigkeit der Gestalt und des Bewegungszustandes nur labil ist, jede der Dirichlet'schen Voraussetzung genügende unendlich kleine Aenderung in der Gestalt und dem Bewegungszustande der flüssigen Masse nur unendlich kleine Schwankungen zur Folge haben. Hieraus folgt freilich nicht, dass der Zustand der flüssigen Masse in diesem Falle stabil ist. Die Untersuchung, unter welchen Bedingungen dieses stattfindet, würde sich wohl, da sie auf lineare Differentialgleichungen führt, mit bekannten Mitteln ausführen lassen. Wir müssen jedoch auf die Behandlung dieser Frage in dieser Abhandlung verzichten, die nur der weiteren Entwicklung des schönen Gedankens gewidmet ist, mit welchem Dirichlet seine wissenschaftliche Thätigkeit gekrönt hat.

XI.

Ueber das Verschwinden der Theta-Functionen.

(Aus Borchardt's Journal für reine und angewandte Mathematik, Bd. 1865.)

Die zweite Abtheilung meiner im 54. Bande des mathematischen Journals erschienenen Theorie der Abel'schen Functionen enthält den Beweis eines Satzes über das Verschwinden der ϑ-Functionen, welchen ich sogleich wieder anführen werde, indem ich dabei die in jener Abhandlung angewandten Bezeichnungen als dem Leser bekannt voraussetze. Alles in der Abhandlung noch Folgende enthält kurze Andeutungen über die Anwendung dieses Satzes, welcher bei unserer Methode, die sich auf die Bestimmung der Functionen durch ihre Unstetigkeiten und ihr Unendlichwerden stützt, wie man leicht sieht, die Grundlage der Theorie der Abel'schen Functionen bilden muss. Bei dem Satze selbst und dessen Beweis ist jedoch der Umstand nicht gehörig berücksichtigt worden, dass die ϑ-Function durch die Substitution der Integrale algebraischer Functionen Einer Veränderlichen identisch, d. h. für jeden Werth dieser Veränderlichen, verschwinden kann. Diesem Mangel abzuhelfen ist die folgende kleine Abhandlung bestimmt.

Bei der Darstellung der Untersuchungen über ϑ-Functionen mit einer unbestimmten Anzahl von Variablen macht sich das Bedürfniss einer abkürzenden Bezeichnung einer Reihe, wie

$$v_1, v_2, \ldots, v_m$$

geltend, so bald der Ausdruck von v_ν durch ν complicirt ist. Man könnte dieses Zeichen ganz analog den Summen- und Productenzeichen bilden; eine solche Bezeichung würde aber zu viel Raum wegnehmen und innerhalb der Functionszeichen unbequem für den Druck sein; ich ziehe es daher vor

$$v_1, v_2, \ldots, v_m \quad \text{durch} \quad \begin{pmatrix} m \\ \nu\ (v_\nu) \\ 1 \end{pmatrix}$$

zu bezeichnen, also

$$\vartheta(v_1, v_2, \ldots, v_p) \quad \text{durch} \quad \vartheta \begin{pmatrix} p \\ \nu\ (v_\nu) \\ 1 \end{pmatrix}$$

1.

Wenn man in der Function $\vartheta(v_1, v_2, \ldots, v_p)$ für die p Veränderlichen v die p Integrale $u_1 - e_1, u_2 - e_2, \ldots, u_p - e_p$ algebraischer wie die Fläche T verzweigter Functionen von z substituirt, so erhält man eine Function von z, welche in der ganzen Fläche T ausser den Linien b sich stetig ändert, beim Uebertritt von der negativen auf die positive Seite der Linie b_ν aber den Factor $e^{-u_\nu^+ - u_\nu^- + 2e_\nu}$ erlangt. Wie im §. 22 bewiesen worden ist, wird diese Function, wenn sie nicht für alle Werthe von z verschwindet, nur für p Punkte der Fläche T unendlich klein von der ersten Ordnung. Diese Punkte wurden durch $\eta_1, \eta_2, \ldots, \eta_p$ bezeichnet, und der Werth der Function u_ν im Punkte η_μ durch $\alpha_\nu^{(\mu)}$. Es ergab sich dann nach den $2p$ Modulsystemen der ϑ-Function die Congruenz

$$(1.)\quad (e_1, e_2, \ldots, e_p) \equiv \left(\sum_1^p \alpha_1^{(\mu)} + K_1, \sum_1^p \alpha_2^{(\mu)} + K_2, \ldots, \sum_1^p \alpha_p^{(\mu)} + K_p\right),$$

worin die Grössen K von den bis dahin noch willkürlichen additiven Constanten in den Functionen u abhingen, aber von den Grössen e und den Punkten η unabhängig waren.

Führt man die dort angegebene Rechnung aus, so findet sich

$$(2.)\qquad 2K_\nu = \sum \frac{1}{\pi i}\int (u_\nu^+ + u_\nu^-)\, du_{\nu'} - \varepsilon_\nu \pi i - \sum_{\mu=1}^{\mu=p} \varepsilon'_\mu a_{\mu,\nu}.$$

In diesem Ausdrucke ist das Integral $\int (u_\nu^+ + u_\nu^-) du_{\nu'}$ positiv durch $b_{\nu'}$ auszudehnen, und in der Summe sind für ν' alle Zahlen von 1 bis p ausser ν zu setzen; $\varepsilon_\nu = \pm 1$, je nachdem das Ende von l_ν auf der positiven oder negativen Seite von a_ν liegt, und $\varepsilon'_\nu = \pm 1$, je nachdem dasselbe auf der positiven oder negativen Seite von b_ν liegt. Die Bestimmung der Vorzeichen ist übrigens nur nöthig, wenn die Grössen e nach den in §. 22 gegebenen Gleichungen aus den Unstetigkeiten von $\log \vartheta$ völlig bestimmt werden sollen; die obige Congruenz (1.) bleibt richtig, welche Vorzeichen man wählen mag.

Wir behalten zunächst die dort gemachte vereinfachende Voraussetzung bei, dass die additiven Constanten in den Functionen u so bestimmt werden, dass die Grössen K sämmtlich gleich Null sind. Um die so gewonnenen Resultate schliesslich von dieser beschränkenden Voraussetzung zu befreien, hat man offenbar nur nöthig, überall in den ϑ-Functionen zu den Argumenten $-K_1, -K_2, \ldots, -K_p$ hinzuzufügen.

Wenn also die Function $\vartheta(u_1 - e_1, u_2 - e_2, \ldots, u_p - e_p)$ für die p Punkte $\eta_1, \eta_2, \ldots, \eta_p$ verschwindet *und nicht identisch für jeden Werth von z verschwindet*, so ist

$$(e_1, e_2, \ldots, e_p) \equiv \left(\sum_1^p \alpha_1^{(\mu)}, \sum_1^p \alpha_2^{(\mu)}, \ldots, \sum_1^p \alpha_p^{(\mu)}\right)$$

Dieser Satz gilt für ganz beliebige Werthe der Grössen e, und wir haben hieraus, indem wir den Punkt (s, z) mit dem Punkte η_p zusammenfallen liessen, geschlossen, dass

$$\vartheta\left(-\sum_1^{p-1} \alpha_1^{(\mu)}, -\sum_1^{p-1} \alpha_2^{(\mu)}, \ldots, -\sum_1^{p-1} \alpha_p^{(\mu)}\right) = 0,$$

oder da die ϑ-Function gerade ist,

$$\vartheta\left(\sum_1^{p-1} \alpha_1^{(\mu)}, \sum_1^{p-1} \alpha_2^{(\mu)}, \ldots, \sum_1^{p-1} \alpha_p^{(\mu)}\right) = 0,$$

welches auch die Punkte $\eta_1, \eta_2, \ldots, \eta_{p-1}$ seien.

2.

Der Beweis dieses Satzes bedarf jedoch einer Vervollständigung wegen des Umstandes, dass die Function

$$\vartheta(u_1 - e_1, u_2 - e_2, \ldots, u_p - e_p)$$

identisch verschwinden kann (was in der That bei jedem System von gleich verzweigten algebraischen Functionen für gewisse Werthe der Grössen e eintritt).

Wegen dieses Umstandes muss man sich begnügen, zunächst zu zeigen, dass der Satz richtig bleibt, während die Punkte η unabhängig von einander innerhalb endlicher Grenzen ihre Lage ändern. Hieraus folgt dann die allgemeine Richtigkeit des Satzes nach dem Principe, dass eine Function einer complexen Grösse nicht innerhalb eines endlichen Gebiets gleich Null sein kann, ohne überall gleich Null zu sein.

Wenn z gegeben ist, so können die Grössen $e_1, e_2, \ldots, e_p$ immer so gewählt werden, dass

$$\vartheta(u_1 - e_1, u_2 - e_2, \ldots, u_p - e_p)$$

nicht verschwindet; denn sonst müsste die Function $\vartheta(v_1, v_2, \ldots, v_p)$ für jedwede Werthe der Grössen v verschwinden, und folglich müssten in ihrer Entwicklung nach ganzen Potenzen von $e^{2v_1}, e^{2v_2}, \ldots, e^{2v_p}$ sämmtliche Coefficienten gleich Null sein, was nicht der Fall ist. Die Grössen e können sich dann von einander unabhängig innerhalb endlicher Grössengebiete ändern, ohne dass die Function

$$\vartheta(u_1 - e_1, u_2 - e_2, \ldots, u_p - e_p)$$

für diesen Werth von z verschwindet. Oder mit anderen Worten: man kann immer ein Grössengebiet E von $2p$ Dimensionen angeben, innerhalb dessen sich das System der Grössen e bewegen kann, ohne dass die Function

$$\vartheta(u_1 - e_1, u_2 - e_2, \ldots, u_p - e_p)$$

für diesen Werth von z verschwindet. Sie wird also nur für p Lagen von (s, z) unendlich klein von der ersten Ordnung, und bezeichnet man diese Punkte durch $\eta_1, \eta_2, \ldots, \eta_p$, so ist

$$(1.)\qquad (e_1, e_2, \ldots, e_p) \equiv \left(\sum_1^p \alpha_1^{(\mu)}, \sum_1^p \alpha_2^{(\mu)}, \ldots, \sum_1^p \alpha_p^{(\mu)}\right)$$

Jeder Bestimungsweise des Systems der Grössen e innerhalb E oder jedem Punkte von E entspricht dann eine Bestimmungsweise der Punkte η, deren Gesammtheit ein dem Grössengebiete E entsprechendes Grössengebiet H bildet. In Folge der Gleichung (1.) entspricht jedem Punkte von H aber auch nur ein Punkt von E; hätte also H nur $2p - 1$, oder weniger Dimensionen, so würde E nicht $2p$ Dimensionen haben können. Es hat folglich H $2p$ Dimensionen. Die Schlüsse, auf welche sich unser Satz stützt, bleiben daher anwendbar für beliebige Lagen der Punkte η innerhalb endlicher Gebiete, und die Gleichung

$$\vartheta\left(-\sum_1^{p-1} \alpha_1^{(\mu)}, -\sum_1^{p-1} \alpha_2^{(\mu)}, \ldots, -\sum_1^{p-1} \alpha_p^{(\mu)}\right) = 0$$

gilt für beliebige Lagen der Punkte $\eta_1, \eta_2, \ldots, \eta_{p-1}$ innerhalb endlicher Gebiete und folglich allgemein.

3.

Hieraus folgt, dass sich das Grössensystem $(e_1, e_2, \ldots, e_p)$ immer und nur auf eine Weise congruent einem Ausdrucke von der Form $\begin{pmatrix} p \\ \nu \left(\sum_1^p \alpha_\nu^{(\mu)}\right) \\ 1 \end{pmatrix}$ setzen lässt, wenn $\vartheta\begin{pmatrix} p \\ \nu\ (u_\nu - e_\nu) \\ 1 \end{pmatrix}$ nicht für jeden Werth von z verschwindet; denn liessen sich die Punkte $\eta_1, \eta_2, \ldots, \eta_p$ auf mehr als eine Weise so bestimmen, dass der Congruenz

$$\begin{pmatrix} p \\ \nu\ (e_\nu) \\ 1 \end{pmatrix} \equiv \begin{pmatrix} p \\ \nu \left(\sum_1^p \alpha_\nu^{(\mu)}\right) \\ 1 \end{pmatrix}$$

genügt wäre, so würde nach dem eben bewiesenen Satze die Function $\vartheta\begin{pmatrix} p \\ \nu\ (u_\nu - e_\nu) \\ 1 \end{pmatrix}$ für mehr als p Punkte verschwinden, ohne identisch gleich Null zu sein, was unmöglich ist.

Wenn $\vartheta\begin{pmatrix}p\\ \nu\,(u_\nu - e_\nu)\\ 1\end{pmatrix}$ identisch verschwindet, muss man, um $\begin{pmatrix}p\\ \nu\,(e_\nu)\\ 1\end{pmatrix}$ in die obige Form zu setzen,

$$\vartheta\begin{pmatrix}p\\ \nu\,(u_\nu + \alpha_\nu^{(1)} - u_\nu^{(1)} - e_\nu)\\ 1\end{pmatrix}$$

betrachten, und wenn diese Function identisch für jeden Werth z, ζ_1, z_1 verschwindet, die Function

$$\vartheta\begin{pmatrix}p\\ \nu\,\left(u_\nu + \sum_1^2 \alpha_\nu^{(\mu)} - \sum_1^2 u_\nu^{(\mu)} - e_\nu\right)\\ 1\end{pmatrix}$$

(1.) Wir nehmen an, dass

$$\vartheta\begin{pmatrix}p\\ \nu\,\left(\sum_1^m \alpha_\nu^{(p+2-\mu)} - \sum_1^{m-1} u_\nu^{(p-\mu)} - e_\nu\right)\\ 1\end{pmatrix}$$

identisch verschwindet,

$$\vartheta\begin{pmatrix}p\\ \nu\,\left(\sum_1^{m+1} \alpha_\nu^{(p+2-\mu)} - \sum_1^{m} u_\nu^{(p-\mu)} - e_\nu\right)\\ 1\end{pmatrix}$$

aber nicht identisch verschwindet.

Diese letztere Function verschwindet dann, als Function von ζ_{p+1} betrachtet, für $\varepsilon_{p-1}, \varepsilon_{p-2}, \ldots, \varepsilon_{p-m}$, ausserdem also noch für $p-m$ Punkte, und bezeichnet man diese mit $\eta_1, \eta_2, \ldots, \eta_{p-m}$, so ist

$$\begin{pmatrix}p\\ \nu\,\left(-\sum_{p-m+1}^{p} \alpha_\nu^{(\mu)} + e_\nu\right)\\ 1\end{pmatrix} \equiv \begin{pmatrix}p\\ \nu\,\left(\sum_1^{p-m} \alpha_\nu^{(\mu)}\right)\\ 1\end{pmatrix}$$

und diese Punkte $\eta_1, \eta_2, \ldots, \eta_{p-m}$ können nur auf eine Weise so bestimmt werden, dass diese Congruenz erfüllt wird, weil sonst die Function für mehr als p Punkte verschwinden würde. Dieselbe Function verschwindet, als Function von z_{p-1} betrachtet, ausser für

$$\eta_{p+1}, \eta_p, \ldots, \eta_{p-m+1}$$

noch für $p-m-1$, Punkte und bezeichnet man diese durch

$$\varepsilon_1, \varepsilon_2, \ldots, \varepsilon_{p-m-1},$$

so ist

$$\begin{pmatrix}p\\ \nu\,\left(-\sum_{p-m}^{p-2} u_\nu^{(\mu)} - e_\nu\right)\\ 1\end{pmatrix} \equiv \begin{pmatrix}p\\ \nu\,\left(\sum_1^{p-m-1} u_\nu^{(\mu)}\right)\\ 1\end{pmatrix},$$

und die Punkte $\varepsilon_1, \varepsilon_2, \ldots, \varepsilon_{p-m-1}$ sind durch diese Congruenz völlig bestimmt.

Unter der gemachten Voraussetzung (1.) können also, um den Congruenzen

$$(2.)\qquad \left(\begin{matrix} p \\ \nu\ (e_\nu) \\ 1 \end{matrix}\right) \equiv \left(\begin{matrix} p \\ \nu\ \Big(\sum\limits_1^p \alpha_\nu^{(\mu)}\Big) \\ 1 \end{matrix}\right)$$

und

$$(3.)\qquad \left(\begin{matrix} p \\ \nu\ (-e_\nu) \\ 1 \end{matrix}\right) \equiv \left(\begin{matrix} p \\ \nu\ \Big(\sum\limits_1^{p-2} u_\nu^{(\mu)}\Big) \\ 1 \end{matrix}\right)$$

zu genügen, m von den Punkten η und $m-1$ von den Punkten ε beliebig gewählt werden, dadurch aber sind die übrigen bestimmt. Offenbar gelten diese Sätze auch umgekehrt, d. h. die Function verschwindet, wenn eine dieser Bedingungen erfüllt ist. Wenn also die Congruenz (2.) auf mehr als eine Weise lösbar ist, so ist auch die Congruenz (3.) lösbar, und wenn von den Punkten η m, aber nicht mehr, beliebig gewählt werden können, so können von den Punkten ε $m-1$ beliebig gewählt werden und dadurch sind die übrigen bestimmt, und umgekehrt.

Auf ganz ähnlichem Wege ergiebt sich, dass, wenn

$$\vartheta\left(\begin{matrix} p \\ \nu\ (r_\nu) \\ 1 \end{matrix}\right) = 0$$

ist, die Congruenzen

$$(4.)\qquad \left(\begin{matrix} p \\ \nu\ (r_\nu) \\ 1 \end{matrix}\right) \equiv \left(\begin{matrix} p \\ \nu\ \Big(\sum\limits_1^{p-1} \alpha_\nu^{(\mu)}\Big) \\ 1 \end{matrix}\right),$$

$$(5.)\qquad \left(\begin{matrix} p \\ \nu\ (-r_\nu) \\ 1 \end{matrix}\right) \equiv \left(\begin{matrix} p \\ \nu\ \Big(\sum\limits_1^{p-1} u_\nu^{(\mu)}\Big) \\ 1 \end{matrix}\right)$$

immer lösbar sind; und zwar können sowohl von den Punkten η als von den Punkten ε m beliebig gewählt werden, und es sind dadurch die übrigen $p-1-m$ bestimmt, wenn

$$\vartheta\left(\begin{matrix} p \\ \nu\ \Big(\sum\limits_1^{m} u_\nu^{(\mu)} - \sum\limits_1^{m} \alpha_\nu^{(\mu)} + r_\nu\Big) \\ 1 \end{matrix}\right)$$

identisch gleich Null ist,

$$\vartheta\left(\begin{matrix} p \\ \nu\ \Big(\sum\limits_1^{m+1} u_\nu^{(\mu)} - \sum\limits_1^{m+1} \alpha_\nu^{(\mu)} + r_\nu\Big) \\ 1 \end{matrix}\right)$$

aber nicht identisch gleich Null ist, wobei der Fall $m=0$ nicht ausgeschlossen ist. Dieser Satz lässt sich auch umkehren. Wenn also von den Punkten η m und nicht mehr beliebig gewählt werden können, so ist die Voraussetzung desselben erfüllt; und es können folglich auch von den Punkten ε m und nicht mehr beliebig gewählt werden.

4.

(1.) Bezeichnen wir die Derivirte von
$$\vartheta(v_1, v_2, \ldots, v_p)$$
nach v_ν mit ϑ'_ν, die zweite Derivirte nach v_ν und v_μ mit $\vartheta''_{\nu,\mu}$ u. s. f.,

so sind, wenn
$$\vartheta\left(\overset{p}{\underset{1}{\nu}}\,(u_\nu^{(1)} - \alpha_\nu^{(1)} + r_\nu)\right)$$
identisch für jeden Werth von z_1 und ζ_1 verschwindet, sämmtliche Functionen $\vartheta'\left(\overset{p}{\underset{1}{\nu}}\,(r_\nu)\right)$ gleich Null. In der That geht die Gleichung
$$\vartheta\left(\overset{p}{\underset{1}{\nu}}\,(u_\nu^{(1)} - \alpha_\nu^{(1)} + r_\nu)\right) = 0,$$
wenn s_1 und z_1 unendlich wenig von σ_1 und ζ_1 verschieden sind, über in die Gleichung
$$\sum_1^p \vartheta'_\mu\left(\overset{p}{\underset{1}{\nu}}\,(r_\nu)\right) d\alpha_\mu^{(1)} = 0.$$
Nehmen wir an, dass
$$du_\mu = \frac{\varphi_\mu(s, z)\,dz}{\frac{\partial F}{\partial s}}$$
sei, so verwandelt sich diese Gleichung nach Weglassung des Factors $\frac{d\zeta_1}{\frac{\partial F(\sigma_1, \zeta_1)}{\partial \sigma_1}}$ in
$$\sum_1^p \vartheta_\mu\left(\overset{p}{\underset{1}{\nu}}\,(r_\nu)\right) \varphi_\mu(\sigma_1, \zeta_1) = 0;$$
und da zwischen den Functionen φ keine lineare Gleichung mit constanten Coefficienten stattfindet, so folgt hieraus, dass sämmtliche erste Derivirten von $\vartheta(v_1, v_2, \ldots, v_p)$ für $\overset{p}{\underset{1}{\nu}}\,(v_\nu = r_\nu)$ verschwinden müssen.

Um den umgekehrten Satz zu beweisen, nehmen wir an, dass $\overset{p}{\underset{1}{\nu}}\,(v_\nu = r_\nu)$ und $\overset{p}{\underset{1}{\nu}}\,(v_\nu = t_\nu)$ zwei Werthsysteme seien, für welche die

Function ϑ verschwindet, ohne für $\begin{matrix} p \\ \nu \\ 1 \end{matrix} (v_\nu = u_\nu^{(1)} - \alpha_\nu^{(1)} + r_\nu)$ und $\begin{matrix} p \\ \nu \\ 1 \end{matrix} (v_\nu = u_\nu^{(1)} - \alpha_{\nu_1}^{(1)} + t_\nu)$ identisch zu verschwinden, und bilden den Ausdruck

$$(2.) \qquad \frac{\vartheta\left(\begin{matrix} p \\ \nu \\ 1 \end{matrix} (u_\nu^{(1)} - \alpha_\nu^{(1)} + r_\nu)\right) \vartheta\left(\begin{matrix} p \\ \nu \\ 1 \end{matrix} (\alpha_\nu^{(1)} - u_\nu^{(1)} + r_\nu)\right)}{\vartheta\left(\begin{matrix} p \\ \nu \\ 1 \end{matrix} (u_\nu^{(1)} - \alpha_\nu^{(1)} + t_\nu)\right) \vartheta\left(\begin{matrix} p \\ \nu \\ 1 \end{matrix} (\alpha_\nu^{(1)} - u_\nu^{(1)} + t_\nu)\right)}$$

Betrachten wir diesen Ausdruck als Function von z_1, so ergiebt sich, dass er eine algebraische Function von z_1 und zwar eine rationale Function von s_1 und z_1 ist, da Nenner und Zähler in T'' stetig sind und an den Querschnitten dieselben Factoren erlangen. Für $z_1 = \zeta_1$ und $s_1 = \sigma_1$ werden Nenner und Zähler unendlich klein von der zweiten Ordnung, so dass die Function endlich bleibt; die übrigen Werthe aber, für welche Nenner oder Zähler verschwinden, sind, wie oben bewiesen, durch die Werthe der Grössen r und der Grössen t völlig bestimmt, also von ζ_1 ganz unabhängig. Da nun eine algebraische Function durch die Werthe, für welche sie Null und unendlich wird, bis auf einen constanten Factor bestimmt ist, so ist der Ausdruck gleich einer rationalen von ζ_1 unabhängigen Function von s_1 und z_1, $\chi(s_1, z_1)$, multiplicirt in eine Constante, d. h. eine von z_1 unabhängige Grösse. Da der Ausdruck symmetrisch in Bezug auf die Grössensysteme (s_1, z_1) und (σ_1, ζ_1) ist, so ist diese Constante gleich $\chi(\sigma_1, \zeta_1)$, multiplicirt in eine auch von ζ_1 unabhängige Grösse A. Setzt man nun

$$\sqrt{A}\, \chi(s, z) = \varrho(s, z),$$

so erhält man für unsern Ausdruck (2.) den Werth

$$(3.) \qquad \varrho(s_1, z_1)\, \varrho(\sigma_1, \zeta_1)$$

wo $\varrho(s, z)$ eine rationale Function von s und z ist.

Um diese zu bestimmen, hat man nur nöthig $\zeta_1 = z_1$ und $\sigma_1 = s_1$ werden zu lassen; es ergiebt sich dann

$$(\varrho(s_1, z_1))^2 = \left\{ \frac{\sum_\mu \vartheta'_\mu \left(\begin{matrix} p \\ \nu \\ 1 \end{matrix} (r_\nu)\right) du_\mu^{(1)}}{\sum_\mu \vartheta'_\mu \left(\begin{matrix} p \\ \nu \\ 1 \end{matrix} (t_\nu)\right) du_\mu^{(1)}} \right\}^2$$

oder nach Ausziehung der Quadratwurzel und Weghebung des Factors $\frac{dz_1}{\frac{\partial F(s_1, z_1)}{\partial s_1}}$

$$(4.) \qquad \varrho(s_1, z_1) = \pm \frac{\sum\limits_\mu \vartheta'_\mu \begin{pmatrix} p \\ \nu\,(r_\nu) \\ 1 \end{pmatrix} \varphi_\mu(s_1, z_1)}{\sum\limits_\mu \vartheta'_\mu \begin{pmatrix} p \\ \nu\,(t_\nu) \\ 1 \end{pmatrix} \varphi_\mu(s_1, z_1)}$$

Man hat daher aus (3.) und (4.) die Gleichung

$$(5.) \qquad \begin{cases} \dfrac{\vartheta\begin{pmatrix} p \\ \nu\,(u_\nu^{(1)} - \alpha_\nu^{(1)} + r_\nu) \\ 1 \end{pmatrix} \vartheta\begin{pmatrix} p \\ \nu\,(\alpha_\nu^{(1)} - u_\nu^{(1)} + r_\nu) \\ 1 \end{pmatrix}}{\vartheta\begin{pmatrix} p \\ \nu\,(u_\nu^{(1)} - \alpha_\nu^{(1)} + t_\nu) \\ 1 \end{pmatrix} \vartheta\begin{pmatrix} p \\ \nu\,(\alpha_\nu^{(1)} - u_\nu^{(1)} + t_\nu) \\ 1 \end{pmatrix}} \\ = \dfrac{\sum\limits_\mu \vartheta'_\mu \begin{pmatrix} p \\ \nu\,(r_\nu) \\ 1 \end{pmatrix} \varphi_\mu(s_1, z_1)}{\sum\limits_\mu \vartheta'_\mu \begin{pmatrix} p \\ \nu\,(t_\nu) \\ 1 \end{pmatrix} \varphi_\mu(s_1, z_1)} \; \dfrac{\sum\limits_\mu \vartheta'_\mu \begin{pmatrix} p \\ \nu\,(r_\nu) \\ 1 \end{pmatrix} \varphi_\mu(\sigma_1, \zeta_1)}{\sum\limits_\mu \vartheta'_\mu \begin{pmatrix} p \\ \nu\,(t_\nu) \\ 1 \end{pmatrix} \varphi_\mu(\sigma_1, \zeta_1)} \end{cases}$$

Aus dieser Gleichung folgt, dass

$$\vartheta\begin{pmatrix} p \\ \nu\,(u_\nu^{(1)} - \alpha_\nu^{(1)} + r_\nu) \\ 1 \end{pmatrix}$$

für jeden Werth von z_1 und ζ_1 gleich Null sein muss, wenn die ersten Derivirten der Function $\vartheta(v_1, v_2, \ldots, v_p)$ für $\begin{matrix} p \\ \nu \\ 1 \end{matrix} (v_\nu = r_\nu)$ sämmtlich verschwinden.

5.

Wenn

$$(1.) \qquad \vartheta\begin{pmatrix} p \\ \nu \\ 1 \end{pmatrix} \left(\sum_1^m \alpha_\nu^{(\mu)} - \sum_1^m u_\nu^{(\mu)} + r_\nu \right) \Bigg)$$

identisch, d. h. für jedwede Werthe von $\begin{matrix} m \\ \mu \\ 1 \end{matrix} (\sigma_\mu, \zeta_\mu)$ und $\begin{matrix} m \\ \mu \\ 1 \end{matrix} (s_\mu, z_\mu)$, verschwindet, so findet man auf dem oben angegebenen Wege zunächst, indem man $\zeta_m = z_m$, $\sigma_m = s_m$ werden lässt, dass die ersten Derivirten der Function

$$\vartheta(v_1, v_2, \ldots, v_p) \text{ für } \begin{matrix} p \\ \nu \\ 1 \end{matrix} \left(v_\nu = \sum_1^{m-1} \alpha_\nu^{(\mu)} - \sum_1^{m-1} u_\nu^{(\mu)} + r_\nu \right)$$

sämmtlich verschwinden, dann, indem man $\zeta_{m-1} - z_{m-1}$, $\sigma_{m-1} - s_{m-1}$ unendlich klein werden lässt, dass für

$$\overset{p}{\underset{1}{\nu}}\left(v_\nu = \sum_1^{m-2} \alpha_\nu^{(\mu)} - \sum_1^{m-2} u_\nu^{(\mu)} + r_\nu\right)$$

auch die zweiten Derivirten sämmtlich verschwinden; und offenbar ergiebt sich allgemein, dass die Derivirten n ter Ordnung sämmtlich verschwinden für

$$\overset{p}{\underset{1}{\nu}}\left(v_\nu = \sum_1^{m-n} \alpha_\nu^{(\mu)} - \sum_1^{m-n} u_\nu^{(\mu)} + r_\nu\right),$$

welche Werthe auch die Grössen z und die Grössen ζ haben mögen.

Es folgt hieraus, dass unter der gegenwärtigen Voraussetzung (1.) für $\overset{p}{\underset{1}{\nu}}(v_\nu = r_\nu)$ die ersten bis $m$ten Derivirten der Function

$$\vartheta(v_1, v_2, \ldots, v_p)$$

sämmtlich gleich Null sind.

Um zu zeigen, dass dieser Satz auch umgekehrt gilt, beweisen wir zunächst, dass wenn

$$\vartheta\left(\overset{p}{\underset{1}{\nu}}\left(\sum_1^{m-1} \alpha_\nu^{(\mu)} - \sum_1^{m-1} u_\nu^{(\mu)} + r_\nu\right)\right)$$

identisch verschwindet und die Grössen $\vartheta^{(m)}\left(\overset{p}{\underset{1}{\nu}}(r_\nu)\right)$ sämmtlich gleich Null sind, auch

$$\vartheta\left(\overset{p}{\underset{1}{\nu}}\left(\sum_1^{m} \alpha_\nu^{(\mu)} - \sum_1^{m} u_\nu^{(\mu)} + r_\nu\right)\right)$$

identisch verschwinden muss und verallgemeinern zu diesem Zwecke die Gleichung §. 4, (5.)

Wir nehmen an, dass

$$\vartheta\left(\overset{p}{\underset{1}{\nu}}\left(\sum_1^{m-1} u_\nu^{(\mu)} - \sum_1^{m-1} \alpha_\nu^{(\mu)} + r_\nu\right)\right)$$

identisch verschwinde,

$$\vartheta\left(\overset{p}{\underset{1}{\nu}}\left(\sum_1^{m} u_\nu^{(\mu)} - \sum_1^{m} \alpha_\nu^{(\mu)} + r_\nu\right)\right)$$

aber nicht identisch verschwinde, behalten in Bezug auf die Grössen t die frühere Voraussetzung bei und betrachten den Ausdruck

$$(2.)\quad \frac{\left\{\begin{array}{c}\vartheta\begin{pmatrix}p\\ \nu\left(\sum\limits_1^m u_\nu^{(\mu)}-\sum\limits_1^m \alpha_\nu^{(\mu)}+r'_\nu\right)\\ 1\end{pmatrix}\vartheta\begin{pmatrix}p\\ \nu\left(\sum\limits_1^m \alpha_\nu^{(\mu)}-\sum\limits_1^m u_\nu^{(\mu)}+r_\nu\right)\\ 1\end{pmatrix}\times\\ \prod\limits_{\varrho,\varrho}\vartheta\begin{pmatrix}p\\ \nu\,(u_\nu^{(\varrho)}-u_\nu^{(\varrho')}+t_\nu)\\ 1\end{pmatrix}\vartheta\begin{pmatrix}p\\ \nu\,(\alpha_\nu^{(\varrho)}-\alpha_\nu^{(\varrho')}+t_\nu)\\ 1\end{pmatrix}\end{array}\right\}}{\left(\prod\limits_1^m\right)^2\vartheta\begin{pmatrix}p\\ \nu\,(u_\nu^{(\varrho)}-\alpha_\nu^{(\varrho')}+t_\nu)\\ 1\end{pmatrix}\vartheta\begin{pmatrix}p\\ \nu\,(\alpha_\nu^{(\varrho)}-u_\nu^{(\varrho')}+t_\nu)\\ 1\end{pmatrix}}$$

In diesem Ausdrucke sind unter den Productzeichen sowohl für ϱ, als für ϱ' sämmtliche Werthe von 1 bis m zu setzen, im Zähler aber die Fälle, wo $\varrho = \varrho'$ würde, wegzulassen.

Betrachten wir diesen Ausdruck als Function von z_1, so ergiebt sich, dass er an den Querschnitten den Factor 1 erlangt und folglich eine algebraische Function von z_1 ist. Für $z_1 = \zeta_\varrho$ und $s_1 = \sigma_\varrho$ werden Nenner und Zähler unendlich klein von der zweiten Ordnung, der Bruch bleibt also endlich; die übrigen Werthe aber, für welche Zähler und Nenner verschwinden, sind durch die Grössen $\overset{m}{\underset{2}{\mu}}(s_\mu, z_\mu)$, die Grössen r und die Grössen t, wie oben (§. 3.) bewiesen, völlig bestimmt, und folglich von den Grössen ζ ganz unabhängig. Da der Ausdruck nun eine symmetrische Function von den Grössen z ist, so gilt dasselbe für jedes beliebige z_μ: er ist eine algebraische Function von z_μ, und die Werthe dieser Grösse, für welche er unendlich gross oder unendlich klein wird, sind von den Grössen ζ unabhängig. Er ist daher gleich einer von den Grössen ζ unabhängigen algebraischen Function der Grössen z, $\chi(z_1, z_2, \ldots, z_m)$, multiplicirt in einen von den Grössen z unabhängigen Factor. Da er aber ungeändert bleibt, wenn man die Grössen z mit den Grössen ζ vertauscht, so ist dieser Factor gleich $\chi(\zeta_1, \zeta_2, \ldots, \zeta_m)$, multiplicirt mit einer von den Grössen z und den Grössen ζ unabhängigen Constanten A; und wir können daher, wenn wir $\sqrt{A}\,\chi(z_1, z_2, \ldots, z_m) = \psi(z_1, z_2, \ldots, z_m)$ setzen, unserm Ausdrucke (2.) die Form

$$(3.)\qquad \psi(z_1, z_2, \ldots, z_m)\,\psi(\zeta_1, \zeta_2, \ldots, \zeta_m)$$

geben, wo $\psi(z_1, z_2, \ldots, z_m)$ eine algebraische von den Grössen ζ unabhängige Function der Grössen z ist, welche in Folge ihrer Verzweigungsart sich rational in $\overset{m}{\underset{1}{\mu}}(s_\mu, z_\mu)$ ausdrücken lassen muss. Lässt man nun die Punkte η mit den Punkten ε zusammenfallen, so dass die Grössen $\zeta_\mu - z_\mu$ und die Grössen $\sigma_\mu - s_\mu$ sämmtlich unendlich klein werden, so ergiebt sich, wenn man die Derivirten von $\vartheta(v_1, v_2, \ldots, v_p)$ wie oben (§. 4, (1.)) bezeichnet,

$$(4.)\quad \psi(z_1, z_2, \ldots, z_m) = \pm \frac{\left(\sum_1^p\right)^m \vartheta^{(m)}_{\nu_1, \nu_2, \ldots, \nu_m}\begin{pmatrix}p\\ \varrho\,(r_\varrho)\\ 1\end{pmatrix} du^{(1)}_{\nu_1} du^{(2)}_{\nu_2} \ldots du^{(m)}_{\nu_m}}{\prod\limits_{\mu=1}^{\mu=m} \sum\limits_{\nu=1}^{\nu=p} \vartheta'_\nu \begin{pmatrix}p\\ \varrho\,(r_\varrho)\\ 1\end{pmatrix} du^{(\mu)}_\nu},$$

wo die Summationen im Zähler sich auf $\nu_1, \nu_2, \ldots, \nu_m$ beziehen. Es ist kaum nöthig zu bemerken, dass die Wahl des Vorzeichens gleichgültig ist, da sie auf den Werth von $\psi(z_1, z_2, \ldots, z_m)\,\psi(\zeta_1, \zeta_2, \ldots, \zeta_m)$ keinen Einfluss hat, und dass statt der Grössen $du^{(\mu)}_1, du^{(\mu)}_2, \ldots, du^{(\mu)}_p$ auch, im Zähler und Nenner gleichzeitig, die ihnen proportionalen Grössen $\varphi_1(s_\mu, z_\mu), \varphi_2(s_\mu, z_\mu), \ldots, \varphi_p(s_\mu, z_\mu)$ eingeführt werden können.

Aus der in (2.), (3.) und (4.) enthaltenen Gleichung, welche für den Fall bewiesen ist, dass

$$\vartheta\begin{pmatrix}p\\ \nu\left(\sum\limits_1^{m-1} u^{(\mu)}_\nu - \sum\limits_1^{m-1} \alpha^{(\mu)}_\nu + r_\nu\right)\\ 1\end{pmatrix}$$

gleich Null und

$$\vartheta\begin{pmatrix}p\\ \nu\left(\sum\limits_1^{m} u^{(\mu)}_\nu - \sum\limits_1^{m} \alpha^{(\mu)}_\nu + r_\nu\right)\\ 1\end{pmatrix}$$

von Null verschieden ist, folgt, dass

$$\vartheta\begin{pmatrix}p\\ \nu\left(\sum\limits_1^{m} u^{(\mu)}_\nu - \sum\limits_1^{m} \alpha^{(\mu)}_\nu + r_\nu\right)\\ 1\end{pmatrix}$$

nicht von Null verschieden sein kann, wenn die Functionen $\vartheta^{(m)}\begin{pmatrix}p\\ \nu\,(r_\nu)\\ 1\end{pmatrix}$ sämmtlich gleich Null sind.

Wenn also die Functionen $\vartheta^{(m+1)}\begin{pmatrix}p\\ \nu\,(r_\nu)\\ 1\end{pmatrix}$ sämmtlich gleich Null sind, so folgt aus der Gültigkeit der Gleichung

$$\vartheta\begin{pmatrix}p\\ \nu\left(\sum\limits_1^{n} u^{(\mu)}_\nu - \sum\limits_1^{n} \alpha^{(\mu)}_\nu + r_\nu\right)\\ 1\end{pmatrix} = 0$$

für $n = m$ ihre Gültigkeit für $n = m + 1$. Gilt daher die Gleichung für $n = 0$, oder ist $\vartheta\begin{pmatrix}p\\ \nu\,(r_\nu)\\ 1\end{pmatrix} = 0$, und verschwinden die ersten bis

$m$ten Derivirten der Function $\vartheta\begin{pmatrix} p \\ \nu\,(v_\nu) \\ 1 \end{pmatrix}$ für $\overset{p}{\underset{1}{\nu}}\,(v_\nu = r_\nu)$ sämmtlich, die $(m + 1)$ten aber nicht sämmtlich, so gilt die Gleichung auch für alle grösseren Werthe von n bis $n = m$, aber nicht für $n = m + 1$; denn aus $\vartheta\begin{pmatrix} p \\ \nu \left(\sum_1^{m+1} u_\nu^{(\mu)} - \sum_1^{m+1} \alpha_\nu^{(\mu)} + r_\nu \right) \\ 1 \end{pmatrix} = 0$ würde, wie wir vorher schon gefunden hatten, folgen, dass die Grössen $\vartheta^{(m+1)}\begin{pmatrix} p \\ \nu\,(r_\nu) \\ 1 \end{pmatrix}$ sämmtlich verschwinden müssten.

6.

Fassen wir das eben Bewiesene mit dem Früheren zusammen, so erhalten wir folgendes Resultat:

Ist $\vartheta\,(r_1, r_2, \ldots, r_p) = 0$, so lassen sich $(p - 1)$ Punkte $\eta_1, \eta_2, \ldots, \eta_{p-1}$ so bestimmen, dass

$$(r_1, r_2, \ldots, r_p) \equiv \left(\sum_1^{p-1} \alpha_1^{(\mu)}, \sum_1^{p-1} \alpha_2^{(\mu)}, \ldots, \sum_1^{p-1} \alpha_p^{(\mu)} \right);$$

und umgekehrt.

Wenn ausser der Function $\vartheta\,(v_1, v_2, \ldots, v_p)$ auch ihre ersten bis $m$ten Derivirten für $v_1 = r_1$, $v_2 = r_2, \ldots, v_p = r_p$ sämmtlich gleich Null, die $(m + 1)$ten aber nicht sämmtlich gleich Null sind, so können m von diesen Punkten η, ohne dass die Grössen r sich ändern, beliebig gewählt werden und dadurch sind die übrigen $p - 1 - m$ völlig bestimmt.

Und umgekehrt:

Wenn m und nicht mehr von den Punkten η, ohne dass sich die Grössen r ändern, beliebig gewählt werden können, so sind ausser der Function $\vartheta\,(v_1, v_2, \ldots, v_p)$ auch ihre ersten bis $m$ten Derivirten für $v_1 = r_1$, $v_2 = r_2, \ldots, v_p = r_p$ sämmtlich gleich Null, die $(m + 1)$ten aber nicht sämmtlich gleich Null.

Die vollständige Untersuchung aller besonderen Fälle, welche bei dem Verschwinden einer ϑ-Function eintreten können, war weniger nöthig wegen der besondern Systeme von gleichverzweigten algebraischen Functionen, für welche diese Fälle eintreten, als vielmehr desshalb, weil ohne diese Untersuchung Lücken in dem Beweise der Sätze entstehen würden, welche auf unsern Satz über das Verschwinden einer ϑ-Function gegründet werden.

Zweite Abtheilung.

XII.

Ueber die Darstellbarkeit einer Function durch eine trigonometrische Reihe.

(Aus dem dreizehnten Bande der Abhandlungen der Königlichen Gesellschaft der Wissenschaften zu Göttingen.)*)

Der folgende Aufsatz über die trigonometrischen Reihen besteht aus zwei wesentlich verschiedenen Theilen. Der erste Theil enthält eine Geschichte der Untersuchungen und Ansichten über die willkürlichen (graphisch gegebenen) Functionen und ihre Darstellbarkeit durch trigonometrische Reihen. Bei ihrer Zusammenstellung war es mir vergönnt, einige Winke des berühmten Mathematikers zu benutzen, welchem man die erste gründliche Arbeit über diesen Gegenstand verdankt. Im zweiten Theile liefere ich über die Darstellbarkeit einer Function durch eine trigonometrische Reihe eine Untersuchung, welche auch die bis jetzt noch unerledigten Fälle umfasst. Es war nöthig, ihr einen kurzen Aufsatz über den Begriff eines bestimmten Integrales und den Umfang seiner Gültigkeit voraufzuschicken.

Geschichte der Frage über die Darstellbarkeit einer willkürlich gegebenen Function durch eine trigonometrische Reihe.

1.

Die von Fourier so genannten trigonometrischen Reihen, d. h. die Reihen von der Form

$$a_1 \sin x + a_2 \sin 2x + a_3 \sin 3x + \cdots$$
$$\tfrac{1}{2} b_0 + b_1 \cos x + b_2 \cos 2x + b_3 \cos 3x + \cdots$$

---

*) Diese Abhandlung ist im Jahre 1854 von dem Verfasser behuf seiner Habilitation an der Universität zu Göttingen der philosophischen Facultät eingereicht. Wiewohl der Verfasser ihre Veröffentlichung, wie es scheint, nicht beabsichtigt hat, so wird doch die hiermit erfolgende Herausgabe derselben in gänzlich ungeänderter Form sowohl durch das hohe Interesse des Gegenstandes an sich als durch die in ihr niedergelegte Behandlungsweise der wichtigsten Principien der Infinitesimal-Analysis wohl hinlänglich gerechtfertigt erscheinen.

Braunschweig, im Juli 1867. R. Dedekind.

spielen in demjenigen Theile der Mathematik, wo ganz willkürliche Functionen vorkommen, eine bedeutende Rolle; ja, es lässt sich mit Grund behaupten, dass die wesentlichsten Fortschritte in diesem für die Physik so wichtigen Theile der Mathematik von der klareren Einsicht in die Natur dieser Reihen abhängig gewesen sind. Schon gleich bei den ersten mathematischen Untersuchungen, die auf die Betrachtung willkürlicher Functionen führten, kam die Frage zur Sprache, ob sich eine solche ganz willkürliche Function durch eine Reihe von obiger Form ausdrücken lasse.

Es geschah dies in der Mitte des vorigen Jahrhunderts bei Gelegenheit der Untersuchungen über die schwingenden Saiten, mit welchen sich damals die berühmtesten Mathematiker beschäftigten. Ihre Ansichten über unsern Gegenstand lassen sich nicht wohl darstellen, ohne auf dieses Problem einzugehen.

Unter gewissen Voraussetzungen, die in der Wirklichkeit näherungsweise zutreffen, wird bekanntlich die Form einer gespannten in einer Ebene schwingenden Saite, wenn x die Entfernung eines unbestimmten ihrer Punkte von ihrem Anfangspunkte, y seine Entfernung aus der Ruhelage zur Zeit t bedeutet, durch die partielle Differentialgleichung

$$\frac{\partial^2 y}{\partial t^2} = \alpha\alpha \frac{\partial^2 y}{\partial x^2}$$

bestimmt, wo α von t und bei einer überall gleich dicken Saite von x unabhängig ist.

Der erste, welcher eine allgemeine Lösung dieser Differentialgleichung gab, war d'Alembert.

Er zeigte*), dass jede Function von x und t, welche für y gesetzt, die Gleichung zu einer identischen macht, in der Form

$$f(x+\alpha t) + \varphi(x-\alpha t)$$

enthalten sein müsse, wie sich dies durch Einführung der unabhängig veränderlichen Grössen $x+\alpha t$, $x-\alpha t$ anstatt x, t ergiebt, wodurch

$$\frac{\partial^2 y}{\partial x^2} - \frac{1}{\alpha\alpha}\frac{\partial^2 y}{\partial t^2} \text{ in } 4\,\frac{\partial \dfrac{\partial y}{\partial(x+\alpha t)}}{\partial(x-\alpha t)}$$

übergeht.

Ausser dieser partiellen Differentialgleichung, welche sich aus den allgemeinen Bewegungsgesetzen ergiebt, muss nun y noch die Bedingung erfüllen, in den Befestigungspunkten der Saite stets $=0$ zu sein; man hat also, wenn in dem einen dieser Punkte $x=0$, in dem andern $x=l$ ist,

*) Mémoires de l'académie de Berlin. 1747. pag. 214.

$$f(\alpha t) = -\varphi(-\alpha t),\ f(l + \alpha t) = -\varphi(l - \alpha t)$$

und folglich

$$f(z) = -\varphi(-z) = -\varphi(l - (l + z)) = f(2l + z),$$
$$y = f(\alpha t + x) - f(\alpha t - x).$$

Nachdem d'Alembert dies für die allgemeine Lösung des Problems geleistet hatte, beschäftigt er sich in einer Fortsetzung*) seiner Abhandlung mit der Gleichung $f(z) = f(2l + z)$; d. h. er sucht analytische Ausdrücke, welche unverändert bleiben, wenn z um $2l$ wächst.

Es war ein wesentliches Verdienst Euler's, der im folgenden Jahrgange der Berliner Abhandlungen**) eine neue Darstellung dieser d'Alembert'schen Arbeiten gab, dass er das Wesen der Bedingungen, welchen die Function $f(z)$ genügen muss, richtiger erkannte. Er bemerkte, dass der Natur des Problems nach die Bewegung der Saite vollständig bestimmt sei, wenn für irgend einen Zeitpunkt die Form der Saite und die Geschwindigkeit jedes Punktes $\left(\text{also } y \text{ und } \frac{\partial y}{\partial t}\right)$ gegeben seien, und zeigte, dass sich, wenn man diese beiden Functionen sich durch willkürlich gezogene Curven bestimmt denkt, daraus stets durch eine einfache geometrische Construction die d'Alembert'sche Function $f(z)$ finden lässt. In der That, nimmt man an, dass für

$$t = 0,\ y = g(x) \text{ und } \frac{\partial y}{\partial t} = h(x)$$

sei, so erhält man für die Werthe von x zwischen 0 und l

$$f(x) - f(-x) = g(x),\ f(x) + f(-x) = \frac{1}{\alpha}\int h(x)\,dx$$

und folglich die Function $f(z)$ zwischen $-l$ und l; hieraus aber ergiebt sich ihr Werth für jeden andern Werth von z vermittelst der Gleichung

$$f(z) = f(2l + z).$$

Dies ist in abstracten, aber jetzt allgemein geläufigen Begriffen dargestellt, die Euler'sche Bestimmung der Function $f(z)$.

Gegen diese Ausdehnung seiner Methode durch Euler verwahrte sich indess d'Alembert sofort***), weil seine Methode nothwendig voraussetze, dass y sich in t und x analytisch ausdrücken lasse.

---

*) Ibid. pag. 220.

**) Mémoires de l'académie de Berlin. 1748. pag. 69.

***) Mémoires de l'académie de Berlin. 1750. pag. 358. En effet on ne peut ce me semble exprimer y analytiquement d'une manière plus générale, qu'en la supposant une fonction de t et de x. Mais dans cette supposition on ne trouve la solution du problème que pour les cas où les différentes figures de la corde vibrante peuvent être renfermées dans une seule et même équation.

Ehe eine Antwort Euler's hierauf erfolgte, erschien eine dritte von diesen beiden ganz verschiedene Behandlung dieses Gegenstandes von Daniel Bernoulli*). Schon vor d'Alembert hatte Taylor**) gesehen, dass $\frac{\partial^2 y}{\partial t^2} = \alpha\alpha \frac{\partial^2 y}{\partial x^2}$ und zugleich y für $x = 0$ und für $x = l$ stets gleich 0 sei, wenn man $y = \sin\frac{n\pi x}{l} \cos\frac{n\pi\alpha t}{l}$ und hierin für n eine ganze Zahl setze. Er erklärte hieraus die physikalische Thatsache, dass eine Saite ausser ihrem Grundtone auch den Grundton einer $\frac{1}{2}, \frac{1}{3}, \frac{1}{4}, \ldots$ so langen (übrigens ebenso beschaffenen) Saite geben könne, und hielt seine particuläre Lösung für allgemein, d. h. er glaubte, die Schwingung der Saite würde stets, wenn die ganze Zahl n der Höhe des Tons gemäss bestimmt würde, wenigstens sehr nahe durch die Gleichung ausgedrückt. Die Beobachtung, dass eine Saite ihre verschiedenen Töne gleichzeitig geben könne, führte nun Bernoulli zu der Bemerkung, dass die Saite (der Theorie nach) auch der Gleichung

$$y = \Sigma a_n \sin\frac{n\pi x}{l} \cos\frac{n\pi\alpha}{l}(t - \beta_n)$$

gemäss schwingen könne, und weil sich aus dieser Gleichung alle beobachteten Modificationen der Erscheinung erklären liessen, so hielt er sie für die allgemeinste***). Um diese Ansicht zu stützen, untersuchte er die Schwingungen eines masselosen gespannten Fadens, der in einzelnen Punkten mit endlichen Massen beschwert ist, und zeigte, dass die Schwingungen desselben stets in eine der Zahl der Punkte gleiche Anzahl von solchen Schwingungen zerlegt werden kann, deren jede für alle Massen gleich lange dauert.

Diese Arbeiten Bernoulli's veranlassten einen neuen Aufsatz Euler's, welcher unmittelbar nach ihnen unter den Abhandlungen der Berliner Akademie abgedruckt ist†). Er hält darin d'Alembert gegenüber fest††), dass die Function $f(z)$ eine zwischen den Grenzen $-l$ und l ganz willkürliche sein könne, und bemerkt†††), dass Bernoulli's Lösung (welche er schon früher als eine besondere aufgestellt hatte) dann allgemein sei und zwar nur dann allgemein sei, wenn die Reihe

$$a_1 \sin\frac{x\pi}{l} + a_2 \sin\frac{2x\pi}{l} + \cdots$$

$$\tfrac{1}{2} b_0 + b_1 \cos\frac{x\pi}{l} + b_2 \cos\frac{2x\pi}{l} + \cdots$$

*) Mémoires de l'académie de Berlin. 1753. p. 147.

**) Taylor de methodo incrementorum.

***) l. c. p. 157. art. XIII.

†) Mémoires de l'académie de Berlin. 1753. pag. 196.

††) l. c. pag. 214.

†††) l. c. art. III – X.

für die Abscisse x die Ordinate einer zwischen den Abscissen 0 und l ganz willkürlichen Curve darstellen könne. Nun wurde es damals von Niemand bezweifelt, dass alle Umformungen, welche man mit einem analytischen Ausdrucke — er sei endlich oder unendlich — vornehmen könne, für jedwede Werthe der unbestimmten Grössen gültig seien oder doch nur in ganz speciellen Fällen unanwendbar würden. Es schien daher unmöglich, eine algebraische Curve oder überhaupt eine analytisch gegebene nicht periodische Curve durch obigen Ausdruck darzustellen, und Euler glaubte daher, die Frage gegen Bernoulli entscheiden zu müssen.

Der Streit zwischen Euler und d'Alembert war indess noch immer unerledigt. Dies veranlasste einen jungen, damals noch wenig bekannten Mathematiker, Lagrange, die Lösung der Aufgabe auf einem ganz neuen Wege zu versuchen, auf welchem er zu Euler's Resultaten gelangte. Er unternahm es*), die Schwingungen eines masselosen Fadens zu bestimmen, welcher mit einer endlichen unbestimmten Anzahl gleich grosser Massen in gleich grossen Abständen beschwert ist, und untersuchte dann, wie sich diese Schwingungen ändern, wenn die Anzahl der Massen in's Unendliche wächst. Mit welcher Gewandtheit, mit welchem Aufwande analytischer Kunstgriffe er aber auch den ersten Theil dieser Untersuchung durchführte, so liess der Uebergang vom Endlichen zum Unendlichen doch viel zu wünschen übrig, so dass d'Alembert in einer Schrift, welche er an die Spitze seiner opuscules mathématiques stellte, fortfahren konnte, seiner Lösung den Ruhm der grössten Allgemeinheit zu vindiciren. Die Ansichten der damaligen berühmten Mathematiker waren und blieben daher in dieser Sache getheilt; denn auch in spätern Arbeiten behielt jeder im Wesentlichen seinen Standpunkt bei.

Um also schliesslich ihre bei Gelegenheit dieses Problems entwickelten Ansichten über die willkürlichen Functionen und über die Darstellbarkeit derselben durch eine trigonometrische Reihe zusammenzustellen, so hatte Euler zuerst diese Functionen in die Analysis eingeführt und, auf geometrische Anschauung gestützt, die Infinitesimalrechnung auf sie angewandt. Lagrange**) hielt Euler's Resultate (seine geometrische Construction des Schwingungsverlaufs) für richtig; aber ihm genügte die Euler'sche geometrische Behandlung dieser

---

*) Miscellanea Taurinensia. Tom. I. Recherches sur la nature et la propagation du son.

**) Miscellanea Taurinensia. Tom. II. Pars math. pag. 18.

Functionen nicht. D'Alembert*) dagegen ging auf die Euler'sche Auffassungsweise der Differentialrechnung ein und beschränkte sich, die Richtigkeit seiner Resultate anzufechten, weil man bei ganz willkürlichen Functionen nicht wissen könne, ob ihre Differentialquotienten stetig seien. Was die Bernoulli'sche Lösung betraf, so kamen alle drei darin überein, sie nicht für allgemein zu halten; aber während d'Alembert**), um Bernoulli's Lösung für minder allgemein, als die seinige, erklären zu können, behaupten musste, dass auch eine analytisch gegebene periodische Function sich nicht immer durch eine trigonometrische Reihe darstellen lasse, glaubte Lagrange***) diese Möglichkeit beweisen zu können.

2.

Fast funfzig Jahre vergingen, ohne dass in der Frage über die analytische Darstellbarkeit willkürlicher Functionen ein wesentlicher Fortschritt gemacht wurde. Da warf eine Bemerkung Fourier's ein neues Licht auf diesen Gegenstand; eine neue Epoche in der Entwicklung dieses Theils der Mathematik begann, die sich bald auch äusserlich in grossartigen Erweiterungen der mathematischen Physik kund that. Fourier bemerkte, dass in der trigonometrischen Reihe

$$f(x) = \begin{cases} \qquad a_1 \sin x + a_2 \sin 2x + \cdots \\ \tfrac{1}{2} b_0 + b_1 \cos x + b_2 \cos 2x + \cdots \end{cases}$$

die Coefficienten sich durch die Formeln

$$a_n = \frac{1}{\pi}\int_{-\pi}^{\pi} f(x) \sin nx dx, \quad b_n = \frac{1}{\pi}\int_{-\pi}^{\pi} f(x) \cos nx dx$$

bestimmen lassen. Er sah, dass diese Bestimmungsweise auch anwendbar bleibe, wenn die Function $f(x)$ ganz willkürlich gegeben sei; er setzte für $f(x)$ eine so genannte discontinuirliche Function (die Ordinate einer gebrochenen Linie für die Abscisse x) und erhielt so eine Reihe, welche in der That stets den Werth der Function gab.

Als Fourier in einer seiner ersten Arbeiten über die Wärme, welche er der französischen Akademie vorlegte†), (21. Dec. 1807) zuerst den Satz aussprach, dass eine ganz willkürlich (graphisch) gegebene Function sich durch eine trigonometrische Reihe ausdrücken lasse,

---

*) Opuscules mathématiques p. d'Alembert. Tome premier. 1761. pag. 16. art. VII—XX.

**) Opuscules mathématiques. Tome I. pag. 42. art. XXIV.

***) Misc. Taur. Tom. III. Pars math. pag. 221. art. XXV.

†) Bulletin des sciences p. la soc. philomatique Tome I. p. 112.

war diese Behauptung dem greisen Lagrange so unerwartet, dass er ihr auf das Entschiedenste entgegentrat. Es soll*) sich hierüber noch ein Schriftstück im Archiv der Pariser Akademie befinden. Dessenungeachtet verweist**) Poisson überall, wo er sich der trigonometrischen Reihen zur Darstellung willkürlicher Functionen bedient, auf eine Stelle in Lagrange's Arbeiten über die schwingenden Saiten, wo sich diese Darstellungsweise finden soll. Um diese Behauptung, die sich nur aus der bekannten Rivalität zwischen Fourier und Poisson erklären lässt***), zu widerlegen, sehen wir uns genöthigt, noch einmal auf die Abhandlung Lagrange's zurückzukommen; denn über jenen Vorgang in der Akademie findet sich nichts veröffentlicht.

Man findet in der That an der von Poisson citirten Stelle†) die Formel:

$$„y = 2\int Y \sin X\pi \, dX \times \sin x\pi + 2\int Y \sin 2X\pi \, dX \times \sin 2x\pi$$
$$+ 2\int Y \sin 3X\pi \, dX \times \sin 3x\pi + \text{etc.} + 2\int Y \sin nX\pi \, dX \sin nx\pi,$$

de sorte que, lorsque $x = X$, on aura $y = Y$, Y étant l'ordonnée qui répond à l'abscisse X."

Diese Formel sieht nun allerdings ganz so aus wie die Fourier'sche Reihe, so dass bei flüchtiger Ansicht eine Verwechselung leicht möglich ist; aber dieser Schein rührt bloss daher, weil Lagrange das Zeichen $\int dX$ anwandte, wo er heute das Zeichen $\Sigma \Delta X$ angewandt haben würde. Sie giebt die Lösung der Aufgabe, die endliche Sinusreihe

$$a_1 \sin x\pi + a_2 \sin 2x\pi + \cdots + a_n \sin nx\pi$$

so zu bestimmen, dass sie für die Werthe

$$\frac{1}{n+1}, \frac{2}{n+1}, \ldots, \frac{n}{n+1}$$

von x, welche Lagrange unbestimmt durch X bezeichnet, gegebene Werthe erhält. Hätte Lagrange in dieser Formel n unendlich gross werden lassen, so wäre er allerdings zu dem Fourier'schen Resultat gelangt. Wenn man aber seine Abhandlung durchliest, so sieht man, dass er weit davon entfernt ist zu glauben, eine ganz willkürliche Function lasse sich wirklich durch eine unendliche Sinusreihe darstellen. Er hatte vielmehr die ganze Arbeit gerade unternommen, weil er glaubte, diese willkürlichen Functionen liessen sich nicht durch eine

*) Nach einer mündlichen Mittheilung des Herrn Professor Dirichlet.

**) Unter Andern in dem verbreiteten Traité de mécanique Nro. 323. p. 638.

***) Der Bericht im bulletin des sciences über die von Fourier der Akademie vorgelegte Abhandlung ist von Poisson.

†) Misc Taur. Tom. III. Pars math. pag. 261.

Formel ausdrücken, und von der trigonometrischen Reihe glaubte er, dass sie jede analytisch gegebene periodische Function darstellen könne. Freilich erscheint es uns jetzt kaum denkbar, dass Lagrange von seiner Summenformel nicht zur Fourier'schen Reihe gelangt sein sollte; aber dies erklärt sich daraus, dass durch den Streit zwischen Euler und d'Alembert sich bei ihm im Voraus eine bestimmte Ansicht über den einzuschlagenden Weg gebildet hatte. Er glaubte das Schwingungsproblem für eine unbestimmte endliche Anzahl von Massen erst vollständig absolviren zu müssen, bevor er seine Grenzbetrachtungen anwandte. Diese erfordern eine ziemlich ausgedehnte Untersuchung*), welche unnöthig war, wenn er die Fourier'sche Reihe kannte.

Durch Fourier war nun zwar die Natur der trigonometrischen Reihen vollkommen richtig erkannt**); sie wurden seitdem in der mathematischen Physik zur Darstellung willkürlicher Functionen vielfach angewandt, und in jedem einzelnen Falle überzeugte man sich leicht, dass die Fourier'sche Reihe wirklich gegen den Werth der Function convergire; aber es dauerte lange, ehe dieser wichtige Satz allgemein bewiesen wurde.

Der Beweis, welchen Cauchy in einer der Pariser Akademie am 27. Febr. 1826 vorgelesenen Abhandlung gab***), ist unzureichend, wie Dirichlet gezeigt hat†). Cauchy setzt voraus, dass, wenn man in der willkürlich gegebenen periodischen Function $f(x)$ für x ein complexes Argument $x + yi$ setzt, diese Function für jeden Werth von y endlich sei. Dies findet aber nur Statt, wenn die Function gleich einer constanten Grösse ist. Man sieht indess leicht, dass diese Voraussetzung für die ferneren Schlüsse nicht nothwendig ist. Es reicht hin, wenn eine Function $\varphi(x + yi)$ vorhanden ist, welche für alle positiven Werthe von y endlich ist und deren reeller Theil für $y = 0$ der gegebenen periodischen Function $f(x)$ gleich wird. Will man diesen Satz, der in der That richtig ist††), voraussetzen, so führt allerdings der von Cauchy eingeschlagene Weg zum Ziele, wie umgekehrt dieser Satz sich aus der Fourier'schen Reihe ableiten lässt.

---

*) Misc. Taur. Tom. III. Pars math. p. 251.

**) Bulletin d. sc Tom. I. p. 115. Les coefficients a, a', a'', . . . étant ainsi déterminés etc.

***) Mémoires de l'ac. d. sc. de Paris. Tom. VI. p. 603.

†) Crelle Journal für die Mathematik. Bd. IV. p. 157 & 158.

††) Der Beweis findet sich in der Inauguraldissertation des Verfassers.

3.

Erst im Januar 1829 erschien im Journal von Crelle*) eine Abhandlung von Dirichlet, worin für Functionen, die durchgehends eine Integration zulassen und nicht unendlich viele Maxima und Minima haben, die Frage ihrer Darstellbarkeit durch trigonometrische Reihen in aller Strenge entschieden wurde.

Die Erkenntniss des zur Lösung dieser Aufgabe einzuschlagenden Weges ergab sich ihm aus der Einsicht, dass die unendlichen Reihen in zwei wesentlich verschiedene Klassen zerfallen, je nachdem sie, wenn man sämmtliche Glieder positiv macht, convergent bleiben oder nicht. In den ersteren können die Glieder beliebig versetzt werden, der Werth der letzteren dagegen ist von der Ordnung der Glieder abhängig. In der That, bezeichnet man in einer Reihe zweiter Klasse die positiven Glieder der Reihe nach durch

$$a_1, a_2, a_3, \ldots,$$

die negativen durch

$$-b_1, -b_2, -b_3, \ldots,$$

so ist klar, dass sowohl Σa, als Σb unendlich sein müssen; denn wären beide endlich, so würde die Reihe auch nach Gleichmachung der Zeichen convergiren; wäre aber eine unendlich, so würde die Reihe divergiren. Offenbar kann nun die Reihe durch geeignete Anordnung der Glieder einen beliebig gegebenen Werth C erhalten. Denn nimmt man abwechselnd so lange positive Glieder der Reihe, bis ihr Werth grösser als C wird, und so lange negative, bis ihr Werth kleiner als C wird, so wird die Abweichung von C nie mehr betragen, als der Werth des dem letzten Zeichenwechsel voraufgehenden Gliedes. Da nun sowohl die Grössen a, als die Grössen b mit wachsendem Index zuletzt unendlich klein werden, so werden auch die Abweichungen von C, wenn man in der Reihe nur hinreichend weit fortgeht, beliebig klein werden, d. h. die Reihe wird gegen C convergiren.

Nur auf die Reihen erster Klasse sind die Gesetze endlicher Summen anwendbar; nur sie können wirklich als Inbegriff ihrer Glieder betrachtet werden, die Reihen der zweiten Klasse nicht; ein Umstand, welcher von den Mathematikern des vorigen Jahrhunderts übersehen wurde, hauptsächlich wohl aus dem Grunde, weil die Reihen, welche nach steigenden Potenzen einer veränderlichen Grösse fortschreiten, allgemein zu reden (d. h. einzelne Werthe dieser Grösse ausgenommen), zur ersten Klasse gehören.

---

*) Bd. IV. pag. 157.

Die Fourier'sche Reihe gehört nun offenbar nicht nothwendig zur ersten Klasse; ihre Convergenz konnte also gar nicht, wie Cauchy vergeblich*) versucht hatte, aus dem Gesetze, nach welchem die Glieder abnehmen, abgeleitet werden. Es musste vielmehr gezeigt werden, dass die endliche Reihe

$$\frac{1}{\pi}\int_{-\pi}^{\pi} f(\alpha)\sin\alpha d\alpha \sin x + \frac{1}{\pi}\int_{-\pi}^{\pi} f(\alpha)\sin 2\alpha d\alpha \sin 2x + \cdots$$

$$+ \frac{1}{\pi}\int_{-\pi}^{\pi} f(\alpha)\sin n\alpha d\alpha \sin nx$$

$$\frac{1}{2\pi}\int_{-\pi}^{\pi} f(\alpha) d\alpha + \frac{1}{\pi}\int_{-\pi}^{\pi} f(\alpha)\cos\alpha d\alpha \cos x + \frac{1}{\pi}\int_{-\pi}^{\pi} f(\alpha)\cos 2\alpha d\alpha \cos 2x + \cdots$$

$$+ \frac{1}{\pi}\int_{-\pi}^{\pi} f(\alpha)\cos n\alpha d\alpha \cos nx$$

oder, was dasselbe ist, das Integral

$$\frac{1}{2\pi}\int_{-\pi}^{\pi} f(\alpha) \frac{\sin\frac{2n+1}{2}(x-\alpha)}{\sin\frac{x-\alpha}{2}} d\alpha$$

sich, wenn n in's Unendliche wächst, dem Werthe $f(x)$ unendlich annähert.

Dirichlet stützt diesen Beweis auf die beiden Sätze:

1) Wenn $0 < c \overline{\gtrless} \frac{\pi}{2}$, nähert sich $\int_0^c \varphi(\beta) \frac{\sin(2n+1)\beta}{\sin\beta} d\beta$ mit wachsendem n zuletzt unendlich dem Werth $\frac{\pi}{2}\varphi(0)$;

2) wenn $0 < b < c \overline{\gtrless} \frac{\pi}{2}$, nähert sich $\int_b^c \varphi(\beta) \frac{\sin(2n+1)\beta}{\sin\beta} d\beta$ mit wachsendem n zuletzt unendlich dem Werth 0;

vorausgesetzt, dass die Function $\varphi(\beta)$ zwischen den Grenzen dieser Integrale entweder immer abnimmt, oder immer zunimmt.

Mit Hülfe dieser beiden Sätze lässt sich, wenn die Function f nicht unendlich oft vom Zunehmen zum Abnehmen oder vom Abnehmen zum Zunehmen übergeht, das Integral

---

*) Dirichlet in. Crelle's Journal. Bd. IV. pag. 158. Quoi qu'il en soit de cette première observation, . . . à mesure que n croît.

$$\frac{1}{2\pi}\int_{-\pi}^{\pi} f(\alpha)\,\frac{\sin\frac{2n+1}{2}(x-\alpha)}{\sin\frac{x-\alpha}{2}}$$

offenbar in eine endliche Anzahl von Gliedern zerlegen, von denen eins*) gegen $\frac{1}{2} f(x+0)$, ein anderes gegen $\frac{1}{2} f(x-0)$, die übrigen aber gegen 0 convergiren, wenn n ins Unendliche wächst.

Hieraus folgt, dass durch eine trigonometrische Reihe jede sich nach dem Intervall 2π periodisch wiederholende Function darstellbar ist, welche

1) durchgehends eine Integration zulässt,

2) nicht unendlich viele Maxima und Minima hat und

3) wo ihr Werth sich sprungweise ändert, den Mittelwerth zwischen den beiderseitigen Grenzwerthen annimmt.

Eine Function, welche die ersten beiden Eigenschaften hat, die dritte aber nicht, kann durch eine trigonometrische Reihe offenbar nicht dargestellt werden; denn die trigonometrische Reihe, die sie ausser den Unstetigkeiten darstellt, würde in den Unstetigkeitspunkten selbst von ihr abweichen. Ob und wann aber eine Function, welche die ersten beiden Bedingungen nicht erfüllt, durch eine trigonometrische Reihe darstellbar sei, bleibt durch diese Untersuchung unentschieden.

Durch diese Arbeit Dirichlet's ward einer grossen Menge wichtiger analytischer Untersuchungen eine feste Grundlage gegeben. Es war ihm gelungen, indem er den Punkt, wo Euler irrte, in volles Licht brachte, eine Frage zu erledigen, die so viele ausgezeichnete Mathematiker seit mehr als siebzig Jahren (seit dem Jahre 1753) beschäftigt hatte. In der That für alle Fälle der Natur, um welche es sich allein handelte, war sie vollkommen erledigt; denn so gross auch unsere Unwissenheit darüber ist, wie sich die Kräfte und Zustände der Materie nach Ort und Zeit im Unendlichkleinen ändern, so können wir doch sicher annehmen, dass die Functionen, auf welche sich die Dirichlet'sche Untersuchung nicht erstreckt, in der Natur nicht vorkommen.

Dessenungeachtet scheinen diese von Dirichlet unerledigten Fälle aus einem zweifachen Grunde Beachtung zu verdienen.

---

*) Es ist nicht schwer zu beweisen, dass der Werth einer Function f, welche nicht unendlich viele Maxima und Minima hat, stets, sowohl wenn der Argumentwerth abnehmend, als wenn er zunehmend gleich x wird, entweder festen Grenzwerthen $f(x+0)$ und $f(x-0)$ (nach Dirichlet's Bezeichnung in Dove's Repertorium der Physik. Bd. 1. pag. 170) sich nähern, oder unendlich gross werden müsse.

Erstlich steht, wie Dirichlet selbst am Schlusse seiner Abhandlung bemerkt, dieser Gegenstand mit den Principien der Infinitesimalrechnung in der engsten Verbindung und kann dazu dienen, diese Principien zu grösserer Klarheit und Bestimmtheit zu bringen. In dieser Beziehung hat die Behandlung desselben ein unmittelbares Interesse.

Zweitens aber ist die Anwendbarkeit der Fourier'schen Reihen nicht auf physikalische Untersuchungen beschränkt; sie ist jetzt auch in einem Gebiete der reinen Mathematik, der Zahlentheorie, mit Erfolg angewandt, und hier scheinen gerade diejenigen Functionen, deren Darstellbarkeit durch eine trigonometrische Reihe Dirichlet nicht untersucht hat, von Wichtigkeit zu sein.

Am Schlusse seiner Abhandlung verspricht freilich Dirichlet, später auf diese Fälle zurückzukommen, aber dieses Versprechen ist bis jetzt unerfüllt geblieben. Auch die Arbeiten von Dirksen und Bessel über die Cosinus- und Sinusreihen leisten diese Ergänzung nicht; sie stehen vielmehr der Dirichlet'schen an Strenge und Allgemeinheit nach. Der mit ihr fast ganz gleichzeitige Aufsatz Dirksen's*) welcher offenbar ohne Kenntniss derselben geschrieben ist, schlägt zwar im Allgemeinen einen richtigen Weg ein, enthält aber im Einzelnen einige Ungenauigkeiten. Denn abgesehen davon, dass er in einem speciellen Falle**) für die Summe der Reihe ein falsches Resultat findet, stützt er sich in einer Nebenbetrachtung auf eine nur in besonderen Fällen mögliche Reihenentwicklung***), so dass sein Beweis nur für Functionen mit überall endlichen ersten Differentialquotienten vollständig ist. Bessel†) sucht den Dirichlet'schen Beweis zu vereinfachen. Aber die Aenderungen in diesem Beweise gewähren keine wesentliche Vereinfachung in den Schlüssen, sondern dienen höchstens dazu, ihn in geläufigere Begriffe zu kleiden, während seine Strenge und Allgemeinheit beträchtlich darunter leidet.

Die Frage über die Darstellbarkeit einer Function durch eine trigonometrische Reihe ist also bis jetzt nur unter den beiden Voraussetzungen entschieden, dass die Function durchgehends eine Integration zulässt und nicht unendlich viele Maxima und Minima hat. Wenn die letztere Voraussetzung nicht gemacht wird, so sind die beiden Integraltheoreme Dirichlet's zur Entscheidung der Frage unzulänglich; wenn aber die erstere wegfällt, so ist schon die Fourier'sche Coefficienten-

---

*) Crelle's Journal. Bd. IV. p. 170.

**) l. c. Formel 22.

***) l. c. Art. 3.

†) Schumacher. Astronomische Nachrichten. Nro. 374 (Bd. 16. p. 229).

bestimmung nicht anwendbar. Der im Folgenden, wo diese Frage ohne besondere Voraussetzungen über die Natur der Function untersucht werden soll, eingeschlagene Weg ist hierdurch, wie man sehen wird, bedingt; ein so directer Weg, wie der Dirichlet's, ist der Natur der Sache nach nicht möglich.

Ueber den Begriff eines bestimmten Integrals und den Umfang seiner Gültigkeit.

4.

Die Unbestimmtheit, welche noch in einigen Fundamentalpunkten der Lehre von den bestimmten Integralen herrscht, nöthigt uns, Einiges voraufzuschicken über den Begriff eines bestimmten Integrals und den Umfang seiner Gültigkeit.

Also zuerst: Was hat man unter $\int_a^b f(x)\,dx$ zu verstehen?

Um dieses festzusetzen, nehmen wir zwischen a und b der Grösse nach auf einander folgend, eine Reihe von Werthen $x_1, x_2, \ldots, x_{n-1}$ an und bezeichnen der Kürze wegen $x_1 - a$ durch δ_1, $x_2 - x_1$ durch $\delta_2, \ldots, b - x_{n-1}$ durch δ_n und durch ε einen positiven ächten Bruch. Es wird alsdann der Werth der Summe

$$S = \delta_1 f(a + \varepsilon_1 \delta_1) + \delta_2 f(x_1 + \varepsilon_2 \delta_2) + \delta_3 f(x_2 + \varepsilon_3 \delta_3) + \cdots + \delta_n f(x_{n-1} + \varepsilon_n \delta_n)$$

von der Wahl der Intervalle δ und der Grössen ε abhängen. Hat sie nun die Eigenschaft, wie auch δ und ε gewählt werden mögen, sich einer festen Grenze A unendlich zu nähern, sobald sämmtliche δ unendlich klein werden, so heisst dieser Werth $\int_a^b f(x)\,dx$.

Hat sie diese Eigenschaft nicht, so hat $\int_a^b f(x)\,dx$ keine Bedeutung. Man hat jedoch in mehreren Fällen versucht, diesem Zeichen auch dann eine Bedeutung beizulegen, und unter diesen Erweiterungen des Begriffs eines bestimmten Integrals ist eine von allen Mathematikern angenommen. Wenn nämlich die Function $f(x)$ bei Annäherung des Arguments an einen einzelnen Werth c in dem Intervalle (a, b) unendlich gross wird, so kann offenbar die Summe S, welchen Grad von Kleinheit man auch den δ vorschreiben möge, jeden beliebigen

Werth erhalten; sie hat also keinen Grenzwerth, und $\int_a^b f(x)\,dx$ würde nach dem Obigen keine Bedeutung haben. Wenn aber alsdann

$$\int_a^{c-\alpha_1} f(x)\,dx + \int_{c+\alpha_2}^b f(x)\,dx$$

sich, wenn α_1 und α_2 unendlich klein werden, einer festen Grenze nähert, so versteht man unter $\int_a^b f(x)\,dx$ diesen Grenzwerth.

Andere Festsetzungen von Cauchy über den Begriff des bestimmten Integrales in den Fällen, wo es dem Grundbegriffe nach ein solches nicht giebt, mögen für einzelne Klassen von Untersuchungen zweckmässig sein; sie sind indess nicht allgemein eingeführt und dazu, schon wegen ihrer grossen Willkürlichkeit, wohl kaum geeignet.

5.

Untersuchen wir jetzt zweitens den Umfang der Gültigkeit dieses Begriffs oder die Frage: in welchen Fällen lässt eine Function eine Integration zu und in welchen nicht?

Wir betrachten zunächst den Integralbegriff im engern Sinne, d. h. wir setzen voraus, dass die Summe S, wenn sämmtliche δ unendlich klein werden, convergirt. Bezeichnen wir also die grösste Schwankung der Function zwischen a und x_1, d. h. den Unterschied ihres grössten und kleinsten Werthes in diesem Intervalle, durch D_1, zwischen x_1 und x_2 durch D_2 ...., zwischen x_{n-1} und b durch D_n, so muss

$$\delta_1 D_1 + \delta_2 D_2 + \cdots + \delta_n D_n$$

mit den Grössen δ unendlich klein werden. Wir nehmen ferner an, dass, so lange sämmtliche δ kleiner als d bleiben, der grösste Werth, den diese Summe erhalten kann, Δ sei; Δ wird alsdann eine Function von d sein, welche mit d immer abnimmt und mit dieser Grösse unendlich klein wird. Ist nun die Gesammtgrösse der Intervalle, in welchen die Schwankungen grösser als σ sind, $= s$, so wird der Beitrag dieser Intervalle zur Summe $\delta_1 D_1 + \delta_2 D_2 + \cdots + \delta_n D_n$ offenbar $\geqq \sigma s$. Man hat daher

$$\sigma s \overline{\gtrless} \delta_1 D_1 + \delta_2 D_2 + \cdots + \delta_n D_n \overline{\gtrless} \Delta, \text{ folglich } s \overline{\gtrless} \frac{\Delta}{\sigma}$$

$\frac{\Delta}{\sigma}$ kann nun, wenn σ gegeben ist, immer durch geeignete Wahl von

d beliebig klein gemacht werden; dasselbe gilt daher von s, und es ergiebt sich also:

Damit die Summe S, wenn sämmtliche δ unendlich klein werden, convergirt, ist ausser der Endlichkeit der Function $f(x)$ noch erforderlich, dass die Gesammtgrösse der Intervalle, in welchen die Schwankungen $> \sigma$ sind, was auch σ sei, durch geeignete Wahl von d beliebig klein gemacht werden kann.

Dieser Satz lässt sich auch umkehren:

Wenn die Function $f(x)$ immer endlich ist, und bei unendlichem Abnehmen sämmtlicher Grössen δ die Gesammtgrösse s der Intervalle, in welchen die Schwankungen der Function $f(x)$ grösser, als eine gegebene Grösse σ, sind, stets zuletzt unendlich klein wird, so convergirt die Summe S, wenn sämmtliche δ unendlich klein werden.

Denn diejenigen Intervalle, in welchen die Schwankungen $> \sigma$ sind, liefern zur Summe $\delta_1 D_1 + \delta_2 D_2 + \cdots + \delta_n D_n$ einen Beitrag, kleiner als s, multiplicirt in die grösste Schwankung der Function zwischen a und b, welche (n. V.) endlich ist; die übrigen Intervalle einen Beitrag $< \sigma(b - a)$. Offenbar kann man nun erst σ beliebig klein annehmen und dann immer noch die Grösse der Intervalle (n. V.) so bestimmen, dass auch s beliebig klein wird, wodurch der Summe $\delta_1 D_1 + \cdots + \delta_n D_n$ jede beliebige Kleinheit gegeben, und folglich der Werth der Summe S in beliebig enge Grenzen eingeschlossen werden kann.

Wir haben also Bedingungen gefunden, welche nothwendig und hinreichend sind, damit die Summe S bei unendlichem Abnehmen der Grössen δ convergire und also im engern Sinne von einem Integrale der Function $f(x)$ zwischen a und b die Rede sein könne.

Wird nun der Integralbegriff wie oben erweitert, so ist offenbar, damit die Integration durchgehends möglich sei, die letzte der beiden gefundenen Bedingungen auch dann noch nothwendig; an die Stelle der Bedingung, dass die Function immer endlich sei, aber tritt die Bedingung, dass die Function nur bei Annäherung des Arguments an einzelne Werthe unendlich werde, und dass sich ein bestimmter Grenzwerth ergebe, wenn die Grenzen der Integration diesen Werthen unendlich genähert werden.

6.

Nachdem wir die Bedingungen für die Möglichkeit eines bestimmten Integrals im Allgemeinen, d. h. ohne besondere Voraussetzungen über die Natur der zu integrirenden Function, untersucht haben, soll nun diese Untersuchung in besonderen Fällen theils angewandt, theils weiter ausgeführt werden, und zwar zunächst für die Functionen, welche zwischen je zwei noch so engen Grenzen unendlich oft unstetig sind.

Da diese Functionen noch nirgends betrachtet sind, wird es gut sein, von einem bestimmten Beispiele auszugehen. Man bezeichne der Kürze wegen durch (x) den Ueberschuss von x über die nächste ganze Zahl, oder, wenn x zwischen zweien in der Mitte liegt und diese Bestimmung zweideutig wird, den Mittelwerth aus den beiden Werthen $\frac{1}{2}$ und $-\frac{1}{2}$, also die Null, ferner durch n eine ganze, durch p eine ungerade Zahl und bilde alsdann die Reihe

$$f(x) = \frac{(x)}{1} + \frac{(2x)}{4} + \frac{(3x)}{9} + \cdots = \sum_{1,\infty} \frac{(nx)}{nn};$$

so convergirt, wie leicht zu sehen, diese Reihe für jeden Werth von x; ihr Werth nähert sich, sowohl, wenn der Argumentwerth stetig abnehmend, als wenn er stetig zunehmend gleich x wird, stets einem festen Grenzwerth, und zwar ist, wenn $x = \frac{p}{2n}$ (wo p, n relative Primzahlen)

$$f(x+0) = f(x) - \frac{1}{2nn}\left(1 + \tfrac{1}{9} + \tfrac{1}{25} + \cdots\right) = f(x) - \frac{\pi\pi}{16nn}$$

$$f(x-0) = f(x) + \frac{1}{2nn}\left(1 + \tfrac{1}{9} + \tfrac{1}{25} + \cdots\right) = f(x) + \frac{\pi\pi}{16nn}$$

sonst aber überall $f(x+0) = f(x)$, $f(x-0) = f(x)$.

Diese Function ist also für jeden rationalen Werth von x, der in den kleinsten Zahlen ausgedrückt ein Bruch mit geradem Nenner ist, unstetig, also zwischen je zwei noch so engen Grenzen unendlich oft, so jedoch, dass die Zahl der Sprünge, welche grösser als eine gegebene Grösse sind, immer endlich ist. Sie lässt durchgehends eine Integration zu. In der That genügen hierzu neben ihrer Endlichkeit die beiden Eigenschaften, dass sie für jeden Werth von x beiderseits einen Grenzwerth $f(x+0)$ und $f(x-0)$ hat, und dass die Zahl der Sprünge, welche grösser oder gleich einer gegebenen Grösse σ sind, stets endlich ist. Denn wenden wir unsere obige Untersuchung an, so lässt sich offenbar in Folge dieser beiden Umstände d stets so klein annehmen, dass in sämmtlichen Intervallen, welche diese Sprünge nicht enthalten, die Schwankungen kleiner als σ sind, und dass die Gesammtgrösse der Intervalle, welche diese Sprünge enthalten, beliebig klein wird.

Es verdient bemerkt zu werden, dass die Functionen, welche nicht unendlich viele Maxima und Minima haben (zu welchen übrigens die eben betrachtete nicht gehört), wo sie nicht unendlich werden, stets diese beiden Eigenschaften besitzen und daher allenthalben, wo sie nicht unendlich werden, eine Integration zulassen, wie sich auch leicht direct zeigen lässt.

Um jetzt den Fall, wo die zu integrirende Function $f(x)$ für einen einzelnen Werth unendlich gross wird, näher in Betracht zu ziehen, nehmen wir an, dass dies für $x = 0$ stattfinde, so dass bei abnehmendem positiven x ihr Werth zuletzt über jede gegebene Grenze wächst.

Es lässt sich dann leicht zeigen, dass $x f(x)$ bei abnehmendem x von einer endlichen Grenze a an, nicht fortwährend grösser als eine endliche Grösse c bleiben könne. Denn dann wäre

$$\int_x^a f(x)\,dx > c \int_x^a \frac{dx}{x},$$

also grösser als $c\left(\log\frac{1}{x} - \log\frac{1}{a}\right)$, welche Grösse mit abnehmendem x zuletzt in's Unendliche wächst. Es muss also $x f(x)$, wenn diese Function nicht in der Nähe von $x = 0$ unendlich viele Maxima und Minima hat, nothwendig mit x unendlich klein werden, damit $f(x)$ einer Integration fähig sein könne. Wenn andererseits

$$f(x)\,x^\alpha = \frac{f(x)\,dx\,(1-\alpha)}{d\,(x^{1-\alpha})}$$

bei einem Werth von $\alpha < 1$ mit x unendlich klein wird, so ist klar, dass das Integral bei unendlichem Abnehmen der unteren Grenze convergirt.

Ebenso findet man, dass im Falle der Convergenz des Integrals die Functionen

$$f(x) x \log\frac{1}{x} = \frac{f(x)\,dx}{-d\log\log\frac{1}{x}},\; f(x)\,x\log\frac{1}{x}\,\log\log\frac{1}{x} = \frac{f(x)\,dx}{-d\log\log\log\frac{1}{x}} \cdots,$$

$$f(x)\,x\log\frac{1}{x}\,\log\log\frac{1}{x}\cdots\log^{n-1}\frac{1}{x}\,\log^n\frac{1}{x} = \frac{f(x)\,dx}{-d\log^{1+n}\frac{1}{x}}$$

nicht bei abnehmendem x von einer endlichen Grenze an fortwährend grösser als eine endliche Grösse bleiben können, und also, wenn sie nicht unendlich viele Maxima und Minima haben, mit x unendlich klein werden müssen; dass dagegen das Integral $\int f(x)\,dx$ bei unendlichem Abnehmen der unteren Grenze convergire, sobald

$$f(x)\,x\log\frac{1}{x}\cdots\log^{n-1}\frac{1}{x}\left(\log^n\frac{1}{x}\right)^\alpha = \frac{f(x)\,dx\,(1-\alpha)}{-d\left(\log^n\frac{1}{x}\right)^{1-\alpha}}$$

für $\alpha > 1$ mit x unendlich klein wird.

Hat aber die Function $f(x)$ unendlich viele Maxima und Minima, so lässt sich über die Ordnung ihres Unendlichwerdens nichts bestimmen: In der That, nehmen wir an, die Function sei ihrem absoluten Werthe nach, wovon die Ordnung des Unendlichwerdens allein abhängt, gegeben, so wird man immer durch geeignete Bestimmung des Zeichens bewirken können, dass das Integral $\int f(x)\,dx$ bei unendlichem Abnehmen der unteren Grenze convergire. Als Beispiel einer solchen Function, welche unendlich wird und zwar so, dass ihre Ordnung (die Ordnung von $\frac{1}{x}$ als Einheit genommen) unendlich gross ist, mag die Function

$$\frac{d\left(x\cos e^{\frac{1}{x}}\right)}{dx} = \cos e^{\frac{1}{x}} + \frac{1}{x}e^{\frac{1}{x}}\sin e^{\frac{1}{x}}$$

dienen.

Das möge über diesen im Grunde in ein anderes Gebiet gehörigen Gegenstand genügen; wir gehen jetzt an unsere eigentliche Aufgabe, eine allgemeine Untersuchung über die Darstellbarkeit einer Function durch eine trigonometrische Reihe.

Untersuchung der Darstellbarkeit einer Function durch eine trigonometrische Reihe ohne besondere Voraussetzungen über die Natur der Function.

7.

Die bisherigen Arbeiten über diesen Gegenstand hatten den Zweck, die Fourier'sche Reihe für die in der Natur vorkommenden Fälle zu beweisen; es konnte daher der Beweis für eine ganz willkürlich angenommene Function begonnen, und später der Gang der Function behuf des Beweises willkürlichen Beschränkungen unterworfen werden, wenn sie nur jenen Zweck nicht beeinträchtigten. Für unsern Zweck darf derselbe nur den zur Darstellbarkeit der Function nothwendigen Bedingungen unterworfen werden; es müssen daher zunächst zur Darstellbarkeit nothwendige Bedingungen aufgesucht und aus diesen dann zur Darstellbarkeit hinreichende ausgewählt werden. Während also die bisherigen Arbeiten zeigten: wenn eine Function diese und jene Eigenschaften hat, so ist sie durch die Fourier'sche Reihe darstellbar; müssen wir von der umgekehrten Frage ausgehen: Wenn eine Function durch eine trigonometrische Reihe darstellbar ist, was folgt daraus über ihren Gang, über die Aenderung ihres Werthes bei stetiger Aenderung des Arguments?

Demnach betrachten wir die Reihe

$$a_1 \sin x + a_2 \sin 2x + \cdots$$
$$\tfrac{1}{2} b_0 + b_1 \cos x + b_2 \cos 2x + \cdots$$

oder, wenn wir der Kürze wegen

$$\tfrac{1}{2} b_0 = A_0,\ a_1 \sin x + b_1 \cos x = A_1,\ a_2 \sin 2x + b_2 \cos 2x = A_2, \ldots$$

setzen, die Reihe

$$A_0 + A_1 + A_2 + \cdots$$

als gegeben. Wir bezeichnen diesen Ausdruck durch Ω und seinen Werth durch $f(x)$, so dass diese Function nur für diejenigen Werthe von x vorhanden ist, wo die Reihe convergirt.

Zur Convergenz einer Reihe ist nothwendig, dass ihre Glieder zuletzt unendlich klein werden. Wenn die Coefficienten a_n, b_n mit wachsendem n in's Unendliche abnehmen, so werden die Glieder der Reihe Ω für jeden Werth von x zuletzt unendlich klein; andernfalls kann dies nur für besondere Werthe von x stattfinden. Es ist nöthig, beide Fälle getrennt zu behandeln.

8.

Wir setzen also zunächst voraus, dass die Glieder der Reihe Ω für jeden Werth von x zuletzt unendlich klein werden.

Unter dieser Voraussetzung convergirt die Reihe

$$C + C'x + A_0 \frac{xx}{2} - A_1 - \frac{A_2}{4} - \frac{A_3}{9} \cdots = F(x),$$

welche man aus Ω durch zweimalige Integration jedes Gliedes nach x erhält, für jeden Werth von x. Ihr Werth $F(x)$ ändert sich mit x stetig, und diese Function F von x lässt folglich allenthalben eine Integration zu.

Um Beides — die Convergenz der Reihe und die Stetigkeit der Function $F(x)$ — einzusehen, bezeichne man die Summe der Glieder bis $-\frac{A_n}{nn}$ einschliesslich durch N, den Rest der Reihe, d. h. die Reihe

$$-\frac{A_{n+1}}{(n+1)^2} - \frac{A_{n+2}}{(n+2)^2} - \cdots$$

durch R und den grössten Werth von A_m für $m > n$ durch ε. Alsdann bleibt der Werth von R, wie weit man diese Reihe fortsetzen möge, offenbar abgesehen vom Zeichen

$$< \varepsilon \left(\frac{1}{(n+1)^2} + \frac{1}{(n+2)^2} + \cdots\right) < \frac{\varepsilon}{n}$$

und kann also in beliebig kleine Grenzen eingeschlossen werden, wenn man n nur hinreichend gross annimmt; folglich convergirt die Reihe.

Ferner ist die Function $F(x)$ stetig; d. h. ihrer Aenderung kann jede Kleinheit gegeben werden, wenn man der entsprechenden Aenderung von x eine hinreichende Kleinheit vorschreibt. Denn die Aenderung von $F(x)$ setzt sich zusammen aus der Aenderung von R und von N; offenbar kann man nun erst n so gross annehmen, dass R, was auch x sei, und folglich auch die Aenderung von R für jede Aenderung von x beliebig klein wird, und dann die Aenderung von x so klein annehmen, dass auch die Aenderung von N beliebig klein wird.

Es wird gut sein, einige Sätze über diese Function $F(x)$, deren Beweise den Faden der Untersuchung unterbrechen würden, voraufzuschicken.

Lehrsatz 1. Falls die Reihe Ω convergirt, convergirt

$$\frac{F(x+\alpha+\beta)-F(x+\alpha-\beta)-F(x-\alpha+\beta)+F(x-\alpha-\beta)}{4\alpha\beta},$$

wenn α und β so unendlich klein werden, dass ihr Verhältniss endlich bleibt, gegen denselben Werth, wie die Reihe.

In der That wird

$$\frac{F(x+\alpha+\beta)-F(x+\alpha-\beta)-F(x-\alpha+\beta)+F(x-\alpha-\beta)}{4\alpha\beta}$$

$$=A_0+A_1\frac{\sin\alpha}{\alpha}\frac{\sin\beta}{\beta}+A_2\frac{\sin 2\alpha}{2\alpha}\frac{\sin 2\beta}{2\beta}+A_3\frac{\sin 3\alpha}{3\alpha}\frac{\sin 3\beta}{3\beta}+\cdots$$

oder, um den einfacheren Fall, wo $\beta=\alpha$, zuerst zu erledigen,

$$\frac{F(x+2\alpha)-2F(x)+F(x-2\alpha)}{4\alpha\alpha}=A_0+A_1\left(\frac{\sin\alpha}{\alpha}\right)^2+A_2\left(\frac{\sin 2\alpha}{2\alpha}\right)^2+\cdots$$

Ist die unendliche Reihe

$$A_0+A_1+A_2+\cdots=f(x),$$

die Reihe

$$A_0+A_1+\cdots+A_{n-1}=f(x)+\varepsilon_n,$$

so muss sich für eine beliebig gegebene Grösse δ ein Werth m von n angeben lassen, so dass, wenn $n>m$, $\varepsilon_n<\delta$ wird. Nehmen wir nun α so klein an, dass $m\alpha<\pi$, setzen wir ferner mittelst der Substitution

$$A_n=\varepsilon_{n+1}-\varepsilon_n,$$

$\sum\limits_{0,\infty}\left(\frac{\sin n\alpha}{n\alpha}\right)^2 A_n$ in die Form

$$f(x)+\sum_{1,\infty}\varepsilon_n\left\{\left(\frac{\sin(n-1)\alpha}{(n-1)\alpha}\right)^2-\left(\frac{\sin n\alpha}{n\alpha}\right)^2\right\}$$

und theilen wir diese letztere unendliche Reihe in drei Theile, indem wir

1) die Glieder vom Index 1 bis m einschliesslich,
2) vom Index $m+1$ bis zur grössten unter $\frac{\pi}{\alpha}$ liegenden ganzen Zahl, welche s sei,
3) von $s+1$ bis unendlich,

zusammenfassen, so besteht der erste Theil aus einer endlichen Anzahl stetig sich ändernder Glieder und kann daher seinem Grenzwerth 0 beliebig genähert werden, wenn man α hinreichend klein werden lässt; der zweite Theil ist, da der Factor von ε_n beständig positiv ist, offenbar abgesehen vom Zeichen

$$< \delta \left\{ \left(\frac{\sin m\alpha}{m\alpha}\right)^2 - \left(\frac{\sin s\alpha}{s\alpha}\right)^2 \right\};$$

um endlich den dritten Theil in Grenzen einzuschliessen, zerlege man das allgemeine Glied in

$$\varepsilon_n \left\{ \left(\frac{\sin(n-1)\alpha}{(n-1)\alpha}\right)^2 - \left(\frac{\sin(n-1)\alpha}{n\alpha}\right)^2 \right\}$$

und

$$\varepsilon_n \left\{ \left(\frac{\sin(n-1)\alpha}{n\alpha}\right)^2 - \left(\frac{\sin n\alpha}{n\alpha}\right)^2 \right\} = -\varepsilon_n \frac{\sin(2n-1)\alpha \sin\alpha}{(n\alpha)^2};$$

so leuchtet ein, dass es

$$< \delta \left\{ \frac{1}{(n-1)^2\alpha\alpha} - \frac{1}{nn\alpha\alpha} \right\} + \delta \frac{1}{nn\alpha}$$

und folglich die Summe von $n = s + 1$ bis $n = \infty$

$$< \delta \left\{ \frac{1}{(s\alpha)^2} + \frac{1}{s\alpha} \right\},$$

welcher Werth für ein unendlich kleines α in

$$\delta \left\{ \frac{1}{\pi\pi} + \frac{1}{\pi} \right\} \quad \text{übergeht.}$$

Die Reihe

$$\Sigma\, \varepsilon_n \left\{ \left(\frac{\sin(n-1)\alpha}{(n-1)\alpha}\right)^2 - \left(\frac{\sin n\alpha}{n\alpha}\right)^2 \right\}$$

nähert sich daher mit abnehmendem α einem Grenzwerth, der nicht grösser als

$$\delta \left\{ 1 + \frac{1}{\pi} + \frac{1}{\pi\pi} \right\}$$

sein kann, also Null sein muss, und folglich convergirt

$$\frac{F(x+2\alpha) - 2F(x) + F(x-2\alpha)}{4\alpha\alpha},$$

welches

$$= f(x) + \sum \varepsilon_n \left\{ \left(\frac{\sin(n-1)\alpha}{(n-1)\alpha}\right)^2 - \left(\frac{\sin n\alpha}{n\alpha}\right)^2 \right\}$$

mit in's Unendliche abnehmendem α gegen $f(x)$, wodurch unser Satz für den Fall $\beta = \alpha$ bewiesen ist.

Um ihn allgemein zu beweisen, sei

$$F(x+\alpha+\beta) - 2F(x) + F(x-\alpha-\beta) = (\alpha+\beta)^2 (f(x) + \delta_1)$$
$$F(x+\alpha-\beta) - 2F(x) + F(x-\alpha+\beta) = (\alpha-\beta)^2 (f(x) + \delta_2),$$

woraus

$$F(x+\alpha+\beta)-F(x+\alpha-\beta)-F(x-\alpha+\beta)+F(x-\alpha-\beta)$$
$$=4\alpha\beta f(x)+(\alpha+\beta)^2\delta_1-(\alpha-\beta)^2\delta_2.$$

In Folge des eben Bewiesenen werden nun δ_1 und δ_2 unendlich klein, sobald α und β unendlich klein werden; es wird also auch

$$\frac{(\alpha+\beta)^2}{4\alpha\beta}\delta_1-\frac{(\alpha-\beta)^2}{4\alpha\beta}\delta_2$$

unendlich klein, wenn dabei die Coefficienten von δ_1 und δ_2 nicht unendlich gross werden, was nicht stattfindet, wenn zugleich $\frac{\beta}{\alpha}$ endlich bleibt; und folglich convergirt alsdann

$$\frac{F(x+\alpha+\beta)-F(x+\alpha-\beta)-F(x-\alpha+\beta)+F(x-\alpha-\beta)}{4\alpha\beta}$$

gegen $f(x)$, w. z. b. w.

Lehrsatz 2.

$$\frac{F(x+2\alpha)+F(x-2\alpha)-2F(x)}{2\alpha}$$

wird stets mit α unendlich klein.

Um dieses zu beweisen, theile man die Reihe

$$\sum A_n\left(\frac{\sin n\alpha}{n\alpha}\right)^2$$

in drei Gruppen, von welchen die erste alle Glieder bis zu einem festen Index m enthält, von dem an A_n immer kleiner als ε bleibt, die zweite alle folgenden Glieder, für welche $n\alpha \overline{\gtrless}$ als eine feste Grösse c ist, die dritte den Rest der Reihe umfasst. Es ist dann leicht zu sehen, dass, wenn α in's Unendliche abnimmt, die Summe der ersten endlichen Gruppe endlich bleibt, d. h. $<$ eine feste Grösse Q; die der zweiten $<\varepsilon\frac{c}{\alpha}$, die der dritten

$$<\varepsilon\sum_{c<n\alpha}\frac{1}{nn\alpha\alpha}<\frac{\varepsilon}{\alpha c}$$

Folglich bleibt

$$\frac{F(x+2\alpha)+F(x-2\alpha)-2F(x)}{2\alpha},\ \text{welches}=2\alpha\sum A_n\left(\frac{\sin n\alpha}{n\alpha}\right)^2,$$
$$<2\left(Q\alpha+\varepsilon\left(c+\frac{1}{c}\right)\right),$$

woraus der z. b. Satz folgt.

Lehrsatz 3. Bezeichnet man durch b und c zwei beliebige Constanten, die grössere durch c, und durch $\lambda(x)$ eine Function, welche nebst ihrem ersten Differentialquotienten zwischen b und c immer stetig ist und an den Grenzen gleich Null wird, und von welcher der zweite Differentialquotient nicht unendlich viele Maxima und Minima hat, so wird das Integral

$$\mu\mu\int_b^c F(x)\cos\mu(x-a)\,\lambda(x)\,dx,$$

wenn μ in's Unendliche wächst, zuletzt kleiner als jede gegebene Grösse.

Setzt man für $F(x)$ seinen Ausdruck durch die Reihe, so erhält man für

$$\mu\mu\int_b^c F(x)\cos\mu\,(x-a)\,\lambda\,(x)\,dx$$

die Reihe (Φ)

$$\mu\mu\int_b^c\left(C+C'x+A_0\frac{xx}{2}\right)\cos\mu\,(x-a)\,\lambda\,(x)\,dx$$

$$-\sum_{1,\infty}\frac{\mu\mu}{nn}\int_b^c A_n\cos\mu\,(x-a)\,\lambda\,(x)\,dx$$

Nun lässt sich $A_n\cos\mu\,(x-a)$ offenbar als ein Aggregat von $\cos(\mu+n)(x-a)$, $\sin(\mu+n)(x-a)$, $\cos(\mu-n)(x-a)$, $\sin(\mu-n)(x-a)$ ausdrücken, und bezeichnet man in demselben die Summe der beiden ersten Glieder durch $B_{\mu+n}$, die Summe der beiden letzten Glieder durch $B_{\mu-n}$, so hat man $\cos\mu\,(x-a)\,A_n = B_{\mu+n}+B_{\mu-n}$,

$$\frac{d^2B_{\mu+n}}{dx^2}=-(\mu+n)^2B_{\mu+n},\quad \frac{d^2B_{\mu-n}}{dx^2}=-(\mu-n)^2B_{\mu-n},$$

und es werden $B_{\mu+n}$ und $B_{\mu-n}$ mit wachsendem n, was auch x sei, zuletzt unendlich klein.

Das allgemeine Glied der Reihe Φ

$$-\frac{\mu\mu}{nn}\int_b^c A_n\cos\mu\,(x-a)\,\lambda(x)\,dx$$

wird daher

$$=\frac{\mu^2}{n^2(\mu+n)^2}\int_b^c\frac{d^2B_{\mu+n}}{dx^2}\,\lambda(x)\,dx+\frac{\mu^2}{n^2(\mu-n)^2}\int_b^c\frac{d^2B_{\mu-n}}{dx^2}\,\lambda(x)\,dx$$

oder durch zweimalige partielle Integration, indem man zuerst $\lambda(x)$, dann $\lambda'(x)$ als constant betrachtet,

$$=\frac{\mu^2}{n^2(\mu+n)^2}\int_b^c B_{\mu+n}\,\lambda''(x)\,dx+\frac{\mu^2}{n^2(\mu-n)^2}\int_b^c B_{\mu-n}\,\lambda''(x)\,dx,$$

da $\lambda(x)$ und $\lambda'(x)$ und daher auch die aus dem Integralzeichen tretenden Glieder an den Grenzen $=0$ werden.

Man überzeugt sich nun leicht, dass $\int_b^c B_{\mu\pm n}\,\lambda''(x)\,dx$, wenn μ

in's Unendliche wächst, was auch n sei, unendlich klein wird; denn dieser Ausdruck ist gleich einem Aggregat der Integrale

$$\int_b^c \cos(\mu \pm n)(x-a)\,\lambda''(x)\,dx, \quad \int_b^c \sin(\mu \pm n)(x-a)\,\lambda''(x)\,dx$$

und wenn $\mu \pm n$ unendlich gross wird, so werden diese Integrale, wenn aber nicht, weil dann n unendlich gross wird, ihre Coefficienten in diesem Ausdrucke unendlich klein.

Zum Beweise unseres Satzes genügt es daher offenbar, wenn von der Summe

$$\sum \frac{\mu^2}{(\mu-n)^2 n^2}$$

über alle ganzen Werthe von n ausgedehnt, welche den Bedingungen $n < -c'$, $c'' < n < \mu - c'''$, $\mu + c^{IV} < n$ genügen, für irgend welche positive Werthe der Grössen c gezeigt wird, dass sie, wenn μ unendlich gross wird, endlich bleibt. Denn abgesehen von den Gliedern, für welche $-c' < n < c''$, $\mu - c''' < n < \mu + c^{IV}$, welche offenbar unendlich klein werden und von endlicher Anzahl sind, bleibt die Reihe Φ offenbar kleiner als diese Summe, multiplicirt mit dem grössten Werthe von $\int_b^c B_{\mu \pm n}\,\lambda''(x)\,dx$, welcher unendlich klein wird.

Nun ist aber, wenn die Grössen $c > 1$ sind, die Summe

$$\sum \frac{\mu^2}{(\mu-n)^2 n^2} = \frac{1}{\mu} \sum \frac{\frac{1}{\mu}}{\left(1-\frac{n}{\mu}\right)^2 \left(\frac{n}{\mu}\right)^2},$$

in den obigen Grenzen, kleiner als

$$\frac{1}{\mu} \int \frac{dx}{(1-x)^2 x^2},$$

ausgedehnt von

$$-\infty \text{ bis } -\frac{c'-1}{\mu}, \quad \frac{c''-1}{\mu} \text{ bis } 1 - \frac{c'''-1}{\mu}, \quad 1 + \frac{c^{IV}-1}{\mu} \text{ bis } \infty;$$

denn zerlegt man das ganze Intervall von $-\infty$ bis $+\infty$ von Null anfangend in Intervalle von der Grösse $\frac{1}{\mu}$, und ersetzt man überall die Function unter dem Integralzeichen durch den kleinsten Werth in jedem Intervall, so erhält man, da diese Function zwischen den Integrationsgrenzen nirgends ein Maximum hat, sämmtliche Glieder der Reihe.

Führt man die Integration aus, so erhält man

$$\frac{1}{\mu}\int \frac{dx}{x^2(1-x)^2} = \frac{1}{\mu}\left(-\frac{1}{x} + \frac{1}{1-x} + 2\log x - 2\log(1-x)\right) + \text{const.}$$

und folglich zwischen den obigen Grenzen einen Werth, der mit μ nicht unendlich gross wird.

9.

Mit Hülfe dieser Sätze lässt sich über die Darstellbarkeit einer Function durch eine trigonometrische Reihe, deren Glieder für jeden Argumentwerth zuletzt unendlich klein werden, Folgendes feststellen:

I. Wenn eine nach dem Intervall 2π periodisch sich wiederholende Function $f(x)$ durch eine trigonometrische Reihe, deren Glieder für jeden Werth von x zuletzt unendlich klein werden, darstellbar sein soll, so muss es eine stetige Function $F(x)$ geben, von welcher $f(x)$ so abhängt, dass

$$\frac{F(x+\alpha+\beta)-F(x+\alpha-\beta)-F(x-\alpha+\beta)+F(x-\alpha-\beta)}{4\alpha\beta},$$

wenn α und β unendlich klein werden und dabei ihr Verhältniss endlich bleibt, gegen $f(x)$ convergirt.

Es muss ferner

$$\mu\mu\int_b^c F(x)\cos\mu(x-a)\,\lambda(x)\,dx,$$

wenn $\lambda(x)$ und $\lambda'(x)$ an den Grenzen des Integrals $=0$ und zwischen denselben immer stetig sind, und $\lambda''(x)$ nicht unendlich viele Maxima und Minima hat, mit wachsendem μ zuletzt unendlich klein werden.

II. Wenn umgekehrt diese beiden Bedingungen erfüllt sind, so giebt es eine trigonometrische Reihe, in welcher die Coefficienten zuletzt unendlich klein werden, und welche überall, wo sie convergirt, die Function darstellt.

Denn bestimmt man die Grössen C', A_0 so, dass

$$F(x)-C'x-A_0\frac{xx}{2}$$

eine nach dem Intervall 2π periodisch wiederkehrende Function ist und entwickelt diese nach Fourier's Methode in die trigonometrische Reihe

$$C-\frac{A_1}{1}-\frac{A_2}{4}-\frac{A_3}{9}-\cdots,$$

indem man

$$\frac{1}{2\pi}\int_{-\pi}^{\pi}\left(F(t)-C't-A_0\frac{tt}{2}\right)dt=C$$

$$\frac{1}{\pi}\int_{-\pi}^{\pi}\left(F(t)-C't-A_0\frac{tt}{2}\right)\cos n(x-t)\,dt=-\frac{A_n}{nn}$$

setzt, so muss (n. V.)

$$A_n = -\frac{nn}{\pi}\int_{-\pi}^{\pi}\left(F(t) - C't - A_0\frac{tt}{2}\right)\cos n\,(x-t)\,dt$$

mit wachsendem n zuletzt unendlich klein werden; woraus nach Satz 1 des vorigen Art. folgt, dass die Reihe

$$A_0 + A_1 + A_2 + \cdots$$

überall, wo sie convergirt, gegen $f(x)$ convergirt.(¹)

III. Es sei $b < x < c$, und $\varrho(t)$ eine solche Function, dass $\varrho(t)$ und $\varrho'(t)$ für $t = b$ und $t = c$ den Werth 0 haben und zwischen diesen Werthen stetig sich ändern, $\varrho''(t)$ nicht unendlich viele Maxima und Minima hat, und dass ferner für $t = x$ $\varrho(t) = 1$, $\varrho'(t) = 0$, $\varrho''(t) = 0$, $\varrho'''(t)$ und $\varrho^{IV}(t)$ aber endlich und stetig sind; so wird der Unterschied zwischen der Reihe

$$A_0 + A_1 + \cdots + A_n$$

und dem Integral

$$\frac{1}{2\pi}\int_b^c F(t)\,\frac{dd\,\dfrac{\sin\frac{2n+1}{2}(x-t)}{\sin\frac{(x-t)}{2}}}{dt^2}\,\varrho(t)\,dt$$

mit wachsendem n zuletzt unendlich klein. Die Reihe

$$A_0 + A_1 + A_2 + \cdots$$

wird daher convergiren oder nicht convergiren je nachdem

$$\frac{1}{2\pi}\int_b^c F(t)\,\frac{dd\,\dfrac{\sin\frac{2n+1}{2}(x-t)}{\sin\frac{x-t}{2}}}{dt^2}\,\varrho(t)\,dt$$

sich mit wachsendem n zuletzt einer festen Grenze nähert oder dies nicht stattfindet.

In der That wird

$$A_1 + A_2 + \cdots A_n = \frac{1}{\pi}\int_{-\pi}^{\pi}\left(F(t) - C't - A_0\frac{tt}{2}\right)\sum_{1,n} - nn\cos n\,(x-t)\,dt,$$

oder, da

$$2\sum_{1,n} - nn\cos n\,(x-t) = 2\sum_{1,n}\frac{d^2\cos n\,(x-t)}{dt^2} = \frac{dd\,\dfrac{\sin\frac{2n+1}{2}(x-t)}{\sin\frac{x-t}{2}}}{dt^2}$$

ist,

$$= \frac{1}{2\pi}\int\limits_{-\pi}^{\pi}\left(F(t) - C't - A_0\,\frac{tt}{2}\right)\frac{dd\,\dfrac{\sin\frac{2n+1}{2}(x-t)}{\sin\frac{x-t}{2}}}{dt^2}\,di.$$

Nun wird aber nach Satz 3 des vorigen Art.

$$\frac{1}{2\pi}\int\limits_{-\pi}^{\pi}\left(F(t) - C't - A_0\,\frac{tt}{2}\right)\frac{dd\,\dfrac{\sin\frac{2n+1}{2}(x-t)}{\sin\frac{x-t}{2}}}{dt^2}\,\lambda(t)\,dt$$

bei unendlichem Zunehmen von n unendlich klein, wenn $\lambda(t)$ nebst ihrem ersten Differentialquotienten stetig ist, $\lambda''(t)$ nicht unendlich viele Maxima und Minima hat, und für $t = x$ $\lambda(t) = 0$, $\lambda'(t) = 0$, $\lambda''(t) = 0$, $\lambda'''(t)$ und $\lambda''''(t)$ aber endlich und stetig sind.(2)

Setzt man hierin $\lambda(t)$ ausserhalb der Grenzen b, c gleich 1 und zwischen diesen Grenzen $= 1 - \varrho(t)$, was offenbar verstattet ist, so folgt, dass die Differenz zwischen der Reihe $A_1 + \cdots + A_n$ und dem Integral

$$\frac{1}{2\pi}\int\limits_{b}^{c}\left(F(t) - C't - A_0\,\frac{tt}{2}\right)\frac{dd\,\dfrac{\sin\frac{2n+1}{2}(x-t)}{\sin\frac{x-t}{2}}}{dt^2}\,\varrho(t)\,dt$$

mit wachsendem n zuletzt unendlich klein wird. Man überzeugt sich aber leicht durch partielle Integration, dass

$$\frac{1}{2\pi}\int\limits_{b}^{c}\left(C't + A_0\,\frac{tt}{2}\right)\frac{dd\,\dfrac{\sin\frac{2n+1}{2}(x-t)}{\sin\frac{x-t}{2}}}{dt^2}\,\varrho(t)\,dt$$

wenn n unendlich gross wird, gegen A_0 convergirt, wodurch man obigen Satz erhält.

10.

Aus dieser Untersuchung hat sich also ergeben, dass, wenn die Coefficienten der Reihe Ω zuletzt unendlich klein werden, dann die Convergenz der Reihe für einen bestimmten Werth von x nur abhängt von dem Verhalten der Function $f(x)$ in unmittelbarer Nähe dieses Werthes.

Ob nun die Coefficienten der Reihe zuletzt unendlich klein werden, wird in vielen Fällen nicht aus ihrem Ausdrucke durch bestimmte Integrale, sondern auf anderm Wege entschieden werden müssen. Es verdient indess ein Fall hervorgehoben zu werden, wo sich dies unmittelbar aus der Natur der Function entscheiden lässt, wenn nämlich die Function $f(x)$ durchgehends endlich bleibt und eine Integration zulässt.

In diesem Falle muss, wenn man das ganze Intervall von $-\pi$ bis π der Reihe nach in Stücke von der Grösse

$$\delta_1, \delta_2, \delta_3, \ldots$$

zerlegt, und durch D_1 die grösste Schwankung der Function im ersten, durch D_2 im zweiten, u. s. w. bezeichnet,

$$\delta_1 D_1 + \delta_2 D_2 + \delta_3 D_3 + \cdots$$

unendlich klein werden, so bald sämmtliche δ unendlich klein werden.

Zerlegt man aber das Integral $\int\limits_{-\pi}^{\pi} f(x) \sin n(x-a)\, dx$, in welcher Form von dem Factor $\frac{1}{\pi}$ abgesehen die Coefficienten der Reihe enthalten sind, oder was dasselbe ist, $\int\limits_{a}^{a+2\pi} f(x) \sin n(x-a)\, dx$ von $x = a$ anfangend in Integrale vom Umfange $\frac{2\pi}{n}$, so liefert jedes derselben zur Summe einen Beitrag kleiner als $\frac{2}{n}$, multiplicirt mit der grössten Schwankung in seinem Intervall, und ihre Summe ist also kleiner als eine Grösse, welche n. V. mit $\frac{2\pi}{n}$ unendlich klein werden muss.

In der That: diese Integrale haben die Form

$$\int\limits_{a+\frac{s}{n}2\pi}^{a+\frac{s+1}{n}2\pi} f(x) \sin n(x-a)\, dx.$$

Der Sinus wird in der ersten Hälfte positiv, in der zweiten negativ. Bezeichnet man also den grössten Werth von $f(x)$ in dem Intervall des Integrals durch M, den kleinsten durch m, so ist einleuchtend, dass man das Integral vergrössert, wenn man in der ersten Hälfte $f(x)$ durch M, in der zweiten durch m ersetzt, dass man aber das Integral verkleinert, wenn man in der ersten Hälfte $f(x)$ durch m und in der zweiten durch M ersetzt. Im ersteren Falle aber erhält man den Werth $\frac{2}{n}(M-m)$, im letzteren $\frac{2}{n}(m-M)$. Es ist daher dies

Integral abgesehen vom Zeichen kleiner als $\frac{2}{n}(M - m)$ und das Integral

$$\int_a^{a+2\pi} f(x) \sin n(x-a)\,dx$$

kleiner als

$$\frac{2}{n}(M_1 - m_1) + \frac{2}{n}(M_2 - m_2) + \frac{2}{n}(M_3 - m_3) + \cdots,$$

wenn man durch M_s den grössten, durch m_s den kleinsten Werth von $f(x)$ im $s$ten Intervall bezeichnet; diese Summe aber muss, wenn $f(x)$ einer Integration fähig ist, unendlich klein werden, sobald n unendlich gross und also der Umfang der Intervalle $\frac{2\pi}{n}$ unendlich klein wird.

In dem vorausgesetzten Falle werden daher die Coefficienten der Reihe unendlich klein.

11.

Es bleibt nun noch der Fall zu untersuchen, wo die Glieder der Reihe Ω für den Argumentwerth x zuletzt unendlich klein werden, ohne dass dies für jeden Argumentwerth stattfindet. Dieser Fall lässt sich auf den vorigen zurückführen.

Wenn man nämlich in den Reihen für den Argumentwerth $x + t$ und $x - t$ die Glieder gleichen Ranges addirt, so erhält man die Reihe

$$2A_0 + 2A_1 \cos t + 2A_2 \cos 2t + \cdots,$$

in welcher die Glieder für jeden Werth von t zuletzt unendlich klein werden und auf welche also die vorige Untersuchung angewandt werden kann.

Bezeichnet man zu diesem Ende den Werth der unendlichen Reihe

$$C + C'x + A_0 \frac{xx}{2} + A_0 \frac{tt}{2} - A_1 \frac{\cos t}{1} - A_2 \frac{\cos 2t}{4} - A_3 \frac{\cos 3t}{9} - \cdots$$

durch $G(t)$, so dass $\frac{F(x+t) + F(x-t)}{2}$ überall, wo die Reihen für $F(x+t)$ und $F(x-t)$ convergiren, $= G(t)$ ist, so ergiebt sich Folgendes:

I. Wenn die Glieder der Reihe Ω für den Argumentwerth x zuletzt unendlich klein werden, so muss

$$\mu\mu \int_b^c G(t) \cos \mu(t-a)\, \lambda(t)\, dt,$$

wenn λ eine Function wie oben — Art. 9 — bezeichnet, mit wachsendem μ zuletzt unendlich klein werden. Der Werth dieses Integrals setzt sich zusammen aus den beiden Bestandtheilen

$$\mu\mu\int_b^c \frac{F(x+t)}{2}\cos\mu(t-a)\,\lambda(t)\,dt \text{ und } \mu\mu\int_b^c \frac{F(x-t)}{2}\cos\mu(t-a)\lambda(t)dt,$$

wofern diese Ausdrücke einen Werth haben. Das Unendlichkleinwerden desselben wird daher bewirkt durch das Verhalten der Function F an zwei symmetrisch zu beiden Seiten von x gelegenen Stellen. Es ist aber zu bemerken, dass hier Stellen vorkommen müssen, wo jeder Bestandtheil für sich nicht unendlich klein wird; denn sonst würden die Glieder der Reihe für jeden Argumentwerth zuletzt unendlich klein werden. Es müssen also dann die Beiträge der symmetrisch zu beiden Seiten von x gelegenen Stellen einander aufheben, so dass ihre Summe für ein unendliches μ unendlich klein wird. Hieraus folgt, dass die Reihe Ω nur für solche Werthe der Grösse x convergiren kann, zu welchen die Stellen, wo nicht

$$\mu\mu\int_b^c F(x)\cos\mu(x-a)\,\lambda(x)\,dx$$

für ein unendliches μ unendlich klein wird, symmetrisch liegen. Offenbar kann daher nur dann, wenn die Anzahl dieser Stellen unendlich gross ist, die trigonometrische Reihe mit nicht in's Unendliche abnehmenden Coefficienten für eine unendliche Anzahl von Argumentwerthen convergiren.

Umgekehrt ist

$$A_n = -nn\frac{2}{\pi}\int_0^\pi \left(G(t) - A_0\frac{tt}{2}\right)\cos nt\,dt$$

und wird also mit wachsendem n zuletzt unendlich klein, wenn

$$\mu\mu\int_b^c G(t)\cos\mu(t-a)\,\lambda(t)\,dt$$

für ein unendliches μ immer unendlich klein wird.

II. Wenn die Glieder der Reihe Ω für den Argumentwerth x zuletzt unendlich klein werden, so hängt es nur von dem Gange der Function $G(t)$ für ein unendlich kleines t ab, ob die Reihe convergirt oder nicht, und zwar wird der Unterschied zwischen

$$A_0 + A_1 + \cdots + A_n$$

und dem Integrale

$$\frac{1}{\pi}\int_0^b G(t)\,\frac{dd\,\dfrac{\sin\frac{2n+1}{2}t}{\sin\frac{t}{2}}}{dt^2}\,\varrho(t)\,dt$$

mit wachsendem n zuletzt unendlich klein, wenn b eine zwischen 0 und π enthaltene noch so kleine Constante und $\varrho(t)$ eine solche Function bezeichnet, dass $\varrho(t)$ und $\varrho'(t)$ immer stetig und für $t=b$ gleich Null sind, $\varrho''(t)$ nicht unendlich viele Maxima und Minima hat, und für $t=0$, $\varrho(t)=1$, $\varrho'(t)=0$, $\varrho''(t)=0$, $\varrho'''(t)$ und $\varrho''''(t)$ aber endlich und stetig sind.

12.

Die Bedingungen für die Darstellbarkeit einer Function durch eine trigonometrische Reihe können freilich noch etwas beschränkt und dadurch unsere Untersuchungen ohne besondere Voraussetzungen über die Natur der Function noch etwas weiter geführt werden. So z. B. kann in dem zuletzt erhaltenen Satze die Bedingung, dass $\varrho''(0)=0$ sei, weggelassen werden, wenn man in dem Integrale

$$\frac{1}{\pi}\int_0^b G(t)\,\frac{dd\,\dfrac{\sin\frac{2n+1}{2}t}{\sin\frac{t}{2}}}{dt^2}\,\varrho(t)\,dt$$

$G(t)$ durch $G(t)-G(0)$ ersetzt. Es wird aber dadurch nichts Wesentliches gewonnen.

Indem wir uns daher zur Betrachtung besonderer Fälle wenden, wollen wir zunächst der Untersuchung für eine Function, welche nicht unendlich viele Maxima und Minima hat, diejenige Vervollständigung zu geben suchen, deren sie nach den Arbeiten Dirichlet's noch fähig ist.

Es ist oben bemerkt, dass eine solche Function allenthalben integrirt werden kann, wo sie nicht unendlich wird, und es ist offenbar, dass dies nur für eine endliche Anzahl von Argumentwerthen eintreten kann. Auch lässt der Beweis Dirichlet's, dass in dem Integralausdrucke für das n te Glied der Reihe und für die Summe ihrer n ersten Glieder der Beitrag aller Strecken mit Ausnahme derer, wo die Function unendlich wird, und der dem Argumentwerth der Reihe unendlich nahe liegenden mit wachsendem n zuletzt unendlich klein wird, und dass

$$\int_x^{x+b} f(t) \frac{\sin \frac{2n+1}{2}(x-t)}{\sin \frac{x-t}{2}} dt,$$

wenn $0 < b < \pi$ und $f(t)$ zwischen den Grenzen des Integrals nicht unendlich wird, für ein unendliches n gegen $\pi f(x+0)$ convergirt, in der That nichts zu wünschen übrig, wenn man die unnöthige Voraussetzung, dass die Function stetig sei, weglässt. Es bleibt also nur noch zu untersuchen, in welchen Fällen in diesen Integralausdrücken der Beitrag der Stellen, wo die Function unendlich wird, mit wachsendem n zuletzt unendlich klein wird. Diese Untersuchung ist noch nicht erledigt; sondern es ist nur gelegentlich von Dirichlet gezeigt, dass dies stattfindet unter der Voraussetzung, dass die darzustellende Function eine Integration zulässt, was nicht nothwendig ist.

Wir haben oben gesehen, dass, wenn die Glieder der Reihe Ω für jeden Werth von x zuletzt unendlich klein werden, die Function $F(x)$, deren zweiter Differentialquotient $f(x)$ ist, endlich und stetig sein muss, und dass

$$\frac{F(x+\alpha) - 2F(x) + F(x-\alpha)}{\alpha}$$

mit α stets unendlich klein wird. Wenn nun $F'(x+t) - F'(x-t)$ nicht unendlich viele Maxima und Minima hat, so muss es, wenn t Null wird, gegen einen festen Grenzwerth L convergiren oder unendlich gross werden, und es ist offenbar, dass

$$\frac{1}{\alpha}\int_0^\alpha (F'(x+t) - F'(x-t))\, dt = \frac{F(x+\alpha) - 2F(x) + F(x-\alpha)}{\alpha}$$

dann ebenfalls gegen L oder gegen ∞ convergiren muss und daher nur unendlich klein werden kann, wenn $F'(x+t) - F'(x-t)$ gegen Null convergirt. Es muss daher, wenn $f(x)$ für $x = a$ unendlich gross wird, doch immer $f(a+t) + f(a-t)$ bis an $t = 0$ integrirt werden können. Dies reicht hin, damit

$$\left(\int_b^{a-\varepsilon} + \int_{a+\varepsilon}^c\right) dx\, (f(x) \cos n(x-a))$$

mit abnehmendem ε convergire und mit wachsendem n unendlich klein werde. Weil ferner die Function $F(x)$ endlich und stetig ist, so muss $F'(x)$ bis an $x = a$ eine Integration zulassen und $(x-a)F'(x)$ mit $(x-a)$ unendlich klein werden, wenn diese Function nicht unendlich viele Maxima und Minima hat; woraus folgt, dass

$$\frac{d(x-a)F'(x)}{dx} = (x-a)f(x) + F'(x)$$

und also auch $(x-a)f(x)$ bis an $x=a$ integrirt werden kann. Es kann daher auch $\int f(x)\sin n(x-a)\,dx$ bis an $x=a$ integrirt werden, und damit die Coefficienten der Reihe zuletzt unendlich klein werden, ist offenbar nur noch nöthig, dass

$$\int_b^c f(x)\sin n(x-a)\,dx, \text{ wo } b<a<c,$$

mit wachsendem n zuletzt unendlich klein werde. Setzt man

$$f(x)(x-a)=\varphi(x),$$

so ist, wenn diese Function nicht unendlich viele Maxima und Minima hat, für ein unendliches n

$$\int_b^c f(x)\sin n(x-a)\,dx=\int_b^c \frac{\varphi(x)}{x-a}\sin n(x-a)\,dx=\frac{\varphi(a+0)+\varphi(a-0)}{2},$$

wie Dirichlet gezeigt hat. Es muss daher

$$\varphi(a+t)+\varphi(a-t)=f(a+t)\,t-f(a-t)\,t$$

mit t unendlich klein werden, und da

$$f(a+t)+f(a-t)$$

bis an $t=0$ integrirt werden kann und folglich auch

$$f(a+t)\,t+f(a-t)\,t$$

mit t unendlich klein wird, so muss sowohl $f(a+t)\,t$, als $f(a-t)\,t$ mit abnehmendem t zuletzt unendlich klein werden. Von Functionen, welche unendlich viele Maxima und Minima haben, abgesehen, ist es also zur Darstellbarkeit der Function $f(x)$ durch eine trigonometrische Reihe mit in's Unendliche abnehmenden Coefficienten hinreichend und nothwendig, dass, wenn sie für $x=a$ unendlich wird, $f(a+t)\,t$ und $f(a-t)\,t$ mit t unendlich klein werden und $f(a+t)+f(a-t)$ bis an $t=0$ integrirt werden kann.

Durch eine trigonometrische Reihe, deren Coefficienten nicht zuletzt unendlich klein werden, kann eine Function $f(x)$, welche nicht unendlich viele Maxima und Minima hat, da

$$\mu\mu\int_b^c F(x)\cos\mu(x-a)\,\lambda(x)\,dx$$

nur für eine endliche Anzahl von Stellen für ein unendliches μ nicht unendlich klein wird, auch nur für eine endliche Anzahl von Argumentwerthen dargestellt werden, wobei es unnöthig ist länger zu verweilen.

13.

Was die Functionen betrifft, welche unendlich viele Maxima und Minima haben, so ist es wohl nicht überflüssig zu bemerken, dass eine Function $f(x)$, welche unendlich viele Maxima und Minima hat, einer Integration durchgehends fähig sein kann, ohne durch die Fourier'sche Reihe darstellbar zu sein. Dies findet z. B. Statt, wenn $f(x)$ zwischen 0 und 2π gleich

$$\frac{d\left(x^\nu \cos \frac{1}{x}\right)}{dx}, \text{ und } 0 < \nu < \tfrac{1}{2}$$

ist. Denn es wird in dem Integral $\int\limits_0^{2\pi} f(x) \cos n(x-a)\, dx$ mit wachsendem n der Beitrag derjenigen Stelle, wo x nahe $= \sqrt{\frac{1}{n}}$ ist, allgemein zu reden zuletzt unendlich gross, so dass das Verhältniss dieses Integrals zu

$$\tfrac{1}{2} \sin\left(2\sqrt{n} - na + \frac{\pi}{4}\right) \sqrt{\pi}\, n^{\frac{1-2\nu}{4}}$$

gegen 1 convergirt, wie man auf dem gleich anzugebenden Wege finden wird. Um dabei das Beispiel zu verallgemeinern, wodurch das Wesen der Sache mehr hervortritt, setze man

$$\int f(x) dx = \varphi(x) \cos \psi(x)$$

und nehme an, dass $\varphi(x)$ für ein unendlich kleines x unendlich klein und $\psi(x)$ unendlich gross werde, übrigens aber diese Functionen nebst ihren Differentialquotienten stetig seien und nicht unendlich viele Maxima und Minima haben. Es wird dann

$$f(x) = \varphi'(x) \cos \psi(x) - \varphi(x)\, \psi'(x) \sin \psi(x)$$

und

$$\int f(x) \cos n(x-a)\, dx$$

gleich der Summe der vier Integrale

$$\tfrac{1}{2} \int \varphi'(x) \cos\big(\psi(x) \pm n(x-a)\big)\, dx,$$

$$-\tfrac{1}{2} \int \varphi(x)\, \psi'(x) \sin\big(\psi(x) \pm n(x-a)\big)\, dx.$$

Man betrachte nun, $\psi(x)$ positiv genommen, das Glied

$$-\tfrac{1}{2} \int \varphi(x)\, \psi'(x) \sin\big(\psi(x) + n(x-a)\big)\, dx$$

und untersuche in diesem Integrale die Stelle, wo die Zeichenwechsel des Sinus sich am langsamsten folgen. Setzt man

$$\psi(x) + n(x - a) = y,$$

so geschieht dies, wo $\frac{dy}{dx} = 0$ ist, und also,

$$\psi'(\alpha) + n = 0$$

gesetzt, für $x = \alpha$. Man untersuche also das Verhalten des Integrals

$$-\tfrac{1}{2}\int\limits_{\alpha-\varepsilon}^{\alpha+\varepsilon} \varphi(x)\,\psi'(x)\sin y\,dx$$

für den Fall, dass ε für ein unendliches n unendlich klein wird, und führe hiezu y als Variable ein. Setzt man

$$\psi(\alpha) + n(\alpha - a) = \beta,$$

so wird für ein hinreichend kleines ε

$$y = \beta + \psi''(\alpha)\frac{(x-\alpha)^2}{2} + \cdots$$

und zwar ist $\psi''(\alpha)$ positiv, da $\psi(x)$ für ein unendlich kleines x positiv unendlich wird; es wird ferner

$$\frac{dy}{dx} = \psi''(\alpha)(x - \alpha) = \pm\sqrt{2\psi''(\alpha)(y - \beta)},$$

je nachdem $x - \alpha \gtrless 0$, und

$$-\tfrac{1}{2}\int\limits_{\alpha-\varepsilon}^{\alpha+\varepsilon} \varphi(x)\,\psi'(x)\sin y\,dx$$

$$= \tfrac{1}{2}\Bigg(\int\limits_{\beta+\psi''(\alpha)\frac{\varepsilon\varepsilon}{2}}^{\beta} - \int\limits_{\beta}^{\beta+\psi''(\alpha)\frac{\varepsilon\varepsilon}{2}}\Bigg)\left(\sin y\,\frac{dy}{\sqrt{y-\beta}}\right)\frac{\varphi(\alpha)\,\psi'(\alpha)}{\sqrt{2\psi''(\alpha)}}$$

$$= -\int\limits_{0}^{\psi''(\alpha)\frac{\varepsilon\varepsilon}{2}} \sin(y + \beta)\,\frac{dy}{\sqrt{y}}\,\frac{\varphi(\alpha)\,\psi'(\alpha)}{\sqrt{2\psi''(\alpha)}}.$$

Lässt man also mit wachsendem n die Grösse ε so abnehmen, dass $\psi''(\alpha)\varepsilon\varepsilon$ unendlich gross wird, so wird, falls

$$\int\limits_{0}^{\infty} \sin(y + \beta)\,\frac{dy}{\sqrt{y}},$$

welches bekanntlich gleich ist $\sin\left(\beta + \frac{\pi}{4}\right)\sqrt{\pi}$, nicht Null ist, von Grössen niederer Ordnung abgesehen

$$-\frac{1}{2}\int\limits_{\alpha-\varepsilon}^{\alpha+\varepsilon}\varphi(x)\,\psi'(x)\sin(\psi(x)+n(x-a))\,dx = -\sin\left(\beta+\frac{\pi}{4}\right)\frac{\sqrt{\pi}\,\varphi(\alpha)\,\psi'(\alpha)}{\sqrt{2\psi''(\alpha)}}.$$

Es wird daher, wenn diese Grösse nicht unendlich klein wird, das Verhältniss von

$$\int\limits_0^{2\pi} f(x)\cos n(x-a)\,dx$$

zu dieser Grösse, da dessen übrige Bestandtheile unendlich klein werden, bei unendlichem Zunehmen von n gegen 1 convergiren.

Nimmt man an, dass $\varphi(x)$ und $\psi'(x)$ für ein unendlich kleines x mit Potenzen von x von gleicher Ordnung sind und zwar $\varphi(x)$ mit x^ν und $\psi'(x)$ mit $x^{-\mu-1}$, so dass $\nu > 0$ und $\mu \geqq 0$ sein muss, so wird für ein unendliches n

$$\frac{\varphi(\alpha)\,\psi'(\alpha)}{\sqrt{2\psi''(\alpha)}}$$

von gleicher Ordnung mit $\alpha^{\nu-\frac{\mu}{2}}$ und daher nicht unendlich klein, wenn $\mu \geqq 2\nu$. Ueberhaupt aber wird, wenn $x\psi'(x)$ oder, was damit identisch ist, wenn $\frac{\psi(x)}{\log x}$ für ein unendlich kleines x unendlich gross ist, sich $\varphi(x)$ immer so annehmen lassen, dass für ein unendlich kleines x $\varphi(x)$ unendlich klein,

$$\varphi(x)\frac{\psi'(x)}{\sqrt{2\psi''(x)}} = \frac{\varphi(x)}{\sqrt{-2\dfrac{d}{dx}\dfrac{1}{\psi'(x)}}} = \frac{\varphi(x)}{\sqrt{-2\lim\dfrac{1}{x\psi'(x)}}}$$

aber unendlich gross wird, und folglich $\int\limits_x f(x)\,dx$ bis an $x=0$ erstreckt werden kann, während

$$\int\limits_0^{2\pi} f(x)\cos n(x-a)\,dx$$

für ein unendliches n nicht unendlich klein wird. Wie man sieht, heben sich in dem Integrale $\int\limits_x f(x)\,dx$ bei unendlichem Abnehmen von x die Zuwachse des Integrals, obwohl ihr Verhältniss zu den Aenderungen von x sehr rasch wächst, wegen des raschen Zeichenwechsels der Function $f(x)$ einander auf; durch das Hinzutreten des Factors $\cos n(x-a)$ aber wird hier bewirkt, dass diese Zuwachse sich summiren.

Ebenso wohl aber, wie hienach für eine Function trotz der durchgängigen Möglichkeit der Integration die Fourier'sche Reihe nicht convergiren und selbst ihr Glied zuletzt unendlich gross werden kann,

— ebenso wohl können trotz der durchgängigen Unmöglichkeit der Integration von $f(x)$ zwischen je zwei noch so nahen Werthen unendlich viele Werthe von x liegen, für welche die Reihe Ω convergirt.

Ein Beispiel liefert, (nx) in der Bedeutung, wie oben (Art. 6.) genommen, die durch die Reihe

$$\sum_{1,\infty} \frac{(nx)}{n}$$

gegebene Function, welche für jeden rationalen Werth von x vorhanden ist und sich durch die trigonometrische Reihe

$$\sum_{1,\infty} \frac{{}^n\Sigma^\theta - (-1)^\theta}{n\pi} \sin 2nx\pi,$$

wo für θ alle Theiler von n zu setzen sind, darstellen lässt, welche aber in keinem noch so kleinen Grösseninterval zwischen endlichen Grenzen enthalten ist und folglich nirgends eine Integration zulässt.

Ein anderes Beispiel erhält man, wenn man in den Reihen

$$\sum_{0,\infty} c_n \cos nnx, \quad \sum_{1,\infty} c_n \sin nnx$$

für $c_0, c_1, c_2, \ldots$ positive Grössen setzt, welche immer abnehmen und zuletzt unendlich klein werden, während $\overset{s}{\underset{1,n}{\Sigma}} c_s$ mit n unendlich gross wird. Denn wenn das Verhältniss von x zu 2π rational und in den kleinsten Zahlen ausgedrückt, ein Bruch mit dem Nenner m ist, so werden offenbar diese Reihen convergiren oder in's Unendliche wachsen, je nachdem

$$\sum_{0,m-1} \cos nnx, \quad \sum_{0,m-1} \sin nnx$$

gleich Null oder nicht gleich Null sind. Beide Fälle aber treten nach einem bekannten Theoreme der Kreistheilung*) zwischen je zwei noch so engen Grenzen für unendlich viele Werthe von x ein.

In einem eben so grossen Umfange kann die Reihe Ω auch convergiren, ohne dass der Werth der Reihe

$$C' + A_0 x - \sum \frac{\frac{dA_n}{dx}}{nn},$$

welche man durch Integration jedes Gliedes aus Ω erhält, durch ein noch so kleines Grösseninterval integrirt werden könnte.

Wenn man z. B. den Ausdruck

*) Disquis. ar. pag. 636 art. 356. (Gauss's Werke Bd. I. pag. 442.)

$$\sum_{1,\infty} \frac{1}{n^3} (1 - q^n) \log \left(\frac{- \log (1 - q^n)}{q^n} \right),$$

wo die Logarithmen so zu nehmen sind, dass sie für $q = 0$ verschwinden, nach steigenden Potenzen von q entwickelt und darin $q = e^{xi}$ setzt, so bildet der imaginäre Theil eine trigonometrische Reihe, welche zweimal nach x differentiirt in jedem Grössenintervall unendlich oft convergirt, während ihr erster Differentialquotient unendlich oft unendlich wird.

In demselben Umfange, d. h. zwischen je zwei noch so nahen Argumentwerthen unendlich oft, kann die trigonometrische Reihe auch selbst dann convergiren, wenn ihre Coefficienten nicht zuletzt unendlich klein werden. Ein einfaches Beispiel einer solchen Reihe bildet die unendliche Reihe $\sum\limits_{1,\infty} \sin(n!\, x\pi)$, wo $n!$, wie gebräuchlich,

$$= 1 \,.\, 2 \,.\, 3 \ldots n,$$

welche nicht bloss für jeden rationalen Werth von x convergirt, indem sie sich in eine endliche verwandelt, sondern auch für eine unendliche Anzahl von irrationalen, von denen die einfachsten sind $\sin 1$, $\cos 1$ $\frac{2}{e}$ und deren Vielfache, ungerade Vielfache von e, $\frac{e - \frac{1}{e}}{4}$, u. s. w.(3)

Inhalt.

Anmerkungen.

(1) (Zu Seite 238). Die unter II. aufgestellten Sätze bedürfen einer Erläuterung:

Da die Function $f(x)$ um 2π periodisch angenommen ist, so muss

$$F(x+2\pi)-F(x)=\varphi(x)$$

die Eigenschaft haben, dass

$$\frac{\varphi(x+\alpha+\beta)-\varphi(x+\alpha-\beta)-\varphi(x-\alpha+\beta)+\varphi(x-\alpha-\beta)}{4\alpha\beta}$$

unter der im Text gemachten Voraussetzung sich mit α und β der Grenze 0 nähert. Es ist daher $\varphi(x)$ eine lineare Function von x, und folglich lassen sich die Constanten C', A_0 so bestimmen, dass

$$\Phi(x)=F(x)-C'x-A_0\frac{xx}{2}$$

eine um 2π periodische Function von x ist.

Nun ist über die Function $F(x)$ weiter die Voraussetzung gemacht, dass für beliebige Grenzen b, c

$$\mu\mu\int_b^c F(x)\cos\mu(x-a)\,\lambda(x)\,dx$$

mit unendlich wachsendem μ sich der Grenze 0 nähere, wenn $\lambda(x)$ den im Text angegebenen Bedingungen genügt, woraus folgt, dass unter den gleichen Voraussetzungen

$$\mu\mu\int_b^c \Phi(x)\cos\mu(x-a)\,\lambda(x)\,dx$$

sich der Grenze 0 nähert.

Es sei nun $b<-\pi$, $c>\pi$, und man nehme, was zulässig ist, $\lambda(x)$ im Intervall von $-\pi$ bis $+\pi=1$ an, so folgt, dass auch:

$$\mu\mu\int_b^{-\pi}\Phi(x)\cos\mu(x-a)\,\lambda(x)\,dx+\mu\mu\int_\pi^c\Phi(x)\cos\mu(x-a)\,\lambda(x)\,dx$$

$$+\,\mu\mu\int_{-\pi}^{+\pi}\Phi(x)\cos\mu(x-a)\,dx$$

Null zur Grenze hat. Nun kann man, wenn μ eine ganze Zahl n ist, mit Rücksicht auf die Periodicität von $\Phi(x)$ für diese Summe setzen:

$$nn\int_{b+2\pi}^{c}\Phi(x)\cos\mu(x-a)\,\lambda_1(x)\,dx+nn\int_{-\pi}^{+\pi}\Phi(x)\cos n(x-a)\,dx$$

wenn in dem Intervall von $b+2\pi$ bis π $\lambda_1(x)=\lambda(x-2\pi)$ und in dem Intervall von π bis c $\lambda_1(x)=\lambda(x)$ ist, so dass $\lambda_1(x)$ zwischen den Grenzen

$b + 2\pi$ und c den Voraussetzungen über die Function $\lambda(x)$ genügt. Demnach hat das erste Glied der obigen Summe für sich den Grenzwerth 0, und folglich ist auch der Grenzwerth von

$$nn \int_{-\pi}^{+\pi} \Phi(x) \cos n(x-a)\,dx$$

gleich Null.

(2) (Zu Seite 239). Hier scheint für die Function $\lambda(x)$ die Bedingung hinzugefügt werden zu müssen, dass sie sich nach dem Intervall 2π periodisch wiederholt, (die mit der nachher gemachten Annahme verträglich ist). In der That würde z. B. das in Rede stehende Integral nicht sich der Grenze 0 nähern, wenn $F(t) - C't - A_0 \frac{tt}{2} = \text{const.}$ und $\lambda(t) = (x-t)^3$ gesetzt würde. Dagegen lässt sich unter der Voraussetzung der Periodicität von $\lambda(x)$ das Verschwinden dieses Integrals durch Ausführung der Differentiation

$$\frac{dd\,\dfrac{\sin\frac{2n+1}{2}(x-t)}{\sin\frac{1}{2}(x-t)}}{dt^2},$$

durch Anwendung des Satzes 3, Art. 8. und eines ähnlichen Verfahrens wie in der Anmerkung (1) leicht darthun.

(3) (Zu Seite 250) der Werth $x = \frac{1}{4}\left(e - \frac{1}{e}\right)$ gehört, wie Genocchi in einem diese Beispiele betreffenden Aufsatz bemerkt (Intorno ad alcune serie, Torino 1875) nicht zu den Werthen von x, für welche die Reihe $\sum_{1,\infty} \sin(n!\,x\pi)$ convergirt. Aber auch für $x = \frac{1}{2}\left(e - \frac{1}{e}\right)$ ist die Reihe nicht, wie Genocchi angiebt, convergent.

XIII.

Ueber die Hypothesen, welche der Geometrie zu Grunde liegen.

(Aus dem dreizehnten Bande der Abhandlungen der Königlichen Gesellschaft der Wissenschaften zu Göttingen.*))

Plan der Untersuchung.

Bekanntlich setzt die Geometrie sowohl den Begriff des Raumes, als die ersten Grundbegriffe für die Constructionen im Raume als etwas Gegebenes voraus. Sie giebt von ihnen nur Nominaldefinitionen, während die wesentlichen Bestimmungen in Form von Axiomen auftreten. Das Verhältniss dieser Voraussetzungen bleibt dabei im Dunkeln; man sieht weder ein, ob und in wie weit ihre Verbindung nothwendig, noch a priori, ob sie möglich ist.

Diese Dunkelheit wurde auch von Euklid bis auf Legendre, um den berühmtesten neueren Bearbeiter der Geometrie zu nennen, weder von den Mathematikern, noch von den Philosophen, welche sich damit beschäftigten, gehoben. Es hatte dies seinen Grund wohl darin, dass der allgemeine Begriff mehrfach ausgedehnter Grössen, unter welchem die Raumgrössen enthalten sind, ganz unbearbeitet blieb. Ich habe mir daher zunächst die Aufgabe gestellt, den Begriff einer mehrfach ausgedehnten Grösse aus allgemeinen Grössenbegriffen zu construiren. Es wird daraus hervorgehen, dass eine mehrfach ausgedehnte Grösse verschiedener Massverhältnisse fähig ist und der Raum also nur einen besonderen Fall einer dreifach ausgedehnten Grösse bildet. Hiervon aber ist eine nothwendige Folge, dass die Sätze der

*) Diese Abhandlung ist am 10. Juni 1854 von dem Verfasser bei dem zum Zweck seiner Habilitation veranstalteten Colloquium mit der philosophischen Facultät zu Göttingen vorgelesen worden. Hieraus erklärt sich die Form der Darstellung, in welcher die analytischen Untersuchungen nur angedeutet werden konnten; einige Ausführungen derselben findet man in der Beantwortung der Pariser Preisaufgabe nebst den Anmerkungen zu derselben.

Geometrie sich nicht aus allgemeinen Grössenbegriffen ableiten lassen, sondern dass diejenigen Eigenschaften, durch welche sich der Raum von anderen denkbaren dreifach ausgedehnten Grössen unterscheidet, nur aus der Erfahrung entnommen werden können. Hieraus entsteht die Aufgabe, die einfachsten Thatsachen aufzusuchen, aus denen sich die Massverhältnisse des Raumes bestimmen lassen — eine Aufgabe, die der Natur der Sache nach nicht völlig bestimmt ist; denn es lassen sich mehrere Systeme einfacher Thatsachen angeben, welche zur Bestimmung der Massverhältnisse des Raumes hinreichen; am wichtigsten ist für den gegenwärtigen Zweck das von Euklid zu Grunde gelegte. Diese Thatsachen sind wie alle Thatsachen nicht nothwendig, sondern nur von empirischer Gewissheit, sie sind Hypothesen; man kann also ihre Wahrscheinlichkeit, welche innerhalb der Grenzen der Beobachtung allerdings sehr gross ist, untersuchen und hienach über die Zulässigkeit ihrer Ausdehnung jenseits der Grenzen der Beobachtung, sowohl nach der Seite des Unmessbargrossen, als nach der Seite des Unmessbarkleinen urtheilen.

I. Begriff einer $n$fach ausgedehnten Grösse.

Indem ich nun von diesen Aufgaben zunächst die erste, die Entwicklung des Begriffs mehrfach ausgedehnter Grössen, zu lösen versuche, glaube ich um so mehr auf eine nachsichtige Beurtheilung Anspruch machen zu dürfen, da ich in dergleichen Arbeiten philosophischer Natur, wo die Schwierigkeiten mehr in den Begriffen, als in der Construction liegen, wenig geübt bin und ich ausser einigen ganz kurzen Andeutungen, welche Herr Geheimer Hofrath Gauss in der zweiten Abhandlung über die biquadratischen Reste, in den Göttingenschen gelehrten Anzeigen und in seiner Jubiläumsschrift darüber gegeben hat, und einigen philosophischen Untersuchungen Herbart's, durchaus keine Vorarbeiten benutzen konnte.

1.

Grössenbegriffe sind nur da möglich, wo sich ein allgemeiner Begriff vorfindet, der verschiedene Bestimmungsweisen zulässt. Je nachdem unter diesen Bestimmungsweisen von einer zu einer andern ein stetiger Uebergang stattfindet oder nicht, bilden sie eine stetige oder discrete Mannigfaltigkeit; die einzelnen Bestimmungsweisen heissen im erstern Falle Punkte, im letztern Elemente dieser Mannigfaltigkeit. Begriffe, deren Bestimmungsweisen eine discrete Mannigfaltigkeit bilden, sind so häufig, dass sich für beliebig gegebene Dinge wenigstens in den gebildeteren Sprachen immer ein Begriff auffinden lässt, unter welchem sie enthalten sind (und die Mathematiker konnten daher in der Lehre von den discreten Grössen unbedenklich von der Forderung ausgehen, gegebene Dinge als gleichartig zu betrachten), dagegen sind die Veranlassungen zur Bildung von Begriffen, deren Bestimmungsweisen eine stetige Mannigfaltigkeit bilden, im gemeinen Leben so selten, dass die Orte der Sinnengegenstände und die Farben wohl die einzigen einfachen Begriffe sind, deren Bestimmungsweisen eine mehrfach ausgedehnte Mannigfaltigkeit bilden. Häufigere Veranlassung zur Erzeugung und Ausbildung dieser Begriffe findet sich erst in der höhern Mathematik.

Bestimmte, durch ein Merkmal oder eine Grenze unterschiedene Theile einer Mannigfaltigkeit heissen Quanta. Ihre Vergleichung der Quantität nach geschieht bei den discreten Grössen durch Zählung, bei den stetigen durch Messung. Das Messen besteht in einem Aufeinanderlegen der zu vergleichenden Grössen; zum Messen wird also ein Mittel erfordert, die eine Grösse als Massstab für die andere fortzutragen. Fehlt dieses, so kann man zwei Grössen nur vergleichen, wenn die eine ein Theil der andern ist, und auch dann nur das Mehr oder Minder, nicht das Wieviel entscheiden. Die Untersuchungen, welche sich in diesem Falle über sie anstellen lassen, bilden einen allgemeinen von Massbestimmungen unabhängigen Theil der Grössenlehre, wo die Grössen nicht als unabhängig von der Lage existirend und nicht als durch eine Einheit ausdrückbar, sondern als Gebiete in einer Mannigfaltigkeit betrachtet werden. Solche Untersuchungen sind für mehrere Theile der Mathematik, namentlich für die Behandlung der mehrwerthigen analytischen Functionen ein Bedürfniss geworden, und der Mangel derselben ist wohl eine Hauptursache, dass der berühmte Abel'sche Satz und die Leistungen von Lagrange, Pfaff, Jacobi für die allgemeine Theorie der Differentialgleichungen so lange unfruchtbar geblieben sind. Für den gegenwärtigen Zweck genügt es, aus diesem allgemeinen Theile der Lehre von den ausgedehnten Grössen, wo weiter nichts vorausgesetzt wird, als was in dem Begriffe derselben schon enthalten ist, zwei Punkte hervorzuheben, wovon der erste die Erzeugung des Begriffs einer mehrfach ausgedehnten Mannigfaltigkeit, der zweite die Zurückführung der Ortsbestimmungen in einer gegebenen Mannigfaltigkeit auf Quantitätsbestimmungen betrifft und das wesentliche Kennzeichen einer $n$fachen Ausdehnung deutlich machen wird.

2.

Geht man bei einem Begriffe, dessen Bestimmungsweisen eine stetige Mannigfaltigkeit bilden, von einer Bestimmungsweise auf eine bestimmte Art zu einer andern über, so bilden die durchlaufenen Bestimmungsweisen eine einfach ausgedehnte Mannigfaltigkeit, deren wesentliches Kennzeichen ist, dass in ihr von einem Punkte nur nach zwei Seiten, vorwärts oder rückwärts, ein stetiger Fortgang möglich ist. Denkt man sich nun, dass diese Mannigfaltigkeit wieder in eine andere, völlig verschiedene, übergeht, und zwar wieder auf bestimmte Art, d. h. so, dass jeder Punkt in einen bestimmten Punkt der andern übergeht, so bilden sämmtliche so erhaltene Bestimmungsweisen eine zweifach ausgedehnte Mannigfaltigkeit. In ähnlicher Weise erhält man eine dreifach ausgedehnte Mannigfaltigkeit, wenn man sich vorstellt, dass eine zweifach ausgedehnte in eine völlig verschiedene auf bestimmte Art übergeht, und es ist leicht zu sehen, wie man diese Construction fortsetzen kann. Wenn man, anstatt den Begriff als bestimmbar, seinen Gegenstand als veränderlich betrachtet, so kann diese Construction bezeichnet werden als eine Zusammensetzung einer Veränderlichkeit von $n+1$ Dimensionen aus einer Veränderlichkeit von n Dimensionen und aus einer Veränderlichkeit von Einer Dimension.

3.

Ich werde nun zeigen, wie man umgekehrt eine Veränderlichkeit, deren Gebiet gegeben ist, in eine Veränderlichkeit von einer Dimension und eine Veränderlichkeit von weniger Dimensionen zerlegen kann. Zu diesem Ende denke man sich ein veränderliches Stück einer Mannigfaltigkeit von Einer Dimension — von einem festen Anfangspunkte an gerechnet, so dass die Werthe desselben unter einander vergleichbar sind — welches für jeden Punkt der gegebenen Mannigfaltigkeit einen bestimmten mit ihm stetig sich ändernden Werth hat, oder mit andern Worten, man nehme innerhalb der gegebenen Mannigfaltigkeit eine stetige Function des Orts an, und zwar eine solche Function, welche nicht längs eines Theils dieser Mannigfaltigkeit constant ist. Jedes System von Punkten, wo die Function einen constanten Werth hat, bildet dann eine stetige Mannigfaltigkeit von weniger Dimensionen, als die gegebene. Diese Mannigfaltigkeiten gehen bei Aenderung der Function stetig in einander über; man wird daher annehmen können, dass aus einer von ihnen die übrigen hervorgehen, und es wird dies, allgemein zu reden, so geschehen können, dass jeder Punkt in einen bestimmten Punkt der andern übergeht; die Ausnahmsfälle, deren

Untersuchung wichtig ist, können hier unberücksichtigt bleiben. Hierdurch wird die Ortsbestimmung in der gegebenen Mannigfaltigkeit zurückgeführt auf eine Grössenbestimmung und auf eine Ortsbestimmung in einer minderfach ausgedehnten Mannigfaltigkeit. Es ist nun leicht zu zeigen, dass diese Mannigfaltigkeit $n - 1$ Dimensionen hat, wenn die gegebene Mannigfaltigkeit eine $n$fach ausgedehnte ist. Durch $n$malige Wiederholung dieses Verfahrens wird daher die Ortsbestimmung in einer $n$fach ausgedehnten Mannigfaltigkeit auf n Grössenbestimmungen, und also die Ortsbestimmung in einer gegebenen Mannigfaltigkeit, wenn dieses möglich ist, auf eine endliche Anzahl von Quantitätsbestimmungen zurückgeführt. Es giebt indess auch Mannigfaltigkeiten, in welchen die Ortsbestimmung nicht eine endliche Zahl, sondern entweder eine unendliche Reihe oder eine stetige Mannigfaltigkeit von Grössenbestimmungen erfordert. Solche Mannigfaltigkeiten bilden z. B. die möglichen Bestimmungen einer Function für ein gegebenes Gebiet, die möglichen Gestalten einer räumlichen Figur u. s. w.

II. Massverhältnisse, deren eine Mannigfaltigkeit von n Dimensionen fähig ist, unter der Voraussetzung, dass die Linien unabhängig von der Lage eine Länge besitzen, also jede Linie durch jede messbar ist.

Es folgt nun, nachdem der Begriff einer $n$fach ausgedehnten Mannigfaltigkeit construirt und als wesentliches Kennzeichen derselben gefunden worden ist, dass sich die Ortsbestimmung in derselben auf n Grössenbestimmungen zurückführen lässt, als zweite der oben gestellten Aufgaben eine Untersuchung über die Massverhältnisse, deren eine solche Mannigfaltigkeit fähig ist, und über die Bedingungen, welche zur Bestimmung dieser Massverhältnisse hinreichen. Diese Massverhältnisse lassen sich nur in abstracten Grössenbegriffen untersuchen und im Zusammenhange nur durch Formeln darstellen; unter gewissen Voraussetzungen kann man sie indess in Verhältnisse zerlegen, welche einzeln genommen einer geometrischen Darstellung fähig sind, und hiedurch wird es möglich, die Resultate der Rechnung geometrisch auszudrücken. Es wird daher, um festen Boden zu gewinnen, zwar eine abstracte Untersuchung in Formeln nicht zu vermeiden sein, die Resultate derselben aber werden sich im geometrischen Gewande darstellen lassen. Zu Beidem sind die Grundlagen enthalten in der berühmten Abhandlung des Herrn Geheimen Hofraths Gauss über die krummen Flächen.

1.

Massbestimmungen erfordern eine Unabhängigkeit der Grössen vom Ort, die in mehr als einer Weise stattfinden kann; die zunächst sich darbietende Annahme, welche ich hier verfolgen will, ist wohl die, dass die Länge der Linien unabhängig von der Lage sei, also jede Linie durch jede messbar sei. Wird die Ortsbestimmung auf Grössenbestimmungen zurückgeführt, also die Lage eines Punktes in der gegebenen $n$fach ausgedehnten Mannigfaltigkeit durch n veränderliche Grössen x_1, x_2, x_3, und so fort bis x_n ausgedrückt, so wird die Bestimmung einer Linie darauf hinauskommen, dass die Grössen x als Functionen Einer Veränderlichen gegeben werden. Die Aufgabe ist dann, für die Länge der Linien einen mathematischen Ausdruck aufzustellen, zu welchem Zwecke die Grössen x als in Einheiten ausdrückbar betrachtet werden müssen. Ich werde diese Aufgabe nur unter gewissen Beschränkungen behandeln und beschränke mich erstlich auf solche Linien, in welchen die Verhältnisse zwischen den Grössen dx — den zusammengehörigen Aenderungen der Grössen x — sich stetig ändern; man kann dann die Linien in Elemente zerlegt denken, innerhalb deren die Verhältnisse der Grössen dx als constant betrachtet werden dürfen, und die Aufgabe kommt dann darauf zurück, für jeden Punkt einen allgemeinen Ausdruck des von ihm ausgehenden Linienelements ds aufzustellen, welcher also die Grössen x und die Grössen dx enthalten wird. Ich nehme nun zweitens an, dass die Länge des Linienelements, von Grössen zweiter Ordnung abgesehen, ungeändert bleibt, wenn sämmtliche Punkte desselben dieselbe unendlich kleine Ortsänderung erleiden, worin zugleich enthalten ist, dass, wenn sämmtliche Grössen dx in demselben Verhältnisse wachsen, das Linienelement sich ebenfalls in diesem Verhältnisse ändert. Unter diesen Annahmen wird das Linienelement eine beliebige homogene Function ersten Grades der Grössen dx sein können, welche ungeändert bleibt, wenn sämmtliche Grössen dx ihr Zeichen ändern, und worin die willkürlichen Constanten stetige Functionen der Grössen x sind. Um die einfachsten Fälle zu finden, suche ich zunächst einen Ausdruck für die $n-1$fach ausgedehnten Mannigfaltigkeiten, welche vom Anfangspunkte des Linienelements überall gleich weit abstehen, d. h. ich suche eine stetige Function des Orts, welche sie von einander unterscheidet. Diese wird vom Anfangspunkt aus nach allen Seiten entweder ab- oder zunehmen müssen; ich will annehmen, dass sie nach allen Seiten zunimmt und also in dem Punkte ein Minimum hat. Es muss dann, wenn ihre ersten und zweiten Differentialquotienten endlich sind, das Differential erster Ordnung verschwinden und das zweiter Ordnung darf nie negativ werden; ich nehme an, dass es immer positiv bleibt. Dieser Differentialausdruck zweiter Ordnung bleibt alsdann constant, wenn ds constant bleibt, und wächst im quadratischen Verhältnisse, wenn die Grössen dx und also auch ds sich sämmtlich in demselben Verhältnisse ändern; er ist also $=$ const. ds^2 und folglich ist $ds =$ der Quadratwurzel aus einer immer positiven ganzen homogenen Function zweiten Grades der Grössen dx, in welcher die Coefficienten stetige Functionen der Grössen x sind. Für den Raum wird, wenn man die Lage der Punkte durch rechtwinklige Coordinaten ausdrückt, $ds = \sqrt{\Sigma(dx)^2}$; der Raum ist also unter diesem einfachsten Falle enthalten. Der nächst einfache Fall würde wohl die Mannigfaltigkeiten umfassen, in welchen sich das Linienelement durch die vierte Wurzel aus einem Differentialausdrucke vierten Grades ausdrücken lässt. Die Untersuchung dieser allgemeinern Gattung würde zwar keine wesentlich andere Principien erfordern, aber ziemlich zeitraubend sein und verhältnissmässig auf die Lehre vom Raume wenig neues Licht werfen, zumal da sich die Resultate nicht geometrisch ausdrücken lassen; ich beschränke mich daher auf die Mannigfaltigkeiten, wo das Linienelement durch die Quadratwurzel aus einem Differentialausdruck zweiten Grades ausgedrückt wird. Man kann einen solchen Ausdruck in einen andern ähnlichen transformiren, indem man für die n unabhängigen Veränderlichen Functionen von n neuen unabhängigen Veränderlichen setzt. Auf diesem Wege wird man aber nicht jeden Ausdruck in jeden transformiren können; denn der Ausdruck enthält $n\frac{n+1}{2}$ Coefficienten, welche willkürliche Functionen der unabhängigen Veränderlichen sind; durch Einführung neuer Veränderlicher wird man aber nur n Relationen genügen und also nur n der Coefficienten gegebenen Grössen gleich machen können. Es sind dann die übrigen $n\frac{n-1}{2}$ durch die Natur der darzustellenden Mannigfaltigkeit schon völlig bestimmt, und zur Bestimmung ihrer Massverhältnisse also $n\frac{n-1}{2}$ Functionen des Orts erforderlich. Die Mannigfaltigkeiten, in welchen sich, wie in der Ebene und im Raume, das Linienelement auf die Form $\sqrt{\Sigma dx^2}$ bringen lässt, bilden daher nur einen besondern Fall der hier zu untersuchenden Mannigfaltigkeiten; sie verdienen wohl einen besonderen Namen, und ich will also diese Mannigfaltigkeiten, in welchen sich das Quadrat des Linienelements auf die Summe der Quadrate von vollständigen Differentialien bringen lässt, eben nennen. Um nun die wesentlichen Verschiedenheiten sämmtlicher in der vorausgesetzen Form darstellbarer Mannigfaltigkeiten übersehen zu können, ist es nöthig, die von der Darstellungsweise herrührenden zu beseitigen, was durch Wahl der veränderlichen Grössen nach einem bestimmten Princip erreicht wird.

2.

Zu diesem Ende denke man sich von einem beliebigen Punkte aus das System der von ihm ausgehenden kürzesten Linien construirt; die Lage eines unbestimmten Punktes wird dann bestimmt werden können durch die Anfangsrichtung der kürzesten Linie, in welcher er liegt, und durch seine Entfernung in derselben vom Anfangspunkte und kann daher durch die Verhältnisse der Grössen dx^0, d. h. der Grössen dx im Anfang dieser kürzesten Linie und durch die Länge s dieser Linie ausgedrückt werden. Man führe nun statt dx^0 solche aus ihnen gebildete lineäre Ausdrücke $d\alpha$ ein, dass der Anfangswerth des Quadrats des Linienelements gleich der Summe der Quadrate dieser Ausdrücke wird, so dass die unabhängigen Variabeln sind: die Grösse s und die Verhältnisse der Grössen $d\alpha$; und setze schliesslich statt $d\alpha$ solche ihnen proportionale Grössen $x_1, x_2, \ldots, x_n$, dass die Quadratsumme $= s^2$ wird. Führt man diese Grössen ein, so wird für unendlich kleine Werthe von x das Quadrat des Linienelements $= \Sigma dx^2$, das Glied der nächsten Ordnung in demselben aber gleich einem homogenen Ausdruck zweiten Grades der $n\frac{n-1}{2}$ Grössen $(x_1\, dx_2 - x_2\, dx_1)$, $(x_1\, dx_3 - x_3\, dx_1)$, $\ldots$, also eine unendlich kleine Grösse von der vierten Dimension, so dass man eine endliche Grösse erhält, wenn man sie durch das Quadrat des unendlich kleinen Dreiecks dividirt, in dessen Eckpunkten die Werthe der Veränderlichen sind $(0, 0, 0, \ldots)$, $(x_1, x_2, x_3, \ldots)$, $(dx_1, dx_2, dx_3, \ldots)$. Diese Grösse behält denselben Werth, so lange die Grössen x und dx in denselben binären Linearformen enthalten sind, oder so lange die beiden kürzesten Linien von den Werthen 0 bis zu den Werthen x und von den Werthen 0 bis zu den Werthen dx in demselben Flächenelement bleiben, und hängt also nur von Ort und Richtung desselben ab. Sie wird offenbar $= 0$, wenn die dargestellte Mannigfaltigkeit eben, d. h. das Quadrat des Linienelements auf Σdx^2 reducirbar ist, und kann daher als das Mass der in diesem Punkte in dieser Flächenrichtung stattfindenden Abweichung der Mannigfaltigkeit von der Ebenheit angesehen werden. Multiplicirt mit $-\frac{3}{4}$ wird sie der Grösse gleich, welche Herr Geheimer Hofrath Gauss das Krümmungsmass einer Fläche genannt hat. Zur Bestimmung der Massverhältnisse einer $n$fach ausgedehnten in der vorausgesetzten Form darstellbaren Mannigfaltigkeit wurden vorhin $n\frac{n-1}{2}$ Functionen des Orts nöthig gefunden;

wenn also das Krümmungsmass in jedem Punkte in $n\frac{n-1}{2}$ Flächenrichtungen gegeben wird, so werden daraus die Massverhältnisse der Mannigfaltigkeit sich bestimmen lassen, wofern nur zwischen diesen Werthen keine identischen Relationen stattfinden, was in der That, allgemein zu reden, nicht der Fall ist. Die Massverhältnisse dieser Mannigfaltigkeiten, wo das Linienelement durch die Quadratwurzel aus einem Differentialausdruck zweiten Grades dargestellt wird, lassen sich so auf eine von der Wahl der veränderlichen Grössen völlig unabhängige Weise ausdrücken. Ein ganz ähnlicher Weg lässt sich zu diesem Ziele auch bei den Mannigfaltigkeiten einschlagen, in welchen das Linienelement durch einen weniger einfachen Ausdruck, z. B. durch die vierte Wurzel aus einem Differentialausdruck vierten Grades, ausgedrückt wird. Es würde sich dann das Linienelement, allgemein zu reden, nicht mehr auf die Form der Quadratwurzel aus einer Quadratsumme von Differentialausdrücken bringen lassen und also in dem Ausdrucke für das Quadrat des Linienelements die Abweichung von der Ebenheit eine unendlich kleine Grösse von der zweiten Dimension sein, während sie bei jenen Mannigfaltigkeiten eine unendlich kleine Grösse von der vierten Dimension war. Diese Eigenthümlichkeit der letztern Mannigfaltigkeiten kann daher wohl Ebenheit in den kleinsten Theilen genannt werden. Die für den jetzigen Zweck wichtigste Eigenthümlichkeit dieser Mannigfaltigkeiten, derentwegen sie hier allein untersucht worden sind, ist aber die, dass sich die Verhältnisse der zweifach ausgedehnten geometrisch durch Flächen darstellen und die der mehrfach ausgedehnten auf die der in ihnen enthaltenen Flächen zurückführen lassen, was jetzt noch einer kurzen Erörterung bedarf.

3.

In die Auffassung der Flächen mischt sich neben den inneren Massverhältnissen, bei welchen nur die Länge der Wege in ihnen in Betracht kommt, immer auch ihre Lage zu ausser ihnen gelegenen Punkten. Man kann aber von den äussern Verhältnissen abstrahiren, indem man solche Veränderungen mit ihnen vornimmt, bei denen die Länge der Linien in ihnen ungeändert bleibt, d. h. sie sich beliebig — ohne Dehnung — gebogen denkt, und alle so auseinander entstehenden Flächen als gleichartig betrachtet. Es gelten also z. B. beliebige cylindrische oder conische Flächen einer Ebene gleich, weil sie sich durch blosse Biegung aus ihr bilden lassen, wobei die innern Massverhältnisse bleiben, und sämmtliche Sätze über dieselben — also die ganze Planimetrie — ihre Gültigkeit behalten; dagegen gelten sie als wesentlich verschieden von der Kugel, welche sich nicht ohne Dehnung in eine Ebene verwandeln lässt. Nach der vorigen Untersuchung werden in jedem Punkte die innern Massverhältnisse einer zweifach ausgedehnten Grösse, wenn sich das Linienelement durch die Quadratwurzel aus einem Differentialausdruck zweiten Grades ausdrücken lässt, wie dies bei den Flächen der Fall ist, charakterisirt durch das Krümmungsmass. Dieser Grösse lässt sich nun bei den Flächen die anschauliche Bedeutung geben, dass sie das Product aus den beiden Krümmungen der Fläche in diesem Punkte ist, oder auch, dass das Product derselben in ein unendlich kleines aus kürzesten Linien gebildetes Dreieck gleich ist dem halben Ueberschusse seiner Winkelsumme über zwei Rechte in Theilen des Halbmessers. Die erste Definition würde den Satz voraussetzen, dass das Product der beiden Krümmungshalbmesser bei der blossen Biegung einer Fläche ungeändert bleibt, die zweite, dass an demselben Orte der Ueberschuss der Winkelsumme eines unendlich kleinen Dreiecks über zwei Rechte seinem Inhalte proportional ist. Um dem Krümmungsmass einer $n$fach ausgedehnten Mannigfaltigkeit in einem gegebenen Punkte und einer gegebenen durch ihn gelegten Flächenrichtung eine greifbare Bedeutung zu geben, muss man davon ausgehen, dass eine von einem Punkte ausgehende kürzeste Linie völlig bestimmt ist, wenn ihre Anfangsrichtung gegeben ist. Hienach wird man eine bestimmte Fläche erhalten, wenn man sämmtliche von dem gegebenen Punkte ausgehenden und in dem gegebenen Flächenelement liegenden Anfangsrichtungen zu kürzesten Linien verlängert, und diese Fläche hat in dem gegebenen Punkte ein bestimmtes Krümmungsmass, welches zugleich das Krümmungsmass der $n$fach ausgedehnten Mannigfaltigkeit in dem gegebenen Punkte und der gegebenen Flächenrichtung ist.

4.

Es sind nun noch, ehe die Anwendung auf den Raum gemacht wird, einige Betrachtungen über die ebenen Mannigfaltigkeiten im Allgemeinen nöthig, d. h. über diejenigen, in welchen das Quadrat des Linienelements durch eine Quadratsumme vollständiger Differentialien darstellbar ist.

In einer ebenen $n$fach ausgedehnten Mannigfaltigkeit ist das Krümmungsmass in jedem Punkte in jeder Richtung Null; es reicht aber nach der frühern Untersuchung, um die Massverhältnisse zu bestimmen, hin zu wissen, dass es in jedem Punkte in $n\frac{n-1}{2}$ Flächenrichtungen, deren Krümmungsmasse von einander unabhängig sind,

Null sei. Die Mannigfaltigkeiten, deren Krümmungsmass überall $= 0$ ist, lassen sich betrachten als ein besonderer Fall derjenigen Mannigfaltigkeiten, deren Krümmungsmass allenthalben constant ist. Der gemeinsame Charakter dieser Mannigfaltigkeiten, deren Krümmungsmass constant ist, kann auch so ausgedrückt werden, dass sich die Figuren in ihnen ohne Dehnung bewegen lassen. Denn offenbar würden die Figuren in ihnen nicht beliebig verschiebbar und drehbar sein können, wenn nicht in jedem Punkte in allen Richtungen das Krümmungsmass dasselbe wäre. Andererseits aber sind durch das Krümmungsmass die Massverhältnisse der Mannigfaltigkeit vollständig bestimmt; es sind daher um einen Punkt nach allen Richtungen die Massverhältnisse genau dieselben, wie um einen andern, und also von ihm aus dieselben Constructionen ausführbar, und folglich kann in den Mannigfaltigkeiten mit constantem Krümmungsmass den Figuren jede beliebige Lage gegeben werden. Die Massverhältnisse dieser Mannigfaltigkeiten hängen nur von dem Werthe des Krümmungsmasses ab, und in Bezug auf die analytische Darstellung mag bemerkt werden, dass, wenn man diesen Werth durch α bezeichnet, dem Ausdruck für das Linienelement die Form

$$\frac{1}{1 + \frac{\alpha}{4} \Sigma x^2} \sqrt{\Sigma d x^2}$$

gegeben werden kann.

5.

Zur geometrischen Erläuterung kann die Betrachtung der Flächen mit constantem Krümmungsmass dienen. Es ist leicht zu sehen, dass sich die Flächen, deren Krümmungsmass positiv ist, immer auf eine Kugel, deren Radius gleich 1 dividirt durch die Wurzel aus dem Krümmungsmass ist, wickeln lassen werden; um aber die ganze Mannigfaltigkeit dieser Flächen zu übersehen, gebe man einer derselben die Gestalt einer Kugel und den übrigen die Gestalt von Umdrehungsflächen, welche sie im Aequator berühren. Die Flächen mit grösserem Krümmungsmass, als diese Kugel, werden dann die Kugel von innen berühren und eine Gestalt annehmen, wie der äussere der Axe abgewandte Theil der Oberfläche eines Ringes; sie würden sich auf Zonen von Kugeln mit kleinerem Halbmesser wickeln lassen, aber mehr als einmal herumreichen. Die Flächen mit kleinerem positiven Krümmungsmass wird man erhalten, wenn man aus Kugelflächen mit grösserem Radius ein von zwei grössten Halbkreisen begrenztes Stück ausschneidet und die Schnittlinien zusammenfügt. Die Fläche mit dem Krümmungsmass Null wird eine auf dem Aequator stehende Cylinderfläche sein; die Flächen mit negativem Krümmungsmass aber werden diesen Cylinder von aussen berühren und wie der innere der Axe zugewandte Theil der Oberfläche eines Ringes geformt sein. Denkt man sich diese Flächen als Ort für in ihnen bewegliche Flächenstücke, wie den Raum als Ort für Körper, so sind in allen diesen Flächen die Flächenstücke ohne Dehnung beweglich. Die Flächen mit positivem Krümmungsmass lassen sich stets so formen, dass die Flächenstücke auch ohne Biegung beliebig bewegt werden können, nämlich zu Kugelflächen, die mit negativem aber nicht. Ausser dieser Unabhängigkeit der Flächenstücke vom Ort findet bei der Fläche mit dem Krümmungsmass Null auch eine Unabhängigkeit der Richtung vom Ort statt, welche bei den übrigen Flächen nicht stattfindet.

III. Anwendung auf den Raum.

1.

Nach diesen Untersuchungen über die Bestimmung der Massverhältnisse einer $n$fach ausgedehnten Grösse lassen sich nun die Bedingungen angeben, welche zur Bestimmung der Massverhältnisse des Raumes hinreichend und nothwendig sind, wenn Unabhängigkeit der Linien von der Lage und Darstellbarkeit des Linienelements durch die Quadratwurzel aus einem Differentialausdrucke zweiten Grades, also Ebenheit in den kleinsten Theilen vorausgesetzt wird.

Sie lassen sich erstens so ausdrücken, dass das Krümmungsmass in jedem Punkte in drei Flächenrichtungen $= 0$ ist, und es sind daher die Massverhältnisse des Raumes bestimmt, wenn die Winkelsumme im Dreieck allenthalben gleich zwei Rechten ist.

Setzt man aber zweitens, wie Euklid, nicht bloss eine von der Lage unabhängige Existenz der Linien, sondern auch der Körper voraus, so folgt, dass das Krümmungsmass allenthalben constant ist, und es ist dann in allen Dreiecken die Winkelsumme bestimmt, wenn sie in Einem bestimmt ist.

Endlich könnte man drittens, anstatt die Länge der Linien als unabhängig von Ort und Richtung anzunehmen, auch eine Unabhängigkeit ihrer Länge und Richtung vom Ort voraussetzen. Nach dieser Auffassung sind die Ortsänderungen oder Ortsverschiedenheiten complexe in drei unabhängige Einheiten ausdrückbare Grössen.

2.

Im Laufe der bisherigen Betrachtungen wurden zunächst die Ausdehnungs- oder Gebietsverhältnisse von den Massverhältnissen gesondert

dert, und gefunden, dass bei denselben Ausdehnungsverhältnissen verschiedene Massverhältnisse denkbar sind; es wurden dann die Systeme einfacher Massbestimmungen aufgesucht, durch welche die Massverhältnisse des Raumes völlig bestimmt sind und von welchen alle Sätze über dieselben eine nothwendige Folge sind; es bleibt nun die Frage zu erörtern, wie, in welchem Grade und in welchem Umfange diese Voraussetzungen durch die Erfahrung verbürgt werden. In dieser Beziehung findet zwischen den blossen Ausdehnungsverhältnissen und den Massverhältnissen eine wesentliche Verschiedenheit statt, insofern bei erstern, wo die möglichen Fälle eine discrete Mannigfaltigkeit bilden, die Aussagen der Erfahrung zwar nie völlig gewiss, aber nicht ungenau sind, während bei letztern, wo die möglichen Fälle eine stetige Mannigfaltigkeit bilden, jede Bestimmung aus der Erfahrung immer ungenau bleibt — es mag die Wahrscheinlichkeit, dass sie nahe richtig ist, noch so gross sein. Dieser Umstand wird wichtig bei der Ausdehnung dieser empirischen Bestimmungen über die Grenzen der Beobachtung in's Unmessbargrosse und Unmessbarkleine; denn die letztern können offenbar jenseits der Grenzen der Beobachtung immer ungenauer werden, die ersteren aber nicht.

Bei der Ausdehnung der Raumconstructionen in's Unmessbargrosse ist Unbegrenztheit und Unendlichkeit zu scheiden; jene gehört zu den Ausdehnungsverhältnissen, diese zu den Massverhältnissen. Dass der Raum eine unbegrenzte dreifach ausgedehnte Mannigfaltigkeit sei, ist eine Voraussetzung, welche bei jeder Auffassung der Aussenwelt angewandt wird, nach welcher in jedem Augenblicke das Gebiet der wirklichen Wahrnehmungen ergänzt und die möglichen Orte eines gesuchten Gegenstandes construirt werden und welche sich bei diesen Anwendungen fortwährend bestätigt. Die Unbegrenztheit des Raumes besitzt daher eine grössere empirische Gewissheit, als irgend eine äussere Erfahrung. Hieraus folgt aber die Unendlichkeit keineswegs; vielmehr würde der Raum, wenn man Unabhängigkeit der Körper vom Ort voraussetzt, ihm also ein constantes Krümmungsmass zuschreibt, nothwendig endlich sein, so bald dieses Krümmungsmass einen noch so kleinen positiven Werth hätte. Man würde, wenn man die in einem Flächenelement liegenden Anfangsrichtungen zu kürzesten Linien verlängert, eine unbegrenzte Fläche mit constantem positiven Krümmungsmass, also eine Fläche erhalten, welche in einer ebenen dreifach ausgedehnten Mannigfaltigkeit die Gestalt einer Kugelfläche annehmen würde und welche folglich endlich ist.

3.

Die Fragen über das Unmessbargrosse sind für die Naturerklärung müssige Fragen. Anders verhält es sich aber mit den Fragen über das Unmessbarkleine. Auf der Genauigkeit, mit welcher wir die Erscheinungen in's Unendlichkleine verfolgen, beruht wesentlich die Erkenntniss ihres Causalzusammenhangs. Die Fortschritte der letzten Jahrhunderte in der Erkenntniss der mechanischen Natur sind fast allein bedingt durch die Genauigkeit der Construction, welche durch die Erfindung der Analysis des Unendlichen und die von Archimed, Galliläi und Newton aufgefundenen einfachen Grundbegriffe, deren sich die heutige Physik bedient, möglich geworden ist. In den Naturwissenschaften aber, wo die einfachen Grundbegriffe zu solchen Constructionen bis jetzt fehlen, verfolgt man, um den Causalzusammenhang zu erkennen, die Erscheinungen in's räumlich Kleine, so weit es das Mikroskop nur gestattet. Die Fragen über die Massverhältnisse des Raumes im Unmessbarkleinen gehören also nicht zu den müssigen.

Setzt man voraus, dass die Körper unabhängig vom Ort existiren, so ist das Krümmungsmass überall constant, und es folgt dann aus den astronomischen Messungen, dass es nicht von Null verschieden sein kann; jedenfalls müsste sein reciprocer Werth eine Fläche sein, gegen welche das unsern Teleskopen zugängliche Gebiet verschwinden müsste. Wenn aber eine solche Unabhängigkeit der Körper vom Ort nicht stattfindet, so kann man aus den Massverhältnissen im Grossen nicht auf die im Unendlichkleinen schliessen; es kann dann in jedem Punkte das Krümmungsmass in drei Richtungen einen beliebigen Werth haben, wenn nur die ganze Krümmung jedes messbaren Raumtheils nicht merklich von Null verschieden ist; noch complicirtere Verhältnisse können eintreten, wenn die vorausgesetzte Darstellbarkeit eines Linienelements durch die Quadratwurzel aus einem Differentialausdruck zweiten Grades nicht stattfindet. Nun scheinen aber die empirischen Begriffe, in welchen die räumlichen Massbestimmungen gegründet sind, der Begriff des festen Körpers und des Lichtstrahls, im Unendlichkleinen ihre Gültigkeit zu verlieren; es ist also sehr wohl denkbar, dass die Massverhältnisse des Raumes im Unendlichkleinen den Voraussetzungen der Geometrie nicht gemäss sind, und dies würde man in der That annehmen müssen, sobald sich dadurch die Erscheinungen auf einfachere Weise erklären liessen.

Die Frage über die Gültigkeit der Voraussetzungen der Geometrie im Unendlichkleinen hängt zusammen mit der Frage nach dem innern Grunde der Massverhältnisse des Raumes. Bei dieser Frage, welche wohl noch zur Lehre vom Raume gerechnet werden darf, kommt die obige Bemerkung zur Anwendung, dass bei einer discreten Mannigfaltigkeit das Princip der Massverhältnisse schon in dem Begriffe dieser Mannigfaltigkeit enthalten ist, bei einer stetigen aber anders woher hinzukommen muss. Es muss also entweder das dem Raume zu Grunde liegende Wirkliche eine discrete Mannigfaltigkeit bilden, oder der Grund der Massverhältnisse ausserhalb, in darauf wirkenden bindenden Kräften, gesucht werden.

Die Entscheidung dieser Fragen kann nur gefunden werden, indem man von der bisherigen durch die Erfahrung bewährten Auffassung der Erscheinungen, wozu Newton den Grund gelegt, ausgeht und diese durch Thatsachen, die sich aus ihr nicht erklären lassen, getrieben allmählich umarbeitet; solche Untersuchungen, welche, wie die hier geführte, von allgemeinen Begriffen ausgehen, können nur dazu dienen, dass diese Arbeit nicht durch die Beschränktheit der Begriffe gehindert und der Fortschritt im Erkennen des Zusammenhangs der Dinge nicht durch überlieferte Vorurtheile gehemmt wird.

Es führt dies hinüber in das Gebiet einer andern Wissenschaft, in das Gebiet der Physik, welches wohl die Natur der heutigen Veranlassung nicht zu betreten erlaubt.

Uebersicht.

---

*) Art. I. bildet zugleich die Vorarbeit für Beiträge zur analysis situs.

---

*) Die Untersuchung über die möglichen Massbestimmungen einer $n$fach ausgedehnten Mannigfaltigkeit ist sehr unvollständig, indess für den gegenwärtigen Zweck wohl ausreichend.

**) Der §. 3. des Art. III. bedarf noch einer Umarbeitung und weitern Ausführung.

XIV.

Ein Beitrag zur Elektrodynamik.

(Aus Poggendorff's Annalen der Physik und Chemie, Bd. CXXXI.)

Der Königlichen Societät erlaube ich mir eine Bemerkung mitzutheilen, welche die Theorie der Elektricität und des Magnetismus mit der des Lichts und der strahlenden Wärme in einen nahen Zusammenhang bringt. Ich habe gefunden, dass die elektrodynamischen Wirkungen galvanischer Ströme sich erklären lassen, wenn man annimmt, dass die Wirkung einer elektrischen Masse auf die übrigen nicht momentan geschieht, sondern sich mit einer constanten (der Lichtgeschwindigkeit innerhalb der Grenzen der Beobachtungsfehler gleichen) Geschwindigkeit zu ihnen fortpflanzt. Die Differentialgleichung für die Fortpflanzung der elektrischen Kraft wird bei dieser Annahme dieselbe, wie die für die Fortpflanzung des Lichts und der strahlenden Wärme.

Es seien S und S' zwei von constanten galvanischen Strömen durchflossene und gegen einander nicht bewegte Leiter, ε sei ein elektrisches Massentheilchen im Leiter S, welches sich zur Zeit t im Punkte (x, y, z) befinde, ε' ein elektrisches Massentheilchen von S' und befinde sich zur Zeit t im Punkte (x', y', z'). Ueber die Bewegung der elektrischen Massentheilchen, welche in jedem Leitertheilchen für die positiv und negativ elektrischen entgegengesetzt ist, mache ich die Voraussetzung, dass sie in jedem Augenblicke so vertheilt sind, dass die Summen

$$\Sigma \varepsilon f(x, y, z), \; \Sigma \varepsilon' f(x', y', z')$$

über sämmtliche Massentheilchen der Leiter ausgedehnt gegen dieselben Summen, wenn sie nur über die positiv elektrischen oder nur über die negativ elektrischen Massentheilchen ausgedehnt werden, vernachlässigt werden dürfen, sobald die Function f und ihre Differentialquotienten stetig sind.

Diese Voraussetzung kann auf sehr mannigfaltige Weise erfüllt werden. Nimmt man z. B. an, dass die Leiter in den kleinsten Theilen krystallinisch sind, so dass sich dieselbe relative Vertheilung der

Elektricitäten in bestimmten gegen die Dimensionen der Leiter unendlich kleinen Abständen periodisch wiederholt, so sind, wenn β die Länge einer solchen Periode bezeichnet, jene Summen unendlich klein, wie $c\beta^n$, wenn f und ihre Derivirten bis zur $(n-1)$ten Ordnung stetig sind, und unendlich klein wie $e^{-\frac{c}{\beta}}$, wenn sie sämmtlich stetig sind.

Erfahrungsmässiges Gesetz der elektrodynamischen Wirkungen.

Sind die specifischen Stromintensitäten nach mechanischem Mass zur Zeit t im Punkte (x, y, z) parallel den drei Axen u, v, w, und im Punkte (x', y', z') u', v', w', und bezeichnet r die Entfernung beider Punkte, c die von Kohlrausch und Weber bestimmte Constante, so ist der Erfahrung nach das Potential der von S auf S' ausgeübten Kräfte

$$-\frac{2}{cc}\int\int\frac{uu'+vv'+ww'}{r}\,dS\,dS',$$

dieses Integral über sämmtliche Elemente dS und dS' der Leiter S und S' ausgedehnt. Führt man statt der specifischen Stromintensitäten die Producte aus den Geschwindigkeiten in die specifischen Dichtigkeiten und dann für die Producte aus diesen in die Volumelemente die in ihnen enthaltenen Massen ein, so geht dieser Ausdruck über in

$$\Sigma\Sigma\frac{\varepsilon\varepsilon'}{cc}\frac{1}{r}\frac{dd'(r^2)}{dt\,dt}$$

wenn die Aenderung von r^2 während der Zeit dt, welche von der Bewegung von ε herrührt, durch d, und die von der Bewegung von ε' herrührende durch d' bezeichnet wird.

Dieser Ausdruck kann durch Hinwegnahme von

$$\frac{d\Sigma\Sigma\frac{\varepsilon\varepsilon'}{cc}\frac{1}{r}\frac{d'(r^2)}{dt}}{dt}$$

welches durch die Summirung nach ε verschwindet, in

$$-\Sigma\Sigma\frac{\varepsilon\varepsilon'}{cc}\frac{d\left(\frac{1}{r}\right)}{dt}\frac{d'(r^2)}{dt}$$

und dieses wieder durch Addition von

$$\frac{d'\Sigma\Sigma\frac{\varepsilon\varepsilon'}{cc}rr\frac{d\left(\frac{1}{r}\right)}{dt}}{dt}$$

welches durch die Summation nach ε' Null wird, in

$$\Sigma\Sigma\varepsilon\varepsilon'\frac{rr}{cc}\frac{dd'\left(\frac{1}{r}\right)}{dt\,dt}$$

verwandelt werden.

Ableitung dieses Gesetzes aus der neuen Theorie.

Nach der bisherigen Annahme über die elektrostatische Wirkung wird die Potentialfunction U beliebig vertheilter elektrischer Massen, wenn ϱ ihre Dichtigkeit im Punkte (x, y, z) bezeichnet, durch die Bedingung

$$\frac{\partial^2 U}{\partial x^2}+\frac{\partial^2 U}{\partial y^2}+\frac{\partial^2 U}{\partial z^2}-4\pi\varrho=0,$$

und durch die Bedingung, dass U stetig und in unendlicher Entfernung von wirkenden Massen constant sei, bestimmt. Ein particulares Integral der Gleichung

$$\frac{\partial^2 U}{\partial x^2}+\frac{\partial^2 U}{\partial y^2}+\frac{{}^2 U}{\partial z^2}=0,$$

welches überall ausser dem Punkte (x', y', z') stetig bleibt, ist

$$\frac{f(t)}{r}$$

und diese Function bildet die vom Punkte (x', y', z') aus erzeugte Potentialfunction, wenn sich in demselben zur Zeit t die Masse $-f(t)$ befindet.

Statt dessen nehme ich nun an, dass die Potentialfunction U durch die Bedingung

$$\frac{\partial^2 U}{\partial t^2}-\alpha\alpha\left(\frac{\partial^2 U}{\partial x^2}+\frac{\partial^2 U}{\partial y^2}+\frac{\partial^2 U}{\partial z^2}\right)+\alpha\alpha 4\pi\varrho=0$$

bestimmt wird, so dass die vom Punkte (x', y', z') aus erzeugte Potentialfunction, wenn sich in demselben zur Zeit t die Masse $-f(t)$ befindet,

$$=\frac{f\left(t-\frac{r}{\alpha}\right)}{r}$$

wird.

Bezeichnet man die Coordinaten der Masse ε zur Zeit t durch x_t, y_t, z_t, und die der Masse ε' zur Zeit t' durch $x'_{t'}, y'_{t'}, z'_{t'}$, und setzt zur Abkürzung

$$\left((x_t-x'_{t'})^2+(y_t-y'_{t'})^2+(z_t-z'_{t'})^2\right)^{-\frac{1}{2}}=\frac{1}{r(t,t')}=F(t,t'),$$

so wird nach dieser Annahme das Potential von ε auf ε' zur Zeit t

$$=-\varepsilon\varepsilon' F\left(t-\frac{r}{\alpha}, t\right).$$

Das Potential der von sämmtlichen Massen ε des Leiters S auf die Massen ε' des Leiters S' von der Zeit 0 bis zur Zeit t ausgeübten Kräfte wird daher

$$P = -\int_0^t \Sigma\Sigma\varepsilon\varepsilon' F\left(\tau - \frac{r}{\alpha}, \tau\right) d\tau,$$

die Summen über sämmtliche Massen beider Leiter ausgedehnt.

Da die Bewegung für entgegengesetzt elektrische Massen in jedem Leitertheilchen entgegengesetzt ist, so erlangt die Function $F(t, t')$ durch die Derivation nach t die Eigenschaft, mit ε, und durch die Derivation nach t' die Eigenschaft, mit ε' ihr Zeichen zu ändern. Bei der vorausgesetzten Vertheilung der Elektricitäten wird daher, wenn man die Derivationen nach t durch obere und nach t' durch untere Accente bezeichnet, $\Sigma\Sigma\varepsilon\varepsilon' F^{(n)}_{n'}(\tau, \tau)$, über sämmtliche elektrische Massen ausgedehnt, nur dann nicht unendlich klein gegen die über die elektrischen Massen einer Art erstreckte Summe, wenn n und n' beide ungerade sind.

Man nehme nun an, dass die elektrischen Massen während der Fortpflanzungszeit der Kraft von einem Leiter zum anderen nur einen sehr kleinen Weg zurücklegen, und betrachte die Wirkung während eines Zeitraums, gegen welchen die Fortpflanzungszeit verschwindet. In dem Ausdrucke von P kann man dann zunächst

$$F\left(\tau - \frac{r}{\alpha}, \tau\right)$$

durch

$$F\left(\tau - \frac{r}{\alpha}, \tau\right) - F(\tau, \tau) = -\int_0^{\frac{r}{\alpha}} F'(\tau - \sigma, \tau) d\sigma$$

ersetzen, da $\Sigma\Sigma\varepsilon\varepsilon' F(\tau, \tau)$ vernachlässigt werden darf. Man erhält dadurch

$$P = \int_0^t d\tau \Sigma\Sigma\varepsilon\varepsilon' \int_0^{\frac{r}{\alpha}} F'(\tau - \sigma, \tau) d\sigma,$$

oder wenn man die Ordnung der Integrationen umkehrt und $\tau + \sigma$ für τ setzt,

$$P = \Sigma\Sigma\varepsilon\varepsilon' \int_0^{\frac{r}{\alpha}} d\sigma \int_{-\sigma}^{t-\sigma} d\tau F'(\tau, \tau + \sigma).$$

Verwandelt man die Grenzen des innern Integrals in 0 und t, so wird dadurch an der obern Grenze der Ausdruck

$$H(t) = \Sigma\Sigma\varepsilon\varepsilon' \int_0^{\frac{r}{\alpha}} d\sigma \int_{-\sigma}^{0} d\tau F'(t+\tau,\ t+\tau+\sigma)$$

hinzugefügt, und an der untern Grenze der Werth dieses Ausdrucks für $t = 0$ hinweggenommen. Man hat also

$$P = \int_0^t d\tau \Sigma\Sigma\varepsilon\varepsilon' \int_0^{\frac{r}{\alpha}} d\sigma F'(\tau, \tau+\sigma) - H(t) + H(0).$$

In diesem Ausdruck kann man $F'(\tau, \tau+\sigma)$ durch $F'(\tau, \tau+\sigma) - F'(\tau,\tau)$ ersetzen, da

$$\Sigma\Sigma\varepsilon\varepsilon' \frac{r}{\alpha} F'(\tau, \tau)$$

vernachlässigt werden darf. Man erhält dadurch als Factor von $\varepsilon\varepsilon'$ einen Ausdruck, der sowohl mit ε als mit ε' sein Zeichen ändert, so dass sich bei den Summationen die Glieder nicht gegen einander aufheben, und unendlich kleine Bruchtheile der einzelnen Glieder vernachlässigt werden dürfen. Es ergiebt sich daher, indem man

$$F'(\tau, \tau+\sigma) - F'(\tau, \tau) \text{ durch } \sigma \frac{dd'\left(\frac{1}{r}\right)}{d\tau\, d\tau}$$

ersetzt und die Integration nach σ ausführt, bis auf einen zu vernachlässigenden Bruchtheil

$$P = \int_0^t \Sigma\Sigma\varepsilon\varepsilon' \frac{rr}{2\alpha\alpha} \frac{dd'\left(\frac{1}{r}\right)}{d\tau\, d\tau} d\tau - H(t) + H(0).$$

Es ist leicht zu sehen, dass $H(t)$ und $H(0)$ vernachlässigt werden dürfen; denn es ist

$$F'(t+\tau,\ t+\tau+\sigma) = \frac{d\left(\frac{1}{r}\right)}{dt} + \frac{d^2\left(\frac{1}{r}\right)}{dt^2}\tau + \frac{dd'\left(\frac{1}{r}\right)}{dt\, dt}(\tau+\sigma) + \cdots,$$

folglich:

$$H(t) = \Sigma\Sigma\varepsilon\varepsilon' \left(\frac{rr}{2\alpha\alpha} \frac{d\left(\frac{1}{r}\right)}{dt} - \frac{r^3}{6\alpha^3} \frac{d^2\left(\frac{1}{r}\right)}{dt^2} + \frac{r^3}{6\alpha^3} \frac{dd'\left(\frac{1}{r}\right)}{dt\, dt} + \cdots \right).$$

Hierin aber ist nur das erste Glied des Factors von $\varepsilon\varepsilon'$ mit dem Factor in dem ersten Bestandtheile von P von gleicher Ordnung, und dieses liefert wegen der Summation nach ε' nur einen zu vernachlässigenden Bruchtheil desselben.

Der Werth von P, welcher sich aus unserer Theorie ergiebt, stimmt mit dem erfahrungsmässigen

$$P = \int_0^t \Sigma\Sigma\varepsilon\varepsilon' \frac{rr}{cc} \frac{dd'\left(\frac{1}{r}\right)}{d\tau\, d\tau} d\tau$$

überein, wenn man $\alpha\alpha = \frac{1}{2}cc$ annimmt.

Nach der Bestimmung von Weber und Kohlrausch ist

$$c = 439450 \,.\, 10^6 \,\frac{\text{Millimeter}}{\text{Secunde}}$$

woraus sich α zu 41949 geographischen Meilen in der Secunde ergiebt, während für die Lichtgeschwindigkeit von Busch aus Bradley's Aberrationsbeobachtungen 41994 Meilen, und von Fizeau durch directe Messung 41882 Meilen gefunden worden sind.

Dieser Aufsatz wurde von Riemann der Königl. Gesellschaft der Wissenschaften zu Göttingen am 10. Februar 1858 überreicht, wie aus einer dem Titel des Manuscriptes hinzugefügten Bemerkung des damaligen Secretärs der Gesellschaft hervorgeht, später aber wieder zurückgezogen. Nachdem der Aufsatz nach Riemann's Tode veröffentlicht worden war, wurde er durch Clausius (Poggendorffs Annalen Bd. CXXXV p. 606) einer Kritik unterworfen, deren wesentlichster Einwand in Folgendem besteht:

Nach den Voraussetzungen hat die Summe:

$$P = -\int_0^t \Sigma\Sigma\varepsilon\varepsilon' F\left(\tau - \frac{r}{\alpha},\ \tau\right) d\tau$$

einen verschwindend kleinen Werth. Die Operation, vermöge deren später für dieselbe ein nicht verschwindend kleiner Werth gefunden wird, muss daher einen Irrthum enthalten, den Clausius in der Ausführung einer unberechtigten Umkehrung der Integrationsfolge findet.

Der Einwand scheint mir begründet und ich bin mit Clausius der Meinung, dass Riemann sich denselben selbst gemacht und desshalb die Arbeit vor der Publication zurückgezogen hat.

Obwohl damit der wesentlichste Inhalt der Riemann'schen Deduction dahinfallen würde, habe ich mich doch zur Aufnahme dieses Aufsatzes in die vorliegende Sammlung entschlossen, weil ich nicht zu entscheiden wagte, ob er nicht doch noch Keime zu weiteren fruchtbaren Gedanken über diese höchst interessante Frage enthält. W.

XV.

Beweis des Satzes, dass eine einwerthige mehr als $2n$fach periodische Function von n Veränderlichen unmöglich ist.*)

(Aus Borchardt's Journal für reine und angewandte Mathematik, Bd. 71.)

... Den Beweis des Satzes, auf welchen Sie neulich die Unterhaltung lenkten, dass eine einwerthige mehr als $2n$fach periodische Function von n Veränderlichen unmöglich ist, habe ich im Gespräch wohl nicht ganz klar ausgedrückt, auch nur die Grundgedanken angegeben; ich theile ihn Ihnen daher hier noch einmal mit.

Es sei f eine $2n$fach periodische Function von n Veränderlichen $x_1, x_2, \ldots, x_n$ und — ich darf wohl meine Ihnen bekannten Benennungen gebrauchen — der Periodicitätsmodul von x_ν für die μte Periode a^ν_μ. Es lassen sich dann bekanntlich die Grössen x in die Form

$$x_\nu = \sum_{\mu=1}^{\mu=2n} a^\nu_\mu \xi_\mu \quad \text{für } \nu = 1, 2, \ldots, n$$

setzen**), so dass die Grössen ξ reell sind. Lässt man nun die Grössen ξ die Werthe von 0 bis 1 mit Ausschluss eines von diesen Grenzwerthen durchlaufen, so hat das dadurch entstehende $2n$fach ausgedehnte Grössengebiet die Eigenschaft, dass jedes System von Werthen der n Veränderlichen einem und nur einem Werthsysteme innerhalb dieses Grössengebiets nach den $2n$ Modulsystemen congruent ist. Ich werde, um mich später kürzer ausdrücken zu können, dieses Gebiet „das bei diesen $2n$ Modulsystemen periodisch sich wiederholende Grössengebiet" nennen.

Hat die Function nun noch ein $2n+1$tes Modulsystem, welches sich nicht aus den $2n$ ersten Modulsystemen zusammensetzen lässt, so

---

*) Auszug aus einem Schreiben Riemanns an Hrn. Weierstrass.

**) Dies ist nicht immer der Fall, sondern nur, wenn die $2n$ Gleichungen, durch welche die Grössen ξ bestimmt werden, von einander unabhängig sind; die Ausnahmen sind aber leicht zu behandeln.

kann man die einem Grössensysteme nach diesem Modulsysteme congruenten Grössensysteme auf innerhalb dieses Gebiets liegende nach den $2n$ ersten Modulsystemen ihnen congruente zurückführen und dadurch offenbar beliebig viele innerhalb dieses Gebiets liegende und nach den $2n+1$ Modulsystemen einander congruente Grössensysteme erhalten, wenn nicht zwei von den nach dem $2n+1$ten Modulsysteme congruente Grössensysteme auch nach den $2n$ ersten Modulsystemen congruent sind. In diesem Falle würden zwischen den $2n+1$ Modulsystemen n Gleichungen von der Form

$$\sum_{\mu=1}^{\mu=2n+1} a_\mu^\nu \, m_\mu = 0,$$

worin die Grössen m ganze Zahlen wären, stattfinden, und folglich, wie ich später zeigen werde, die $2n+1$ Modulsysteme sich aus $2n$ Modulsystemen zusammensetzen lassen.

Man theile nun für jede der Grössen ξ die Strecke von 0 bis 1 in q gleiche Theile, wodurch das bei den $2n$ ersten Modulsystemen periodisch wiederkehrende Gebiet in q^{2n} Gebiete zerfällt, in deren jedem sich die Grössen ξ nur um $\frac{1}{q}$ ändern. Offenbar müssen dann von mehr als q^{2n} nach den $2n+1$ Modulsystemen einander congruenten und in jenem Gebiete liegenden Grössensystemen nothwendig zwei in dasselbe Theilgebiet fallen, so dass sich die Werthe derselben Grösse ξ in beiden keinenfalls um mehr als $\frac{1}{q}$ von einander unterscheiden. Die Function bleibt also dann ungeändert, während keine der Grössen ξ um mehr als $\frac{1}{q}$ geändert wird, und ist folglich, da q beliebig gross genommen werden kann, wenn sie stetig ist, eine Function von weniger als n linearen Ausdrücken der Grössen x.

Es ist nun noch zu zeigen, dass sich $2n+1$ Modulsysteme, zwischen denen die n Gleichungen

$$\sum_{\mu=1}^{\mu=2n+1} a_\mu^\nu \, m_\mu = 0$$

stattfinden, aus $2n$ Modulsystemen zusammensetzen lassen.

Man kann zunächst leicht beweisen, dass sich zu einem Modulsysteme

$$\sum_{\mu=1}^{\mu=2n} a_\mu^\nu \, m_\mu = b_1^\nu,$$

worin die Grössen m ganze Zahlen ohne gemeinschaftlichen Theiler sind, immer $2n-1$ andere Modulsysteme $b_2, b_3, \ldots, b_{2n}$ so finden lassen, dass Congruenz nach den Modulsystemen a mit Congruenz nach den Modulsystemen b identisch ist. Es seien θ_1 der grösste gemeinschaftliche Theiler von m_1 und m_2 und α, β zwei der Gleichung

$$\beta m_1 - \alpha m_2 = \theta_1$$

genügende ganze Zahlen. Setzt man dann

$$a_1^\nu m_1 + a_2^\nu m_2 = c_1^\nu \theta_1$$

und

$$\alpha a_1^\nu + \beta a_2^\nu = b_{2n}^\nu ,$$

so hat man

$$a_1^\nu = \beta c_1^\nu - \frac{m_2}{\theta_1} b_{2n}^\nu, \quad a_2^\nu = - \alpha c_1^\nu + \frac{m_1}{\theta_1} b_{2n}^\nu .$$

Es lassen sich also auch umgekehrt die Modulsysteme a_1 und a_2 aus den Modulsystemen b_{2n} und c_1 zusammensetzen, und folglich ist Congruenz nach jenen mit Congruenz nach diesen gleichbedeutend. Man kann daher die Modulsysteme a_1 und a_2 durch die Modulsysteme c_1 und b_{2n} ersetzen. Auf dieselbe Weise kann man nun, wenn θ_2 der grösste gemeinschaftliche Theiler von θ_1 und m_2 ist, die Modulsysteme c_1 und a_3 durch das Modulsystem

$$\frac{1}{\theta_2} (\theta_1 c_1^\nu + m_3 a_3^\nu) = c_2^\nu$$

und durch ein Modulsystem b_{2n-1} ersetzen. Durch Fortsetzung dieses Verfahrens erhält man offenbar den zu beweisenden Satz. Der Inhalt des periodisch sich wiederholenden Gebiets ist für die neuen Modulsysteme b derselbe wie für die alten.

Mit Hülfe dieses Satzes lassen sich in den n Gleichungen

$$\sum_1^{2n+1} a_\mu^\nu m_\mu = 0$$

die $2n$ ersten Modulsysteme so durch $2n$ neue $b_1, b_2, \ldots, b_{2n}$ ersetzen, dass diese Gleichungen die Form

$$p b_1^\nu - q a_{2n+1}^\nu = 0$$

annehmen, worin p und q ganze Zahlen ohne gemeinschaftlichen Theiler sind. Sind nun γ, δ zwei der Gleichung

$$p\delta + q\gamma = 1$$

genügende ganze Zahlen, so lassen sich offenbar die beiden Modulsysteme b_1 und a_{2n+1} durch das eine Modulsystem

$$\gamma b_1^\nu + \delta a_{2n+1}^\nu = \frac{a_{2n+1}^\nu}{p} = \frac{b_1^\nu}{q}$$

ersetzen. Sämmtliche Modulsysteme, welche sich aus den Modulsystemen

$a_1, a_2, \ldots, a_{2n+1}$ zusammensetzen lassen, können also auch aus den $2n$ Modulsystemen $\frac{b_1}{q}$, $b_2, b_3, \ldots, b_{2n}$ zusammengesetzt werden, und umgekehrt. Der Inhalt des periodisch wiederkehrenden Gebiets beträgt für diese $2n$ Modulsysteme nur $\frac{1}{q}$ von dem für die $2n$ ersten Modulsysteme a. Hat die Function nun ausser diesen Modulsystemen noch ein durch ähnliche ganzzahlige Gleichungen mit ihnen verbundenes, so lassen sich wieder $2n$ neue Modulsysteme finden; aus welchen sich alle diese Modulsysteme zusammensetzen lassen, und der Inhalt des periodisch sich wiederholenden Gebiets wird dabei wieder auf einen aliquoten Theil reducirt. Wenn dieses Gebiet unendlich klein wird, so wird die Function eine Function von weniger als n linearen Ausdrücken der Veränderlichen und zwar von $n - 1$ oder $n - 2$ oder $n - m$, jenachdem nur eine, oder zwei oder m Dimensionen dieses Grössengebiets unendlich klein werden. Soll dies aber nicht eintreten, so muss die Operation schliesslich abbrechen, und man wird also zu $2n$ Modulsystemen gelangen, aus welchen sich sämmtliche Modulsysteme der Function zusammensetzen lassen.

Göttingen, den 26ten October 1859.

XVI.

Estratto di una lettera scritta in lingua Italiana il dì 21 Gennaio 1864 al Sig. Professore Enrico Betti.

(Annali di Matematica, Ser. 1. T. VII.)

Carissimo Amico

... Per trovare l'attrazione di un cilindro omogeneo retto ellissoidale qualunque, io considero, introducendo coordinate rettangolari x, y, z, il cilindro infinito limitato della diseguaglianza:

$$1 - \frac{x^2}{a^2} - \frac{y^2}{b^2} > 0$$

ripieno di massa di densità costante $+1$, se $z < 0$, e di densità -1, se $z > 0$. Allora se poniamo, come è solito, il potenziale nel punto x, y, z eguale a V e

$$\frac{\partial V}{\partial x} = X, \quad \frac{\partial V}{\partial y} = Y, \quad \frac{\partial V}{\partial z} = Z,$$

si ha per $z = 0$, $V = 0$, $X = 0$, $Y = 0$.

Z è eguale al potenziale dell' ellisse:

$$1 - \frac{x^2}{a^2} - \frac{y^2}{b^2} > 0$$

colla densità 2, e si trova col metodo di Dirichlet, se denotiamo con σ la radice maggiore dell' equazione:

$$1 - \frac{x^2}{a^2+s} - \frac{y^2}{b^2+s} - \frac{z^2}{s} = F = 0,$$

e

$$\sqrt{\left(1+\frac{s}{a^2}\right)\left(1+\frac{s}{b^2}\right)s}$$

con D:

$$4\int_\sigma^\infty \frac{\sqrt{F}\,ds}{D}.$$

X ed Y si possono determinare dalle equazioni:

$$\frac{\partial X}{\partial z} = \frac{\partial Z}{\partial x}, \quad \frac{\partial Y}{\partial z} = \frac{\partial Z}{\partial y}$$

e dalle condizioni:

$$X = 0,\ Y = 0$$

per $z = 0$.

Per effettuare questa determinazione conviene di sostituire invece di $4\int\limits_{\sigma}^{\infty}$, $2\int\limits_{\infty}^{\infty}$ esteso per il contorno intero di un pezzo del Piano degli s, che contiene il valore σ senza contenere verun altro valore di diramazione o di discontinuità della funzione sotto il segno integrale. Se denotiamo le radici di $F = 0$ in ordine di grandezza con σ, σ', σ'', questi valori sono tutti reali e in ordine di grandezza:

$$\sigma, 0, \sigma', -b^2, \sigma'', -a^2,$$

in modo che:

$$\sigma > 0 > \sigma' > -b^2 > \sigma'' > -a^2.$$

Posto

$$F = t - \frac{z^2}{s}$$

viene

$$Z = 2\int\limits_{\infty}^{\infty} \frac{\sqrt{ts - z^2}}{D\sqrt{s}}\, ds,$$

$$\frac{\partial X}{\partial z} = \frac{\partial Z}{\partial x} = \int\limits_{\infty}^{\infty} \frac{s\,\frac{\partial t}{\partial x}(ts - z^2)^{-\frac{1}{2}}}{D\sqrt{s}}\, ds;$$

ma:

$$\int\limits_0^z (ts - z^2)^{-\frac{1}{2}}\, dz = \int\limits_0^{\frac{z}{\sqrt{ts}}} (1 - \xi^2)^{-\frac{1}{2}}\, d\xi = \int\limits_0^{\frac{z}{\sqrt{ts}}} \left(\frac{1}{\xi^2} - 1\right)^{-\frac{1}{2}} d\log\xi,$$

e:

$$\frac{s\,\frac{\partial t}{\partial x}\, ds}{D\sqrt{s}} = -2abx\,(a^2 + s)^{-\frac{3}{2}}(b^2 + s)^{-\frac{1}{2}}\, ds = \frac{4abx}{b^2 - a^2}\, d\sqrt{\frac{b^2 + s}{a^2 + s}}.$$

Dunque si trova per integrazione parziale:

$$X = \frac{2abxz}{b^2 - a^2}\int\limits_{\infty}^{\infty} \sqrt{\frac{b^2 + s}{a^2 + s}}\,(ts - z^2)^{-\frac{1}{2}}\, d\log ts.$$

Se si prende la via dell' integrazione come nella espressione di Z il valore dell' integrale sodisfa sempre alla condizione:

$$\frac{\partial X}{\partial z} = \frac{\partial Z}{\partial x};$$

ma può differire di funzioni di x e di y, la funzione sotto segno integrale essendo discontinua anche per $t = 0$. Dunque occorre una determinazione olteriore della via dell' integrazione.

Nella espressione di $\frac{\partial X}{\partial z} = \frac{\partial Z}{\partial x}$ la funzione sotto segno integrale è continua per $s = 0$; dunque il pezzo del piano degli s, per il cui contorno l'integrale è esteso, deve contenere $s = \sigma$ e può contenere o no $s = 0$, ma nessuno altro dei valori sopra notati. Nella espressione di X questo pezzo deve essere determinato in modo che X sia $= 0$ per $z = 0$; e affinchè ciò avvenga, dovendo contenere $s = \sigma$, deve anche contenere la maggiore radice di $ts = 0$ (la quale è la maggiore radice di $t = 0$, se

$$1 - \frac{x^2}{a^2} - \frac{y^2}{b^2} < 0,$$

ed è $= 0$, se:

$$1 - \frac{x^2}{a^2} - \frac{y^2}{b^2} > 0)$$

ma nessun altra radice di $ts = 0$. Perchè per $z = 0$ le radici di $F = 0$ coincidono colle radici di $ts = 0$, e se la via dell' integrazione passasse tra due valori di discontinuità che coincidono per $z = 0$, doverebbe per $z = 0$ passare per questo valore in modo che l'integrale nella espressione di X diverrebbe infinito ed il valore nonostante il fattore z rimarrebbe finito. —

Vostro aff^mo^ Amico Riemann.

XVII.

Ueber die Fläche vom kleinsten Inhalt bei gegebener Begrenzung.*)

1.

Eine Fläche lässt sich im Sinne der analytischen Geometrie darstellen, indem man die rechtwinkligen Coordinaten x, y, z eines in ihr beweglichen Punktes als eindeutige Functionen von zwei unabhängigen veränderlichen Grössen p und q angiebt. Nehmen dann p und q bestimmte constante Werthe an, so entspricht dieser einen Combination immer nur ein einziger Punkt der Fläche. Die unabhängigen Variabeln p und q können in sehr mannigfacher Weise gewählt werden. Für eine einfach zusammenhängende Fläche geschieht dies zweckmässig wie folgt. Man lässt die Fläche längs der ganzen Begrenzung abnehmen um einen Flächenstreifen, dessen Breite überall unendlich klein in derselben Ordnung ist. Durch Wiederholung dieses Verfahrens wird die Fläche fortwährend verkleinert, bis sie in einen Punkt übergeht. Die hierbei der Reihe nach auftretenden Begrenzungscurven sind in sich zurücklaufende, von einander getrennte Linien. Man kann sie dadurch unterscheiden, dass man in jeder von ihnen der Grösse p einen besondern constanten Werth beilegt, der um ein Unendlichkleines zu- oder abnimmt, je nachdem man zu der benachbarten umschliessenden oder umschlossenen Curve übergeht. Die Function p hat dann einen constanten Maximalwerth in der Begrenzung der Fläche und einen Minimalwerth in dem einen Punkte im Innern, in welchen die

*) Dieser Abhandlung liegt ein Manuscript Riemann's zu Grunde, welches nach der eigenen Aeusserung des Verfassers in den Jahren 1860 und 1861 entstanden ist. Dieses Manuscript, welches in gedrängter Kürze nur die Formeln und keinen Text enthält, wurde mir von Riemann im April 1866 zur Bearbeitung anvertraut. Es ist daraus die Abhandlung hervorgegangen, welche ich am 6. Januar 1867 der Königlichen Gesellschaft der Wissenschaften zu Göttingen eingereicht habe, und welche im 13. Band der Abhandlungen dieser Gesellschaft abgedruckt ist. Diese Abhandlung kommt hier in sorgfältiger Ueberarbeitung zum zweiten Male zum Abdruck. K. Hattendorff.

allmählich abnehmende Fläche zuletzt zusammenschrumpft. Den Uebergang von einer Begrenzung der abnehmenden Fläche zur nächsten kann man dadurch hergestellt denken, dass man jeden Punkt der Curve (p) in einen bestimmten unendlich nahen Punkt der Curve $(p + dp)$ übergehen lässt. Die Wege der einzelnen Punkte bilden dann ein zweites System von Curven, die von dem Punkte des Minimalwerthes von p strahlenförmig nach der Begrenzung der Fläche verlaufen. In jeder dieser Curven legt man q einen besondern constanten Werth bei, der in einer beliebig gewählten Anfangscurve am kleinsten ist und von da beim Uebergange von einer Curve des zweiten Systems zur andern stetig wächst, wenn man zum Zweck dieses Ueberganges irgend eine Curve (p) in bestimmter Richtung durchläuft. Beim Uebergange von der letzten Curve (q) zur Anfangscurve ändert sich q sprungweise um eine endliche Constante.

Um eine mehrfach zusammenhängende Fläche ebenso zu behandeln, kann man sie zuvor durch Querschnitte in eine einfach zusammenhängende zerlegen.

Irgend ein Punkt der Fläche lässt sich hiernach als Durchschnitt einer bestimmten Curve des Systems (p) mit einer bestimmten Curve des Systems (q) auffassen. Die in dem Punkte (p, q) errichtete Normale verläuft von der Fläche aus in zwei entgegengesetzten Richtungen, der positiven und der negativen. Zu ihrer Unterscheidung hat man über die gegenseitige Lage der wachsenden positiven Normale, der wachsenden p und der wachsenden q eine Bestimmung zu treffen. Ist nichts anderes festgesetzt, so möge, von der positiven x-Axe aus gesehen, die positive y-Axe auf dem kürzesten Wege in die positive z-Axe übergeführt werden durch eine Drehung von rechts nach links. Und die Richtung der wachsenden positiven Normale liege zu den Richtungen der wachsenden p und der wachsenden q, wie die positive x-Axe zur positiven y-Axe und zur positiven z-Axe. Die Seite der Fläche, auf welcher die positive Normale liegt, soll die positive Seite der Fläche genannt werden.

2.

Ueber das Gebiet der Fläche sei ein Integral zu erstrecken, dessen Element gleich ist dem Element $dp\,dq$ multiplicirt in eine Functionaldeterminante, also

$$\iint \left(\frac{\partial f}{\partial p}\frac{\partial g}{\partial q} - \frac{\partial f}{\partial q}\frac{\partial g}{\partial p}\right) dp\,dq,$$

wofür zur Abkürzung geschrieben werden soll

$$\iint (df\,dg).$$

Denkt man sich f und g als unabhängige Variable eingeführt, so geht das Integral über in $\int\int df\,dg$, und es lässt sich die Integration nach f oder nach g ausführen. Die wirkliche Einsetzung von f und g als unabhängigen Variabeln verursacht aber Schwierigkeiten oder wenigstens weitläufige Unterscheidungen, wenn dieselbe Werthecombination von f und g in mehreren Punkten der Fläche oder in einer Linie vorhanden ist. Sie ist ganz unmöglich, wenn f und g complex sind.

Es ist daher zweckmässig, zur Ausführung der Integration nach f oder g das Verfahren von Jacobi (Crelle's Journal Bd. 27 p. 208) anzuwenden, bei welchem p und q als unabhängige Variable beibehalten werden. Um in Beziehung auf f zu integriren, hat man die Functionaldeterminante in die Form zu bringen

$$\frac{\partial\left(f\frac{\partial g}{\partial q}\right)}{\partial p}-\frac{\partial\left(f\frac{\partial g}{\partial p}\right)}{\partial q}$$

und erhält zunächst

$$\int\frac{\partial\left(f\frac{\partial g}{\partial p}\right)}{\partial q}\,dq=0,$$

weil die Integration durch eine in sich zurücklaufende Linie erstreckt wird. Dagegen ist

$$\int\frac{\partial\left(f\frac{\partial g}{\partial q}\right)}{\partial p}\,dp$$

in der Richtung der wachsenden p zu nehmen, d. h. von dem Minimalpunkte im Innern durch eine Curve (q) bis zur Begrenzung. Man erhält $f\frac{\partial g}{\partial q}$ und zwar den Werth, den dieser Ausdruck in der Begrenzung annimmt, da an der untern Grenze des Integrals $\frac{\partial g}{\partial q}=0$ ist. Folglich wird

$$\int\int(df\,dg)=\int f\frac{\partial g}{\partial q}\,dq=\int f\,dg$$

und das einfache Integral rechts ist in der Richtung der wachsenden q durch die Begrenzung erstreckt. Andererseits hat man nach der eingeführten Bezeichnung $(df\,dg)=-(dg\,df)$, und daher

$$\int\int(df\,dg)=-\int\int(dg\,df)=-\int g\,df,$$

wobei das einfache Integral rechts ebenfalls in der Richtung der wachsenden q durch die Begrenzung der Fläche zu nehmen ist.

3.

Die Fläche, deren Punkte durch die Curvensysteme (p), (q) festgelegt sind, soll in der folgenden Weise auf einer Kugel vom Radius 1 abgebildet werden. Im Punkte (p, q) der Fläche, dessen rechtwinklige Coordinaten x, y, z sind, ziehe man die positive Normale und lege zu ihr eine Parallele durch den Mittelpunkt der Kugel. Der Endpunkt dieser Parallelen auf der Kugeloberfläche ist die Abbildung des Punktes (x, y, z). Durchläuft der Punkt (x, y, z) auf der stetig gekrümmten Fläche eine zusammenhängende Linie, so wird auch die Abbildung derselben auf der Kugel eine zusammenhängende Linie sein. Auf dieselbe Weise erhält man als Abbildung eines Flächenstücks ein Flächenstück, als Abbildung der ganzen Fläche eine Fläche, welche die Kugel oder einen Theil derselben einfach oder mehrfach bedeckt.

Der Punkt auf der Kugel, welcher die Richtung der positiven x-Axe angiebt, werde zum Pol gewählt und der Anfangsmeridian durch den Punkt gelegt, welcher der positiven y-Axe entspricht. Die Abbildung des Punktes (x, y, z) wird dann auf der Kugel festgelegt durch ihre Poldistanz r und den Winkel φ, welchen ihr Meridian mit dem Anfangsmeridian einschliesst. Für das Vorzeichen von φ gilt die Bestimmung, dass der der positiven z-Axe entsprechende Punkt die Coordinaten $r = \frac{\pi}{2}$, $\varphi = +\frac{\pi}{2}$ haben soll.

4.

Hiernach erhält man als Differential-Gleichung der Fläche

$$(1) \qquad \cos r\, dx + \sin r \cos\varphi\, dy + \sin r \sin\varphi\, dz = 0.$$

Sind y und z die unabhängigen Variabeln, so ergeben sich für r und φ die Gleichungen

$$\cos r = \frac{1}{\pm\sqrt{1+\left(\frac{\partial x}{\partial y}\right)^2+\left(\frac{\partial x}{\partial z}\right)^2}},$$

$$\sin r \cos\varphi = \frac{\frac{\partial x}{\partial y}}{\mp\sqrt{1+\left(\frac{\partial x}{\partial y}\right)^2+\left(\frac{\partial x}{\partial z}\right)^2}},$$

$$\sin r \sin\varphi = \frac{\frac{\partial x}{\partial z}}{\mp\sqrt{1+\left(\frac{\partial x}{\partial y}\right)^2+\left(\frac{\partial x}{\partial z}\right)^2}},$$

in welchen gleichzeitig entweder die oberen oder die unteren Vorzeichen gelten.

Ein Parallelogramm auf der positiven Seite der Fläche, begrenzt von den Curven (p) und $(p + dp)$, (q) und $(q + dq)$, projicirt sich auf der yz-Ebene in einem Flächenelemente, dessen Inhalt gleich dem absoluten Werthe von $(dy\, dz)$ ist. Das Vorzeichen dieser Functionaldeterminante ist verschieden, je nachdem die im Punkte (p, q) errichtete positive Normale mit der positiven x-Axe einen spitzen oder stumpfen Winkel einschliesst. In dem ersten Falle liegen nemlich die Projectionen von dp und dq in der yz-Ebene ebenso zu einander wie die positive y-Axe zur positiven z-Axe, im zweiten Falle umgekehrt. Daher ist die Functionaldeterminante im ersten Falle positiv, im zweiten negativ. Und der Ausdruck

$$\frac{1}{\cos r}(dy\, dz)$$

ist immer positiv. Er giebt den Inhalt des unendlich kleinen Parallelogramms auf der Fläche. Um also den Inhalt der Fläche selbst zu erhalten, hat man das Doppelintegral

$$S = \int\!\!\int \frac{1}{\cos r}(dy\, dz)$$

über die ganze Fläche zu erstrecken.

Soll dieser Inhalt ein Minimum sein, so ist die erste Variation des Doppelintegrals $= 0$ zu setzen. Man erhält

$$\int\!\!\int \frac{\frac{\partial x}{\partial y}\frac{\partial \delta x}{\partial y} + \frac{\partial x}{\partial z}\frac{\partial \delta x}{\partial z}}{\mp\sqrt{1 + \left(\frac{\partial x}{\partial y}\right)^2 + \left(\frac{\partial x}{\partial z}\right)^2}}(dy\, dz) = 0,$$

und es gilt das obere oder das untere Zeichen vor der Wurzel, je nachdem $(dy\, dz)$ positiv oder negativ ist. Die linke Seite lässt sich schreiben

$$\int\!\!\int \frac{\partial}{\partial y}(-\sin r \cos\varphi\, \delta x)\,(dy\, dz)$$
$$+ \int\!\!\int \frac{\partial}{\partial z}(-\sin r \sin\varphi\, \delta x)\,(dy\, dz)$$
$$- \int\!\!\int \delta x \frac{\partial}{\partial y}(-\sin r \cos\varphi)\,(dy\, dz)$$
$$- \int\!\!\int \delta x \frac{\partial}{\partial z}(-\sin r \sin\varphi)\,(dy\, dz).$$

Die beiden ersten Integrale reduciren sich auf einfache Integrale, die in der Richtung der wachsenden q durch die Begrenzung der Fläche zu nehmen sind, nemlich

$$\int \delta x\,(-\sin r \cos\varphi\, dz + \sin r \sin\varphi\, dy).$$

Der Werth ist $= 0$, da in der Begrenzung $\delta x = 0$ ist. Die Bedingung des Minimum lautet also

$$\iint \delta x \left(\frac{\partial (\sin r \cos \varphi)}{\partial y} + \frac{\partial (\sin r \sin \varphi)}{\partial z} \right) (dy\, dz) = 0.$$

Sie wird erfüllt, wenn

(2) $$- \sin r \sin \varphi\, dy + \sin r \cos \varphi\, dz = d\mathfrak{x}$$

ein vollständiges Differential ist.

5.

Die Coordinaten r und φ auf der Kugel lassen sich ersetzen durch eine complexe Grösse $\eta = tg \frac{r}{2} e^{\varphi i}$, deren geometrische Bedeutung leicht zu erkennen ist. Legt man nemlich an die Kugel im Pol eine Tangentialebene, deren positive Seite von der Kugel abgekehrt ist, und zieht vom Gegenpol eine Gerade durch den Punkt (r, φ), so trifft diese die Tangentialebene in einem Punkte, der die complexe Grösse 2η repräsentirt. Dem Pol entspricht $\eta = 0$, dem Gegenpol $\eta = \infty$. Für die Punkte, welche die Richtungen der positiven y- und der positiven z-Axe angeben, ist $\eta = +1$ und resp. $= +i$.

Führt man noch die complexen Grössen

$$\eta' = tg \frac{r}{2} e^{-\varphi i}, \; s = y + zi, \; s' = y - zi$$

ein, so gehen die Gleichungen (1) und (2) über in folgende:

(1*) $$(1 - \eta\eta')\, dx + \eta'\, ds + \eta\, ds' = 0,$$

(2*) $$(1 + \eta\eta')\, d\mathfrak{x} i - \eta'\, ds + \eta\, ds' = 0.$$

Diese lassen sich durch Addition und Subtraction verbinden. Dabei werde

$$x + \mathfrak{x} i = 2X, \; x - \mathfrak{x} i = 2X'$$

gesetzt, so dass umgekehrt $x = X + X'$ ist. Das Problem findet dann seinen analytischen Ausdruck in den beiden Gleichungen

(3) $$ds - \eta\, dX + \frac{1}{\eta'}\, dX' = 0,$$

(4) $$ds' + \frac{1}{\eta}\, dX - \eta'\, dX' = 0.$$

Betrachtet man X und X' als unabhängige Variable und stellt die Bedingungen dafür auf, dass ds und ds' vollständige Differentiale sind, so findet sich

$$\frac{\partial \eta}{\partial X'} = 0, \; \frac{\partial \eta'}{\partial X} = 0,$$

d. h. es ist η nur von X, η' nur von X' abhängig, und deshalb umgekehrt X eine Function nur von η, X' eine Function nur von η'.

Hiernach ist die Aufgabe darauf zurückgeführt, η als Function der complexen Variabeln X oder umgekehrt X als Function der complexen Variabeln η so zu bestimmen, dass zugleich den Grenzbedingungen Genüge geleistet werde. Kennt man η als Function von X, so ergiebt sich daraus η', indem man in dem Ausdrucke von η jede complexe Zahl in die conjugirte verwandelt. Alsdann hat man nur noch die Gleichungen (3) und (4) zu integriren, um die Ausdrücke für s und s' zu erlangen. Aus diesen erhält man endlich durch Elimination von $\mathfrak{x}$ eine Gleichung zwischen x, y, z, die Gleichung der Minimalfläche.

6.

Sind die Gleichungen (3) und (4) integrirt, so lässt sich auch der Inhalt der Minimalfläche selbst leicht angeben, nemlich

$$S = \int\int \frac{1}{\cos r}(dy\,dz) = \int\int \frac{1+\eta\eta'}{1-\eta\eta'}(dy\,dz).$$

Die Functionaldeterminante $(dy\,dz)$ formt sich in folgender Weise um

$$\begin{aligned}(dy\,dz) &= \left(\frac{\partial y}{\partial s}\frac{\partial z}{\partial s'} - \frac{\partial y}{\partial s'}\frac{\partial z}{\partial s}\right)(ds\,ds')\\ &= \frac{i}{2}(ds\,ds')\\ &= \frac{i}{2}\left(\eta\eta' - \frac{1}{\eta\eta'}\right)\frac{\partial x}{\partial \eta}\frac{\partial x}{\partial \eta'}(d\eta\,d\eta').\end{aligned}$$

Danach erhält man

$$\begin{aligned}2iS &= \int\int\left(2 + \eta\eta' + \frac{1}{\eta\eta'}\right)\frac{\partial x}{\partial \eta}\frac{\partial x}{\partial \eta'}(d\eta\,d\eta')\\ &= \int\int\left(2\frac{\partial x}{\partial \eta}\frac{\partial x}{\partial \eta'} + \frac{\partial s}{\partial \eta}\frac{\partial s'}{\partial \eta'} + \frac{\partial s}{\partial \eta'}\frac{\partial s'}{\partial \eta}\right)(d\eta\,d\eta')\\ &= 2\int\int\left(\frac{\partial x}{\partial \eta}\frac{\partial x}{\partial \eta'} + \frac{\partial y}{\partial \eta}\frac{\partial y}{\partial \eta'} + \frac{\partial z}{\partial \eta}\frac{\partial z}{\partial \eta'}\right)(d\eta\,d\eta').\end{aligned}$$

Zur weiteren Umformung dieses Ausdruckes kann man y aus Y und Y', z aus Z und Z' ebenso zusammensetzen wie x aus X und X', so dass die Gleichungen gelten

$$\begin{aligned}X &= \int\frac{\partial x}{\partial \eta}d\eta, & X' &= \int\frac{\partial x}{\partial \eta'}d\eta',\\ Y &= \int\frac{\partial y}{\partial \eta}d\eta, & Y' &= \int\frac{\partial y}{\partial \eta'}d\eta',\\ Z &= \int\frac{\partial z}{\partial \eta}d\eta, & Z' &= \int\frac{\partial z}{\partial \eta'}d\eta'.\end{aligned}$$

$$\begin{aligned}x &= X + X', & \mathfrak{x}i &= X - X',\\ y &= Y + Y', & \mathfrak{y}i &= Y - Y',\\ z &= Z + Z', & \mathfrak{z}i &= Z - Z'.\end{aligned}$$

Alsdann erhält man schliesslich

$$(5)\qquad \begin{aligned} S &= -i\iint[(dXdX') + (dYdY') + (dZdZ')] \\ &= \tfrac{1}{2}\iint[(dx\,d\mathfrak{x}) + (dy\,d\mathfrak{y}) + (dz\,d\mathfrak{z})]. \end{aligned}$$

7.

Die Minimalfläche und ihre Abbildungen auf der Kugel wie in den Ebenen, deren Punkte resp. die complexen Grössen η, X, Y, Z repräsentiren, sind einander in den kleinsten Theilen ähnlich. Man erkennt dies sofort, wenn man das Quadrat des Linearelementes in diesen Flächen ausdrückt. Dasselbe ist

auf der Kugel	$\sin r^2\, d\log\eta\, d\log\eta'$,
in der Ebene der η	$d\eta\, d\eta'$
in der Ebene der X	$\frac{\partial x}{\partial\eta}\frac{\partial x}{\partial\eta'}\, d\eta\, d\eta'$,
in der Ebene der Y	$\frac{\partial y}{\partial\eta}\frac{\partial y}{\partial\eta'}\, d\eta\, d\eta'$,
in der Ebene der Z	$\frac{\partial z}{\partial\eta}\frac{\partial z}{\partial\eta'}\, d\eta\, d\eta'$,

in der Minimalfläche selbst

$$\begin{aligned} dx^2 + dy^2 + dz^2 &= (dX + dX')^2 + (dY + dY')^2 + (dZ + dZ')^2 \\ &= 2(dXdX' + dYdY' + dZdZ') \\ &= 2\left(\frac{\partial x}{\partial\eta}\cdot\frac{\partial x}{\partial\eta'} + \frac{\partial y}{\partial\eta}\frac{\partial y}{\partial\eta'} + \frac{\partial z}{\partial\eta}\frac{\partial z}{\partial\eta'}\right) d\eta\, d\eta'. \end{aligned}$$

Es ist nemlich nach den Gleichungen (3) und (4), wenn man darin η und η' als unabhängige Variable ansieht:

$$\eta\,\frac{dX}{d\eta} = \frac{\partial s}{\partial\eta} = -\eta^2\,\frac{\partial s'}{\partial\eta},$$

$$\eta'\,\frac{dX'}{d\eta'} = \frac{\partial s'}{\partial\eta'} = -\eta'^2\,\frac{\partial s}{\partial\eta'}$$

und deshalb

$$dX^2 + dY^2 + dZ^2 = 0,$$

$$dX'^2 + dY'^2 + dZ'^2 = 0.$$

Das Verhältniss von irgend zwei der obigen quadrirten Linearelemente ist unabhängig von $d\eta$ und $d\eta'$, d. h. von der Richtung des Elementes, und darin beruht die in den kleinsten Theilen ähnliche Abbildung. Da die Linearvergrösserung bei der Abbildung in irgend einem Punkte nach allen Richtungen dieselbe ist, so erhält man die Flächenvergrösserung gleich dem Quadrat der Linearvergrösserung. Das Quadrat des Linearelementes in der Minimalfläche ist aber gleich der doppelten

Summe der Quadrate der entsprechenden Linearelemente in den Ebenen der X, der Y und der Z. Daher ist auch das Flächenelement in der Minimalfläche gleich der doppelten Summe der entsprechenden Flächenelemente in jenen Ebenen. Dasselbe gilt von der ganzen Fläche und ihren Abbildungen in den Ebenen der X, Y, Z.

8.

Eine wichtige Folgerung lässt sich noch aus dem Satze von der Aehnlichkeit in den kleinsten Theilen ziehen, wenn man eine neue complexe Variable η_1 dadurch einführt, dass man auf der Kugel den Pol in einen beliebigen Punkt ($\eta = \alpha$) verlegt und den Anfangsmeridian beliebig wählt. Hat dann η_1 für das neue Coordinatensystem dieselbe Bedeutung wie η für das alte, so kann man jetzt ein unendlich kleines Dreieck auf der Kugel sowohl in der Ebene der η als in der der η_1 abbilden. Die beiden Bilder sind dann auch Abbildungen von einander und in den kleinsten Theilen ähnlich. Für den Fall der directen Aehnlichkeit ergiebt sich ohne Weiteres, dass $\frac{d\eta_1}{d\eta}$ unabhängig ist von der Richtung der Verschiebung von η, d. h. dass η_1 eine Function der complexen Variabeln η ist. Den Fall der inversen (symmetrischen) Aehnlichkeit kann man auf den vorigen zurückführen, indem man statt η_1 die conjugirte complexe Grösse nimmt. Um nun η_1 als Function von η auszudrücken, hat man zu beachten, dass $\eta_1 = 0$ ist in dem einen Punkte der Kugel, für welchen $\eta = \alpha$, und $\eta_1 = \infty$ in dem diametral gegenüberliegenden Punkte, d. h. für $\eta = -\frac{1}{\alpha'}$. Danach ergiebt sich $\eta_1 = c\,\frac{\eta - \alpha}{1 + \alpha'\eta}$. Zur Bestimmung der Constanten c dient die Bemerkung, dass, wenn $\eta_1 = \beta$ ist für $\eta = 0$, daraus $\eta_1 = -\frac{1}{\beta'}$ gefunden wird für $\eta = \infty$. Es ist also $\beta = -c\alpha$ und $-\frac{1}{\beta'} = \frac{c}{\alpha'}$, d. h. $\beta = -\frac{\alpha}{c'}$. Hieraus ergiebt sich $cc' = 1$ und daher $c = e^{\theta i}$ für ein reelles θ. Die Grössen α und θ können beliebige Werthe erhalten: α hängt von der Lage des neuen Pols, θ von der Lage des neuen Anfangsmeridians ab. Diesem neuen Coordinatensystem auf der Kugel entsprechen die Richtungen der Axen eines neuen rechtwinkligen Systems. Es mögen in dem neuen System x_1, s_1, s'_1 dasselbe bezeichnen wie x, s, s' in dem alten. Dann erlangt man die Transformationsformeln

$$\eta_1 = \frac{\eta - \alpha}{1 + \alpha'\eta} e^{\theta i},$$

(6)
$$\begin{aligned}(1 + \alpha\alpha')\, x_1 &= (1 - \alpha\alpha')\, x + \alpha' s + \alpha s',\\ (1 + \alpha\alpha')\, s_1\, e^{-\theta i} &= \quad - \quad 2\alpha x + \quad s - \alpha^2 s',\\ (1 + \alpha\alpha')\, s'_1\, e^{\theta i} &= \quad - \quad 2\alpha' x - \alpha'^2 s + \quad s'.\end{aligned}$$

9.

Aus den Transformationsformeln (6) berechnen wir

$$\left(\frac{d\eta_1}{d\eta}\right)^2 \frac{\partial x_1}{\partial \eta_1} = \frac{\eta_1}{\eta} \frac{\partial x}{\partial \eta}$$

oder

$$(d \log \eta_1)^2 \frac{\partial x_1}{\partial \log \eta_1} = (d \log \eta)^2 \frac{\partial x}{\partial \log \eta}.$$

Hiernach empfiehlt es sich, eine neue complexe Grösse u einzuführen, welche durch die Gleichung definirt wird

(7)
$$u = \int \sqrt{i \frac{\partial x}{\partial \log \eta}}\, d \log \eta$$

und die von der Lage des Coordinatensystems (x, y, z) unabhängig ist. Gelingt es dann, u als Function von η zu bestimmen, so erhält man

(8)
$$x = -i \int \left(\frac{du}{d \log \eta}\right)^2 d \log \eta + i \int \left(\frac{du'}{d \log \eta'}\right)^2 d \log \eta'.$$

x ist der Abstand des zu η gehörigen Punktes der Minimalfläche von einer Ebene, die durch den Anfangspunkt der Coordinaten rechtwinklig zur Richtung $\eta = 0$ gelegt ist. Man erhält den Abstand desselben Punktes der Minimalfläche von einer durch den Anfangspunkt der Coordinaten gelegten Ebene, die rechtwinklig auf der Richtung $\eta = \alpha$ steht, indem man in (8) $\frac{\eta - \alpha}{1 + \alpha'\eta} e^{\theta i}$ statt η setzt. Speciell also für $\alpha = 1$ und $\alpha = i$

(9)
$$\begin{aligned} y = &- \frac{i}{2} \int \left(\frac{du}{d \log \eta}\right)^2 \left(\eta - \frac{1}{\eta}\right) d \log \eta \\ &+ \frac{i}{2} \int \left(\frac{du'}{d \log \eta'}\right)^2 \left(\eta' - \frac{1}{\eta'}\right) d \log \eta'. \end{aligned}$$

(10)
$$\begin{aligned} z = &- \frac{1}{2} \int \left(\frac{du}{d \log \eta}\right)^2 \left(\eta + \frac{1}{\eta}\right) d \log \eta \\ &- \frac{1}{2} \int \left(\frac{du'}{d \log \eta'}\right)^2 \left(\eta' + \frac{1}{\eta'}\right) d \log \eta'. \end{aligned}$$

10.

Die Grösse u ist als Function von η zu bestimmen, d. h. als einwerthige Function des Ortes in derjenigen Fläche, welche, über die η-Ebene ausgebreitet, die Minimalfläche in den kleinsten Theilen ähnlich abbildet. Daher kommt es vor allen Dingen auf die Unstetigkeiten und Verzweigungen in dieser Abbildung an. Bei der Untersuchung derselben hat man Punkte im Innern der Fläche von Begrenzungspunkten zu unterscheiden.

Handelt es sich um einen Punkt im Innern der Minimalfläche, so lege man in ihn den Anfangspunkt des Coordinatensystems (x, y, z), die Axe der positiven x in die positive Normale, folglich die yz-Ebene tangential. Dann fehlen in der Entwicklung von x das freie Glied und die in y und z multiplicirten Glieder. Durch geeignet gewählte Richtung der y-Axe und der z-Axe kann man auch das in yz multiplicirte Glied verschwinden lassen. Die partielle Differentialgleichung der Minimalfläche reducirt sich unter dieser Voraussetzung für unendlich kleine Werthe von y und z auf $\frac{\partial^2 x}{\partial y^2} + \frac{\partial^2 x}{\partial z^2} = 0$. Das Krümmungsmass ist also negativ, die Haupt-Krümmungsradien sind einander entgegengesetzt gleich. Die Tangentialebene theilt die Fläche in vier Quadranten, wenn die Krümmungshalbmesser nicht ∞ sind. Diese Quadranten liegen abwechselnd über und unter der Tangentialebene. Beginnt die Entwicklung von x erst mit den Gliedern $n$ter Ordnung $(n > 2)$, so sind die Krümmungsradien ∞, und die Tangentialebene theilt die Fläche in $2n$ Sectoren, die abwechselnd über und unter jener Ebene liegen und von den Krümmungslinien halbirt werden.

Will man nun X als Function der complexen Variabeln Y ansehen, so ergiebt sich in dem Falle der vier Sectoren

$$\log X = 2 \log Y + \text{funct. cont.},$$

in dem Falle der $2n$ Sectoren

$$\log X = n \log Y + \text{f. c.}$$

Und da nach (8) und (9) $\frac{dX}{dY} = \frac{-2\eta}{1 - \eta\eta}$ ist, so beginnt die Entwicklung von η im ersten Falle mit der ersten, im zweiten mit der $(n - 1)$ten Potenz von Y. Umgekehrt wird also, wenn Y als Function von η angesehen werden soll, die Entwicklung im ersten Falle nach ganzen Potenzen von η, im zweiten nach ganzen Potenzen von $\eta^{\frac{1}{n-1}}$ fortschreiten. D. h. die Abbildung auf der η-Ebene hat an der betreffenden Stelle keinen oder einen $(n - 2)$fachen Verzweigungspunkt, je nachdem der erste oder der zweite Fall eintritt.

Was u betrifft, so ergiebt sich $\frac{du}{d\log Y} = \frac{du}{d\log\eta}\,\frac{d\log\eta}{d\log Y}$, also mit Hülfe der Gleichung (9)

$$\left(\frac{du}{d\log Y}\right)^2 = -2i\,\frac{dY}{d\eta}\,\frac{\eta^2}{1-\eta^2}\left(\frac{d\eta}{dY}\right)^2\frac{Y^2}{\eta^2}.$$

Demnach ist in einem $(n-2)$fachen Verzweigungspunkte der Abbildung auf der η-Ebene

$$\log\frac{du}{d\log Y} = \frac{n}{2}\log Y + \text{f. c.}$$

oder

$$\log\frac{du}{dY} = \left(\frac{n}{2}-1\right)\log Y + \text{f. c.}$$

11.

Die weitere Untersuchung soll zunächst auf den Fall beschränkt werden, dass die gegebene Begrenzung aus geraden Linien besteht. Dann lässt sich die Abbildung der Begrenzung auf der η-Ebene wirklich herstellen. Die in irgend welchen Punkten einer geraden Begrenzungslinie errichteten Normalen liegen in parallelen Ebenen, und daher ist die Abbildung auf der Kugel ein grösster Kreis.

Um einen Punkt im Innern einer geraden Begrenzungslinie zu untersuchen, legt man wie vorher in ihn den Anfangspunkt der Coordinaten, die positive x-Axe in die positive Normale. Dann fällt die ganze Begrenzungslinie in die yz-Ebene. Der reelle Theil von X ist demnach in der ganzen Begrenzungslinie $= 0$. Geht man also durch das Innere der Minimalfläche um den Anfangspunkt der Coordinaten herum von einem vorangehenden bis zu einem nachfolgenden Begrenzungspunkte, so muss dabei der Arcus von X sich ändern um $n\pi$, ein ganzes Vielfaches von π. Der Arcus von Y ändert sich gleichzeitig um π. Man hat also, wie vorher

$$\log X = n\log Y + \text{f. c.}$$
$$\log\eta = (n-1)\log Y + \text{f. c.}$$
$$\log\frac{du}{dY} = \left(\frac{n}{2}-1\right)\log Y + \text{f. c.}$$

Dem betrachteten Begrenzungspunkte entspricht ein $(n-2)$facher Verzweigungspunkt in der Abbildung auf der η-Ebene. In dieser Abbildung macht das auf den Punkt folgende Begrenzungsstück mit dem ihm vorhergehenden den Winkel $(n-1)\pi$.

12.

Bei dem Uebergange von einer Begrenzungslinie zur folgenden hat man zwei Fälle zu unterscheiden. Entweder treffen sie zusammen in einem im Endlichen liegenden Schnittpunkte, oder sie erstrecken sich ins Unendliche.

Im ersten Falle sei $\alpha\pi$ der im Innern der Minimalfläche liegende Winkel der beiden Begrenzungslinien. Legt man den Anfangspunkt der Coordinaten in den zu untersuchenden Eckpunkt, die positive x-Axe in die positive Normale, so ist in beiden Begrenzungslinien der reelle Theil von $X = 0$. Beim Uebergange von der ersten Begrenzungslinie zur folgenden ändert sich also der Arcus von X um $m\pi$, ein ganzes Vielfaches von π, der Arcus von Y um $\alpha\pi$. Man hat daher

$$\frac{\alpha}{m} \log X = \log Y + \text{f. c.}$$

$$\left(1 - \frac{\alpha}{m}\right) \log X = \log \eta + \text{f. c.}$$

$$\log \frac{du}{dY} = \left(\frac{m}{2\alpha} - 1\right) \log Y + \text{f. c.}$$

Erstreckt sich die Fläche zwischen zwei auf einander folgenden Begrenzungsgeraden ins Unendliche, so lege man die positive x-Axe in ihre kürzeste Verbindungslinie, parallel der positiven Normalen im Unendlichen. Die Länge der kürzesten Verbindungslinie sei A, und $\alpha\pi$ der Winkel, welchen die Projection der Minimalfläche in der yz-Ebene ausfüllt. Dann bleiben die reellen Theile von X und $i \log \eta$ im Unendlichen endlich und stetig und nehmen in den begrenzenden Geraden constante Werthe an. Hieraus ergiebt sich (für $y = \infty$, $z = \infty$)

$$X = -\frac{Ai}{2\alpha\pi} \log \eta + \text{f. c.}$$

$$u = \sqrt{\frac{A}{2\alpha\pi}} \log \eta + \text{f. c.}$$

$$Y = -\frac{Ai}{4\alpha\pi} \frac{1}{\eta} + \text{f. c.}$$

Legt man die x_1-Axe eines Coordinatensystems in eine begrenzende Gerade, die x_2-Axe eines andern Systems in die zweite begrenzende Gerade u. s. f., so ist in der ersten Linie $\log \eta_1$, in der zweiten $\log \eta_2$ u. s. f. rein imaginär, da die Normale zu der betreffenden Axe der x_1, der x_2 u. s. f. senkrecht steht. Es ist also $i \frac{\partial x_1}{\partial \log \eta_1}$ in der ersten Begrenzungslinie reell, $i \frac{\partial x_2}{\partial \log \eta_2}$ in der zweiten u. s. f. Da aber auch für ein beliebiges Coordinatensystem (x, y, z) immer

$$\sqrt{i \frac{\partial x}{\partial \log \eta}}\, d \log \eta = \sqrt{i \frac{\partial x_1}{\partial \log \eta_1}}\, d \log \eta_1 = \sqrt{i \frac{\partial x_2}{\partial \log \eta_2}}\, d \log \eta_2 \ldots$$

ist, so findet sich, dass in jeder geraden Begrenzungslinie

$$du = \sqrt{i \frac{\partial x}{\partial \log \eta}} d \log \eta$$

entweder reelle oder rein imaginäre Werthe besitzt.

13.

Die Minimalfläche ist bestimmt, sobald man eine der Grössen u, η, X, Y, Z durch eine der übrigen ausgedrückt hat. Dies gelingt in vielen Fällen. Besondere Beachtung verdienen darunter diejenigen, in welchen $\frac{du}{d \log \eta}$ eine algebraische Function von η ist. Dazu ist nöthig und hinreichend, dass die Abbildung auf der Kugel und ihre symmetrischen und congruenten Fortsetzungen eine geschlossene Fläche bilden, welche die ganze Kugel einfach oder mehrfach bedeckt.

Im Allgemeinen aber wird es schwierig sein, direct eine der Grössen u, η, X, Y, Z durch eine der übrigen auszudrücken. Statt dessen kann man aber auch jede von ihnen als Function einer neuen zweckmässig gewählten unabhängigen Variablen bestimmen. Wir führen eine solche unabhängige Variable t ein, dass die Abbildung der Fläche auf der t-Ebene die halbe unendliche Ebene einfach bedeckt, und zwar diejenige Hälfte, für welche der imaginäre Theil von t positiv ist. In der That ist es immer möglich, t als Function von u (oder von irgend einer der übrigen Grössen η, X, Y, Z) in der Fläche so zu bestimmen, dass der imaginäre Theil in der Begrenzung $= 0$ ist, und dass sie in einem beliebigen Begrenzungspunkte ($u = b$) unendlich von der ersten Ordnung wird, d. h.

$$t = \frac{\text{const.}}{u - b} + \text{f. c.} \qquad (u = b).$$

Der Arcus des Factors von $\frac{1}{u - b}$ ist durch die Bedingung bestimmt, dass der imaginäre Theil von t in der Begrenzung $= 0$, im Innern der Fläche positiv sein soll. Es bleibt also in dem Ausdrucke von t nur der Modul dieses Factors und eine additive Constante willkürlich.

Es sei $t = a_1, a_2, \ldots$ für die Verzweigungspunkte im Innern der Abbildung auf der η-Ebene, $t = b_1, b_2, \ldots$ für die Verzweigungspunkte in der Begrenzung, die nicht Eckpunkte sind, $t = c_1, c_2, \ldots$ für die Eckpunkte, $t = e_1, e_2, \ldots$ für die ins Unendliche sich erstreckenden Sectoren. Wir wollen der Einfachheit wegen voraussetzen, dass die sämmtlichen Grössen a, b, c, e im endlichen Gebiete der t-Ebene liegen.

Dann hat man

$$\text{für } t = a \quad \log \frac{du}{dt} = \left(\frac{n}{2} - 1\right) \log (t - a) + \text{f. c.},$$

$$\text{„} \quad t = b \quad \log \frac{du}{dt} = \left(\frac{n}{2} - 1\right) \log (t - b) + \text{f. c.},$$

$$\text{„} \quad t = c \quad \log \frac{du}{dt} = \left(\frac{m}{2} - 1\right) \log (t - c) + \text{f. c.},$$

$$\text{„} \quad t = e \quad u = \sqrt{\frac{A\alpha}{2\pi}} \log (t - e) + \text{f. c.}$$

Man kann die Untersuchung auf den Fall $n = 3$, $m = 1$ beschränken, d. h. auf einfache Verzweigungspunkte, und den allgemeinen Fall aus diesem dadurch ableiten, dass man mehrere einfache Verzweigungspunkte zusammenfallen lässt.

Um den Ausdruck für $\frac{du}{dt}$ zu bilden, hat man zu beachten, dass längs der Begrenzung dt reell, du entweder reell oder rein imaginär ist. Demnach ist $\left(\frac{du}{dt}\right)^2$ reell, wenn t reell ist. Diese Function kann man über die Linie der reellen Werthe von t hinüber stetig fortsetzen, indem man die Bestimmung trifft, dass für conjugirte Werthe t und t' der Variabeln auch die Function conjugirte Werthe haben soll. Alsdann ist $\left(\frac{du}{dt}\right)^2$ für die ganze t-Ebene bestimmt und zeigt sich einwerthig.

Es seien a'_1, a'_2, ... die conjugirten Werthe zu a_1, a_2, ..., und das Product $(t - a_1)\,(t - a_2)$ ... werde mit $\Pi(t - a)$ bezeichnet. Alsdann ist

$$(11) \qquad u = \text{const.} + \int \sqrt{\frac{\Pi(t-a)\;\Pi(t-a')\;\Pi(t-b)}{\Pi(t-c)}}\;\frac{\text{const.}\;dt}{\Pi(t-e)}\,.$$

Die Constanten a, b, c etc. müssen so bestimmt werden, dass für

$$t = e \quad u = \sqrt{\frac{A\alpha}{2\pi}} \log (t - e) + \text{f. c.}$$

wird. Damit u für alle Werthe von t ausser a, b, c, e endlich und stetig bleibe, muss für die Anzahl dieser letztgenannten Werthe eine Relation bestehen. Es muss die Differenz der Anzahl der Eckpunkte und der in der Begrenzung liegenden Verzweigungspunkte um 4 grösser sein als die doppelte Differenz der Anzahl der innern Verzweigungspunkte und der ins Unendliche verlaufenden Sectoren. Setzt man zur Abkürzung

$$\Pi(t-a)\;\Pi(t-a')\;\Pi(t-b) = \varphi(t),$$

$$\Pi(t-c)\;\Pi(t-e)^2 = \chi(t),$$

d. h.

$$\frac{du}{dt} = \text{const.}\sqrt{\frac{\varphi(t)}{\chi(t)}},$$

so ist die ganze Function $\varphi(t)$ vom Grade $\nu - 4$, wenn $\chi(t)$ vom Grade ν ist. Hier bedeutet ν die Anzahl der Eckpunkte vermehrt um die doppelte Anzahl der ins Unendliche verlaufenden Sectoren.

14.

Es ist noch η als Function von t auszudrücken. Direct gelangt man dazu nur in den einfachsten Fällen. Im Allgemeinen ist der folgende Weg einzuschlagen. Es sei v eine noch näher zu bestimmende Function von t, die als bekannt vorausgesetzt wird. In den Gleichungen (8), (9), (10) kommt es wesentlich an auf $\frac{du}{d\log\eta}$, wofür man auch schreiben kann $\frac{du}{dv}\,\frac{dv}{d\log\eta}$. Der letzte Factor lässt sich ansehen als Product der beiden Factoren

$$(12)\qquad k_1 = \sqrt{\frac{dv}{d\eta}}, \qquad k_2 = \eta\sqrt{\frac{dv}{d\eta}},$$

die der Differentialgleichung erster Ordnung genügen

$$(13)\qquad k_1\frac{dk_2}{dv} - k_2\frac{dk_1}{dv} = 1,$$

sowie der Differentialgleichung zweiter Ordnung

$$(14)\qquad \frac{1}{k_1}\frac{d^2k_1}{dv^2} = \frac{1}{k_2}\frac{d^2k_2}{dv^2}.$$

Gelingt es also, die eine oder die andere Seite dieser letzten Gleichung als Function von t auszudrücken, so lässt sich eine homogene lineäre Differentialgleichung zweiter Ordnung herstellen, von welcher k_1 und k_2 particuläre Integrale sind. Es sei k das vollständige Integral. Wir ersetzen $\frac{d^2k}{dv^2}$ durch das ihm gleichbedeutende

$$\frac{\frac{dv}{dt}\frac{d^2k}{dt^2} - \frac{dk}{dt}\frac{d^2v}{dt^2}}{\left(\frac{dv}{dt}\right)^3}$$

und erhalten für k die Differentialgleichung

$$(15)\qquad \frac{dv}{dt}\frac{d^2k}{dt^2} - \frac{d^2v}{dt^2}\frac{dk}{dt} - \left(\frac{dv}{dt}\right)^3\left\{\frac{1}{k_1}\frac{d^2k_1}{dv^2}\right\}k = 0.$$

Von der Gleichung (15) seien zwei von einander unabhängige particuläre Integrale K_1 und K_2 gefunden, deren Quotient $K_2 : K_1 = H$

ein von Bögen grösster Kreise begrenztes Abbild der positiven t Halbebene auf der Kugelfläche liefert. Dasselbe leistet dann jeder Ausdruck von der Form

(16) $$\eta = e^{\theta i}\,\frac{H - \alpha}{1 + \alpha' H},$$

worin θ reell und α, α' conjugirte complexe Grössen sind.

Die Function v ist so zu wählen, dass für endliche Werthe von t die Unstetigkeiten von $\frac{1}{k}\,\frac{d^2k}{dv^2}$ nicht ausserhalb der Punkte a, a', b, c, e liegen.

Setzt man

(17) $$\frac{dv}{dt} = \frac{1}{\sqrt{\varphi(t)\,\chi(t)}} = \frac{1}{\sqrt{f(t)}},$$

so wird die Function $\frac{1}{k}\,\frac{d^2k}{dv^2}$ im Endlichen unstetig nur für die Punkte a, a', b, c, und zwar für jeden unendlich in erster Ordnung. Man erhält nemlich für $t = c$

$$v - v_c = \frac{2\sqrt{t - c}}{\sqrt{f'(c)}}$$

$$\eta - \eta_c = \text{const.}\,(t - c)^{\gamma}.$$

Folglich:

$$k_1 = \sqrt{\frac{dv}{d\eta}} = \text{const.}\,(v - v_c)^{\frac{1}{2} - \gamma}$$

und hieraus:

$$\frac{1}{k}\,\frac{d^2k}{dv^2} = \frac{1}{4}\,\frac{(\gamma\gamma - \frac{1}{4})\,f'(c)}{t - c}.$$

Entsprechende Ausdrücke erhält man für $t = a$, a', b, in denen c resp. durch a, a', b, und γ durch 2 zu ersetzen ist.

Eine ähnliche Betrachtung lehrt, dass für $t = e$ die Function $\frac{1}{k}\,\frac{d^2k}{dv^2}$ stetig bleibt.

Für $t = \infty$ ergiebt sich

$$\frac{1}{k}\,\frac{d^2k}{dv^2} = \left(-\frac{\nu}{2} + 2\right)\left(\frac{\nu}{2} - 1\right)t^{2\nu - 6}.$$

Demnach lautet der Ausdruck für $\frac{1}{k}\,\frac{d^2k}{dv^2}$ wie folgt:

$$\frac{1}{k}\,\frac{d^2k}{dv^2} = \frac{1}{4}\sum \frac{(\gamma\gamma - \frac{1}{4})\,f'(g)}{(t - g)} + F(t).$$

Die Summe bezieht sich auf alle Punkte $g = a$, a', b, c, und bei a, a', b ist 2 statt γ zu setzen. $F(t)$ ist eine ganze Function vom Grade $(2\nu - 6)$, in der die ersten beiden Coefficienten sich folgendermassen bestimmen. Man bringe dv in die Form

$$dv = \frac{t^{-\nu+4}\,\frac{dt}{tt}}{\sqrt{f(t)\,t^{-2\nu+4}}} = t^{-\nu+4}\,dv_1$$

oder kürzer $= \alpha\,dv_1$.

Dann ergiebt sich durch Differentiation

$$\frac{d^2}{dv^2}\left[\left(\frac{d\eta}{dv}\right)^{-\frac{1}{2}}\right] = \alpha^{-\frac{3}{2}}\frac{d^2}{dv_1^2}\left[\left(\frac{d\eta}{dv_1}\right)^{-\frac{1}{2}}\right] + \left(\frac{d\eta}{dv_1}\right)^{-\frac{1}{2}}\frac{d^2(\alpha^{\frac{1}{2}})}{dv^2},$$

folglich

$$\left(\frac{d\eta}{dv}\right)^{\frac{1}{2}}\frac{d^2}{dv^2}\left[\left(\frac{d\eta}{dv}\right)^{-\frac{1}{2}}\right] = \alpha^{-2}\left(\frac{d\eta}{dv_1}\right)^{\frac{1}{2}}\frac{d^2}{dv_1^2}\left[\left(\frac{d\eta}{dv_1}\right)^{-\frac{1}{2}}\right] + \alpha^{-\frac{1}{2}}\frac{d^2(\alpha^{\frac{1}{2}})}{dv^2},$$

oder

$$\left(\frac{d\eta}{dv_1}\right)^{\frac{1}{2}}\frac{d^2}{dv_1^2}\left[\left(\frac{d\eta}{dv_1}\right)^{-\frac{1}{2}}\right] = t^{-2\nu+8}\,\frac{1}{k}\,\frac{d^2k}{dv^2} - \alpha^{\frac{3}{2}}\frac{d^2(\alpha^{\frac{1}{2}})}{dv^2},$$

oder

$$\left(\frac{d\eta}{dv_1}\right)^{\frac{1}{2}}\frac{d^2}{dv_1^2}\left[\left(\frac{d\eta}{dv_1}\right)^{-\frac{1}{2}}\right] = t^{-2\nu+8}\,\Sigma\,\frac{1}{4}.\frac{(\gamma\gamma-\frac{1}{4})\,f'(g)}{t-g}$$

$$+\,t^{-2\nu+8}\,F(t) - \alpha^{\frac{3}{2}}\frac{d^2(\alpha^{\frac{1}{2}})}{dv^2}.$$

Die Function auf der linken Seite ist endlich für $t = \infty$. Folglich hat man rechts in der Entwicklung von $t^{-2\nu+8}\,F(t)$ und von $\alpha^{\frac{3}{2}}\frac{d^2(\alpha^{\frac{1}{2}})}{dv^2}$ die Coefficienten von t^2 und resp. von t einander gleich zu setzen. Die Entwicklung von $\alpha^{\frac{3}{2}}\frac{d^2(\alpha^{\frac{1}{2}})}{dv^2}$ giebt nach einfacher Rechnung

$$\alpha^{\frac{3}{2}}\frac{d^2(\alpha^{\frac{1}{2}})}{dv^2} = \frac{1}{2}\left(-\frac{\nu}{2}+2\right)t^{-\nu+5}\,\frac{d\left(t^{-\nu+2}f(t)\right)}{dt}.$$

Hiernach bleiben in $F(t)$ noch $2\nu - 7$ unbestimmte Coefficienten. Es ist aber wichtig zu bemerken, dass dieselben reell sein müssen. Denn wir haben in §. 12 gefunden, dass du reell oder rein imaginär ist in allen geraden Begrenzungslinien der Minimalfläche und folglich auch an jeder Stelle in der Begrenzung der Abbildungen. Vermöge der Gleichung (17) gilt dasselbe von dv. Daraus lässt sich beweisen, dass für reelle Werthe von t die Function $\frac{1}{k}\frac{d^2k}{dv^2}$ nothwendigerweise reelle Werthe besitzt.

Um diesen Beweis zu führen, betrachten wir die Abbildung auf der Kugel vom Radius 1 und nehmen irgend einen Theil der Begrenzung, also den Bogen eines gewissen grössten Kreises. Im Pole dieses grössten Kreises legen wir die Tangential-Ebene an und bezeichnen sie als die Ebene der η_1. Dann lassen sich die constanten Grössen α_1, α'_1, θ_1 so bestimmen, dass

$$\eta_1 = e^{\theta_1 i} \frac{H - \alpha_1}{1 + \alpha'_1 H}$$

ist, und wir erhalten zwei Functionen $k'_1 = \sqrt{\frac{dv}{d\eta_1}}$ und $k'_2 = \eta_1 \sqrt{\frac{dv}{d\eta_1}}$, die particuläre Integrale der Differentialgleichung (15) sind. Folglich haben wir

$$\frac{1}{k}\frac{d^2k}{dv^2} = \frac{1}{k'_1}\frac{d^2k_1}{dv^2}.$$

Der eben betrachtete Theil der Begrenzung bildet sich in der η_1-Ebene ab durch die Gleichung

$$\eta_1 = e^{\varphi_1 i},$$

und wenn man dies in k_1 einführt, so erkennt man leicht, dass in dem fraglichen Begrenzungstheile $\frac{1}{k'_1}\frac{d^2k'_1}{dv^2}$ reell ausfällt. Folglich gilt dasselbe von $\frac{1}{k}\frac{d^2k}{dv^2}$, und da diese Betrachtung für jedes einzelne Begrenzungsstück angestellt werden kann, so ist $\frac{1}{k}\frac{d^2k}{dv^2}$ reell in der ganzen Begrenzung.

Nun fällt aber bei einem reellen oder rein imaginären dv die Function $\frac{1}{k'_1}\frac{d^2k'_1}{dv^2}$ auch dann reell aus, wenn man allgemeiner

$$\eta_1 = \varrho_1 e^{\varphi_1 i}$$

setzt und den Modul ϱ_1 constant nimmt. Damit also die Axe der reellen t sich auf der Kugel vom Radius 1 wirklich in Bögen grösster Kreise abbilde, muss für jeden Begrenzungstheil $\varrho_1 = 1$ sein. Dies liefert ebenso viele Bedingungsgleichungen, als einzelne Begrenzungslinien gegeben sind.

Bei dieser Untersuchung ist, wie schon im vorigen Paragraphen, vorausgesetzt, dass die Werthe a, b, c, e sämmtlich endlich seien. Trifft dies nicht zu, so bedarf die Betrachtung einer geringen Modification.

Anmerkung. Die Aufgabe ist hiermit vollständig formulirt. Im einzelnen Falle kommt es nur darauf an, die Differentialgleichung (15) wirklich aufzustellen und zu integriren. Uebrigens ist es nicht unwichtig, zu bemerken, dass die Anzahl der in der Lösung auftretenden willkürlichen reellen Constanten ebenso gross ist wie die Anzahl der Bedingungsgleichungen, welche vermöge der Natur der Aufgabe und vermöge der Daten des Problems erfüllt sein müssen. Wir bezeichnen die Anzahl der Punkte a, b, c, e resp. mit A, B, C, E und beachten, dass $2A + B + 4 = C + 2E = \nu$ ist. In der Differentialgleichung (15) treten $2A + B + 4C + 5E - 10$ willkürliche reelle Constanten auf, nemlich: die Winkel γ, deren Anzahl C ist; die $2\nu - 7$ Constanten der Function $F(t)$; die reellen Grössen b, c, e, von denen man dreien beliebige Werthe geben kann, indem man für t eine lineare Substitution mit reellen Coefficienten macht. Zu diesen willkürlichen Constanten kommen bei der Integration noch 10 hinzu, nemlich 6 reelle Constanten in η, ein Factor von du und je eine additive Constante in den Ausdrücken für x, y, z. Die Lösung enthält also $2A + B + 4C + 5E$ reelle Constanten von unbestimmtem Werthe.

Die Daten des Problems bestehen in den Coordinaten der Eckpunkte und den Winkeln, welche die Richtungen der ins Unendliche verlaufenden Begrenzungslinien festlegen. Diese Daten sprechen sich in $3C + 4E$ Gleichungen aus. Dazu kommen $C + E$ Bedingungsgleichungen, die erfüllt sein müssen, damit die Axe der reellen t sich auf der Kugel vom Radius 1 in $C + E$ Bögen grösster Kreise abbilde. Wenn also die Zahl der Bedingungsgleichungen ebenso gross sein soll wie die Zahl der unbestimmten Constanten, so fehlen noch ebenso viele Gleichungen, wie Punkte a, a', b vorhanden sind. Nun ist aber die Differentialgleichung (15) so beschaffen, dass in der Umgebung jedes dieser Punkte das Integral einen Logarithmus enthalten kann. Ein solcher ist nach der Natur der Aufgabe nicht zulässig, und damit er nicht auftrete, ist für jeden der genannten Punkte Eine Bedingungsgleichung zu erfüllen.

In der That ist hiernach die Anzahl der Bedingungsgleichungen ebenso gross wie die Anzahl der unbestimmten Constanten in der Lösung.

Beispiele.

15.

Die Begrenzung bestehe aus zwei unendlichen geraden Linien, die nicht in einer Ebene liegen. Ihre kürzeste Verbindungslinie habe die Länge A, und es sei $\alpha\pi$ der Winkel, welchen die Projection der Fläche auf der rechtwinklig gegen jene Verbindungslinie gelegten Ebene ausfüllt.

Nimmt man die kürzeste Verbindungslinie zur x-Axe, so hat in jeder der beiden Begrenzungsgeraden x einen constanten Werth. Ebenso ist φ in jeder der beiden Begrenzungsgeraden constant. In unendlicher Entfernung ist die positive Normale für den einen Sector parallel der positiven, für den andern Sector parallel der negativen x-Axe. Die Begrenzung bildet sich auf der Kugel in zwei grössten Kreisen ab, die durch die Pole $\eta = 0$ und $\eta = \infty$ gehen und den Winkel $\alpha\pi$ einschliessen.

Hiernach hat man

$$X = -\frac{iA}{2\alpha\pi}\log\eta$$

$$s = -\frac{iA}{2\alpha\pi}\left(\eta - \frac{1}{\eta'}\right)$$

$$s' = -\frac{iA}{2\alpha\pi}\left(\frac{1}{\eta} - \eta'\right),$$

folglich

$$x = -i\frac{A}{2\alpha\pi}\log\left(\frac{\eta}{\eta'}\right).$$

(*a*)
$$= -i\frac{A}{2\alpha\pi}\log\left(-\frac{s}{s'}\right),$$

worin man die Gleichung der Schraubenfläche erkennt.

Der Inhalt der Fläche ist unendlich gross. Soll also von einem Minimum die Rede sein, so ist dies so zu verstehen. Der Inhalt jeder andern Fläche von derselben Begrenzung ist ebenfalls unendlich gross. Aber wenn man den Inhalt der Schraubenfläche abzieht, so kann die Differenz endlich sein, und die Schraubenfläche hat die Eigenschaft, dass diese endliche Differenz positiv ausfällt.

In demselben Sinn hat man die Minimal-Eigenschaft immer aufzufassen, wenn die Fläche unendliche Sectoren besitzt.

16.

Die Begrenzung bestehe aus drei geraden Linien, von denen zwei sich schneiden und die dritte zur Ebene der beiden ersten parallel läuft.

Legt man den Anfangspunkt der Coordinaten in den Schnittpunkt der beiden ersten Geraden, die positive x-Axe in die negative Normale, so bildet jener Schnittpunkt auf der Kugel sich ab im Punkte $\eta = \infty$. Die Abbildung der beiden ersten Geraden sind grösste Halbkreise, die von $\eta = \infty$ bis $\eta = 0$ laufen. Ihr Winkel sei $\alpha\pi$. Die Abbildung der dritten Linie ist der Bogen eines grössten Kreises, der von $\eta = 0$ ausgeht, an einer gewissen Stelle umkehrt und in sich selbst bis zum Punkte $\eta = 0$ zurückläuft. Dieser Bogen bilde mit den beiden ersten grössten Halbkreisen die Winkel $-\beta\pi$ und $\gamma\pi$, so dass β und γ absolute Zahlen sind und $\beta + \gamma = \alpha$ sich ergiebt. Um die Abbildung auf der halben t-Ebene zu erhalten, setzen wir fest, dass $t = \infty$ sein soll für $\eta = \infty$, dass dem unendlichen Sector zwischen der ersten und dritten Linie $t = b$, dem unendlichen Sector zwischen der zweiten und dritten Linie $t = c$, dem Umkehrpunkte der Normalen auf der dritten Linie $t = a$ entsprechen soll. Dabei sind a, b, c reell und $c > a > b$. Diesen Bestimmungen entspricht $\eta = (t-b)^{\beta}(t-c)^{\gamma}$. Der Werth a hängt von b und c ab. Man hat nemlich

$$\frac{d\log\eta}{dt} = \frac{\beta(t-c)+\gamma(t-b)}{(t-b)(t-c)}$$

und dieses muss für den Umkehrpunkt $= 0$ sein, also $a = \dfrac{c\beta + b\gamma}{\beta+\gamma}$. Man hat weiter nach Art. 12. und 13.

$$du = \sqrt{\frac{A(c-b)(\beta+\gamma)}{2\pi}}\,\frac{(t-a)^{\frac{1}{2}}\,dt}{(t-b)(t-c)},$$

oder wenn man $c - b = \frac{2\pi}{A}$ annimmt

$$du = \sqrt{\beta + \gamma}\,\frac{(t-a)^{\frac{1}{2}}\,dt}{(t-b)\,(t-c)}$$

$$\frac{du}{d\log\eta} = \frac{1}{\sqrt{(\beta+\gamma)\,(t-a)}},$$

$$\left(\frac{du}{d\log\eta}\right)^2 d\log\eta = \frac{dt}{(t-b)\,(t-c)}.$$

Folglich

$$x = -i\int\frac{dt}{(t-b)\,(t-c)} + i\int\frac{dt'}{(t'-b)\,(t'-c)},$$

$$(b)\qquad y = -\frac{i}{2}\int\frac{(t-b)^{\beta}(t-c)^{\gamma} - (t-b)^{-\beta}(t-c)^{-\gamma}}{(t-b)\,(t-c)}\,dt$$
$$+\frac{i}{2}\int\frac{(t'-b)^{\beta}(t'-c)^{\gamma} - (t'-b)^{-\beta}(t'-c)^{-\gamma}}{(t'-b)\,(t'-c)}\,dt',$$

$$z = -\frac{1}{2}\int\frac{(t-b)^{\beta}(t-c)^{\gamma} + (t-b)^{-\beta}(t-c)^{-\gamma}}{(t-b)\,(t-c)}\,dt$$
$$-\frac{1}{2}\int\frac{(t'-b)^{\beta}(t'-c)^{\gamma} + (t'-b)^{-\beta}(t'-c)^{-\gamma}}{(t'-b)\,(t'-c)}\,dt'.$$

17.

Die Begrenzung bestehe aus drei einander kreuzenden geraden Linien, deren kürzeste Abstände A, B, C sein mögen. Zwischen je zwei begrenzenden Linien erstreckt sich die Fläche ins Unendliche. Es seien $\alpha\pi$, $\beta\pi$, $\gamma\pi$ die Winkel der Richtungen, in welchen die Grenzlinien des ersten, des zweiten, des dritten Sectors in's Unendliche verlaufen. Setzt man fest, dass für die drei Sectoren der Minimalfläche im Unendlichen die Grösse t resp. $= 0, \infty, 1$ sein soll, so erhält man

$$\frac{du}{dt} = \frac{\sqrt{\varphi(t)}}{t(1-t)}.$$

$\varphi(t)$ ist eine ganze Function zweiten Grades. Ihre Coefficienten bestimmen sich daraus, dass

für $t = 0$ $$\frac{du}{d\log t} = \sqrt{\frac{A\alpha}{2\pi}}$$

für $t = \infty$ $$\frac{du}{d\log t} = \sqrt{\frac{B\beta}{2\pi}}$$

für $t = 1$ $$\frac{du}{d\log(1-t)} = \sqrt{\frac{C\gamma}{2\pi}}$$

sein muss.

Danach ergiebt sich

$$\varphi(t) = \frac{A\alpha}{2\pi}(1-t) + \frac{C\gamma}{2\pi}t - \frac{B\beta}{2\pi}t(1-t).$$

Je nachdem die Wurzeln der Gleichung $\varphi(t) = 0$ imaginär oder reell sind, hat die Abbildung auf der Kugel einen Verzweigungspunkt im Innern oder zwei Umkehrpunkte der Normalen auf der Begrenzung.

Die Functionen $k_1 = \sqrt{\frac{dv}{d\eta}}$ und $k_2 = \eta\sqrt{\frac{dv}{d\eta}}$ werden nur für die drei Sectoren unstetig, wenn man $\frac{dv}{dt} = \varphi(t)$ nimmt. Und zwar ist die Unstetigkeit von k_1 der Art, dass

für $t = 0$ $\quad t^{-\frac{1}{2}+\frac{\alpha}{2}} k_1$

für $t = \infty$ $\quad t^{-\frac{3}{2}-\frac{\beta}{2}} k_1$

für $t = 1$ $\quad (1-t)^{-\frac{1}{2}+\frac{\gamma}{2}} k_1$

einändrig und verschieden von 0 und ∞ wird. k_1 und k_2 sind particuläre Integrale einer homogenen lineären Differentialgleichung zweiter Ordnung, die sich ergiebt, wenn man $\frac{1}{k}\frac{d^2k}{dv^2}$ aus seinen Unstetigkeiten als Function von t darstellt und t statt v als unabhängige Variable in $\frac{d^2k}{dv^2}$ einführt. Hat man das particuläre Integral k_1 gefunden, so ergiebt sich k_2 aus der Differentialgleichung erster Ordnung

$$(c) \qquad k_1\frac{dk_2}{dt} - k_2\frac{dk_1}{dt} = \varphi(t).$$

Das vollständige Integral der homogenen lineären Differentialgleichung zweiter Ordnung werde mit

$$(d) \qquad k = Q\left\{\begin{matrix} \frac{1}{2}-\frac{\alpha}{2} & -\frac{3}{2}-\frac{\beta}{2} & \frac{1}{2}-\frac{\gamma}{2} \\ \frac{1}{2}+\frac{\alpha}{2} & -\frac{3}{2}+\frac{\beta}{2} & \frac{1}{2}+\frac{\gamma}{2} \end{matrix}\; t\right\}$$

bezeichnet. Diese Function genügt wesentlich denselben Bedingungen, die in der Abhandlung über die Gauss'sche Reihe $F(\alpha, \beta, \gamma, x)$ als Definition der P-Function ausgesprochen sind*). Sie weicht von der P-Function darin ab, dass die Summe der Exponenten -1 ist, nicht $+1$ wie bei P.

Man kann die Function Q mit Hülfe einer Function P und ihrer ersten Derivirten ausdrücken. Zunächst ist nemlich

---

*) Beiträge zur Theorie der durch die Gauss'sche Reihe $F(\alpha, \beta, \gamma, x)$ darstellbaren Functionen. (S. 62 dieser Sammlung.)

$$k = t^{\frac{1}{2}-\frac{\alpha}{2}}(1-t)^{\frac{1}{2}-\frac{\gamma}{2}}\, Q\left\{\begin{matrix} 0 & \frac{-\alpha-\beta-\gamma-1}{2} & 0 \\ \alpha & \frac{-\alpha+\beta-\gamma-1}{2} & \gamma \end{matrix}\; t\right\}.$$

Setzt man nun

$$\sigma = P\left\{\begin{matrix} 0 & \frac{-\alpha-\beta-\gamma+1}{2} & 0 \\ \alpha & \frac{-\alpha+\beta-\gamma+1}{2} & \gamma \end{matrix}\; t\right\},$$

so lassen sich die Constanten a, b, c so bestimmen, dass

$$(e) \qquad k = t^{\frac{1}{2}-\frac{\alpha}{2}}(1-t)^{\frac{1}{2}-\frac{\gamma}{2}}\left((a+bt)\sigma + ct(1-t)\frac{d\sigma}{dt}\right)$$

wird. In der That hat man nur diesen Ausdruck in die Differentialgleichung (c) einzusetzen und die Differentialgleichung zweiter Ordnung für σ zu beachten, um zu der Gleichung zu gelangen

$$\varphi(t) = t^{1-\alpha}(1-t)^{1-\gamma}\left(\sigma_1\frac{d\sigma_2}{dt} - \sigma_2\frac{d\sigma_1}{dt}\right)F(t),$$

$$F(t) = a(a+c\alpha)(1-t) + (a+b)(a+b-c\gamma)t$$
$$-\,t(1-t)\left(b - \frac{\alpha+\beta+\gamma-1}{2}c\right)\left(b - \frac{\alpha-\beta+\gamma-1}{2}c\right).$$

Vermöge der Eigenschaften der Function σ kann man setzen

$$t^{1-\alpha}(1-t)^{1-\gamma}\left(\sigma_1\frac{d\sigma_2}{dt} - \sigma_2\frac{d\sigma_1}{dt}\right) = 1,$$

und folglich muss $F(t) = \varphi(t)$ sein. Hieraus ergeben sich drei Bedingungsgleichungen für a, b, c, die eine sehr einfache Form annehmen, wenn man

$$a + \frac{\alpha}{2}c = p, \quad b - \frac{\alpha+\gamma-1}{2}c = q, \quad a + b - \frac{\gamma}{2}c = -r$$

setzt. Die Bedingungsgleichungen lauten dann

$$pp - \alpha\alpha(p+q+r)^2 = \frac{A\alpha}{2\pi},$$
$$qq - \beta\beta(p+q+r)^2 = \frac{B\beta}{2\pi},$$
$$rr - \gamma\gamma(p+q+r)^2 = \frac{C\gamma}{2\pi}.$$

Mit Hülfe der Function

$$\lambda = P\left\{\begin{matrix} -\frac{\alpha}{2} & -\frac{\beta}{2} & \frac{1}{2}-\frac{\gamma}{2} \\ \frac{\alpha}{2} & \frac{\beta}{2} & \frac{1}{2}+\frac{\gamma}{2} \end{matrix}\; t\right\},$$

deren Zweige λ_1 und λ_2 der Differentialgleichung genügen

$$\lambda_1 \frac{d\lambda_2}{d\log t} - \lambda_2 \frac{d\lambda_1}{d\log t} = 1,$$

kann man k noch einfacher ausdrücken, nemlich

(f) $$k = t^{\frac{1}{2}} \left((p + qt)\, \lambda + ct\,(1-t)\, \frac{d\lambda}{dt} \right).$$

Es würde nicht schwer sein, die einzelnen Zweige der Function k in der Form von bestimmten Integralen herzustellen. Der Weg dazu ist in art. VII. der Abhandlung über die Function P vorgezeichnet.

In dem besondern Falle, dass die drei begrenzenden geraden Linien den Coordinatenaxen parallel laufen, ist $\alpha = \beta = \gamma = \frac{1}{2}$. Dann erhält man

$$\lambda = P\begin{pmatrix} -\frac{1}{4} & -\frac{1}{4} & \frac{1}{4} \\ \frac{1}{4} & \frac{1}{4} & \frac{3}{4} & t \end{pmatrix} = \left(\frac{t-1}{t}\right)^{\frac{1}{4}} P\begin{pmatrix} 0 & -\frac{1}{4} & 0 \\ \frac{1}{2} & \frac{1}{4} & \frac{1}{2} & t \end{pmatrix}.$$

Der Zweig λ_1 dieser Function ist

$$= \left(\frac{t-1}{t}\right)^{\frac{1}{4}} \sqrt{t^{\frac{1}{2}} + (t-1)^{\frac{1}{2}}} \ \text{const.},$$

und daraus ergiebt sich

$$k_1 = \sqrt{2}\cdot t^{\frac{1}{4}} (t-1)^{\frac{1}{4}} \sqrt{t^{\frac{1}{2}} + (t-1)^{\frac{1}{2}}} \left\{ p + qt - \frac{c}{4} - \frac{c}{4} \sqrt{t(t-1)} \right\},$$

$$k_2 = -\sqrt{2}\ t^{\frac{1}{4}} (t-1)^{\frac{1}{4}} \sqrt{t^{\frac{1}{2}} - (t-1)^{\frac{1}{2}}} \left\{ p + qt - \frac{c}{4} + \frac{c}{4} \sqrt{t(t-1)} \right\}.$$

Mit Hülfe dieser beiden Functionen lassen sich dX, dY, dZ folgendermassen ausdrücken

$$dX = -\,ik_1 k_2 \frac{dt}{t^2 (1-t)^2},$$

$$dY = -\frac{i}{2}\, (k_2^2 - k_1^2)\, \frac{dt}{t^2 (1-t)^2},$$

$$dZ = -\frac{1}{2}\, (k_2^2 + k_1^2)\, \frac{dt}{t^2 (1-t)^2}.$$

$$iX = (p+q-r)^2 \sqrt{\frac{t}{t-1}} + (-p+q+r)^2 \sqrt{\frac{t-1}{t}}$$
$$+ \tfrac{1}{2}(p+3q+r)(p-q+r) \log \frac{t^{\frac{1}{2}} + (t-1)^{\frac{1}{2}}}{t^{\frac{1}{2}} - (t-1)^{\frac{1}{2}}},$$

(g) $$iY = -(p-q+r)^2 t^{\frac{1}{2}} - (-p+q+r)^2 t^{-\frac{1}{2}}$$
$$- \tfrac{1}{2}(p+q+3r)(p+q-r) \log \frac{1+t^{\frac{1}{2}}}{1-t^{\frac{1}{2}}},$$

$$iZ = (p-q+r)^2 (1-t)^{\frac{1}{2}} + (p+q-r)^2 (1-t)^{-\frac{1}{2}}$$
$$+ \tfrac{1}{2}(3p+q+r)(-p+q+r) \log \frac{1+\sqrt{1-t}}{1-\sqrt{1-t}}.$$

Wenn p, q, r reell sind, so geben die doppelten Coefficienten von i in den drei Grössen rechts die rechtwinkligen Coordinaten eines Punktes der Fläche.

18.

Die Begrenzung bestehe aus vier sich schneidenden geraden Linien, die man erhält, wenn von den Kanten eines beliebigen Tetraeders zwei nicht zusammenstossende weggelassen werden. Die Abbildung auf der Kugeloberfläche ist ein sphärisches Viereck, dessen Winkel $\alpha\pi$, $\beta\pi$, $\gamma\pi$, $\delta\pi$ sein mögen. Es ergiebt sich

$$du = \frac{C\,dt}{\sqrt{(t-a)(t-b)(t-c)(t-d)}} = \frac{C\,dt}{\sqrt{\Delta(t)}},$$

wenn die reellen Werthe $t = a, b, c, d$ die Punkte der t-Ebene bezeichnen, in welchen sich die Eckpunkte des Vierecks abbilden.

Soll die in §. 14 entwickelte Methode zur Bestimmung von η angewandt werden, so hat man hier speciell $\varphi(t) = 1$, $\chi(t) = \Delta(t)$, folglich $v = \frac{u}{C}$ und

$$k_1 = \sqrt{\frac{dv}{d\eta}}, \quad k_2 = \eta\sqrt{\frac{dv}{d\eta}}.$$

Die Functionen k_1 und k_2 genügen der Differentialgleichung

$$k_1\frac{dk_2}{dv} - k_2\frac{dk_1}{dv} = 1$$

und sind particuläre Integrale der Differentialgleichung zweiter Ordnung

$$\frac{4}{k}\frac{d^2k}{dv^2} = \frac{(\alpha\alpha-\frac{1}{4})\Delta'(a)}{t-a} + \frac{(\beta\beta-\frac{1}{4})\Delta'(b)}{t-b} + \frac{(\gamma\gamma-\frac{1}{4})\Delta'(c)}{t-c} + \frac{(\delta\delta-\frac{1}{4})\Delta'(d)}{t-d} + h.$$

Die Function $F(t)$ des §. 14 ist hier vom zweiten Grade, aber die Coefficienten von t^2 und von t sind gleich Null, also h eine Constante. In der letzten Gleichung hat man auf der linken Seite t als unabhängige Variable einzuführen und erhält

$$(h)\qquad \frac{4}{k}\left(\Delta(t)\frac{d^2k}{dt^2} + \frac{1}{2}\Delta'(t)\frac{dk}{dt}\right)$$
$$= \frac{(\alpha\alpha-\frac{1}{4})\Delta'(a)}{t-a} + \frac{(\beta\beta-\frac{1}{4})\Delta'(b)}{t-b} + \frac{(\gamma\gamma-\frac{1}{4})\Delta'(c)}{t-c} + \frac{(\delta\delta-\frac{1}{4})\Delta'(d)}{t-d} + h$$

als die Differentialgleichung zweiter Ordnung, welcher k Genüge leisten muss.

Sind x, y, z als Functionen von t wirklich ausgedrückt, so treten in der Lösung noch 16 unbestimmte reelle Constanten auf, nemlich die vier Grössen a, b, c, d, von denen wie oben drei beliebig angenommen werden können, die vier Grössen α, β, γ, δ, die Grösse h, ferner 6 reelle Constanten in dem Ausdrucke für η, ein constanter Factor in du und je eine additive Constante in x, y, z. Zur Bestimmung dieser 16 Grössen sind 16 Bedingungsgleichungen vorhanden, nemlich 4 Gleichungen, welche ausdrücken, dass die vier Begrenzungslinien in der Ebene der η sich auf der Kugel in grössten Kreisen abbilden, und 12 Gleichungen, welche aussagen, dass x, y, z in den 4 Eckpunkten gegebene Werthe haben.

In dem speciellen Falle eines regulären Tetraeders ist die Abbildung auf der Kugel ein regelmässiges Viereck, in welchem jeder Winkel $= \frac{2}{3}\pi$. Die Diagonalen halbiren sich und stehen rechtwinklig auf einander. Die den Eckpunkten diametral gegenüberliegenden Punkte der Kugeloberfläche sind die Ecken eines congruenten Vierecks. Zwischen beiden liegen vier dem ursprünglichen ebenfalls congruente Vierecke, die je zwei Eckpunkte mit dem ursprünglichen, zwei mit dem gegenüberliegenden gemein haben. Diese sechs Vierecke füllen die Kugeloberfläche einfach aus. Es wird also $\frac{du}{d \log \eta}$ eine algebraische Function von η sein.

Man kann die gesuchte Minimalfläche über ihre ursprüngliche Begrenzung dadurch stetig fortsetzen, dass man sie um jede ihrer Grenzlinien als Drehungsaxe um 180^0 dreht. Längs einer solchen Grenzlinie haben dann die ursprüngliche Fläche und die Fortsetzung gemeinschaftliche Normalen. Wiederholt man die Construction an den neuen Flächentheilen, so lässt sich die ursprüngliche Fläche beliebig weit fortsetzen. Welche Fortsetzung man aber auch betrachte, immer bildet sie sich auf der Kugel in einem der sechs congruenten Vierecke ab. Und zwar haben die Abbildungen von zwei Flächentheilen eine Seite gemein oder sie liegen einander gegenüber, je nachdem die Flächentheile selbst in einer Grenzlinie an einander stossen oder an gegenüberliegenden Grenzlinien eines mittleren Flächentheils gelegen sind. In dem letzteren Falle können die betreffenden Flächentheile durch parallele Verschiebung zur Deckung gebracht werden. Daher muss $\left(\frac{du}{d \log \eta}\right)^2$ unverändert bleiben, wenn η mit $-\frac{1}{\eta}$ vertauscht wird.

Legt man den Pol ($\eta = 0$) in den Mittelpunkt eines Vierecks, den Anfangsmeridian durch die Mitte einer Seite, so ist für die Eckpunkte dieses Vierecks

$$\eta = tg \frac{c}{2} e^{\pm \frac{\pi i}{4}},\ tg \frac{c}{2} e^{\pm \frac{3\pi i}{4}}$$

und

$$tg \frac{c}{2} = \frac{\sqrt{3}-1}{\sqrt{2}}.$$

Punkte, denen entgegengesetzte Werthe von η angehören, haben dieselbe x-Coordinate. Es muss also $\left(\frac{du}{d\log\eta}\right)^2$ bei der Vertauschung von η mit $-\eta$ unverändert bleiben. Hiernach erhält man

$$\left(\frac{du}{d\log\eta}\right)^2 = \frac{C_1}{\sqrt{\eta^4 + \eta^{-4} + 14}}.$$

Die Constante C_1 muss reell sein, damit du^2 in der Begrenzung reelle Werthe besitze.

Zu demselben Resultate gelangt man auf dem folgenden Wege. Die Substitution

$$\left\{\frac{\eta^2 + \eta^{-2} - 2\sqrt{3}\,i}{\eta^2 + \eta^{-2} + 2\sqrt{3}\,i}\right\}^3 = \left(\frac{t^2 - 1}{t^2 + 1}\right)^2$$

liefert auf der t-Ebene eine Abbildung, die von einer geschlossenen überall stetig gekrümmten Linie begrenzt wird. Die Rechnung zeigt, dass $d\log t$ in der Begrenzung rein imaginär ist. Folglich ist die Abbildung der Begrenzung in der t-Ebene ein Kreis um den Mittelpunkt $t = 0$. Der Radius dieses Kreises ist $= 1$. Den Eckpunkten

$$\eta = \pm\, tg\frac{c}{2}\, e^{\frac{\pi i}{4}}$$

entspricht $t = \pm 1$, den Eckpunkten

$$\eta = \pm\, tg\frac{c}{2}\, e^{\frac{-\pi}{4}}$$

entspricht $t = \pm i$. Geht man an irgend einer dieser vier Stellen durch das Innere der Minimalfläche von einer Grenzlinie zur folgenden, so ändert sich dabei der Arcus von dt um π. Daher kann man, wie in §. 13., auch hier setzen

$$\frac{du}{dt} = \frac{C_2}{\sqrt{(t^2 - 1)(t^2 + 1)}},$$

und es muss C_2^2 rein imaginär sein, damit du^2 in der Begrenzung reell ausfalle. Es findet sich $C_1 = 3\sqrt{3}\, C_2^2\, i$.

Dieser Ausdruck stimmt mit dem vorher aufgestellten für $\left(\frac{du}{d\log\eta}\right)^2$. Zur weitern Vereinfachung nehme man

$$\left(\frac{t^2 - 1}{t^2 + 1}\right)^2 = \omega^3, \quad \eta^2 + \eta^{-2} = 2\lambda$$

und beachte, dass

$$\left(\frac{du}{d\log\eta}\right)^2 d\log\eta = \left(\frac{du}{d\lambda}\right)^2 \frac{d\lambda}{d\log\eta}\, d\lambda.$$

Dann ergiebt eine sehr einfache Rechnung

$$X = -i\int\left(\frac{du}{d\log\eta}\right)^2 d\log\eta = C\int\frac{d\omega}{\sqrt{\omega(1-\varrho\omega)(1-\varrho^2\omega)}},$$

$$(i)\quad Y = -\frac{i}{2}\int\left(\frac{du}{d\log\eta}\right)^2\left(\eta-\frac{1}{\eta}\right)d\log\eta = C\varrho^2\int\frac{d\omega}{\sqrt{\omega(1-\omega)(1-\varrho^2\omega)}},$$

$$Z = -\frac{1}{2}\int\left(\frac{du}{d\log\eta}\right)^2\left(\eta+\frac{1}{\eta}\right)d\log\eta = C\varrho\int\frac{d\omega}{\sqrt{\omega(1-\omega)(1-\varrho\omega)}},$$

wenn $\varrho = -\frac{1}{2}(1-i\sqrt{3})$ eine dritte Wurzel der Einheit bezeichnet. Die reelle Constante $C = \frac{1}{8}C_1$ bestimmt sich aus der gegebenen Länge der Tetraederkanten.

19.

Endlich soll noch die Aufgabe der Minimalfläche für den Fall behandelt werden, dass die Begrenzung aus zwei beliebigen Kreisen besteht, die in parallelen Ebenen liegen. Dann kennt man die Richtung der Normalen in der Begrenzung nicht. Daher lässt sich diese auch nicht auf der Kugel abbilden. Man gelangt aber zur Lösung der Aufgabe durch die Annahme, dass alle zu den Ebenen der Grenzkreise parallel gelegten ebenen Schnitte Kreise seien. Und es wird sich zeigen, dass unter dieser Annahme der Minimalbedingung Genüge geleistet werden kann.

Legt man die x-Axe rechtwinklig gegen die Ebenen der Grenzkreise, so ist die Gleichung der Schnittcurve in einer parallelen Ebene

$$(k)\qquad F = y^2 + z^2 + 2\alpha y + 2\beta z + \gamma = 0,$$

und α, β, γ sind als Functionen von x zu bestimmen. Zur Abkürzung werde

$$\sqrt{\left(\frac{\partial F}{\partial x}\right)^2 + \left(\frac{\partial F}{\partial y}\right)^2 + \left(\frac{\partial F}{\partial z}\right)^2} = \frac{1}{n}$$

gesetzt, so dass

$$\cos r = n\frac{\partial F}{\partial x},\quad \sin r\cos\varphi = n\frac{\partial F}{\partial y},\quad \sin r\sin\varphi = n\frac{\partial F}{\partial z}$$

ist. Dann lässt sich die Bedingung des Minimum in die Form bringen

$$\frac{\partial\left(n\frac{\partial F}{\partial x}\right)}{\partial x} + \frac{\partial\left(n\frac{\partial F}{\partial y}\right)}{\partial y} + \frac{\partial\left(n\frac{\partial F}{\partial z}\right)}{\partial z} = 0$$

oder nach Ausführung der Differentiation

$$4\frac{\partial^2 F}{\partial x^2}(F+\alpha^2+\beta^2-\gamma) + 4\frac{\partial F}{\partial x}\frac{\partial F}{\partial x} - 4\frac{\partial F}{\partial x}\frac{\partial}{\partial x}(F+\alpha^2+\beta^2-\gamma)$$
$$+ 4\cdot 2(F+\alpha^2+\beta^2-\gamma) = 0.$$

Schreibt man $\alpha^2+\beta^2-\gamma = -q$ und beachtet, dass $F=0$ ist, so geht die letzte Gleichung über in

$$(l)\qquad q\frac{\partial^2 F}{\partial x^2}-\frac{\partial F}{\partial x}\frac{dq}{dx}+2q=0$$

und giebt nach einmaliger Integration

$$\frac{1}{q}\frac{\partial F}{\partial x}+2\int\frac{dx}{q}+\text{const.}=0.$$

Die Integrationsconstante ist von x unabhängig. Nimmt man andererseits $\int\frac{dx}{q}$ unabhängig von y und z, so muss die Integrationsconstante eine lineäre Function von y und z sein, weil $\frac{1}{q}\frac{\partial F}{\partial x}$ eine solche ist. Man hat also

$$\frac{1}{q}\frac{\partial F}{\partial x}+2\int\frac{dx}{q}+2ay+2bz+\text{const.}=0.$$

Vergleicht man damit das Resultat der directen Differentiation von F, nemlich

$$\frac{\partial F}{\partial x}=2y\frac{d\alpha}{dx}+2z\frac{d\beta}{dx}+\frac{d\gamma}{dx}$$

so ergiebt sich

$$\frac{d\alpha}{dx}=-aq,\ \frac{d\beta}{dx}=-bq$$

und wenn man $\int q\,dx=m$ setzt:

$$\alpha=-am+d,\ \beta=-bm+e.$$

Hiernach hat man

$$\frac{\partial F}{\partial x}=-2aqy-2bqz+\frac{d\gamma}{dx},$$
$$\frac{\partial^2 F}{\partial x^2}=-2ay\frac{dq}{dx}-2bz\frac{dq}{dx}+\frac{d^2\gamma}{dx^2},$$

und diese Ausdrücke sind in die Gleichung (l) einzuführen. Nach gehöriger Hebung erhält man

$$q\frac{d^2\gamma}{dx^2}-\frac{dq}{dx}\frac{d\gamma}{dx}+2q=0,$$

eine Gleichung, die sich weiter vereinfacht, wenn man beachtet, dass

$$\gamma=q+\alpha^2+\beta^2=q+f(m)=\frac{dm}{dx}+f(m),$$
$$f(m)=(a^2+b^2)\,m^2-2\,(ad+be)\,m+d^2+e^2.$$

Nimmt man hieraus $\frac{d\gamma}{dx}$ und $\frac{d^2\gamma}{dx^2}$, so geht die Differentialgleichung, welche die Bedingung des Minimum ausdrückt, über in folgende:

$$(m)\qquad q\frac{d^2q}{dx^2}-\left(\frac{dq}{dx}\right)^2+2q+2\,(a^2+b^2)\,q^3=0.$$

Zur Ausführung der Integration setze man $\frac{dq}{dx}=p$ und betrachte

q als unabhängige Variable. Dadurch erhält man für p^2 als Function von q eine lineäre Differentialgleichung erster Ordnung, nemlich

$$\frac{1}{2} q \frac{d(p^2)}{dq} - p^2 + 2q + 2(a^2 + b^2) q^3 = 0$$

oder

$$\frac{q^2 d(p^2) - p^2 d(q^2)}{q^4} = -\left(\frac{4}{q^2} + 4(a^2 + b^2)\right) dq.$$

Das Integral lautet

$$(n) \qquad \frac{p^2}{q^2} = \frac{4}{q} - 4(a^2 + b^2) q + 8c.$$

Darin ist für p wieder $\frac{dq}{dx}$ zu setzen, wodurch man erhält

$$dx = \frac{dq}{2\sqrt{q + 2cq^2 - (a^2 + b^2) q^3}},$$
$$dm = \frac{q\,dq}{2\sqrt{q + 2cq^2 - (a^2 + b^2) q^3}}.$$

Also ergiebt sich

$$x = \int \frac{dq}{2\sqrt{q + 2cq^2 - (a^2 + b^2) q^3}},$$
$$(o) \qquad m = \int \frac{q\,dq}{2\sqrt{q + 2cq^2 - (a^2 + b^2) q^3}},$$
$$y = am - d + \sqrt{-q} \cos \psi,$$
$$z = bm - e + \sqrt{-q} \sin \psi.$$

Man hat demnach x, y, z als Functionen von zwei reellen Variabeln q und ψ ausgedrückt. Die Ausdrücke sind, abgesehen von algebraischen Gliedern, elliptische Integrale mit der obern Grenze q. Nach der oben entwickelten allgemeinen Methode hätte man x, y, z erhalten als Summen von zwei conjugirten Functionen zweier conjugirten complexen Variabeln. Danach liegt die Vermuthung nahe, dass diese complexen Ausdrücke mit Hülfe der Additionstheoreme der elliptischen Functionen sich je in einen einzigen Integralausdruck mit der Variabeln q zusammenziehen lassen.

Und dies ist leicht zu bestätigen. Man hat nemlich aus den Formeln für die Richtungscoordinaten r und φ der Normalen

$$\frac{\eta}{\eta'} = e^{2\varphi i} = \frac{\frac{\partial F}{\partial y} + \frac{\partial F}{\partial z} i}{\frac{\partial F}{\partial y} - \frac{\partial F}{d z} i} = \frac{y + zi + \alpha + \beta i}{y - zi + \alpha - \beta i} = e^{2\psi i}$$

Verbindet man damit die Definitionsgleichung von q, nemlich:

$$(y + zi + \alpha + \beta i)(y - zi + \alpha - \beta i) = -q,$$

so ergiebt sich

$$(y+zi)+(\alpha+\beta i)=(-q)^{\frac{1}{2}}\,\eta^{\frac{1}{2}}\,\eta'^{-\frac{1}{2}},$$

$$(y-zi)+(\alpha-\beta i)=(-q)^{\frac{1}{2}}\,\eta^{-\frac{1}{2}}\,\eta'^{\frac{1}{2}}$$

Ferner hat man

$$\operatorname{cotg} r=\frac{\frac{\partial F}{\partial x}}{\sqrt{\left(\frac{\partial F}{\partial y}\right)^2+\left(\frac{\partial F}{\partial z}\right)^2}}=\frac{1}{2\sqrt{-q}}\,\{p-2aq\,(y+\alpha)-2bq\,(z+\beta)\}$$

oder

$$\frac{1}{\sqrt{\eta\eta'}}-\sqrt{\eta\eta'}=\frac{\cos\frac{r}{2}^2-\sin\frac{r}{2}^2}{\sin\frac{r}{2}\cos\frac{r}{2}}=\frac{1}{\sqrt{-q}}\{p-2aq\,(y+\alpha)-2bq\,(z+\beta)\}$$

Auf der rechten Seite sind für $y+\alpha$ und $z+\beta$ die eben gefundenen Ausdrücke in η und η' einzuführen. Dadurch geht die Gleichung über in folgende:

$$\frac{p}{q}=(-q)^{\frac{1}{2}}\left[(a+bi)\left(\frac{\eta'}{\eta}\right)^{\frac{1}{2}}+(a-bi)\left(\frac{\eta}{\eta'}\right)^{\frac{1}{2}}\right]$$
$$+(-q)^{-\frac{1}{2}}\left(\sqrt{\eta\eta'}-\frac{1}{\sqrt{\eta\eta'}}\right).$$

Quadrirt man beide Seiten dieser Gleichung und setzt für $\frac{p^2}{q^2}$ seinen Werth aus (n), so ergiebt sich nach gehöriger Reduction

$$(p)\qquad (-q)\left[(a+bi)\left(\frac{\eta'}{\eta}\right)^{\frac{1}{2}}-(a-bi)\left(\frac{\eta}{\eta'}\right)^{\frac{1}{2}}\right]^2+\frac{1}{(-q)}\left[\sqrt{\eta\eta'}+\frac{1}{\sqrt{\eta\eta'}}\right]^2$$
$$=8c-2(a+bi)\left(\eta'-\frac{1}{\eta}\right)-2(a-bi)\left(\eta-\frac{1}{\eta'}\right).$$

Die so gefundene Gleichung, welche den Zusammenhang von q, η, η' angiebt, kann man als Integral einer Differentialgleichung für η und η' ansehen und q als Integrationsconstante auffassen. Die Differentialgleichung ergiebt sich durch unmittelbare Differentiation in folgender Form

$$0=\frac{d\eta}{\eta}\left[\frac{1}{\sqrt{-q}}\left(\sqrt{\eta\eta'}+\frac{1}{\sqrt{\eta\eta'}}\right)\right.$$
$$\left.-\sqrt{-q}\left((a+bi)\left(\frac{\eta'}{\eta}\right)^{\frac{1}{2}}-(a-bi)\left(\frac{\eta}{\eta'}\right)^{\frac{1}{2}}\right)\right],$$
$$+\frac{d\eta'}{\eta'}\left[\frac{1}{\sqrt{-q}}\left(\sqrt{\eta\eta'}+\frac{1}{\sqrt{\eta\eta'}}\right)\right.$$
$$\left.+\sqrt{-q}\left((a+bi)\left(\frac{\eta'}{\eta}\right)^{\frac{1}{2}}-(a-bi)\left(\frac{\eta}{\eta'}\right)^{\frac{1}{2}}\right)\right].$$

Mit Hülfe der primitiven Gleichung (p) lassen sich aber die Factoren von $\frac{d\eta}{\eta}$ und $\frac{d\eta'}{\eta'}$ anders ausdrücken. Man braucht nur die linke Seite von (p) in zweifacher Weise zu einem vollständigen Quadrat zu ergänzen, indem man das fehlende doppelte Product das eine mal positiv, das andere mal negativ hinzufügt. Dadurch erhält man

$$\frac{1}{\sqrt{-q}}\left(\sqrt{\eta\eta'}+\frac{1}{\sqrt{\eta\eta'}}\right)+\sqrt{-q}\left((a+bi)\sqrt{\frac{\eta'}{\eta}}-(a-bi)\sqrt{\frac{\eta}{\eta'}}\right)$$
$$=\pm 2\sqrt{\left[2c+(a+bi)\frac{1}{\eta}-(a-bi)\eta\right]},$$

$$\frac{1}{\sqrt{-q}}\left(\sqrt{\eta\eta'}+\frac{1}{\sqrt{\eta\eta'}}\right)-\sqrt{-q}\left((a+bi)\sqrt{\frac{\eta'}{\eta}}-(a-bi)\sqrt{\frac{\eta}{\eta'}}\right)$$
$$=\pm 2\sqrt{\left[2c+(a-bi)\frac{1}{\eta'}-(a+bi)\eta'\right]}.$$

Nimmt man die Quadratwurzeln mit gleichen Vorzeichen, so geht die Differentialgleichung über in

$$(q)\qquad 0=\frac{d\eta}{2\eta\sqrt{2c+(a+bi)\frac{1}{\eta}-(a-bi)\eta}}+\frac{d\eta'}{2\eta'\sqrt{2c+(a-bi)\frac{1}{\eta'}-(a+bi)\eta'}}.$$

Ihr Integral in algebraischer Form ist in der Gleichung (p) ausgesprochen oder, was auf dasselbe hinauskommt, in den beiden Gleichungen

$$(r)\qquad \begin{aligned}\frac{1}{\sqrt{-q}}(1+\eta\eta') &= \sqrt{\eta'\,[(a+bi)+2c\eta-(a-bi)\eta^2]}\\ &\quad+\sqrt{\eta\,[(a-bi)+2c\eta'-(a+bi)\eta'^2]},\\ \sqrt{-q}\left((a+bi)\eta'-(a-bi)\eta\right) &= \sqrt{\eta'\,[(a+bi)+2c\eta-(a-bi)\eta^2]}\\ &\quad-\sqrt{\eta[(a-bi)+2c\eta'-(a+bi)\eta'^2]}.\end{aligned}$$

In transscendenter Form lautet das Integral

$$(s)\qquad \text{const.}=\int\frac{d\eta}{2\sqrt{\eta\,[(a+bi)+2c\eta-(a-bi)\eta^2]}}+\int\frac{d\eta'}{2\sqrt{\eta'\,[(a-bi)+2c\eta'-(a+bi)\eta'^2]}},$$

und die Integrationsconstante lässt sich ausdrücken

$$\text{const.}=\int\frac{dq}{2\sqrt{q\,[1+2cq-(a^2+b^2)q^2]}},$$

was aus der Gleichung (r) leicht hervorgeht, wenn man η oder η' constant und zwar $=0$ nimmt. Man erkennt darin das Additionstheorem der elliptischen Integrale erster Gattung.

XVIII.

Mechanik des Ohres.

(Aus Henle und Pfeuffer's Zeitschrift für rationelle Medicin, dritte Reihe, Bd. 29.)*)

1. Ueber die in der Physiologie der feineren Sinnesorgane anzuwendende Methode.

Für die Physiologie eines Sinnesorganes sind ausser den allgemeinen Naturgesetzen zwei besondere Grundlagen nöthig, eine psychophysische, die erfahrungsgemässe Feststellung der Leistungen des Organes, und eine anatomische, die Erforschung seines Baues.

Es sind demnach zwei Wege möglich, um zur Kenntniss seiner Functionen zu gelangen. Man kann entweder vom Baue des Organes ausgehen und hieraus die Gesetze der Wechselwirkung seiner Theile und den Erfolg äusserer Einwirkungen zu bestimmen suchen,

oder man kann von den Leistungen des Organes ausgehen und diese zu erklären versuchen.

Bei dem ersten Wege schliesst man von gegebenen Ursachen auf die Wirkungen, bei dem zweiten sucht man zu gegebenen Wirkungen die Ursachen.

Man kann mit Newton und Herbart den ersten Weg den synthetischen, den zweiten den analytischen nennen.

Synthetischer Weg.

Der erste Weg liegt dem Anatomen am nächsten. Mit der Untersuchung der einzelnen Bestandtheile des Organs beschäftigt, fühlt er

*) Der grosse Mathematiker, den ein früher Tod unserer Hochschule und der Wissenschaft entriss, beschäftigte sich, angeregt durch die von Helmholtz begründete neue Lehre von den Tonempfindungen, in seinen letzten Lebensmonaten mit der Theorie des Gehörorgans. Was sich darüber aufgezeichnet in seinen Papieren vorfand und hier mitgetheilt wird, berührt allerdings nur einen kleinen und minder wesentlichen Theil der Aufgabe; doch rechtfertigt sich ohne Zweifel die Veröffentlichung dieses Fragments durch die Bedeutung des Verfassers und durch den Werth seiner Aussprüche, wie seines Beispiels für die methodische Behandlung des Gegenstandes. Den ersten Abschnitt und den grössten Theil des zweiten hat der Verf. in Reinschrift hinterlassen; der Schluss des zweiten, vom letzten Absatze auf S. 326 an, wurde aus zerstreuten Blättern und Sätzen, in welchen R. seine ersten Entwürfe niederzulegen pflegte, zusammengestellt. Die Bemerkung, in welcher er sich gegen die Helmholtz'sche Theorie von den Bewegungen des Ohres erklärt, würde erst durch seine eigene Ausführung verständlich geworden sein; Riemann's gesprächsweise Aeusserungen lassen vermuthen, dass die Verschiedenheit der beiderseitigen Ansichten erst bei dem Problem der Uebertragung der Schallschwingungen auf die Organe der Schnecke hervorgetreten sein würde, und dass R. das dabei zu lösende mathematische Problem als ein hydraulisches aufgefasst habe. Schering. Henle.

sich veranlasst, bei jedem einzelnen Theile zu fragen, welchen Einfluss er auf die Thätigkeit des Organs haben möge. Dieser Weg würde auch in der Physiologie der Sinnesorgane mit demselben Erfolg eingeschlagen werden können, wie in der Physiologie der Bewegungsorgane, wenn die physikalischen Eigenschaften der einzelnen Theile sich bestimmen liessen. Die Bestimmung dieser Eigenschaften aus den Beobachtungen bleibt aber bei mikroskopischen Objecten immer mehr oder weniger ungewiss und jedenfalls im höchsten Grade ungenau.

Man ist daher zu einer Ergänzung nach Gründen der Analogie oder Teleologie genöthigt, wobei die grösste Willkür unvermeidlich ist, und aus diesem Grunde führt das synthetische Verfahren in der Physiologie der Sinnesorgane selten zu richtigen und jedenfalls nicht zu sichern Ergebnissen.

Analytischer Weg.

Bei dem zweiten Wege sucht man zu den Leistungen des Organes die Erklärung.

Das Geschäft zerfällt in drei Theile.

1. Das Aufsuchen einer Hypothese, welche zur Erklärung der Leistungen genügt.

2. Die Untersuchung, in wie weit sie zur Erklärung nothwendig ist.

3. Die Vergleichung mit der Erfahrung, um sie zu bestätigen oder zu berichtigen.

I. Man muss das Instrument gleichsam nacherfinden und in so fern die Leistungen des Organs als Zweck, seine Schöpfung als Mittel zu diesem Zweck betrachten. Aber der Zweck ist kein vermutheter, sondern ein durch die Erfahrung gegebener, und wenn man von der Herstellung des Organs absieht, kann der Begriff der Endursachen ganz ausser dem Spiele bleiben.

Zu den thatsächlichen Leistungen des Organs sucht man in dem Baue des Organs die Erklärung. Bei dem Aufsuchen dieser Erklärung hat man zuvörderst die Aufgabe des Organs zu analysiren; hieraus werden sich eine Reihe von secundären Aufgaben ergeben, und erst nachdem man sich überzeugt hat, dass sie gelöst sein müssen, sucht man die Art und Weise, wie sie gelöst sind, aus dem Baue des Organs zu schliessen.

II. Nachdem aber eine Vorstellung gewonnen worden ist, welche zur Erklärung des Organs ausreicht, darf man nicht unterlassen zu untersuchen, in wie weit sie zur Erklärung nothwendig ist. Man muss sorgfältig unterscheiden, welche Voraussetzungen unbedingt oder vielmehr in Folge unbezweifelter Naturgesetze nothwendig sind, und welche Vorstellungsarten vielleicht durch andere ersetzt werden können, das ganz willkürlich Hinzugedachte aber ausscheiden. Nur auf diese Weise können die nachtheiligen Folgen der Benutzung von Analogien bei dem Aufsuchen der Erklärung beseitigt werden, und auf diese Weise wird auch die Prüfung der Erklärung an der Erfahrung (durch Aufstellung von zu beantwortenden Fragen) wesentlich erleichtert.

III. Zur Prüfung der Erklärung an der Erfahrung können theils die Folgerungen dienen, die sich aus ihr für die Leistungen des Organs ergeben, theils die bei dieser Erklärung vorauszusetzenden physikalischen Eigenschaften der Bestandtheile des Organs. Was die Leistungen des Organs betrifft, so ist eine genaue Vergleichung mit der Erfahrung äusserst schwierig, und man muss die Prüfung der Theorie meist auf die Frage beschränken, ob kein Ergebniss eines Versuchs oder einer Beobachtung ihr widerspricht. Was dagegen die Folgerungen über die physikalischen Eigenschaften der Bestandtheile betrifft, so können diese von allgemeiner Tragweite sein und zu Fortschritten in der Erkenntniss der Naturgesetze Anlass geben, wie dies z. B. bei dem Aufsuchen der Erklärung der Achromasie des Auges durch Euler der Fall war.

Für die beiden eben einander gegenübergestellten Forschungsweisen gelten übrigens die Bezeichnungen synthetisch und analytisch nur a potiori. Genau genommen ist weder eine rein synthetische, noch eine rein analytische Forschung möglich. Denn jede Synthese stützt sich auf das Ergebniss einer vorausgehenden Analyse und jede Analyse bedarf zu ihrer Bestätigung oder Berichtigung durch die Erfahrung der nachfolgenden Synthese. Bei dem ersten Verfahren bilden die allgemeinen Bewegungsgesetze das vorausgesetzte Ergebniss einer früheren Analyse.

Das erste vorzugsweise synthetische Verfahren ist für die Theorie der feinern Sinnesorgane deshalb zu verwerfen, weil die Voraussetzungen für die Anwendbarkeit des Verfahrens zu unvollständig erfüllt sind, die Ergänzung der Voraussetzungen durch Analogie und Teleologie hier aber völlig willkürlich bleibt.

Bei dem zweiten vorzugsweise analytischen Verfahren kann die Hülfe der Teleologie und Analogie zwar auch nicht ganz entbehrt, wohl aber bei ihrer Benutzung die Willkürlichkeit vermieden werden, indem man

1) die Anwendung der Teleologie auf die Frage beschränkt, durch welche Mittel die thatsächlichen Leistungen des Organs ausgeführt werden, nicht aber bei den einzelnen Bestandtheilen des Organs die Frage nach dem Nutzen aufwirft;

2) die Anwendung von Analogien (das „Dichten von Hypothesen“) sich zwar nicht, wie Newton will, gänzlich versagt, aber hinterher die Bedingungen, die zur Erklärung der Leistungen des Organs erfüllt sein müssen, heraushebt, und die zur Erklärung nicht nöthigen Vorstellungen, welche durch Benutzung der Analogie herbeigeführt worden sind, davon absondert.

Nach diesen Principien müssen nun für unsern Zweck zuvörderst die Leistungen des Gehörorgans festgestellt werden. Mit welcher Schärfe, Feinheit und Treue das Ohr die Wahrnehmung des Schalles, seines Klanges und Tones, seiner Stärke und Richtung vermittelt, dieses muss durch Beobachtung und Versuch so genau, wie irgend möglich, bestimmt werden.

Ich setze diese Thatsachen als bekannt voraus. In dem Buche „die Lehre von den Tonempfindungen als physiologische Grundlage für die Theorie der Musik“ von Helmholtz, findet man die Fortschritte zusammengestellt, welche in der so äusserst schwierigen Ermittelung der Thatsachen, die die Wahrnehmung der Töne betreffen, in neuester Zeit gemacht worden sind und zwar vorzüglich von Helmholtz selbst.

Da ich den Folgerungen, welche Helmholtz aus den Versuchen und Beobachtungen zieht, entgegen zu treten vielfach genöthigt bin, so glaube ich um so mehr gleich hier aussprechen zu müssen, wie sehr ich die grossen Verdienste seiner Arbeiten über unsern Gegenstand anerkenne. Sie sind aber meiner Ansicht nach nicht in seinen Theorien von den Bewegungen des Ohres zu suchen, sondern in der Verbesserung der erfahrungsmässigen Grundlage für die Theorie dieser Bewegungen.

Ebenso muss ich auch den Bau des Ohres hier als bekannt voraussetzen, und bitte den geneigten Leser, nöthigenfalls ein mit Abbildungen versehenes Handbuch der Anatomie zur Hülfe zu nehmen. Die Ergebnisse der neuesten Forschungen über den Bau der Schnecke und des Ohres überhaupt findet man dargestellt in der vor Kurzem erschienenen dritten Lieferung des zweiten Bandes von Henle's Handbuch der Anatomie des Menschen.

Ich betrachte es hier allein als meine Aufgabe, jene psychophysischen Thatsachen aus diesen anatomischen Thatsachen zu erklären.

Die Theile des Ohres, die für unsern Zweck in Betracht kommen, sind die Paukenhöhle und das Labyrinth, welches aus dem Vorhofe, den Bogengängen und der Schnecke besteht. Wir verfahren nun so, dass wir zunächst aus dem Baue dieser Theile zu schliessen suchen, was jeder derselben zu den Leistungen des Ohres beitragen möge, dann aber bei jedem einzelnen Theile wieder von der durch ihn zu lösenden

Aufgabe ausgehen und zunächst die Bedingungen aufsuchen, deren Erfüllung zu einer genügenden Lösung der Aufgabe erforderlich ist.

2. Paukenhöhle.

Man hat längst erkannt, dass der Apparat in der Paukenhöhle die Wirkung hat, den Druck der Luft auf das Labyrinthwasser verstärkt zu übertragen.

Nach den oben entwickelten Principien müssen wir nun aus den in der Erfahrung gegebenen Leistungen des Organs die Bedingungen ableiten, welche bei dieser Uebertragung erfüllt werden müssen. Es ergeben sich diese vorzüglich aus der Feinheit des Ohres in der Wahrnehmung des Klanges und aus der grossen Schärfe, welche das Ohr, zumal das unverkümmerte Ohr des Wilden und des Wüstenbewohners, besitzt. Versteht man unter Klang die Beschaffenheit des Schalles, welche von Stärke und Richtung desselben unabhängig ist, so wird diese offenbar durch den Apparat völlig treu mitgetheilt, wenn er die Druckänderung der Luft in jedem Augenblick in constantem Verhältniss vergrössert auf das Labyrinthwasser überträgt.

Es ist unverfänglich, dies als Zweck des Apparats anzusehen, wenn man nur dabei nicht unterlässt, zugleich aus den Leistungen des Ohres zu bestimmen, wie weit man durch die Erfahrung berechtigt d. h. genöthigt ist, die wirkliche Erfüllung dieses Zwecks vorauszusetzen.

Wir wollen dies sogleich thun, vorher jedoch für die Beschaffenheit der Druckänderung, von welcher der Klang abhängt, einen mathematischen Ausdruck suchen. Die Curve, welche die Geschwindigkeit der Druckänderung als Function der Zeit darstellt, bestimmt die Schallwelle vollständig bis auf ihre Richtung, also auch Stärke und Klang des Schalles. Nimmt man nun statt dieser Geschwindigkeit den Logarithmus von dieser Geschwindigkeit, oder wenn man lieber will, von deren Quadrat, so erhält man eine Curve, deren Form von Richtung und Stärke des Schalles unabhängig ist, die aber den Klang vollständig bestimmt und daher „Klangcurve“ heissen möge.

Löste der Apparat seine Aufgabe vollkommen, so würden die Klangcurven des Labyrinthwassers mit den Klangcurven der Luft völlig übereinstimmen. Durch die Feinheit des Ohres in der Wahrnehmung des Klanges halten wir uns nun zu der Annahme berechtigt, dass die Klangcurve durch die Uebertragung nur sehr wenig geändert werde und also das Verhältniss zwischen den gleichzeitigen Druckänderungen der Luft und des Labyrinthwassers während eines Schalles sehr nahe constant bleibe.

Eine langsame Veränderlichkeit dieses Verhältnisses ist damit sehr wohl vereinbar und wahrscheinlich. Sie würde nur eine Veränderlichkeit des Ohres in der Schätzung der Schallstärke zur Folge haben, deren Annahme die Erfahrung durchaus nicht verbietet. Würde die Klangcurve merklich geändert, so scheint eine solche Feinheit des Gehörs, wie sie sich z. B. in der Wahrnehmung geringer Verschiedenheiten der Aussprache zeigt, mir kaum denkbar. Die unmittelbare Beurtheilung der Feinheit der Klangwahrnehmungen und besonders die Schätzung der den Klangverschiedenheiten entsprechenden Verschiedenheiten der Klangcurve bleibt freilich immer sehr subjectiv.

Die Verschiedenheit des Klanges dient uns aber auch, die Entfernung der Schallquelle zu schätzen. Von dieser Klangverschiedenheit können wir die mechanische Ursache, die Veränderung der Klangcurve bei der Fortpflanzung des Schalles in der Luft durch Rechnung bestimmen.

Wir können indess dies hier nicht weiter verfolgen und wollen von dem Uebertragungsapparat nur fordern, dass er keine groben Entstellungen des Klanges bewirke, obgleich wir glauben, dass seine Treue viel grösser ist, als man gewöhnlich annimmt.

I. Der Apparat in der Paukenhöhle (im unverkümmerten Zustande) ist ein mechanischer Apparat von einer Empfindlichkeit, die Alles, was wir von Empfindlichkeit mechanischer Apparate kennen, himmelweit hinter sich lässt.

In der That ist es durchaus nicht unwahrscheinlich, dass durch denselben Schallbewegungen treu mitgetheilt werden, die so klein sind, dass sie mit dem Mikroskop nicht wahrgenommen werden könnten.

Die mechanische Kraft der schwächsten Schälle, welche das Ohr noch wahrnimmt, lässt sich freilich kaum direct schätzen; aber man kann mit Hülfe des Gesetzes, nach welchem die Stärke des Schalles bei seiner Verbreitung in der Luft abnimmt, zeigen, dass das Ohr Schälle wahrnimmt, deren mechanische Kraft Millionen Mal kleiner ist, als die der Schälle von gewöhnlicher Stärke.

In Ermangelung anderer von Fehlerquellen freier Beobachtungen berufe ich mich auf die Angabe von Nicholson, nach welcher das Rufen der Schildwachen von Portsmouth 4 bis 5 englische Meilen weit zu Ride auf der Insel Wight bei Nacht deutlich gehört wird. Wenn man erwägt, welche Vorrichtungen Colladon nöthig hatte, um die Verbreitung des Schalles im Wasser wahrzunehmen, so wird man zugeben, dass von einer erheblichen Verstärkung des Schalles durch Fortpflanzung im Wasser nicht die Rede sein kann und dass hier in der That die mechanische Kraft des Schalles umgekehrt proportional dem Quadrat der Entfernung und wahrscheinlich noch schneller abnimmt. Da die Entfernung von 4 bis 5 Meilen etwa 2000 Mal so gross ist als die Entfernung von 8 bis 10 Fuss, so ist die mechanische Kraft der das Trommelfell treffenden Schallwellen hier vier Millionen Mal kleiner, als in der Entfernung von 8 bis 10 Fuss von der Schildwache und die Bewegungen sind 2000 Mal kleiner. Man muss zugeben, dass bei den Schall-Empfindungen durchaus nichts von Verhältnissen, wie 1 zu 1000 Millionen oder 1 zu Tausend bemerkt wird. Nach den neueren Untersuchungen über das Verhältniss der psychischen Schätzung der Schallstärken zum physischen oder mechanischen Mass der Schallstärke bildet dies jedoch durchaus keinen Einwand gegen die eben erhaltenen Resultate. Wahrscheinlich ist dies Abhängigkeitsverhältniss gerade so, wie das unserer Schätzung der Lichtstärke oder Grösse der Fixsterne zu der mechanischen Kraft des uns von ihnen zugesandten Lichtes. Hier hat man bekanntlich aus den Stern-Aichungen geschlossen, dass die mechanische Kraft des Lichtes im geometrischen Verhältnisse abnimmt, wenn die Grösse des Fixsternes in arithmetischer Reihe steigt.

Theilte man dem analog die Schälle, von denen von gewöhnlicher Stärke bis zu den eben noch wahrnehmbaren, in Schälle von der ersten bis zur achten Grösse, so würde die mechanische Kraft für die Schälle zweiter Grösse etwa $1/_{10}$, für die dritter $1/_{100}$, ..., für die achter $1/_{10,000000}$, den zehn Millionten Theil so gross sein, als für die Schälle erster Grösse, und die Weite der Bewegungen würde für die Schälle erster, dritter, fünfter, siebenter Grösse sich wie $1 : 1/_{10} : 1/_{100} : 1/_{1000}$ verhalten.

Ich habe oben bei der Betrachtung der das Ohr treffenden Schallwellen vor dem Trommelfell Halt gemacht, weil Einige eine Dämpfung der stärkeren Schälle (durch Spannung des Trommelfells?) annehmen. Ich muss jedoch gestehen, dass mir diese Meinung als eine völlig willkürliche Vermuthung erscheint. Es mögen allerdings, wenn ein starker Knall die Membranen des Labyrinths zu verletzen droht, Schutzvorrichtungen wirksam werden; aber ich finde in der Beschaffenheit der Gehörseindrücke durchaus nichts Analoges mit dem Beleuchtungsgrad des Gesichtsfeldes beim Auge, und wüsste durchaus nicht, was eine fortwährend veränderliche Reflexthätigkeit des M. tensor tympani für das genaue Auffassen eines Musikstücks nützen sollte. Meiner Ansicht nach hat man durchaus keinen Grund, bei dem Schalle in 10 Fuss Entfernung von der Schildwache ein anderes Verhältniss zwischen den Bewegungen der Luft vor dem Trommelfell und den Bewegungen der Steigbügelplatte anzunehmen, als in der Entfernung von 20,000 Fuss; aber selbst wenn man eine ziemlich starke Veränderlichkeit der Spannung des Trommelfells annimmt, werden unsere Schlüsse dadurch nicht beeinträchtigt. Wenn nun die Bewegungen der Steigbügelplatte in der Entfernung von 10 Fuss von der Schildwache wahrscheinlich zu den eben mit blossen Augen noch wahrnehmbaren gehören, so werden die Bewegungen in der Entfernung von 20,000 Fuss bei einer 2000fachen Vergrösserung eben wahrnehmbar sein.

II. Soll der Paukenapparat so kleine Bewegungen treu mittheilen, wie er es der Erfahrung nach thut, so müssen die festen Körper, aus denen er besteht, an den Stellen, wo sie auf einander wirken sollen, völlig genau auf einander schliessen; denn offenbar kann ein Körper einem anderen eine Bewegung nicht mittheilen, sobald er um mehr als die Weite der Bewegung von ihm absteht.

Es wird ferner nur ein kleiner Theil der mechanischen Kraft der Schallbewegung durch anderweitige Arbeit, wie Spannung von Gelenkkapseln und Membranen, für das Labyrinth verloren gehen dürfen.

Ein solcher Verlust wird vermieden durch die äusserst geringe Breite des freien Randes der Membran des Vorhofsfensters. Wäre dieser Rand breiter, so würden die Schwingungen der Steigbügelplatte beinahe ganz durch Schwingungen dieses Randes ausgeglichen werden, und auf die Membranen der Schnecke und des Schneckenfensters nur eine geringe Wirkung stattfinden.

Die Wirkung dieses Membranenrandes auf die Steigbügelplatte wird wegen der geringen Breite des Randes für die verschiedenen Lagen der Steigbügelplatte während der Schallbewegung sehr verschieden sein. Man muss daher, wenn sie den Klang nicht entstellen soll, annehmen, dass die Elasticität der Membran sehr gering ist, und die Steigbügelplatte nicht durch sie, sondern durch andere Kräfte in die richtige Gleichgewichtslage gebracht wird.

III. Da die Theile des Paukenapparates, um die erfahrungsgemässe Schärfe des Ohres möglich zu machen, fortwährend mit mehr als mikroskopischer Genauigkeit in einander greifen müssen, so scheinen Correctionsvorrichtungen wegen der Ausdehnung und Zusammenziehung der Körper durch die Wärme durchaus unentbehrlich. Die Temperaturänderungen mögen innerhalb der Paukenhöhle nur sehr klein sein; dass sie aber stattfinden, ist nicht zu bezweifeln. Für die Temperaturvertheilung im menschlichen Körper gilt, wenn die äussere Temperatur hinreichend lange constant gewesen ist, nahe das Gesetz, dass der Abstand der Temperatur an einer beliebigen Stelle des Körpers von der Hirntemperatur proportional ist dem Abstande der äusseren Temperatur von der Hirntemperatur. Dieses Gesetz ergiebt sich aus dem Newton'schen und der Voraussetzung, dass der Wärmeleitungscoefficient und die specifische Wärme innerhalb der in Betracht kommenden Temperaturen constant sei, eine Voraussetzung, die wahrscheinlich nahe erfüllt ist. Man kann durch dieses Gesetz aus dem Abstande der Temperatur der Paukenhöhle von der Hirntemperatur auf die Temperaturänderungen schliessen. Wenn sich nun auch der Temperaturunterschied zwischen Paukenhöhle, und Hirn nicht bestimmen lässt, so kann man doch aus mehreren Gründen, aus den Communicationen mit der äusseren Luft durch den äusseren Gehörgang und die Tuba, auch wohl aus der Art und Weise der Blutversorgung der Paukenhöhle, mit grosser Wahrscheinlichkeit schliessen, dass ein merklicher Temperaturunterschied stattfindet.

Dagegen hat der Pyramidenknochen, weil er den Can. caroticus enthält, wahrscheinlich sehr nahe die Temperatur des Hirns, und wir müssen daher annehmen, dass die innere Auskleidung der Paukenhöhle ein sehr schlechter Wärmeleiter und Strahler ist.

Von den übrigen, die Paukenhöhle umgebenden Knochen lässt sich freilich wohl nicht behaupten, dass sie eine so hohe Temperatur besitzen, wie das Hirn oder die Pyramide. Doch enthalten sie bedeutende Wärmequellen in Blutleitern, grossen Arterien und Venen und sind, wie die Pyramide, durch Schleimhaut und Periost gegen die Ausstrahlung in die Paukenhöhle geschützt. Wir dürfen daher annehmen, dass ihre Temperatur merklich höher ist als die der Paukenhöhle.

Wenn nun die äussere Temperatur sinkt, so wird nach dem oben angeführten Gesetze der Abstand von der Hirntemperatur allenthalben im Körper in demselben Verhältniss (auf das Doppelte) steigen, die Paukenhöhle wird sich in Folge dessen merklich, die umgebenden Knochen nur sehr wenig abkühlen, und die Gehörknöchelchen werden sich merklich zusammenziehen, während die Wände der Paukenhöhle fast ungeändert bleiben.

Viel mehr als dieses, dass die Gehörknöchelchen sich beim Sinken der äusseren Temperatur viel stärker abkühlen und zusammenziehen, als die Wände der Paukenhöhle, dürfte sich über den Einfluss der Temperatur auf den Paukenapparat bei unserer gänzlichen Unbekanntschaft mit den thermischen Eigenschaften seiner Bestandtheile nicht feststellen lassen.

IV. Ich werde nun zunächst die Veränderungen zu bestimmen suchen, welche bei einem Sinken der äusseren Temperatur in der Lage der Gehörknöchelchen eintreten, damit alle zur Berührung bestimmten Theile des Apparates fortfahren, genau auf einander zu schliessen. Der Theil des Gehörknöchelsystems, der am unveränderlichsten mit der Wand der Paukenhöhle verbunden ist, ist das Ambos-Paukengelenk. Durch Abkühlung werden alle Entfernungen in festen Körpern kleiner, also auch die Entfernung des Ambos-Steigbügelgelenks von dieser Gelenkfläche. Vom Hammer ist wahrscheinlich das obere Griffende derjenige Theil, welcher, wenigstens parallel dem Paukenfellring, die geringsten Verschiebungen zulässt. Da nun bei der Abkühlung die Entfernung des Ambos-Paukengelenks von dem am unveränderlichsten befestigten Punkt des oberen Hammergriffs im Paukenfell nahe ungeändert bleibt, die Entfernungen dieser Punkte vom Ambos-Hammergelenk aber beide abnehmen, so muss sich am Ambos-Hammergelenk der Winkel zwischen den nach diesen Punkten gehenden Linien etwas weiter öffnen.

Bei diesen beiden Aenderungen in der Lage der Gehörknöchelchen wird der Hammer ein wenig in der Richtung vorn-median-hinten und gleichzeitig (um das Gelenkknöpfchen des Amboses in seiner Höhe zu erhalten) sehr wenig in der Richtung vorn-oben-hinten gedreht. Der lange Fortsatz des Hammers würde dabei in der Fissur nach oben und medianwärts bewegt werden, wenn er gegen Griff und Kopf des Hammers eine und dieselbe Lage behielte. Durch die Wirkung der Abkühlung wird er aber stärker gekrümmt und dem Hammergriff genähert, so dass er sich während der Temperaturänderung wahrscheinlich nur allmählich ein wenig aus der Fissur herausbewegt.

V. Wir haben eben die Bedingungen aufgestellt, denen die Lage der Gehörknöchelchen wahrscheinlich genügt, damit sie fortwährend genau auf einander schliessen und dabei weder im Rande der Vorhofsmembran, noch im Paukenfell eine merklich ungleichmässige Spannung erzeugen. Wir fragen nun nach den Mitteln, durch welche den Gehörknöchelchen jederzeit die richtige Lage gegeben und gesichert wird. (Es wird dies meist durch einander entgegengesetzte Kräfte geschehen, welche bei der richtigen Lage des Knöchelchens sich das Gleichgewicht halten und es, wenn es aus ihr entfernt würde, in sie zurücktreiben würden.)

Es ist klar, dass diese in den beiden die Lage der Gehörknöchelchen regulirenden Muskeln, in den Gelenkkapseln, Ligamenten, den Schleimhautfalten und den beiden Membranen, mit denen die Gehörknöchelchen verwachsen sind, gesucht werden müssten. Bei diesem Aufsuchen der Ursachen einer bestimmten Wirkung auf die Gehörknöchelchen ergeben sich jedoch, namentlich wenn man die Schleimhautfalten mit in Betracht zieht, oft mehrere Wege zur Erzielung der Wirkung als möglich. Um aus diesen verschiedenen Möglichkeiten die wahrscheinlichste herauszufinden, ist es vor allen Dingen nöthig, sich durch anatomische Untersuchungen an frischen Präparaten ein ungefähres Urtheil über die Elasticität und Spannung der Bänder, Häute etc. zu verschaffen, was mir unmöglich ist. Man darf jedoch auch hoffen, durch sorgfältige Entwicklung der Consequenzen der verschiedenen

Hypothesen bei den falschen auf Unwahrscheinlichkeiten zu stossen und diese so zu excludiren.

Es ist für unsere jetzige Untersuchung zweckmässig, zu unterscheiden zwischen dem lauschenden, zum genauen Hören adaptirten Ohr und dem nicht lauschenden Ohr, und für bestimmte Fragen zwischen dem Ohr des Neugeborenen und des Erwachsenen. Wir machen die Unterscheidung zwischen dem lauschenden und nicht lauschenden Ohr, wenn die Steigbügelplatte durch den Zug des M. tensor tympani ein wenig gegen das Labyrinthwasser gedrückt wird, so dass der Druck im Labyrinthwasser ein wenig stärker ist als in der Luft der Paukenhöhle; es werden dabei die Theile der festen Körper, deren Berührung gesichert werden soll, ein wenig gegen einander gedrückt. Diejenigen nun, welche eine solche fortwährende Spannung des Apparates (das Paukenfell etwa ausgenommen) für unwahrscheinlich halten, mögen annehmen, dass bei den Temperaturänderungen die Gehörknöchelchen durch die Wirkung der Haft- und Gelenkbänder und die allmähliche Aenderung der Contraction der Muskeln ihre Lage ändern, ohne gegen einander gedrückt zu werden, weil wir gefunden haben, dass nur dann das genaue Ineinandergreifen aller Theile des Apparats gesichert ist.

Es bleibt dann unsere Untersuchung für das lauschende, zum genauen Hören absichtlich vorgerichtete Ohr giltig, während daneben doch immer die Möglichkeit bestehen bleibt, dass das Ohr (des Wachenden?) fortwährend, wenn auch vielleicht in geringerem Grade, adaptirt ist.

Der Gehörknöchelapparat besteht aus einem aus zwei Theilen (Hammer und Ambos) zusammengesetzten, um eine Axe drehbaren Körper und aus einem mit diesem Körper articulirenden, auf das Wasser des Vorhofsfensters drückenden Stempel (dem Steigbügel). Das eine Ende der Umdrehungsaxe, der kurze Fortsatz des Amboses, ist mittelst des Ambos-Paukengelenks an der hintern Wand der Paukenhöhle befestigt, das andere Ende, der lange Fortsatz des Hammers, ragt, nur von Weichtheilen umgeben, in eine Spalte zwischen dem vordern obern Ende des Paukenfellrings und dem Felsenbein und legt sich in eine Furche dieses Ringes. (Wenigstens ist es so beim Ohr des Neugeborenen.)

Die Bestimmung der relativen Lage der Gehörknöchelchen gegen die Paukenhöhle wird sehr erleichtert durch das Verfahren von Henle, die Paukenhöhle sich so gedreht zu denken, dass die Umdrehungsaxe horizontal von hinten nach vorn geht und das Vorhofsfenster vertical steht.

Wird der Stiel des Hammers durch Steigerung des Druckes der Luft auf das mit ihm verwachsene Trommelfell nach innen getrieben, so wird die Basis des Steigbügels gegen die Membran des (ovalen)

Vorhofsfensters gedrückt, der Druck im Labyrinthwasser gesteigert und dadurch die Membran des (runden) Schneckenfensters nach aussen getrieben.

Damit der Apparat die kleinsten Druckänderungen der Luft, in stets gleichem Verhältniss vergrössert, dem Labyrinthwasser mittheilen könne, ist es vor allen Dingen nöthig, dass der Druck des Steigbügels stets in völlig gleicher Weise auf das Labyrinthwasser wirke. Zu diesem Ende muss

1.) der Druck der Basis stets Eine und dieselbe Fläche treffen und die Richtung der Bewegung unveränderlich sein;

2.) es dürfen keine Anheftungen des Steigbügels an die Wand des Vorhofsfensters stattfinden, wenigstens keine solchen, die irgend einen merklichen Einfluss auf seine Lage und Bewegung ausüben könnten;

3.) der Steigbügel darf nie aufhören, gegen die Membran des Vorhofsfensters zu drücken.

Wie man bei einiger Ueberlegung leicht finden wird, würden die Druckänderungen der Luft entweder gar nicht oder nach völlig veränderten Gesetzen auf das Labyrinthwasser wirken, sobald Eine dieser Bedingungen verletzt würde.

Um die Erfüllung der 3. Bedingung zu sichern, muss durch den M. tensor tympani, welcher den Hammerstiel nach innen zieht, der Druck gegen die Membran des Vorhofsfensters stets auf einer solchen Höhe erhalten werden, dass er die grössten, beim Hören zu erwartenden Druckänderungen beträchtlich übertrifft. Wahrscheinlich wird am Schnecken- oder Vorhofsfenster eine Wirkung dieses Druckes, sei es die Spannung oder Krümmung (Ausdehnung, Formänderung) der Membran empfunden und durch den M. tensor tympani der für das genaue Hören günstigste Druck hergestellt.

Der Druck hängt nur von der Lage des Hammerstiels ab, und um die erforderliche Einstellung dieses Stiels zu bewirken, muss der Zug des Muskels gerade so stark sein, dass er der Wirkung der Spannung des Paukenfells bei dieser Einstellung das Gleichgewicht hält. Ob die Spannung des Paukenfells dabei grösser oder kleiner ist, darauf kommt gar nichts an; nur muss sie, wie wir jetzt zeigen wollen, so gross bleiben, dass nur ein sehr kleiner Theil der mechanischen Kraft der das Ohr treffenden Wellen an die Luft im Innern der Paukenhöhle verloren geht.

Wenn eine in freier Luft ausgespannte Membran von einer Schallwelle getroffen wird, so entstehen eine Schwingung der Membran, eine zurückgeworfene Luftwelle und eine weitergehende (gebrochene) Luftwelle. Wie sich die mechanische Kraft der Schallwelle auf diese drei Wirkungen vertheilt, hängt von der Spannung der Membran ab. Ist diese Spannung sehr gering, so sind die beiden ersten Wirkungen sehr schwach, und es geht die Schallwelle fast unverändert weiter. Ist dagegen die Membran so stark gespannt, dass ihre Bewegungen nur sehr klein sind gegen die Schwingungen der Lufttheilchen in der auf sie treffenden Schallwelle, so kann sie der Luft auf der hintern Seite nur sehr kleine Bewegungen mittheilen und folglich auch ihren Druck nur wenig verändern, und es wird fast die ganze Druckänderung auf der vordern Seite zur Spannung der Membran verwandt. Ausserdem aber entsteht, wenn die Membran in freier Luft ausgespannt ist, eine zurückgeworfene Welle.

Die Lage des Linsenbeines gegen das Vorhofsfenster kann also nicht unverändert bleiben; aber es kann durch Drehung des Amboses um seinen Befestigungspunkt (das Paukengelenk) bewirkt werden, dass das Linsenbein sich nur parallel der Längsaxe des Vorhofsfensters verschiebt, und also nur in dieser Richtung eine Drehung des Steigbügels um das Centrum der Ambosgelenkfläche nöthig ist, um die Steigbügelplatte an ihrem Platze zu erhalten. Da nun nur für diese Richtung eine Vorrichtung (der M. stapedius) vorhanden ist, den Steigbügel um das Ambosgelenkknöpfchen willkürlich zu drehen, für die darauf senkrechte aber nicht, so darf man wohl vermuthen, dass die letztere Vorrichtung eben dadurch überflüssig gemacht worden ist, dass das Ambosgelenkknöpfchen fortwährend in derselben Höhe erhalten wird.

VI. Dem Zuge der Sehne des M. tensor tympani wird zum Theil das Gleichgewicht gehalten durch die Befestigung des Hammergriffs im Paukenfell und des Paukenfells im Sulcus tympanicus. Die Anheftung des Paukenfells an dem Hammergriff reicht aber (nach v. Tröltsch und Gerlach) nur wenig höher, als der Insertionspunkt der Sehne, und ihr Endpunkt liegt selbst schon höher als die Endigungen des Sulcus tympanicus.

Offenbar kann also die Befestigung des Paukenfells im S. t. dem M. tensor tympani allein nicht das Gleichgewicht halten. Zum Gleichgewicht des Hammers ist vielmehr erforderlich, dass auf den oberhalb des Insertionspunkts gelegenen Theils ein gleich grosses entgegengesetzt gerichtetes Drehungsmoment wirke, wie auf den unterhalb gelegenen Griff. Man kann diese zur Herstellung des Gleichgewichts nöthige Kraft suchen

1.) entweder in der Verbindung des Paukenfells mit den oberflächlichen Schichten der Haut des äusseren Gehörgangs,

2.) oder in der Wirkung der hinteren Paukenfelltasche,

3.) oder vielleicht in dem Zusammenwirken der Anheftungen des Hammerkopfes an die Paukenhöhlenwand durch den Ambos einerseits und anderseits durch das Lig. superius Arnoldi. Diese Anheftungen bilden einen etwa gegen die Spitze des kurzen Fortsatzes gerichteten Winkel und drücken, wenn sie gespannt sind, diese Spitze gegen das Paukenfell.

Dritte Abtheilung.

XIX.

Versuch einer allgemeinen Auffassung der Integration und Differentiation.*)

In dem folgenden Aufsatze ist der Versuch gemacht, ein Verfahren aufzustellen, mittelst dessen man aus einer gegebenen Function einer Veränderlichen eine andere Function derselben Veränderlichen ableiten könne, deren Abhängigkeit von jener ursprünglichen sich durch eine Zahl ausdrücken lässt und die für den Fall, dass diese Zahl eine ganze positive, negative oder null ist, bezüglich mit den Differentialquotienten, Integralen und der ursprünglichen Function übereinstimmt. Die Resultate der Differential- und Integral-Rechnung werden zwar als Grundlage hier vorausgesetzt, aber nicht in der Weise, dass diejenigen derselben, die für alle Differentiale und Integrale, deren Ordnung durch eine ganze Zahl ausgedrückt wird, gelten, auch auf die gebrochenen Ordnungen ausgedehnt würden; sondern sie sollen nur einerseits zur Begründung des oben angedeuteten Verfahrens benutzt werden und andrerseits als Wegweiser dienen dasselbe zu finden.

Zu diesem letzteren Zwecke wollen wir einmal die Reihe der Differentialquotienten etwas näher betrachten. Es ist klar dass man hiebei nicht von der gewöhnlichen Definition derselben ausgehen kann, die sich auf ihr recurrentes Bildungsgesetz gründet, da man ja durch dasselbe unmöglich auf andere Glieder der Reihe, als auf solche, die ganzen Indices entsprechen, gelangen kann; man muss sich also nach einer independenten Bestimmung derselben umsehen. Ein Mittel dazu

*) Diese Abhandlung trägt im Manuscript das Datum 14. Jan. 1847. und stammt also aus Riemanns Studienzeit. Riemann dachte ohne Zweifel nicht an ihre Veröffentlichung, auch stützt sich die Betrachtung auf Grundlagen, deren Haltbarkeit er in späteren Jahren nicht mehr anerkannt haben würde. Immerhin ist die Arbeit für Riemanns Entwicklungsgang charakteristisch, und die Resultate sind bemerkenswerth genug, um die Aufnahme in diese Sammlung zu rechtfertigen.

bietet uns die Entwicklung der Function, welche aus der ursprünglichen durch Vermehrung der Veränderlichen um einen beliebigen Zuwachs entsteht, nach ganzen positiven Potenzen dieses Zuwachses dar. Denn da die bekannte Entwicklung

$$(1) \qquad z_{(x+h)} = \sum_{p=0}^{p=\infty} \frac{1}{1\,.\,2\,.\,.\,p} \frac{d^p z}{dx^p} h^p$$

(wo $z_{(x+h)}$ das bedeutet, was aus $z_{(x)}$ wird, wenn man darin statt x $x+h$ setzt) für jeden beliebigen Werth von h gültig ist, so müssen die Coefficienten in derselben einen ganz bestimmten Werth haben; man kann dieselben also zur Definition der Differentialquotienten verwenden. Demgemäss stellen wir folgende Definition auf: der $n$te Differentialquotient der Function $z_{(x)}$ ist gleich dem Coefficienten von h^n in der Entwicklung von $z_{(x+h)}$ nach ganzen positiven Potenzen von h, multiplicirt in einen nach x constanten, nur von n abhängigen Factor, nemlich in $1\,.\,2\,\ldots\,n$. Diese Betrachtungsweise der Differentialquotienten führt sehr leicht zur Feststellung einer allgemeinen Operation, in welcher die Differentiation und Integration enthalten ist und welche wir (da die Bezeichnung und Benennung derselben als die Grenze des Quotienten verschwindender Grössen bei dieser Betrachtungsweise keinen Sinn hat) durch ∂_x^ν bezeichnen und nach dem Vorgange von Lagrange in der Benennung „fonctions dérivées“ Ableitung benennen wollen.

Wir verstehen nemlich unter $\partial_x^\nu z$ oder unter dem Ausdruck „νte Ableitung von $z_{(x)}$ nach x“ den Coefficienten von h^ν in einer nach Potenzen von h, deren Exponenten um eine ganze Zahl von einander abstehen, rückwärts und vorwärts in's Unendliche fortlaufenden Entwicklung von $z_{(x+h)}$, multiplicirt in einen nach x constanten, nur von ν abhängigen Factor, d. h. wir definiren $\partial_x^\nu z$ durch die Gleichung

$$(2) \qquad z_{(x+h)} = \sum_{\nu=-\infty}^{\nu=+\infty} k_\nu \, \partial_x^\nu z \; h^\nu.$$

In dieser Definition muss nun natürlich der von ν allein abhängige Factor k_ν so bestimmt werden, dass für den Fall, dass die Exponenten von h ganze Zahlen sind, die Reihe (2) in die (1) übergeht, weil nur dann die Differentialquotienten wirklich als besondere Fälle in den Ableitungen enthalten sind; sollte dies nicht möglich sein, so wäre diese Definition unserm Zwecke, eine Operation, welche die Differentiation als besonderen Fall in sich schliesst, festzustellen, nicht entsprechend, und wir müssten uns also nach einem anderen Wege, ihn zu erreichen, umsehen.

Bevor wir aber diesen Factor zu bestimmen suchen, wollen wir erst Einiges über die Reihen von der angegebenen Form vorausschicken, da sie, wie man sieht, die Grundlagen dieses ganzen Versuchs einer Theorie der Ableitungen bilden.

Man hat wohl die Behauptung aufgestellt, man könne auf die Reihen im Allgemeinen gar keine sicheren Schlüsse gründen, sondern nur unter der Bedingung, dass man den darin vorkommenden Grössen solche Zahlenwerthe beilege, dass die Reihe convergire, d. h. dass sich ihr (wenigstens genäherter) Werth durch eine wirkliche Ziffernaddition finden lasse. Nun können wir aber, wenn, wie hier immer vorausgesetzt wird, die Coefficienten einem bestimmten Gesetze gehorchen, jeden einzelnen Theil derselben genau angeben; sie ist folglich eine in allen ihren Theilen genau begrenzte, also bestimmte Grösse; und ich sehe darin, dass der Mechanismus der Ziffernaddition nicht ausreicht, diesen ihren bestimmten Werth zu finden, keinen Grund, warum wir nicht die Gesetze, die für die Zahlengrössen als solche erwiesen sind, auf sie anwenden und die Resultate, die wir dadurch erhalten, als richtig ansehen sollten.

Um an einem Beispiele zu zeigen, dass man für eine Reihe von der Form (2) wirklich einen Werth finden kann, wollen wir durch ein Verfahren, das in vielen Fällen für diesen Zweck anwendbar ist, die Function x^μ in eine nach gebrochnen Potenzen von $(x - b)$ fortlaufende Reihe entwickeln, eine Entwicklung, deren wir ohnehin im Lauf der Untersuchung bedürfen.

Die Reihe, die x^μ gleich sein soll und die wir der Kürze wegen durch z bezeichnen, sei

$$\sum_{\alpha=-\infty}^{\alpha=\infty} c_\alpha (x - b)^\alpha.$$

Wenn $z = x^\mu$, so ist

$$\frac{dz}{dx} = \mu x^{\mu-1},$$

folglich

$$\mu z - x\frac{dz}{dx} = 0;$$

es muss also auch

$$\sum \left[(\mu - \alpha)\, c_\alpha - b\,(\alpha + 1)\, c_{\alpha+1}\right](x - b)^\alpha = 0$$

sein. Dieser Bedingung ist offenbar Genüge geleistet, sobald

$$(\mu - \alpha)\, c_\alpha - b\,(\alpha + 1)\, c_{\alpha+1} = 0.$$

Nun sind aber alle Ausdrücke, welche dieser Differentialgleichung genügen in den verschiedenen Werthen von kx^μ enthalten, es muss also die Reihe z, in der das Gesetz

$$(\mu - \alpha)\, c_\alpha - b\,(\alpha + 1)\, c_{\alpha+1} = 0$$

stattfindet, nothwendig einem derselben gleich sein; um diesen zu finden, machen wir

$$\ldots\ldots c_{\alpha-1}\,(x-b)^{\alpha-1} + c_\alpha\,(x-b)^\alpha = p,$$

$$p' = c_{\alpha+1}\,(x-b)^{\alpha+1} + c_{\alpha+2}\,(x-b)^{\alpha+2}\ldots\ldots,$$

also

$$p + p' = z = kx^\mu;$$

folglich

$$\mu p - x\frac{dp}{dx} = (\mu - \alpha)\, c_\alpha\,(x-b)^\alpha = X,\ \mu p' - x\frac{dp'}{dx} = -X.$$

Diese Differentialgleichungen haben zum allgemeinen Integral

$$-\int X x^{-\mu-1}\,dx + k_1 = px^{-\mu} = c_\alpha\,(x-b)^\alpha\, x^{-\mu}$$
$$+ c_{\alpha-1}\,(x-b)^{\alpha-1}\, x^{-\mu}\ldots\ldots..$$

$$\int X x^{-\mu-1}\,dx + k_2 = p'x^{-\mu} = c_{\alpha+1}\,(x-b)^{\alpha+1}\, x^{-\mu}$$
$$+ c_{\alpha+2}\,(x-b)^{\alpha+2}\, x^{-\mu}\ldots\ldots$$

Substituirt man hierin für X seinen Werth und $\frac{b}{y}$ für x, so erhält man

$$px^{-\mu} = c_\alpha\,(\mu-\alpha)\, b^{\alpha-\mu}\int y^{\mu-\alpha-1}\,(1-y)^\alpha\,dy + k_1$$
$$= c_\alpha b^{\alpha-\mu}(1-y)^\alpha y^{\mu-\alpha} + c_{\alpha-1} b^{\alpha-1-\mu}(1-y)^{\alpha-1} y^{\mu-\alpha+1} + \cdots$$

$$p'x^{-\mu} = -\, c_\alpha(\mu-\alpha)\, b^{\alpha-\mu}\int y^{\mu-\alpha-1}\,(1-y)^\alpha\,dy + k_2$$
$$= c_{\alpha+1}\, b^{\alpha+1-\mu}\,(1-y)^{\alpha+1}\, y^{\mu-\alpha-1}$$
$$+ c_{\alpha+2}\, b^{\alpha+2-\mu}\,(1-y)^{\alpha+2}\, y^{\mu-\alpha-2} + \cdots$$

In dem Falle, dass $\mu > \alpha > -1$, verschwinden nun offenbar die Ausdrücke rechts bezüglich für $y = 0$ und $y = 1$, und die beiden Integrale werden ihnen also, das erste von 0 bis y, das zweite von 1 bis y genommen, genau gleich sein, wenn dieselben zwischen diesen Grenzen continuirlich sind. Es könnte scheinen, als ob diese Bedingung verletzt wäre, so bald einige oder alle Glieder einer Reihe in's Positive oder Negative über alle Grenzen hinaus wachsen; daraus würde aber, da sich dieselben gegenseitig aufheben können, nur folgen, dass sich durch eine wirkliche Addition ein bestimmter Werth für die Reihe nicht finden lässt. Da wir nun den Schluss, als ob die Reihe in einem solchen Falle überhaupt keinen bestimmten Werth habe, nach dem Obigen nicht zugeben, so können wir die Continuität oder Discontinuität der Reihen $px^{-\mu}$ und $p'x^{-\mu}$ nur durch die Betrachtung der ihnen gleichen Integrale erfahren.*) Bekanntlich kann nun aber ein Ausdruck nur discontinuirlich werden, wenn sein Differential unendlich wird; der Ausdruck $(1-y)^{\mu-\alpha-1}y^\alpha$ hat aber für alle endlichen Werthe von y einen endlichen Werth, wenn die Exponenten $\mu-\alpha-1$ und α positiv sind; die Integrale ändern sich also dann stetig, und aus der Betrachtung der singulären Integrale für $y=1$ und $y=0$ ersieht man, dass dies auch noch stattfindet, so lange beide Exponenten grösser als -1 bleiben. Es ist demnach für den Fall, dass $\mu>\alpha>-1$ und y endlich ist,**)

$$k = zx^{-\mu} = px^{-\mu} + p'x^{-\mu} = (\mu-\alpha)c_\alpha b^{\alpha-\mu}\int\limits_0^1 (1-y)^{\mu-\alpha-1}y^\alpha\,dy$$

$$= c_\alpha b^{\alpha-\mu}\frac{\Pi(\alpha)\Pi(\mu-\alpha)}{\Pi(\mu)}$$

(wo Π das bekannte bestimmte Integral bezeichnet). Dies Resultat gilt, wie bemerkt, nur, wenn $\mu>\alpha>-1$; es lässt sich aber auf alle Werthe von μ und α ausdehnen, wenn man das Π einer negativen Zahl (wie im Lauf dieser Untersuchung immer angenommen werden soll) als durch das Gesetz $\Pi(n)=\frac{1}{n+1}\Pi(n+1)$ aus den positiven abgeleitet definirt. Denn erstens muss es nach dem Gesetz, welches angenommener Massen zwischen den Coefficienten der Reihe stattfindet, für jeden Werth von α gelten, wenn nur einer derselben $\lessgtr {\mu \atop -1}$ ist; es ist also, wenn μ positiv ist

$$kx^\mu = \sum_{\alpha=-\infty}^{\alpha=\infty} k\frac{\Pi(\mu)}{\Pi(\alpha)\Pi(\mu-\alpha)}\,b^{\mu-\alpha}(x-b)^\alpha$$

oder

$$\frac{x^\mu}{\Pi\mu} = \sum_{\alpha=-\infty}^{\alpha=\infty}\frac{b^{\mu-\alpha}}{\Pi(\mu-\alpha)}\,\frac{(x-b)^\alpha}{\Pi(\alpha)};$$

daraus aber erhält man durch $n$malige Differentiation nach x

$$\frac{x^{\mu-n}}{\Pi(\mu-n)} = \sum\frac{b^{\mu-\alpha}}{\Pi(\mu-\alpha)}\,\frac{(x-b)^{\alpha-n}}{\Pi(\alpha-n)},$$

wodurch das Gesetz auch für negative Werthe von μ erwiesen ist.

---

*) Behandelt man die Integrale vor der Substitution von $\frac{b}{y}$ statt x, so werden sie für $x=0$ discontinuirlich. Man erkennt aber auch unter dieser Form leicht, dass die ihnen zugehörigen Constanten für positive und negative Werthe von x dieselben Werthe haben müssen, da der Werth der Integrale bei dem Uebergange des x von $+\infty$ zu $-\infty$ sich stetig ändert.

**) Für den Fall, dass $y=\pm\infty$, also $x=0$, ist der Werth beider Integrale ∞; folglich $k=\infty-\infty$, d. h. beliebig, was offenbar aus der blossen Betrachtung dieses Falles hervorgeht.

Es ist also ganz allgemein.

$$(3) \qquad \frac{x^\mu}{\Pi(\mu)} = \sum_{\alpha=-\infty}^{\alpha=\infty} \frac{b^{\mu-\alpha}}{\Pi(\mu-\alpha)} \frac{(x-b)^\alpha}{\Pi(\alpha)}.$$

Bemerkenswerth ist es, dass man durch diese Formel, eine Reihe für x^μ nicht erhält, wenn μ eine negative ganze Zahl ist, da der Ausdruck links dann 0 wird, worauf wir später zurückkommen werden. Man sieht auch dass es Reihen von dieser Form giebt, die der Null oder einer Constanten, für jeden Werth von x, gleich sind.

Nach dieser Protestation gegen das Verdammungsurtheil, welches man den divergirenden Reihen gesprochen hat, wollen wir jetzt den eingeschlagenen Weg zur Feststellung des Begriffs der Ableitungen weiter verfolgen. Man sieht, dass der Zweck, den wir uns gesetzt haben, dass nemlich die Differentiation als besonderer Fall in der Ableitung enthalten sein soll, erfüllt ist, so bald nur die Function k_ν für alle ganzen positiven Werthe von $\nu = \frac{1}{1\,.\,2\,\ldots\,\nu}$ und für alle ganzen negativen Werthe $= 0$ ist; denn dann geht die Reihe (2) in die Reihe (1) über; dieser Bedingung kann aber offenbar durch unendlich viele verschiedene Functionen von ν genügt werden; man kann ferner durchaus nicht annehmen, dass es nur Eine Entwicklung derselben Function nach denselben Potenzen von h gebe, d. h. dass nur Ein System von Coefficienten einer Reihe von einer bestimmten Form einen bestimmten Werth gebe; man muss vielmehr unendlich viele verschiedene Systeme als möglich voraussetzen; wir haben also, unbeschadet unseres Zweckes, sowohl unter den verschiedenen möglichen Functionen von ν für k_ν als unter verschiedenen möglichen Systemen von Coefficienten die Wahl, und es ist offenbar am zweckmässigsten, diese Wahl womöglich so zu treffen, dass die Ableitungen noch mehreren Gesetzen gehorchen, die bei einer andern Wahl nur für Ableitungen mit ganzen Indices gültig sein würden.

Hierzu dienen folgende Betrachtungen.

Da der Ausdruck $\Sigma k_\nu \partial_x^\nu z\, h^\nu$ alle in dieser Form möglichen Entwicklungen $z_{(x+h)}$ umfassen soll, so muss

$$\frac{d\,\Sigma k_\nu \partial_x^\nu z\, h^\nu}{dh} = \Sigma k_\nu\, \nu\, \partial_x^\nu z\, h^{\nu-1}$$

alle in dieser Form möglichen Entwicklungen von $\frac{d\, z_{(x+h)}}{dh}$ umfassen, und ebenso

$$\frac{d\,\Sigma k_\nu \partial_x^\nu z\, h^\nu}{dx} = \Sigma k_\nu \frac{d\partial_x^\nu z}{dx} h^\nu$$

alle Entwicklungen dieser Form von $\frac{dz_{(x+h)}}{dx}$. Bekanntlich sind nun $\frac{dz_{(x+h)}}{dh}$ und $\frac{dz_{(x+h)}}{dx}$ identisch; beide Ausdrücke umfassen also genau dieselben Reihen; es müssen also auch $k_{\nu+1}(\nu+1)\,\partial_x^{\nu+1}z$ und $k_\nu \frac{d\partial_x^\nu z}{dx}$ genau dieselben Werthe haben, d. h. sie sind einander gleich; setzt man nun $k_{\nu+1}(\nu+1) = k_\nu$, was der obigen Hauptbedingung offenbar nicht widerspricht, da für ganze Werthe von ν vermöge derselben dies Gesetz stattfinden muss, so erreicht man dadurch, dass auch für die Ableitungen mit gebrochenen Indices

$$\partial_x^{\nu+1}z = \frac{d\partial_x^\nu z}{dx}$$

ist und folglich allgemein, wenn n eine ganze Zahl ist,

$$(4)\qquad \partial_x^{\nu+n}z = \frac{d^n\partial_x^\nu z}{dx^n}.$$

Aus dem angenommenen Gesetze für k_ν folgt, dass

$$\Pi(\nu)\,k_\nu = \Pi(\nu+1)\,k_{(\nu+1)}$$

ist, es hat also die Function $\Pi(\nu)k_\nu$, die wir durch l_ν bezeichnen wollen, für alle Werthe von ν, die um ganze Zahlen von einander abstehen, stets denselben Werth. Wir können daher für die zweckmässigste Wahl der Function l_ν nicht mehr aus der Betrachtung einer einzelnen Entwicklungsform, sondern nur aus der Combination verschiedener Schlüsse ziehen; demgemäss wollen wir versuchen, ob wir sie so wählen können, dass $\partial_x^\nu\,\partial_x^\mu z = \partial_x^{\nu+\mu}z$ ist.

Lässt man zu diesem Zwecke x in der Formel (2) noch einmal wachsen, und bezeichnet man diesen Zuwachs durch k, so ist

$$(\alpha)\,..\; z_{(x+h+k)} = \sum_{\mu=-\infty}^{\mu=\infty}\,\sum_{\nu=-\infty}^{\nu=\infty} l_\mu\, l_\nu\, \partial_x^\mu\,\partial_x^\nu z\,\frac{k^\mu}{\Pi(\mu)}\,\frac{h^\nu}{\Pi(\nu)}$$

und dieser Ausdruck bezeichnet alle nach denselben Potenzen von h und k möglichen Entwicklungen von $z_{(x+h+k)}$. Es ist aber auch

$$(\beta)\,..\; z_{(x+h+k)} = \sum_{\mu+\nu=-\infty}^{\mu+\nu=\infty} l_{(\mu+\nu)}\;\partial_x^{\mu+\nu}z\,\frac{(h+k)^{\mu+\nu}}{\Pi(\mu+\nu)}$$

$$= \sum_{\mu=-\infty}^{\mu=\infty}\,\sum_{\nu=-\infty}^{\nu=\infty} l_{(\mu+\nu)}\,\partial_x^{\mu+\nu}z\,\frac{h^\nu\,k^\mu}{\Pi(\nu)\,\Pi(\mu)}\;\text{[vermöge (3)]}.$$

Nun bezeichnet der letzte Ausdruck (β) zwar nicht alle möglichen Entwicklungen dieser Form von $z_{(x+h+k)}$, da die Gleichung (3) nur Eine Entwicklung von $\frac{(h+k)^{\mu+\nu}}{\Pi(\mu+\nu)}$ giebt, ohne dass dies die einzig mögliche zu sein brauchte; es müssen aber alle in ihm enthaltenen Entwicklungen auch in (α) enthalten sein; stellt man also für die Function l das Gesetz $l_{(\mu+\nu)} = l_\mu\, l_\nu$ auf; so werden alle Werthe von $\partial_x^{\mu+\nu} z$ auch Werthe von $\partial_x^\mu \partial_x^\nu z$ sein, obgleich der letzte Ausdruck auch noch andere Werthe haben kann.

Es ist also

(5) $$\partial_x^\mu \partial_x^\nu z = \partial_x^{\mu+\nu} z$$

unter der ausgesprochenen Beschränkung.

Aus $l_{(\mu+\nu)} = l_{(\mu)}\, l_{(\nu)}$ folgt aber

$$l_{(\mu+\nu+\pi)} = l_{(\mu+\nu)}\, l_\pi = l_\mu\, l_\nu\, l_\pi$$

und allgemein, dass das Product der l verschiedener Zahlen gleich ist dem l ihrer Summe, oder wenn man die einzelnen Factoren einander gleich setzt $l_{(m\nu)} = l_{(\nu)}^m$, so oft m eine ganze Zahl ist; bezeichnet man nun $\frac{m\nu}{n}$ durch π, so ist

$$l_{(m\nu)} = l_{(n\pi)} = l_\nu^m = l_\pi^n \quad \text{oder } l_{\left(\frac{m}{n}\nu\right)} = l_\nu^{\frac{m}{n}}.$$

Das Gesetz $l_{(\mu\nu)} = l_\nu^\mu$ ist also für alle rationalen Werthe von μ, und folglich (nach dem bekannten Gesetz der Interpolation) allgemein gültig. Da nun für ganze Werthe von ν $l_\nu = 1$ sein muss, so ist $l_\nu = 1^\nu$.

Sollen demnach die Gesetze (4) und (5) für die Ableitungen im Allgemeinen gelten, und die Differentiation in der Ableitung als besonderer Fall enthalten sein, so müssen wir die Ableitungen unter denjenigen Functionen von x wählen, die der Gleichung

$$z_{(x+h)} = \sum \frac{1^\nu\, h^\nu}{\Pi(\nu)}\, \partial_x^\nu z = \sum \frac{h^\nu}{\Pi(\nu)}\, \partial_x^\nu z$$

genügen. Diese Wahl wird am zweckmässigsten auf diejenigen unter ihnen fallen, welche am geschmeidigsten für die Rechnung sind; versucht man aber die Entwicklung einiger Functionen von $x+h$ in Reihen, die nach gebrochenen Potenzen von h fortlaufen, so wird man sehen, dass am leichtesten und einfachsten Entwicklungen in solche Reihen sind, in denen der Coefficient von $\frac{h^{\nu+1}}{\Pi(\nu+1)}$ das Differential des Coefficienten von $\frac{h^\nu}{\Pi(\nu)}$ ist: wir wollen also obige Begrenzung der Ableitungen dahin beschränken, dass das Zeichen $\partial_x^\nu z$ den Coefficienten von $\frac{h^\nu}{\Pi(\nu)}$ nicht in allen möglichen Entwicklungen von $z_{(x+h)}$ bezeichnen soll, sondern nur in solchen, in denen der Coefficient von $\frac{h^{\nu+1}}{\Pi(\nu+1)}$ das Differential des Coefficienten von $\frac{h^\nu}{\Pi(\nu)}$ ist. *)

Hieraus folgt zunächst, dass Ein Werth von $\partial_x^\nu z$ nur einer Entwicklung angehören kann; denn gesetzt, ein Werth von $\partial_x^\nu z$, p_ν, gehörte zwei Entwicklungen, a und b, an, so müssten diese beiden Entwicklungen in allen folgenden Gliedern übereinstimmen, da diese durch Differentiation aus p_ν entstehen. Bezeichnen wir nun die vorhergehenden Glieder in a durch $p_{\nu-1}$, $p_{\nu-2}\ldots$, in b durch $q_{\nu-1}, q_{\nu-2}\ldots$, so müssen $p_{\nu-1}$ und $q_{\nu-1}$ beide zum Differential p_ν haben; sie können also nur um eine Constante verschieden sein, d. h.

$$q_{\nu-1}=p_{\nu-1}+K_1,$$

ebenso muss

$$q_{\nu-2}=p_{\nu-2}+K_1x+K_2,\quad q_{\nu-3}=p_{\nu-3}+K_1\frac{x^2}{\Pi(2)}+K_2x+K_3$$

sein. Die Entwicklung b ist also

$$=a+\sum_{m=\infty}^{m=1}K_m\sum_{n=0}^{n=\infty}\frac{x^n}{\Pi(n)}\,\frac{h^{\nu-n-m}}{\Pi(\nu-n-m)}=a+\sum_{m=\infty}^{m=1}K_m\frac{(x+h)^{\nu-m}}{\Pi(\nu-m)};$$

nun soll aber für alle Werthe von $(x+h)$ $a=b$ sein, was bekanntlich nur stattfinden kann, wenn alle Constanten null sind; dann aber sind beide Entwicklungen identisch.

Ist p_ν ein Werth von $\partial_x^\nu z$, so ist $p_\nu+K\frac{x^{-\nu-n}}{\Pi(-\nu-n)}$ (wo n positiv und ganz und K eine endliche Constante ist) ebenfalls ein Werth desselben; denn die Reihe

$$\sum\left(p_\nu+K\frac{x^{-\nu-n}}{\Pi(-\nu-n)}\right)\frac{h^\nu}{\Pi(\nu)}=\sum p_\nu\frac{h^\nu}{\Pi(\nu)}+K\frac{(x+h)^{-n}}{\Pi(-n)}$$
$$=\sum p_\nu\frac{h^\nu}{\Pi(\nu)}=z_{(x+h},$$

und es findet in ihr das Gesetz statt,

$$\frac{d\left(p_\nu+K\frac{x^{-\nu-n}}{\Pi(\nu-n)}\right)}{dx}=p_{\nu+1}+K\frac{x^{-\nu-n-1}}{\Pi(-\nu-1-n)}.$$

*) Aus (4) folgt zwar, dass wenn $\sum\partial_x^\nu z\frac{h^\nu}{\Pi(\nu)}$ eine Entwicklung von $z_{(x+h)}$ ist, $\sum\frac{d\partial_x^\nu z}{dx}\,\frac{h^{\nu+1}}{\Pi(\nu+1)}$ ebenfalls eine Entwicklung von $z_{(x+h)}$ ist, aber nicht dass diese beiden Entwicklungen identisch sind. Durch die gemachte Annahme erreicht man auch, dass die Ableitungen mit ganzen negativen Indices, die nach dem Bisherigen noch gar keinen Sinn hatten, mit den Integralen zusammenfallen, wie weiter unten bewiesen werden wird.

Den Inbegriff aller Werthe von $\partial_x^\nu z$, die sich durch Addition von Ausdrücken von der Form $K \frac{x^{-\nu-n}}{\Pi(-\nu-n)}$ aus einander ableiten lassen, wollen wir ein System von Werthen nennen; es sind also alle Werthe von $\partial_x^\nu z$, die demselben Systeme angehören, in dem Ausdruck

(6) $$p_\nu + \sum_{n=\infty}^{n=1} K_n \frac{x^{-\nu-n}}{\Pi(-\nu-n)},$$

enthalten (wo K_n endliche Constanten bedeuten).

Wir wollen nun einen Werth von $\partial_x^\nu z$ zu bestimmen suchen. Bekanntlich ist

$$z_{(x)} = z_{(k)} + \left(\frac{dz}{dx}\right)_{(k)} (x-k) + \left(\frac{d^2 z}{dx^2}\right)_{(k)} \frac{(x-k)^2}{1\cdot 2} \cdots,$$

sobald $z_{(x)}$ zwischen den Grenzen x und k continuirlich ist, setzt man hierin $x+h$ für k und entwickelt die Glieder der Reihe mittels (3) nach Potenzen von h, so erhält man

$$z_{(x)} = \sum_{\mu=-\infty}^{\mu=\infty} \frac{h^\mu}{\Pi(\mu)} \left(z_{(k)} \frac{(x-k)^{-\mu}}{\Pi(-\mu)} + \left(\frac{dz}{dx}\right)_{(k)} \frac{(x-k)^{-\mu+1}}{\Pi(-\mu+1)} \right.$$
$$\left. + \left(\frac{d^2 z}{dx^2}\right)_{(k)} \frac{(x-k)^{-\mu+2}}{\Pi(-\mu+2)} \cdots \right)$$

und in dieser Reihe ist der Coefficient von $\frac{h^\mu}{\Pi(\mu)}$ das Differential des Coefficienten von $\frac{h^{\mu-1}}{\Pi(\mu-1)}$; er ist folglich ein Werth von $\partial_x^\mu z$, den wir durch p_μ bezeichnen wollen. Differentiirt man nach k, so erhält man

$$\frac{dp_\mu}{dk} = -z_k \frac{(x-k)^{-\mu-1}}{\Pi(-\mu-1)}, \text{ folglich } p_\mu = \int - z_{(k)} \frac{(x-k)^{-\mu-1}}{\Pi(-\mu-1)} dk.$$

Nun verschwinden alle Glieder der obigen Reihe für $k=x$; das Integral wird also von k bis x genommen $= p_\mu$ sein, wenn es zwischen den Grenzen continuirlich ist; dies ist aber, da z zwischen den Grenzen x und k continuirlich sein soll und $-\mu-1 > -1$, offenbar der Fall und es ist also

(7) $$\int_x^k - z_{(k)} \frac{(x-k)^{-\mu-1}}{\Pi(-\mu-1)} dk = \frac{1}{\Pi(-\mu-1)} \int_k^x (x-t)^{-\mu-1} z_{(t)}\, dt$$

ein Werth von $\partial_x^\mu z$, sobald z zwischen den Grenzen x und k continuirlich und μ negativ ist. Der derselben Entwicklung angehörige Werth von

$$\partial_x^{\mu-n} z = \frac{1}{\Pi(-\mu+n-1)} \int_k^x (x-t)^{-\mu+n-1} z_{(t)}\, dt.$$

Man sieht leicht, dass, je nachdem man dem k verschiedene Werthe giebt, verschiedene Entwicklungen von $z_{(x+h)}$ daraus hervorgehen, aber alle diese Entwicklungen gehören demselben Systeme an. Denn aus dem Werth

$$\frac{1}{\Pi(-\mu-1)}\int_k^x (x-t)^{-\mu-1} z_{(t)}\, dt$$

geht offenbar

$$\frac{1}{\Pi(-\mu-1)}\int_{k_1}^x (x-t)^{-\mu-1} z_{(t)}\, dt$$

hervor durch Addition von

$$\frac{1}{\Pi(-\mu-1)}\int_{k_1}^k (x-t)^{-\mu-1} z_{(t)}\, dt = \sum_{n=0}^{n=\infty} \frac{x^{-\mu-1-n}}{\Pi(-\mu-1-n)}\int_{k_1}^k \frac{(-t)^n}{\Pi(n)} z_{(t)}\, dt;$$

da nun z zwischen x und k_1 und also auch zwischen k und k_1 continuirlich ist; so sind alle jene Integrale endliche und zwar nach x constante Grössen. Man wird demnach durch das angewandte Verfahren stets auf dasselbe System von Werthen gelangen; beschränken wir also den Begriff der Ableitungen auf dies System von Werthen, so haben wir die Bestimmung derselben auf bekannte Werthe zurückgeführt und werden mittels dieser Definition die Eigenschaften derselben und ihre Werthe für bestimmte Functionen ableiten können.

Es ist demnach

1. $$\partial_x^\nu z = \int_k^x (x-t)^{-\nu-1} z_{(t)}\, dt + \sum_{n=\infty}^{n=1} K_n \frac{x^{-\nu-n}}{\Pi(-n-\nu)},$$

wenn K_n endliche willkürliche Constanten sind,*) ν negativ, und z zwischen den Grenzen x und k continuirlich ist; für einen Werth von ν aber der $\gtreqless 0$ ist, bezeichnet $\partial_x^\nu z$ dasjenige, was aus $\partial_x^{\nu-m} z$ (wo $m > \nu$) durch m malige Differentiation nach x hervorgeht,**) ein Werth, welcher stets auch der Gleichung

*) Alle diese willkürlichen Functionen wollen wir durch φ_ν bezeichnen; wir machen zugleich darauf aufmerksam, dass (wenn n positiv und ganz) jede Function φ_ν auch eine Function $\varphi_{\nu-n}$ ist.

**) Die Definition

$$\partial_x^\nu z = \sum_{n=0}^{n=\infty} \left(\frac{d^n z_{(x)}}{dx^n}\right)_k \frac{(x-k)^{\nu-n}}{\Pi(n-\nu)} + \varphi_\nu,$$

welche mit der gegebenen identisch ist, würde zwar für alle Werthe von ν gelten; wir haben ihr aber die gewählte ihrer grösseren Geschmeidigkeit wegen vorgezogen.

2. $$z_{(x+h)} = \sum_{n=\infty}^{n=1} \frac{h^{\nu-n}}{\Pi(\nu-n)} \int^{(n)} \partial_x^\nu z \, dx^n + \frac{h^\nu}{\Pi(n)} \partial_x^\nu z + \sum_{n=1}^{n=\infty} \frac{h^{\nu+n}}{\Pi(\nu+n)} \frac{d^n \partial_x^\nu z}{dx^n}$$

genügen muss.*) Hieraus folgt

3. $$\partial_x^{-m} z = \int_k^{x\,(m)} z_{(t)} \, dt^m + \sum_{n=m}^{n=1} K_n \frac{x^{-n+m}}{\Pi(-n+m)}$$

und

4. $$\partial_x^0 z = z$$

5. $$\partial_x^m z = \frac{d^m z}{dx^m}$$

ferner

6. $$\partial_x^\mu \partial_x^\nu z = \partial_x^{\nu+\mu} z + \varphi_\mu.$$

Jeder Werth von $\partial_x^{\nu+\mu} z$ ist also auch ein Werth von $\partial_x^\mu \partial_x^\nu z$.

Das Umgekehrte findet aber nur statt, wenn μ eine ganze positive oder ν eine ganze negative Zahl ist. In diesem Falle sind also beide Ausdrücke identisch. Aus der Definition folgt noch (wenn c eine Constante bedeutet)

7. $$\partial_x^\nu (p+q) = \partial_x^\nu p + \partial_x^\nu q$$

8. $$\partial_x^\nu (cp) = c\,\partial_x^\nu p$$

9. $$\partial_{x+c}^\nu z = \partial_x^\nu z$$

10. $$\partial_{cx}^\nu z = \partial_x^\nu z \, c^{-\nu}.$$

Zwei Werthe von $\partial_x^\nu z$ und $\partial_x^\mu z$, in denen die Constanten K, K_1, etc. sämmtlich einander gleich sind, sollen correspondirende Werthe heissen. Alle derselben Entwicklung von $z_{(x+h)}$ angehörigen Werthe sind correspondirende.

Wir wollen nun zu der Bestimmung der Ableitungen bestimmter Functionen von x übergehen. Dabei kann es natürlich nur darauf ankommen, einen Werth Einer Ableitung zu finden, da sich aus diesem ihr allgemeiner Werth durch Addition der Function φ sofort ergiebt, und zwar wird dieser Werth, wenn die Umformung des Ausdrucks 1. überhaupt etwas nützen soll, ein einfacherer, als dieser Ausdruck, also eine explicite Function von x in endlicher Form sein

*) Ob die obige Formel 1. alle Werthe enthält die dieser Gleichung genügen, hängt offenbar davon ab, ob die Functionen φ_ν die einzigen sind, welche, statt $\partial_x^\nu z$ substituirt, die Reihe 2. zu Null machen. Nun lässt sich zwar ohne Schwierigkeit zeigen, dass keine algebraische Function von x, die nicht in φ_ν enthalten ist dies leistet; ob aber überhaupt keine Function dieser Bedingung genügt, darüber konnte ich bis jetzt zu keinem Resultat gelangen.

müssen. Diese Umformung wird also im Allgemeinen darin bestehen, dass man das x aus dem Integralzeichen herauszuschaffen sucht.

Betrachten wir nun zuerst die Function x^μ.

Ist μ positiv, so ist x^μ für alle Werthe von x continuirlich; es wird also

$$\frac{1}{\Pi(-\nu-1)}\int_0^x (x-t)^{-\nu-1}\, t^\mu\, dt$$

immer ein Werth von $\partial_x^\nu(x^\mu)$ sein; dies Integral ist aber

$$=\frac{1}{\Pi(-\nu-1)}\int_0^1 x^{\mu-\nu}\,(1-y)^{-\nu-1}\, y^\mu\, dy = \frac{\Pi(\mu)}{\Pi(\mu-\nu)}\, x^{\mu-\nu}.$$

Da das $m$te Differential hiervon $\frac{\Pi(\mu)}{\Pi(\mu-\nu-m)}\, x^{\mu-\nu-m} = \partial_x^{\nu+m}(x^\mu)$ ist, (4), so ist für jeden Werth von ν

$$\partial_x^\nu(x^\mu) = \frac{\Pi(\mu)}{\Pi(\mu-\nu)}\, x^{\mu-\nu} + \varphi_\nu.$$

Ist μ negativ, so ist x^μ für $x = 0$ discontinuirlich, für alle andern Werthe aber continuirlich; in dem Ausdrucke (1) müssen also x und k stets gleiches Zeichen haben. Nun erhält man aber durch $m$malige partielle Integration

$$\frac{1}{\Pi(-\nu-1)}\int_k^x (x-t)^{-\nu-1}\, t^\mu\, dt$$

$$=\frac{\Pi(\mu)}{\Pi(-\nu-1-m)\,\Pi(\mu+m)}\int_k^x (x-t)^{-\nu-1-m}\, t^{\mu+m}\, dt + \varphi_\nu,$$

so lange $-\nu-m > 0$ ist, wodurch sich also, wenn $-\nu > -\mu$ ist, diejenigen Integrale worin $\mu < -1$ ist, auf solche zurückführen lassen, in denen der Exponent von $t \gtrless -1$ ist; ist er > -1, so gehört

$$\int_0^k (x-t)^{-\nu-1-m}\, t^{\mu+m}\, dt$$

zu den Functionen φ_ν, und es ist also

$$\frac{\Pi(\mu)}{\Pi(-\nu-1-m)\,\Pi(\mu+m)}\int_0^x (x-t)^{-\nu-1-m}\, t^{\mu+m}\, dt = \frac{\Pi(\mu)}{\Pi(\mu-\nu)}\, x^{\mu-\nu}$$

ein Werth von $\partial_x^\nu(x^\mu)$, wenn $-\nu > -\mu$, welches Resultat nach dem Gesetze $\partial_x^{\nu+1} z = \frac{d\,\partial_x^\nu z}{dx}$ für jedes ν gelten muss.

Ist aber $\mu + m = -1$, so ist

$$\int_k^x (x-t)^{-\nu-1-m} t^{\mu+m} dt = \log x\, x^{\mu-\nu} - \log k\, x^{\mu-\nu} + \int_k^x \frac{(x-t)^{\mu-\nu} - x^{\mu-\nu}}{t} dt$$

$$= \log x\ x^{\mu-\nu} + \int_0^x \frac{(x-t)^{\mu-\nu} - x^{\mu-\nu}}{t}\ dt + \varphi_\nu$$

$$= \log x\, x^{\mu-\nu} + x^{\mu-\nu} \int_0^1 \frac{y^{\mu-\nu} - y}{1-y}\, dt$$

$$= \log x\, x^{\mu-\nu} - (\Psi(\mu-\nu) - \Psi(0))\, x^{\mu-\nu}.$$

Verallgemeinert man auch das hieraus erhaltene Resultat durch Differentiation, so hat man folgende Werthe für $\partial_x^\nu (x^\mu)$,

11. $$\partial_x^\nu (x^\mu) = \frac{\Pi(\mu)}{\Pi(\mu-\nu)}\, x^{\mu-\nu},$$

wenn μ nicht eine negative ganze Zahl ist,

12. $$\partial_x^\nu (x^\mu) = \frac{\Pi(\mu)}{\Pi(-1)} \frac{1}{\Pi(\mu-\nu)} \left[\log x\, x^{\mu-\nu} - (\Psi(\mu-\nu) - \Psi(0))x^{\mu-\nu}\right],$$

wenn μ eine ganze negative Zahl ist.

Es ist zu bemerken, dass aus der Formel 12. die Formel 11. hervorgeht, sobald man nur die Constanten, die für diesen Fall $\frac{\infty}{\infty}$ werden, einer geeigneten Behandlung unterwirft, was auch in dem Fall geschehen muss, wo $(\mu-\nu)$ und μ beide ganze negative Zahlen sind. Man übersieht leicht, dass die aus diesen Formeln für verschiedene Werthe von ν hervorgehenden Werthe correspondirende sind; dies ist auch der Grund warum wir in 12. nicht, wie wir es für den Fall $\mu =$ einer negativen ganzen Zahl konnten, den blos $x^{\mu-\nu}$ enthaltenden Theil in die Function φ_ν einschlossen.

Wendet man ein ähnliches Verfahren auf e^x an, so erhält man

13. $$\partial_x^\nu (e^x) = \int_{-\infty}^x e^t (x-t)^{-\nu-1}\, dt = \frac{1}{\Pi(-\nu-1)}\, e^x \int_0^\infty e^{-y} y^{-\nu-1}\, dy = e^x.$$

Die Ableitungen von $\log x$ ergeben sich durch dieselbe Methode, noch leichter aber und zwar sogleich für alle Werthe von ν aus 6. und 12.

14. $$\partial_x^\nu (\log x) = \partial_x^\nu \partial_x^{-1}\, x^{-1} = \frac{1}{\Pi(-\nu)} \left(\log x\, x^{-\nu} - [\Psi(-\nu) - \Psi(0)]\, x^{-\nu}\right).$$

Durch Anwendung der Regeln 7 bis 10 findet man aus 13. und 14. mit der grössten Leichtigkeit auch die Ableitungen von $\sin x$, $\cos x$, $\mathrm{tg}\, x$ und arc $(\mathrm{tg} = x)$.

Schliesslich bemerken wir noch, dass sich die aufgestellte Theorie mit derselben Sicherheit auch auf den Fall ausdehnen lässt, wo man den in Rede stehenden Grössen imaginäre Werthe beilegt.

XX.

Neue Theorie des Rückstandes in electrischen Bindungsapparaten.*)

1.

Vorbemerkung.

Herrn Professor Kohlrausch ist es gelungen, die Bildung des Rückstandes in electrischen Bindungsapparaten scharfen Messungen zu unterwerfen und darauf eine den Beobachtungen genügende Theorie dieser Erscheinung zu gründen, welche in Poggendorff's Annalen**) veröffentlicht worden ist. Die Genauigkeit dieser Messungen reizte mich, ein aus andern Gründen wahrscheinliches Gesetz für die Bewegungen der Electricität an denselben zu prüfen; in der Form, welche ihm für diesen Zweck gegeben wurde, ist es auf die Bewegungen der Electricität in allen ponderabeln Körpern anwendbar, jedoch nur unter der Voraussetzung, dass die in Betracht kommenden ponderabeln Körper gegen einander ruhen und keine merklichen thermischen und magnetischen (oder voltainductorischen) Wirkungen und Einflüsse stattfinden. Behuf unbeschränkter Anwendbarkeit bedarf es noch einer Umarbeitung und Ergänzung, mit welcher ich mich an einem andern Orte beschäftigen werde.

Im folgenden Aufsatze, welcher einem Schreiben an Herrn Professor Kohlrausch entnommen ist, ist diese neue Theorie des electrischen Rückstandes indess nicht selbstständig, sondern im Anschlusse an Seine Theorie entwickelt worden; ich war bestrebt, jene Theorie, nicht geradeswegs die Erscheinungen auf sie zurückzuführen. Ich habe daher die von Herrn Professor Kohlrausch in seiner Abhandlung gebrauchten

---

*) Die hier mitgetheilte Abhandlung stammt aus dem Jahre 1854; ihre Veröffentlichung unterblieb wahrscheinlich, weil der Verfasser nicht gern auf eine ihm angerathene Abänderung derselben eingehen wollte.

**) Bd. 91. pag. 56.

Begriffe: electrisches Moment der isolirenden Wand, Spannung, Gesammtladung, disponible Ladung, Rückstand, überall durch die hier zu Grunde gelegten Begriffe ausgedrückt und auch sonst in mancher Hinsicht die dortige Betrachtungsweise berücksichtigt.

2.

Das der Rechnung zu Grunde gelegte Gesetz.

Es bezeichne t die Zeit, x, y, z rechtwinklige Coordinaten, ϱ die Dichtigkeit der Spannungselectricität zur Zeit t im Punkte (x, y, z), u den 4πten Theil des (Gauss'schen) Potentials aller wirkenden electrischen Massen im Punkte (x, y, z) zur Zeit t, also die Grösse

$$\frac{1}{4\pi}\int \frac{\varrho' \, dx' \, dy' \, dz'}{\sqrt{(x-x')^2 + (y-y')^2 + (z-z')^2}},$$

wenn $\varrho' \, dx' \, dy' \, dz'$ die Spannungselectricität des Elements $dx' \, dy' \, dz'$ zur Zeit t bedeutet. Man hat dann

$$\frac{\partial^2 u}{\partial x^2} + \frac{\partial^2 u}{\partial y^2} + \frac{\partial^2 u}{\partial z^2} = -\varrho.$$

Die hier anzuwendenden Gesetze für die Bewegungen der Electricität im Innern eines homogenen ponderabeln Körpers unter den erwähnten Umständen sind nun folgende:

I. Die electromotorische Kraft im Punkte (x, y, z) zur Zeit t setzt sich zusammen aus zwei Bestandtheilen, aus einem dem Coulomb'schen Gesetz gemässen, dessen Componenten proportional

$$-\frac{\partial u}{\partial x}, \quad -\frac{\partial u}{\partial y}, \quad -\frac{\partial u}{\partial z}$$

sind, und einem andern, dessen Componenten proportional sind

$$-\frac{\partial \varrho}{\partial x}, \quad -\frac{\partial \varrho}{\partial y}, \quad -\frac{\partial \varrho}{\partial z},$$

so dass ihre Componenten gleichgesetzt werden können

$$-\frac{\partial u}{\partial x} - \beta\beta\frac{\partial \varrho}{\partial x}, \quad -\frac{\partial u}{\partial y} - \beta\beta\frac{\partial \varrho}{\partial y}, \quad -\frac{\partial u}{\partial z} - \beta\beta\frac{\partial \varrho}{\partial z},$$

wo $\beta\beta$ nur von der Natur des ponderabeln Körpers abhängt.

II. Die Stromintensität ist der electromotorischen Kraft proportional, also

$$-\frac{\partial u}{\partial x} - \beta\beta\frac{\partial \varrho}{\partial x} = \alpha\xi, \quad -\frac{\partial u}{\partial y} - \beta\beta\frac{\partial \varrho}{\partial y} = \alpha\eta, \quad -\frac{\partial u}{\partial z} - \beta\beta\frac{\partial \varrho}{\partial z} = \alpha\zeta,$$

wenn α eine von der Natur des ponderabeln Körpers abhängige Constante und ξ, η, ζ die Componenten der Stromintensität sind.

Mit Zuziehung der phoronomischen Gleichung

$$\frac{\partial \varrho}{\partial t} + \frac{\partial \xi}{\partial x} + \frac{\partial \eta}{\partial y} + \frac{\partial \zeta}{\partial z} = 0$$

erhält man daher für u die Gleichungen

$$\frac{\partial^2 u}{\partial x^2} + \frac{\partial^2 u}{\partial y^2} + \frac{\partial^2 u}{\partial z^2} = -\varrho$$

und

$$\alpha \frac{\partial \varrho}{\partial t} + \varrho - \beta\beta \left(\frac{\partial^2 \varrho}{\partial x^2} + \frac{\partial^2 \varrho}{\partial y^2} + \frac{\partial^2 \varrho}{\partial z^2}\right) = 0\ *)$$

oder, wenn man die Länge β und die Zeit α zur Einheit nimmt,

$$\frac{\partial \varrho}{\partial t} + \varrho - \left(\frac{\partial^2 \varrho}{\partial x^2} + \frac{\partial^2 \varrho}{\partial y^2} + \frac{\partial^2 \varrho}{\partial z^2}\right) = 0$$

Dies giebt für u eine partielle Differentialgleichung, welche in Bezug auf t vom ersten, in Bezug auf die Raumcoordinaten vom vierten Grade ist, und um von einem bestimmten Zeitpunkte an u allenthalben im Innern des ponderabeln Körpers zu bestimmen, werden ausser dieser Gleichung noch eine Bedingung in jedem Punkte desselben für die Anfangszeit und für die Folge in jedem Oberflächenpunkte zwei Bedingungen erforderlich sein.

---

*) Hienach sind die Gleichungen für das Gleichgewicht (in einem electrisirten isolirten Leiter)

$$-\frac{\partial u}{\partial x} - \beta\beta \frac{\partial \varrho}{\partial x} = 0, \quad -\frac{\partial u}{\partial y} - \beta\beta \frac{\partial \varrho}{\partial y} = 0, \quad -\frac{\partial u}{\partial z} - \beta\beta \frac{\partial \varrho}{\partial z} = 0,$$

oder

$$u - \beta\beta \left(\frac{\partial^2 u}{\partial x^2} + \frac{\partial^2 u}{\partial y^2} + \frac{\partial^2 u}{\partial z^2}\right) = \text{const.},$$

für die Stromausgleichung oder das bewegliche Gleichgewicht im Schliessungsbogen constanter Ketten

$$\frac{\partial \varrho}{\partial t} = 0$$

oder

$$\varrho - \beta\beta \left(\frac{\partial^2 \varrho}{\partial x^2} + \frac{\partial^2 \varrho}{\partial y^2} + \frac{\partial^2 \varrho}{\partial z^2}\right) = 0.$$

Wenn die Länge β gegen die Dimensionen des Körpers sehr klein ist, so nimmt u — const. im ersteren Falle, und ϱ im zweiten von der Oberfläche ab sehr schnell ab und ist im Innern allenthalben sehr klein, und zwar ändern sich die Grössen mit dem Abstande p von der Oberfläche, so lange deren Krümmungshalbmesser gegen β sehr gross bleibt, nahe wie $e^{-\frac{p}{\beta}}$. Dieser Fall wird bei den metallischen Leitern angenomen werden müssen.

3.

Plausible Auffassung dieses Gesetzes.

Das Bewegungsgesetz der Electricität ist unter voriger Nummer durch Begriffe, welche jetzt in der Lehre von der Electricität gebräuchlich sind, ausgedrückt worden. Diese Auffassung desselben ist jedoch einer Umarbeitung fähig, durch welche, wie es scheint, ein etwas treueres und vollständigeres Bild des wirklichen Zusammenhangs gewonnen wird.

Statt eine Ursache anzunehmen, welche im Punkte (x, y, z) die positive Electricität in den Richtungen der drei Axen mit den Kräften

$$-\beta\beta\frac{\partial\varrho}{\partial x}, \quad -\beta\beta\frac{\partial\varrho}{\partial y}, \quad -\beta\beta\frac{\partial\varrho}{\partial z}$$

und die negative mit den entgegengesetzten treibt, kann man auch eine Ursache annehmen, welche im Punkte (x, y, z) die positive Electricität mit der Intensität $\beta\beta\varrho$ zu vermindern und die negative zu vermehren strebt, und diese Ursache kann man in einem Widerstreben des Ponderabile gegen das Enthalten von Spannungselectricität oder den electrischen Zustand suchen.

Ebenso kann man auch die electromotorische Kraft, deren Componenten

$$-\frac{\partial u}{\partial x}, \quad -\frac{\partial u}{\partial y}, \quad -\frac{\partial u}{\partial z}$$

sind, durch eine Ursache von der Intensität u im Punkte (x, y, z) ersetzen, welche die Dichtigkeit der Electricität gleichen Zeichens zu vermindern und die der entgegengesetzten zu vermehren strebt.

Es ist aber dann, um der Grösse ϱ eine reelle Bedeutung zu geben, nicht nöthig zweierlei Electricitäten anzunehmen und $\varrho\, dx\, dy\, dz$ als den Ueberschuss der positiven Electricität des Elements $dx\, dy\, dz$ über die negative zu betrachten, sondern man kann im Wesentlichen zu der Franklin'schen Auffassung der electrischen Erscheinungen zurückkehren, am einfachsten wohl durch folgende Annahme:

Das Ponderabile, welches Sitz der Electricität ist, erfüllt den Raum stetig*) und mit gleichmässiger electrischer Capacität, welche seinem Leitungswiderstande umgekehrt proportional ist, und von welcher die Dichtigkeit der wirklich in ihm enthaltenen Electricität immer nur um einen unmerklich kleinen Bruchtheil abweicht. Bei überschüssiger oder fehlender Electricität (positiver oder negativer Spannungselectricität) geräth das Ponderabile in einen positiv oder negativ electrischen Zustand, vermöge dessen es die Dichtigkeit der in ihm enthaltenen Electricität zu vermindern oder zu vermehren strebt und zwar mit einem Drucke, welcher gleich ist der Dichtigkeit seiner Spannungselectricität, ϱ, multiplicirt in einen von der Natur des Ponderabile abhängigen Factor (seine antelectrische Kraft). Ihrerseits geräth bei auftretender Spannungselectricität

*) Auf einem andern Blatt findet sich hierzu folgende Bemerkung: Insofern dies Ponderabile (Kupfer, Glas) als Sitz der Electricität betrachtet und ihm eine bestimmte electrische Capacität und ein bestimmter Leitungswiderstand beigelegt wird, muss als von ihm eingenommener Raum der ganze Raum, in welchem sich die specifische Eigenthümlichkeit desselben geltend macht, nicht etwa der Ort von Kupfer- oder Glasmoleculen angesehen werden.

die Electricität in einen Zustand, Spannung, vermöge dessen sie ihre Dichtigkeit zu vermindern (oder bei negativer Spannung zu vermehren) strebt und dessen Grösse u in jedem Augenblicke abhängt von sämmtlichen Massen Spannungselectricität nach der Formel

$$u = \frac{1}{4\pi} \int \frac{\varrho' \, dx' \, dy' \, dz'}{\sqrt{(x-x')^2 + (y-y')^2 + (z-z')^2}}$$

oder auch vermittelst des Gesetzes

$$\frac{\partial^2 u}{\partial x^2} + \frac{\partial^2 u}{\partial y^2} + \frac{\partial^2 u}{\partial z^2} = -\varrho$$

und der Bedingung, dass u in unendlicher Entfernung von Spannungselectricität unendlich klein bleibt. Die Electricität bewegt sich gegen die ponderabeln Körper mit einer Geschwindigkeit, welche in jedem Augenblicke der aus diesen Ursachen hervorgehenden electromotorischen Kraft gleich ist.

Uebrigens müssen diese Bewegungsgesetze der Electricität, wenn deren Verhältniss zu Wärme und Magnetismus in Rechnung gezogen werden soll, vorbemerktermassen selbst noch abgeändert und umgeformt werden, und dann wird eine veränderte Auffassung dieser Erscheinungen nöthig.*)

4.

Behandlung des Problems der Rückstandsbildung. Ausdruck der zu bestimmenden Grössen durch das Potential.

Indem ich mich nun zur Untersuchung der Rückstandsbildung wende, beschäftige ich mich zunächst damit, die zu bestimmenden Grössen durch das Potential, oder vielmehr, was die Rechnung vereinfacht, durch die ihm proportionale Function u auszudrücken. Zu grösserer Bequemlichkeit für die an abstracte Grössenbetrachtung minder gewöhnten Physiker habe ich das Potential als das Mass einer Ursache, Spannung, betrachtet, welche die Dichtigkeit der Electricität im Punkte (x, y, z) zu vermindern strebt, und diese im Punkte $(x, y, z) = u$, also die Componenten der durch sie bewirkten electromotorischen Kraft

$$= -\frac{\partial u}{\partial x}, \ -\frac{\partial u}{\partial y}, \ -\frac{\partial u}{\partial z}$$

gesetzt. Man muss dann als Spannungseinheit die im Innern einer Kugel vom Radius 1 durch auf der Oberfläche vertheilte Electricität von der Dichtigkeit 1 entstehende Spannung annehmen oder als Einheit der electromotorischen Kräfte die von der Masse 4π in der Ent-

*) Dieser ganze Artikel ist im Manuscript durchgestrichen, wahrscheinlich nur aus dem Grunde, weil der Verfasser durch die Eigenthümlichkeit der hier vorgetragenen Auffassung, welche auf das Innigste mit seinen naturphilosophischen Principien zusammenhängt, bei den Physikern damals Anstoss zu erregen befürchtete.

fernungseinheit erzeugte. Zur Vereinfachung der Rechnung ist ferner als Zeiteinheit α, als Längeneinheit β eingeführt worden; macht man die Einheit der electromotorischen Kräfte auf die hier angenommene Weise von der electrischen Masseneinheit abhängig, so sind α und $\beta\beta$ die Maasse für den Leitungswiderstand $\left(=\frac{\text{electromotorische Kraft}}{\text{Stromintensität}}\right)$ und die antelectrische Kraft $\left(=\frac{\text{Druck des Ponderabile}}{\text{Dichtigkeit der Spannungselectricität}}\right)$ des ponderabeln Sitzes.

Zur Discussion der vorliegenden Beobachtungen genügt die Lösung der Aufgabe: die Aenderungen der Spannungselectricität im Innern einer überall gleich dicken homogenen Wand zu bestimmen, wenn die Oberflächen mit vollkommenen Leitern belegt sind, gleiche Mengen entgegengesetzter Electricität empfangen und keine electromotorische Kraft besitzen (keine Contactwirkung in ihnen stattfindet), und ihre Dimensionen gegen die Dicke der Wand als unendlich gross betrachtet werden dürfen (d. h. der Einfluss des Randes und der Krümmung vernachlässigt werden darf).

Legt man den Anfangspunkt der Coordinaten in die Mitte der Wand, die x-Axe auf ihre Oberflächen senkrecht und bezeichnet ihre halbe Dicke durch a, so wird der Ausdruck für die Wand $a > x > -a$, u eine blosse Function von x und

$$\varrho = -\frac{\partial^2 u}{\partial x^2},$$

folglich

$$\int_{x'}^{x''} \varrho\,\partial x = \left(\frac{\partial u}{\partial x}\right)_{x'} - \left(\frac{\partial u}{\partial x}\right)_{x''}.$$

Die zwischen zwei Werthen von x über der Flächeneinheit enthaltene Electricitätsmenge ist also, geometrisch ausgedrückt, gleich der Differenz zwischen den Tangenten der Neigungen der Spannungscurve, d. h. der Curve, deren Ordinate für die Abscisse x gleich u ist; diese Curve ist gerade, wo keine Spannungselectricität vorhanden ist, nach oben (oder für Orte mit grösseren Ordinaten) convex, wo positive, nach unten, wo negative stetig vertheilt ist, und gebrochen für einen Werth von x, bei welchem eine endliche Menge angehäuft ist.

Die durch eine Ladung erzeugte oder durch eine Entladung vernichtete Spannung wird daher stets dargestellt durch eine Curve von der Form A, d. h. ist sie in den Belegungen u_a, u_{-a} und folglich in der Mitte

$$\frac{u_a + u_{-a}}{2} = u_0,$$

so ist sie im Innern

$$= u_0 + \frac{x}{a}(u_a - u_0).$$

Durch das Eindringen der Electricität in's Innere erhält die Spannungscurve die Form *B*. Für die Flächeneinheit ist die Gesammtmenge der geschiedenen Electricitäten gleich der Tangente ihrer Neigung in der Mitte

$$\left(\frac{\partial u}{\partial x}\right)_0,$$

das electrische Moment

$$\int_{-a}^{+a} \varrho x \partial x = u_a - u_{-a} - a\left(\left(\frac{\partial u}{\partial x}\right)_a + \left(\frac{\partial u}{\partial x}\right)_{-a}\right) = u_a - u_{-a},$$

also gleich der Spannungsdifferenz der Oberflächen.

Durch eine Entladung wird die Spannung in den Belegungen aufgehoben. Die vernichtete Spannung ist daher in den Belegungen $= u_a$, u_{-a}, im Innern

$$= u_0 + \frac{x}{a}(u_a - u_0),$$

die disponible Ladung für die Flächeneinheit

$$= \frac{1}{a}(u_a - u_0),$$

die bleibende Spannung im Innern

$$= u - u_0 - \frac{x}{a}(u_a - u_0),$$

und für die Flächeneinheit der verborgene Rückstand

$$= \left(\frac{\partial u}{\partial x}\right)_0 - \frac{1}{a}(u_a - u_0),$$

die der Oberfläche ($x = a$) durch die Entladung mitgetheilte Electricitätsmenge

$$= -\frac{1}{a}(u_a - u_0).$$

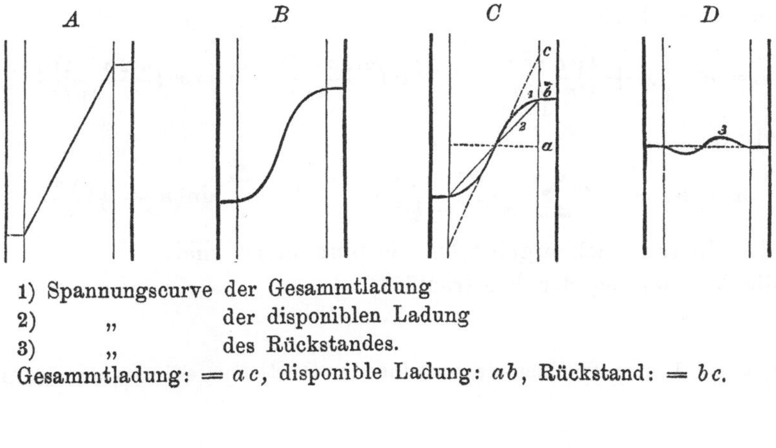

1) Spannungscurve der Gesammtladung
2) „ der disponiblen Ladung
3) „ des Rückstandes.
Gesammtladung: $= ac$, disponible Ladung: ab, Rückstand: $= bc$.

5.

Lösung der Aufgabe im einfachsten Falle, wo kein Ab- und Zufluss durch die Oberflächen stattfindet.

Nach dieser Uebersicht und geometrischen Darstellung der gesuchten Grössen gehe ich zu ihrer Bestimmung durch Rechnung nach dem angegebenen Gesetze über. Ich behandle zunächst den Fall, wo anfangs im Innern keine freie Electricität vorhanden ist, und den Oberflächen auf der Flächeneinheit die Masseneinheit mitgetheilt wird, später aber kein Ab- und Zufluss durch die Oberflächen stattfindet.

Die Bedingungen zur Bestimmung von u sind:

$$\text{für } t > 0,\ a > x > -a \qquad \frac{\partial^2 u}{\partial x^2} = -\varrho,\ \frac{\partial \varrho}{\partial t} + \varrho - \frac{\partial^2 \varrho}{\partial x^2} = 0$$

$$t = 0,\ a > x > -a \qquad \frac{\partial u}{\partial x} = 1$$

$$t > 0,\ x = \pm a \qquad \frac{\partial u}{\partial x} = 0,\ \frac{\partial u}{\partial x} + \frac{\partial \varrho}{\partial x} = 0$$

welche letzteren ausdrücken, dass in den Oberflächen sowohl die Electricitätsmengen, als der Durchfluss, und folglich die electromotorische Kraft $= 0$ sein soll.

Diesen Bedingungen genügen zwei Ausdrücke, der eine für kleine, der andere für grosse Werthe von t brauchbar.

Setzt man zur Abkürzung

$$\int_\lambda^\infty e^{-\lambda\lambda}\, d\lambda = \varphi(\lambda)$$

und

$$\int_\lambda^\infty \varphi(\lambda)\, d\lambda = \tfrac{1}{2} e^{-\lambda\lambda} - \lambda\varphi(\lambda) = \psi(\lambda),$$

so genügt erstens

$$u - u_0 = e^{-t}\left[x + \frac{4\sqrt{t}}{\sqrt{\pi}} \sum_{1,\infty}^{n} (-1)^n \left(\psi\left(\frac{a(2n-1)-x}{2\sqrt{t}}\right) - \psi\left(\frac{a(2n-1)+x}{2\sqrt{t}}\right)\right)\right]$$

zweitens

$$u - u_0 = e^{-t} \sum \frac{(-1)^{n-1}\, 2a}{\pi\pi(n-\frac{1}{2})^2}\, e^{-(n-\frac{1}{2})^2 \frac{\pi\pi}{aa} t} \sin(n-\tfrac{1}{2})\frac{x\pi}{a}.$$

Die hieraus sich ergebenden Bestimmungen sind:
für die Vertheilung der Electricität*)

---

*) Vergl. Jacobi Fundamenta nova theoriae functionum ellipticarum. §§. 61, 63.

$$\varrho = -\frac{\partial^2 u}{\partial x^2} = \frac{e^{-t}}{\sqrt{\pi t}} \sum (-1)^{n-1} \left(e^{-\frac{(a(2n-1)-x)^2}{4t}} - e^{-\frac{(a(2n-1)+x)^2}{4t}} \right)$$

$$= \frac{2e^{-t}}{a} \sum (-1)^{n-1}\, e^{-(n-\frac{1}{2})^2 \frac{\pi\pi}{aa} t} \sin (n-\tfrac{1}{2}) \frac{x\pi}{a},$$

für die Gesammtladung

$$Q_t^* = \left(\frac{\partial u}{\partial x}\right)_0 = e^{-t} \left(1 + \frac{4}{\sqrt{\pi}} \sum (-1)^n \varphi\left(\frac{(n-\frac{1}{2})a}{\sqrt{t}}\right)\right)$$

$$= e^{-t} \sum \frac{(-1)^{n-1}\, 2}{(n-\frac{1}{2})\pi} e^{-(n-\frac{1}{2})^2 \frac{\pi\pi}{aa} t},$$

für die disponible Ladung

$$L_t^* = \frac{u_a - u_{-a}}{2a} = e^{-t} \left\{ 1 - \frac{2\sqrt{t}}{a\sqrt{\pi}} \left(1 + 4 \sum (-1)^n \psi\left(\frac{an}{\sqrt{t}}\right)\right)\right\}$$

$$= e^{-t} \sum \frac{2}{\pi\pi (n-\frac{1}{2})^2}\, e^{-(n-\frac{1}{2})^2 \frac{\pi\pi}{aa} t}$$

für den Rückstand

$$r_t^* = \left(\frac{\partial u}{\partial x}\right)_0 - \frac{u_a - u_{-a}}{2a}$$

$$= \frac{2\sqrt{t}\, e^{-t}}{a\sqrt{\pi}} \left\{ 1 + 4 \sum (-1)^n \left(\psi\left(\frac{an}{\sqrt{t}}\right) + \frac{a}{2\sqrt{t}} \varphi\left(\frac{(n-\frac{1}{2})a}{\sqrt{t}}\right)\right)\right\}$$

$$= e^{-t} \sum \frac{2}{\pi(n-\frac{1}{2})} \left((-1)^{n-1} - \frac{1}{\pi(n-\frac{1}{2})} \right) e^{-(n-\frac{1}{2})^2 \frac{\pi\pi}{aa} t}$$

6.

Zurückführung der allgemeinen Aufgabe auf diesen einfachsten Fall.

Um auf diesen einfachsten Fall den Fall zurückzuführen, wo Ab- und Zufluss durch die Oberflächen stattfindet, bezeichne $\chi(t)$ den Ausdruck für die Spannungsdifferenz $u - u_0$ zur Zeit t in diesem einfachsten Falle; für negative Werthe von t sei $\chi(t) = 0$.

Soll nun die Spannung bestimmt werden, welche entsteht, wenn den Oberflächen ($x = \pm a$) zur Zeit 0 die Mengen $\pm \mu$, darauf zur Zeit t' die Mengen $\pm \mu'$, zur Zeit t'' die Mengen $\pm \mu''$, ... mitgetheilt werden, so hat man

$$u - u_0 = \mu \chi(t) + \mu' \chi(t - t') + \mu'' \chi(t - t'') + \cdots;$$

denn dieser Werth genügt sämmtlichen zu seiner Bestimmung gegebenen Bedingungen.

Findet ein stetiger Ab- und Zufluss von Electricität statt, so wird

$$u - u_0 = \int_0^t \chi(t - \tau) \frac{d\mu}{d\tau} d\tau,$$

wenn $\pm \frac{d\mu}{d\tau} d\tau$ die im Zeitelement $d\tau$ durch die Oberfläche $(x = \pm a)$ nach Innen strömende Electricitätsmenge bezeichnet.

Beide Ausdrücke kann man zusammenfassen in dem Ausdruck

$$u - u_0 = \int_0^t \chi(t - \tau) d\mu,$$

wenn man durch $\pm d\mu$ die im Zeitelement $d\tau$ auf der Oberfläche $(x = \pm a)$ hinzukommende Electricitätsmenge bezeichnet, wo diese dann einen endlichen Werth hat oder $d\tau$ proportional ist, je nachdem eine plötzliche Ladung oder Entladung, oder ein stetiger Ab- oder Zufluss stattfindet.

Aus diesem Ausdrucke für die Spannung folgt

$$Q_t = \int_0^t Q^*_{t-\tau} d\mu, \quad L_t = \int_0^t L^*_{t-\tau} d\mu, \quad r_t = \int_0^t r^*_{t-\tau} d\mu.$$

In diesen Formeln sind die Zeiten in Theilen von α, die Längen in Theilen von β ausgedrückt; um bekannte Maasse einzuführen, hat man nur a und x durch $\frac{a}{\beta}, \frac{x}{\beta}$; t und τ durch $\frac{t}{\alpha}, \frac{\tau}{\alpha}$ zu ersetzen.

7.

Vergleichung der Rechnung mit den Beobachtungen.

Um nun die erhaltenen Formeln mit dem wirklichen Verlaufe der Rückstandsbildung zu vergleichen, wie er durch die in Poggendorff's Annalen veröffentlichten Messungen des Herrn Professor Kohlrausch mit so grosser Genauigkeit festgestellt worden ist, geht man wohl am zweckmässigsten von der Thatsache aus, dass die Ladungscurve einer Parabel nahe kommt mit allmählich abnehmendem Parameter, d. h. dass die Grösse $\frac{L_0 - L_t}{\sqrt{t}}$ langsam abnimmt.

Zufolge der für L_t abgeleiteten Formel ist $L_0 - L_t$ für sehr kleine Werthe von t proportional $\sqrt{t}$ und zwar

$$\frac{L_0 - L_t}{\sqrt{t}} = L_0 \frac{2}{\sqrt{\pi}} \sqrt{\frac{\beta\beta}{aa\alpha}}.$$

Zufolge der Messungen muss man annehmen, dass diese Proportionalität näherungsweise noch während der Beobachtungen stattfindet.

Man wird daher die Zeit $\frac{aa}{\beta\beta}\alpha$ in roher Annäherung aus den Beobachtungen bestimmen können, und dann ist in der That

$$\frac{L_0^* - e^{\frac{t}{\alpha}} L_t^*}{\sqrt{t}} =$$

$$L_0^* \frac{2}{\sqrt{\pi}} \sqrt{\frac{\beta\beta}{aa\alpha}} \left(1 - 4\psi\left(\sqrt{\frac{aa\alpha}{\beta\beta t}}\right) + 4\psi\left(2\sqrt{\frac{aa\alpha}{\beta\beta t}}\right) - 4\psi\left(3\sqrt{\frac{aa\alpha}{\beta\beta t}}\right) + \cdots\right)$$

eine Function, welche mit wachsendem t langsam abnimmt. Nichtsdestoweniger würde $\frac{L_0 - L_t}{\sqrt{t}}$ mit wachsendem t zunehmen, wenn man $\frac{1}{\alpha}$ einen merklichen Werth beilegte. Dasselbe scheint sich auch zu ergeben, wenn man einen beträchtlichen Verlust durch die Luft annimmt, wenigstens wenn man dafür das Coulomb'sche Gesetz zu Grunde legt.

Man wird daher für die erste Bearbeitung der Beobachtungen die Zeit α (d. h. den Leitungswiderstand des Glases für die dem Coulomb'schen Gesetz gemässen electromotorischen Kräfte) unendlich gross annehmen, den Verlust durch die Luft vernachlässigen und sich zunächst darauf beschränken müssen, zu untersuchen, in wie weit sich durch gehörige Bestimmung von $\frac{a\,a}{\beta\,\beta}\alpha$ den Beobachtungen genügen lässt.

Sobald man sich überzeugt hat, dass die Voraussetzungen der Rechnung näherungsweise richtig sind, ist eine schärfere Vergleichung der Rechnung mit den Beobachtungen verlorene Arbeit, wenn man nicht die Gelegenheit hat, die Quellen der Differenzen zwischen Rechnung und Beobachtung an der Hand der Erfahrung aufzusuchen, um die wegen der Abweichungen von den Voraussetzungen der Rechnung nöthigen Correctionen anzubringen. Da mir nun zu einem experimentellen Studium des Gegenstandes die Mittel fehlen, so musste ich von einer weiteren Verfolgung desselben vorläufig abstehen.

8.

Verhältniss dieses Problems zur Electrometrie und zur Theorie verwandter Erscheinungen.

Die Grösse $\frac{\beta\beta}{a\,a\,\alpha}$, bei der Flasche b etwa $\frac{1}{2000}$, giebt den Quotienten $\frac{\text{antelectrische Kraft}}{\text{Leitungswiderstand}}$ des Glases der Flasche in absolutem Mass, wenn als Längeneinheit die Flaschendicke, als Zeiteinheit die Secunde angenommen wird. Für diese Bestimmung ist es gleichgültig, wie man die Einheit der electromotorischen Kräfte von der Einheit der electrischen Massen abhängig macht; die Constanten α und $\beta\beta$ würden aber den Leitungswiderstand und die antelectrische Kraft in einem andern Masse als dem Weber'schen geben, wo die Einheit der electromotorischen Kräfte durch die dem Ampère'schen Gesetz gemässen Wirkungen der Masseneinheit festgesetzt wird.

Zur Vergleichung des hier untersuchten Falles mit den Erscheinungen an guten Leitern kann die Betrachtung des Beharrungszustandes bei constant erhaltener Spannungsdifferenz der Oberflächen (oder constantem Zufluss) dienen. Für diesen ist

die Dichtigkeit im Innern: $\varrho = -\frac{\partial^2 u}{\partial x^2} = e^x - e^{-x}$,

die Spannung: $u = u_0 - e^x + e^{-x} + x(e^a + e^{-a})$,

die Spannungsdifferenz der Oberflächen:

$$u_a - u_{-a} = 2\left(a(e^a + e^{-a}) - (e^a - e^{-a})\right),$$

die Gesammtladung: $\left(\frac{\partial u}{\partial x}\right)_0 = e^a + e^{-a} - 2$,

der Rückstand: $\left(\frac{\partial u}{\partial x}\right)_0 - \frac{u_a - u_{-a}}{2a} = \frac{e^a - e^{-a}}{a} - 2$,

die in der Zeiteinheit durchfliessende Menge:

$$= \left(\frac{\partial u}{\partial x} + \frac{\partial \varrho}{\partial x}\right) = -(e^a + e^{-a}),$$

oder gleich proportionalen Grössen, wobei zur Vereinfachung, wie oben, als Zeiteinheit α, als Längeneinheit β, als Spannungseinheit die Spannung im Innern einer Kugel vom Radius 1 bei auf der Oberfläche vertheilter Electricität von der Dichtigkeit 1 angenommen ist.

Besonders wichtig scheint mir die Prüfung des vermutheten Gesetzes und eventualiter die Bestimmung der Constanten α und β bei den Gasen zu sein. Die Beobachtungen von Riess*) und Kohlrausch**), nach welchen für den Electricitätsverlust an die Luft in einem geschlossenen Raume das Gesetz Coulomb's nicht gilt, können vielleicht als Ausgangspunkt für diese Untersuchung dienen und es wäre für dieselben wohl zunächst ein System von Messungen über den Electricitätsverlust im Innern eines einigermassen regelmässigen geschlossenen Raumes zu wünschen.

*) Pogg. Ann. Bd. 71. pag. 359.

**) Pogg. Ann. Bd. 72. pag. 374.

XXI.

Zwei allgemeine Sätze über lineäre Differentialgleichungen mit algebraischen Coefficienten.

(20. Febr. 1857.)

Bekanntlich lässt sich jede Lösung einer lineären homogenen Differentialgleichung $n$ter Ordnung in n von einander unabhängige particulare Lösungen lineär mit constanten Coefficienten ausdrücken. Sind die Coefficienten der Differentialgleichung rationale Functionen der unabhängigen Veränderlichen x, so wird jeder Zweig der, allgemein zu reden, vielwerthigen Functionen, welche ihr genügen, sich lineär mit constanten Coefficienten in n für jeden Werth von x eindeutig bestimmte Functionen ausdrücken lassen, welche freilich dann längs eines gewissen Liniensystems unstetig sein müssen. Sind die Coefficienten aber algebraische Functionen von x, welche sich rational in x und eine μ-werthige algebraische Function von x ausdrücken lassen, so gehört zu jedem Zweig dieser μ-werthigen Function eine Gruppe von n von einander unabhängigen particularen Lösungen, so dass in diesem Falle jeder Zweig einer Lösung der Differentialgleichung als ein lineärer Ausdruck von höchstens μn eindeutigen Functionen sich darstellen lässt, welcher aber von ihnen immer nur n einer Gruppe angehörige enthalten wird. Aus diesen Vorbemerkungen wird man, da sich jede nicht homogene lineäre Differentialgleichung leicht in eine homogene von der nächst höhern Ordnung verwandeln lässt, ersehen, dass die folgenden Sätze alle lineären Differentialgleichungen mit algebraischen Coefficienten umfassen.

Es seien $y_1, y_2, \ldots, y_n$ Functionen von x, welche für alle complexen Werthe dieser Grösse einändrig und endlich sind, ausser für $a, b, c, .., g$, und welche durch einen Umlauf des x um einen dieser Verzweigungswerthe in lineäre Functionen mit constanten Coefficienten von ihren früheren Werthen übergehen.

Zu ihrer näheren Bestimmung scheide man die Gesammtheit der complexen Werthe in zwei Gebiete durch eine in sich zurücklaufende

Linie, die der Reihe nach durch sämmtliche Verzweigungswerthe $(g, .., c, b, a)$ geht, so dass in jedem dieser Gebiete die Functionen völlig gesondert und stetig verlaufen, und betrachte die Werthe der Functionen in dem auf der positiven Seite dieser Linie liegenden Gebiete als gegeben. Durch einen positiven Umlauf des x um a gehe nun y_1 in $\sum_{i=1}^{i=n} A_i^{(1)} y_i$; y_2 in $\Sigma A_i^{(2)} y_i, \ldots$; y_n in $\Sigma A_i^{(n)} y_i$ über und ähnlich durch einen positiven Umlauf um b y_ν in $\Sigma B_i^{(\nu)} y_i$, etc., durch einen positiven Umlauf um g y_ν in $\Sigma G_i^{(\nu)} y_i$.

Bezeichnet man nun zur Abkürzung das System der n Werthe $(y_1, y_2, .., y_n)$ durch (y) das System der nn Coefficienten

$$\begin{matrix} A_1^{(1)} & A_2^{(1)} & \ldots & A_n^{(1)} \\ A_1^{(2)} & A_2^{(2)} & \ldots & A_n^{(2)} \\ \cdot & \cdot & \cdot & \cdot \\ A_1^{(n)} & A_2^{(n)} & \ldots & A_n^{(n)} \end{matrix}$$

durch (A), das System der B durch (B), ..., der G durch (G), und die aus (y) mittelst des Coefficientensystems (A) gebildeten Werthe $\Sigma A_i^{(1)} y_i$, $\Sigma A_i^{(2)} y_i$, ..., $\Sigma A_i^{(n)} y_i$ durch $(A)(y_1, y_2, .., y_n) = (A)(y)$, so findet zwischen diesen Coefficientensystemen die Gleichung

(1) $$(G)(F) \ldots (B)(A) = (0)$$

statt, wenn man durch (0) ein Coefficientensystem bezeichnet, das nichts ändert, oder in welchem die Coefficienten der abwärts nach rechts gehenden Diagonale $= 1$ und alle übrigen $= 0$ sind. In der That, durchläuft x die ganze Grenzlinie so, dass es sich von einem Verzweigungswerth zum folgenden auf der positiven Seite bewegt, dann aber jedesmal um diesen Verzweigungswerth positiv herum, so gehen die Functionen (y) nach und nach in $(G)(y)$, $(G)(F)(y)$, schliesslich in $(G)(F)..(B)(A)(y)$ über. Es hat aber denselben Erfolg, wenn x die negative Seite der Grenzlinie oder die ganze Begrenzung des negativerseits liegenden Gebiets durchläuft, wobei $(y_1, y_2, .., y_n)$ ihre früheren Werthe wieder annehmen müssen, da sie in diesem Gebiet allenthalben einändrig sind.

Ein System von n Functionen, welches die eben angegebenen Eigenschaften hat, werde durch

$$Q\begin{pmatrix} a & b & c & \cdots & g & \\ A & B & C & \cdots & G & x \end{pmatrix}$$

bezeichnet.

Man betrachte nun als zu einer Klasse gehörig sämmtliche Systeme, für welche die Verzweigungswerthe und die um sie stattfindenden

Substitutionen gegebene der Gleichung (1) genügende Werthe haben, was, wie sich bald ergeben wird, für unendlich viele Systeme der Fall ist. Nach einem leicht zu beweisenden, von Jacobi vielfach angewandten Satze lässt sich jede Substitution, allgemein zu reden, in drei Substitutionen zerlegen, von denen die letzte die inverse der ersten ist, und in der mittleren die Coefficienten ausser der Diagonale sämmtlich $= 0$ sind, so dass durch sie jede von den Grössen, auf welche sie angewandt wird, nur einen Factor erhält. Es lässt sich also z. B.

$$(A) = (\alpha) \begin{Bmatrix} \lambda_1, & 0 & .. & 0 \\ 0, & \lambda_2 & .. & 0 \\ . & . & . & . \\ 0, & 0 & .. & \lambda_n \end{Bmatrix} (\alpha)^{-1}$$

setzen, wenn $(\alpha)^{-1}$ die inverse Substitution von (α) bezeichnet. Die Grössen λ werden dabei die n Wurzeln einer durch (A) völlig bestimmten Gleichung $n$ten Grades. Für den Fall, dass diese Gleichung gleiche Wurzeln hätte, müsste man der mittleren Substitution eine etwas abgeänderte Form geben; wir wollen aber zur Vereinfachung diesen Fall vorläufig ausschliessen und annehmen, dass er bei der Zerlegung der Substitutionen $(A), (B), \ldots, (G)$ nicht eintritt. Die Substitution (α) kann in

$$(\alpha) \begin{Bmatrix} l_1, & 0, & .. & 0 \\ 0, & l_2, & .. & 0 \\ . & . & . & . \\ 0, & 0, & .. & l_n \end{Bmatrix}$$

durch Hinzufügung einer nur multiplicirenden Substitution verwandelt werden; in dieser Form aber sind, wie die Gleichungen, durch welche sie bestimmt wird, zeigen, alle möglichen Werthe derselben enthalten.

Durch einen positiven Umlauf des x um a gehen die Werthe der Functionen y aus $(p_1, p_2, .., p_n)$ in $(A)(p)$ über. Die Werthe der durch die Substitution $(\alpha)^{-1}$ aus (y) gebildeten Functionen

$$(z_1, z_2, .., z_n) = (\alpha)^{-1}(y)$$

gehen daher aus $(\alpha)^{-1}(p)$ in

$$(\alpha)^{-1}(A)(p) = \begin{Bmatrix} \lambda_1, & 0, & .. & 0 \\ 0, & \lambda_2, & .. & 0 \\ . & . & . & . \\ 0, & 0, & .. & \lambda_n \end{Bmatrix} (\alpha)^{-1}(p)$$

über, oder $(z_1, z_2, .., z_n)$ in $(\lambda_1 z_1, \lambda_2 z_2, .., \lambda_n z_n)$.

Wenn eine Function z durch einen positiven Umlauf des x um a den constanten Factor λ erhält, so kann sie durch Multiplication mit einer Potenz von $(x - a)$ in eine Function verwandelt werden, die in der Umgebung von a einändrig ist. In der That erhält $(x - a)^\mu$ durch einen positiven Umlauf des x um a den Factor $e^{\mu 2\pi i}$; bestimmt man also μ so dass $e^{\mu 2\pi i} = \lambda$, oder setzt man $\mu = \frac{\log \lambda}{2\pi i}$, so wird $z(x-a)^{-\mu}$ eine für $x = a$ einändrige Function. Diese Function lässt sich also nach ganzen Potenzen von $(x-a)$ entwickeln, und z selbst nach Potenzen, die sich von μ um ganze Zahlen unterscheiden.

Demnach sind $z_1, z_2, .., z_n$ nach Potenzen von $x - a$ entwickelbar, deren Exponenten in der Form

$$\frac{\log \lambda_1}{2\pi i} + m, \quad \frac{\log \lambda_2}{2\pi i} + m, \ldots, \frac{\log \lambda_n}{2\pi i} + m$$

enthalten sind, wenn m eine ganze Zahl bedeutet. Wir wollen nun annehmen, dass die Functionen y nirgends unendlich von unendlich grosser Ordnung werden, so dass diese Reihen auf der Seite der fallenden Potenzen abbrechen müssen, und bezeichnen durch $\mu_1, \mu_2, .., \mu_n$ die niedrigsten Potenzen in diesen Reihen, so dass

$$z_1(x-a)^{-\mu_1}, \ldots, z_n(x-a)^{-\mu_n}$$

endliche von 0 verschiedene Werthe haben. Offenbar kann die Differenz zweier von den Grössen $\mu_1, \mu_2, .., \mu_n$ nie eine ganze Zahl sein, da die Werthe der Grössen $\lambda_1, \lambda_2, .., \lambda_n$ sämmtlich von einander verschieden sind; dagegen werden die Werthe der entsprechenden Exponenten bei zwei zu derselben Klasse gehörigen Systemen sich nur um ganze Zahlen unterscheiden können, da die Grössen $\lambda_1, \lambda_2, .., \lambda_n$ durch (A) völlig bestimmt sind. Diese Exponenten können dazu dienen, die verschiedenen Functionensysteme derselben Klasse von einander zu unterscheiden, oder doch sie zu gruppiren, und es genügt, wenn sie bekannt sind, statt (A) die Substitution (α) anzugeben, da die Grössen $\lambda_1, \lambda_2, .., \lambda_n$ schon durch sie bestimmt sind: wir werden uns daher zur genaueren Charakteristik des Systems $(y_1, y_2, .., y_n)$ des Ausdrucks

$$Q\left\{\begin{matrix} a & b & \ldots & g & \\ (\alpha) & (\beta) & \ldots & (\vartheta) & \\ \mu_1 & \nu_1 & \ldots & \varrho_1 & x \\ \cdot & \cdot & \cdot & \cdot & \\ \mu_n & \nu_n & \ldots & \varrho_n & \end{matrix}\right\}$$

bedienen, in welchem die Grössen der übrigen Verticalreihen für die Verzweigungswerthe $b, .., g$ die analoge Bedeutung haben sollen, wie die der ersten für a. Es liegt dabei auf der Hand, dass jedes System als ein specieller Fall eines andern betrachtet werden kann, in welchem die entsprechenden Exponenten zum Theil oder sämmtlich niedriger sind.

Es ist nun nicht schwer zu beweisen, dass zwischen je $n+1$ Systemen, die derselben Klasse angehören, eine lineare homogene Gleichung mit ganzen Functionen von x als Coefficienten stattfindet. Wir unterscheiden die entsprechenden Grössen in diesen $n+1$ Systemen durch obere Indices. Nehmen wir an, dass zwischen ihnen die n Gleichungen stattfinden:

$$
(2)\qquad
\begin{aligned}
a_0 y_1 + a_1 y_1^{(1)} + \cdots + a_n y_1^{(n)} &= 0 \\
a_0 y_2 + a_1 y_2^{(1)} + \cdots + a_n y_2^{(n)} &= 0 \\
\cdots\cdots\cdots\cdots & \\
a_0 y_n + a_1 y_n^{(1)} + \cdots + a_n y_n^{(n)} &= 0,
\end{aligned}
$$

so müssen die Grössen $a_0, a_1, .., a_n$ proportional sein den Determinanten der Systeme, welche man erhält, wenn man in dem Systeme der $n(n+1)$ Grössen y der Reihe nach die 1te, 2te, .., $n+1$te Verticalreihe weglässt. Eine solche Determinante $\Sigma \pm y_1^{(1)} y_2^{(2)} .. y_n^{(n)}$ erhält durch einen positiven Umlauf des x um a den Factor Det. (A) und kann für $x = a$ nicht unendlich von unendlich grosser Ordnung werden; sie lässt sich also nach um 1 steigenden Potenzen von $x - a$ entwickeln. Um den niedrigsten Exponenten in dieser Entwicklung zu bestimmen kann diese Determinante in die Form gesetzt werden

$$\text{Det.}\,(\alpha)\, \Sigma \pm z_1^{(1)} z_2^{(2)} .. z_n^{(n)}.$$

In letzterer Determinante ist das erste Glied

$$z_1^{(1)} z_2^{(2)} .. z_n^{(n)} = (x-a)^{\mu_1^{(1)} + \mu_2^{(2)} + \cdots + \mu_n^{(n)}}$$

multiplicirt in eine Function, die für $x = 0$ einen endlichen und von 0 verschiedenen Werth hat. Der niedrigste Exponent in der Entwicklung dieses Gliedes nach Potenzen von $(x-a)$ ist daher

$$= \mu_1^{(1)} + \mu_2^{(2)} + \cdots + \mu_n^{(n)}$$

und hieraus erhält man durch Permutation der oberen Indices die niedrigsten Exponenten in den Entwicklungen der übrigen Glieder. Offenbar ist der gesuchte Exponent allgemein zu reden gleich dem kleinsten von diesen Werthen und jedenfalls nicht kleiner. Bezeichnen wir den kleinsten dieser Werthe durch $\overline{\mu}$, den ähnlichen Werth für den zweiten Verzweigungswerth durch $\overline{\nu}, \ldots,$ für den letzten durch $\overline{\varrho}$, so ist

$$\Sigma \pm y_1^{(1)} .. y_2^{(2)} y_n^{(n)} .. (x-a)^{-\overline{\mu}} (x-b)^{-\overline{\nu}} .. (x-g)^{-\overline{\varrho}}$$

eine Function von x, welche für alle endlichen complexen Werthe eindrig und endlich bleibt und für $x = \infty$ unendlich gross höchstens von der Ordnung $-(\overline{\mu} + \overline{\nu} + \cdots + \overline{\varrho})$ wird, folglich eine ganze Function höchstens vom Grade $-(\overline{\mu} + \overline{\nu} + \cdots + \overline{\varrho})$. Diese Grösse muss daher, wenn die Function nicht identisch verschwindet, eine ganze, nicht negative Zahl sein.

Die partiellen Determinanten, welchen die Grössen $a_0, a_1, \ldots, a_n$ proportional sind, verhalten sich demnach wie ganze Functionen, multiplicirt mit Potenzen von $x - a, x - b, \ldots, x - g$, deren Exponenten in den verschiedenen Determinanten sich um ganze Zahlen unterscheiden. Die Grössen $a_0, a_1, \ldots, a_n$ verhalten sich daher selbst wie ganze Functionen und können in den Gleichungen (2) durch diese ersetzt werden, wodurch man den zu beweisenden Satz erhält.

Die Derivirten der Functionen $y_1, y_2, \ldots, y_n$ nach x bilden offenbar ein derselben Klasse angehöriges System, denn die Differentialquotienten der Functionen $(A)(y_1, y_2, \ldots, y_n)$, in welche $(y_1, y_2, \ldots, y_n)$ durch einen positiven Umlauf des x um a übergehen, sind

$$= (A)\left(\frac{dy_1}{dx}, \frac{dy_2}{dx}, \ldots, \frac{dy_n}{dx}\right),$$

da die Coefficienten in (A) constant sind. Durch diese Bemerkung erhält man aus dem eben bewiesenen Satz die beiden Corollare:

„*Die Functionen y eines Systems genügen einer Differentialgleichung $n$ter Ordnung, deren Coefficienten ganze Functionen von x sind.*“

und:

„*Jedes derselben Klasse angehörige System lässt sich in diese Functionen und ihre $n - 1$ ersten Differentialquotienten lineär mit rationalen Coefficienten ausdrücken.*“

Mit Hülfe des letzteren lässt sich ein allgemeiner Ausdruck für sämmtliche Systeme einer Klasse bilden, aus welchen man sofort sehen würde, dass die Anzahl sämmtlicher Systeme, wie oben behauptet, unendlich ist; es soll indess hier nur angewandt werden zur Aufsuchung aller Systeme, in welchen nicht bloss die Substitutionen, sondern auch die Exponenten dieselben sind. Für ein beliebiges System $Y_1, Y_2, \ldots, Y_n$ mit denselben Substitutionen und denselben Exponenten wie $y_1, y_2, \ldots, y_n$ hat man nach demselben, wenn man die Derivirten nach Lagrange bezeichnet, n lineäre Gleichungen von der Form:

$$c_0 Y_1 = b_0 y_1 + b_1 y_1' + \cdots + b_{n-1} y_1^{(n-1)}$$
$$c_0 Y_2 = b_0 y_2 + b_1 y_2' + \cdots + b_{n-1} y_2^{(n-1)}$$
$$\cdots\cdots\cdots\cdots\cdots\cdots$$
$$c_0 Y_n = b_0 y_n + b_1 y_n' + \cdots + b_{n-1} y_n^{(n-1)}$$

wobei die Coefficienten ganze Functionen von x sind. Die Function c_0 hängt nur von den Functionen y ab, und für den Grad der Functionen b ergiebt sich ein endliches Maximum, so dass sie nur eine endliche Anzahl von Coefficienten haben. Damit umgekehrt die aus diesen Gleichungen sich ergebenden Functionen $Y_1, Y_2, .., Y_n$ die verlangten Eigenschaften haben, müssen diese Coefficienten so beschaffen sein, dass für die Verzweigungswerthe ihre Exponenten nicht niedriger sind als die der Functionen y und dass sie für alle anderen Werthe von x endlich bleiben. Diese Bedingungen liefern für die Coefficienten der Potenzen von x in den Functionen b ein System lineärer homogener Gleichungen. Die Auflösung dieser Gleichungen ergiebt, wenn sie zur Bestimmung der Coefficienten hinreichen, als allgemeinsten Werth der Functionen (Y) den Werth const. (y), wenn dies nicht der Fall ist, aber einen Ausdruck von der Form:

$$Y_1 = ky_1 + k_1 Y_1^{(1)} + \cdots + k_m Y_1^{(m)}$$

$$\cdots\cdots\cdots\cdots\cdots$$

$$Y_n = ky_n + k_1 Y_n^{(1)} + \cdot + k_m Y_n^{(m)}$$

mit den willkürlichen Constanten $k, k_1, \ldots, k_m$. Von diesen willkürlichen Constanten kann man eine nach der andern als Function der übrigen so bestimmen, dass das Anfangsglied in der Entwicklung einer der Functionen $(\alpha)^{-1}(Y), (\beta)^{-1}(Y), \ldots, (\vartheta)^{-1}(Y)$ Null wird, wodurch die Exponentensumme jedesmal wenigstens um eine Einheit erhöht wird, so dass schliesslich die Exponentensumme wenigstens um m erhöht und die Anzahl der willkürlichen Constanten um ebenso viel vermindert ist. Auf diese Weise kann man aus jedem Systeme von n Functionen ein anderes mit höheren Exponenten ableiten, welches durch die Substitutionen und die Exponenten in seiner Charakteristik bis auf einen allen Functionen gemeinschaftlichen constanten Factor völlig bestimmt ist. Es werde nun auch dieser Factor dadurch bestimmt, dass man den Coefficienten der niedrigsten Potenz von $x - a$ in der Entwicklung der ersten von den Functionen $(\alpha)^{-1}(y)$ gleich 1 setzt, so dass die Functionen y eindeutig bestimmt sind.*)

Man hat dann nur nöthig scharf aufzufassen, wie sich der Verlauf dieser Functionen mit der Lage eines der Verzweigungswerthe, z. B. a ändert, um zu dem Satz zu gelangen, dass die Grössen y ein ähnliches System von Functionen wie von x auch von a bilden mit den Verzweigungswerthen $b, c, d, \ldots, g, x$ und Substitutionen die aus $(A), (B), \ldots, (F)$ zusammengesetzt sind. Für den Fall, dass es unmöglich ist, die Functionen mit a so zu än-

*) Bis hierher reicht ein vollständig ausgearbeitetes Manuscript Riemann's. Da wo die kleingedruckten Worte beginnen, steht am Rande die Bemerkung „von hier an nicht richtig". Ich glaubte aber trotzdem nicht, diese Stelle ganz unterdrücken zu dürfen, weil sie doch die Keime zu einer Weiterentwicklung der darin angedeuteten wichtigen Theorie enthält. — Auf einigen Blättern, welche Entwürfe zu der vorstehenden Abhandlung enthalten, finden sich die Grundzüge zu einer Weiterführung der vorstehenden Untersuchungen, die ich im Nachfolgenden in möglichst unveränderter Form mittheile. W.

dern, dass sämmtliche Substitutionen constant bleiben, — weil die Anzahl der in ihnen enthaltenen willkürlichen Constanten geringer ist als die Anzahl der hierfür zu erfüllenden Bedingungen —, kann man das System als einen besonderen Fall eines Systems mit niedrigeren Exponenten betrachten, in welchem für diese speciellen Werthe von $a, b, \ldots, g$ die Coefficienten einiger Anfangsglieder in den Reihen für $(\alpha)^{-1}(y), (\beta)^{-1}(y), \ldots, (\vartheta)^{-1}(y)$ verschwinden.

In Folge dieses Satzes bilden die Grössen $y_1, y_2, \ldots, y_n$ Functionen von p Veränderlichen $a, b, \ldots, g, x$, welche, wenn sämmtliche veränderliche Grössen wieder ihre früheren Werthe annehmen, entweder die früheren Werthe wieder erhalten, oder in lineäre Ausdrücke ihrer früheren Werthe übergehen, mit einem constanten Coefficientensystem, das aus den $p-2$ beliebig gegebenen Systemen $(A), (B), (C), \ldots, (F)$ irgendwie zusammengesetzt ist.

Auf eine weitere Untersuchung dieser Functionen von mehreren Veränderlichen und der Hülfsmittel, welche der letzte Satz für die Integration lineärer Differentialgleichungen bietet, muss ich für jetzt verzichten und bemerke nur noch, dass ein Integral einer algebraischen Function als ein specieller Fall der hier behandelten Functionen betrachtet werden kann, und dass man durch Anwendung dieser Principien auf ein solches Integral auf Functionen geführt wird, welche die allgemeinen ϑ-Reihen mit beliebigen Periodicitätsmoduln darstellen.

Bestimmung der Form der Differentialgleichung.

Es wird die nächste Aufgabe der auf diese Principien zu gründenden Theorie der lineären Differentialgleichungen sein, die einfachsten Systeme jeder Klasse aufzusuchen, und zu diesen Ende zunächst die Form der Differentialgleichung näher zu bestimmen. Verstehen wir unter den obigen Functionen $y^{(1)}, y^{(2)}, \ldots, y^{(n)}$ jetzt, wie Lagrange, die successiven Derivirten der Function y so werden die Gleichungen (2) die Differentialgleichung, welcher sie genügen, darstellen. Der Grad der ganzen Functionen, welche für die Coefficienten gesetzt werden können, bestimmt sich folgendermassen: durch jede Differentiation nach x werden sämmtliche Exponenten der Charakteristik, vorausgesetzt dass keiner eine ganze Zahl ist, um die Einheit erniedrigt. Es bleibt daher:

$$\sum \pm (y_1 y_2^{(1)} \ldots y_n^{(n-1)})(x-a)^{-\bar{\mu}}(x-b)^{-\bar{\nu}} \ldots (x-g)^{-\bar{\varrho}} = X_0$$

allenthalben endlich und einändrig, wenn man

$$\bar{\mu} = \Sigma_i \mu_i - \frac{n \,.\, n-1}{2}; \quad \bar{\nu} = \Sigma_i \nu_i - \frac{n \,.\, n-1}{2}; \ldots; \bar{\varrho} = \Sigma_i \varrho_i - \frac{n \,.\, n-1}{2}$$

setzt. Für $x = \infty$ wird, da die Functionen y endlich und einändrig bleiben, $\Sigma \pm y_1 y_2^{(1)} \ldots y_n^{(n-1)}$ unendlich klein von der Ordnung: $n \,.\, (n-1)$. Der Grad der ganzen Function X_0 ist daher

$$r = (m-2)\frac{n \,.\, n-1}{2} - s$$

wenn m die Anzahl der Verzweigungswerthe und s die Summe der Exponenten in der Charakteristik bezeichnet.

Wenn in dem System der $n . n + 1$ Grössen y statt der letzten Verticalreihe die $n + 1 - t$te weggelassen wird, so muss die aus ihnen gebildete Determinante allgemein zu reden mit um t höheren Potenzen von $x - a$, $x - b$, ..., $x - g$ multiplicirt werden und wird dadurch eine ganze Function vom Grade $r + (m - 1)t$ [nur für $t = n$ ist dieser Grad $r + (m - 2)n$].

Die Differentialgleichung lässt sich daher, wenn man das Product $(x - a)(x - b) \dots (x - g)$ durch ω bezeichnet in die Form:

$$X_n y + \omega X_{n-1} y' + \cdots \omega^n X_0 y^{(n)} = 0$$

setzen, so dass die Grössen X_t ganze rationale Functionen vom Grade $r + (m - 1)t$ sind. [X_n vom Grade $r + (m - 2)n$].

Man untersuche jetzt, welchen Bedingungen die Coefficienten dieser Functionen genügen müssen, damit nur für die Werthe $a, b, \dots, g$ eine Verzweigung eintritt und die Unstetigkeitsexponenten für sie die gegebenen Werthe haben. Eine Verzweigung findet so lange und nur so lange nicht statt, als sich alle Lösungen der Differentialgleichung nach ganzen Potenzen der Aenderung von x entwickeln lassen, oder so lange die Entwicklung von y nach dem Mac-Laurin'schen Satz n willkürliche Constanten enthält. Dies ist immer der Fall, wenn a_n von 0 verschieden ist. Man hat daher nur den Fall $a_n = 0$ zu untersuchen. Setzt man die Differentialgleichung in die Form:

$$b_0 y + b_1 (x - a) y' + b_2 (x - a)^2 y'' + \cdots + b_n (x - a)^n y^{(n)} = 0$$

so müssen, damit um $x = a$ die Function y den vorgeschriebenen Charakter hat, $\mu_1, \mu_2, \dots, \mu_n$ sämmtlich Wurzeln der Gleichung

$$b_0 + b_1 \mu + \cdots + b_n \mu (\mu - 1) \dots (\mu - n + 1) = 0$$

sein. Dieses liefert n Bedingungen für die Functionen X und erfordert überdies, da alle Grössen μ endlich und unter einander ungleich sind, dass b_n für $x = a$ nicht 0 sei. Aehnliches gilt für die übrigen Wurzeln $b, c, \dots, g$ von $\omega = 0$. Es kann sonach $X_0 = 0$ mit $\omega = 0$ keine Wurzel gemeinschaftlich haben.

Ist nun (für eine Wurzel von $X_0 = 0$) $a_n = 0$, a_{n-1} aber von 0 verschieden, so können (für diese) $y, y', \dots, y^{(n-2)}$ willkürlich angenommen werden, dann aber ist $y^{(n-1)}$ durch die Differentialgleichung

$$a_n y^{(n)} + a_{n-1} y^{(n-1)} + \cdots + a_0 y = 0$$

bestimmt, so dass $n - 1$ willkürliche Constanten in den $n - 1$ ersten Gliedern der Mac-Laurin'schen Reihe auftreten, die letzte Constante aber frühestens im $n + 1$ten. Man nehme an, dass sie zuerst im $n + h$ten erscheine.

Eliminirt man dann aber in der $h$ten Derivirten der Differentialgleichung:

$$a_n y^{(n+h)} + (h a'_n + a_{n-1}) y^{(n+h-1)} + \cdots = 0$$

die Grössen $y^{(n+h-2)}, \ldots, y^{(n-1)}$ mittelst der vorhergehenden Derivirten und der Differentialgleichung selbst, so müssen die Coefficienten von $y^{(n+h-1)}, y^{(n-2)}, y^{(n-3)}, \ldots, y$ sämmtlich verschwinden, da diese Grössen von einander unabhängig sind. Man erhält also

$$h a'_n + a_{n-1} = 0,$$

also a'_n von 0 verschieden und ausserdem noch $n - 1$ Gleichungen, und es ergeben sich n Bedingungsgleichungen für die Coefficienten der Functionen X.

Man setze nun zweitens voraus, dass a_n und a_{n-1} gleichzeitig verschwinden, a_{n-2} aber endlich bleibt, so dass die $n - 2$ ersten Glieder der Mac-Laurin'sche Reihe $n - 2$ willkürliche Constanten enthalten, und nehme an, dass die folgende im $n + h - 1$ten, die letzte im $n + h' - 1$ten zuerst auftrete. Alsdann ergeben sich, damit $y^{(n+h-2)}$ und $y^{(n+h'-2)}$ von den Werthen der niedrigeren Differentialquotienten unabhängig werden, die Gleichungen:

$$a'_n = 0, \quad \frac{h \,.\, h-1}{2} a''_n + h a'_{n-1} + a_{n-2} = 0,$$
$$\frac{h' \,.\, h'-1}{2} a''_n + h' a'_{n-1} + a_{n-2} = 0,$$

also a''_n und a'_{n-1} von Null verschieden, und ausserdem $2n - 3$ Gleichungen. Es werden also zwei Linearfactoren von $a_n = 0$ und man erhält $2n$ Bedingungen für die Functionen X.

Auf ähnliche Art findet man für den Fall wenn a_n, a_{n-1}, a_{n-2} gleichzeitig verschwinden, a_{n-3} aber endlich bleibt, und die drei letzten willkürlichen Constanten zuerst im $n + h - 2$ten, $n + h' - 2$ten, $n + h'' - 2$ten Gliede auftreten, die Bedingungen:

$$a'_n = 0, \quad a''_n = 0, \quad a'_{n-1} = 0,$$
$$\frac{h \,.\, h-1 \,.\, h-2}{1 \,.\, 2 \,.\, 3} a'''_n + \frac{h \,.\, h-1}{1 \,.\, 2} a''_{n-1} + h a'_{n-2} + a_{n-3} = 0$$

für h, h', h'' und ausserdem noch $3n - 6$ Gleichungen, so dass a_n drei und nur drei gleiche Wurzeln hat, und $3n$ Bedingungen erfüllt werden müssen. Durch Verallgemeinerung dieser Schlüsse ergiebt sich offenbar, dass jeder Linearfactor von X_0 n Bedingungen zwischen den Functionen X zur Folge hat.*)

*) Ueber das Verhalten der Differentialgleichung für unendliche Werthe von x findet sich im Riemann'schen Manuscript nichts; die Abzählung der Constanten ist nur angedeutet; das Folgende ist daher so gut als möglich vom Herausgeber

Für unendlich grosse Werthe von x sind die Functionen y endlich und stetig vorausgesetzt; um die hieraus fliessenden Bedingungen zu erhalten, transformire man die Differentialgleichung durch Einführung einer neuen Variablen $\frac{1}{\xi}$ für x. Dadurch erhält man:

$$(-1)^t y^{(t)} = \xi^{2t}\frac{d^t y}{d\xi^t} + (t-1)t\xi^{2t-1}\frac{d^{t-1}y}{d\xi^{t-1}}$$

$$+ (t-1)(t-2)\frac{t(t-1)}{1\,.\,2}\xi^{2t-2}\frac{d^{t-2}y}{d\xi^{t-2}} + \cdots$$

und die Differentialgleichung erhält die Form:

$$a_n\xi^{2n}\frac{d^n y}{d\xi^n} + (n-1\,.\,n\,.\,a_n\xi^{2n-1} - a_{n-1}\xi^{2n-2})\frac{d^{n-1}y}{d\xi^{n-1}} +$$

$$+ (n-1\,.\,n-2\,.\frac{n\,.\,n-1}{2}a_n\xi^{2n-2} - (n-2)\frac{n-1}{1}a_{n-1}\xi^{2n-3} + a_{n-2}\xi^{2n-4})\frac{d^{n-2}y}{d\xi^{n-2}}$$

$$+ \cdots + a_0 y = 0\,.$$

Nun ist a_n vom Grade $r + mn$, a_t vom Grade $r + mn - n + t$, a_0 vom Grade $r + mn - 2n$ in x. Wenn man also die vorstehende Gleichung mit $\xi^{r+mn-2n}$ multiplicirt, so bleiben der erste und der letzte Coefficient für $\xi = 0$ endlich und dieselbe erhält die Form:

$$\alpha_n\frac{d^n y}{d\xi^n} + \frac{\alpha_{n-1}}{\xi}\frac{d^{n-1}y}{d\xi^{n-1}} + \frac{\alpha_{n-2}}{\xi^2}\frac{d^{n-2}y}{d\xi^{n-2}} + \cdots + \frac{\alpha_1}{\xi^{n-1}}\frac{dy}{d\xi} + \alpha_0 y = 0\,,$$

worin $\alpha_n, \alpha_{n-1}, \ldots, \alpha_0$ Functionen sind, welche für $\xi = 0$ endlich bleiben. Nun lässt sich aber, wenigstens unter der Voraussetzung dass X_0 nur ungleiche Factoren, und die oben mit h bezeichnete ganze Zahl den Werth 1 hat, nachweisen, dass α_{n-1} durch ξ theilbar ist. Dies ist bewiesen, wenn man gezeigt hat, dass in dem Ausdruck

$$(n-1)\,n a_n - x a_{n-1}$$

sich die $(r + mn)$te Potenz von x forthebt. Zu diesem Zweck zerlege man die echt gebrochene Function $\frac{a_{n-1}}{a_n} = \frac{X_1}{\omega X_0}$ in Partialbrüche:

$$\frac{a_{n-1}}{a_n} = \frac{X_1}{\omega X_0} = \sum\frac{A}{x-a} + \sum\frac{\mathrm{A}}{x-\alpha}$$

worin sich die erste Summe auf alle Wurzeln $a, b, \ldots$ der Gleichung $\omega = 0$, die zweite auf alle Wurzeln $\alpha, \beta, \ldots$ von $X_0 = 0$ erstreckt. Nun muss in Folge der oben für den Punkt a aufgestellten Bedingungsgleichung für $x = a$

---

ergänzt. Ich bemerke noch, dass man etwas einfacher und allgemeiner zum Ziel gelangt, wenn man von vorn herein einen der gegebenen Verzweigungswerthe ins Unendliche verlegt. W.

$$\frac{a_{n-1}(x-a)}{a_n} = \frac{n.n-1}{2} - \Sigma\mu$$

sein, woraus sich für A der Werth $A = \frac{n.n-1}{2} - \Sigma\mu$ ergiebt. Ebenso folgt aus der für den Punkt α gültigen Bedingung:

$$a'_n + a_{n-1} = 0 : \mathrm{A} = -1,$$

woraus man erhält:

$$\frac{a_{n-1}}{a_n} = \sum \frac{\frac{n.n-1}{2} - \Sigma\mu}{x-a} - \sum \frac{1}{x-\alpha}.$$

Lässt man nun in $\frac{x a_{n-1}}{a_n}$ x unendlich werden, so ergiebt sich, wenn man die Coefficienten der höchsten Potenzen von x in a_n und a_{n-1} durch A_n, A_{n-1} bezeichnet:

$$\frac{A_{n-1}}{A_n} = m.\frac{n.n-1}{2} - s - r = n(n-1)$$

womit der Nachweis der obigen Behauptung geführt ist.

Damit also für unendliche Werthe von x die Functionen y endlich und stetig bleiben, müssen wir noch die Bedingungen stellen, dass α_{n-2} durch ξ^2, .., α_1 durch ξ^{n-1} theilbar seien, deren Zahl $\frac{n.n-1}{2} - 1$ beträgt.

Hiernach müssen die Coefficienten der Functionen X im Ganzen $(m+r)n + \frac{n.n-1}{2} - 1$ Bedingungen erfüllen. Die Anzahl dieser Coefficienten beträgt, wenn man, was freisteht, einen derselben $= 1$ annimmt:

$$\sum_{t=0}^{t=n} (r + (m-2)t + 1) + \frac{n.n-1}{2} - 1$$

$$= (r+1)(n+1) + (m-2)\frac{n.n+1}{2} + \frac{n.n-1}{2} - 1.$$

Es bleiben also, wenn man für r seinen Werth setzt,

$$(m-2)n^2 - s - n.(m-1) + 1$$

von ihnen willkürlich. Nun involviren die Functionen y, als Integrale einer Differentialgleichung $n$ter Ordnung $n.n$ Integrationsconstanten. Von diesen kann, da ein gemeinschaftlicher constanter Factor aller Functionen y unbestimmt bleiben muss, eine $= 1$ gesetzt werden, so dass im Ganzen in dem Functionensystem (y) $(m-1)n(n-1) - s$ willkürliche Constanten bleiben, die Verzweigungswerthe und die Unstetigkeitsexponenten, die als gegeben betrachtet werden, nicht mitgerechnet.

Um nun die Frage zu entscheiden, in wie weit das Functionensystem (y) durch die in seiner Charakteristik enthaltenen Grössen bestimmt ist, müssen wir die Anzahl der dadurch gestellten Bedingungen bestimmen und diese mit der Anzahl der verfügbaren Constanten vergleichen. Diese Bedingungen bestehen, nachdem die Verzweigungspunkte und die Unstetigkeitsexponenten gegeben sind, nur noch darin, dass um die Verzweigungspunkte herum die gegebenen Substitutionen (α), (β), ..., (ϑ) stattfinden. Jede dieser Substitutionen enthält aber, da man in jeder Horizontalreihe Einen Coefficienten beliebig wählen kann, $n.n-1$ unbestimmte Coefficienten, zwischen denen in Folge der Relation (1) n^2 Bedingungsgleichungen bestehen. Von diesen letzteren ist Eine eine identische Folge der Annahme, dass s eine ganze Zahl sei, (vgl. die Abhandlung „Beiträge zur Theorie etc.“ Art. 3. S. 67) und demnach haben die in dem Functionensystem (y) enthaltenen Constanten $m.n.(n-1)-n+1$ Bedingungen zu befriedigen. Diese Zahl darf also nicht grösser sein als $(m-1).n.(n-1)-s$, woraus sich ergiebt, dass s im Allgemeinen nicht grösser sein darf als $n-1$. Für den Fall $s=n-1$ ist die Anzahl der Bedingungsgleichungen ebenso gross als die Anzahl der verfügbaren Constanten.

XXII.

Commentatio mathematica, qua respondere tentatur quaestioni ab Illma Academia Parisiensi propositae:

„Trouver quel doit être l'état calorifique d'un corps solide homogène indéfini pour qu'un système de courbes isothermes, à un instant donné, restent isothermes après un temps quelconque, de telle sorte que la température d'un point puisse s'exprimer en fonction du temps et de deux autres variables indépendantes."*)

Et his principiis via sternitur ad majora.

1.

Quaestionem ab ill^{ma} Academia propositam ita tractabimus, ut primum quaestionem generaliorem solvamus:

quales esse debeant proprietates corporis motum caloris determinantes et distributio caloris, ut detur systema linearum quae semper isothermae maneant,

deinde

ex solutione generali hujus problematis eos casus seligamus, in quibus proprietates illae evadant ubique eaedem, sive corpus sit homogeneum.

Pars prima.

2.

Priorem quaestionem ut aggrediamur, considerandus est motus caloris in corpore qualicunque. Si u denotat temperaturam tempore

*) Diese Beantwortung der von der Pariser Akademie im Jahr 1858 gestellten und 1868 zurückgezogenen Preisaufgabe wurde von Riemann am 1. Juli 1861 der Akademie eingereicht. Der Preis wurde derselben nicht zuerkannt, weil die Wege, auf denen die Resultate gefunden wurden, nicht vollständig angegeben sind. Von der Ausführung einer beabsichtigten ausführlicheren Bearbeitung des Gegenstandes wurde Riemann durch seinen Gesundheitszustand abgehalten.

t in puncto (x_1, x_2, x_3) aequationem generalem, secundum quam haec functio u variatur, hujus esse formae constat,

$$
\text{(I)}\qquad
\begin{aligned}
&\frac{\partial\left(a_{1,1}\frac{\partial u}{\partial x_1}+a_{1,2}\frac{\partial u}{\partial x_2}+a_{1,3}\frac{\partial u}{\partial x_3}\right)}{\partial x_1}\\
+&\frac{\partial\left(a_{2,1}\frac{\partial u}{\partial x_1}+a_{2,2}\frac{\partial u}{\partial x_2}+a_{2,3}\frac{\partial u}{\partial x_3}\right)}{\partial x_2}\\
+&\frac{\partial\left(a_{3,1}\frac{\partial u}{\partial x_1}+a_{3,2}\frac{\partial u}{\partial x_2}+a_{3,3}\frac{\partial u}{\partial x_3}\right)}{\partial x_3}=h\frac{\partial u}{\partial t}.
\end{aligned}
$$

Qua in aequatione quantitates a conductibilitates resultantes, h calorem specificum pro unitate voluminis, sive productum ex calore specifico in densitatem designant et tanquam functiones pro lubitu datae ipsarum x_1, x_2, x_3 spectantur. Disquisitionem nostram ad eum casum restringimus, in quo conductibilitas eadem est in binis directionibus oppositis ideoque inter quantitates a relatio

$$a_{\iota,\iota'}=a_{\iota',\iota}$$

intercedit. Praeterea quum calor a loco calidiore in frigidiorem migret necesse est ut forma secundi gradus

$$\begin{pmatrix}a_{1,1}, & a_{2,2}, & a_{3,3}\\ a_{2,3}, & a_{3,1}, & a_{1,2}\end{pmatrix}$$

sit positiva.

3.

Iam in aequatione (I) in locos coordinatorum rectangularium x_1, x_2, x_3 tres variabiles independentes quaslibet novas s_1, s_2, s_3 introducamus.

Haec transformatio aequationis (I) facillime inde peti potest quod haec aequatio conditio est necessaria et sufficiens, ut, designante δu variationem quamcunque infinite parvam ipsius u, integrale

$$(A)\quad \delta\int\!\!\int\!\!\int\sum_{\iota,\iota'}a_{\iota,\iota'}\frac{\partial u}{\partial x_\iota}\frac{\partial u}{\partial x_{\iota'}}\,dx_1\,dx_2\,dx_3+\int\!\!\int\!\!\int 2h\frac{\partial u}{\partial t}\,\delta u\,dx_1\,dx_2\,dx_3$$

per corpus extensum, solum a valore variationis δu in superficie pendeat. Introductis novis variabilibus haec expressio (A) transibit in

$$(B)\quad \delta\int\!\!\int\!\!\int\sum_{\iota,\iota'}b_{\iota,\iota'}\frac{\partial u}{\partial s_\iota}\frac{\partial u}{\partial s_{\iota'}}\,ds_1\,ds_2\,ds_3+\int\!\!\int\!\!\int 2k\frac{\partial u}{\partial t}\,\delta u\,ds_1\,ds_2\,ds_3$$

posito brevitatis causa

$$\frac{\sum\limits_{\iota,\iota'}a_{\iota,\iota'}\frac{\partial s_\mu}{\partial x_\iota}\frac{\partial s_\nu}{\partial x_{\iota'}}}{\sum\pm\frac{\partial s_1}{\partial x_1}\frac{\partial s_2}{\partial x_2}\frac{\partial s_3}{\partial x_3}}=b_{\mu,\nu},\qquad \frac{h}{\sum\pm\frac{\partial s_1}{\partial x_1}\frac{\partial s_2}{\partial x_2}\frac{\partial s_3}{\partial x_3}}=k.$$

Quodsi formarum secundi gradus

$$(1)\quad \begin{pmatrix} a_{1,1}, & a_{2,2}, & a_{3,3} \\ a_{2,3}, & a_{3,1}, & a_{1,2} \end{pmatrix} \qquad (2)\quad \begin{pmatrix} b_{1,1}, & b_{2,2}, & b_{3,3} \\ b_{2,3}, & b_{3,1}, & b_{1,2} \end{pmatrix}$$

determinantes sunt A, B et formae adjunctae

$$(3)\quad \begin{pmatrix} \alpha_{1,1}, & \alpha_{2,2}, & \alpha_{3,3} \\ \alpha_{2,3}, & \alpha_{3,1}, & \alpha_{1,2} \end{pmatrix} \qquad (4)\quad \begin{pmatrix} \beta_{1,1}, & \beta_{2,2}, & \beta_{3,3} \\ \beta_{2,3}, & \beta_{3,1}, & \beta_{1,2} \end{pmatrix}$$

invenietur

$$A = B \sum \pm \frac{\partial s_1}{\partial x_1} \frac{\partial s_2}{\partial x_2} \frac{\partial s_3}{\partial x_3}$$

et

$$\beta_{\mu,\nu} = \sum_{\iota,\iota'} \alpha_{\iota,\iota'} \frac{\partial x_\iota}{\partial s_\mu} \frac{\partial x_{\iota'}}{\partial s_\nu}$$

ideoque

$$\sum_{\iota,\iota'} \alpha_{\iota,\iota'}\, dx_\iota\, dx_{\iota'} = \sum_{\iota,\iota'} \beta_{\iota,\iota'}\, ds_\iota\, ds_{\iota'}$$

et

$$\frac{h}{A} = \frac{k}{B}.$$

Unde facile perspicitur transformationem aequationis (I) reduci posse ad transformationem expressionis $\sum_{\iota,\iota'} \alpha_{\iota,\iota'} dx_\iota\, dx_{\iota'}$.

Quae quum ita sint, problema nostrum generale hoc modo solvere possumus, ut primum quaeramus, quales esse debeant functiones $b_{\iota,\iota'}$ et k ipsarum s_1, s_2, s_3, ut u ab una harum quantitatum non pendere possit. Qua quaestione soluta expressio $\Sigma\, \beta_{\iota,\iota'} ds_\iota\, ds_{\iota'}$ formari poterit. Tum ut, datis valoribus quantitatum $a_{\iota,\iota'}$ et quantitatis h, inveniamus, num u functio temporis et duarum tantum variabilium fieri possit et quibusnam in casibus, quaerendum est, an expressio illa $\Sigma\, \beta_{\iota,\iota'} ds_\iota\, ds_{\iota'}$ in formam datam transformari possit; et hanc quaestionem infra videbimus eadem fere methodo tractari posse, qua Gauss in theoria superficierum curvarum usus est.

4.

Primum igitur quaeramus, quales esse debeant functiones $b_{\iota,\iota'}$ et k ipsarum s_1, s_2, s_3, ut u ab una harum quantitatum non pendere possit. Ut denotationem simpliciorem reddamus, quantitates s_1, s_2, s_3 per α, β, γ designemus et formam (2) per

$$\begin{pmatrix} a, & b, & c \\ a', & b', & c' \end{pmatrix}$$

si u a γ non pendet, aequatio differentialis erit formae

$$\text{(II)}\quad a\frac{\partial^2 u}{\partial \alpha^2} + 2c' \frac{\partial^2 u}{\partial \alpha\, \partial \beta} + b\frac{\partial^2 u}{\partial \beta^2} + e\frac{\partial u}{\partial \alpha} + f\frac{\partial u}{\partial \beta} - k\frac{\partial u}{\partial t} = F = 0$$

posito

$$\frac{\partial a}{\partial \alpha} + \frac{\partial c'}{\partial \beta} + \frac{\partial b'}{\partial \gamma} = e, \quad \frac{\partial b}{\partial \beta} + \frac{\partial c'}{\partial \alpha} + \frac{\partial a'}{\partial \gamma} = f.$$

Tribuendo ipsi γ valores determinatos diversos ex aequatione (II) inter sex quotientes differentiales ipsius u obtinebuntur aequationes diversae, quarum coefficientes a γ non pendent. Quodsi ex his aequationibus m sunt a se independentes

$$F_1 = 0,\ F_2 = 0, \ldots, F_m = 0,$$

ita ut caeterae omnes ex iis sequantur, aequatio $F = 0$ necesse est pro quovis ipsius γ valore ex his m aequationibus fluat unde F formae esse debet

$$c_1 F_1 + c_2 F_2 + \cdots + c_m F_m$$

qua in expressione solae quantitates c a γ pendent.

Iam casus singulos, quando m est $1, 2, 3, 4$ paulo accuratius examinemus simulque aequationes a γ independentes, in quas aequatio $F = 0$ dissolvitur, in formas simpliciores redigere curemus.

Casus primus, $m = 1$.

Si $m = 1$, in aequatione (II) rationes coefficientium a γ non pendebunt. At introducendo in locum ipsius γ novam variabilem $\int k\, d\gamma$ semper effici potest, ut k fiat $= 1$, quo pacto coefficientes omnes a γ evadent independentes. Porro introducendo in locos ipsarum α, β novas variabiles semper effici potest, ut a et b evanescant. Hoc enim eveniet, si expressio $b\, d\alpha^2 - 2c'\, d\alpha\, d\beta + a\, d\beta^2$ (quae quadratum expressionis differentialis linearis esse nequit, si (2) est forma positiva) in formam $m\, d\alpha'\, d\beta'$ redigitur et quantitates α', β' tanquam variabiles independentes sumuntur.

Aequatio igitur differentialis (II) hoc in casu in formam

$$2c' \frac{\partial^2 u}{\partial \alpha \partial \beta} + e \frac{\partial u}{\partial \alpha} + f \frac{\partial u}{\partial \beta} = \frac{\partial u}{\partial t}$$

redigi potest et in forma (2) a, b tum erunt $= 0$, a' et b' functiones lineares ipsius γ, et c' a γ independens. Caeterum patet, temperaturam in hoc casu semper a γ independentem manere, si temperatura initialis sit functio quaelibet solarum α et β.

Casus secundus, $m = 2$.

Si aequatio (II) in duas aequationes a γ independentes discinditur, ope alterius $\frac{\partial u}{\partial t}$ ex altera ejici potest. Brevitatis causa haec ita exhibeatur

(1) $$\Delta u = 0$$

illa

(2) $$\Lambda u = \frac{\partial u}{\partial t}$$

denotantibus Δ et Λ expressiones characteristicas ex ∂_α et ∂_β conflatas.

Aequationem priorem facile perspicitur mutatis variabilibus independentibus ita transformari posse ut sit Δ

$$\text{vel} = \partial_\alpha \partial_\beta + e\partial_\alpha + f\partial_\beta$$
$$\text{vel} = \partial_\alpha^2 + e\partial_\alpha + f\partial_\beta$$
$$\text{vel} = \partial_\alpha$$

valoribus $e = 0$, $f = 0$ non exclusis.

Quoniam sit

$$0 = \partial_t \Delta u = \Delta \partial_t u = \Delta \Lambda u$$

ex his duabus aequationibus (1) et (2) sequitur

(3) $$\Delta \Lambda u = 0.$$

Iam duo distinguendi sunt casus, prout haec aequatio (3) vel ex aequatione (1) fluat, (α), sive sit

$$\Delta \Lambda = \Theta \Delta$$

denotante Θ novam expressionem characteristicam, vel non fluat, (β), novamque aequationem a Δu independentem sistat.

Casum priorem (α) ut saltem pro una forma ipsius Δ perscrutemur, supponamus

$$\Delta = \partial_\alpha \partial_\beta + e\partial_\alpha + f\partial_\beta .$$

Tum $\Delta \Lambda u$ ope aequationis $\Delta u = 0$ ad expressionem reduci potest, quae solas derivationes secundum alteram utram variabilem contineat et coefficientes omnes cifrae aequales habere debeat. Ponamus, quum terminus $\partial_\alpha \partial_\beta$ continens ope aequationis $\Delta u = 0$ ejici possit,

$$\Lambda = a\partial_\alpha^2 + b\partial_\beta^2 + c\partial_\alpha + d\partial_\beta$$

formemusque expressionem

$$\Delta \Lambda - \Lambda \Delta.$$

In hac expressione quum coefficientes ipsarum ∂_α^3, ∂_β^3 evanescere debeant invenitur $\frac{\partial a}{\partial \beta} = 0$, $\frac{\partial b}{\partial \alpha} = 0$, unde si casus speciales $a = 0$, $b = 0$ excluduntur, mutatis variabilibus independentibus effici potest, ut sit $a = b = 1$. Tum autem invenitur ponendo coefficientes ipsarum ∂_α^2, ∂_β^2 in expressione reducta $\Delta \Lambda$ cifrae aequales

$$\frac{\partial c}{\partial \beta} = 2\frac{\partial e}{\partial \alpha}, \quad \frac{\partial d}{\partial \alpha} = 2\frac{\partial f}{\partial \beta},$$

unde poni potest

$$\Delta = \partial_\alpha \partial_\beta + \frac{\partial m}{\partial \beta}\partial_\alpha + \frac{\partial n}{\partial \alpha}\partial_\beta$$

$$\Lambda = \partial_\alpha^2 + \partial_\beta^2 + 2\frac{\partial m}{\partial \alpha}\partial_\alpha + 2\frac{\partial n}{\partial \beta}\partial_\beta$$

denotantibus m, n functiones ipsarum α, β quae jam duabus aequationibus differentialibus sufficere debent, ut coefficientes ipsarum ∂_α, ∂_β in expressione reducta $\Delta\Lambda$ evanescant.

Prorsus simili modo in reliquis casibus specialibus formae simplicissimae ipsarum Δ et Λ inveniuntur conditioni

$$\Delta\Lambda = \Theta\Delta$$

satisfacientes. Sed huic disquisitioni prolixiori quam difficiliori hic non immoramur.

Caeterum patet in hoc casu temperaturam semper a γ independentem manere, si temperatura initialis est functio quaelibet ipsarum α et β aequationi $\Delta u = 0$ satisfaciens; sequitur enim ex aequationibus

$$\Delta u = 0$$

$$\Lambda u = \frac{\partial u}{\partial t}$$

$0 = \Theta\Delta u = \Delta\Lambda u = \Delta\partial_t u = \frac{\partial \Delta u}{\partial t}$ et proin aequatio $\Delta u = 0$ subsistere pergit, si initio valet et functio u secundum aequationem $\Lambda u = \frac{\partial u}{\partial t}$ variatur. Tum autem satisfit legi motus caloris sive aequationi $F = 0$.

5.

Restat casus specialis alter (β) quando $\Delta\Lambda u = 0$ a $\Delta u = 0$ est independens. Ut simul et casus sequentes $m = 3$, $m = 4$ amplectemur, suppositionem generaliorem examinemus, praeter aequationem $\Delta u = 0$ haberi aequationem differentialem quamlibet linearem $\Theta u = 0$, ipsum $\frac{\partial u}{\partial t}$ non continentem et a $\Delta u = 0$ independentem.

Si Δ est formae $\partial_\alpha\partial_\beta + e\partial_\alpha + f\partial_\beta$, ope aequationis $\Delta u = 0$ expressio Θ a derivationibus secundum ambas variabiles liberari potest.

Iam duo distinguendi sunt casus.

Si ex expressione Θ omnes quotientes differentiales secundum alteram utram variabilem ex. gr. secundum β simul excidunt, obtinetur aequatio differentialis solos quotientes differentiales secundum α continens formae

$$(1) \qquad \sum_\nu a_\nu \frac{\partial^\nu u}{\partial \alpha^\nu} = 0,$$

sin minus, semper elici poterit aequatio differentialis formae

(2) $$\sum_{\nu} a_\nu \frac{\partial^\nu u}{\partial t^\nu} = 0$$

sive solos quotientes differentiales secundum t continens.

Nam in hoc casu expressiones Λu, $\Lambda^2 u$, $\Lambda^3 u, \ldots$, quibus quotientes differentiales ipsius u secundum t aequales sunt, ope aequationum $\Delta u = 0$, $\Theta u = 0$ semper ita transformari possunt, ut solos quotientes differentiales secundum alteram utram variabilem contineant eosque non altiores quam Θu. Quorum numerus quum sit finitus, eliminando aequationem formae (2) obtineri posse manifestum est. Coefficientes a_ν utriusque aequationis sunt functiones ipsarum α, β.

Observare conveniet, alteram utram harum aequationum semper valere etiamsi Δ non sit formae $\partial_\alpha \partial_\beta + e\partial_\alpha + f\partial_\beta$. Casus specialis, quando $\Delta = \partial_\alpha^2 + e\partial_\alpha + f\partial_\beta$ ad utrumque casum referri potest, quum ope aequationis $\Delta u = 0$ tum ex Θu, tum ex Λu omnes derivationes secundum β ejici possint, quo facto aequatio utriusque formae facile obtinetur. Si $f = 0$, hic casus sicuti casus $\Delta = \partial_\alpha$ ad casum priorem referendus est.

Iam casum posteriorem accuratius perscrutemur.

Solutionem generalem aequationis

$$\sum_{\nu} a_\nu \frac{\partial^\nu u}{\partial t^\nu} = 0$$

e terminis formae $f(t)e^{\lambda t}$ conflatam esse constat, denotante $f(t)$ functionem integram ipsius t et λ quantitatem a t non pendentem, facileque perspicitur, hos terminos singulos aequationi (I) satisfacere debere. Iam demonstrabimus, fieri non posse ut sit λ functio ipsarum x_1, x_2, x_3.

Sit kt^n terminus summus functionis $f(t)$ distinguanturque duo casus.

1°. Quando λ aut realis est aut formae $\mu + \nu i$ et μ, ν functiones unius variabilis realis α ipsarum x_1, x_2, x_3, substituendo $u = f(t)e^{\lambda t}$ in parte laeva aequationis (I) coëfficiens ipsius $t^{n+2}e^{\lambda t}$ invenitur

$$= k\left(\frac{\partial \lambda}{\partial \alpha}\right)^2 \sum_{\iota, \iota'} a_{\iota, \iota'} \frac{\partial \alpha}{\partial x_\iota} \frac{\partial \alpha}{\partial x_{\iota'}}.$$

Sed haec quantitas evanescere nequit, nisi

$$\frac{\partial \alpha}{\partial x_1} = \frac{\partial \alpha}{\partial x_2} = \frac{\partial \alpha}{\partial x_3} = 0$$

sive $\alpha =$ const., quum forma

$$\begin{pmatrix} a_{1,1}, & a_{2,2}, & a_{3,3} \\ a_{2,3}, & a_{3,1}, & a_{1,2} \end{pmatrix}$$

ut supra monuimus, sit forma positiva.

2°. Quando λ est formae $\mu + \nu i$ et μ, ν sunt functiones independentes ipsarum x_1, x_2, x_3, quantitates $\mu + \nu i$ et $\mu - \nu i$ pro variabilibus independentibus α et β sumi poterunt continebitque ipsum u praeter terminum $f(t)e^{\alpha t}$ etiam terminum complexum conjugatum $\varphi(t)e^{\beta t}$. Quodsi

$$\varDelta u = a\frac{\partial^2 u}{\partial \alpha^2} + b\frac{\partial^2 u}{\partial \alpha \partial \beta} + c\frac{\partial^2 u}{\partial \beta^2} + e\frac{\partial u}{\partial \alpha} + f\frac{\partial u}{\partial \beta}$$

est, ex aequatione $\varDelta u = 0$ substituendo $u = f(t)e^{\alpha t}$ et aequando coefficientem ipsius $t^{n+2}e^{\alpha t}$ cifrae, obtinetur $a = 0$ et perinde $c = 0$ substituendo $u = \varphi(t)e^{\beta t}$. Unde ope aequationis $\varDelta u = 0$ aequatio $\varLambda u = \frac{\partial u}{\partial t}$ ita transformari potest, ut solos quotientes differentiales secundum alteram utram variabilem contineat. Sed substituendo

$$u = f(t)e^{\alpha t}, \; u = \varphi(t)e^{\beta t}$$

coefficiens summi cujusque horum quotientium differentialium invenitur $= 0$, unde et hi quotientes differentiales ex aequatione $\varLambda u = \frac{\partial u}{\partial t}$ omnes excidere debent, q. e. a., quum u ex hyp. non sit constans.

In casu igitur posteriori functio u componitur e numero finito terminorum formae $f(t)e^{\lambda t}$, in quibus λ est constans et $f(t)$ functio integra ipsius t.

In casu priori quando habetur aequatio formae

$$\sum a_\nu \frac{\partial^\nu u}{\partial \alpha^\nu} = 0, \tag{1}$$

functio u erit formae

$$u = \sum q_\nu p_\nu,$$

denotantibus $p_1, p_2, \ldots$ solutiones particulares aequationis (1) et $q_1, q_2, \ldots$ constantes arbitrarias sive functiones solarum β et t. Quodsi haec expressio in aequatione

$$\varLambda u = \frac{\partial u}{\partial t}$$

substituitur, obtinetur aequatio formae

$$\sum PQ = 0,$$

in qua quantitates Q sunt quotientes differentiales ipsarum q ideoque functiones solarum β et t, quantitates P autem functiones solarum α et β. At tali aequationi supra vidimus, si ex n terminis componatur, subjacere μ aequationes lineares inter functiones Q et $n - \mu$ aequationes inter functiones P, quarum coefficientes sint functiones solius β, denotante μ quempiam numerorum $0, 1, 2, \ldots, n$. Obtinebuntur igitur expressiones ipsarum $\frac{\partial q}{\partial t}$ per quotientes differentiales ipsarum q secundum β ab ipsa α liberae.

Iam casus singulos problematis nostri ad hunc casum pertinentes perlustremus.

Quando $m = 2$ et $\varDelta$ est formae $\partial_\alpha \partial_\beta + e\partial_\alpha + f\partial_\beta$ aequatio reducta $\varDelta \varLambda u = 0$, si a quotientibus differentialibus secundum β libera evadit, formam induet:

$$\frac{\partial^3 u}{\partial \alpha^3} + r\frac{\partial^2 u}{\partial \alpha^2} + s\frac{\partial u}{\partial \alpha} = 0$$

unde u erit formae

$$ap + bq + c$$

denotantibus a, b, c functiones solarum β et t, p et q autem functiones solarum α et β. Iam in locum ipsius α variabilis independens q introduci potest. Quo pacto obtinetur

$$u = ap + b\alpha + c$$

ubi jam sola p est functio ambarum variabilium α et β. Substituendo hanc expressionem in aequationibus

$$\varDelta u = 0, \quad \varLambda u = \frac{\partial u}{\partial t}$$

coefficientium formae facile eruuntur.

Restat casus quando jam una aequationum, in quas aequatio $F = 0$ discinditur, formam (1) habet, ideoque formam

$$r\frac{\partial^2 u}{\partial \alpha^2} + s\frac{\partial u}{\partial \alpha} = 0$$

Tum erit $u = ap + b$ denotantibus a et b functiones solarum β et t, et p functionem solarum α et β. Si in locum ipsius α variabilis independens p introducitur, prodibit

$$u = a\,\alpha + b, \qquad \frac{\partial^2 u}{\partial \alpha^2} = 0.$$

Invenimus igitur, si m sit $= 2$ sive aequatio $F = 0$ in duas aequationes

$$\varDelta u = 0$$
$$\varLambda u = \frac{\partial u}{\partial t}$$

dissolvatur, esse aut $\varDelta \varLambda = \Theta \varDelta$, aut functionem u compositam esse e numero finito terminorum formae $f(t)e^{\lambda t}$, in quibus λ constans et $f(t)$ functio integra ipsius t est, aut formam induere

$$\varphi(\beta, t)\,\chi(\alpha, \beta) + \alpha\varphi_1(\beta, t) + \varphi_2(\beta, t),$$

si $m = 3$, functionem u aut esse e numero finito terminorum $f(t)e^{\lambda t}$ conflatam aut formae

$$\varphi(\beta, t)\alpha + \varphi_1(\beta, t).$$

Casus denique $m = 4$ nullo negotio penitus absolvi potest.

Si enim praeter aequationem $\Delta u = \frac{\partial u}{\partial t}$ habentur tres aequationes inter

$$\frac{\partial^2 u}{\partial \alpha^2}, \quad \frac{\partial^2 u}{\partial \alpha \partial \beta}, \quad \frac{\partial^2 u}{\partial \beta^2}, \quad \frac{\partial u}{\partial \alpha}, \quad \frac{\partial u}{\partial \beta},$$

aut prodibit aequatio formae

$$r \frac{\partial u}{\partial \alpha} + s \frac{\partial u}{\partial \beta} = 0$$

et proin variabiles independentes ita eligere licebit, ut u fiat functio unius tantum variabilis, aut

$$\frac{\partial^2 u}{\partial \alpha^2}, \quad \frac{\partial^2 u}{\partial \alpha \partial \beta}, \quad \frac{\partial^2 u}{\partial \beta^2},$$

ideoque etiam Δu, $\Delta^2 u$, $\Delta^3 u$ per $\frac{\partial u}{\partial \alpha}$, $\frac{\partial u}{\partial \beta}$ exprimi poterunt. Tum autem emerget aequatio formae

$$a \frac{\partial^3 u}{\partial t^3} + b \frac{\partial^2 u}{\partial t^2} + c \frac{\partial u}{\partial t} = 0,$$

unde u habebit formam

$$p e^{\lambda t} + q e^{\mu t} + r \text{ vel } (p + qt) e^{\lambda t} + r$$

constatque per praecedentia λ et μ esse constantes.

Iam sumta p pro variabili independente α et substitutis his expressionibus in aequatione $\Delta u = \frac{\partial u}{\partial t}$ invenitur fieri non posse ut q sit functio ipsius α, siquidem λ et μ sint inaequales. Ergo p et q vice variabilium independentium fungi possunt. Praeterea ex aequatione $\Delta u = \frac{\partial u}{\partial t}$ invenitur $r = \text{const.}$

In hoc igitur casu u aut est functio ipsius t et unius tantum variabilis, aut alteram utram formarum

$$\alpha e^{\lambda t} + \beta e^{\mu t} + \text{const.} \quad (\alpha + \beta t) e^{\lambda t} + \text{const.}$$

induet, valore $\mu = 0$ non excluso.

Postquam formae quas functio u induere potest inventae sunt, aequationes $F_\nu = 0$, quas brevitati consulentes perscribere noluimus, facillimae sunt formatu. Unde in singulis quibusque casibus et forma

$$\begin{pmatrix} b_{1,1}, & b_{2,2}, & b_{3,3} \\ b_{2,3}, & b_{3,1}, & b_{1,2} \end{pmatrix}$$

et forma adjuncta

$$\begin{pmatrix} \beta_{1,1}, & \beta_{2,2}, & \beta_{3,3} \\ \beta_{2,3}, & \beta_{3,1}, & \beta_{1,2} \end{pmatrix}$$

innotescet. Si jam in expressionibus $\Sigma \beta_{\iota,\iota'} ds_\iota ds_{\iota'}$ in locos quantitatum s_1, s_2, s_3 functiones quaelibet ipsarum x_1, x_2, x_3 substituuntur, manifesto obtinebuntur casus omnes, in quibus u functio temporis et duarum tantum variabilium fieri possit. Unde quaestio prior soluta erit.

Superest ut quaeramus, quando expressio $\Sigma \beta_{\iota,\iota'} ds_\iota ds_{\iota'}$ in formam datam $\Sigma \alpha_{\iota,\iota'} dx_\iota dx_{\iota'}$ transformari possit.

Pars secunda.

De transformatione expressionis $\sum_{\iota,\iota'} b_{\iota,\iota'} ds_\iota ds_{\iota'}$ in formam datam $\sum_{\iota,\iota'} a_{\iota,\iota'} dx_\iota dx_{\iota'}$.

Quum quaestio ab Ill[ma] Academia ad corpora homogenea restricta sit, in quibus conductibilitates resultantes sint constantes, evolvamus primum conditiones, ut expressio $\sum_{\iota,\iota'} b_{\iota,\iota'} ds_\iota ds_{\iota'}$, aequando quantitates s functionibus ipsarum x, in formam $\sum_{\iota,\iota'} a_{\iota,\iota'} dx_\iota dx_{\iota'}$, constantibus coefficientibus $a_{\iota,\iota'}$ affectam transformari possit. Deinde de transformatione in formam quamlibet datam pauca adjiciemus.

Expressionem $\sum_{\iota,\iota'} a_{\iota,\iota'} dx_\iota dx_{\iota'}$, si est, id quod supponimus, forma positiva ipsarum dx, semper in formam $\sum_\iota dx_\iota^2$ redigi posse constat. Unde si $\sum_{\iota,\iota'} b_{\iota,\iota'} ds_\iota ds_{\iota'}$ in formam $\sum_{\iota,\iota'} a_{\iota,\iota'} dx_\iota dx_{\iota'}$ transformari potest, redigi etiam potest in formam $\sum_\iota dx_\iota^2$ et vice versa. Quaeramus igitur, quando in formam $\sum_\iota dx_\iota^2$ transformari possit.

Sit determinans $\Sigma \pm b_{1,1}\, b_{2,2} \dots b_{n,n} = B$ et determinantes partiales $= \beta_{\iota,\iota'}$; quo pacto erit $\sum_\iota \beta_{\iota,\iota'}\, b_{\iota,\iota'} = B$ et $\sum_\iota \beta_{\iota,\iota'}\, b_{\iota,\iota''} = 0$, si $\iota' \gtrless \iota''$.

Si $\sum_{\iota,\iota'} b_{\iota,\iota'} ds_\iota ds_{\iota'} = \sum_\iota dx_\iota^2$ pro valoribus quibuslibet ipsarum dx, substituendo $d + \delta$ pro d invenitur etiam $\sum_{\iota,\iota'} b_{\iota,\iota'} ds_\iota \delta s_{\iota'} = \sum_\iota dx_\iota \delta x_\iota$ pro valoribus quibuslibet ipsarum dx et δx.

Hinc si quantitates ds_ι per dx_ι et quantitates δx_ι per quantitates δs_ι exprimuntur, sequitur

$$\frac{\partial x_{\nu'}}{\partial s_\nu} = \sum_\iota b_{\nu,\iota} \frac{\partial s_\iota}{\partial x_{\nu'}} \tag{1}$$

et proinde

$$\frac{\partial s_\iota}{\partial x_{\nu'}} = \sum_\nu \frac{\beta_{\nu,\iota}}{B} \frac{\partial x_{\nu'}}{\partial s_\nu}, \tag{2}$$

Unde porro deducitur, quoniam sit

$$\sum_\nu \frac{\partial s_\iota}{\partial x_\nu} \frac{\partial x_\nu}{\partial s_\iota} = 1 \text{ et } \sum_\nu \frac{\partial s_\iota}{\partial x_\nu} \frac{\partial x_\nu}{\partial s_{\iota'}} = 0, \text{ si } \iota \gtrless \iota',$$

$$(3)\quad \sum \frac{\partial x}{\partial s_\iota}\frac{\partial x}{\partial s_{\iota'}} = b_{\iota,\iota'}, \qquad (4)\quad \sum \frac{\partial s_\iota}{\partial x}\frac{\partial s_{\iota'}}{\partial x} = \frac{\beta_{\iota,\iota'}}{B}$$

et differentiando formulam (3)

$$\sum \frac{\partial^2 x}{\partial s_\iota \partial s_{\iota''}}\frac{\partial x}{\partial s_{\iota'}} + \sum \frac{\partial^2 x}{\partial s_{\iota'} \partial s_{\iota''}}\frac{\partial x}{\partial s_\iota} = \frac{\partial b_{\iota,\iota'}}{\partial s_{\iota''}}.$$

Iam ex his ipsarum

$$\frac{\partial b_{\iota,\iota'}}{\partial s_{\iota''}},\ \frac{\partial b_{\iota,\iota''}}{\partial s_{\iota'}},\ \frac{\partial b_{\iota',\iota''}}{\partial s_\iota}$$

expressionibus eruitur

$$(5)\qquad 2\sum \frac{\partial^2 x}{\partial s_{\iota'} \partial s_{\iota''}}\frac{\partial x}{\partial s_\iota} = \frac{\partial b_{\iota,\iota'}}{\partial s_{\iota''}} + \frac{\partial b_{\iota,\iota''}}{\partial s_{\iota'}} - \frac{\partial b_{\iota',\iota''}}{\partial s_\iota}$$

et si haec quantitas per $p_{\iota,\iota',\iota''}$ designatur

$$(6)\qquad 2\frac{\partial^2 x_\nu}{\partial s_{\iota'} \partial s_{\iota''}} = \sum_\iota \frac{\partial s_\iota}{\partial x_\nu} p_{\iota,\iota',\iota''}.$$

Quantitatibus $p_{\iota,\iota',\iota''}$ iterum differentiatis obtinetur

$$\frac{\partial p_{\iota,\iota',\iota''}}{\partial s_{\iota'''}} - \frac{\partial p_{\iota,\iota',\iota'''}}{\partial s_{\iota''}} = 2\sum \frac{\partial^2 x}{\partial s_{\iota'} \partial s_{\iota''}}\frac{\partial^2 x}{\partial s_\iota \partial s_{\iota'''}} - 2\sum \frac{\partial^2 x}{\partial s_{\iota'} \partial s_{\iota'''}}\frac{\partial^2 x}{\partial s_\iota \partial s_{\iota''}}$$

unde tandem prodit, substitutis valoribus modo inventis (6) et (4)

$$(\mathrm{I})\qquad \begin{gathered}\frac{\partial^2 b_{\iota,\iota''}}{\partial s_{\iota'} \partial s_{\iota'''}} + \frac{\partial^2 b_{\iota',\iota'''}}{\partial s_\iota \partial s_{\iota''}} - \frac{\partial^2 b_{\iota,\iota'''}}{\partial s_{\iota'} \partial s_{\iota''}} - \frac{\partial^2 b_{\iota',\iota''}}{\partial s_\iota \partial s_{\iota'''}}\\ + \tfrac{1}{2}\sum_{\nu,\nu'} (p_{\nu,\iota',\iota'''}\, p_{\nu',\iota,\iota''} - p_{\nu,\iota,\iota'''}\, p_{\nu',\iota',\iota''})\frac{\beta_{\nu,\nu'}}{B} = 0\end{gathered}$$

Hujus modi igitur aequationibus functiones b satisfaciant necesse est, quando $\sum\limits_{\iota,\iota'} b_{\iota,\iota'}\, ds_\iota\, ds_{\iota'}$ in formam $\sum\limits_\iota dx_\iota^2$ transformari potest: partes laevas harum aequationum designabimus per

$$(\iota\iota', \iota''\iota''').$$

Ut indoles harum aequationum melius perspiciatur, formetur expressio

$$\delta\delta \sum b_{\iota,\iota'}\, ds_\iota\, ds_{\iota'} - 2d\delta \sum b_{\iota,\iota'}\, ds_\iota\, \delta s_{\iota'} + dd \sum b_{\iota,\iota'}\, \delta s_\iota\, \delta s_{\iota'}$$

determinatis variationibus secundi ordinis d^2, $d\delta$, δ^2 ita, ut sit

$$\begin{gathered}\delta' \sum b_{\iota,\iota'}\, ds_\iota\, \delta s_{\iota'} - \delta \sum b_{\iota,\iota'}\, ds_\iota\, \delta' s_{\iota'} - d \sum b_{\iota,\iota'}\, \delta s_\iota\, \delta' s_{\iota'} = 0\\ \delta' \sum b_{\iota,\iota'}\, ds_\iota\, ds_{\iota'} - 2d \sum b_{\iota,\iota'}\, ds_\iota\, \delta' s_{\iota'} = 0\\ \delta' \sum b_{\iota,\iota'}\, \delta s_\iota\, \delta s_{\iota'} - 2\delta \sum b_{\iota,\iota'}\, \delta s_\iota\, \delta' s_{\iota'} = 0,\end{gathered}$$

denotante δ' variationem quamcunque. Quo pacto haec expressio invenietur

$$\text{(II)} \quad = \sum (\iota\iota', \iota''\iota''') (ds_\iota \, \delta s_{\iota'} - ds_{\iota'} \, \delta s_\iota)(ds_{\iota''} \, \delta s_{\iota'''} - ds_{\iota'''} \, \delta s_{\iota''}).$$

Iam ex hac formatione hujus expressionis sponte patet, mutatis variabilibus independentibus transmutari eam in expressionem a nova forma ipsius $\Sigma \, b_{\iota,\iota'} \, ds_\iota \, ds_{\iota'}$ eadem lege dependentem. At si quantitates b sunt constantes, omnes coefficientes expressionis (II) cifrae aequales evadunt. Unde si $\Sigma \, b_{\iota,\iota'} \, ds_\iota \, ds_{\iota'}$ in expressionem similem constantibus coëfficientibus affectam transformari potest expressio (II) identice evanescat necesse est.

Perinde patet, si expressio (II) non evanescat, expressionem

$$\text{(III)} \quad -\tfrac{1}{2} \frac{\sum (\iota\iota', \iota''\iota''') (ds_\iota \, \delta s_{\iota'} - ds_{\iota'} \, \delta s_\iota)(ds_{\iota''} \, \delta s_{\iota'''} - ds_{\iota'''} \, \delta s_{\iota''})}{\sum b_{\iota,\iota'} \, ds_\iota \, ds_{\iota'} \sum b_{\iota,\iota'} \, \delta s_\iota \, \delta s_{\iota'} - \left(\sum b_{\iota,\iota'} \, ds_\iota \, \delta s_{\iota'}\right)^2}$$

mutatis variabilibus independentibus non mutari, insuperque immutatam manere si in locos variationum ds_ι, δs_ι expressiones ipsarum lineares quaelibet independentes $\alpha \, ds_\iota + \beta \, \delta s_\iota$, $\gamma \, ds_\iota + \delta \, \delta s_\iota$ substituantur. Valores autem maximi et minimi hujus functionis (III) ipsarum ds_ι, δs_ι neque a forma expressionis $\Sigma \, b_{\iota,\iota'} \, ds_\iota \, ds_{\iota'}$ neque a valoribus variationum ds_ι, δs_ι pendebunt, unde ex his valoribus dignosci poterit, an duae hujusmodi expressiones in se transformari possint.

Disquisitiones haece interpretatione quadam geometrica illustrari possunt, quae quamquam conceptibus inusitatis nitatur, tamen obiter eam addigitavisse juvabit.

Expressio $\sqrt{\Sigma \, b_{\iota,\iota'} \, ds_\iota \, ds_{\iota'}}$ spectari potest tanquam elementum lineare in spatio generaliore n dimensionum nostrum intuitum transcendente. Quodsi in hoc spatio a puncto $(s_1, s_2, .. s_n)$ ducantur omnes lineae brevissimae, in quarum elementis initialibus variationes ipsarum s sunt ut $\alpha \, ds_1 + \beta \, \delta s_1 : \alpha \, ds_2 + \beta \, \delta s_2 : \ldots : \alpha \, ds_n + \beta \, \delta s_n$, denotantibus α et β quantitates quaslibet, hae lineae superficiem constituent, quam in spatium vulgare nostro intuitui subjectum evolvere licet. Quo pacto expressio (III) erit mensura curvaturae hujus superficiei in puncto $(s_1, s_2, .., s_n)$ (1).

Si jam ad casum $n = 3$ redimus, expressio (II) est forma secundi gradus ipsarum

$$ds_2 \, \delta s_3 - ds_3 \, \delta s_2, \quad ds_3 \, \delta s_1 - ds_1 \, \delta s_3, \quad ds_1 \, \delta s_2 - ds_2 \, \delta s_1$$

unde in hoc casu sex obtinemus aequationes, quibus functiones b satisfacere debent, ut $\Sigma \, b_{\iota,\iota'} \, ds_\iota \, ds_{\iota'}$ in formam constantibus coefficientibus gaudentem transformari possit. Nec difficile, ope notionum modo traditarum, est demonstratu, has sex conditiones, ut hoc fieri possit, sufficere. Observandum tamen est ternas tantum esse a se independentes.

Iam ut quaestionem ab Illma Academia propositam persolvamus, in his sex aequationibus formae functionum b, methodo supra exposita inventae, sunt substituendae, quo pacto omnes casus invenientur, in quibus temperatura u in corporibus homogeneis functio temporis et duarum tantum variabilium fieri possit.

Sed angustia temporis non permisit hos calculos perscribere. Contenti igitur esse debemus, postquam methodos quibus usi sumus exposuimus, solutiones singulas quaestionis propositae enumerasse.

Si brevitatis causa casum simplicissimum, quando temperatura u secundum legem

$$\text{(I)}\qquad \frac{\partial^2 u}{\partial x_1^2} + \frac{\partial^2 u}{\partial x_2^2} + \frac{\partial^2 u}{\partial x_3^2} = aa\frac{\partial u}{\partial t}$$

variatur, solum respicimus, ad quem casus reliquas facile reduci posse constat: casus $m = 1$ tum tantum evenire potest, quando u est constans aut in lineis rectis parallelis, aut in circulis helicibusve, ita ut coordinatis rectangularibus z, $r\cos\varphi$, $r\sin\varphi$ rite electis, poni possit $\alpha = r$, $\beta = z + \varphi\,.\,\text{const.}$

Casus $m = 2$ locum inveniet si $u = f(\alpha) + \varphi(\beta)$, casus $m = 3$, si $u = \alpha e^{\lambda t} + f(\beta)$, denotante λ constantem realem, casus denique $m = 4$, ut jam supra invenimus, si u est aut $= \alpha e^{\lambda t} + \beta e^{\mu t} + \text{const.}$, aut $= (\alpha + \beta t)e^{\lambda t} + \text{const.}$, aut $= f(\alpha)$.

Iam ut formae functionis u penitus innotescant, annotari tantum opus est, temperaturam u, nisi sit formae $\alpha e^{\lambda t}$, tum tantum functionem temporis et unius variabilis esse posse, quando sit constans aut in planis parallelis, aut in cylindris eadem axi gaudentibus, aut in sphaeris concentricis. Si u est formae $\alpha e^{\lambda t}$, ex aequatione differentiali (I) sequitur

$$\frac{\partial^2 \alpha}{\partial x_1^2} + \frac{\partial^2 \alpha}{\partial x_2^2} + \frac{\partial^2 \alpha}{\partial x_3^2} = \lambda aa\alpha$$

et perinde in casu quarto substituendo valores ipsius u in aequatione differentiali (I), functiones α et β facile determinantur, dummodo animadvertas, in hoc casu $\alpha e^{\lambda t}$ et $\beta e^{\mu t}$ esse posse quantitates complexas conjugatas.(²)

Anmerkungen.

1) (Seite 382). Diese Untersuchungen hängen aufs Innigste zusammen mit der Abhandlung „Ueber die Hypothesen welche der Geometrie zu Grunde liegen" (S. 254). Die folgende Ausführung Riemann'scher Vorschriften, welche einen Auszug aus einer (umgedruckten) Untersuchung R. Dedekind über diesen Gegenstand bildet, wird zur Erleichterung des Verständnisses des Textes beitragen.

Es sei das Quadrat des Linienelements im Raume von n Dimensionen

$$ds^2 = \sum_{\iota,\iota'} b_{\iota,\iota'}\, ds_\iota\, ds_{\iota'}.$$

Dann ergeben sich zur Bestimmung der kürzesten Linien die Differentialgleichungen

$$(1) \qquad d \sum_{\iota} b_{\iota,\mu} \frac{ds_\iota}{dr} = \tfrac{1}{2}\, dr \sum_{\iota,\iota'} \frac{\partial b_{\iota,\iota'}}{\partial s_\mu} \frac{ds_\iota}{dr} \frac{ds_{\iota'}}{dr}$$

und

$$\sum_{\iota,\iota'} b_{\iota,\iota'} \frac{ds_\iota}{dr} \frac{ds_{\iota'}}{dr} = 1,$$

wenn

$$r = \int \sqrt{\sum_{\iota,\iota'} b_{\iota,\iota'}\, ds_\iota\, ds_{\iota'}}$$

die Länge der kürzesten Linie selbst von einem willkürlichen festen Punkt 0 bis zu einen variablen Punkt bedeutet.

Man führe nun ein System neuer Variablen ein vermittelst der Substitution

$$x_1 = rc_1,\; x_2 = rc_2,\; \ldots,\; x_n = rc_n,$$

worin die Grössen c_ι die Bedeutung haben:

$$c_\iota = \left(\frac{ds_\iota}{dr}\right)_0,$$

so dass zwischen denselben die Relation besteht:

$$\sum_{\iota,\iota'} b^{(0)}_{\iota,\iota'}\, c_\iota c_{\iota'} = 1,$$

und dass dieselben längs einer jeden, vom Punkt 0 auslaufenden kürzesten Linie constant sind.

Ist nun, in den neuen Variablen ausgedrückt, das Quadrat des Linienelements

$$ds^2 = \sum_{\iota,\iota'} a_{\iota,\iota'}\, dx_\iota\, dx_{\iota'}$$

so folgt leicht, indem man längs einer von 0 auslaufenden kürzesten Linie fortschreitet

$$\sum_{\iota,\iota'} a_{\iota,\iota'} c_\iota c_{\iota'} = \sum_{\iota,\iota'} a^{(0)}_{\iota,\iota'} c_\iota c_{\iota'} = 1. \tag{2}$$

Drückt man die Differentialgleichungen der kürzesten Linien in den neuen Variablen aus, so ergiebt sich

$$d \sum_{\iota} a_{\mu,\iota} c_\iota = \tfrac{1}{2}\, dr \sum_{\iota,\iota'} \frac{\partial a_{\iota,\iota'}}{\partial x_\mu} c_\iota c_{\iota'},$$

woraus folgt

$$\sum_{\iota,\iota'} p_{\mu,\iota,\iota'} x_\iota x_{\iota'} = 0, \tag{3}$$

wenn zur Abkürzung gesetzt ist

$$p_{\mu,\iota,\iota'} = \frac{\partial a_{\iota,\mu}}{\partial x_{\iota'}} + \frac{\partial a_{\iota',\mu}}{\partial x_\iota} - \frac{\partial a_{\iota,\iota'}}{\partial x_\mu}.$$

die Gleichung (3) lässt sich auch so schreiben:

$$\sum_{\iota,\iota'} \frac{\partial a_{\iota,\iota'}}{\partial x_\mu} x_\iota x_{\iota'} = 2 \sum_{\iota,\iota'} \frac{\partial a_{\iota,\mu}}{\partial x_{\iota'}} x_\iota x_{\iota'}. \tag{3'}$$

Setzen wir nun zur Abkürzung

$$\omega_\mu = \sum_\iota a_{\mu,\iota} x_\iota; \quad \frac{\partial \omega_\mu}{\partial x_\nu} = a_{\mu,\nu} + \sum_\iota \frac{\partial a_{\mu,\iota}}{\partial x_\nu} x_\iota,$$

so lässt sich die Gleichung (3′) schreiben:

$$\omega_\mu + \sum_\iota \frac{\partial \omega_\iota}{\partial x_\mu} x_\iota = 2 \sum_\iota \frac{\partial \omega_\mu}{\partial x_\iota} x_\iota.$$

Setzt man ferner

$$2\omega = \sum_\iota \omega_\iota x_\iota; \quad 2\frac{\partial \omega}{\partial x_\mu} = \omega_\mu + \sum_\iota \frac{\partial \omega_\iota}{\partial x_\mu} x_\iota,$$

so folgt hieraus:

$$\frac{\partial \omega}{\partial x_\mu} = \sum_\iota \frac{\partial \omega_\mu}{\partial x_\iota} x_\iota; \quad \frac{\partial^2 \omega}{\partial x_\mu \partial x_\nu} = \frac{\partial \omega_\mu}{\partial x_\nu} + \sum_\iota \frac{\partial^2 \omega_\mu}{\partial x_\iota \partial x_\nu} x_\iota,$$

und hieraus:

$$\frac{\partial \omega_\mu}{\partial x_\nu} - \frac{\partial \omega_\nu}{\partial x_\mu} + \sum_\iota \frac{\partial}{\partial x_\iota}\left(\frac{\partial \omega_\mu}{\partial x_\nu} - \frac{\partial \omega_\nu}{\partial x_\mu}\right) x_\iota = 0$$

woraus hervorgeht, dass die $\frac{\partial \omega_\mu}{\partial x_\nu} - \frac{\partial \omega_\nu}{\partial x_\mu}$ homogene Functionen der (-1)ten Ordnung sind. Bezeichnen wir eine solche mit $f(x_1, x_2, \ldots x_n)$, so hat man

$$f(tx_1, tx_2, \ldots tx_n) = t^{-1} f(x_1, x_2, \ldots x_n).$$

Setzt man daher voraus, dass die Coefficienten $a_{\iota,\iota'}$ und ihre Ableitungen im Punkte 0 bestimmte endliche Werthe haben, so folgt, wenn man $t = 0$ setzt, dass die Function f identisch verschwinden muss, dass also $\frac{\partial \omega_\mu}{\partial x_\nu} = \frac{\partial \omega_\nu}{\partial x_\mu}$ ist.

Es ist also auch

$$\sum_\iota \frac{\partial a_{\mu,\iota}}{\partial x_\nu} x_\iota = \sum_\iota \frac{\partial a_{\nu,\iota}}{\partial x_\mu} x_\iota$$

und daraus ergiebt sich mit Hülfe von (3'):

$$\sum_{\iota,\iota'} \frac{\partial a_{\mu,\iota}}{\partial x_{\iota'}} x_\iota x_{\iota'} = \sum_{\iota,\iota'} \frac{\partial a_{\iota,\iota'}}{\partial x_\mu} x_\iota x_{\iota'} = 0$$

und durch Integration der Differentialgleichungen der kürzesten Linie:

$$(4) \qquad \sum_\iota a_{\mu,\iota} c_\iota = \sum_\iota a^{(0)}_{\mu,\iota} c_\iota .$$

Bedeuten nun $t_{\iota,\iota'} = t_{\iota',\iota}$ irgend welche Functionen von $x_1, x_2, .., x_n$, welche mit ihren Ableitungen bis zur dritten Ordnung einschliesslich im Punkt 0 bestimmte endliche Werthe haben, und besteht die identische Gleichung

$$\sum_{\iota,\iota'} t_{\iota,\iota'} x_\iota x_{\iota'} = 0,$$

so folgen daraus, wenn man dreimal differentiirt, und nach der Differentiation $x_\iota = 0$ setzt, die für den Punkt 0 gültigen Gleichungen:

$$t_{\iota,\iota'} = 0; \qquad \frac{\partial t_{\iota,\iota'}}{\partial x_{\iota''}} + \frac{\partial t_{\iota',\iota''}}{\partial x_\iota} + \frac{\partial t_{\iota,\iota''}}{\partial x_{\iota'}} = 0 .$$

Setzt man hierin $t_{\iota,\iota'} = p_{\mu,\iota,\iota'}$, so ergiebt sich für den Punkt 0

$$p_{\iota,\iota',\iota''} = 0; \qquad \frac{\partial p_{\iota,\iota',\iota''}}{\partial x_{\iota'''}} + \frac{\partial p_{\iota,\iota'',\iota'''}}{\partial x_{\iota'}} + \frac{\partial p_{\iota,\iota',\iota'''}}{\partial x_{\iota''}} = 0 .$$

Aus der ersten derselben erhält man durch Addition von $p_{\iota',\iota,\iota''} = 0$

$$(5) \qquad \frac{\partial a_{\iota,\iota'}}{\partial x_{\iota''}} = 0, \quad \text{im Punkt } 0,$$

aus der zweiten

$$2\left(\frac{\partial^2 a_{\iota,\iota'}}{\partial x_{\iota''}\partial x_{\iota'''}} + \frac{\partial^2 a_{\iota,\iota''}}{\partial x_{\iota'''}\partial x_{\iota'}} + \frac{\partial^2 a_{\iota,\iota'''}}{\partial x_{\iota'}\partial x_{\iota''}}\right) = \frac{\partial^2 a_{\iota'',\iota'''}}{\partial x_\iota \partial x_{\iota'}} + \frac{\partial^2 a_{\iota''',\iota'}}{\partial x_\iota \partial x_{\iota''}} + \frac{\partial^2 a_{\iota',\iota''}}{\partial x_\iota \partial x_{\iota'''}}.$$

Vertauscht man hierin ι und ι, addirt und bezeichnet mit S die Summe der sechs Derivirten von der Form $\frac{\partial^2 a_{\iota,\iota'}}{\partial x_{\iota''}\partial x_{\iota'''}}$, so folgt

$$S = 3\left(\frac{\partial^2 a_{\iota'',\iota'''}}{\partial x_\iota \partial x_{\iota'}} - \frac{\partial^2 a_{\iota,\iota'}}{\partial x_{\iota''}\partial x_{\iota'''}}\right),$$

und da S sich nicht ändert, wenn man ι'', ι''' mit ι, ι' vertauscht:

$$(6) \qquad \frac{\partial^2 a_{\iota'',\iota'''}}{\partial x_\iota \partial x_{\iota'}} = \frac{\partial^2 a_{\iota,\iota'}}{\partial x_{\iota''}\partial x_{\iota'''}},$$

$$(7) \quad \frac{\partial^2 a_{\iota,\iota'}}{\partial x_{\iota''}\partial x_{\iota'''}} + \frac{\partial^2 a_{\iota,\iota''}}{\partial x_{\iota'''}\partial x_{\iota'}} + \frac{\partial^2 a_{\iota,\iota'''}}{\partial x_{\iota'}\partial x_{\iota''}} = \frac{\partial^2 a_{\iota'',\iota'''}}{\partial x_\iota \partial x_{\iota'}} + \frac{\partial^2 a_{\iota''',\iota'}}{\partial x_\iota \partial x_{\iota''}} + \frac{\partial^2 a_{\iota',\iota''}}{\partial x_\iota \partial x_{\iota'''}} = 0,$$

im Punkt 0.

Nun ist das Quadrat eines vom Punkt 0 ausgehenden Linienelementes

$$ds_0^2 = \sum_{\iota,\iota'} a^{(0)}_{\iota,\iota'}\, dx_\iota\, dx_{\iota'}.$$

Für ein vom Punkt $\delta x_1, \delta x_2, \ldots, \delta x_n$, der dem Punkt 0 unendlich nahe ist, ausgehendes Linienelement haben wir

$$ds^2 = \sum_{\iota,\iota'} a^{(0)}_{\iota,\iota'}\, dx_\iota\, dx_{\iota'} + \sum_{\iota,\iota',\iota''} \left(\frac{\partial a_{\iota,\iota'}}{\partial x_{\iota''}}\right)_0 \delta x_{\iota''}\, dx_\iota\, dx_{\iota'}$$

$$+ \tfrac{1}{2} \sum_{\iota,\iota',\iota'',\iota'''} \left(\frac{\partial^2 a_{\iota,\iota'}}{\partial x_{\iota''}\, \partial x_{\iota'''}}\right)_0 \delta x_{\iota''}\, \delta x_{\iota'''}\, dx_\iota\, dx_{\iota'}.$$

Hierin verschwindet nach (5) das zweite Glied auf der rechten Seite, und das dritte Glied lässt sich nach (6) so schreiben:

$$\tfrac{1}{2} dd \sum_{\iota,\iota'} a_{\iota,\iota'}\, \delta x_\iota\, \delta x_{\iota'} = \tfrac{1}{2} \delta\delta \sum_{\iota,\iota'} a_{\iota,\iota'}\, dx_\iota\, dx_{\iota'},$$

wenn die Variationen zweiter Ordnung ddx_ι, $d\delta x_\iota$, δdx_ι, $\delta\delta x_\iota$ gleich Null sind. Unter derselben Voraussetzung erhält man leicht aus (7)

$$dd \sum_{\iota,\iota'} a_{\iota,\iota'}\, \delta x_\iota\, \delta x_{\iota'} + 2d\delta \sum_{\iota,\iota'} a_{\iota,\iota'}\, dx_\iota\, \delta x_{\iota'} = 0,$$

wodurch sich ergiebt:

$$dd \sum_{\iota,\iota'} a_{\iota,\iota'}\, \delta x_\iota\, \delta x_{\iota'}$$

$$= \tfrac{1}{3} \left\{ dd \sum_{\iota,\iota'} a_{\iota,\iota'}\, \delta x_\iota\, \delta x_{\iota'} - 2d\delta \sum_{\iota,\iota'} a_{\iota,\iota'}\, dx_\iota\, \delta x_{\iota'} + \delta\delta \sum_{\iota,\iota'} a_{\iota,\iota'}\, dx_\iota\, dx_{\iota'} \right\},$$

welches wieder in die Form gebracht werden kann:

$$\tfrac{4}{3} \sum_{\iota,\iota'';\,\iota',\iota'''} \frac{\partial^2 a_{\iota,\iota'}}{\partial x_{\iota''}\, \partial x_{\iota'''}} (dx_\iota\, \delta x_{\iota''} - \delta x_\iota\, dx_{\iota''})(dx_{\iota'}\, \delta x_{\iota'''} - \delta x_{\iota'}\, dx_{\iota'''}),$$

wenn die Summe nur auf die von einander verschiedenen Paare der Indices ι, ι'' und der Indices ι', ι''' ausgedehnt wird. Hieraus folgt endlich:

$$ds^2 = ds_0{}^2$$

(8) $$+ \tfrac{2}{3} \sum_{\iota,\iota'';\,\iota',\iota'''} \frac{\partial^2 a_{\iota,\iota'}}{\partial x_{\iota''}\, \partial x_{\iota'''}} (dx_\iota\, \delta x_{\iota''} - \delta x_\iota\, dx_{\iota''})(dx_{\iota'}\, \delta x_{\iota'''} - \delta x_{\iota'}\, dx_{\iota'''}).$$

Werden nun an Stelle der Variablen x_ι beliebige andere eingeführt, so bleiben die Gleichungen (4), (5), (6), (7) nicht bestehen, noch werden die Variationen zweiter Ordnung ddx_ι, $d\delta x_\iota$, δdx_ι, $\delta\delta x_\iota$ verschwinden. Wir müssen daher darauf ausgehen, die Bedingungen, auf denen die Bildung des Ausdrucks (8) beruht in eine Form zu bringen, welche bei Einführung beliebiger Variablen ungeändert bleibt. Dies erreichen wir, wenn wir an Stelle der Gleichungen (5), (6), (7) die folgenden setzen:

$$dd \sum_{\iota,\iota'} a_{\iota,\iota'}\, \delta x_\iota\, \delta x_{\iota'} = \delta\delta \sum_{\iota,\iota'} a_{\iota,\iota'}\, dx_\iota\, dx_{\iota'} = -2d\delta \sum_{\iota,\iota'} a_{\iota,\iota'}\, dx_\iota\, \delta x_{\iota'},$$

woraus hervorgeht:

$$(9)\quad \begin{aligned} & dd \sum_{\iota,\iota'} a_{\iota,\iota'}\,\delta x_\iota\,\delta x_{\iota'} \\ & = \tfrac{1}{3}\left\{ dd \sum_{\iota,\iota'} a_{\iota,\iota'}\,\delta x_\iota\,\delta x_{\iota'} - 2\,d\delta \sum_{\iota,\iota'} a_{\iota,\iota'}\,dx_\iota\,\delta x_{\iota'} + \delta\delta \sum_{\iota,\iota'} a_{\iota,\iota'}\,dx_\iota\,dx_{\iota'} \right\}, \end{aligned}$$

und wenn wir die Variationen zweiter Ordnung so bestimmen, dass für eine beliebige Variation δ' die Gleichungen erfüllt sind:

$$\delta' \sum_{\iota,\iota'} a_{\iota,\iota'}\,dx_\iota\,\delta x_{\iota'} = \sum_{\iota,\iota'} a_{\iota,\iota'}\,d\delta' x_\iota\,\delta x_{\iota'} + \sum_{\iota,\iota'} a_{\iota,\iota'}\,dx_\iota\,\delta\delta' x_{\iota'},$$

$$d \sum_{\iota,\iota'} a_{\iota,\iota'}\,\delta' x_\iota\,\delta x_{\iota'} = \sum_{\iota,\iota'} a_{\iota,\iota'}\,d\delta' x_\iota\,\delta x_{\iota'},$$

$$\delta \sum_{\iota,\iota'} a_{\iota,\iota'}\,dx_\iota\,\delta' x_{\iota'} = \sum_{\iota,\iota'} a_{\iota,\iota'}\,dx_\iota\,\delta\delta' x_{\iota'},$$

woraus folgt:

$$(10)\quad \delta' \sum_{\iota,\iota'} a_{\iota,\iota'}\,dx_\iota\,\delta x_{\iota'} - d \sum_{\iota,\iota'} a_{\iota,\iota'}\,\delta' x_\iota\,\delta x_{\iota'} - \delta \sum_{\iota,\iota'} a_{\iota,\iota'}\,dx_\iota\,\delta' x_{\iota'} = 0.$$

und wenn man $d = \delta$ setzt:

$$(11)\quad \begin{aligned} & \delta' \sum_{\iota,\iota'} a_{\iota,\iota'}\,dx_\iota\,dx_{\iota'} - 2\,d \sum_{\iota,\iota'} a_{\iota,\iota'}\,dx_\iota\,\delta' x_{\iota'} = 0 \\ & \delta' \sum_{\iota,\iota'} a_{\iota,\iota'}\,\delta x_\iota\,\delta x_{\iota'} - 2\,\delta \sum_{\iota,\iota'} a_{\iota,\iota'}\,\delta x_\iota\,\delta' x_{\iota'} = 0. \end{aligned}$$

Die Bedingungen (9), (10), (11) sind für beliebige Variable x_ι nach demselben Gesetz gebildet.

Aus (10), (11) folgen noch für die Variationen zweiter Ordnung die Gleichungen:

$$2 \sum_{\iota} a_{\nu,\iota}\,ddx_\iota = -\sum_{\iota,\iota'} p_{\nu,\iota,\iota'}\,dx_\iota\,dx_{\iota'}$$

$$2 \sum_{\iota} a_{\nu,\iota}\,d\delta x_\iota = -\sum_{\iota,\iota'} p_{\nu,\iota,\iota'}\,dx_\iota\,\delta x_{\iota'}$$

$$2 \sum_{\iota} a_{\nu,\iota}\,\delta\delta x_\iota = -\sum_{\iota,\iota'} p_{\nu,\iota,\iota'}\,\delta x_\iota\,\delta x_{\iota'}$$

woraus man leicht den Ausdruck erhält:

$$\begin{aligned} & dd \sum_{\iota,\iota'} a_{\iota,\iota'}\,\delta x_\iota\,\delta x_{\iota'} - 2\,d\delta \sum_{\iota,\iota'} a_{\iota,\iota'}\,dx_\iota\,\delta x_{\iota'} + \delta\delta \sum_{\iota,\iota'} a_{\iota,\iota'}\,dx_\iota\,dx_{\iota'} \\ & = \sum_{\iota\iota',\iota''\iota'''} (\iota\iota', \iota''\iota''')\,(dx_\iota\,\delta x_{\iota'} - \delta x_\iota\,dx_\iota)\,(dx_{\iota''}\,\delta x_{\iota'''} - \delta x_{\iota''}\,dx_{\iota'''}), \end{aligned}$$

wenn das Summenzeichen ebenso verstanden wird wie oben, und $(\iota\iota', \iota''\iota''')$ dieselbe Bedeutung hat, wie im Riemann'schen Text.

Aus diesem Ausdruck erhalten wir nun das Krümmungsmaass unseres allgemeinen Raumes. Es seien nemlich

$$ds = \sqrt{\sum_{\iota,\iota'} a_{\iota,\iota'}\,dx_\iota\,dx_{\iota'}}, \quad \delta s = \sqrt{\sum_{\iota,\iota'} a_{\iota,\iota'}\,\delta x_\iota\,\delta x_{\iota'}}$$

zwei Linienelemente in demselben, und

$$\frac{\sum\limits_{\iota,\iota'} a_{\iota,\iota'}\, dx_\iota\, \delta x_{\iota'}}{ds\,\delta s} = \cos\vartheta$$

der Cosinus des Winkels den sie einschliessen.

Der Flächeninhalt des von denselben gebildeten unendlich kleinen Dreiecks ist dann

$$\Delta = \tfrac{1}{2}\, ds\, \delta s \sin\vartheta$$

und es ergiebt sich

$$4\,\Delta^2 = \sum_{\iota,\iota'} a_{\iota,\iota'}\, dx_\iota\, dx_{\iota'} \sum_{\iota,\iota'} a_{\iota,\iota'}\, \delta x_\iota\, \delta x_{\iota'} - \Big(\sum_{\iota,\iota'} a_{\iota,\iota'}\, dx_\iota\, \delta x_{\iota'}\Big)^2$$

$$= \sum_{\iota\iota'',\,\iota'\iota'''} (a_{\iota,\iota'}\, a_{\iota'',\iota'''} - a_{\iota',\iota''} a_{\iota,\iota'''})(dx_\iota\, \delta x_{\iota''} - \delta x_\iota\, dx_{\iota''})(dx_{\iota'}\, \delta x_{\iota'''} - \delta x_{\iota'}\, dx_{\iota'''}),$$

was für das Krümmungsmaass den Ausdruck giebt:

$$-\,\frac{3}{8}\,\frac{dd \sum\limits_{\iota,\iota'} a_{\iota,\iota'}\, \delta x_\iota\, \delta x_{\iota'}}{\Delta^2}$$

$$= -\,\frac{1}{2}\,\frac{dd \sum\limits_{\iota,\iota'} a_{\iota,\iota'}\, \delta x_\iota\, \delta x_{\iota'} - 2\, d\delta \sum\limits_{\iota,\iota'} a_{\iota,\iota'}\, dx_\iota\, \delta x_{\iota'} + \delta\delta \sum\limits_{\iota,\iota'} a_{\iota,\iota'}\, dx_\iota\, dx_{\iota'}}{\sum\limits_{\iota,\iota'} a_{\iota,\iota'}\, dx_\iota\, dx_{\iota'} \sum\limits_{\iota,\iota'} a_{\iota,\iota'}\, \delta x_\iota\, \delta x_{\iota'} - \Big(\sum\limits_{\iota,\iota'} a_{\iota,\iota'}\, dx_\iota\, \delta x_{\iota'}\Big)^2}$$

Es ist nun noch nachzuweisen, dass dieser Ausdruck mit dem übereinstimmt, den Gauss für das Krümmungsmaass einer Fläche aufstellt, wenn wir eine Fläche betrachten, welche von solchen kürzesten Linien gebildet wird, in deren Anfangselementen die Variationen der x sich verhalten wie

$$\alpha\, dx_1 + \beta\, \delta x_1 : \alpha\, dx_2 + \beta\, \delta x_2 : \ldots : \alpha\, dx_n + \beta\, \delta x_n,$$

wenn α und β beliebige Grössen bedeuten.

Wir setzen wie oben $x_\iota = r c_\iota$, so dass die c_ι in jeder vom Punkt 0 auslaufenden kürzesten Linie constant sind, und r die Länge dieser kürzesten Linie bis zu einem unbestimmten Punkt bedeutet. Dann ist, wie oben gezeigt,

$$\sum_{\iota,\iota'} a_{\iota,\iota'}\, c_\iota c_{\iota'} = \sum_{\iota,\iota'} a^{(0)}_{\iota,\iota'}\, c_\iota c_{\iota'} = 1.$$

Legen wir nun zwei feste Systeme der Grössen c_ι zu Grunde, $c_\iota^{(0)}$ und c'_i und betrachten ein veränderliches System

$$c_\iota = \alpha c_\iota^{(0)} + \beta c'_\iota, \tag{12}$$

so haben wir hiernach:

$$\alpha^2 + 2\alpha\beta \cos(r^{(0)}, r') + \beta^2 = 1$$

wodurch die Grössen c_ι in Functionen einer einzigen Variablen übergehen, für welche wir den Winkel φ nehmen können, den das Anfangselement von r mit dem Anfangselement von r_0 bildet, und der sich aus dem Ausdruck ergiebt

$$\cos\varphi = \sum_{\iota,\iota'} a^{(0)}_{\iota,\iota'}\, c_\iota\, c^{(0)}_{\iota'}.$$

Wenn sich nun die Grössen r, c_ι um die unendlich kleinen Grössen dr, dc_ι ändern, welche der Bedingung genügen:

$$\sum_{\iota,\iota'} a^{(0)}_{\iota,\iota'}\, c_\iota\, dc_{\iota'} = 0\,,$$

so ergiebt sich mit Hülfe der Gleichungen (4)

$$\sum_{\iota,\iota'} a_{\iota,\iota'}\, c_\iota\, dc_{\iota'} = \sum_{\iota,\iota'} a^{(0)}_{\iota,\iota'}\, c_\iota\, dc_{\iota'} = 0\,.$$

Ferner haben wir

$$dx_\iota = r\,dc_\iota + c_\iota\, dr\,,$$

also:

$$ds^2 = \sum_{\iota,\iota'} a_{\iota,\iota'}\, dx_\iota\, dx_{\iota'} = dr^2 + r^2 \sum_{\iota,\iota'} a_{\iota,\iota'}\, dc_\iota\, dc_{\iota'} = dr^2 + r^2 \mu\, d\varphi^2,$$

wenn zur Abkürzung

$$\sum_{\iota,\iota'} a_{\iota,\iota'}\, dc_\iota\, dc_{\iota'} = \mu\, d\varphi^2$$

gesetzt wird.

Nun haben wir aber:

$$\cos\varphi = \sum_{\iota,\iota'} a^{(0)}_{\iota,\iota'}\, c_\iota\, c^{(0)}_{\iota'}\,, \quad -\sin\varphi\, d\varphi = \sum_{\iota,\iota'} a^{(0)}_{\iota,\iota'}\, c^{(0)}_\iota\, dc_{\iota'}\,,$$

und aus (12) folgt ein Ausdruck von der Form

$$dc_\iota = a c^{(0)}_\iota + b\, c_\iota\,;$$

also:

$$-\sin\varphi\, d\varphi = a + b\cos\varphi\,,$$

$$0 = a\cos\varphi + b\,.$$

Hieraus durch Elimination von a und b:

$$\sin\varphi\, dc_\iota = d\varphi\left(c_\iota \cos\varphi - c^{(0)}_\iota\right).$$

Daraus folgt weiter

$$d\varphi^2 = \sum_{\iota,\iota'} a^{(0)}_{\iota,\iota'}\, dc_\iota\, dc_{\iota'}$$

und mithin

$$\mu = \frac{\sum_{\iota,\iota'} a_{\iota,\iota'}\, dc_\iota\, dc_{\iota'}}{\sum_{\iota,\iota'} a^{(0)}_{\iota,\iota'}\, dc_\iota\, dc_{\iota'}} \tag{13}$$

Bezeichnen wir diesen Ausdruck durch $\frac{m^2}{r^2}$, so erhalten wir die Form, welche Gauss dem Linienelement auf einer beliebigen Fläche gegeben hat, nämlich:

$$ds^2 = dr^2 + m^2 d\varphi^2$$

(Disquisitiones generales circa superficies curvas art. 19) und für das Krümmungsmaass ergiebt sich

$$k = -\frac{1}{m}\frac{\partial^2 m}{\partial r^2}\,.$$

Ist nun die Oberfläche im Punkt $r = 0$ stetig gekrümmt, so ist in diesem Punkt

$$m = 0, \quad \frac{\partial m}{\partial r} = 1, \quad \frac{\partial^2 m}{\partial r^2} = 0,$$

und daher in diesem Punkt

$$k = -\frac{\partial^3 m}{\partial r^3}.$$

Für die Function μ ergiebt sich hieraus für denselben Punkt

$$\mu = 1, \quad \frac{\partial \mu}{\partial r} = 0, \quad k = -\tfrac{3}{2}\frac{\partial^2 \mu}{\partial r^2}.$$

Die beiden ersten dieser Gleichungen sind in Folge von (13), (5) befriedigt; aus der dritten ergiebt sich

$$k = -\tfrac{3}{2}\frac{\sum\limits_{\iota\iota',\iota''\iota'''}\left(\dfrac{\partial^2 a_{\iota,\iota'}}{\partial x_{\iota''}\,\partial x_{\iota'''}}\right)_0 c_{\iota''}c_{\iota'''}\,dc_\iota\,dc_{\iota'}}{\sum\limits_{\iota,\iota'} a^{(0)}_{\iota,\iota'}\,dc_\iota\,dc_{\iota'}}$$

was mit dem oben gefundenen Ausdruck übereinstimmt.

2) (Zu Seite 383). Die vollständige Verification der hier aufgestellten Schlussresultate scheint noch verwickelte Rechnungen zu erfordern, die ich aus den sehr unvollständigen vorhandenen Bruchstücken nur zum Theil herstellen konnte. Was sich daraus entziffern liess, theile ich hier mit in der Hoffnung, dass es bei einem erneuten Versuch, die Resultate vollständig herzuleiten, als Grundlage dienen könne.

Wir beantworten zunächst die Frage, in welchen Fällen die Temperatur ausser von der Zeit nur von Einer Veränderlichen abhängt. In diesen Fällen hat die Differentialgleichung, nach welcher die Bewegung der Wärme geschieht, die Form

(1) $$a\frac{\partial^2 u}{\partial \alpha^2} + b\frac{\partial u}{\partial \alpha} = \frac{\partial u}{\partial t}.$$

Wenn nun die Coefficienten a, b nicht Functionen der einzigen Variablen α sind, so zerfällt diese Differentialgleichung in die beiden folgenden:

$$a'\frac{\partial^2 u}{\partial \alpha^2} + b'\frac{\partial u}{\partial \alpha} = \frac{\partial u}{\partial t}, \qquad a''\frac{\partial^2 u}{\partial \alpha^2} + b''\frac{\partial u}{\partial \alpha} = 0,$$

worin a', b', a'', b'' nur von α abhängen.

Durch Einführung einer neuen Variablen an Stelle von α lässt sich die zweite dieser Gleichungen in die Form $\frac{\partial^2 u}{\partial \alpha^2} = 0$ bringen, so dass u die Form erhält $u_1\alpha + u_2$, wenn u_1, u_2 Functionen der Zeit allein sind. Die erste der obigen Gleichungen nimmt dann die Gestalt an

$$(c\alpha + c_1)\frac{\partial u}{\partial \alpha} = \frac{\partial u}{\partial t},$$

worin c, c_1 Constanten sind. Daraus folgt nun weiter

$$cu_1 = \frac{\partial u_1}{\partial t}, \quad 0 = \frac{\partial u_2}{\partial t},$$

also hat u die Form $\alpha e^{\lambda t} + \text{const.}$

Wenn aber in der Differentialgleichung (1) die Coefficienten a, b schon Functionen von α allein sind, so können wir unbeschadet der Allgemeinheit $b = 0$ annehmen (durch Einführung einer neuen Variablen für α), und da die Differentialgleichung (1) durch Transformation aus der Gleichung

$$\frac{\partial^2 u}{\partial x^2} + \frac{\partial^2 u}{\partial y^2} + \frac{\partial^2 u}{\partial z^2} = \frac{\partial u}{\partial t}$$

hervorgegangen sein muss, so kommt unsere Aufgabe auf die folgende zurück:

Es sollen alle Functionen α der Coordinaten x, y, z gefunden werden, die den beiden Differentialgleichungen

$$\Delta = \frac{\partial^2 \alpha}{\partial x^2} + \frac{\partial^2 \alpha}{\partial y^2} + \frac{\partial^2 \alpha}{\partial z^2} = 0, \quad D = \left(\frac{\partial \alpha}{\partial x}\right)^2 + \left(\frac{\partial \alpha}{\partial y}\right)^2 + \left(\frac{\partial \alpha}{\partial z}\right)^2 = f(\alpha)$$

zugleich genügen.

Wir setzen zur Abkürzung:

$$\frac{\partial \alpha}{\partial x} = p, \quad \frac{\partial \alpha}{\partial y} = q, \quad \frac{\partial \alpha}{\partial z} = r, \quad p^2 + q^2 + r^2 = m,$$

und haben nun vier Fälle zu unterscheiden:

1. Wenn p, q, r von einander unabhängige Functionen der Coordinaten x, y, z sind, so ist α eine Function von m, $\varphi(m)$, und wir können p, q, r als unabhängige Variable an Stelle von x, y, z einführen. Setzen wir

$$s = \alpha - px - qy - rz, \quad ds = -x\,dp - y\,dq - z\,dr,$$

so folgt:

$$x = -\frac{\partial s}{\partial p}, \quad y = -\frac{\partial s}{\partial q}, \quad z = -\frac{\partial s}{\partial r},$$

$$\alpha = s - p\frac{\partial s}{\partial p} - q\frac{\partial s}{\partial q} - r\frac{\partial s}{\partial r} = \varphi(m).$$

Setzt man

$$s = \psi(m) + t$$

und bestimmt die Function $\psi(m)$ aus der Differentialgleichung

$$\psi(m) - 2m\psi'(m) = \varphi(m),$$

so ergiebt sich für t die partielle Differentialgleichung erster Ordnung

$$t - p\frac{\partial t}{\partial p} - q\frac{\partial t}{\partial q} - r\frac{\partial t}{\partial r} = 0,$$

deren allgemeine Lösung ist:

$$t = p\chi\left(\frac{q}{p}, \frac{r}{p}\right) = p\chi(\beta, \gamma),$$

wenn χ eine willkürliche Function bedeutet und zur Abkürzung

$$\beta = \frac{q}{p}, \quad \gamma = \frac{r}{p}$$

gesetzt wird.

Wir haben also

$$\begin{aligned} -x &= \frac{\partial s}{\partial p} = 2p\psi'(m) + \chi - \beta\chi'(\beta) - \gamma\chi'(\gamma) \\ -y &= \frac{\partial s}{\partial q} = 2q\psi'(m) + \chi'(\beta) \\ -z &= \frac{\partial s}{\partial r} = 2r\psi'(m) + \chi'(\gamma). \end{aligned} \tag{2}$$

Nun folgt aus der Gleichung

$$\Delta = \frac{\partial p}{\partial x} + \frac{\partial q}{\partial y} + \frac{\partial r}{\partial z} = 0$$

durch Einführung von p, q, r als unabhängige Variable

$$\frac{\partial y}{\partial q}\frac{\partial z}{\partial r} - \frac{\partial z}{\partial q}\frac{\partial y}{\partial r} + \frac{\partial z}{\partial r}\frac{\partial x}{\partial p} - \frac{\partial x}{\partial r}\frac{\partial z}{\partial p} + \frac{\partial x}{\partial p}\frac{\partial y}{\partial q} - \frac{\partial y}{\partial p}\frac{\partial x}{\partial q} = 0,$$

oder durch Substitution von (2)

$$m\left(12\psi'(m)^2 + 16 m\psi'(m)\psi''(m)\right)$$
$$+\sqrt{m}\left(4\psi'(m) + 4m\psi''(m)\right)\sqrt{1+\beta^2+\gamma^2}\left\{(\beta^2+1)\frac{\partial^2\chi}{\partial\beta^2} + 2\beta\gamma\frac{\partial^2\chi}{\partial\beta\,\partial\gamma} + (\gamma^2+1)\frac{\partial^2\chi}{\partial\gamma^2}\right\}$$
$$+ (1+\beta^2+\gamma^2)^2\left(\frac{\partial^2\chi}{\partial\beta^2}\frac{\partial^2\chi}{\partial\gamma^2} - \left(\frac{\partial^2\chi}{\partial\beta\,\partial\gamma}\right)^2\right) = 0,$$

und da m, β, γ von einander unabhängige Variable sind, so spaltet sich diese Gleichung in die drei folgenden:

$$\frac{\partial^2\chi}{\partial\beta^2}\frac{\partial^2\chi}{\partial\gamma^2} - \left(\frac{\partial^2\chi}{\partial\beta\,\partial\gamma}\right)^2 = \frac{k}{(1+\beta^2+\gamma^2)^2}, \tag{3}$$

$$(\beta^2+1)\frac{\partial^2\chi}{\partial\beta^2} + 2\beta\gamma\frac{\partial^2\chi}{\partial\beta\,\partial\gamma} + (\gamma^2+1)\frac{\partial^2\chi}{\partial\gamma^2} = \frac{k_1}{\sqrt{1+\beta^2+\gamma^2}}, \tag{4}$$

$$m\left(12\psi'(m)^2 + 16m\psi'(m)\psi''(m)\right) + k_1\sqrt{m}\left(4\psi'(m) + 4m\psi''(m)\right) + k = 0, \tag{5}$$

worin k, k_1 unbestimmte Constanten bedeuten. Führt man an Stelle der Function χ eine neue Function χ_1 ein durch die Gleichung

$$\chi = \tfrac{1}{2}k_1\sqrt{1+\beta^2+\gamma^2} + \chi_1,$$

so gehen die Gleichungen (3), (4) in folgende über:

$$\frac{\partial^2\chi_1}{\partial\beta^2}\frac{\partial^2\chi_1}{\partial\gamma^2} - \left(\frac{\partial^2\chi_1}{\partial\beta\,\partial\gamma}\right)^2 = \frac{k'}{(1+\beta^2+\gamma^2)^2}, \tag{6}$$

$$(\beta^2+1)\frac{\partial^2\chi_1}{\partial\beta^2} + 2\beta\gamma\frac{\partial^2\chi_1}{\partial\beta\,\partial\gamma} + (\gamma^2+1)\frac{\partial^2\chi_1}{\partial\gamma^2} = 0. \tag{7}$$

Diese Gleichungen können aber nur dann zusammen bestehen, wenn χ_1 eine lineare Function von β, γ, und folglich $k' = 0$ ist; denn betrachten wir

$$\chi_1 - \beta\frac{\partial\chi_1}{\partial\beta} - \gamma\frac{\partial\chi_1}{\partial\gamma},\quad \frac{\partial\chi_1}{\partial\beta},\quad \frac{\partial\chi_1}{\partial\gamma}$$

als rechtwinklige Coordinaten, so ist (6) die Differentialgleichung einer Fläche mit constantem Krümmungsmass, (7) die einer Minimalfläche, zwei Eigenschaften, die bekanntlich nur bei der Ebene zusammentreffen.

Hieraus ergiebt sich, wenn a, b, c Constanten bedeuten, für χ ein Ausdruck von der Form:

$$\chi = a + b\beta + c\gamma + \tfrac{1}{2}k_1\sqrt{1+\beta^2+\gamma^2},$$

und die Gleichungen (2) gehen in folgende über:

$$x + a = -\frac{\tfrac{1}{2}k_1 + 2\sqrt{m}\,\psi'(m)}{\sqrt{1+\beta^2+\gamma^2}},$$

$$y + b = -\frac{\left(\tfrac{1}{2}k_1 + 2\sqrt{m}\,\psi'(m)\right)\beta}{\sqrt{1+\beta^2+\gamma^2}},$$

$$z + c = -\frac{\left(\frac{1}{2}k_1 + 2\sqrt{m}\,\psi'(m)\right)\gamma}{\sqrt{1 + \beta^2 + \gamma^2}},$$

$$(x + a)^2 + (y + b)^2 + (z + c)^2 = \left(\tfrac{1}{2}k_1 + 2\sqrt{m}\,\psi'(m)\right)^2,$$

woraus folgt, dass die Flächen $\alpha = \text{const.}$ oder $m = \text{const.}$ concentrische Kugeln sind.

2. Wenn zwischen den Variablen p, q, r eine von den Coordinaten x, y, z freie Gleichung besteht, so kann r als Function von p, q angesehen werden, und wir haben

$$dr = a\,dp + b\,dq,$$

wenn

$$a = \frac{\partial r}{\partial p}, \quad b = \frac{\partial r}{\partial q}, \quad \frac{\partial a}{\partial q} = \frac{\partial b}{\partial p}$$

gesetzt wird. Hieraus folgt:

$$\frac{\partial p}{\partial z} = a\frac{\partial p}{\partial x} + b\frac{\partial p}{\partial y}, \quad \frac{\partial q}{\partial z} = a\frac{\partial q}{\partial x} + b\frac{\partial q}{\partial y}, \quad \frac{\partial r}{\partial z} = a\frac{\partial r}{\partial x} + b\frac{\partial r}{\partial y}.$$

Wenn nun nicht

$$p^2 + q^2 + r^2 = \text{const.} \tag{8}$$

ist, so wird α von denselben beiden Variablen abhängen wie p, q, r, und daraus geht hervor:

$$r = ap + bq$$

und durch Differentiation:

$$p\frac{\partial a}{\partial p} + q\frac{\partial b}{\partial p} = 0; \quad p\frac{\partial a}{\partial q} + q\frac{\partial b}{\partial q} = 0,$$

$$\frac{\partial a}{\partial p}\frac{\partial b}{\partial q} - \frac{\partial a}{\partial q}\frac{\partial b}{\partial p} = 0. \tag{9}$$

Setzen wir nun, wie vorhin, auch in dem Fall, wo die Gleichung (8) besteht,

$$s = \alpha - xp - yq - zr,$$

$$ds = -x\,dp - y\,dq - z\,dr = -(x + az)\,dp - (y + bz)\,dq,$$

so folgt, dass auch s nur von p, q abhängt, und es ergiebt sich

$$\frac{\partial s}{\partial p} = -(x + az), \quad \frac{\partial s}{\partial q} = -(y + bz). \tag{10}$$

Führt man nun in der Gleichung

$$\frac{\partial p}{\partial x} + \frac{\partial q}{\partial y} + \frac{\partial r}{\partial z} = 0$$

p, q, z als unabhängige Variable ein, so folgt

$$\frac{\partial x}{\partial p} + \frac{\partial y}{\partial q} - a\left(\frac{\partial y}{\partial q}\frac{\partial x}{\partial z} - \frac{\partial x}{\partial q}\frac{\partial y}{\partial z}\right) - b\left(\frac{\partial x}{\partial p}\frac{\partial y}{\partial z} - \frac{\partial y}{\partial p}\frac{\partial x}{\partial z}\right) = 0,$$

und daraus mit Hülfe von (10)

$$z\left\{\frac{\partial a}{\partial p}(1 + b^2) - ab\left(\frac{\partial a}{\partial q} + \frac{\partial b}{\partial p}\right) + \frac{\partial b}{\partial q}(1 + a^2)\right\}$$
$$+ \frac{\partial^2 s}{\partial p^2}(1 + b^2) - 2ab\frac{\partial^2 s}{\partial p\,\partial q} + \frac{\partial^2 s}{\partial q^2}(1 + a^2) = 0.$$

Da nun a, b, s von z unabhängig sind, so zerfällt diese Gleichung in die beiden folgenden:

$$(11)\qquad \frac{\partial^2 s}{\partial p^2}(1+b^2) - 2ab\frac{\partial^2 s}{\partial p\,\partial q} + \frac{\partial^2 s}{\partial q^2}(1+a^2) = 0$$

$$(12)\qquad \frac{\partial a}{\partial p}(1+b^2) - ab\left(\frac{\partial a}{\partial q} + \frac{\partial b}{\partial p}\right) + \frac{\partial b}{\partial q}(1+a^2) = 0.$$

Betrachten wir nun p, q, r als rechtwinklige Coordinaten, so ist (12) die Differentialgleichung einer Minimalfläche, welche nach (8) oder (9) zugleich eine Kugel oder eine in die Ebene abwickelbare Fläche sein müsste. Dies kann nur vereinigt sein, wenn die Fläche eine Ebene ist, und daher a, b Constanten sind, die man bei passender Bestimmung der Richtung der z-Axe gleich Null annehmen kann. Demnach ergiebt sich aus (11)

$$(13)\qquad \frac{\partial^2 s}{\partial p^2} + \frac{\partial^2 s}{\partial q^2} = 0,$$

und ferner wie im ersten Fall

$$s = \psi(m) + p\chi\left(\frac{q}{p}\right),$$

$$m = p^2 + q^2, \quad r = 0,$$

$$-x = \frac{\partial s}{\partial p} = \psi'(m)\,2p + \chi(\beta) - \beta\chi'(\beta),$$

$$-y = \frac{\partial s}{\partial q} = \psi'(m)\,2q + \chi'(\beta),$$

wenn $\beta = \frac{q}{p}$ gesetzt wird.

Aus (13) folgt daher

$$\sqrt{m}\left(4\psi'(m) + 4m\psi''(m)\right) + (1+\beta^2)^{\frac{3}{2}}\chi''(\beta) = 0,$$

eine Gleichung, die in die beiden folgenden zerfällt:

$$\sqrt{m}\left(4\psi'(m) + 4m\psi''(m)\right) = k,$$

$$\chi''(\beta) = \frac{k}{\sqrt{1+\beta^2}^{\,3}},$$

worin k constant ist. Die Integration dieser letzteren Gleichung ergiebt, wenn a, b willkürliche Constanten sind,

$$\chi(\beta) = k\sqrt{1+\beta^2} + a + b\beta.$$

Demnach haben wir

$$x + a = -\frac{2\psi'(m)\sqrt{m} + k}{\sqrt{1+\beta^2}},$$

$$y + b = -\frac{(2\psi'(m)\sqrt{m} + k)\beta}{\sqrt{1+\beta^2}},$$

$$(x+a)^2 + (y+b)^2 = \left(2\psi'(m)\sqrt{m} + k\right)^2.$$

Die isothermen Flächen sind daher in diesem Fall Cylinder mit kreisförmigem Querschnitt und gemeinschaftlicher Axe.

Der dritte Fall, in dem p, q, r Functionen einer und derselben Variablen sind, kann nicht vorkommen. Ist nemlich

$$p = \psi_1(\mu), \quad q = \psi_2(\mu), \quad r = \psi_3(\mu),$$

so folgt aus den Gleichungen

$$\frac{\partial q}{\partial z} = \frac{\partial r}{\partial y}, \quad \frac{\partial r}{\partial x} = \frac{\partial p}{\partial z}, \quad \frac{\partial p}{\partial y} = \frac{\partial r}{\partial x}:$$

$$\psi_1'(\mu) : \psi_2'(\mu) : \psi_3'(\mu) = \frac{\partial \mu}{\partial x} : \frac{\partial \mu}{\partial y} : \frac{\partial \mu}{\partial z}$$

und die Gleichung $\Delta = 0$ liefert

$$\psi_1'(\mu)\frac{\partial \mu}{\partial x} + \psi_2'(\mu)\frac{\partial \mu}{\partial y} + \psi_3'(\mu)\frac{\partial \mu}{\partial z} = 0$$

was sich offenbar widerspricht.

Es bleibt also nur der vierte Fall, in dem p, q, r constant sind, und daher die Schaar der isothermen Flächen aus parallelen Ebenen besteht.

Von der allgemeineren Frage, wann die Temperatur ausser von der Zeit nur von zwei Variablen abhängig ist, lässt sich der erste Fall, der im Text durch $m = 1$ charakterisirt ist, in folgender Weise beantworten.

Wir haben in diesem Fall die quadratische Form

$$\begin{pmatrix} 0, & 0, & c \\ a', & b', & c' \end{pmatrix},$$

in der a', b' lineare Functionen von γ sind, während c' von γ unabhängig ist. Ferner ist die Determinante

$$\begin{vmatrix} 0, & c', & b' \\ c', & 0, & a' \\ b', & a', & c \end{vmatrix} = 2a'b'c' - cc'c'$$

constant. Die adjungirte Form zu dieser ist

$$-(a'd\alpha + b'd\beta - c'd\gamma)^2 + 2(2a'b' - cc')\,d\alpha\, d\beta,$$

in der $2a'b' - cc'$ von γ unabhängig ist.

Nun können wir durch Einführung einer neuen Variablen an Stelle von γ, welche eine lineare Function von γ ist, diese Form in die einfachere transformiren:

$$(a\,d\alpha + c\,d\gamma)^2 + 2m\,d\alpha\,d\beta,$$

in der a eine lineare Function von γ, c und m von γ unabhängig sind. Es sind nun die Fälle aufzufinden, in welchen diese Form in eine andere mit constanten Coefficienten, oder speciell in die Form $dx^2 + dy^2 + dz^2$ transformirbar ist.

Zu dem Ende bilden wir die Gleichungen $(\iota\iota', \iota''\iota''') = 0$ (S. 381), welche in diesem Fall die Gestalt annehmen:

(1,1) $$m\frac{\partial^2 c}{\partial \beta^2} - \frac{\partial c}{\partial \beta}\frac{\partial m}{\partial \beta} = 0,$$

(2,2) $$mc\left(\frac{\partial^2 c}{\partial \alpha^2} - \frac{\partial^2 a}{\partial \alpha\, \partial \gamma}\right) + \left(\frac{\partial a}{\partial \gamma} - \frac{\partial c}{\partial \alpha}\right)\left(c\frac{\partial m}{\partial \alpha} + m\frac{\partial a}{\partial \gamma}\right) = 0,$$

(3,3) $$2mc\left(\frac{\partial^2 a^2}{\partial \beta^2} - 2\frac{\partial^2 m}{\partial \alpha\, \partial \beta}\right) + 4c\frac{\partial m}{\partial \beta}\left(\frac{\partial m}{\partial \alpha} - a\frac{\partial a}{\partial \beta}\right) - \frac{m}{c}\left(\frac{\partial a c}{\partial \beta}\right)^2 = 0,$$

$$
\begin{aligned}
&2mc\left(\frac{\partial^2 a^2}{\partial\beta\,\partial\gamma}-\frac{\partial^2 ac}{\partial\alpha\,\partial\beta}\right)+4m\frac{\partial c}{\partial\beta}\left(a\frac{\partial c}{\partial\alpha}-a\frac{\partial a}{\partial\gamma}+c\frac{\partial a}{\partial\alpha}\right)\\
(2,3)\qquad &+2c\left(c\frac{\partial a}{\partial\beta}-a\frac{\partial c}{\partial\beta}\right)\left(\frac{\partial m}{\partial\alpha}-a\frac{\partial a}{\partial\beta}\right)-2m\frac{\partial c}{\partial\alpha}\frac{\partial ac}{\partial\beta}\\
&+a\frac{\partial ac}{\partial\beta}\left(c\frac{\partial a}{\partial\beta}-a\frac{\partial c}{\partial\beta}\right)=0,
\end{aligned}
$$

$$(3,1)\qquad 2mc\frac{\partial^2 ac}{\partial\beta^2}-2c\frac{\partial ac}{\partial\beta}\frac{\partial m}{\partial\beta}-2m\frac{\partial c}{\partial\beta}\frac{\partial ac}{\partial\beta}=0,$$

$$(1,2)\qquad 2m\left(2c\frac{\partial^2 c}{\partial\alpha\,\partial\beta}-\frac{\partial^2 ac}{\partial\beta\,\partial\gamma}\right)+\left(c\frac{\partial a}{\partial\beta}-a\frac{\partial c}{\partial\beta}\right)^2=0.$$

Aus (1,2) folgt, dass $c\frac{\partial a}{\partial\beta}-a\frac{\partial c}{\partial\beta}$, also auch $\frac{\partial\frac{a}{c}}{\partial\beta}$ von γ unabhängig ist; setzt man daher $a=a_1+\gamma a_2$, so folgt dass a_2 von der Form ist $cf(\alpha)$, und $f(\alpha)$ von β unabhängig.

Wir haben daher

$$(a\,d\alpha+c\,d\gamma)^2+2m\,d\alpha\,d\beta=\big(a_1\,d\alpha+c\,(f(\alpha)\,d\alpha+d\gamma)\big)^2+2m\,d\alpha\,d\beta;$$

führt man also statt γ eine neue Variable $\gamma+\int f(\alpha)\,d\alpha$ ein, so geht die quadratische Form in eine andere von derselben Gestalt über, in der nur a von γ unabhängig ist. Bei dieser Annahme erhält die Gleichung (2,2) die Form

$$m\frac{\partial^2 c}{\partial\alpha^2}-\frac{\partial c}{\partial\alpha}\frac{\partial m}{\partial\alpha}=0$$

woraus in Verbindung mit (1,1) hervorgeht:

$$\frac{\partial\log\frac{\partial c}{\partial\alpha}}{\partial\alpha}=\frac{\partial\log m}{\partial\alpha},\qquad\frac{\partial\log\frac{\partial c}{\partial\beta}}{\partial\beta}=\frac{\partial\log m}{\partial\beta},$$

und daraus

$$\frac{\partial c}{\partial\alpha}=m\,\varphi(\beta),\qquad\frac{\partial c}{\partial\beta}=m\,\psi(\alpha).$$

Es sind nun drei Fälle zu unterscheiden.

1) wenn $\varphi(\beta)=\psi(\alpha)=0$ ist, so ist $c=\text{const.}$ und aus (1,2) folgt $\frac{\partial a}{\partial\beta}=0$. Führt man also an Stelle von γ eine neue Variable $c\gamma+\int a\,d\alpha$ ein, so erreicht man, dass in der quadratischen Form $a=0$, $c=1$ wird, und aus (3,3) folgt dann

$$\frac{\partial^2\log m}{\partial\alpha\,\partial\beta}=0,\qquad 2m=\chi(\alpha)\,\vartheta(\beta).$$

Führt man daher an Stelle von α, β die Variablen $\int\chi(\alpha)\,d\alpha$, $\int\vartheta(\beta)\,d\beta$ ein, so erhält man die quadratische Form

$$d\gamma^2+d\alpha\,d\beta,$$

welche durch die Substitution $\alpha=x+iy$, $\beta=x-iy$, $\gamma=z$ übergeht in

$$dx^2+dy^2+dz^2.$$

Die isothermen Curven $\alpha=\text{const.}$, $\beta=\text{const.}$ sind also in diesem Fall parallele gerade Linien.

2) Wenn $\varphi(\beta) = 0$, $\psi(\alpha)$ nicht $= 0$ ist, so ist c von α unabhängig, und aus (1,2) folgt, dass $\frac{a}{c}$ von β unabhängig ist. Auf ähnliche Weise, wie oben erreicht man nun, dass a verschwindet, und ferner ergiebt sich

$$\frac{1}{\psi(\alpha)}\frac{\partial c}{\partial \beta} = m,$$

wodurch die Gleichungen (1,1)...(1,2) sämmtlich befriedigt sind. Führt man $\int \frac{2\,d\alpha}{\psi(\alpha)}$, c als neue Variable an Stelle von α, β ein, so erhält man die quadratische Form $\beta^2 d\gamma^2 + d\alpha\, d\beta$, welche in $dx^2 + dy^2 + dz^2$ übergeht durch die Substitution

$$x + iy = \beta, \quad x - iy = \alpha - \beta\gamma^2, \quad z = \beta\gamma.$$

Hieraus kann man aber mittelst der Gleichungen $\alpha =$ const., $\beta =$ const. keine reellen Curven erhalten. Der Fall $\psi(\alpha) = 0$, $\varphi(\beta)$ nicht $= 0$ ist von diesen nicht wesentlich verschieden.

3) Wenn weder $\psi(\alpha)$ noch $\varphi(\beta)$ verschwindet, so führe man für α, β die neuen Variablen $\int \frac{d\alpha}{\psi(\alpha)}$, $\int \frac{d\beta}{\varphi(\beta)}$ ein, wodurch man erreicht, dass

$$\frac{\partial c}{\partial \alpha} = m, \quad \frac{\partial c}{\partial \beta} = m, \quad \frac{\partial c}{\partial \alpha} - \frac{\partial c}{\partial \beta} = 0,$$

also $c = f(\alpha + \beta)$, $m = f'(\alpha + \beta)$ wird.

Nun folgt aus (1,3)

$$\frac{\partial \log \frac{\partial a c}{\partial \beta}}{\partial \beta} = \frac{\partial \log cm}{\partial \beta},$$

und daraus durch Integration

$$ac = f^2 \varphi(\alpha) + \psi(\alpha)$$

durch Einführung der Variabeln $\gamma + \int \varphi(\alpha)\, d\alpha$ statt γ erreicht man dass $\varphi(\alpha) = 0$ und mithin $ac = \psi(\alpha)$ wird. Dann folgt aus (1,2):

$$\frac{f^3 f''}{f'} = -\psi(\alpha)^2.$$

Da nun die eine Seite dieser Gleichung nur von α, die andere nur von $\alpha + \beta$ abhängt, so muss jede derselben einer Constanten k^2 gleich sein, woraus sich für die Function f die Differentialgleichung zweiter Ordnung ergiebt:

$$f'' - \frac{k^2 f'}{f^3} = 0,$$

wonach die Gleichungen (1,1)..(1,2) alle befriedigt sind. Die einmalige Integration dieser Gleichung ergiebt, wenn k_1 eine neue Constante bedeutet:

$$2f' = k_1^2 - \frac{k^2}{f^2}.$$

Setzen wir nun $\alpha = x + iy$, $\beta = x - iy$, und führen für γ eine neue Variable $\gamma - ik \int \frac{dx}{f^2}$ ein, so erhalten wir

$$\begin{aligned}(c\,d\gamma + a\,d\alpha)^2 + 2m\,d\alpha\,d\beta &= \left(f\,d\gamma + \frac{k}{f}\,dy\right)^2 + 2f'(dx^2 + dy^2)\\ &= f^2 d\gamma^2 + 2k\,d\gamma\,dy + 2f'.dx^2 + k_1^2\,dy^2.\end{aligned}$$

Setzen wir ferner

$$2f'\,dx^2 = \frac{df^2}{2f'} = \frac{f^2 df^2}{k_1^2 f^2 - k^2} = d\xi^2,$$

woraus folgt

$$\xi = \frac{1}{k_1^2}\sqrt{k_1^2 f^2 - k^2}, \qquad f^2 = k_1^2\xi^2 + \frac{k^2}{k_1^2},$$

so geht unsere quadratische Form über in

$$\left(\frac{k}{k_1}d\gamma + k_1\,dy\right)^2 + k_1^2\xi^2 d\gamma^2 + d\xi^2.$$

Beziehen wir dieselbe auf Polarcoordinaten, indem wir setzen:

$$\xi = r, \quad k_1\gamma = \varphi, \quad k_1 y + \frac{k}{k_1}\gamma = z,$$

so nimmt sie die Form an:

$$dr^2 + r^2 d\varphi^2 + dz^2.$$

Die Curven $\alpha = \text{const.}$, $\beta = \text{const.}$ werden daher

$$r = \text{const.}, \qquad z - \frac{k}{k_1^2}\varphi = \text{const.}$$

worin k auch $= 0$ sein kann.

In dem Specialfall $k_1 = 0$ erhalten wir $\xi = \frac{if^2}{2k}$ und die quadratische Form wird

$$-2ki\,\xi\,d\gamma^2 + 2k\,d\gamma\,dy + d\xi^2,$$

oder indem wir an Stelle von ξ, $\frac{2ky}{\sqrt{-2ki}}$, $\sqrt{-2ki}\,\gamma$ wieder α, β, γ schreiben:

$$\alpha\,d\gamma^2 + d\beta\,d\gamma + d\alpha^2,$$

welche in die Form $dx^2 + dy^2 + dz^2$ übergeht durch die Substitution

$$\begin{aligned} x + iy &= \beta + \alpha\gamma - \tfrac{1}{12}\gamma^3, \\ x - iy &= \gamma, \\ z &= \alpha - \tfrac{1}{4}\gamma^2; \end{aligned}$$

aber den hieraus sich ergebenden Gleichungen

$$z + \tfrac{1}{4}(x - iy)^2 = \alpha = \text{const.},$$
$$(x + iy) - \alpha(x - iy) + \tfrac{1}{12}(x - iy)^3 = \beta = \text{const.}$$

entsprechen keine reellen Curven.

In den übrigen Fällen ist es mir nicht gelungen die Rechnung vollständig durchzuführen. W.

XXIII.

Sullo svolgimento del quoziente di due serie ipergeometriche in frazione continua infinita.*)

I.

Avendo una frazione continua infinita della forma

$$a + \cfrac{b_1 x}{1 + \cfrac{b_2 x}{1 + \cfrac{b_3 x}{1 + \cdots}}}$$

che per valori di x abbastanza piccoli converge e rappressenta la funzione $f(x)$, si vede facilmente, che la ridotta m[esima] è uguale al quoziente $\frac{p_m}{q_m}$ di due funzioni intere p_m e q_m, i cui gradi sono ambedue n, se $m = 2n + 1$, e n e $n - 1$, se $m = 2n$. La differenza tra la ridotta e la funzione $f(x)$, se x è infinitesimo, è infinitesima dell' ordine m[esimo]. Ma affinchè questo avvenga, debbono essere sodisfatte tante condizioni, quante sono le quantità arbitrarie contenute nella funzione fratta uguale alla ridotta.

Dunque la ridotta m[esima] può determinarsi mediante la condizione di coincidere nei primi m termini dello svolgimento secondo le potenze di x colla funzione da svolgere e mediante i gradi del numeratore e del denominatore, che sono per $m = 2n + 1$ ambedue n e n e $n - 1$ per $m = 2n$.

II.

Questo modo di determinare la ridotta conduce immediatamente all' espressione della ridotta, quando si tratta di svolgere il quoziente delle serie ipergeometriche

$$P^{\alpha}\begin{pmatrix} \alpha & \beta & \gamma \\ \alpha' & \beta' & \gamma' \end{pmatrix} x \Big) = P \text{ e } P^{\alpha}\begin{pmatrix} \alpha & \beta + 1 & \gamma \\ \alpha' - 1 & \beta' & \gamma' \end{pmatrix} x \Big) = Q,$$

*) Die Bearbeitung dieses Fragments, dessen Entstehung in den October 1863 fällt, rührt von H. A. Schwarz in Göttingen her.

ove si faccia uso delle proprietà caratteristiche esposte nella memoria [Beiträge zur Theorie der durch die Gauss'sche Reihe $F(\alpha, \beta, \gamma, x)$ darstellbaren Functionen].

Infatti, poichè per x infinitesimo $\frac{P}{Q} - \frac{p_m}{q_m}$ divieni infinitesimo dell'ordine m e Qq_m dell'ordine α, l'espressione $q_m P - p_m Q$ diviene infinitesima dell'ordine $m + \alpha$, e si dimostra facilmente, che questa espressione ha tutte le proprietà caratteristiche di una funzione sviluppabile in serie ipergeometrica in modo che si abbia

$$(1)\quad \begin{aligned} & q_{2n+1} P - p_{2n+1} Q \\ & = P\begin{pmatrix} \alpha+2n+1 & \beta-n & \gamma \\ \alpha'-1 & \beta'-n & \gamma' \end{pmatrix} x = x^n P\begin{pmatrix} \alpha+n+1 & \beta & \gamma \\ \alpha'-n-1 & \beta' & \gamma' \end{pmatrix} x = x^n P_{n+1} \\ & q_{2n} P - p_{2n} Q = P\begin{pmatrix} \alpha+2n & \beta+1-n & \gamma \\ \alpha'-n & \beta'-n & \gamma' \end{pmatrix} x = x^n Q_n \end{aligned}$$

dove P_n, Q_n denotano ciò che divengono P, Q, quando si mutano α, α' in $\alpha + n$, $\alpha' - n$. Ora, se facciamo variare continuamente x e le funzioni di x, in modo che l'indice del valore complesso x percorra un giro intorno l'indice di 1, q_m, p_m riprendono gli stessi valori, mentre P, Q, P_n, Q_n si convertono in altri rami di queste funzioni.

Dunque: se designiamo con P', Q', P'_n, Q'_n altri rami corrispondenti di queste funzioni, abbiamo anche

$$(2)\quad \begin{aligned} q_{2n+1} P' - p_{2n+1} Q' &= x^n P'_{n+1} \\ q_{2n} P' - p_{2n} Q' &= x^n Q'_n . \end{aligned}$$

Dalle equazioni (1) e (2) s'ottiene:

$$\frac{p_{2n+1}}{q_{2n+1}} = \frac{PP'_{n+1} - P'P_{n+1}}{QP'_{n+1} - Q'P_{n+1}}, \quad \frac{p_{2n}}{q_{2n}} = \frac{PQ'_n - P'Q_n}{QQ'_n - Q'Q_n} .$$

Dunque, per trovare per quali valori di x, $\frac{p_{2n}}{q_{2n}}$ e $\frac{p_{2n+1}}{q_{2n+1}}$ convergano verso $\frac{P}{Q}$, basta ricercare quando $\frac{P_n}{P'_n}$ e $\frac{Q_n}{Q'_n}$ col crescere indefinito di x convergano verso zero.

[III.]

A questo scopo conviene introdurre l'espressioni di P_n e Q_n per integrali definiti. Ponendo

$$\begin{aligned} [-\alpha' - \beta' - \gamma' &= a \\ -\alpha' - \beta - \gamma &= b \\ -\alpha - \beta' - \gamma &= c] \end{aligned}$$

può esprimersi

$$P_n \text{ per } \left[x^{\alpha+n} (1-x)^{\gamma} \int_0^1 s^{a+n} (1-s)^{b+n} (1-xs)^{c-n} ds \right]$$

e

$$Q_n \text{ per } \left[x^{\alpha+n} (1-x)^{\gamma} \int_0^1 s^{a+1+n} (1-s)^{b+n} (1-xs)^{c-n} ds \right].$$

Per avere il valore generale delle funzioni P_n, Q_n bisognerebbe moltiplicare gli integrali per fattori costanti, ma possiamo sostituire nelle equazioni (1) gli integrali comprendendo i fattori costanti nelle funzioni intere p_m, q_m. Quanto ai valori delle funzioni sotto il segno integrale, è indifferente qualunque valore si prenda, purchè si prendano per s^a, $(1-s)^b$, $(1-xs)^c$ gli stessi valori in ogni integrale.

[Nun bleiben die Ausdrücke für $\frac{p_m}{q_m}$ auch unverändert, wenn für P', Q', P'_n, Q'_n dieselben linearen Verbindungen dieser Grössen und der Grössen P, Q, P_n, Q_n: $AP + BP'$, $AQ + BQ'$, $AP_n + BP'_n$, $AQ_n + BQ'_n$, gesetzt werden, wo A und B zwei Constanten bezeichnen, von welchen B nicht gleich Null ist. Solche correspondirende Functionen ergeben sich, wenn die obigen Integrale anstatt von 0 bis 1 von irgend einem der vier Werthe 0, 1, $\frac{1}{x}$, ∞ zu irgend einem dieser vier Werthe und zwar alle auf demselben Wege erstreckt werden.]

Dunque si possono prendere per P'_n, Q'_n gli stessi integrali estesi da uno ad uno intorno di $\frac{1}{x}$.

Gli integrali [durch welche der letzten Annahme zufolge P_n, Q_n, P'_n, Q'_n ausgedrückt sind, ändern bei einer continuirlichen Variation des Weges der Integration zwischen den angegeben Grenzen ihren Werth nicht] purchè il cammino d'integrazione non oltrepassi l'indice di $\frac{1}{x}$, e possiamo disporre del cammino dell' integrazione in modo che si possa più facilmente trovare il limite verso il quale converge il valore dell' integrale col crescere di n.

A questo scopo $\frac{s(1-s)}{1-xs} \cdots$

[Hier bricht der Text ab. Es lassen sich aber aus einigen Handzeichnungen und Formeln die Schlüsse, deren Riemann sich bedient hat, etwa in folgender Weise herstellen.

Man setze:]

$$\frac{s(1-s)}{1-xs} = e^{f(s)}$$

[und betrachte in der Ebene der complexen Grösse s die Curven, längs denen der Modul von $e^{f(s)}$ einen constanten Werth hat. Für sehr kleine Werthe dieses Moduls umgeben diese Curven die Punkte 0 und 1 nahezu wie concentrische Kreise mit kleinen Radien. Für sehr grosse Werthe des Moduls umgeben diese Curven den Punkt $s = \frac{1}{x}$ und den Punkt $s = \infty$. In beiden Fällen bestehen die Curven also aus zwei getrennten Theilen. Lässt man den Modul von kleinen Werthen an wachsen, so werden die getrennten Theile, welche die Punkte 0 und 1 umgeben und demselben Werthe des Moduls entsprechen, einander immer näher rücken, bis sie nur eine Curve bilden, welche einen Doppelpunkt hat. Für diesen Doppelpunkt muss $f'(s)$ gleich Null sein. Eine ähnliche Betrachtung findet statt, wenn man den erwähnten Modul von sehr grossen Werthen an abnehmen lässt.

Es ergeben sich folgende Gleichungen:]

$$f(s) = \log(1-s) - \log\left(\frac{1}{s} - x\right),$$

$$f'(s) = -\frac{1}{1-s} + \frac{1}{\frac{1}{s} - x}\,\frac{1}{ss} = \frac{1 - 2s + xs^2}{s(1-s)(1-xs)}.$$

[Für $f'(s) = 0$ ist also]

$$1 - 2s + xs^2 = 0,\ s(1-xs) = 1-s,\ 1 - 2s + s^2 = (1-x)s^2 = (1-s)^2$$

$$\frac{1}{s} - 1 = \sqrt{1-x} = 1 - xs$$

$$\frac{1-s}{1-xs} = s.$$

[Es werde nun mit $\sqrt{1-x}$ derjenige Werth der Quadratwurzel bezeichnet, dessen reeller Bestandtheil positiv ist, wobei der Fall, dass x reell und $\geqq 1$ ist, von der Betrachtung ausgeschlossen wird. Ferner mögen σ, σ' die beiden Wurzeln der quadratischen Gleichung

$$1 - 2s + xs^2 = 0,$$

$$\sigma = \frac{1}{1+\sqrt{1-x}}, \quad \sigma' = \frac{1}{1-\sqrt{1-x}}$$

bezeichnen, so dass der Modul von σ kleiner ist als der Modul von σ'.

Dann ist

$$e^{f(\sigma)} = \sigma^2 = \left(\frac{1}{1+\sqrt{1-x}}\right)^2, \quad e^{f(\sigma')} = \sigma'^2 = \left(\frac{1}{1-\sqrt{1-x}}\right)^2.$$

Man denke sich nun den Punkt $s = 0$ mit dem Punkte $s = 1$ so durch eine Linie verbunden, dass dieselbe den Punkt $s = \sigma$ enthält und dass bei dem Fortschreiten auf dieser Linie der Modul von $e^{f(s)}$ auf dem Wege von $s = 0$ bis $s = \sigma$ beständig im Zunehmen, auf dem

Wege von $s=\sigma$ bis $s=1$ aber beständig im Abnehmen begriffen ist. Eine solche Linie kann als Integrationsweg für die von $s=0$ bis $s=1$ zu erstreckenden Integrale dienen, durch welche die Functionen P_n, Q_n ausgedrückt werden.

Für diejenigen Integrale hingegen, welche an die Stelle der Functionen P'_n, Q'_n gesetzt werden, kann ein Integrationsweg dienen, welcher vom Punkte $s=1$ zunächst nach dem Punkte $s=\sigma'$ führt, von dort nach dem Punkte $s=1$ zurückführt und hierbei den Punkt $s=\frac{1}{x}$ umschliesst. Dieser Integrationsweg kann so gewählt werden, dass der Modul von $e^{f(s)}$ sein Maximum auf dieser Linie nur im Punkte $s=\sigma'$ erreicht.

In den nachstehenden Figuren, zu denen sich Entwürfe von Riemann's Hand vorgefunden haben, sind die Integrationswege durch punktirte Linien angedeutet.

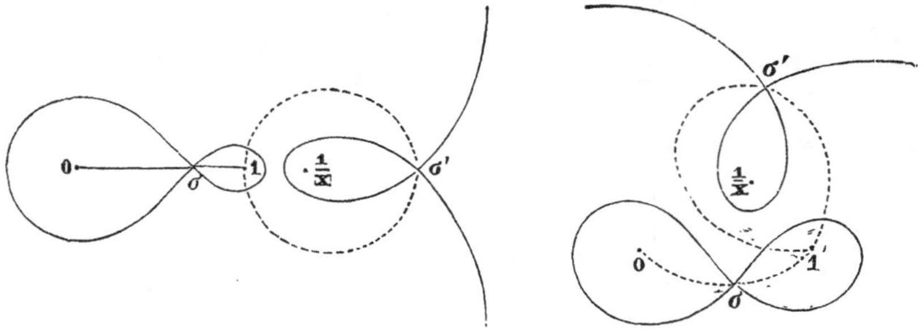

Es handelt sich nun darum, einen Ausdruck zu finden, welcher den Werth des Integrals

$$\int_0^1 s^{a+n}(1-s)^{b+n}(1-xs)^{c-n}\,ds$$

für unendlich grosse Werthe von n asymptotisch darstellt.

Man setze

$$s^a(1-s)^b(1-xs)^c = \varphi(s),$$

so ist zu berechnen $\int_0^1 e^{nf(s)}\,\varphi(s)\,ds$ für $n=\infty$.

Diejenigen Theile des Integrationsweges, welche nicht in der Nähe des singulären Werthes $s=\sigma$ liegen, ergeben zu dem Werthe des Integrales einen Beitrag, welcher für unendlich grosse Werthe von n nicht allein unendlich klein wird, sondern auch — weil der reelle Bestandtheil von $n\big(f(\sigma)-f(s)\big)$ unter den angegebenen Voraussetzungen über jedes Mass hinaus wächst — unendlich klein wird im Verhältniss zu dem Theile des Integrals, welches sich auf einen in der Nähe des Werthes $s = \sigma$ liegenden Theil des Integrationsweges bezieht. Aus diesem Grunde genügt es zur Auffindung eines für $\lim n = \infty$ geltenden asymptotischen Ausdruckes für das erwähnte Integral, die Summation auf einen in der Nähe des Werthes $s = \sigma$ liegenden Theil des Integrationsweges zu beschränken. Man setze daher, mit h eine Grösse bezeichnend, deren Modul nur kleine Werthe annehmen soll:]

$$s = \sigma + h$$

$$f(s) = f(\sigma) + \tfrac{1}{2} f''(\sigma)\, h^2 + (h^3)$$

$$nf(s) = nf(\sigma) + n\frac{f''(\sigma)}{2} h^2 + n(h^3)$$

$$-n\frac{f''(\sigma)}{2} h^2 = z^2$$

$$dh = \frac{dz}{\sqrt{-n\frac{f''(\sigma)}{2}}}$$

$$e^{nf(s)} = e^{nf(\sigma)}\, e^{-z^2 + \left(\frac{z^3}{\sqrt{n}}\right)}$$

$$e^{nf(s)}\varphi(s)\,ds = e^{nf(\sigma)}\varphi\left(\sigma + \frac{z}{\sqrt{-n\frac{f''(\sigma)}{2}}}\right) e^{-z^2} \frac{dz}{\sqrt{-n\frac{f''(\sigma)}{2}}}.$$

[Wird nun der in der Nähe des Punktes $s = \sigma$ liegende Theil des Integrationsweges geradlinig angenommen und zwar so, dass der von den beiden Tangenten der Curve

$$\operatorname{mod} e^{f(s)} = \operatorname{mod} e^{f(\sigma)}$$

im Punkte $s = \sigma$ gebildete rechte Winkel durch denselben halbirt wird, so convergiren für $\lim n = \infty$ die Grenzen der auf die Variable z sich beziehenden Integration beziehlich gegen die Werthe $-\infty$ und $+\infty$, und es ist daher der Beitrag, den die in der Nähe des Werthes $s = \sigma$ liegenden Elemente des betrachteten Integrales für sehr grosse Werthe von n zu dem Werthe des Integrals ergeben, asymptotisch gleich

$$\frac{e^{nf(\sigma)}\varphi(\sigma)}{\sqrt{-n\frac{f''(\sigma)}{2}}} \int_{-\infty}^{+\infty} e^{-z^2}\, dz = \sqrt{\frac{\pi}{-\frac{f''(\sigma)}{2}}}\; \frac{e^{nf(\sigma)}}{\sqrt{n}}\, \varphi(\sigma)$$

Nun ist

$$e^{nf(\sigma)} = \sigma^{2n} = \left(\frac{1}{1+\sqrt{1-x}}\right)^{2n}$$

$$-\frac{f''(\sigma)}{2} = \frac{1}{\sigma(1-\sigma)} = \frac{1}{\sigma^2\sqrt{1-x}}$$

$$\varphi(\sigma) = \sigma^{a+b}(1-x)^{\frac{b+c}{2}}.$$

Es ist demnach der asymptotische Werth von $\int\limits_0^1 e^{nf(s)}\varphi(s)\,ds$ gleich

$$\frac{\sqrt{\pi}}{\sqrt{n}}\left(\frac{1}{1+\sqrt{1-x}}\right)^{2n+a+b+1}(1-x)^{\frac{b+c}{2}+\frac{1}{4}}.$$

Durch analoge Schlüsse wird der asymptotische Werth von $\int\limits_1^1 e^{nf(s)}\varphi(s)\,ds$ als

$$\frac{\sqrt{\pi}}{\sqrt{n}}\left(\frac{1}{1-\sqrt{1-x}}\right)^{2n+a+b+1}(1-x)^{\frac{b+c}{2}+\frac{1}{4}}$$

gefunden.

Unter den angegebenen Voraussetzungen ergiebt sich also für den Quotienten $P_n : P'_n$ der asymptotische Werth:]

$$\left(\frac{1-\sqrt{1-x}}{1+\sqrt{1-x}}\right)^{2n+a+b+1}.$$

[Für alle Werthe von x, mit Ausnahme derjenigen, welche reell und grösser als 1 sind, sowie mit Ausnahme des Werthes $x=1$, convergirt daher der Quotient $P_n : P'_n$ mit unendlich zunehmendem n gegen Null.

Dasselbe gilt, wenn a in $a+1$ verwandelt wird, von dem Quotienten $Q_n : Q'_n$.

Hiermit ist bewiesen, dass die Näherungswerthe des Kettenbruches von der in I angegebenen Form, in welchen der Quotient

$$\frac{P^{\alpha}\begin{pmatrix}\alpha & \beta & \gamma \\ \alpha' & \beta' & \gamma'\end{pmatrix} x}{P^{\alpha}\begin{pmatrix}\alpha & \beta+1 & \gamma \\ \alpha'-1 & \beta' & \gamma'\end{pmatrix} x}$$

entwickelt werden kann, für alle Werthe von x, welche nicht reell und $\geqq 1$ sind, mit wachsendem Index gegen den Werth dieses Quotienten convergiren.]

XXIV.

Ueber das Potential eines Ringes.

Um die Wirkung eines beliebigen Körpers, dessen Theile eine Anziehung oder Abstossung umgekehrt proportional dem Quadrate der Entfernung ausüben, für jeden Punkt ausserhalb dieses Körpers zu bestimmen, hat man bekanntlich eine Function V der rechtwinkligen Coordinaten x, y, z dieses Punktes zu suchen, welche den Namen des Potentials oder der Potentialfunction der wirkenden Massen führt und deren Differentialquotienten $\frac{\partial V}{\partial x}, \frac{\partial V}{\partial y}, \frac{\partial V}{\partial z}$ den Componenten der beschleunigenden Kraft im Punkte x, y, z gleich oder entgegengesetzt sind, je nachdem die Masseneinheit eine gleiche um die Längeneinheit entfernte Masse mit der Einheit der Kraft anzieht oder abstösst. Zur Bestimmung dieser Function, welche der Bedingung

$$(1) \qquad \frac{\partial^2 V}{\partial x^2} + \frac{\partial^2 V}{\partial y^2} + \frac{\partial^2 V}{\partial z^2} = 0$$

genügen muss, ist es hinreichend, wenn in jedem Punkte der Oberfläche des Körpers noch eine Bedingung gegeben ist, und es bietet sich die Aufgabe häufig in der Form dar, dass nicht die Vertheilung der Massen im Körper, sondern gewisse Bedingungen, denen ihre Wirkung in der Oberfläche genügen soll, gegeben sind, z. B. dass V einer willkürlich gegebenen Function gleich werden soll, also in jedem Punkte der Oberfläche die ihr parallele Componente gegeben ist, oder dass in jedem Punkte in Einer gegebenen Richtung die Componente einen gegebenen Werth erhalten soll. Das Verfahren um diese Aufgabe zu lösen besteht bekanntlich darin, dass man aus particularen Lösungen der Differentialgleichung (1)

$$Q_1, Q_2, \ldots, Q_n, \ldots$$

einen allgemeinen Ausdruck

$$a_1 Q_1 + a_2 Q_2 + \cdots + a_n Q_n + \ldots = R$$

mit den willkürlichen Constanten $a_1, a_2, \ldots, a_n, \ldots$ zusammensetzt, welcher ebenfalls der Differentialgleichung (1) genügt, und dann diese

Constanten so bestimmt, dass die Grenzbedingungen erfüllt werden. Die Ausdrücke R convergiren im Allgemeinen nur für gewisse Werthe der Coordinaten x, y, z, so dass für jeden bestimmten Ausdruck der ganze unendliche Raum durch eine Fläche s in zwei Theile zerfällt, in deren einem dieser Ausdruck convergirt, während er in dem andern allgemein zu reden (d. h. von einzelnen Punkten und Linien abgesehen) divergirt. So z. B. wird der Ausdruck

$$\sum a_n e^{z\sqrt{\alpha_n^2+\beta_n^2}} \cos \alpha_n x \cos \beta_n y$$

für eine bestimmte auf der z-Axe senkrechte Ebene zu convergiren aufhören. Führt man statt x, y, z Polarcoordinaten ein und entwickelt V nach Potenzen des Radiusvectors, wo dann bekanntlich die Coefficienten der $n$ten Potenz sich aus den Kugelfunctionen $n$ter Ordnung multiplicirt mit willkürlichen Constanten zusammensetzen, so erhält man eine Reihe, welche für eine bestimmte Kugelfläche, die den Pol zum Mittelpunkt hat, zu convergiren aufhört. Es ist nun beachtenswerth, dass einer bestimmten Form der Entwicklung R schon eine bestimmte Schaar von Grenzflächen der Convergenz entspricht (im ersteren Falle eine Schaar paralleler Ebenen, im zweiten eine Schaar concentrischer Kugelflächen), während es von den Werthen der Coefficienten abhängt, für welche Fläche dieser Schaar die Divergenz eintritt.

Offenbar muss nun der Ausdruck R für das ganze Gebiet, wo die Function V bestimmt werden soll, convergiren, weil man nur dann diesen Ausdruck in die Grenzbedingungen einsetzen kann um die willkürlichen Constanten in ihm zu bestimmen. Andererseits aber lässt sich leicht zeigen, dass ein Ausdruck, welcher der Differentialgleichung (1) genügt, nur da wo er zu convergiren aufhört, eine willkürlich gegebene Function darstellen kann. Folglich muss die Form des Ausdrucks R so bestimmt werden, dass die Oberfläche des Körpers eine der ihm angehörenden Grenzflächen der Convergenz ist.

Es soll zunächst für einen Ring mit kreisförmigem Querschnitte diese Aufgabe gelöst werden, was für manche physikalische Untersuchungen nicht unerwünscht sein dürfte.

1.

Legt man die z-Axe in die Axe des Ringes und den Anfangspunkt der Coordinaten in den Mittelpunkt des Ringes, so erhält die Gleichung der Ringoberfläche die Form

$$(\sqrt{x^2+y^2} \pm a)^2 + z^2 = c^2.$$

Ich suche zunächst statt x, y, z solche Variabeln einzuführen, dass eine derselben in der Oberfläche des Ringes einen constanten Werth erhält und zugleich die Differentialgleichung (1) eine möglichst einfache Form behält.

Führt man in der (x, y)-Ebene Polarcoordinaten ein, indem man

$$x = r\cos\varphi, \quad y = r\sin\varphi$$

setzt, so wird die Differentialgleichung (1)

$$\text{(I)} \qquad \frac{\partial^2 V}{\partial r^2} + \frac{\partial V}{r\partial r} + \frac{\partial^2 V}{rr\partial\varphi^2} + \frac{\partial^2 V}{\partial z^2} = 0$$

die Grenzgleichung von φ unabhängig, nemlich

$$(r + a)^2 + z^2 = c^2$$

und

$$(r - a)^2 + z^2 = c^2,$$

also in der (r, z)-Ebene die Grenze durch zwei mit dem Radius c um die Punkte $(-a, 0)$ und $(a, 0)$ beschriebenen Kreise gebildet.

Ich führe nun statt r und z zwei neue Veränderliche ϱ und ψ ein, indem ich für $r + zi$ eine Function einer complexen Grösse $\varrho e^{\psi i}$ setze,

$$r + zi = f(\varrho e^{\psi i})$$

und die Grösse $\varrho e^{\psi i}$ als Function von $r + zi$ so bestimme, dass ihr Modul ϱ in jedem der beiden Grenzkreise einen constanten Werth erhält und sie ausserhalb der beiden Kreise allenthalben stetig und endlich bleibt.

Diesen Bedingungen wird genügt, wenn man

$$r + zi = \frac{\beta + \gamma\varrho e^{\psi i}}{1 + \varrho e^{\psi i}}$$

und

$$\beta = -\gamma = \sqrt{aa - cc}$$

setzt; denn es wird dann

$$a + r + zi = \frac{(a+\beta) + (a+\gamma)\varrho e^{\psi i}}{1 + \varrho e^{\psi i}}$$

$$(a + r + zi)(a + r - zi) = \frac{\dfrac{a+\beta}{(a+\gamma)\varrho} + e^{\psi i}}{1 + \varrho e^{\psi i}} \cdot \frac{\dfrac{a+\beta}{(a+\gamma)\varrho} + e^{-\psi i}}{1 + \varrho e^{-\psi i}} (a+\gamma)^2\varrho^2.$$

Diese Grösse wird von ψ unabhängig, wenn

$$\frac{a+\beta}{(a+\gamma)\varrho} = \varrho,$$

und zwar

$$= (a+\gamma)^2\varrho^2 = (a+\beta)(a+\gamma).$$

Ebenso wird die Grösse

$$(-a + r + zi)(-a + r - zi)$$

von ψ unabhängig und zwar

$$= (-a+\beta)(-a+\gamma),$$

wenn

$$\varrho\varrho = \frac{-a+\beta}{-a+\gamma}.$$

Es entsprechen also den Werthen

$$\varrho\varrho = \frac{a+\beta}{a+\gamma}, \quad \varrho\varrho = \frac{-a+\beta}{-a+\gamma},$$

zwei um die Punkte $(-a, 0)$, $(a, 0)$ mit den Radien

$$\sqrt{(a+\beta)(a+\gamma)}, \ \sqrt{(-a+\beta)(-a+\gamma)}$$

beschriebene Kreise. Sollen beide Radien $= c$ werden, so muss

$$(a+\beta)(a+\gamma) - (-a+\beta)(-a+\gamma) = 2a(\beta+\gamma) = 0,$$

also $\gamma = -\beta$, $aa - \beta\beta = cc$, also $\beta = \sqrt{aa-cc}$ sein.

2.

Die Umformung der Differentialgleichung (I) kann dadurch erleichtert werden, dass man $V = r^\mu U$ setzt, wodurch

$$\frac{\partial^2 V}{\partial r^2} + \frac{\partial V}{r \partial r} = r^\mu \frac{\partial^2 U}{\partial r^2} + 2\mu r^{\mu-1}\frac{\partial U}{\partial r} + \mu(\mu-1) r^{\mu-2} U$$

$$+ r^{\mu-1}\frac{\partial U}{\partial r} + \mu r^{\mu-2} U$$

$$= r^\mu \frac{\partial^2 U}{\partial r^2} + (2\mu+1) r^{\mu-1}\frac{\partial U}{\partial r} + \mu\mu r^{\mu-2} U,$$

und μ so annimmt, dass das zweite Glied wegfällt, also $\mu = -\frac{1}{2}$. Die Differentialgleichung (I) wird dann

$$rr\left(\frac{\partial^2 U}{\partial r^2} + \frac{\partial^2 U}{\partial z^2}\right) + \frac{\partial^2 U}{\partial \varphi^2} + \tfrac{1}{4} U = 0.$$

Bezeichnet man nun der Kürze wegen die complexen Grössen $r + zi$ durch y und $\varrho e^{\psi i}$ durch η und die conjugirten Grössen durch y' und η', so erhält man

$$r = \frac{y+y'}{2}, \quad zi = \frac{y-y'}{2}$$

$$\frac{\partial U}{\partial y} = \tfrac{1}{2}\left(\frac{\partial U}{\partial r} - \frac{\partial U}{\partial z} i\right), \quad \frac{\partial^2 U}{\partial y \partial y'} = \tfrac{1}{4}\left(\frac{\partial^2 U}{\partial r^2} + \frac{\partial^2 U}{\partial z^2}\right)$$

folglich

$$rr\left(\frac{\partial^2 U}{\partial r^2} + \frac{\partial^2 U}{\partial z^2}\right) = (y+y')^2 \frac{\partial^2 U}{\partial y \partial y'};$$

ferner

$$y = \beta\frac{1-\eta}{1+\eta}, \quad y' = \beta\frac{1-\eta'}{1+\eta'}, \quad y + y' = 2\beta\frac{1-\eta\eta'}{(1+\eta)(1+\eta')};$$

$$y = \beta\left(-1 + \frac{2}{1+\eta}\right), \quad dy = -2\beta\frac{d\eta}{(1+\eta)^2}, \quad dy' = -2\beta\frac{d\eta'}{(1+\eta')^2};$$

$$(y+y')^2 \frac{\partial^2 U}{\partial y \partial y'} = (1-\eta\eta')^2 \frac{\partial^2 U}{\partial \eta \partial \eta'} = \frac{(1-\eta\eta')^2}{\eta\eta'} \frac{\partial^2 U}{\partial \log \eta \, \partial \log \eta'}$$

oder (da $\eta\eta' = \varrho^2$, $\log \eta = \log \varrho + \psi i$, $\log \eta' = \log \varrho - \psi i$)

$$= \frac{(1-\varrho^2)^2}{\varrho^2} \tfrac{1}{4} \left(\frac{\partial^2 U}{\partial \log \varrho^2} + \frac{\partial^2 U}{\partial \psi^2} \right).$$

Die partielle Differentialgleichung wird also

$$\left(\frac{\varrho - \frac{1}{\varrho}}{2} \right)^2 \left(\frac{\partial^2 U}{\partial \log \varrho^2} + \frac{\partial^2 U}{\partial \psi^2} \right) + \frac{\partial^2 U}{\partial \varphi^2} + \tfrac{1}{4} U = 0.$$

3.

Es ist jetzt leicht, U in eine Reihe von particulären Integralen dieser Differentialgleichung zu entwickeln, welche gleichzeitig für alle Werthe von φ und ψ convergirt oder divergirt. Zu dem Ende hat man nur diesen particulären Integralen die Form zu geben

$$\begin{matrix}\cos\\ \sin\end{matrix} m\psi \begin{matrix}\cos\\ \sin\end{matrix} n\varphi,$$

multiplicirt in eine Function P von ϱ, welche der Differentialgleichung

$$\text{(II)} \qquad \left(\frac{\varrho - \frac{1}{\varrho}}{2} \right)^2 \left(\frac{d^2 P}{d \log \varrho^2} - mmP \right) - (nn - \tfrac{1}{4}) P = 0$$

genügt. Die Bestimmung der willkürlichen Constanten ergiebt sich dann durch die Fourier'sche Reihe.

Setzt man

$$\frac{\varrho - \frac{1}{\varrho}}{2} = t,$$

so wird

$$\frac{dP}{d \log \varrho} = \frac{dP}{dt} \frac{\varrho + \frac{1}{\varrho}}{2},$$

$$\frac{d^2 P}{d \log \varrho^2} = \left(\frac{\varrho + \frac{1}{\varrho}}{2} \right)^2 \frac{d^2 P}{dt^2} + \frac{\varrho - \frac{1}{\varrho}}{2} \frac{dP}{dt} = (tt+1) \frac{d^2 P}{dt^2} + t \frac{dP}{dt}$$

und die Differentialgleichung (II) geht über in

$$tt(tt+1) \frac{d^2 P}{dt^2} + t^3 \frac{dP}{dt} - (mmtt + nn - \tfrac{1}{4}) P = 0.$$

Diese Differentialgleichung enthält nur Glieder von zwei verschiedenen Dimensionen in Bezug auf t und lässt sich folglich nach dem seit Euler bekannten Verfahren durch hypergeometrische Reihen integriren. Die Lösung lässt sich auf sehr mannigfaltige Art durch andere hypergeometrische Reihen ausdrücken, nemlich durch solche, deren viertes Element den Werth oder den reciproken Werth folgender neun Grössen hat,

$$-\left(\frac{\varrho-\frac{1}{\varrho}}{2}\right)^2,\ \left(\frac{\varrho+\frac{1}{\varrho}}{2}\right)^2,\ \left(\frac{1-\varrho\varrho}{1+\varrho\varrho}\right)^2;\ \varrho\varrho,\ 1-\varrho\varrho,\ 1-\frac{1}{\varrho\varrho};$$

$$\left(\frac{1-\varrho}{1+\varrho}\right)^2,\ -\frac{(1-\varrho)^2}{4\varrho},\ \frac{(1+\varrho)^2}{4\varrho},$$

und zwar giebt es nach jeder dieser achtzehn Grössen vier verschiedene Entwicklungen, welche der Differentialgleichung genügen, von denen indess je zwei dieselbe particulare Lösung darstellen. Im Allgemeinen wird man nach der kleinsten dieser Grössen entwickeln. Entwickelt man nach einer solchen, welche für $\varrho = 1$ verschwindet, so zeigt sich, dass von den beiden particulären Lösungen die eine für $\varrho = 1$ unendlich wird. Da V endlich bleiben soll, so muss in dem Werth von P der Coefficient dieser particulären Lösung verschwinden und P der für $\varrho = 1$ endlich bleibenden proportional sein. Von den verschiedenen Ausdrücken derselben will ich Einen anzuführen mich begnügen und durch $P^{n,m}$ bezeichnen, nemlich

$$P^{n,m} = (1-\varrho\varrho)^{n+\frac{1}{2}}\varrho^{\pm m}F(n\pm m+\tfrac{1}{2},\ n+\tfrac{1}{2},\ 2n+1,\ 1-\varrho\varrho).$$

Da sich in den Werthen der $P^{n,m}$ die ersten drei Elemente der hypergeometrischen Reihen nur durch ganze Zahlen unterscheiden, so lassen sich alle $P^{n,m}$ lineär in zwei derselben $P^{0,0}$, $P^{0,1}$ ausdrücken (Comm. Gott. rec. Vol. II*)), welche ganze elliptische Integrale erster und zweiter Gattung sind**) und vielleicht am bequemsten nach dem Princip des arithmetisch-geometrischen Mittels, d. h. durch wiederholte Transformationen zweiter Ordnung, gefunden werden.

---

*) Gauss' Werke Bd. III. S. 131. W.

**) Sämmtliche $P^{n,m}$ lassen sich durch ganze elliptische Integrale im weitern Sinne ausdrücken.

XXV.

Gleichgewicht der Electricität auf Cylindern mit kreisförmigem Querschnitt und parallelen Axen.*)

Das Problem, die Vertheilung der statischen Electricität oder der Temperatur im stationären Zustand in unendlichen cylindrischen Leitern mit parallelen Erzeugenden zu bestimmen, vorausgesetzt dass im ersteren Fall die vertheilenden Kräfte, im letzteren die Temperaturen der Oberflächen constant sind längs geraden Linien, die zu den Erzeugenden parallel sind, ist gelöst, sobald eine Lösung der folgenden mathematischen Aufgabe gefunden ist:

In einer ebenen, zusammenhängenden, einfach ausgebreiteten, aber von beliebigen Curven begrenzten Fläche S eine Function u der rechtwinkligen Coordinaten x, y so zu bestimmen, dass sie im Innern der Fläche S der Differentialgleichung genügt:

$$\frac{\partial^2 u}{\partial x^2} + \frac{\partial^2 u}{\partial y^2} = 0$$

und an den Grenzen beliebige vorgeschriebene Werthe annimmt.

Diese Aufgabe lässt sich zunächst auf eine einfachere zurückführen:

Man bestimme eine Function $\zeta = \xi + \eta i$ des complexen Arguments $z = x + yi$, welche an sämmtlichen Grenzcurven von S nur reell ist, in je einem Punkt einer jeden dieser Grenzcurven unendlich von der ersten Ordnung wird, übrigens aber in der ganzen Fläche S endlich und stetig bleibt. Es lässt sich von dieser Function leicht zeigen, dass sie jeden beliebigen reellen Werth auf jeder der Grenzcurven ein und nur einmal annimmt, und dass sie im Innern der Fläche S jeden complexen Werth mit positiv imaginärem Theil $n$mal annimmt, wenn n die Anzahl der Grenzcurven von S ist, vorausgesetzt dass bei einem positiven Umgang um eine der Grenzcurven ζ von $-\infty$ bis $+\infty$ geht. Durch diese Function erhält man auf der obern Hälfte der Ebene, welche die complexe Variable ζ repräsentirt, eine $n$fach ausgebreitete

---

*) Von dieser und den folgenden Abhandlungen liegen ausgeführte Manuscripte von Riemann nicht vor. Sie sind aus Blättern zusammengestellt, welche ausser wenigen Andeutungen nur Formeln enthalten. W.

Fläche T, welche ein conformes Abbild der Fläche S liefert, und welche durch die Linien begrenzt ist, die in den n Blättern mit der reellen Axe zusammenfallen. Da die Flächen S und T gleich vielfach zusammenhängend sein müssen, nemlich n-fach, so hat T in seinem Innern $2n - 2$ einfache Verzweigungspunkte, (vgl. Theorie der Abel'schen Functionen, Art. 7. S. 106) und unsere Aufgabe ist zurückgeführt auf die folgende:

Eine wie T verzweigte Function des complexen Arguments ζ zu finden, deren reeller Theil u im Innern von T stetig ist und an den n Begrenzungslinien beliebige vorgeschriebene Werthe hat.

Kennt man nun eine wie T verzweigte Function $\varpi = h + ig$ von ζ, welche in einem beliebigen Punkt ε im Innern von T logarithmisch unendlich ist, deren imaginärer Theil ig ausser in ε in T stetig ist und an der Grenze von T verschwindet, so hat man nach dem Green'schen Satze: (Grundlagen für eine allgemeine Theorie der Functionen einer veränderlichen complexen Grösse Art. 10. S. 18. f.)

$$u_\varepsilon = -\frac{1}{2\pi}\int u \frac{\partial g}{\partial \eta} d\xi,$$

wo die Integration über die n Begrenzungslinien von T erstreckt ist.

Die Function g aber lässt sich auf folgende Art bestimmen. Man setze die Fläche T über die ganze Ebene ζ fort, indem man auf der unteren Hälfte (wo ζ einen negativ imaginären Theil besitzt) das Spiegelbild der oberen Hälfte hinzufügt. Dadurch erhält man eine die ganze Ebene ζ $n$fach bedeckende Fläche, welche $4n - 4$ einfache Verzweigungspunkte besitzt und welche sonach zu einer Klasse algebraischer Functionen gehört, für welche die Zahl $p = n - 1$ ist. (Theorie der Abel'schen Functionen Art. 7. und 12. S. 106, 112.)

Die Function ig ist nun der imaginäre Theil eines Integrals dritter Gattung, dessen Unstetigkeitspunkte in dem Punkt ε und in dem dazu conjugirten ε' liegen, und dessen Periodicitätsmoduln sämmtlich reell sind. Eine solche Function ist bis auf eine additive Constante völlig bestimmt und unsere Aufgabe ist somit gelöst, sobald es gelungen ist, die Function ζ von z zu finden.

Wir werden diese letztere Aufgabe unter der Voraussetzung weiter behandeln, dass die Begrenzung von S aus n Kreisen gebildet ist. Es können dabei entweder sämmtliche Kreise ausser einander liegen, so dass sich die Fläche S ins Unendliche erstreckt, oder es kann ein Kreis alle übrigen einschliessen, wobei S endlich bleibt. Der eine Fall kann durch Abbildung mittelst reciproker Radien leicht auf den andern zurückgeführt werden.

Ist die Function ζ von z in S bestimmt, so lässt sich dieselbe über die Begrenzung von S stetig fortsetzen, dadurch dass man zu jedem Punkt von S in Bezug auf jeden der Grenzkreise den harmonischen Pol nimmt und in diesem der Function ζ den conjugirt imaginären Werth ertheilt. Dadurch wird das Gebiet S für die Function ζ erweitert, seine Begrenzung besteht aber wieder aus Kreisen, mit denen man ebenso verfahren kaun, und diese Operation lässt sich ins Unendliche fortsetzen, wodurch das Gebiet der Function ζ mehr und mehr über die ganze z-Ebene ausgedehnt wird.

Im Folgenden bedienen wir uns, um auszudrücken, dass zwei Grössen a, a' conjugirt imaginär sind, des Zeichens:

$$a \mathrel{\,|\!\!\!=} a',$$

die dadurch ausgedrückte Verknüpfung zweier Grössen bleibt bestehen, wenn beiderseits conjugirt imaginäre Grössen addirt werden, oder wenn mit solchen multiplicirt oder dividirt wird; auch kann beiderseits die Wurzel gezogen werden, wenn dieselbe richtig erklärt wird.

Ist nun $\zeta \mathrel{\,|\!\!\!=} \zeta'$ und entsprechen den Werthen ζ, ζ' die Werthe z, z', so ist, wenn r der Radius eines der Grenzkreise von S ist, und z im Mittelpunkt desselben den Werth p hat:

$$\frac{z-p}{r} \mathrel{\,|\!\!\!=} \frac{r}{z'-p}$$

woraus sich ergiebt:

$$z \mathrel{\,|\!\!\!=} \frac{az'+b}{cz'+\partial}$$

wenn a, b, c, ∂ Constanten bedeuten. Hieraus:

$$\frac{dz}{d\zeta} \mathrel{\,|\!\!\!=} \frac{a\partial - bc}{(cz'+\partial)^2}\frac{dz'}{d\zeta'}$$

$$\frac{1}{\sqrt{\frac{dz}{d\zeta}}} \mathrel{\,|\!\!\!=} \frac{1}{\sqrt{a\partial - bc}} \frac{cz'+\partial}{\sqrt{\frac{dz'}{d\zeta'}}}$$

$$\frac{z}{\sqrt{\frac{dz}{d\zeta}}} \mathrel{\,|\!\!\!=} \frac{1}{\sqrt{a\partial - bc}} \frac{az'+b}{\sqrt{\frac{dz'}{d\zeta'}}}.$$

Setzt man also:

$$\frac{1}{\sqrt{\frac{dz}{d\zeta}}} = y, \quad \frac{z}{\sqrt{\frac{dz}{d\zeta}}} = y_1$$

und bezeichnet die Werthe, welche y, y_1 für ζ' annehmen mit y', y'_1 so ergiebt sich:

$$(1)\qquad \begin{aligned} y &\mathrel{\,|\!\!\!=} \frac{cy'_1 + \partial y'}{\sqrt{a\partial - bc}} \\ y_1 &\mathrel{\,|\!\!\!=} \frac{ay'_1 + by'}{\sqrt{a\partial - bc}}. \end{aligned}$$

woraus:

(2)

$$\frac{d^2y}{d\zeta^2} \mp \frac{c\dfrac{d^2y_1'}{d\zeta'^2} + \partial\dfrac{d^2y'}{d\zeta'^2}}{\sqrt{a\partial - bc}}$$

$$\frac{d^2y_1}{d\zeta^2} \mp \frac{a\dfrac{d^2y_1'}{d\zeta'^2} + b\dfrac{d^2y'}{d\zeta'^2}}{\sqrt{a\partial - bc}}.$$

Nun folgt aus

(3)
$$z = \frac{y_1}{y}$$

durch Differentiation:

$$y\frac{dy_1}{d\zeta} - y_1\frac{dy}{d\zeta} = 1$$

$$y\frac{d^2y_1}{d\zeta^2} - y_1\frac{d^2y}{d\zeta^2} = 0$$

oder

(4)
$$\frac{1}{y}\frac{d^2y}{d\zeta^2} = \frac{1}{y_1}\frac{d^2y_1}{d\zeta^2}$$

und ebenso:

(5)
$$\frac{1}{y'}\frac{d^2y'}{d\zeta'^2} = \frac{1}{y_1'}\frac{d^2y_1'}{d\zeta'^2}$$

    Hieraus und aus (1), (2) folgt weiter:

(6)
$$\frac{1}{y}\frac{d^2y}{d\zeta^2} = \frac{1}{y_1}\frac{d^2y_1}{d\zeta^2} \mp \frac{1}{y'}\frac{d^2y'}{d\zeta'^2} = \frac{1}{y_1'}\frac{d^2y_1'}{d\zeta_1'^2}.$$

Setzen wir also

(7)
$$\frac{d^2y}{d\zeta^2} = sy$$

so ist s eine Function von ζ die für conjugirt imaginäre Werthe von ζ selbst conjugirt imaginäre Werthe erhält, und die sich also nicht ändert, wenn man in der Fläche T und ihrer symmetrischen Fortsetzung auf beliebigem Weg zum Ausgangspunkt zurückkehrt. Mithin ist s eine wie T verzweigte algebraische Function von ζ; y und y_1 sind particuläre Lösungen der linearen Differentialgleichung (7) und z ist das Verhältniss derselben. Nimmt man umgekehrt die algebraische Function s in T beliebig an, jedoch so dass sie in conjugirten Punkten conjugirt imaginäre Werthe erhält und mithin für reelle Werthe von ζ reell wird, und nimmt irgend zwei particuläre Lösungen von (7), so liefert die Function $z = \dfrac{y_1}{y}$ ein conformes Abbild der Fläche T, welches durch Kreise begrenzt wird. Die dabei auftretenden unbestimmten Constanten hat man dadurch zu bestimmen, dass dieses Abbild in seinem Innern von singulären Punkten frei und mithin in der z-Ebene einfach ausgebreitet ist, und dass die Grenzkreise gegebene Lagen erhalten.

XXVI.

Beispiele von Flächen kleinsten Inhalts bei gegebener Begrenzung.*)

I.

Es soll die Fläche vom kleinsten Inhalt bestimmt werden, welche begrenzt ist von drei Geraden, die sich in zwei Punkten schneiden, so dass die Fläche zwei Ecken in ihrer Begrenzung und einen ins Unendliche verlaufenden Sector besitzt.

Die Winkel, welche die drei geraden Linien mit einander bilden, seien $\alpha\pi$, $\beta\pi$, $\gamma\pi$. Auf der Kugel wird die gesuchte Fläche abgebildet durch ein sphärisches Dreieck, dessen Winkel $\alpha\pi$, $\beta\pi$, $\gamma\pi$ sind, so dass $\alpha + \beta + \gamma > 1$ ist.

Es mögen mit a, b, c die Punkte bezeichnet werden, welche in der Ebene der complexen Variablen t den beiden Ecken und dem ins Unendliche verlaufenden Sector entsprechen. (Ueber die Fläche vom kleinsten Inhalt, Art. 13. S. 296.) Dann hat man:

$$u = \int \frac{\text{const.}\, dt}{(t-c)\sqrt{(t-a)(t-b)}}$$

oder

$$u = \text{const.} \log \frac{\sqrt{\frac{t-a}{c-a}} - \sqrt{\frac{t-b}{c-b}}}{\sqrt{\frac{t-a}{c-a}} + \sqrt{\frac{t-b}{c-b}}}.$$

Nimmt man, was freisteht, $a = 0$, $b = \infty$, $c = 1$ an, so folgt hieraus:

$$du = \text{const.} \frac{dt}{(1-t)\sqrt{t}}; \quad u = \text{const.} \log \frac{1-\sqrt{t}}{1+\sqrt{t}}$$

---

*) Für das erste dieser Beispiele findet sich auf einem einzelnen Blatt in Riemann's Nachlass das Resultat kurz aber vollständig angegeben. Bezüglich des zweiten liegt nur eine Bemerkung vor, in der nicht mehr als die Möglichkeit der Lösung ausgesprochen ist. Für die Ausführung ist daher der Herausgeber verantwortlich. Einige besondere Fälle des letzteren Problems sind von H. A. Schwarz behandelt. (Bestimmung einer speciellen Minimalfläche. Berlin 1871.)

und die letztere Constante hat den Werth $\sqrt{\frac{\gamma C}{2\pi}}$, wenn C den kürzesten Abstand der beiden einander nicht schneidenden Linien bedeutet.

Setzt man nun nach Art. 14. der genannten Abhandlung (S. 298)

$$k_1 = \sqrt{\frac{du}{d\eta}}, \quad k_2 = \eta\sqrt{\frac{du}{d\eta}}$$

so sind diese Functionen in allen Punkten der t-Ebene, ausser $0, \infty, 1$ endlich und einändrig, und wenn man das Verhalten dieser Functionen in der Umgebung der singulären Punkte nach der an erwähnter Stelle (S. 299) angegebenen Methode untersucht, so erkennt man, dass k_1, k_2 zwei Zweige der Function

$$P\left\{\begin{matrix} \frac{1}{4}-\frac{\alpha}{2} & \frac{1}{4}-\frac{\beta}{2} & -\frac{\gamma}{2} \\ \frac{1}{4}+\frac{\alpha}{2} & \frac{1}{4}+\frac{\beta}{2} & +\frac{\gamma}{2} \end{matrix}\; t\right\}$$

sind, und für η hat man den Quotienten zweier Zweige dieser Function zu setzen.

II.

Die gesuchte Fläche vom kleinsten Inhalt sei begrenzt von zwei in parallelen Ebenen gelegenen geradlinigen Polygonen ohne einspringende Ecken und mit je einem Umlauf. In diesem Falle wird die Fläche zweifach zusammenhängend sein, und kann erst durch einen Querschnitt in eine einfach zusammenhängende verwandelt werden.

Die Abbildung der Minimalfläche auf der Kugel wird begrenzt sein durch zwei Systeme von Bögen grösster Kreise, deren Ebenen senkrecht stehen auf den Ebenen der Grenzpolygone, und welche demnach in zwei diametral entgegengesetzten Punkten der Kugelfläche zusammenlaufen. Jeder dieser beiden Punkte entspricht den sämmtlichen Ecken der beiden Grenzpolygone. An jeder Polygonseite findet sich Ein Umkehrpunkt der Normale, welcher dem Endpunkt des betreffenden Kreisbogens entspricht. Das Bild der Minimalfläche wird also die Kugelfläche vollständig und einfach bedecken.

Projiciren wir die Kugelfläche auf ihre Tangentialebene in einem der Punkte in welchem die Begrenzungsbögen zusammenlaufen, so erhalten wir als Bild der Minimalfläche ein Flächenstück H, welches die Ebene der complexen Variablen η völlig ausfüllt, und begrenzt ist einerseits durch ein System geradliniger Strecken, welche sternförmig vom Nullpunkt auslaufen, bis zu gewissen Punkten $C_1, C_2, \ldots, C_n$, andrerseits von einem System ähnlicher Strecken, welche von gewissen anderen Punkten $C_1', C_2', \ldots, C_m'$ nach dem unendlichen fernen Punkt verlaufen, und deren Verlängerungen daher im 0-Punkt zusammentreffen (wenn n und m die Anzahlen der Ecken der beiden gegebenen Polygone bedeuten).

Diese zweifach zusammenhängende Fläche soll nun in der Ebene einer complexen Variablen t auf eine die obere Halbebene doppelt bedeckende Fläche T_1 abgebildet werden, so dass den beiden Begrenzungen die reellen Werthe von t entsprechen. Diese Fläche muss, damit sie zweifach zusammenhängend sei, zwei Verzweigungspunkte enthalten. Fügen wir zur Fläche T_1 ihr Spiegelbild in Bezug auf die reelle Axe hinzu, so erhalten wir eine die ganze t-Ebene doppelt bedeckende Fläche T deren vier Verzweigungspunkte conjugirt imaginären Werthen von t entsprechen. Durch Einführung einer neuen Variablen t' an Stelle von t, die mit t durch eine in Bezug auf beide Variable quadratische Gleichung zusammenhängt, lässt sich erreichen, dass die Verzweigungspunkte den Werthen $t' = \pm i, \pm \frac{i}{k}$ entsprechen, worin k reell und < 1 ist, und dass ausserdem einem beliebigen reellen Werth von t ein gegebener reeller Werth von t' in einem der beiden Blätter entspricht.

Wir haben also t als Function der complexen Variablen η so zu bestimmen, dass sie in jedem Punkt der Fläche H einen bestimmten, stetig mit dem Ort veränderlichen, Werth hat, in den beiden Begrenzungen von H reell ist, und in je einem Punkt der beiden Begrenzungslinien unendlich von der ersten Ordnung wird. Setzen wir diese Function über die Begrenzung hinaus dadurch stetig fort, dass wir derselben an symmetrisch zu beiden Seiten einer jeden Begrenzungsstrecke gelegenen Punkten conjugirt imaginäre Werthe ertheilen, so hat, wie man leicht erkennt, die Function $\frac{d \log \eta}{dt}$ für conjugirt imaginäre Werthe von t selbst conjugirt imaginäre Werthe. Sie ist also in der ganzen Fläche T einwerthig und, einzelne Punkte ausgenommen, stetig, muss mithin eine rationale Function von t und

$$\Delta(t) = \sqrt{(1+t^2)(1+k^2t^2)}$$

sein.

Bezeichnen wir die reellen Werthe von t, welche den Punkten $C_1, C_2, \ldots, C_n, C'_1, C'_2, \ldots, C'_m$ entsprechen, mit $c_1, c_2, \ldots, c_n, c'_1, c'_2, \ldots, c'_m$, die gleichfalls reellen Werthe, welche den mit dem Nullpunkte, bezw. unendlich fernen Punkte zusammenfallenden Ecken der Fläche H entsprechen, mit $b_1, b_2, \ldots, b_n, b'_1, b'_2, \ldots, b'_m$, so muss $\frac{d \log \eta}{dt}$ unendlich klein in der ersten Ordnung werden für

$$t = c_1, c_2, \ldots, c_n, c'_1, c'_2, \ldots, c'_m,$$

unendlich gross in der ersten Ordnung für

$$t = b_1, b_2, \ldots, b_n, \ldots, b'_1, b'_2, \ldots, b'_m$$

und in den Verzweigungspunkten

$$t = \pm i, \pm \frac{i}{k}.$$

Wir können demnach setzen:

$$\frac{d \log \eta}{dt} = \frac{\varphi(t, \varDelta(t))}{\sqrt{(1+t^2)(1+k^2t^2)}},$$

worin φ eine rationale Function von t und $\varDelta(t)$ bedeutet, welche unendlich klein wird in den Punkten c, c', unendlich gross in den Punkten b, b', und welche dadurch bis auf einen constanten reellen Factor bestimmt ist. Damit übrigens eine solche Function φ existire, muss eine Bedingungsgleichung zwischen den Punkten c, c', b, b' bestehen, vermöge deren einer dieser Punkte durch die übrigen bestimmt ist. (Theorie der Abel'schen Functionen Art. 8. S. 107.) Ueberdies kann nach dem oben Bemerkten von den Punkten c, c', b, b' einer beliebig angenommen werden. Die zu $\log \eta$ hinzutretende additive Constante ist bestimmt, wenn der zu einem der Punkte c gehörige Werth von η, η_0, gegeben ist, wonach sich ergiebt:

$$\log \eta - \log \eta_0 = \int_c^t \frac{\varphi(t, \varDelta(t))\, dt}{\sqrt{(1+t^2)(1+k^2t^2)}}.$$

In diesem Ausdruck bleiben, nachdem η_0 und c festgesetzt sind, noch $2n + 2m$ unbestimmte Constanten, nemlich $2n + 2m - 2$ von den Werthen c, c', b, b', der Modul k und ein reeller constanter Factor in φ.

Für diese Constanten ergeben sich zunächst zwei Bedingungen, welche besagen, dass der reelle Theil des Integrals

$$\int \frac{\varphi(t, \varDelta(t))\, dt}{\sqrt{(1+t^2)(1+k^2t^2)}}$$

über eine geschlossene, beide Verzweigungspunkte $i, \frac{i}{k}$ einschliessende Linie verschwinden soll und dass der imaginäre Theil desselben Integrals den Werth $2\pi i$ haben soll. Für die $2n + 2m - 2$ übrig bleibenden Constanten erhält man eine ebenso grosse Zahl von Bedingungen aus der Forderung, dass den Punkten c, c' die gegebenen Punkte C', C' in der η-Ebene entsprechen sollen.

Wir denken uns nun die x-Axe senkrecht gegen die Ebenen der beiden Grenzpolygone gelegt, und untersuchen die Abbildung der Minimalfläche in der Ebene der complexen Variablen X, nachdem dieselbe durch einen von einer Begrenzung zur andern gelegten Schnitt in eine einfach zusammenhängende verwandelt ist. Der reelle Theil von X ist dann in den beiden Begrenzungen und in jedem zu denselben parallelen Schnitt der Fläche constant. Der imaginäre Theil wächst, während man auf einem solchen Schnitt herumgeht, beständig, und zwar im Ganzen um eine constante Grösse. Daraus folgt, dass das Bild unserer Fläche in der X-Ebene von einem Parallelogramm begrenzt ist, welches die Ebene einfach bedeckt, von dem zwei Seiten, welche der Begrenzung der Fläche entsprechen, der imaginären Axe parallel sind. Die beiden andern Seiten, die den Rändern des Querschnitts entsprechen, können zwar krummlinig sein, kommen aber durch eine Verschiebung parallel der imaginären Axe mit einander zur Deckung.

Dieses Parallelogramm muss sich auf die obere Hälfte T_1 der Fläche T so abbilden lassen, dass die beiden der imaginären Axe parallelen Seiten desselben den beiden Rändern von T_1, die beiden anderen Seiten den beiden Ufern eines Querschnitts von T_1 entsprechen. Eine solche Abbildung wird daher vermittelt durch die Function

$$X = iC\int\frac{dt}{\sqrt{(1+t^2)(1+k^2t^2)}} + C'$$

worin die Constante C reell ist, C' beliebig angenommen werden kann, wenn über die Lage des Anfangspunkts auf der x-Axe verfügt wird. Ist h der senkrechte Abstand der beiden parallelen Grenzebenen, so ergiebt sich:

$$h = 4C\int_0^i\frac{i\,dt}{\sqrt{(1+t^2)(1+k^2t^2)}}$$

wodurch die Constante C bestimmt ist.

Hiernach ist die Aufgabe, abgesehen von der Bestimmung der Constanten, gelöst, denn man hat nach den Formeln S. 292

$$Y = \frac{1}{2}\int dX\left(\eta - \frac{1}{\eta}\right)$$

$$Z = -\frac{i}{2}\int dX\left(\eta + \frac{1}{\eta}\right)$$

wodurch die Coordinaten x, y, z der Minimalfläche als Functionen zweier unabhängiger Variablen dargestellt sind.

Für die in η vorkommenden Constanten ergeben sich noch zwei Bedingungen, welche besagen, dass die reellen Theile der Integrale, durch welche Y und Z ausgedrückt sind, über eine den Nullpunkt einschliessende geschlossene Curve in der η-Ebene erstreckt, den Werth 0 haben müssen.

Nimmt man h und die Richtungen der begrenzenden Geraden als gegeben an, so hängen unsere Ausdrücke, abgesehen von den additiven Constanten in X, Y, Z, von $n+m-2$ unbestimmten Constanten ab, für welche man die Entfernungen der Punkte C, C' vom Nullpunkt in der η-Ebene annehmen kann, zwischen denen nach dem soeben Bemerkten zwei Relationen bestehen müssen. Ebenso gross ist aber auch die Anzahl der Constanten, welche die gegenseitige Lage der Grenzpolygone bestimmen. Man kann nemlich, indem man zwei Polygonseiten zur Fixirung des Coordinaten-Anfangspunkts festhält, jeder der $n+m-2$ übrigen noch eine Parallelverschiebung in ihrer Ebene ertheilen.

Einfachere Gestalten nehmen die Resultate an, wenn wir gewisse Symmetrieen in den Verhältnissen der begrenzenden Vielecke voraussetzen. Es möge im Folgenden der Fall betrachtet werden, dass die beiden Vielecke regulär seien und die beiden Endflächen einer gerade abgestumpften geraden Pyramide mit regulär-vieleckiger Basis bilden.

Die Umkehrpunkte der Normalen liegen in diesem Fall sämmtlich in den Mittelpunkten der begrenzenden Geraden, und fallen daher paarweise in dieselbe durch die Axe der Pyramide gehende Ebene.

Legen wir die y-Axe senkrecht gegen eine der begrenzenden Geraden, so wird in der η-Ebene ein Punkt C und ein Punkt C' in der reellen Axe liegen, auf welcher sie die Abstände η_0, η_0' vom Nullpunkt haben mögen. Die Punkte C, bezw. C' liegen auf zwei concentrischen Kreisen, auf welchen sie die Ecken je eines regulären Polygons bilden, und zwar so, dass immer ein Punkt C und ein Punkt C' auf demselben Radius-Vector liegt.

Da nun in der Begrenzung der Fläche T ein Punkt beliebig angenommen werden kann, so mag festgesetzt sein, dass dem auf der reellen Axe gelegenen Punkt C der Punkt $t=0$ in einem der beiden Blätter von T entspreche. Es folgt dann aus der Symmetrie, dass das zwischen C und C' liegende Stück der reellen Axe in der η-Ebene in der Fläche T einer Linie entspricht, welche vom Punkte $t=0$ im ersten Blatt nach dem Verzweigungspunkt $t=i$, und von da zurück zum Punkte $t=0$ im zweiten Blatt längs der imaginären Axe verläuft. Demnach hat die Function $\varphi(t, \varDelta(t))$ für rein imaginäre Werthe von t selbst rein imaginäre Werthe, und dem Punkte C' entspricht der Werth $t=0$ im zweiten Blatt.

Nun wird die Fläche H durch die Substitution $\eta\eta' = \eta_0\eta_0'$ auf eine mit H congruente Fläche H' abgebildet in der Weise dass die Punkte C in die Punkte C' übergehen und umgekehrt (nur in vertauschter Ordnung).

Hieraus ergiebt sich, dass den beiden in der Fläche H gelegenen Punkten η und $\eta' = \frac{\eta_0 \eta'_0}{\eta}$ über einander liegende Punkte in beiden Blättern der Fläche T entsprechen. Und da $d \log \eta + d \log \eta' = 0$ ist, so muss $\varphi(t, \Delta(t))$ in übereinander liegenden Punkten beider Blätter denselben Werth haben, ist also rational in t ausdrückbar und hat zufolge der oben gemachten Bemerkung die Form $t\psi(t^2)$, wenn ψ eine rationale Function bedeutet.

Dies veranlasst uns, die Fläche T auf eine Fläche S abzubilden durch die Substitution:

$$\frac{1+t^2}{1+k^2t^2} = s^2$$

wonach der oberen Hälfte der Fläche T ein die s-Ebene einfach bedeckendes Blatt entspricht, welches längs der reellen Axe zwischen den Punkten $s = 1$ und $s = \frac{1}{k}$ und zwischen den Punkten $s = -1$, $s = -\frac{1}{k}$ aufgeschlitzt ist. Die Ränder dieser beiden Schlitze entsprechen den Grenzen der Fläche H. Für X ergiebt sich hiernach der Ausdruck

$$X = \frac{h}{4K} \int \frac{ds}{\sqrt{(1-s^2)(1-k^2s^2)}}$$

wenn

$$K = \int_0^1 \frac{ds}{\sqrt{(1-s^2)(1-k^2s^2)}}$$

ist, während sich η als algebraische Function von s darstellen lässt.

Für eine Begrenzung durch Quadrate findet man

$$\eta = c\sqrt{\frac{(1-ms)(1-m's)}{(1+ms)(1+m's)}}$$

den Ecken des Quadrats in der einen Begrenzung entsprechen die Punkte $s = \frac{1}{m}$, $s = \frac{1}{m'}$ an beiden Rändern des Schlitzes, den Umkehrpunkten der Normalen die Punkte $s = 1$, $s = \frac{1}{k}$ und ein an beiden Rändern des Schlitzes gelegener Punkt $s = \frac{1}{n}$, der aus der Gleichung $\frac{d \log \eta}{ds} = 0$ zu bestimmen ist, und man hat:

$$1 > m > n > m' > k. \text{*)}$$

---

*) Es lässt sich die vorstehende Betrachtung auf viele Fälle ausdehnen, in denen die beiden Polygone nicht regulär sind. So behält der obige Ausdruck für η seine Gültigkeit für die Begrenzung durch zwei Rechtecke, deren Mittelpunkte

Für die Begrenzung durch gleichseitige Dreiecke ergiebt sich:

$$\eta = c\left(\frac{1-ms}{1+ms}\right)^{\frac{2}{3}}\left(\frac{1-ks}{1+ks}\right)^{\frac{1}{3}}.$$

Um für diesen letzteren Fall die Möglichkeit der Constantenbestimmung zu untersuchen setze man zunächst $s = \pm 1$, wodurch sich ergiebt:

$$\eta_0 = c\left(\frac{1-m}{1+m}\right)^{\frac{2}{3}}\left(\frac{1-k}{1+k}\right)^{\frac{1}{3}}; \qquad \eta_0' = c\left(\frac{1+m}{1-m}\right)^{\frac{2}{3}}\left(\frac{1+k}{1-k}\right)^{\frac{1}{3}}$$

also:

$$c = \sqrt{\eta_0\eta_0'}, \qquad \sqrt{\frac{\eta_0}{\eta_0'}} = \left(\frac{1-m}{1+m}\right)^{\frac{2}{3}}\left(\frac{1-k}{1+k}\right)^{\frac{1}{3}}$$

und für den besonderen Fall, dass beide Dreiecke congruent sind

$$\eta_0\eta_0' = 1, \qquad c = 1.$$

Den Ecken des Dreiecks in der einen Begrenzung entsprechen die Punkte $s = \frac{1}{m}$ an beiden Rändern des Schlitzes und der Punkt $\frac{1}{k}$, so dass $k < m < 1$ sein muss. Der erste Umkehrpunkt der Normalen findet statt für $s = 1$, die beiden andern entsprechen einem Punkte $s = \frac{1}{n}$ an beiden Rändern des Schlitzes, so dass

$$k < n < m$$

sein muss. Für n erhält man zunächst aus der Gleichung $\frac{d \log \eta}{ds} = 0$ die Bestimmung:

$$n^2 = \frac{km(m+2k)}{2m+k},$$

woraus für jedes Werthsystem von k, m, welches der Bedingung

$$0 < k < m < 1$$

genügt, ein Werth von n hervorgeht, welcher zwischen k und m liegt.

Man erhält aber zwischen m, n, k noch eine zweite Gleichung, welche ausdrückt, dass für $s = \frac{1}{n}$ $\eta^3 = \eta_0^3$ werden soll. Diese Gleichung ist:

$$\left(\frac{1-m}{1+m}\right)^2\frac{1-k}{1+k} = \left(\frac{n-m}{n+m}\right)^2\frac{n-k}{n+k}$$

und wenn man aus diesen beiden Gleichungen n eliminirt, so erhält man folgende Relation zwischen k und m:

$$k\left(\frac{1+m^2+2mk}{k(1+m^2)+2m}\right)^2 = m\left(\frac{2k+m}{k+2m}\right)^3,$$

aus welcher k durch m zu bestimmen ist.

in einer zu ihrer Ebene senkrechten Linie liegen, vorausgesetzt dass der Modul von $\eta\eta'$ für die Umkehrpunkte der Normalen denselben Werth hat. Dies findet z. B. statt wenn beide Rechtecke congruent sind.

Für $k = 0$ ist die linke Seite dieser Gleichung Null, die rechte $\frac{m}{8}$, für $k = m$ ist der Unterschied zwischen linker und rechter Seite

$$\frac{(1 - m^2)^3}{m(3 + m^2)^2}$$

also positiv für $m < 1$. Es existirt daher zu jedem Werth von m der kleiner als 1 ist, eine ungerade Anzahl von Werthen von $k < m$. Da sich nun ferner leicht ergiebt dass die Function

$$\log k \frac{(1 + m^2 + 2mk)^2 (k + 2m)^3}{(k(1 + m^2) + 2m)^2 (2k + m)^3}$$

zwischen $k = 0$ und $k = m$ nur Ein Maximum hat, so folgt, dass für jedes $m < 1$ Ein und nur Ein unseren Bedingungen genügender Werth von k gefunden werden kann, und darnach ergiebt sich auch nur Ein zugehöriger Werth von n. Für die beiden Grenzen $m = 0$ und $m = 1$ erhält man $k = n = m$.

Für die Functionen X, Y, Z finden sich hiernach, wenn man über die additiven Constanten verfügt, die Ausdrücke:

$$X = \frac{h}{4K} \int_1^s \frac{ds}{\sqrt{(1 - s^2)(1 - k^2 s^2)}}$$

$$Y = \frac{h}{8K} \int_1^s \frac{ds}{\sqrt{(1 - s^2)(1 - k^2 s^2)}} \left(\eta - \frac{1}{\eta}\right)$$

$$Z = -\frac{ih}{8K} \int_1^s \frac{ds}{\sqrt{(1 - s^2)(1 - k^2 s^2)}} \left(\eta + \frac{1}{\eta}\right).$$

Die beiden noch übrigen Constanten, m und $\sqrt{\eta_0 \eta_0'}$ bestimmt man aus den gegebenen Längen der Dreieckseiten. Bezeichnen wir diese mit a und b, so ergiebt sich:

$$a = \frac{ih}{2K} \int_1^{\frac{1}{m}} \frac{ds}{\sqrt{(1 - s^2)(1 - k^2 s^2)}} \left(\eta + \frac{1}{\eta}\right)$$

$$b = \frac{ih}{2K} \int_1^{\frac{1}{m}} \frac{ds}{\sqrt{(1 - s^2)(1 - k^2 s^2)}} \left(\frac{\eta}{\eta_0 \eta_0'} + \frac{\eta_0 \eta_0'}{\eta}\right).$$

In dem besonderen Fall $a = b$ ist $\eta_0 \eta_0' = 1$ und es bleibt zur Bestimmung der Constanten m die eine transcendente Gleichung

$$\frac{a}{h} = \frac{i}{2K} \int_1^{\frac{1}{m}} \frac{ds}{\sqrt{(1 - s^2)(1 - k^2 s^2)}} \left(\eta + \frac{1}{\eta}\right).$$

Lässt man in dem Ausdruck zur Rechten m von 0 bis 1 gehen, so behält derselbe positive Werthe, wird aber an beiden Grenzen unendlich gross. Er muss also für einen zwischenliegenden Werth von m ein Minimum haben. Daraus folgt, dass es für das Verhältniss $\frac{a}{h}$ eine untere Grenze giebt, jenseits der die Aufgabe keine Lösung mehr hat, während für jeden Werth von $\frac{a}{h}$, der über dieser Grenze liegt, zwei Werthe von m, also zwei Lösungen der Aufgabe existiren. Es ist anzunehmen, dass nur der kleinere der beiden Werthe von m einem wirklichen Minimum des Flächeninhalts entspricht.

XXVII.

Fragmente über die Grenzfälle der elliptischen Modulfunctionen.

I.

Additamentum ad $\S^{um}$ 40.

[Fundamenta nova theoriae functionum ellipticarum.]

Formulae in hoc §° propositae in eo casu, ubi modulus ipsius q unitatem aequat, consideratione satis dignae videntur, quippe quae functiones unius variabilis pro quovis argumenti valore discontinuas praebeant.

Series quidem propositae magna ex parte pro modulo ipsius q unitati aequale non convergunt, sed integrando series convergentes inde derivari possunt; itaque primo integralia formularum 1—7 proponamus

$$(48)\quad \int_0 (\log k - \log 4\sqrt{q})\frac{dq}{q} = -4\log(1+q) + \frac{4}{4}\log(1+q^2) - \frac{4}{9}\log(1+q^3) + \frac{4}{16}\log(1+q^4) - \cdots$$

$$(49)\quad \int_0 -\log k'\frac{dq}{q} = 4\log\frac{1+q}{1-q} + \frac{4}{9}\log\frac{1+q^3}{1-q^3} + \frac{4}{25}\log\frac{1+q^5}{1-q^5} + \cdots$$

$$(50)\quad \int_0 \log\frac{2K}{\pi}\frac{dq}{q} = 4\log(1+q) + \frac{4}{9}\log(1+q^3) + \frac{4}{25}\log(1+q^5) + \cdots$$

$$(51)\quad \int_0 \left(\frac{2K}{\pi} - 1\right)\frac{dq}{q} = -4\log(1-q) + \frac{4}{3}\log(1-q^3) - \frac{4}{5}\log(1-q^5) + \cdots$$

$$= +2i\log\frac{1-qi}{1+qi} + \frac{2i}{2}\log\frac{1-q^2i}{1+q^2i} + \frac{2i}{3}\log\frac{1-q^3i}{1+q^3i} + \cdots$$

$$(52)\quad \int_0 \frac{2kK}{\pi}\frac{dq}{q} = 4\log\frac{1+\sqrt{q}}{1-\sqrt{q}} - \frac{4}{3}\log\frac{1+\sqrt{q^3}}{1-\sqrt{q^3}} + \frac{4}{5}\log\frac{1+\sqrt{q^5}}{1-\sqrt{q^5}} + \cdots$$

$$= 4i\log\frac{1-\sqrt{qi}}{1+\sqrt{qi}} + \frac{4i}{3}\log\frac{1-\sqrt{q^3i}}{1+\sqrt{q^3i}} + \frac{4i}{5}\log\frac{1-\sqrt{q^5i}}{1+\sqrt{q^5i}} + \cdots$$

$$(53)\quad \int_0 \left(\frac{2k'K}{\pi} - 1\right)\frac{dq}{q} = -4\log(1+q) + \frac{4}{3}\log(1+q^3) - \frac{4}{5}\log(1+q^5) + \cdots$$

$$= -2i\log\frac{1-qi}{1+qi} + \frac{2i}{2}\log\frac{1-q^2i}{1+q^2i} - \frac{2i}{3}\log\frac{1-q^3i}{1+q^3i} + \cdots$$

$$(54)\quad \int_0\left(\frac{2\sqrt{k'}K}{\pi}-1\right)\frac{dq}{q} = -\frac{4}{2}\log(1+q^2)+\frac{4}{6}\log(1+q^6)$$
$$-\frac{4}{10}\log(1+q^{10})+\frac{4}{14}\log(1+q^{14})-\cdots$$
$$=-\frac{2i}{2}\log\frac{1-q^2 i}{1+q^2 i}+\frac{2i}{4}\log\frac{1-q^4 i}{1+q^4 i}$$
$$-\frac{2i}{6}\log\frac{1-q^6 i}{1+q^6 i}+\frac{2i}{8}\log\frac{1-q^8 i}{1+q^8 i}-\cdots$$

ubi logarithmos ita sumendos esse manifestum est, ut evanescant posito $q=0$.

Functiones eaedem ad dignitates ipsius q evolutae adhibitis Cl[i] Jacobi denotationibus hoc modo repraesentantur

$$(55)\quad \int_0(\log k-\log 4\sqrt{q})\frac{dq}{q} = -4\sum\frac{\varphi(p)}{p^2}\Big(q^p-\frac{3q^{2p}}{4}-\frac{3}{16}q^{4p}$$
$$-\frac{3}{64}q^{8p}-\frac{3}{256}q^{16p}-\ldots\Big)$$

$$(56)\quad \int_0-\log k'\frac{dq}{q} = 8\sum\frac{\varphi(p)}{p^2}q^p$$

$$(57)\quad \int_0\log\frac{2K}{\pi}\frac{dq}{q} = 4\sum\frac{\varphi(p)}{p^2}\left(q^p-\frac{1}{2}q^{2p}-\frac{1}{4}q^{4p}-\frac{1}{8}q^{8p}-\frac{1}{16}q^{16p}-\ldots\right)$$

$$(58)\quad \int_0\left(\frac{2K}{\pi}-1\right)\frac{dq}{q} = 4\sum\frac{\psi(n)\,q^{2^l(4m-1)^2 n}}{2^l(4m-1)^2 n}$$

$$(59)\quad \int_0\frac{2kK}{\pi}\frac{dq}{q} = 8\sum\frac{\psi(n)\,q^{\frac{(4m-1)^2 n}{2}}}{(4m-1)^2 n}$$

$$(60)\quad \int_0\left(\frac{2k'K}{\pi}-1\right)\frac{dq}{q} = -4\sum\frac{\psi(n)\,q^{(4m-1)^2 n}}{(4m-1)^2 n}$$
$$+4\sum\frac{\psi(n)\,q^{2^{l+1}(4m-1)^2 n}}{2^{l+1}(4m-1)^2 n}$$

$$(61)\quad \int_0\left(\frac{2\sqrt{k'}K}{\pi}-1\right)\frac{dq}{q} = -4\sum\frac{\psi(n)\,q^{2(4m-1)^2 n}}{2(4m-1)^2 n}$$
$$+4\sum\frac{\psi(n)\,q^{2^{l+2}(4m-1)^2 n}}{2^{l+2}(4m-1)^2 n}.$$

Accuratiori functionum propositarum disquisitioni tanquam lemma antemittimus theorema sequens generale.

Si series

$$a_0+a_1+a_2+\cdots$$

eo quo scripsimus ordine summata summam habet convergentem, functio ipsius r hac serie

$$a_0 + a_1 r + a_2 r^2 + \cdots$$

expressa, convergente r versus limitem 1, convergit versus valorem eundem.

Hinc facile deducitur

Si functio $f(q)$ complexae quantitatis q pro modulis ipsius q unitate minoribus exhibeatur per seriem

$$a_0 + a_1 q + a_2 q^2 + \cdots$$

hanc seriem pro valore q_0 cujus modulus sit unitas, si habeat summam, exprimere valorem eum, quem functio $f(q)$ nanciscatur convergente q versus q_0 ita, ut modulus tantum mutetur, i. e. secundum notam repraesentationem geometricam, appropinquante puncto, per quod quantitas q repraesentatur, in linea ad limitem spatii, pro quo functio est data, normali.

Quamobrem hos tantum valores functionum propositarum hic respicimus, etiamsi evolutiones 48—54 latius pateant.

Sit brevitatis gratia (x) aut absolute minima quantitatum a quantitate x numero integro distantium, aut, si x ex numero integro et fractione $\frac{1}{2}$ composita est, $= 0$, porro $E(x)$ numerus integer maximus non major quam x: obtinemus e 48, attribuendo ipsi q valorem $q_0 = e^{xi}$

$$(62)\quad \int_0^{e^{xi}} (\log k - \log 4\sqrt{q})\frac{dq}{q}$$

$$= -2\log 4\cos\frac{x^2}{2} + \frac{2}{4}\log 4\cos\frac{2x^2}{2} - \frac{2}{9}\log 4\cos\frac{3x^2}{2} + \frac{2}{16}\log 4\cos\frac{4x^2}{2} - \cdots$$

$$- 4\pi i\left(\frac{x}{2\pi}\right) + \frac{4\pi i}{4}\left(\frac{2x}{2\pi}\right) - \frac{4\pi i}{9}\left(\frac{3x}{2\pi}\right) + \frac{4\pi i}{16}\left(\frac{4x}{2\pi}\right) - \cdots$$

$$= 2\sum \frac{(-1)^n \log 4\cos\frac{nx^2}{2}}{nn} \qquad \left[+ 4\pi i \sum \frac{(-1)^n}{nn}\left(\frac{nx}{2\pi}\right)\right].$$

Pars imaginaria hujus seriei convergit, quicunque est valor ipsius x, pars realis, si $\frac{x}{2\pi}$ est numerus surdus, non convergit, sin minus, denotando literis m, n numeros integros inter se primos, et ponendo $\frac{x}{2\pi} = \frac{m}{n}$ ita exhiberi potest

1^0 si n est impar, aequalis fit,

$$\frac{\pi^2}{n^2}\sum_{1,n-1}^{s}\frac{(-1)^s\cos\frac{\pi s}{n}}{\sin\frac{\pi s^2}{n}}\log 4\cos\frac{sm\pi^2}{n}-\frac{\pi^2}{6n^2}\log 4.$$

2^0 si n est par, designante p numerum imparem

$$=\frac{\pi^2}{n^2}\sum_{1,\frac{n}{2}-1}^{s}\frac{2(-1)^s\log 4\cos\frac{sm\pi^2}{n}}{\sin\pi\frac{s^2}{n}}+\frac{\pi^2}{3n^2}\log 4$$

$$+\frac{2\pi^2}{n^2}(-1)^{\frac{n}{2}}\left(\log\frac{q_0-q}{q_0+q}+\log n+\frac{8}{\pi^2}\sum\frac{\log p}{p^2}\right)$$

quae formula manifesto ita est intelligenda, functionem propositam, subtracta functione

$$\frac{2\pi^2}{n^2}(-1)^{\frac{n}{2}}\log\frac{q_0-q}{q_0+q},$$

si convergat q modo supra stabilito versus limitem q_0, convergere versus limitem finitum, ejusque valorem assignat.

Perinde obtinetur

$$(63)\quad \int_0^{e^{xi}}-\log k'\frac{dq}{q}=-2\log\operatorname{tg}\frac{x^2}{2}-\frac{2}{9}\operatorname{tg}\frac{3x^2}{2}-\frac{2}{25}\log\operatorname{tg}\frac{5x^2}{2}-\cdots$$

$$+4\pi i\left(\left(\frac{x}{2\pi}\right)-\left(\frac{x}{2\pi}+\frac{1}{2}\right)\right)+\frac{4\pi i}{9}\left(\left(\frac{3x}{2\pi}\right)-\left(\frac{3x}{2\pi}+\frac{1}{2}\right)\right)$$

$$+\frac{4\pi i}{25}\left(\left(\frac{5x}{2\pi}\right)-\left(\frac{5x}{2\pi}+\frac{1}{2}\right)\right)+\cdots$$

$$=-\sum_{-\infty,\infty}\frac{\log\operatorname{tg}\frac{px^2}{2}}{p^2}+\quad\left[4\pi i\sum_{1,\infty}\frac{1}{p^2}\left(\left(\frac{px}{2\pi}\right)-\left(\frac{px}{2\pi}+\frac{1}{2}\right)\right)\right]$$

$$(64)\quad \int_0^{e^{xi}}\log\frac{2K}{\pi}\frac{dq}{q}=2\log 4\cos\frac{x^2}{2}+\frac{2}{9}\log 4\cos\frac{3x^2}{2}+\cdots$$

$$+4\pi i\left(\frac{x}{2\pi}\right)+\frac{4\pi i}{9}\left(\frac{3x}{2\pi}\right)+\frac{4\pi i}{25}\left(\frac{5x}{2\pi}\right)+\cdots$$

$$=\sum_{-\infty,\infty}\frac{\log 4\cos\frac{px^2}{2}}{p^2}\quad\left[+4\pi i\sum_{1,\infty}\frac{1}{p^2}\left(\frac{px}{2\pi}\right)\right]$$

$$(65)\quad \int_0^{e^{xi}}\left(\frac{2K}{\pi}-1\right)\frac{dq}{q}=-2\log 4\sin\frac{x^2}{2}+\frac{2}{3}\log 4\sin\frac{3x^2}{2}$$

$$-\frac{2}{5}\log 4\sin\frac{5x^2}{2}+\cdots$$

$$- 4\pi i\left(\frac{x}{2\pi}+\frac{1}{2}\right)+\frac{4\pi i}{3}\left(\frac{3x}{2\pi}+\frac{1}{2}\right)-\cdots$$

$$= i\log\operatorname{tg}\left(\frac{2x+\pi}{4}\right)^2+\frac{i}{2}\log\operatorname{tg}\left(\frac{4x+\pi}{4}\right)^2+\frac{i}{3}\log\operatorname{tg}\left(\frac{6x+\pi}{4}\right)^2+\cdots$$

$$+2\pi\left(\left(\frac{x}{2\pi}+\frac{1}{4}\right)-\left(\frac{x}{2\pi}+\frac{3}{4}\right)\right)+\frac{2\pi}{2}\left(\left(\frac{2x}{2\pi}+\frac{1}{4}\right)-\left(\frac{2x}{2\pi}+\frac{3}{4}\right)\right)$$

$$+\frac{2\pi}{3}\left(\left(\frac{3x}{2\pi}+\frac{1}{4}\right)-\left(\frac{3x}{2\pi}+\frac{3}{4}\right)\right)+\cdots$$

(66) $$\int_0^{e^{xi}}\frac{2kK}{\pi}\frac{dq}{q}=-2\log\operatorname{tg}\frac{x^2}{4}+\frac{2}{3}\log\operatorname{tg}\frac{3x^2}{4}-\frac{2}{5}\log\operatorname{tg}\frac{5x^2}{4}+\cdots$$

$$+4\pi i\left(\left(\frac{x}{4\pi}\right)-\left(\frac{x}{4\pi}+\frac{1}{2}\right)\right)-\frac{4\pi i}{3}\left(\left(\frac{3x}{4\pi}\right)-\left(\frac{3x}{4\pi}+\frac{1}{2}\right)\right)+\cdots$$

$$=2i\log\operatorname{tg}\left(\frac{x+\pi}{4}\right)^2+\frac{2i}{3}\log\operatorname{tg}\left(\frac{3x+\pi}{4}\right)^2$$

$$+\frac{2i}{5}\log\operatorname{tg}\left(\frac{5x+\pi}{4}\right)^2+\cdots$$

$$+4\pi\left(\left(\frac{x}{4\pi}+\frac{1}{4}\right)-\left(\frac{x}{4\pi}+\frac{3}{4}\right)\right)+\frac{4\pi}{3}\left(\left(\frac{3x}{4\pi}+\frac{1}{4}\right)-\left(\frac{3x}{4\pi}+\frac{3}{4}\right)\right)+\cdots$$

(67) $$\int_0^{e^{xi}}\left(\frac{2k'K}{\pi}-1\right)\frac{dq}{q}=-2\log 4\cos\frac{x^2}{2}+\frac{2}{3}\log 4\cos\frac{3x^2}{2}$$

$$-\frac{2}{5}\log 4\cos\frac{5x^2}{2}+\cdots$$

$$-4\pi i\left(\frac{x}{2\pi}\right)+\frac{4\pi i}{3}\left(\frac{3x}{2\pi}\right)-\frac{4\pi i}{5}\left(\frac{5x}{2\pi}\right)+\cdots$$

$$=-i\log\operatorname{tg}\left(\frac{2x+\pi}{4}\right)^2+\frac{i}{2}\log\operatorname{tg}\left(\frac{4x+\pi}{4}\right)^2$$

$$-\frac{i}{3}\log\operatorname{tg}\left(\frac{6x+\pi}{4}\right)^2+\cdots$$

$$-2\pi\left(\left(\frac{x}{2\pi}+\frac{1}{4}\right)-\left(\frac{x}{2\pi}+\frac{3}{4}\right)\right)$$

$$+\frac{2\pi}{2}\left(\left(\frac{2x}{2\pi}+\frac{1}{4}\right)-\left(\frac{2x}{2\pi}+\frac{3}{4}\right)\right)-\cdots$$

(68) $$\int_0^{e^{xi}}\left(\frac{2\sqrt{k'}K}{\pi}-1\right)\frac{dq}{q}=-\log 4\cos x^2+\frac{1}{3}\log 4\cos 3x^2$$

$$-\frac{1}{5}\log 4\cos 5x^2+\cdots$$

$$-2\pi i\left(\frac{x}{\pi}\right)+\frac{2\pi i}{3}\left(\frac{3x}{\pi}\right)-\frac{2\pi i}{5}\left(\frac{5x}{\pi}\right)+\cdots$$

$$=-\frac{i}{2}\log\operatorname{tg}\left(x+\frac{\pi}{4}\right)^2+\frac{i}{4}\log\operatorname{tg}\left(2x+\frac{\pi}{4}\right)^2$$

$$-\frac{i}{6}\log\operatorname{tg}\left(3x+\frac{\pi}{4}\right)^2+\cdots$$

$$-\pi\left(\left(\frac{x}{\pi}+\frac{1}{4}\right)-\left(\frac{x}{\pi}+\frac{3}{4}\right)\right)+\frac{\pi}{2}\left(\left(\frac{2x}{\pi}+\frac{1}{4}\right)-\left(\frac{3x}{\pi}+\frac{3}{4}\right)\right)$$
$$-\frac{\pi}{3}\left(\left(\frac{3x}{\pi}+\frac{1}{4}\right)-\left(\frac{3x}{\pi}+\frac{3}{4}\right)\right)+\cdots$$

Posito $x=\frac{m}{n}2\pi$ fit pars imaginaria formulae 65

1^0 si n est numerus par

$$=\sum_{0,\infty}^{s}-4\pi i\sum_{1,n-1}^{p}\frac{(-1)^{\frac{p-1}{2}}}{p+ns}\left(\frac{pm}{n}+\frac{1}{2}\right)(-1)^{\frac{ns}{2}}$$

2^0 si n est numerus impar

$$=\sum_{0,\infty}^{s}-4\pi i\sum_{1,2n-1}^{p}(-1)^{\frac{p-1}{2}}\frac{1}{p+2ns}\left(\frac{pm}{n}+\frac{1}{2}\right)(-1)^{s}$$

quam patet habere valorem finitum, nisi n est $\equiv 0 \bmod 4$.

Convergentia summae

$$a_0+a_1+a_2+a_3\,\ldots\ldots$$

postulat, ut data quantitate quamvis parva ε assignari possit terminus a_n, a quo summa usque ad terminum quemvis a_m extensa nanciscatur valorem absolutum ipso ε minorem. Iam posito brevitatis gratia

$$\begin{aligned}\varepsilon_{n+1}&=a_{n+1}\\ \varepsilon_{n+2}&=a_{n+1}+a_{n+2}\\ \varepsilon_{n+3}&=a_{n+1}+a_{n+2}+a_{n+3}\\ &\ldots\ldots\ldots\ldots\end{aligned}$$

functio

$$f(r)=a_0+a_1r+a_2r^2+\cdots$$

facile sub hac forma exhibetur

$$\begin{aligned}&=a_0+a_1r+a_2r^2+\cdots+a_nr^n+\varepsilon_{n+1}r^{n+1}+(\varepsilon_{n+2}-\varepsilon_{n+1})r^{n+2}\\ &\qquad+(\varepsilon_{n+3}-\varepsilon_{n+2})r^{n+3}\\ &=a_0+a_1r+a_2r^2+\cdots+a_nr^n+\varepsilon_{n+1}(r^{n+1}-r^{n+2})\\ &\qquad+\varepsilon_{n+2}(r^{n+2}-r^{n+3})+\cdots\end{aligned}$$

Unde patet convergente r versus limitem 1 functionem $f(r)$ tandem quavis quantitate minus a valore seriei

$$a_0+a_1+a_2\,\ldots.$$

distare. Summa terminorum altioris gradus quam n, quum sint ε_{n+1}, $\varepsilon_{n+2}, \ldots$ ex hyp. omnes omisso signo $<\varepsilon$, differentiaeque $r^{n+1}-r^{n+2}\ldots$ omnes positivae, manifesto evadit quantitate absoluta

$$\begin{aligned}&<\varepsilon(r^{n+1}-r^{n+2})+\varepsilon(r^{n+2}-r^{n+3})\ldots\\ &<\varepsilon r^{n+1}\end{aligned}$$

summa autem terminorum non altioris gradus quam n est functio algebraica ipsius r, quam constat appropinquando r unitati summae

$$a_0 + a_1 + a_2 + \cdots + a_n$$

quantumvis appropinquari posse; unde patet appropinquando r unitati differentiam functionis $f(r)$ a valore seriei

$$a_0 + a_1 + \cdots\cdot$$

infra quantitatem quamvis datam descendere.

Ex hoc theoremate, quod Cl° Abel tribuendum esse Clus Dirichlet modo (1852 Sept. 14) quum antecedentia jam essent scripta monuit, facile deducitur . . . .

II.

$$\log k = \log 4\sqrt{q} + \sum (-1)^n \frac{4}{n} \frac{q^n}{1+q^n}, \qquad q = e^{xi}.$$

1) $x = \frac{2m}{n}\pi$, n ungerade.

$$\log k = i\left(\frac{x}{2} + \sum (-1)^s \frac{2}{s} \operatorname{tg} s\frac{x}{2}\right)$$

$$= i\left(\frac{x}{2} + \sum_{0,\infty}^{t} \sum_{1,2n}^{s} (-1)^s \frac{2}{2nt+s} \operatorname{tg}\frac{sm}{n}\pi\right)$$

$$= i\frac{x}{2} + 2i\int_0^1 \sum_{1,2n}^{s} (-1)^s \operatorname{tg}\frac{sm}{n}\pi \, \frac{x^{s-1}dx}{1-x^{2n}}$$

$$= i\frac{x}{2} + 2\int_0^1 \sum_{1,2n}^{s} (-1)^s \frac{\alpha^{2sm}-1}{\alpha^{2sm}+1} \frac{1}{2n} \sum_{1,2n}^{t} \frac{\alpha^{-ts}\alpha^t dx}{1-\alpha^t x}, \qquad \alpha = e^{\frac{2\pi i}{2n}}$$

$$= i\frac{x}{2} + \frac{1}{2n}\int_0^1 \sum_{1,2n}^{t} \frac{\alpha^t dx}{1-\alpha^t x}\, 2\sum_{1,n-1}^{\sigma} \sum_{1,2n}^{s} (-1)^{s+\sigma-1} \alpha^{s(2m\sigma - t)}$$

$$\frac{1}{1+r\alpha^{2sm}} = \sum \frac{(-1)^\sigma \alpha^{2s\sigma m} r^\sigma}{1-r^{2n}} = -\frac{1}{2n} \sum_{0,2n-1} (-1)^\sigma \sigma \alpha^{2s\sigma m}$$

$$= \frac{1}{2} \sum_{0,n-1} (-1)^\sigma \alpha^{2s\sigma m}$$

$$= i\frac{x}{2} + 2\sum_{1,n-1} \log(1-\alpha^{n+2m\sigma})(-1)^\sigma$$

$$= i\frac{x}{2} + \sum_{1,n-1} \log \alpha^{2m\sigma} (-1)^\sigma$$

$$= i\frac{x}{2} + 2\pi i\left(\sum_{1,n-1} \frac{2m\sigma}{2n}(-1)^\sigma - \sum_{1,n-1} (-1)^\sigma E\left(\frac{2m\sigma}{2n} + \frac{1}{2}\right)\right)$$

2) $x = \frac{m}{n}\pi$, m, n ungerade.

$$\log k = -\frac{q+q_0}{q-q_0}\frac{3}{2n^2}\sum_{1,\infty}\frac{1}{s^2} - \frac{1}{n}\log\frac{1+q^n}{1-q^n} \qquad \alpha = e^{\frac{2\pi i}{4n}}$$

$$+\frac{x}{2}i + 2\int_0^1 \sum_{1,4n-1}^{s}(-1)^s\frac{x^{s-1}dx}{1-x^{4n}}\frac{\alpha^{2ms}-1}{\alpha^{2ms}+1}$$

$$= A + \frac{x}{2}i +$$

$$2\int_0^1 \sum_{1,4n}^{t}\frac{\alpha^t dx}{1-\alpha^t x}\frac{1}{4n}\cdot - \frac{1}{2n}\sum_{1,4n-1}^{s}\sum_{0,2n-1}^{\sigma}(-1)^{s+\sigma}\sigma\alpha^{2s\sigma m}(\alpha^{2ms}-1)\alpha^{-st}$$

$$= A + \frac{x}{2}i + 2.2\pi i\sum_{1,n-1}\frac{s}{n}(-1)^s\left(\frac{ms-n}{2n} - E\left(\frac{ms}{2n}\right)\right), m\mu \equiv 1 \text{ mod. } 2n.$$

$$= A + \pi i\left(\frac{m-\mu}{2} + \frac{\mu}{2n} + 2\sum_{1,n-1}E\left(\frac{\mu s}{2n}\right)(-1)^s - 2\sum_{1,n-1}E\left(\frac{ms}{2n}\right)(-1)^s\right)$$

---

3) $x = \frac{m}{2n}\pi$, m ungerade.

$$\log k = \frac{q+q_0}{q-q_0}\frac{3}{8n^2}\sum\frac{1}{s^2} + \frac{1}{2n}\log\left(\frac{1+q^{2n}}{1-q^{2n}}\right)$$

$$+\frac{x}{2}i + i\sum^{t}\sum_{1,8n-1}^{s}(-1)^s\frac{2}{8nt+s}\operatorname{tg} s\frac{m}{4n}\pi$$

$$= A + \frac{x}{2}i + 2\int_0^1\sum_{1,8n-1}^{s}\frac{x^{s-1}dx}{1-x^{8n}}\frac{\alpha^{2ms}-1}{\alpha^{2ms}+1}(-1)^s \qquad \alpha = e^{\frac{2\pi i}{8n}}$$

$$= A + \frac{x}{2}i +$$

$$2\int_0^1\sum_{1,8n}^{t}\frac{\alpha^t dx}{1-\alpha^t x}\frac{1}{8n}\cdot - \frac{1}{4n}\sum_{1,8n-1}^{s}\sum_{0,4n-1}^{\sigma}(-1)^{s+\sigma}\sigma\alpha^{2s\sigma m}(\alpha^{2ms}-1)\alpha^{-st}$$

$$t \equiv 2rm + 4n \text{ mod. } 8n$$

$$= A + \frac{x}{2}i + 2\sum_{1,4n-1}^{r}\log(1-\alpha^{4n+2rm})\frac{1}{8n}\cdot$$

$$\cdot\frac{1}{4n}\left(8n\left((-1)^{r-1}(r-1)-(-1)^r r\right) + 8n(-1)^r(4n-1)\right)$$

$$= A + \frac{x}{2}i + 2\sum_{-2n+1,2n-1}^{s}\log(1-\alpha^{2sm})\frac{-s}{2n}(-1)^s$$

$$= A + \frac{x}{2} i - 4 \sum_{0,\,2n-1}^{s} \log(-\alpha^{2sm}) \frac{s}{4n} (-1)^s$$

$$= A + \frac{x}{2} i - 4 \sum_{0,\,2n-1}^{s} \left(\frac{sm}{4n} + \frac{1}{2}\right) \left(\frac{s}{4n}\right) (-1)^s 2\pi i$$

(x) = absolut kleinster Rest von x.

$$-\log k' = 8 \sum \frac{1}{t} \frac{q^t}{1 - q^{2t}} = 4i \sum \frac{1}{t \sin tx}, \quad q = e^{xi}.$$

1) $x = \frac{m}{2n}\pi$, m ungerade.

$$-\log k' = 4i \sum_{0,\,\infty}^{t} \sum_{1,\,4n-1}^{s} \frac{1}{4nt + s} \frac{1}{\sin \frac{sm\pi}{2n}}$$

$$= 8 \int_0^1 \sum^{s} \frac{x^{s-1} dx}{1 - x^{4n}} \frac{\alpha^{sm}}{1 - \alpha^{2ms}} \qquad \alpha = e^{\frac{2\pi i}{4n}}$$

$$= 8 \int_0^1 \sum_{1,\,4n}^{t} \frac{\alpha^t dx}{1 - \alpha^t x} \frac{1}{4n} \cdot - \frac{1}{2n} \sum_{1,\,4n-1}^{s} \sum_{0,\,2n-1}^{\sigma} \sigma \alpha^{ms(2\sigma+1)} \alpha^{-ts}$$

$$\frac{1}{1 - r\alpha^{2ms}} = \sum_{0,\,2n-1}^{\sigma} \frac{r^\sigma \alpha^{2ms\sigma}}{1 - r^{2n}}$$

$$\frac{1}{1 - \alpha^{2ms}} = -\frac{1}{2n} \sum_{0,\,2n-1}^{\sigma} \sigma \alpha^{2ms\sigma} = \frac{1}{2} \sum_{0,\,n-1}^{\sigma} \alpha^{2ms\sigma}$$

$$= \sum_{0,\,n-1} [\log(1 + \alpha^{m(2r+1)}) - \log(1 + \alpha^{-m(2r+1)})]$$

$$= -\pi i \left((m-2)n - 4 \sum_{0,\,n-1}^{s} E\left(\frac{m(2s+1)}{4n}\right)\right)$$

---

2) $x = \frac{m\pi}{n}$, n ungerade. $\qquad \alpha = e^{\frac{2\pi i}{2n}}$

$$-\log k' = -\frac{q + q_0}{q - q_0} \frac{\pi^2}{4n^2} q_0^{-n} + 8 \int_0^1 \sum_{1,\,2n-1}^{s} \frac{x^{s-1} dx}{1 - x^{2n}} \frac{\alpha^{ms}}{1 - \alpha^{2ms}}$$

$$= A +$$

$$8 \int_0^1 \sum_{1,\,2n}^{t} \frac{\alpha^t dx}{1 - \alpha^t x} \cdot - \frac{1}{2n} \sum_{1,\,2n-1}^{s} \sum_{0,\,n-1}^{\sigma} \left(\frac{\sigma - \left(\frac{n-1}{2}\right)}{n}\right) \alpha^{ms(2\sigma+1)} \alpha^{-ts}$$

1) $t \equiv m(2r+1) \bmod. 2n$
2) $t \equiv m(2r+1) + n$

$$= A + 8 \sum_{0,\,n-1} \log\left(1 - \alpha^{m(2r+1)}\right) \frac{1}{2n} \left(\frac{r - \frac{n-1}{2}}{n}\right)_n$$

$$- 8 \sum \log\left(1 - \alpha^{m(2r+1)+n}\right) \frac{1}{2n} \left(\frac{r - \frac{n-1}{2}}{n}\right)_n$$

$$= A + 8 \sum_{1,\,\frac{n-1}{2}} \frac{1}{2}\left(\frac{s}{n}\right)\left(\log(1-\alpha^{2ms+mn}) - \log(1-\alpha^{-2ms+mn})\right)$$

$$- 4 \sum \left(\frac{s}{n}\right)\left(\log(1-\alpha^{2ms+(m+1)n}) - \log(1-\alpha^{-2ms+(m+1)n})\right)$$

$$= A + 8\pi i \sum_{1,\,\frac{n-1}{2}} \left(\frac{s}{n}\right)\left(\left(\frac{2ms+(m+1)n}{2n}\right) - \left(\frac{2ms+mn}{2n}\right)\right)$$

$$= A + 4\pi i \sum \left(\frac{s}{n}\right)\left(\cdots\cdots\right)$$

$$= A + 4\pi i \sum \left(\frac{\mu s}{n}\right)\left(\left(\frac{2s+(m+1)n}{2n}\right) - \left(\frac{2s+mn}{2n}\right)\right),$$

$$m\mu \equiv 1 \text{ mod. } n$$

$$= A + 4\pi i (-1)^{m+1} \sum_{1,\,\frac{n-1}{2}} \left(\frac{\mu s}{n}\right)$$

$$= (-1)^{m+1}\left[\frac{\pi^2}{4n^2}\frac{q+q_0}{q-q_0} + \pi i\left(\frac{n^2-1}{2n}\mu - 4\sum_{1,\,\frac{n-1}{2}} E\left(\frac{\mu s}{n} + \frac{1}{2}\right)\right)\right]$$

$$\log\frac{2K}{\pi} = 4\sum \frac{q^t}{t(1+q^t)} = \log\left(\frac{q_0+q}{q_0-q}\right) + 4\sum \frac{1}{t}\left(\frac{q^t}{1+q^t} - \frac{1}{2}\frac{q^t}{q_0^t}\right)$$

$$= \log\frac{q_0+q}{q_0-q} + 2i\sum \frac{1}{t}\operatorname{tg} t\frac{x}{2}$$

1) $x = \frac{2m}{n}\pi$, n ungerade.

$$\alpha = e^{\frac{2\pi}{2n}i}, \quad \frac{1}{1+r\alpha^{2sm}} = \sum_{0,\,n-1} \frac{(-1)^\sigma r^\sigma \alpha^{2s\sigma m}}{1+r^n}$$

$$\log\frac{2K}{\pi} = \log\frac{q_0+q}{q_0-q} + 2\sum \sum_{1,\,2n-1}^{s} \frac{1}{2nt+s}\frac{\alpha^{2ms}-1}{\alpha^{2ms}+1}$$

$$= \log\frac{q_0+q}{q_0-q} + 2\int_0^1 \sum_{1,\,2n}^{t} \frac{\alpha^t dx}{1-\alpha^t x} \cdot - \frac{1}{2n}\sum^{s} \alpha^{-ts} \sum_{1,\,n-1}^{\sigma} (-1)^\sigma \alpha^{2s\sigma m}$$

$$= \log\frac{q_0+q}{q_0-q} + 2\sum_{1,\,n-1} \log(1-\alpha^{2rm})(-1)^r \frac{1}{2n} n$$

$$- 2\sum_{1,\,n-1} \log(1-\alpha^{2rm+n})(-1)^r \frac{1}{2n} n$$

$$= A + \tfrac{1}{2}\sum\left(\frac{rm}{n}+\frac{1}{2}\right)(-1)^r 2\pi i - \tfrac{1}{2}\sum\left(\frac{rm}{n}\right)(-1)^r 2\pi i$$

$$= \log\frac{q_0+q}{q_0-q} + 2\pi i \sum_{1,\frac{n-1}{2}}^{s}\left(\left(s\frac{2m}{n}+\frac{1}{2}\right)-\left(s\frac{2m}{n}\right)\right)$$

---

2) $x = \frac{m}{n}\pi$, n ungerade, m ungerade, $\alpha = e^{\frac{2\pi i}{4n}}$

$$\log\frac{2K}{\pi} = \frac{q+q_0}{q-q_0}\,\frac{\pi^2}{4n^2} + \log\frac{q_0+q}{q_0-q} + 2\sum\sum_{1,4n-1}^{s}\frac{1}{4nt+s}\,\frac{\alpha^{2ms}-1}{\alpha^{2ms}+1}$$

$$= A +$$

$$2\int_0^1\sum_{1,4n}^{t}\frac{\alpha^t dx}{1-\alpha^t x}\,\frac{1}{4n}\cdot -\frac{1}{2n}\sum_{1,4n-1}^{s}\sum_{0,2n-1}^{\sigma}(-1)^\sigma \sigma\alpha^{2s\sigma m}(\alpha^{2ms}-1)\alpha^{-ts}$$

$$= A + 2\int_0^1\sum_{1,4n}^{t}\frac{\alpha^t dx}{1-\alpha^t x}\,\frac{1}{4n}\,2\sum_{1,4n-1}^{s}\sum_{1,2n-1}^{\sigma}(-1)^\sigma\left(\frac{\sigma-n}{2n}\right)\alpha^{2ms\sigma}\alpha^{-ts}$$

1) $t \equiv 2mr$ mod. $4n$

2) $t \equiv 2mr + 2n$

$$= A - 2\sum_{1,2n-1}\log(1-\alpha^{2mr})\,\frac{1}{4n}(-1)^r\left(\frac{r-n}{2n}\right)4n$$

$$+ 2\sum\log(1-\alpha^{2mr+2n})(-1)^r\left(\frac{r-n}{2n}\right)$$

$$= A - 2\pi i\sum_{1,2n-1}(-1)^r\left(\left(\frac{mr+n}{2n}\right)-\left(\frac{mr}{2n}\right)\right)\left(\frac{r-n}{2n}\right)$$

$$= A - 2\pi i\sum_{1,2n-1}(-1)^r\left(\left(\frac{r+n}{2n}\right)-\left(\frac{r}{2n}\right)\right)\left(\frac{\mu r-n}{2n}\right),$$

$m\mu \equiv 1$ mod. $2n$

$$= A + 2\pi i\sum_{1,n-1}(-1)^r\left(\frac{\mu r-n}{2n}\right)$$

---

3) $x = \frac{m}{2n}\pi$, m ungerade.

$$\log\frac{2K}{\pi} = \log\frac{q_0+q}{q_0-q} + 2\sum\sum_{1,4n-1}^{s}\frac{1}{4nt+s}\,\frac{\alpha^{ms}-1}{\alpha^{ms}+1} \qquad \alpha = e^{\frac{2\pi i}{4n}}$$

$$= A + 2\int_0^1\sum_{1,2n}^{t}\frac{\alpha^t dx}{1-\alpha^t x}\,\frac{1}{4n}\,2\sum_{1,4n-1}^{s}\sum_{1,4n-1}^{\sigma}(-1)^\sigma\left(\frac{\sigma-2n}{4n}\right)\alpha^{ms\sigma}\alpha^{-ts}$$

$$= A + 2\pi i\sum_{1,2n-1}(-1)^r\left(\frac{\mu r-2n}{4n}\right),\quad m\mu \equiv 1 \text{ mod. } 4n.$$

Erläuterungen zu den vorstehenden Fragmenten

von R. Dedekind.

Die Entstehungszeit (September 1852) des ersten der beiden Fragmente macht es wahrscheinlich, dass Riemann darauf ausging, für die Abhandlung über die trigonometrischen Reihen Beispiele von Functionen zu finden, die unendlich oft in jedem Intervall unstetig werden, und es ist möglich, dass die zweite Untersuchung, welche sich auf einem kaum leserlichen Blatt findet, demselben Zwecke dienen sollte. Die hier von Riemann benutzte Methode zur Bestimmung des Verhaltens der in der Theorie der elliptischen Functionen auftretenden Modulfunctionen für den Fall, dass das complexe Periodenverhältniss

$$\omega = \frac{K'i}{K} = \frac{\log q}{\pi i}$$

sich einem rationalen Werthe nähert, gestattet aber eine sehr interessante Anwendung auf die sogenannte Theorie der unendlich vielen Formen der ϑ-Functionen, nemlich auf die Bestimmung der bei der Transformation erster Ordnung auftretenden Constanten, welche bekanntlich von Jacobi und Hermite auf die Gauss'schen Summen, also auf die Theorie der quadratischen Reste zurückgeführt ist. Da ich diese Bemerkung erst in den letzten Tagen vor dem Abdruck gemacht habe, so ist keine Zeit übrig geblieben, die Correctheit der Riemann'schen Formeln in den reellen Theilen genau zu prüfen; da sie sich aber sämmtlich aus der im Folgenden angedeuteten Untersuchung ergeben müssen, so wird hoffentlich ihre Mittheilung auch ohne diese Prüfung gerechtfertigt erscheinen.

Den Mittelpunkt der Theorie dieser Modulfunctionen, welche man auch ganz unabhängig von der der elliptischen Functionen aufstellen kann, bildet gewissermaassen die Function

$$\eta(\omega) = 1^{\frac{\omega}{24}} \Pi(1 - 1^{\omega\nu}) = q^{\frac{1}{12}} \Pi(1 - q^{2\nu})$$

wo zur Abkürzung

$$e^{2\pi i z} = 1^z$$

gesetzt ist, und wo das Productzeichen sich auf alle positiven ganzen

Zahlen ν erstreckt. Da diese Function der complexen Variablen $\omega = x + yi$, deren Ordinate y stets positiv ist, im Innern des hierdurch begrenzten, einfach zusammenhängenden Gebietes nirgends Null oder unendlich gross wird, so sind auch alle Potenzen von $\eta(\omega)$ mit beliebigen Exponenten, und ebenso $\log \eta(\omega)$ durchaus einwerthige Functionen von ω, sobald ihr Werth an einer bestimmten Stelle festgesetzt ist. Die Function $\log \eta(\omega)$ soll dadurch definirt werden, dass, wenn y über alle Grenzen wächst, also $q = 1^{\frac{\omega}{2}}$ unendlich klein wird,

$$\log \eta(\omega) - \frac{\omega\pi i}{12} = 0$$

wird. Nun ist bekanntlich (Fundam. nova §. 36.)

$$\eta(2\omega)\,\eta\left(\frac{\omega}{2}\right)\eta\left(\frac{1+\omega}{2}\right) = 1^{\frac{1}{48}}\,\eta(\omega)^3,$$

$$\sqrt[4]{k} = 1^{\frac{1}{48}}\sqrt{2}\,\frac{\eta(2\omega)}{\eta\left(\frac{1+\omega}{2}\right)},$$

$$\sqrt[4]{k'} = 1^{\frac{1}{48}}\,\frac{\eta\left(\frac{\omega}{2}\right)}{\eta\left(\frac{1+\omega}{2}\right)},$$

$$\sqrt{\frac{2K}{\pi}} = 1^{-\frac{1}{24}}\,\frac{\eta\left(\frac{1+\omega}{2}\right)^2}{\eta(\omega)},$$

also nach der obigen Festsetzung:

$$\log \eta(2\omega) + \log \eta\left(\frac{\omega}{2}\right) + \log \eta\left(\frac{1+\omega}{2}\right) = \frac{\pi i}{24} + 3\log \eta(\omega)$$

$$(1)\qquad \begin{aligned} \log k &= \log 4 + \frac{\pi i}{6} + 4\log \eta(2\omega) - 4\log \eta\left(\frac{1+\omega}{2}\right) \\ \log k' &= \frac{\pi i}{6} + 4\log \eta\left(\frac{\omega}{2}\right) - 4\log \eta\left(\frac{1+\omega}{2}\right) \\ \log \frac{2K}{\pi} &= -\frac{\pi i}{6} + 4\log \eta\left(\frac{1+\omega}{2}\right) - 2\log \eta(\omega) \end{aligned}$$

wo die Logarithmen linker Hand (wie in den Fund. nova §. 40) als einwerthige Functionen von ω so definirt sind, dass

$$\log k - \log 4 - \frac{\omega\pi i}{2} = \log k - \log 4\sqrt{q},$$

$$\log k' \text{ und } \log \frac{2K}{\pi}$$

mit q unendlich klein werden.

Aus diesem Verhalten der Functionen ergiebt sich nun mit Hülfe der Transformation erster Ordnung der ϑ-Functionen ihr Verhalten bei Annäherung von ω an einen reellen rationalen Werth, also bei

Annäherung von q an eine bestimmte Einheitswurzel q_0 (die irrationalen reellen Werthe gehören in gewissem Sinne gar nicht mit zur Begrenzung des Gebietes der Variablen ω). Setzt man

$$\vartheta_1(z,\omega) = \sum_{-\infty}^{+\infty} 1^{(s+\frac{1}{2})^2 \frac{\omega}{2} + (s+\frac{1}{2})(z-\frac{1}{2})}$$

$$= 2\,\eta(\omega)\, 1^{\frac{\omega}{12}} \sin z\pi\, \Pi(1 - 1^{\omega\nu+z})(1 - 1^{\omega\nu-z})$$

so wird, wenn man die nach z genommene Derivirte durch einen Accent bezeichnet,

$$\vartheta_1'(0,\omega) = 2\pi\,\eta(\omega)^3.$$

Sind nun α, β, γ, δ vier der Bedingung

$$\alpha\delta - \beta\gamma = 1$$

genügende ganze Zahlen, so ist bekanntlich

$$\vartheta_1\left(z, \frac{\gamma+\delta\omega}{\alpha+\beta\omega}\right) = c\sqrt{\alpha+\beta\omega}\; 1^{\frac{1}{2}\beta(\alpha+\beta\omega)z^2}\, \vartheta_1\left((\alpha+\beta\omega)z, \omega\right),$$

wo c eine von α, β, γ, δ und der Wahl der Quadratwurzel abhängige achte Einheitswurzel bedeutet, deren Bestimmung von Hermite auf die Gauss'schen Summen zurückgeführt ist. (Liouville's Journal, Série II. T. III. 1858.) Für $z = 0$ ergiebt sich hieraus

$$\vartheta_1'\left(0, \frac{\gamma+\delta\omega}{\alpha+\beta\omega}\right) = c(\alpha+\beta\omega)^{\frac{3}{2}}\, \vartheta_1'(0,\omega)$$

also

$$\eta\left(\frac{\gamma+\delta\omega}{\alpha+\beta\omega}\right) = c^{\frac{1}{3}}(\alpha+\beta\omega)^{\frac{1}{2}}\,\eta(\omega).$$

Man kann daher, wenn $\beta \gtrless 0$ ist,

$$\log\eta\left(\frac{\gamma+\delta\omega}{\alpha+\beta\omega}\right) = \log\eta(\omega) + \frac{1}{2}\log\frac{\alpha+\beta\omega}{\beta i} + \frac{1}{4}\log\beta^2 + \frac{h\pi i}{12}$$

setzen, wo die einwerthige Function

$$\log\frac{\alpha+\beta\omega}{\beta i} = \log\left(y - \frac{\alpha+\beta x}{\beta} i\right)$$

so definirt werden soll, dass ihr imaginärer Theil zwischen den Grenzen $\pm\frac{\pi i}{2}$ liegt, während $\log\beta^2$ reell zu nehmen ist; dann wird h eine durch α, β, γ, δ vollständig bestimmte ganze Zahl sein, welche dieselbe bleibt, wenn diese vier Zahlen mit (-1) multiplicirt werden. Die vollständige Bestimmung dieser ganzen Zahl h leistet offenbar noch sehr viel mehr, als die Bestimmung der obigen Einheitswurzel c.

Um dies zu erreichen, lasse man $\omega = x + yi$ dem rationalen, in kleinsten Zahlen ausgedrückten Werthe $\frac{-\alpha}{\beta}$ sich so annähern, dass mit y auch

$$\frac{(\alpha+\beta x)^2}{y}$$

unendlich klein wird, so wird

$$\omega' = \frac{\gamma+\delta\omega}{\alpha+\beta\omega} = \frac{\delta}{\beta} - \frac{1}{\beta(\alpha+\beta\omega)}$$

der Art unendlich gross, dass $q' = 1^{\frac{1}{2}\omega'}$ unendlich klein, und folglich

$$\log\eta(\omega') - \frac{\omega'\pi i}{12} = 0$$

wird. Bei dieser Annäherung wird mithin

$$0 = \log\eta(\omega) + \frac{1}{2}\log\frac{\alpha+\beta\omega}{\beta i} + \frac{1}{4}\log\beta^2 + \frac{\pi i}{12\beta(\alpha+\beta\omega)} + \frac{h\pi i}{12} - \frac{\delta\pi i}{12\beta}$$

und da alle Glieder mit Ausnahme der beiden letzten nur von den beiden Zahlen α, β abhängen, so kann man

$$h\beta - \alpha - \delta = 2(-\alpha, \beta)$$

setzen, wo $2(-\alpha, \beta)$ und, wie sich leicht zeigen liesse, auch $(-\alpha, \beta)$ selbst eine lediglich von den beiden relativen Primzahlen α, β abhängende ganze Zahl bedeutet, durch deren Einführung der Annäherungssatz die Form

(II) $$0 = \log\eta(\omega) + \frac{\pi i}{12n(n\omega-m)} + \frac{1}{2}\log\frac{n\omega-m}{ni} + \frac{1}{4}\log n^2 + \frac{2(m,n)-m}{12n}\pi i$$

annimmt, wo m und $n \gtrless 0$ zwei beliebige relative Primzahlen bedeuten, und angenommen wird, dass $\omega = x + yi$ in der angegebenen Weise sich dem Werth $\frac{m}{n}$ nähert, nemlich so, dass mit y auch

$$\frac{(nx-m)^2}{y}$$

unendlich klein wird. Ersetzt man m, n durch $-m$, $-n$, so ergiebt sich

(III) $$(-m, -n) = -(m, n)$$

ausserdem folgt aus der obigen Definition des Symbols $(-\alpha, \beta)$, weil h eine ganze Zahl und $\alpha\delta \equiv 1 \pmod{\beta}$ ist, allgemein

(IV) $$2m(m, n) \equiv m^2 + 1 \pmod{n}.$$

Zugleich nimmt die obige Gleichung für die Transformation erster Ordnung der Function $\log\eta(\omega)$ die folgende Form an:

(V) $$\log\eta\left(\frac{\gamma+\delta\omega}{\alpha+\beta\omega}\right) =$$

$$\log\eta(\omega) + \frac{1}{2}\log\frac{\alpha+\beta\omega}{\beta i} + \frac{1}{4}\log\beta^2 + \frac{2(-\alpha,\beta)+\alpha+\delta}{12\beta}\pi i.$$

Die Fundamentaleigenschaften des Symbols (m, n) ergeben sich nun auf folgende Weise. Aus der Definition von $\log\eta(\omega)$ folgt unmittelbar

$$\log\eta(1+\omega) = \log\eta(\omega) + \frac{\pi i}{12}.$$

Bei Annäherung von ω an $\frac{m}{n}$ nähert sich nun $1+\omega$ dem Werth $\frac{m+n}{n}$, welcher gleichfalls in den kleinsten Zahlen ausgedrückt ist, und folglich wird nach dem obigen Annäherungs-Satze

$$0 = \log\eta(1+\omega) + \frac{\pi i}{12n(n\omega-m)} + \frac{1}{2}\log\frac{n\omega-m}{ni}$$
$$+ \frac{1}{4}\log n^2 + \frac{2(m+n,\,n)-m-n}{12n}\pi i,$$

woraus durch Vergleichung

$$(m+n,\,n) = (m,\,n)$$

also allgemein

(VI) $\qquad (m',\,n) = (m,\,n)$ wenn $m' \equiv m \pmod{n}$

folgt. Aus dem allgemeinen Transformations-Satze (V) ergiebt sich ferner

$$\log\eta\left(\frac{-1}{\omega}\right) = \log\eta(\omega) + \frac{1}{2}\log(-\omega i) + \frac{(0,\,1)\pi i}{6},$$

oder, da für $\omega = i$

(VII) $\qquad (0,\,1) = (m,\,1) = 0$

folgt,

$$\log\eta\left(\frac{-1}{\omega}\right) = \log\eta(\omega) + \frac{1}{2}\log(-\omega i);$$

nähert sich nun hierin ω dem Werth $\frac{m}{n}$, also $\frac{-1}{\omega}$ dem Werth $\frac{-n}{m}$, so ergiebt sich, wenn m ebenfalls von 0 verschieden ist, aus dem Annäherungs-Satze (II)

$$0 = \log\eta\left(\frac{-1}{\omega}\right) + \frac{\omega\pi i}{12m(n\omega-m)} + \frac{1}{2}\log\frac{n\omega-m}{\omega m i}$$
$$+ \frac{1}{4}\log m^2 + \frac{2(-n,\,m)+n}{12m}\pi i;$$

durch Vergleichung mit dem ursprünglichen Annäherungs-Satze (II) unter genauer Berücksichtigung der über die Logarithmen gemachten Festsetzungen ergiebt sich das Resultat

(VIII) $\qquad 2m(m,\,n) - 2n(-n,\,m) = 1 + m^2 + n^2 \mp 3mn$

wo das obere oder das untere Zeichen zu nehmen ist, je nachdem mn positiv oder negativ ist. Dasselbe ist nur ein specieller Fall des folgenden, welches man erhält, wenn man in dem allgemeinen Transformations Satze (V), die Variable ω sich dem Werth $\frac{m}{n}$ annähern lässt: Sind m, n und m', n', zwei Paare von relativen Primzahlen, so wird, wenn

$$n' = nm' - mn'$$

gesetzt und m'' durch die Congruenzen

$$m'm'' \equiv m, \quad n'm'' \equiv n \quad (\mathrm{mod.}\, n'')$$

bestimmt wird,

$$2nn'(m'', n'') - 2n'n''(m, n) + 2nn''(m', n')$$
$$= n^2 + n'^2 + n''^2 \mp 3nn'n''$$

wo das obere oder das untere Zeichen zu nehmen ist, je nachdem $nn'n''$ positiv oder negativ ist. Aber offenbar ist der Werth des Symbols (m, n) schon durch die Sätze (VI), (VII), (VIII) vollständig bestimmt, und man findet denselben durch eine Art Kettenbruch-Entwicklung.

Es ergiebt sich ausserdem, dass allgemein

$$(-m, n) = -(m, n), \quad (m, -n) = (m, n)$$

ist; der erstere dieser beiden Sätze kann auch daraus abgeleitet werden, dass $\log \eta(-\omega_1)$ mit $\log \eta(\omega)$ conjugirt ist, wenn ω_1 die mit ω conjugirte complexe Grösse bedeutet.

Man kann ferner ohne Verletzung dieser Sätze die Bedeutung des Symbols (m, n) auch auf den Fall $n = 0$ ausdehnen, woraus, da m stets relative Primzahl zu n sein soll, $m = \pm 1$ folgt, und es ergiebt sich

$$(\pm 1, 0) = \pm 1.$$

Es ist endlich allgemein

$$(m', n) = (m, n) \text{ wenn } mm' \equiv 1 \ (\mathrm{mod.}\ n).$$

Diese Zahlen (m, n), deren Theorie die Untersuchungen von Hermite über die von ihm mit $\varphi(\omega)$, $\psi(\omega)$, $\chi(\omega)$ bezeichneten Functionen in sich schliesst (Sur la théorie des équations modulaires. 1859), besitzen die merkwürdigsten zahlentheoretischen Eigenschaften; aber es ist nicht leicht, einen allgemeinen Ausdruck für dieselben zu finden. Mit Hülfe der von Riemann in dem zweiten Fragmente angewandten Methode gelingt es aber einen solchen Ausdruck in Form einer endlichen Summe aufzustellen.

Bedeutet r einen positiven echten Bruch, der sich der Einheit nähert, so kann man bei normaler Annäherung von ω an $\frac{m}{n}$

$$\omega - \frac{m}{n} = yi = \frac{\log r}{2\pi i}, \quad q^2 = rq_0^2 = r\alpha^m$$

setzen, wo $\log r$ reell und $\alpha = 1^{\frac{1}{n}} = e^{\frac{2\pi i}{n}}$ ist. Gleichzeitig wird

$$\log \eta(\omega) = \frac{\omega\pi i}{12} + \sum \log(1 - q^{2\nu}) = \frac{\omega\pi i}{12} + \sum \log(1 - r^\nu \alpha^{m\nu})$$

wo die Logarithmen rechter Hand für $r = 0$ verschwinden, oder nach der Umformung von Jacobi (Fund. nova §. 39)

$$\log \eta(\omega) = \frac{\omega \pi i}{12} - \sum \frac{1}{\nu} \frac{r^\nu \alpha^{m\nu}}{1 - r^\nu \alpha^{m\nu}},$$

wo ν wieder alle positiven ganzen Zahlen durchlaufen muss. Nähert sich nun r dem Werthe 1, so wird nach dem Annäherungs-Satze (II)

$$0 = -\sum \frac{1}{\nu} \frac{r^\nu \alpha^{m\nu}}{1 - r^\nu \alpha^{m\nu}} + \frac{\pi^2}{6n^2 \log \frac{1}{r}} + \frac{1}{2} \log \log \frac{1}{r}$$

$$+ \frac{1}{4} \log \frac{n^2}{4\pi^2} + \frac{(m, n)\pi i}{6n},$$

wo alle Logarithmen reell zu nehmen sind; durch den Uebergang zur conjugirten Grösse erhält man gleichzeitig

$$0 = -\sum \frac{1}{\nu} \frac{r^\nu \alpha^{-m\nu}}{1 - r^\nu \alpha^{-m\nu}} + \frac{\pi^2}{6n^2 \log \frac{1}{r}} + \frac{1}{2} \log \log \frac{1}{r}$$

$$+ \frac{1}{4} \log \frac{n^2}{4\pi^2} - \frac{(m, n)\pi i}{6n};$$

folglich wird für $r = 1$

$$\sum \frac{1}{\nu} \frac{r^\nu \alpha^{m\nu}}{1 - r^\nu \alpha^{m\nu}} - \sum \frac{1}{\nu} \frac{r^\nu \alpha^{-m\nu}}{1 - r^\nu \alpha^{-m\nu}} = \frac{(m, n)\pi i}{3n}$$

oder

$$\lim \sum \frac{a_\nu}{\nu} = \frac{(m, n)\pi i}{3n},$$

wo zur Abkürzung

$$a_\nu = \frac{1}{1 - r^\nu \alpha^{m\nu}} - \frac{1}{1 - r^\nu \alpha^{-m\nu}}$$

gesetzt ist. Es lässt sich nun beweisen, dass die Reihe

$$\sum \frac{a_\nu}{\nu},$$

wenn ihre Glieder nach wachsenden ν geordnet werden, auch noch für $r = 1$ convergirt und an dieser Stelle stetig ist, d. h. dass sie sich dem Grenzwerth

$$\sum \frac{a_\nu^0}{\nu}$$

nähert, wo a_ν^0 den aus a_ν für $r = 1$ hervorgehenden Coefficienten bedeutet. Durch Vereinigung von je zwei Gliedern a_ν, welche den Indices $\nu = sn + \sigma$ und $\nu = (s + 1)n - \sigma$ entsprechen, wo $0 < \sigma < \frac{n}{2}$, ergiebt sich nemlich leicht, dass der Modul der Summe

$$A_\nu = a_1 + a_2 + \cdots + a_\nu$$

für alle Werthe von r einschliesslich $r = 1$ unterhalb einer von r und

ν unabhängigen, endlichen Constanten bleibt, woraus die obige Behauptung nach einem Satze folgt, den ich durch Verallgemeinerung der Abel'schen Principien gefunden habe (Dirichlet, Vorlesungen über Zahlentheorie, 2. Aufl., §. 143. Anm.) Es ist daher

$$\frac{(m,\,n)\,\pi i}{3\,n} = \sum \frac{a_\nu^0}{\nu},$$

und die Summe rechter Hand lässt sich nach der von Riemann angewandten, von Dirichlet herrührenden Methode (Recherches sur diverses applications etc. §. 1 in Crelle's Journal Bd. 19) in Form einer endlichen Summe bestimmen, weil

$$a_\nu^0 = a_{\nu+n}^0$$

und (wenn n positiv vorausgesetzt wird)

$$a_1^0 + a_2^0 + \cdots + a_n^0 = 0$$

ist. Durch Anwendung der Gleichung

$$\frac{1}{\nu} = \int_0^1 x^{\nu-1}\,dx$$

ergiebt sich auf diese Weise

$$\frac{(m,\,n)\,\pi i}{3n} = \int_0^1 \frac{f(x)}{1-x^n}\,\frac{dx}{x},$$

wo

$$f(x) = \sum_{1,\,n}^{\nu} a_\nu^0 x^\nu$$

gesetzt ist. Durch Auflösung in Partialbrüche und Ausführung der Integration folgt

$$\frac{(m,\,n)\,\pi i}{3} = -\sum f(\alpha^{-mt}) \log(1-\alpha^{mt}),$$

wo t ein vollständiges Restsystem (mod. n) mit Ausschluss von $t \equiv 0$ durchläuft, und der imaginäre Theil der Logarithmen zwischen $\pm \frac{\pi i}{2}$, also

$$= \pi i \left(\left(\frac{mt}{n} - \frac{1}{2}\right)\right)$$

zu nehmen ist, wenn der Deutlichkeit halber der von x um eine ganze Zahl abstehende, zwischen $\pm \frac{1}{2}$ liegende Werth nicht mit (x), sondern mit $((x))$ bezeichnet wird. Durch Anwendung der Transformation

$$\frac{1}{1-\alpha^{m\nu}} = -\frac{1}{n} \sum_{0,\,n-1}^{\sigma} \sigma \alpha^{m\nu\sigma}$$

erhält man den auch für $\nu = n$ geltenden Ausdruck

$$a_\nu^0 = \frac{1}{n}\sum \sigma\alpha^{-m\nu\sigma} - \frac{1}{n}\sum \sigma\alpha^{m\nu\sigma}$$

und hieraus folgt leicht

$$f(\alpha^{-mt}) = \sum a_\nu^0 \alpha^{-mt\nu} = [-t] - [t] = -2n\left(\left(\frac{t}{n} - \frac{1}{2}\right)\right)$$

wenn allgemein mit $[t]$ der in der Reihe $\sigma = 0, 1, 2 \dots (n-1)$ befindliche Rest der Zahl t nach dem Modul n bezeichnet wird. Man erhält daher, wenn, wie oben vorausgesetzt wurde, n positiv ist,

$$\frac{(m, n)}{3} = \sum \{[t] - [-t]\}\left(\left(\frac{mt}{n} - \frac{1}{2}\right)\right) = 2n\sum\left(\left(\frac{t}{n} - \frac{1}{2}\right)\right)\left(\left(\frac{mt}{n} - \frac{1}{2}\right)\right)$$

wo t ein vollständiges Restsystem (mod. n) zu durchlaufen hat. Dieser Ausdruck für (m, n) in Form einer endlichen Summe lässt sich noch umformen und bedeutend vereinfachen, was aber hier unterbleiben soll. Es sollen hier nur noch zum Schluss die Formeln zusammengestellt werden, die sich aus dem Hauptsatze II. und dem Formelsystem I. für die Annäherung von ω an den Werth $\frac{m}{n}$ ergeben, woraus die Riemann'schen Resultate folgen müssen. In demselben ist zur Abkürzung gesetzt

$$A = \frac{\pi i}{24n(n\omega - m)}, \qquad B = \frac{1}{2}\log\frac{n\omega - m}{ni} + \frac{1}{4}\log n^2.$$

Es folgt dann:

$$0 = \log\eta(\omega) + 2A + B + \frac{\pi i}{12n}\left\{2(m, n) - m\right\}$$

$$0 = \log\eta(2\omega) + A + B + \frac{1}{2}\log 2 + \frac{\pi i}{6n}\left\{(2m, n) - m\right\}$$

wenn $n \equiv 1$ (mod. 2)

$$0 = \log\eta(2\omega) + 4A + B + \frac{\pi i}{6n}\left\{2\left(m, \frac{n}{2}\right) - m\right\}$$

wenn $n \equiv 0$ „

$$0 = \log\eta\left(\frac{\omega}{2}\right) + A + B + \frac{\pi i}{24n}\left\{2(m, 2n) - m\right\}$$

wenn $m \equiv 1$ „

$$0 = \log\eta\left(\frac{\omega}{2}\right) + 4A + B - \frac{1}{2}\log 2 + \frac{\pi i}{12n}\left\{2\left(\frac{m}{2}, n\right) - \frac{m}{2}\right\}$$

wenn $m \equiv 0$ „

$$0 = \log\eta\left(\frac{1+\omega}{2}\right) + A + B + \frac{\pi i}{24n}\left\{2(m+n, 2n) - m - n\right\}$$

wenn $m + n \equiv 1$ (mod. 2)

$$0 = \log\eta\left(\frac{1+\omega}{2}\right) + 4A + B - \frac{1}{2}\log 2 + \frac{\pi i}{12n}\left\{2\left(\frac{m+n}{2}, n\right) - \frac{m+n}{2}\right\}$$

wenn $m + n \equiv 0$ (mod. 2)

und hieraus:

I. wenn $m \equiv n \equiv 1 \pmod{2}$

$$2(2m, n) + (m, 2n) + 2\left(\frac{m+n}{2}, n\right) = 6(m, n)$$

$$\log k = 12A - 2\log 2 + \frac{m\pi i}{2n} + \frac{2\pi i}{3n}\left\{\left(\frac{m+n}{2}, n\right) - (2m, n)\right\}$$

$$\log k' = 12A - 2\log 2 + \frac{\pi i}{3n}\left\{2\left(\frac{m+n}{2}, n\right) - (m, 2n)\right\}$$

$$\log\frac{2K}{\pi} = -12A - 2B + 2\log 2 + \frac{\pi i}{3n}\left\{(m, n) - 2\left(\frac{m+n}{2}, n\right)\right\}$$

II. wenn $m \equiv 0,\ n \equiv 1 \pmod{2}$

$$2(2m, n) + 2\left(\frac{m}{2}, n\right) + (m+n, 2n) = 6(m, n)$$

$$\log k = \frac{m\pi i}{2n} + \frac{\pi i}{3n}\left\{(m+n, 2n) - 2(2m, n)\right\}$$

$$\log k' = -12A + 2\log 2 + \frac{\pi i}{3n}\left\{(m+n, 2n) - 2\left(\frac{m}{2}, n\right)\right\}$$

$$\log\frac{2K}{\pi} = -2B + \frac{\pi i}{3n}\left\{(m, n) - (m+n, 2n)\right\}$$

III. wenn $m \equiv 1,\ n \equiv 0 \pmod{2}$

$$4\left(m, \frac{n}{2}\right) + (m, 2n) + (m+n, 2n) = 6(m, n)$$

$$\log k = -12A + 2\log 2 + \frac{m\pi i}{2n} + \frac{\pi i}{3n}\left\{(m+n, 2n) - 4\left(m, \frac{n}{2}\right)\right\}$$

$$\log k' = + \frac{\pi i}{3n}\left\{(m+n, 2n) - (m, 2n)\right\}$$

$$\log\frac{2K}{\pi} = -2B + \frac{\pi i}{3n}\left\{(m, n) - (m+n, 2n)\right\}$$

XXVIII.

Fragment aus der Analysis Situs.

Zwei Einstrecke werden derselben oder verschiedenen Gruppen zugerechnet, je nachdem das eine stetig in das andere übergehen kann oder nicht.

Je zwei Einstrecke, welche durch dasselbe Punktepaar begrenzt werden, bilden zusammen ein zusammenhängendes unbegrenztes Einstreck und zwar kann dies die ganze Begrenzung eines Zweistrecks bilden oder nicht, je nachdem sie derselben oder verschiedenen Gruppen angehören.

Ein inneres, zusammenhängendes, unbegrenztes Einstreck kann, einmal genommen, entweder zur ganzen Begrenzung eines innern Zweistrecks ausreichen oder nicht.

Es seien $a_1, a_2, .., a_m$ m innere zusammenhängende unbegrenzte n-Strecke, welche, einmal genommen, weder einzeln noch in Verbindung ein inneres $n+1$-Streck vollständig begrenzen können, und $b_1, b_2, .., b_m$ m ebenso beschaffene n-Strecke, deren jedes mit einem oder einigen der a zusammengenommen ein inneres $n+1$-Streck vollständig begrenzen kann, so kann jedes innere zusammenhängende n-Streck, welches mit den a die ganze Begrenzung eines inneren $n+1$-Strecks bilden kann, dies auch mit den b und umgekehrt.

Bildet irgend ein unbegrenztes inneres n-Streck mit den a zusammengenommen die ganze Begrenzung eines inneren $n+1$-Strecks, so können in Folge der Voraussetzungen die a nach und nach eliminirt und durch die b ersetzt werden.

Ein n-Streck A heisst in ein anderes B veränderlich, wenn durch A und durch Stücke von B ein inneres $n+1$-Streck vollständig begrenzt werden kann.

Wenn im Innern einer stetig ausgedehnten Mannigfaltigkeit mit Hülfe von m festen, für sich nicht begrenzenden, n-Streckstücken jedes unbegrenzte n-Streck begrenzend ist, so hat diese Mannigfaltigkeit einen $m+1$-fachen Zusammenhang $n$ter Dimension.

Eine stetig ausgedehnte zusammenhängende Mannigfaltigkeit heisst einfach zusammenhängend, wenn der Zusammenhang jeder Dimension einfach ist.

Ein Querschnitt einer begrenzten stetig ausgedehnten Mannigfaltigkeit A heisst jede im Innern derselben verlaufende zusammenhängende Mannigfaltigkeit B von weniger Dimensionen, deren Begrenzung ganz in die Begrenzung von A fällt.

Der Zusammenhang eines n-Strecks wird durch jeden einfach zusammenhängenden $n-m$-streckigen Querschnitt entweder in der $m$ten Dimension um 1 erniedrigt oder in der $m-1$ten Dimension um 1 erhöht.

Der Zusammenhang μter Dimension kann nur geändert werden, indem entweder unbegrenzte nicht begrenzende μ-Strecke in begrenzte oder begrenzende in nicht begrenzende verwandelt werden, ersteres in sofern zur Begrenzung eines μ-Strecks, letzteres in sofern zur Begrenzung eines $\mu+1$-Strecks neue Theile hinzukommen.

Abhängigkeit des Zusammenhangs der Begrenzung B einer stetig ausgedehnten Mannigfaltigkeit A von dem Zusammenhang derselben.

Die unbegrenzten innerhalb B nicht begrenzenden Vielstrecke zerfallen in solche, welche innerhalb A nicht begrenzen, und solche, welche innerhalb A begrenzen. Untersuchen wir zunächst, wie der Zusammenhang von B durch einen einfach zusammenhängenden Querschnitt von A geändert wird.

A sei von der $n$ten, der Querschnitt q von der $m$ten Dimension, a eine Hülle eines Punktes von q von der $n-1-m$ten Dimension, welche q nicht schneidet, p die Begrenzung von q.

Der Zusammenhang von A wird in der $n-1-m$ten Dimension um 1 vermehrt, wenn a innerhalb A' nicht begrenzt, in der $n-m$ten Dimension um 1 vermindert, wenn a innerhalb A' begrenzt

$$A' - A = \binom{m+1}{+1} \text{ wenn } a \text{ innerhalb } A' \text{ nicht begrenzt } (\alpha)$$

$$= \binom{m}{-1} \text{ wenn } a \text{ innerhalb } A' \text{ begrenzt } (\beta)$$

. . . .*)

*) Es finden sich im Manuscript hier noch einige Zeichen, deren Bedeutung und Zusammenhang ich nicht entziffern konnte.

	Aenderung von A	Aenderung von B
I. a innerhalb A' nicht begrenzend a innerhalb B' nicht begrenzend folglich p innerhalb B begrenzend.	$\begin{pmatrix} m+1 \\ +1 \end{pmatrix}$	$\begin{pmatrix} n-m-1 & m \\ +1 & +1 \end{pmatrix}$
II. a innerhalb A' begrenzend a innerhalb B' nicht begrenzend folglich p innerhalb B begrenzend.	$\begin{pmatrix} m \\ -1 \end{pmatrix}$	$\begin{pmatrix} n-m-1 & m \\ +1 & +1 \end{pmatrix}$
III. a innerhalb A' begrenzend a innerhalb B' begrenzend folglich p innerhalb B nicht begrenzend.	$\begin{pmatrix} m \\ -1 \end{pmatrix}$	$\begin{pmatrix} n-m & m-1 \\ -1 & -1 \end{pmatrix}$

Zwei Vielstreckstheile (Raumtheile) heissen zusammenhängend oder einem Stück gehörig, wenn sich von einem inneren Punkt des einen durch das Innere des Vielstrecks (Raumes) eine Linie nach einem inneren Punkt des andern ziehen lässt.

Lehrsätze aus der Theoria Situs.

(1.) Ein Vielstreck von weniger als $n-1$ Dimensionen kann nicht Theile eines n-Strecks von einander scheiden. Ein zusammenhängendes n-Streck hat entweder die Eigenschaft, durch jeden $n-1$-streckigen Querschnitt in Stücke zu zerfallen oder nicht. Den Inbegriff der ersteren bezeichnen wir durch a.

Wird ein unter a gehöriges n-Streck durch einen $n-2$-streckigen Querschnitt in ein anderes verwandelt, so ist dies zusammenhängend und gehört entweder zu a oder nicht.

Diejenigen n-Strecke a, welche durch jeden $n-2$-streckigen Querschnitt unter die Nicht-a versetzt werden, bezeichnen wir durch a_1.

(2.) Wird ein Vielstreck A durch einen μ-streckigen Querschnitt in ein anderes A' verwandelt, so bildet jeder Querschnitt von mehr als $\mu+1$ Dimensionen von A einen Querschnitt von A' und umgekehrt.

Wird eins der n-Strecke a_1 durch einen $n-3$-streckigen Querschnitt in ein anderes verwandelt, so gehört dies zu den a (2), kann aber entweder zu den a_1 gehören oder nicht.

Diejenigen unter den a_1, welche durch jeden $n-3$-streckigen Querschnitt unter die Nicht-a_1 versetzt werden, bezeichnen wir durch a_2.

Fährt man auf diese Weise fort, so erhält man zuletzt eine Kategorie a_{n-2} von n-Strecken, welche diejenigen der a_{n-3} umfasst, die durch jeden einstreckigen (linearen) Querschnitt unter die Nicht-a_{n-3} versetzt werden. Diese n-Strecke a_{n-2} nennen wir einfach zusammenhängend. Die n-Strecke a_μ sind also einfach zusammenhängend, in sofern von Querschnitten von $n - \mu - 2$ oder weniger Dimensionen abgesehen wird und sollen bis zur $n - \mu - 2$ten Dimension einfach zusammenhängend genannt werden.*)

Ein n-Streck, welches nicht bis zur $n - 1$ten Dimension einfach zusammenhängend ist, kann durch einen $n - 1$-streckigen Querschnitt zerlegt werden, ohne in Stücke zu zerfallen. Das entstandene n-Streck kann, wenn es nicht bis zur $n - 1$ten Dimension einfach zusammenhängend ist, durch einen ähnlichen Querschnitt weiter zerlegt werden, und offenbar lässt sich dies Verfahren fortsetzen, so lange man nicht zu einem bis zur $n - 1$ten Dimension einfach zusammenhängenden gelangt ist. Die Anzahl der Querschnitte, durch welche eine solche Zerlegung des n-Strecks in ein bis zur ersten Dimension einfach zusammenhängendes bewerkstelligt wird, kann zwar nach der Wahl derselben verschieden ausfallen, offenbar aber muss sie für eine Gattung von Zerlegungen am kleinsten werden.

*) In Uebereinstimmung mit dem Folgenden sollten wohl die n-Strecke a_μ als zusammenhängend bis zur $n - \mu - 1$ten Dimension bezeichnet sein.

XXIX.

Convergenz der p-fach unendlichen Theta-Reihe.*)

Es kann die Untersuchung der Convergenz einer unendlichen Reihe mit positiven Gliedern immer reducirt werden auf die Untersuchung eines bestimmten Integrals nach folgendem Satz:

Es sei

$$a_1 + a_2 + a_3 + \cdots$$

eine Reihe mit positiven abnehmenden Gliedern, ferner $f(x)$ eine mit wachsendem x abnehmende Function, so ist:

$$f(\alpha) > \int_{\alpha}^{\alpha+1} f(x)dx > f(\alpha+1)$$

und mithin:

$$f(0) + f(1) + \cdots + f(n) > \int_0^{n+1} f(x)dx > f(1) + f(2) + \cdots + f(n+1).$$

Die Reihe

$$f(0) + f(1) + f(2) + \cdots$$

convergirt und divergirt daher gleichzeitig mit dem Integral

$$\int_0^{\infty} f(x)\, dx.$$

Ist nun $f(n)$ positiv und $a_n < f(n)$, so wird die Reihe:

$$a_1 + a_2 + a_3 + \cdots$$

ebenfalls convergiren, sobald jenes Integral convergirt. Daraus folgt der Satz:

Ist $a_n < f(x)$, sobald $n \geqq x$ ist, so convergirt die Reihe Σa_n, sobald das Integral $\int_0^{\infty} f(x)dx$ convergirt.

---

*) Diese und die folgende Abhandlung sind einer Vorlesung entnommen, welche Riemann in den Jahren 1861 u. 1862 gehalten hat. Der Bearbeitung liegt ein von G. Roch geführtes Heft zu Grunde.

Setzt man nun $x = \varphi(y)$, $f(x) = f(\varphi(y)) = F(y)$, so erhält man

$$\int_0^\infty f(x)dx = \int F(y)\,\varphi'(y)\,dy.$$

Wenn nun die beiden Variablen x, y gleichzeitig ab- und zunehmen (und zwar bis unendlich) so wird nach den gemachten Voraussetzungen mit wachsendem y $F(y)$ abnehmen, $\varphi(y)$ wachsen. Darnach gehen die oben gefundenen Bedingungen der Convergenz in folgende über:

Die Reihe Σa_n convergirt, wenn für $n \geqq \varphi(y)$ $a_n < F(y)$, oder, was dasselbe ist, wenn für $a_n \geqq F(y)$ $n < \varphi(y)$ ist und das Integral

$$\int_b^\infty F(y)\,\varphi'(y)\,dy$$

convergirt.

Ist nun $a_n > F(y)$, so sind es auch $a_1, a_2, \ldots, a_{n-1}$. Ist also $a_{n+1} < F(y)$, so ist n die Anzahl der Reihenglieder, welche grösser als $F(y)$ sind. Daher lässt sich der Satz auch so ausdrücken:

Sind $F(y)$, $\varphi(y)$ zwei Functionen, von denen die erste mit wachsendem y abnimmt, die zweite (ins Unendliche) zunimmt, und ist die Anzahl der Glieder einer Reihe mit positiven Gliedern, die gleich oder grösser als $F(y)$ sind, kleiner als $\varphi(y)$, so convergirt die Reihe, wenn das Integral $\int_b^\infty F(y)\,\varphi'(y)\,dy$ convergirt.

Es sollen nun solche Functionen für die p-fach unendliche ϑ-Reihe

$$\left(\sum_{-\infty}^{\infty}{}_m\right)^p e^{\sum_1^p{}_\iota \sum_1^p{}_{\iota'} a_{\iota,\iota'} m_\iota m_{\iota'} + 2\sum_1^p{}_\iota m_\iota v_\iota}$$

aufgesucht werden, in der wir, ohne die Allgemeinheit zu beeinträchtigen, zunächst voraussetzen können die Grössen $a_{\iota,\iota'}$ und v_ι seien reell.

Das allgemeine Glied dieser Reihe:

$$e^{\sum_1^p{}_\iota \sum_1^p{}_{\iota'} a_{\iota,\iota'} m_\iota m_{\iota'} + 2\sum_1^p{}_\iota m_\iota v_\iota}$$

ist grösser als e^{-h^2} wenn

$$-\sum_1^p{}_\iota \sum_1^p{}_{\iota'} a_{\iota,\iota'} m_\iota m_{\iota'} - 2\sum_1^p{}_\iota m_\iota v_\iota < h^2.$$

Für unsern Zweck kommt es also darauf an, festzustellen, wie viele Combinationen der ganzen Zahlen $m_1, m_2, \ldots, m_p$ dieser Ungleichung genügen.

Zu dem Ende betrachten wir zunächst das mehrfache bestimmte Integral

$$A = \int\int \cdots \int dx_1 \, dx_2 \, .. \, dx_p$$

dessen Begrenzung gegeben ist durch die Ungleichung

$$-\sum_1^p{}_\iota \sum_1^p{}_{\iota'} a_{\iota,\iota'} x_\iota x_{\iota'} < 1.$$

Das Integral wird immer, und nur dann einen endlichen Werth haben, wenn die homogene Function zweiten Grades

$$-\sum_1^p{}_\iota \sum_1^p{}_{\iota'} a_{\iota,\iota'} x_\iota x_{\iota'}$$

in eine Summe von p positiven Quadraten zerlegt werden kann. Denn ist

$$-\sum \sum a_{\iota,\iota'} x_\iota x_{\iota'} = t_1^2 + t_2^2 + \cdots + t_p^2$$

so ist die Begrenzung des Integrals bestimmt durch die Ungleichung

$$t_1^2 + t_2^2 + \cdots + t_p^2 < 1$$

und das Integral A wird:

$$A = \int\int \cdots \int \left(\sum \pm \frac{\partial x_1}{\partial t_1} \frac{\partial x_2}{\partial t_2} \cdots \frac{\partial x_p}{\partial t_p} \right) dt_1 \, dt_2 \ldots dt_p .$$

Die Functionaldeterminante ist eine endliche Constante und von den Variablen t kann keine absolut grösser als 1 werden.

Wären andrerseits die t^2 nicht alle positiv, oder würden einige in der transformirten Form fehlen, so würden im Integral A auch unendliche Werthe von t vorkommen und somit A selbst unendlich werden.

Dieses Ergebniss wird in Nichts geändert, wenn wir statt der oben angenommenen Begrenzung des Integrals A die folgende nehmen:

$$-\sum_\iota \sum_{\iota'} a_{\iota,\iota'} x_\iota x_{\iota'} - 2 \sum_\iota \alpha_\iota x_\iota < 1 ,$$

wenn die α_ι beliebige reelle Grössen sind. Betrachten wir nun die Ungleichung

$$-\sum_\iota \sum_{\iota'} a_{\iota,\iota'} m_\iota m_{\iota'} - 2 \sum_\iota v_\iota m_\iota < h^2,$$

oder, indem wir $\frac{m_\iota}{h} = x_\iota$ setzen,

$$-\sum_\iota \sum_{\iota'} a_{\iota,\iota'} x_\iota x_{\iota'} - 2 \sum_\iota \frac{v_\iota}{h} x_\iota < 1 ,$$

so folgt zunächst, dass für jedes endliche h nur eine endliche Anzahl von Combinationen der ganzen Zahlen $m_1, m_2, .., m_p$ dieser Ungleichung genügen, denn die x_ι müssen alle innerhalb gewisser endlicher Grenzen bleiben, und innerhalb solcher Grenzen giebt es nur eine endliche Anzahl rationaler Zahlen mit gegebenem Nenner h.

Es sei also $\mathfrak{Z}_h$ die Anzahl der zulässigen Combinationen der Zahlen m.

Betrachtet man nun die über alle diese Combinationen erstreckte Summe

$$\sum_{m_1, m_2, \ldots, m_p} \int_{\frac{m_1}{h}}^{\frac{m_1+1}{h}} dx_1 \int_{\frac{m_2}{h}}^{\frac{m_2+1}{h}} dx_2 \cdots \int_{\frac{m_p}{h}}^{\frac{m_p+1}{h}} dx_p = \frac{\mathfrak{Z}_h}{h^p},$$

so ist dieselbe für jedes endliche h endlich und nähert sich mit unendlich wachsendem h der Grenze A, von der wir nachgewiesen haben, dass sie gleichfalls endlich ist, falls die Function $-\sum_{\iota}\sum_{\iota'} a_{\iota,\iota'} x_\iota x_{\iota'}$ durch p positive Quadrate darstellbar ist. Setzt man diese Summe daher gleich $A + k$, so ist k eine endliche Grösse, die mit unendlich wachsendem h gegen 0 convergirt. Es ist also

$$\mathfrak{Z}_h = (A + k) h^p,$$

und dies ist die Anzahl n der Glieder der Theta-Reihe, welche $> e^{-h^2}$ sind. Es ist sonach

$$n < (A + K) h^p,$$

worin K eine Constante ist, der man, wenn man nur das h, von dem man ausgeht, gross genug annimmt, einen beliebig kleinen Werth ertheilen kann. Die Functionen $F(y)$, $\varphi(y)$ können also folgendermassen angenommen werden

$$F(y) = e^{-y^2}, \quad \varphi(y) = (A + K) y^p$$

und da das Integral

$$\int_0^\infty e^{-y^2}(A + K) p y^{p-1} dy$$

convergirt, so gilt das gleiche von der ϑ-Reihe unter der angegebenen Voraussetzung. Hieraus schliesst man: Die p-fach unendliche Theta-Reihe convergirt für alle Werthe der Variablen $v_1, v_2, \ldots, v_p$, falls der reelle Theil der quadratischen Form im Exponenten wesentlich negativ ist.

XXX.

Zur Theorie der Abel'schen Functionen für den Fall $p = 3$.

Es sei $(e_1, e_2, .., e_p)$ ein Grössensystem, welches die Eigenschaft hat, dass

$$\vartheta(e_1, e_2, .., e_p) = 0$$

ist. Nach Art. 23. der Abhandlung über die Theorie der Abel'schen Functionen (S. 127) lässt sich unter dieser Voraussetzung die Congruenz befriedigen

$$(e_1, e_2, .., e_p) \equiv \left(\sum_1^{p-1} \alpha_1^{(\nu)}, \ldots, \sum_1^{p-1} \alpha_p^{(\nu)}\right) \equiv \left(-\sum_p^{2p-2} \alpha_1^{(\nu)}, \ldots, -\sum_p^{2p-2} \alpha_p^{(\nu)}\right)$$

durch gewisse Punkte $\eta_1, \eta_2, .., \eta_{2p-2}$, welche durch eine Gleichung $\varphi = 0$ verknüpft sind. Sind daher u_μ und u'_μ die Werthe, welche die Integrale erster Gattung u_μ für zwei unbestimmte Werthsysteme s, z und s_1, z_1 annehmen, so verschwindet die Function

$$\vartheta(u_1 - u'_1 - e_1, \ldots, u_p - u'_p - e_p)$$

als Function von s, z betrachtet für $(s, z) = (s_1, z_1)$ und in den $p-1$ Punkten $\eta_1, \eta_2, .., \eta_{p-1}$, als Function von s_1, z_1 betrachtet für $(s_1, z_1) = (s, z)$ und in den Punkten $\eta_p, .., \eta_{2p-2}$. Ist also $(f_1, f_2, .., f_p)$ ein Grössensystem von denselben Eigenschaften wie $(e_1, e_2, .., e_p)$ so wird die Function

$$(1) \qquad \frac{\vartheta(u_1 - u'_1 - e_1, ..)\ \vartheta(u_1 - u'_1 + e_1, ..)}{\vartheta(u_1 - u'_1 - f_1, ..)\ \vartheta(u_1 - u'_1 + f_1, ..)},$$

die sowohl in Bezug auf s, z als in Bezug auf s_1, z_1 rational ist, in je einem durch eine Gleichung $\varphi = 0$ verknüpften Punktsystem unendlich gross und unendlich klein von der ersten Ordnung werden, und wird daher darstellbar sein in der Form

$$(2) \qquad \frac{\sum_1^p c_\nu \varphi_\nu(s, z) \ \sum_1^p c_\nu \varphi_\nu(s_1, z_1)}{\sum_1^p b_\nu \varphi_\nu(s, z) \ \sum_1^p b_\nu \varphi_\nu(s_1, z_1)},$$

worin die Coefficienten b, c von s, z und s_1, z_1 unabhängig sind.

Wenn nun die Grössensysteme e, f die Eigenschaft haben, dass

$$(3)\qquad \begin{aligned}(e_1, e_2, .., e_p) &\equiv (-e_1, -e_2, ..., -e_p)\\ (f_1, f_2, .., f_p) &\equiv (-f_1, -f_2, ..., -f_p)\end{aligned}$$

ist, so fallen die Punkte, in denen die Function (1) oder (2) Null resp. unendlich wird, paarweise zusammen und wir erhalten eine Function, welche nur in $p - 1$ Punkten unendlich gross und unendlich klein von der zweiten Ordnung wird. Hiernach ist die Function

$$\sqrt{\frac{\sum_1^p c_\nu \varphi_\nu(s, z) \quad \sum_1^p c_\nu \varphi_\nu(s_1, z_1)}{\sum_1^p b_\nu \varphi_\nu(s, z) \quad \sum_1^p b_\nu \varphi_\nu(s_1, z_1)}}$$

wie die Fläche T' verzweigt und nimmt beim Ueberschreiten der Querschnitte Factoren an, welche $= \pm 1$ sind. Die auf diese Weise bestimmten Functionen

$$\sqrt{\sum_1^p c_\nu \varphi_\nu(s, z)}$$

welche in $p - 1$ Punkten unendlich klein in der ersten Ordnung werden, heissen Abel'sche Functionen. Sie entstehen aus den Functionen φ durch paarweises Zusammenfallen der 0-Punkte und Wurzelziehen. Die Anzahl dieser Functionen ist im Allgemeinen eine endliche.

Es verlangt nemlich die Congruenz (3), dass die Grössensysteme e, f von der Form seien

$$\left(\varepsilon_1' \frac{\pi i}{2} + \tfrac{1}{2}\varepsilon_1 a_{1,1} + \cdots + \tfrac{1}{2}\varepsilon_p a_{p,1}, \ldots, \varepsilon_p' \frac{\pi i}{2} + \tfrac{1}{2}\varepsilon_1 a_{1,p} + \cdots + \tfrac{1}{2}\varepsilon_p a_{p,p}\right)$$

worin die $\varepsilon, \varepsilon'$ ganze Zahlen bedeuten, welche auf ihre kleinsten Reste (modulo 2) reducirt werden können. Die Bedingung $\vartheta(e_1, e_2 .., e_p) = 0$ wird durch ein solches Grössensystem im Allgemeinen nur erfüllt wenn

$$(4)\qquad \varepsilon_1 \varepsilon_1' + \varepsilon_2 \varepsilon_2' + \cdots + \varepsilon_p \varepsilon_p' \equiv 1 \pmod{2}$$

ist. Solche Zahlensysteme $\varepsilon, \varepsilon'$ existiren aber $2^{p-1}(2^p - 1)$, und so gross ist daher auch im Allgemeinen die Zahl der Abel'schen Functionen. Der Zahlencomplex

$$\begin{pmatrix}\varepsilon_1, & \varepsilon_2, & .., & \varepsilon_p\\ \varepsilon_1', & \varepsilon_2', & .., & \varepsilon_p'\end{pmatrix}$$

heisst die Charakteristik der Function

$$\sqrt{\sum_1^p c_\nu \varphi_\nu(s, z)}$$

und wird mit

$$\left(\sqrt{\sum_1^p c_\nu \varphi_\nu(s, z)}\right)$$

bezeichnet. Man nennt die Charakteristik ungerade, wenn die Congruenz (4) erfüllt ist, sonst gerade. Die Anzahl der geraden Charakteristiken beträgt $2^{p-1}(2^p + 1)$ und diesen entsprechen im Allgemeinen keine Abel'schen Functionen.

Unter der Summe zweier Charakteristiken versteht man die Charakteristik, welche durch Addition entsprechender Elemente entsteht, wonach die Elemente immer auf 0 oder 1 reducirt werden können. Summe und Differenz zweier Charakteristiken sind daher identisch.

Es soll nun zunächst die Gleichung $F(s, z) = 0$ durch Einführung neuer Variablen in eine symmetrische Form gebracht werden. Ist $p \geqq 3$, so existiren mindestens drei von einander linear unabhängige Functionen φ, und man kann daher die Gleichung $F(s, z) = 0$ umformen durch Einführung der Variablen

$$\xi = \frac{\varphi_1}{\varphi_3}; \quad \eta = \frac{\varphi_2}{\varphi_3}$$

(falls zwischen diesen keine identische Gleichung besteht, was im Allgemeinen nicht der Fall ist).

Genügen die Functionen φ_1, φ_2, φ_3 nicht besonderen Bedingungen, so gehören zu jedem Werth von ξ $2p - 2$ Werthe von η und umgekehrt, da jede der beiden Functionen

$$\varphi_1 - \xi\varphi_3, \quad \varphi_2 - \eta\varphi_3$$

für ein constantes ξ, resp. η in $2p - 2$ Punkten verschwindet. Die resultirende Gleichung $F(\xi, \eta) = 0$ ist also in Bezug auf jede der Variablen vom Grade $2p - 2$. Da ausserdem dieser Grad erhalten bleiben muss, wenn für ξ, η irgend eine lineare Substitution gemacht wird, so kann in dieser Gleichung kein Glied in Bezug auf ξ, η zusammengenommen die $(2p - 2)$te Dimension übersteigen. Die übrigen Functionen φ werden, durch ξ, η ausgedrückt, in Functionen übergehen, in denen kein Glied die $(2p - 5)$te Dimension überschreiten kann, wie man daraus erkennt dass $\int \frac{\varphi}{\frac{\partial F}{\partial \xi}} d\eta$ endlich bleiben muss für unendliche Werthe von ξ und η.

Die Anzahl der Constanten, die in einer solchen Function $(2p - 5)$ten Grades vorkommen, ist $= (p - 2)(2p - 3)$. Bestimmt man r von ihnen so, dass die Functionen φ für die r Werthepaare (γ, δ) wo $\frac{\partial F}{\partial \xi}$, $\frac{\partial F}{\partial \eta}$ zugleich verschwinden, ebenfalls 0 werden, so müssen p Constanten übrig bleiben, da es p linear unabhängige Integrale erster Gattung giebt. Es ist demnach

$$(p-2)(2p-3) = p + r$$

und folglich:

$$r = 2(p-1)(p-3).$$

Zu demselben Ergebniss gelangt man auf folgendem Wege: Die Function $\frac{\partial F}{\partial \xi}$ wird in $(2p-2)(2p-3)$ Punkten unendlich klein von der ersten Ordnung, und diese Zahl ist $= \mathrm{w} + 2r$, wenn w die Anzahl der einfachen Verzweigungspunkte ist. Andrerseits ist (Theorie der Abel'schen Functionen Art. 7.)

$$\mathrm{w} = 2(n+p-1), \quad n = 2p-2$$
$$\mathrm{w} = 2(3p-3)$$

mithin:

$$r = (p-1)(2p-3) - \tfrac{1}{2}\mathrm{w} = 2(p-1)(p-3).$$

Werden nun sämmtliche Functionen φ durch ξ, η ausgedrückt, so müssen die beiden Gleichungen:

$$\xi = \frac{\varphi_1}{\varphi_3}; \quad \eta = \frac{\varphi_2}{\varphi_3}$$

identisch werden, also:

$$\varphi_1 = \xi\varphi_3; \quad \varphi_2 = \eta\varphi_3.$$

Es muss mithin eine Function φ_3 geben, die in Bezug auf ξ, η nur von der $(2p-6)$ten Dimension ist. Diese Function φ wird also für $(2p-2)(2p-6) = 2r$ der Gleichung $F = 0$ genügende Werthepaare von ξ, η verschwinden und wird demnach nur in den r Punktpaaren (γ, δ) gleich Null werden können.

Endlich geht durch Einführung der neuen Variablen $\xi = \frac{x}{z}$, $\eta = \frac{y}{z}$ und Multiplication mit z^{2p-2} die Gleichung $F = 0$ in eine homogene Gleichung vom Grade $2p-2$ für die drei Veränderlichen x, y, z über:

$$\overset{2p-2}{F(x, y, z)} = 0.$$

Für den Fall $p = 3$ ist die Gleichung $F(\xi, \eta) = 0$ oder $F(x, y, z) = 0$ vom vierten Grad; es ist $r = 0$ und die Function φ_3 reducirt sich auf eine Constante. Keine der Functionen φ kann den ersten Grad übersteigen und der allgemeine Ausdruck dieser Functionen ist

$$\varphi = c\xi + c'\eta + c'',$$

oder, wo es nur auf die Verhältnisse solcher Functionen ankommt,

$$\varphi = cx + c'y + c''z,$$

worin c, c', c'' Constanten sind. Jede Function φ wird in vier Punkten unendlich klein von der ersten Ordnung und es giebt 28 solcher Functionen, deren Nullpunkte paarweise zusammenfallen. Die Quadratwurzeln aus diesen sind die Abel'schen Functionen und wir haben zu untersuchen, wie sich die Charakteristiken diesen 28 Functionen zuordnen.

Führen wir als Variable x, y, z drei solche Functionen φ ein, welche zweimal unendlich klein in der zweiten Ordnung werden, so dass $\sqrt{x}$, $\sqrt{y}$, $\sqrt{z}$ Abel'sche Functionen sind, so hat die daraus hervorgehende Gleichung $F(x, y, z) = 0$ die Eigenschaft, in ein vollständiges Quadrat überzugehen, wenn x oder y oder $z = 0$ gesetzt werden. Es sei daher

$$\begin{aligned}
&\text{für } x = 0 \; : \; F = (y - \alpha z)^2 (y - \alpha' z)^2 \\
&\text{für } y = 0 \; : \; F = (z - \beta x)^2 (z - \beta' x)^2 \\
&\text{für } z = 0 \; : \; F = (x - \gamma y)^2 (x - \gamma' y)^2.
\end{aligned}$$

Sind nun a, b, c die Coefficienten von x^4, y^4, z^4 in $F(x, y, z)$, so ist:

$$\alpha\alpha' = \pm\sqrt{\frac{c}{b}}, \quad \beta\beta' = \pm\sqrt{\frac{a}{c}}, \quad \gamma\gamma' = \pm\sqrt{\frac{a}{b}}$$

und folglich:

(5) $$\alpha\alpha'\beta\beta'\gamma\gamma' = \pm 1.$$

Kennt man daher die Grössen α, α', β, β', γ, γ', so kann man alle Glieder der Function $F(x, y, z)$ bilden, welche nicht das Product xyz enthalten, und F enthält ausserdem nur noch ein Glied $xyzt$, worin t eine lineare homogene Function von x, y, z ist.

Wenn nun in der Gleichung (5) das obere Zeichen gilt, so kann man den ersteren Theil von F immer darstellen als das Quadrat einer homogenen Function zweiten Grades von x, y, z. Denn setzen wir

$$f = a_{1,1}x^2 + a_{2,2}y^2 + a_{3,3}z^2 + 2a_{2,3}yz + 2a_{3,1}zx + 2a_{1,2}xy,$$

so ergeben sich zur Bestimmung der Coefficienten $a_{i,k}$ die Gleichungen:

$$\begin{aligned}
\alpha\alpha' &= \frac{a_{3,3}}{a_{2,2}}, \quad \alpha + \alpha' = -2\frac{a_{2,3}}{a_{2,2}}, \\
\beta\beta' &= \frac{a_{1,1}}{a_{3,3}}, \quad \beta + \beta' = -2\frac{a_{3,1}}{a_{3,3}}, \\
\gamma\gamma' &= \frac{a_{2,2}}{a_{1,1}}, \quad \gamma + \gamma' = -2\frac{a_{1,2}}{a_{1,1}},
\end{aligned}$$

welche immer befriedigt werden können, wenn $\alpha\alpha'\beta\beta'\gamma\gamma' = 1$ ist. Unter dieser Voraussetzung geht also $F = 0$ über in

(6) $$f^2 - xyzt = 0.$$

Setzt man $t = 0$, so erhält man aus $f^2 = 0$ wieder zwei Paare einander gleicher Wurzeln und demnach ist auch $\sqrt{t}$ eine Abel'sche Function und zwar eine solche, dass $\sqrt{xyzt}$ eine rationale Function von x, y, z ist.

Sind daher (a) (b) (c) (d) die Charakteristiken von $\sqrt{x}$, $\sqrt{y}$, $\sqrt{z}$, $\sqrt{t}$, so muss

$$(a + b + c + d) = \binom{0\,0\,0}{0\,0\,0}$$

oder

$$(d) = (a + b + c)$$

sein. Es muss also die Summe der Charakteristiken der drei Functionen $\sqrt{x}$, $\sqrt{y}$, $\sqrt{z}$ eine ungerade Charakteristik sein.

Ist umgekehrt diese Voraussetzung erfüllt, und ist $\sqrt{t}$ diejenige Abel'sche Function, die zu der Charakteristik $(a + b + c)$ gehörte, so ist $\sqrt{xyzt}$ eine Function, die beim Ueberschreiten der Querschnitte sich stetig ändert und mithin rational durch x, y, z darstellbar ist, diese Function kann aber den zweiten Grad nicht übersteigen, und daher ergiebt sich auch immer unter dieser Voraussetzung eine Gleichung von der Form (6). Diese Gleichung kann nicht identisch sein, wenn $\sqrt{x}$, $\sqrt{y}$, $\sqrt{z}$, $\sqrt{t}$ verschiedene Abel'sche Functionen sind.

Da es 28 Abel'sche Functionen giebt, so kann die Gleichung $F = 0$ auf mehrere Arten in die Form (6) gebracht werden. Wir wollen zunächst untersuchen, ob das Paar Abel'scher Functionen $\sqrt{z}$, $\sqrt{t}$ durch ein anderes Paar $\sqrt{p}$, $\sqrt{q}$ ersetzt werden kann.

Es möge also $F = 0$ durch Einführung von x, y, p, q in die Form gebracht werden:

$$\psi^2 - xypq = 0,$$

dann muss, wenn ein constanter Factor passend bestimmt wird, die identische Gleichung bestehen:

$$f^2 - xyzt = \psi^2 - xypq$$

oder:

$$(f - \psi)(f + \psi) = xy(zt - pq).$$

Es muss demnach $f - \psi$ oder $f + \psi$ durch xy theilbar sein und kann sich, da beide vom zweiten Grade sind, nur um einen constanten Factor davon unterscheiden. Sei demnach

$$(7) \qquad \begin{aligned} \psi - f &= \alpha xy, \\ \alpha(\psi + f) &= -zt + pq, \end{aligned}$$

woraus:

$$(8) \qquad \begin{aligned} \psi &= \alpha xy + f, \\ 2\alpha f + \alpha^2 xy + zt &= pq. \end{aligned}$$

Die linke Seite dieser letzteren Gleichung muss also in zwei lineare Factoren zerfallen; denken wir uns diese Function entwickelt in der Form

$$a_{1,1}x^2 + a_{2,2}y^2 + a_{3,3}z^2 + 2a_{2,3}yz + 2a_{3,1}zx + 2a_{1,2}xy,$$

so sind die Coefficienten $a_{i,k}$ Functionen zweiten Grades von α; da aber die Determinante

$$\sum \pm a_{1,1}\, a_{2,2}\, a_{3,3}$$

verschwinden muss, so erhält man eine Gleichung 6ten Grades für α, von der leicht einzusehen ist, dass sie die Wurzeln $\alpha = 0$ und $\alpha = \infty$ hat, entsprechend den beiden Zerlegungen zt und xy.

Es bleibt also eine Gleichung vierten Grades übrig, deren Wurzeln vier Functionenpaare p, q liefern, welche die verlangte Eigenschaft haben.

Aus der zweiten Gleichung (8) folgt noch mit Hülfe von (6)

$$pqzt = z^2t^2 + 2\alpha fzt + \alpha^2 f^2 = (zt + \alpha f)^2,$$

so dass man die gewünschte Form der Gleichung $F = 0$ auch durch die Functionen p, q, z, t herstellen kann. Gehen wir demnach von zwei beliebigen Abel'schen Functionen $\sqrt{x}$, $\sqrt{y}$ aus, so erhalten wir 6 Paare solcher Functionen:

$$\sqrt{xy},\ \sqrt{zt},\ \sqrt{p_1q_1},\ \sqrt{p_2q_2},\ \sqrt{p_3q_3},\ \sqrt{p_4q_4},$$

welche die Eigenschaft haben, dass durch je zwei derselben die Gleichung $F = 0$ auf die Form gebracht wird:

$$f^2 - xyzt = 0.$$

Diese 6 Functionen müssen beim Ueberschreiten der Querschnitte dieselben Factoren annehmen, da sonst nicht das Product von zweien derselben rational sein könnte. Solche 6 Producte von je zwei Abel'schen Functionen nennen wir zu einer Gruppe gehörig. Da die Factorensysteme an den Querschnitten für Producte von Abel'schen Functionen durch die Summen der Charakteristiken bestimmt sind, so folgt, dass die Charakteristiken aller Paare einer Gruppe dieselbe Summe ergeben müssen, welche die Gruppencharakteristik heisst.

Aus den Gleichungen (8) und (6) ergiebt sich noch

$$2f = \frac{pq - zt}{\alpha} - \alpha xy = 2\sqrt{xy}\,\sqrt{zt},$$

woraus:

$$pq = \alpha^2 xy + 2\alpha\sqrt{xy}\sqrt{zt} + zt$$

oder:

$$\sqrt{pq} = \sqrt{zt} + \alpha\sqrt{xy}, \tag{9}$$

woraus man den Schluss zieht, dass jedes Product einer Gruppe linear durch zwei Producte derselben Gruppe ausgedrückt werden kann.

Ordnet man sämmtliche 28 Abel'sche Functionen zu Paaren, so erhält man $\frac{28 \,.\, 27}{2} = 6 \,.\, 63$ Paare, welche zu 6 und 6 in 63 Gruppen zerfallen. Jede der von $\begin{pmatrix}000\\000\end{pmatrix}$ verschiedenen 63 Charakteristiken kann Gruppencharakteristik sein.

Um die Charakteristiken der 6 Paare einer Gruppe zu erhalten, hat man daher die betreffende Gruppencharakteristik auf 6 Arten in zwei ungerade Charakteristiken zu zerlegen. Als Beispiel hierfür diene die Gruppe mit der Gruppencharakteristik $\begin{pmatrix}001\\000\end{pmatrix}$:

$$\begin{pmatrix}001\\000\end{pmatrix} = \begin{pmatrix}101\\100\end{pmatrix} + \begin{pmatrix}100\\100\end{pmatrix} = \begin{pmatrix}011\\010\end{pmatrix} + \begin{pmatrix}010\\010\end{pmatrix} = \begin{pmatrix}111\\100\end{pmatrix} + \begin{pmatrix}110\\100\end{pmatrix}$$
$$= \begin{pmatrix}111\\010\end{pmatrix} + \begin{pmatrix}110\\010\end{pmatrix} = \begin{pmatrix}011\\110\end{pmatrix} + \begin{pmatrix}010\\110\end{pmatrix} = \begin{pmatrix}101\\110\end{pmatrix} + \begin{pmatrix}100\\110\end{pmatrix}.$$

Wenn drei Paare Abel'scher Functionen bekannt sind, so erhält man die übrigen Paare derselben Gruppe durch Auflösung einer cubischen Gleichung, und man kann mit ihrer Hülfe sämmtliche übrigen Abel'schen Functionen mit ihren Charakteristiken bestimmen.

Um dies durchzuführen, nehmen wir an, es seien $\sqrt{x\xi}$, $\sqrt{y\eta}$, $\sqrt{z\zeta}$ drei Paare einer Gruppe, so dass ξ, η, ζ als lineare homogene Functionen von x, y, z gegeben sind.

Durch passende Bestimmung constanter Factoren kann die Gleichung (9) in der Form angenommen werden:

(10) $$\sqrt{x\xi} + \sqrt{y\eta} + \sqrt{z\zeta} = 0,$$

woraus sich ergiebt:

$$z\zeta = x\xi + y\eta + 2\sqrt{x\xi y\eta}$$

oder

(11) $$4x\xi y\eta = (z\zeta - x\xi - y\eta)^2,$$

so dass

(12) $$f = z\zeta - x\xi - y\eta$$

wird.

Um alle in die Gruppe $\sqrt{x\xi}$, $\sqrt{y\eta}$ gehörigen Paare zu finden hat man nach dem Obigen eine biquadratische Gleichung zu lösen, von der aber eine Wurzel, dem Paare $\sqrt{z\zeta}$ entsprechend, bereits bekannt ist. Die Rechnung wird daher symmetrischer, wenn man zunächst die Paare der Gruppe $\sqrt{x\eta}$, in welche auch das Paar $\sqrt{y\xi}$ gehört, aufsucht.

Ist $\sqrt{pq}$ ein weiteres unbekanntes Paar dieser Gruppe, so hat man neben der Gleichung (11) eine mit ihr identische:

(13) $$4y\xi pq = \varphi^2,$$

wenn (nach 8)

$$\varphi = f + 2\lambda y\xi,$$

worin λ eine noch unbekannte Constante bedeutet. Hieraus erhält man mittelst (11) und (12)

$$\varphi^2 = 4\lambda y\xi\left(x\xi + y\eta - z\zeta + \frac{x\eta}{\lambda} + \lambda y\xi\right),$$

und demnach ist (von dem Factor λ abgesehen)

$$pq = x\xi + y\eta - z\zeta + \frac{x\eta}{\lambda} + \lambda y\xi$$
$$= \left(\xi + \frac{\eta}{\lambda}\right)(x + \lambda y) - z\zeta;$$

für $x + \lambda y = 0$ und $z = 0$ muss eine der beiden Functionen p, q, etwa p verschwinden, woraus, wenn μ einen weiteren unbekannten Coefficienten bedeutet, folgt:

(14) $$p = x + \lambda y + \mu z,$$
$$pq = p\left(\xi + \frac{\eta}{\lambda}\right) - \mu z\left(\xi + \frac{\eta}{\lambda} + \frac{\zeta}{\mu}\right),$$

und hieraus weiter, da p und z nicht identisch sind,

(15) $$\xi + \frac{\eta}{\lambda} + \frac{\zeta}{\mu} = -a^2 p,$$

also mit Hülfe von (13):

$$ax + a\lambda y + a\mu z + \frac{\xi}{a} + \frac{\eta}{\lambda a} + \frac{\zeta}{\mu a} = 0,$$

oder indem man λa, μa durch b, c ersetzt:

(16) $$ax + by + cz + \frac{\xi}{a} + \frac{\eta}{b} + \frac{\zeta}{c} = 0,$$

wonach man, da es auf einen constanten Factor bei p und q nicht ankommt, erhält:

$$p = ax + by + cz = -\left(\frac{\xi}{a} + \frac{\eta}{b} + \frac{\zeta}{c}\right),$$
$$q = \frac{\xi}{a} + \frac{\eta}{b} + cz = -\left(ax + by + \frac{\zeta}{c}\right).$$

Da es vier Paare p, q giebt, so müssen sich vier Systeme a, b, c bestimmen lassen.

Um hierzu zu gelangen berücksichtige man, dass zwischen den 6 Functionen x, y, z, ξ, η, ζ drei homogene lineare Gleichungen bestehen, die wir durch $u_1 = 0$, $u_2 = 0$, $u_3 = 0$ bezeichnen. Wir leiten hieraus mit den unbestimmten Coefficienten l_1, l_2, l_3 eine lineare Combination her:

$$l_1 u_1 + l_2 u_2 + l_3 u_3 = \alpha x + \beta y + \gamma z + \alpha'\xi + \beta'\eta + \gamma'\zeta = 0$$

worin α, β, γ, α', β', γ' lineare homogene Ausdrücke in l_1, l_2, l_3 sind. Diese Relation wird die Form (16) haben, wenn die Bedingungen erfüllt sind:

$$\alpha\alpha' = \beta\beta' = \gamma\gamma',$$

woraus man vier Werthsysteme für die Verhältnisse $l_1 : l_2 : l_3$ erhält.

Man gelangt am elegantesten zum Ziel, wenn man sich die Functionen ξ, η, ζ durch drei Gleichungen von der Form gegeben denkt:

$$(17)\qquad \begin{aligned} x + y + z + \xi + \eta + \zeta &= 0,\\ \alpha x + \beta y + \gamma z + \frac{\xi}{\alpha} + \frac{\eta}{\beta} + \frac{\zeta}{\gamma} &= 0,\\ \alpha' x + \beta' y + \gamma' z + \frac{\xi}{\alpha'} + \frac{\eta}{\beta'} + \frac{\zeta}{\gamma'} &= 0. \end{aligned}$$

Dass die Coefficienten in den ersten dieser Gleichungen die Werthe 1 haben, kann man durch Hinzufügung constanter Factoren zu x, y, z, ξ, η, ζ bewirken, wobei zugleich die Gleichung (10) ihre Form nicht ändert.

Aus den Gleichungen (17) muss als identische Folge eine vierte von der gleichen Form sich ergeben:

$$(18)\qquad \alpha'' x + \beta'' y + \gamma'' z + \frac{\xi}{\alpha''} + \frac{\eta}{\beta''} + \frac{\zeta}{\gamma''} = 0.$$

Um also α'', β'', γ'' zu erhalten, hat man die Coefficienten λ, λ', λ'' aus folgenden Gleichungen zu bestimmen:

$$(19)\qquad \begin{aligned} \lambda''\alpha'' &= \lambda'\alpha' + \lambda\alpha + 1, & \frac{\lambda''}{\alpha''} &= \frac{\lambda'}{\alpha'} + \frac{\lambda}{\alpha} + 1,\\ \lambda''\beta'' &= \lambda'\beta' + \lambda\beta + 1, & \frac{\lambda''}{\beta''} &= \frac{\lambda'}{\beta'} + \frac{\lambda}{\beta} + 1,\\ \lambda''\gamma'' &= \lambda'\gamma' + \lambda\gamma + 1, & \frac{\lambda''}{\gamma''} &= \frac{\lambda'}{\gamma'} + \frac{\lambda}{\gamma} + 1. \end{aligned}$$

Durch Multiplication zweier entsprechender von diesen Gleichungen ergiebt sich

$$(20)\qquad \begin{aligned} \lambda''^2 &= \lambda'^2 + \lambda^2 + \lambda\lambda'\left(\frac{\alpha}{\alpha'} + \frac{\alpha'}{\alpha}\right) + \lambda\left(\alpha + \frac{1}{\alpha}\right) + \lambda'\left(\alpha' + \frac{1}{\alpha'}\right) + 1,\\ \lambda''^2 &= \lambda'^2 + \lambda^2 + \lambda\lambda'\left(\frac{\beta}{\beta'} + \frac{\beta'}{\beta}\right) + \lambda\left(\beta + \frac{1}{\beta}\right) + \lambda'\left(\beta' + \frac{1}{\beta'}\right) + 1,\\ \lambda''^2 &= \lambda'^2 + \lambda^2 + \lambda\lambda'\left(\frac{\gamma}{\gamma'} + \frac{\gamma'}{\gamma}\right) + \lambda\left(\gamma + \frac{1}{\gamma}\right) + \lambda'\left(\gamma' + \frac{1}{\gamma'}\right) + 1. \end{aligned}$$

Eliminirt man aus je zweien derselben λ'', so ergeben sich für $\frac{1}{\lambda}$, $\frac{1}{\lambda'}$ die folgenden beiden linearen Gleichungen:

$$\begin{aligned} 0 = \frac{1}{\lambda'}\left(\alpha + \frac{1}{\alpha} - \beta - \frac{1}{\beta}\right) &+ \frac{1}{\lambda}\left(\alpha' + \frac{1}{\alpha'} - \beta' - \frac{1}{\beta'}\right)\\ &+ \left(\frac{\alpha'}{\alpha} + \frac{\alpha}{\alpha'} - \frac{\beta'}{\beta} - \frac{\beta}{\beta'}\right),\\ 0 = \frac{1}{\lambda'}\left(\alpha + \frac{1}{\alpha} - \gamma - \frac{1}{\gamma}\right) &+ \frac{1}{\lambda}\left(\alpha' + \frac{1}{\alpha'} - \gamma' - \frac{1}{\gamma'}\right)\\ &+ \left(\frac{\alpha'}{\alpha} + \frac{\alpha}{\alpha'} - \frac{\gamma'}{\gamma} - \frac{\gamma}{\gamma'}\right), \end{aligned}$$

woraus λ, λ' eindeutig berechnet werden können.

Aus einer der Gleichungen (20) erhält man λ'' abgesehen vom Vorzeichen und aus (19) endlich α'', β'', γ'' ebenfalls bis auf das allen gemeinschaftliche Vorzeichen, welches der Natur der Sache nach unbestimmt bleibt.*)

Hat man auf diese Weise α'', β'', γ'', so erhält man in der Gruppe $\sqrt{x\eta}$, $\sqrt{y\xi}$ die folgenden vier Paare Abel'scher Functionen:

$$\begin{array}{ll}
\sqrt{x+y+z}; & \sqrt{\xi+\eta+z} \\
\sqrt{\alpha x+\beta y+\gamma z}, & \sqrt{\frac{\xi}{\alpha}+\frac{\eta}{\beta}+\gamma z} \\
\sqrt{\alpha' x+\beta' y+\gamma' z}, & \sqrt{\frac{\xi}{\alpha'}+\frac{\eta}{\beta'}+\gamma' z} \\
\sqrt{\alpha'' x+\beta'' y+\gamma'' z}, & \sqrt{\frac{\xi}{\alpha''}+\frac{\eta}{\beta''}+\gamma'' z}.
\end{array}$$

Auf die gleiche Weise ergeben sich in der Gruppe $\sqrt{x\zeta}$, $\sqrt{z\xi}$ die Paare:

$$\begin{array}{ll}
\sqrt{x+y+z}, & \sqrt{\xi+y+\zeta} \\
\sqrt{\alpha x+\beta y+\gamma z}, & \sqrt{\frac{\xi}{\alpha}+\beta y+\frac{\zeta}{\gamma}} \\
\sqrt{\alpha' x+\beta' y+\gamma' z}, & \sqrt{\frac{\xi}{\alpha'}+\beta' y+\frac{\zeta}{\gamma'}} \\
\sqrt{\alpha'' x+\beta'' y+\gamma'' z}, & \sqrt{\frac{\xi}{\alpha''}+\beta'' y+\frac{\zeta}{\gamma''}}
\end{array}$$

und in der Gruppe $\sqrt{y\zeta}$, $\sqrt{z\eta}$ die Paare:

$$\begin{array}{ll}
\sqrt{x+y+z}, & \sqrt{x+\eta+\zeta} \\
\sqrt{\alpha x+\beta y+\gamma z}, & \sqrt{\alpha x+\frac{\eta}{\beta}+\frac{\zeta}{\gamma}} \\
\sqrt{\alpha' x+\beta' y+\gamma' z}, & \sqrt{\alpha' x+\frac{\eta}{\beta'}+\frac{\zeta}{\gamma'}} \\
\sqrt{\alpha'' x+\beta'' y+\gamma'' z}, & \sqrt{\alpha'' x+\frac{\eta}{\beta''}+\frac{\zeta}{\gamma''}},
\end{array}$$

---

*) Setzt man zur Abkürzung:

$$\begin{vmatrix} 1, & 1, & 1 \\ \alpha, & \beta, & \gamma \\ \alpha', & \beta', & \gamma' \end{vmatrix} = (\alpha, \beta, \gamma), \qquad \begin{vmatrix} 1, & 1, & 1 \\ \frac{1}{\alpha}, & \beta, & \gamma \\ \frac{1}{\alpha'}, & \beta', & \gamma' \end{vmatrix} = \left(\frac{1}{\alpha}, \beta, \gamma\right) \text{ etc.}$$

so kann man α'', β'', γ'' aus den Gleichungen

$$\alpha\alpha'\alpha'' \quad \beta\beta'\beta'' = (\alpha, \beta, \gamma)\left(\alpha, \beta, \frac{1}{\gamma}\right) : \left(\frac{1}{\alpha}, \frac{1}{\beta}, \gamma\right)\left(\frac{1}{\alpha}, \frac{1}{\beta}, \frac{1}{\gamma}\right)$$

$$\alpha\alpha'\alpha'' : \beta\beta'\beta'' = \left(\alpha, \frac{1}{\beta}, \gamma\right)\left(\alpha, \frac{1}{\beta}, \frac{1}{\gamma}\right) : \left(\frac{1}{\alpha}, \beta, \gamma\right)\left(\frac{1}{\alpha}, \beta, \frac{1}{\gamma}\right)$$

und den analogen Gleichungen bestimmen.

so dass ausser den gegebenen 6 Abel'schen Functionen 16 weitere bestimmt sind. Um die Charakteristiken derselben zu erhalten hat man nur zu beachten, dass die drei hier betrachteten Gruppen vier Abel'sche Functionen gemeinschaftlich enthalten. Bildet man also die entsprechenden Gruppen der Charakteristiken, so müssen diese vier Charakteristiken gemeinschaftlich haben und diese hat man den Functionen

$$\sqrt{x+y+z},\ \sqrt{\alpha x+\beta y+\gamma z},\ \sqrt{\alpha' x+\beta' y+\gamma' z},\ \sqrt{\alpha'' x+\beta'' y+\gamma'' z}$$

in einer beliebigen Weise zuzuordnen. Die Charakteristiken der übrigen Abel'schen Functionen sind dadurch vollständig bestimmt, weil sie mit diesen in den drei Gruppen in derselben Weise gepaart auftreten müssen, wie die entsprechenden Abel'schen Functionen. Diese Charakteristiken lassen sich in folgender Weise symmetrisch darstellen.

Es seien die Charakteristiken der Gruppen $\sqrt{y\zeta}$, $\sqrt{z\xi}$, $\sqrt{x\eta}$ resp. mit (p), (q), (r) bezeichnet, ferner mit (d), (e), (f), (g) die Charakteristiken der vier Functionen

$$\sqrt{x+y+z},\ \sqrt{\alpha x+\beta y+\gamma z},\ \sqrt{\alpha' x+\beta' y+\gamma' z},\ \sqrt{\alpha'' x+\beta'' y+\gamma'' z}$$

und mit $(n+p)$ die von $\sqrt{x}$. Hiernach erhält man folgende Ausdrücke für die Charakteristiken:

$$(\sqrt{x}) = (n+p),\qquad (\sqrt{y}) = (n+q),\qquad (\sqrt{z}) = (n+r)$$
$$(\sqrt{\xi}) = (n+q+r),\ (\sqrt{\eta}) = (n+r+p),\ (\sqrt{\zeta}) = (n+p+q)$$

(21)
$$\begin{aligned}
&(\sqrt{x+y+z}) = (d), && (\sqrt{x+\eta+\zeta}) = (p+d),\\
&(\sqrt{\alpha x+\beta y+\gamma z}) = (e), && \left(\sqrt{\alpha x+\tfrac{\eta}{\beta}+\tfrac{\zeta}{\gamma}}\right) = (p+e),\\
&(\sqrt{\alpha' x+\beta' y+\gamma' z}) = (f), && \left(\sqrt{\alpha' x+\tfrac{\eta}{\beta'}+\tfrac{\zeta}{\gamma'}}\right) = (p+f)\\
&(\sqrt{\alpha'' x+\beta'' y+\gamma'' z}) = (g), && \left(\sqrt{\alpha'' x+\tfrac{\eta}{\beta''}+\tfrac{\zeta}{\gamma''}}\right) = (p+g),\\
&(\sqrt{\xi+y+\zeta}) = (q+d), && (\sqrt{\xi+\eta+z}) = (r+d),\\
&\left(\sqrt{\tfrac{\xi}{\alpha}+\beta y+\tfrac{\zeta}{\gamma}}\right) = (q+e), && \left(\sqrt{\tfrac{\xi}{\alpha}+\tfrac{\eta}{\beta}+\gamma z}\right) = (r+e),\\
&\left(\sqrt{\tfrac{\xi}{\alpha'}+\beta' y+\tfrac{\zeta}{\gamma'}}\right) = (q+f), && \left(\sqrt{\tfrac{\xi}{\alpha'}+\tfrac{\eta}{\beta'}+\gamma' z}\right) = (r+f),\\
&\left(\sqrt{\tfrac{\xi}{\alpha''}+\beta'' y+\tfrac{\zeta}{\gamma''}}\right) = (q+g), && \left(\sqrt{\tfrac{\xi}{\alpha''}+\tfrac{\eta}{\beta''}+\gamma'' z}\right) = (r+g).
\end{aligned}$$

Nehmen wir beispielsweise an:

$$(\sqrt{x}) = \binom{101}{100}, \quad (\sqrt{y}) = \binom{111}{100}, \quad (\sqrt{z}) = \binom{101}{110}$$

$$(\sqrt{\xi}) = \binom{100}{100}, \quad (\sqrt{\eta}) = \binom{110}{100}, \quad (\sqrt{\zeta}) = \binom{100}{110}$$

was statthaft ist, weil hiernach $\sqrt{x\xi}$, $\sqrt{y\eta}$, $\sqrt{z\zeta}$ in dieselbe Gruppe $\binom{001}{000}$ gehören, so folgt:

$$(p) = \binom{011}{010}, \quad (q) = \binom{001}{010}, \quad (r) = \binom{011}{000}, \quad (n) = \binom{110}{110}.$$

Die vollständigen Gruppen (p), (q) sind:

$$\binom{011}{010} = \binom{100}{110} + \binom{111}{100} = \binom{101}{110} + \binom{110}{100} = \binom{010}{011} + \binom{001}{001}$$

$$= \binom{110}{011} + \binom{101}{001} = \binom{111}{111} + \binom{100}{101} = \binom{010}{111} + \binom{001}{101}$$

$$\binom{001}{010} = \binom{100}{110} + \binom{101}{100} = \binom{101}{110} + \binom{100}{100} = \binom{010}{011} + \binom{011}{001}$$

$$= \binom{110}{011} + \binom{111}{001} = \binom{111}{111} + \binom{110}{101} = \binom{010}{111} + \binom{011}{101}$$

woraus man erhält:

$$(d) = \binom{010}{011}, \quad (e) = \binom{110}{011}, \quad (f) = \binom{111}{111}, \quad (g) = \binom{010}{111},$$

und die Charakteristiken der in (21) zusammengestellten Functionen sind, in der gleichen Reihenfolge geschrieben:

$$\binom{101}{100}, \binom{111}{100}, \binom{101}{110},$$

$$\binom{100}{100}, \binom{110}{100}, \binom{100}{110},$$

$$\binom{010}{011}, \binom{001}{001}, \binom{011}{001}, \binom{001}{011},$$

$$\binom{110}{011}, \binom{101}{001}, \binom{111}{001}, \binom{101}{011},$$

$$\binom{111}{111}, \binom{100}{101}, \binom{110}{101}, \binom{100}{111},$$

$$\binom{010}{111}, \binom{001}{101}, \binom{011}{101}, \binom{001}{111}.$$

Es gilt nun von drei Abel'schen Functionen einer Gruppe, von denen keine zwei einem Paare angehören, der Satz, dass die Summe ihrer Charakteristiken immer eine gerade Charakteristik ist; denn betrachten wir z. B. die drei Functionen $\sqrt{x}$, $\sqrt{y}$, $\sqrt{z}$ und drücken ξ, η, ζ linear durch x, y, z aus, so kann die Gleichung (10) in der Form angenommen werden:

$$\sqrt{x(ax+by+cz)} + \sqrt{y(a'x+b'y+c'z)} + \sqrt{z(a''x+b''y+c''z)} = 0.$$

Setzen wir hierin der Reihe nach $x = 0$, $y = 0$, $z = 0$, so erhalten wir für die Producte der Wurzeln der quadratischen Gleichungen, die sich für das Verhältniss der beiden andern Variablen ergeben, die Werthe:

$$-\frac{c'}{b'}, \quad -\frac{a}{c''}, \quad -\frac{b'}{a}$$

deren Product $= -1$ ist. Dies aber ist nach S. 460, 461 das Kriterium dafür, dass die Summe der Charakteristiken der Functionen $\sqrt{x}$, $\sqrt{y}$, $\sqrt{z}$ eine gerade Charakteristik sei.

Gestützt auf diesen Satz kann man beweisen, dass die 16 Abel'schen Functionen, die wir oben bestimmt haben, verschieden sind von den 12 in der Gruppe $\sqrt{x\xi}$ vorkommenden Functionen. Denn ist $\sqrt{pq}$ ein in die Gruppe $\sqrt{x\xi}$ gehöriges Paar, so sind die Charakteristiken

$$(\sqrt{x}) + (\sqrt{\xi}) + (\sqrt{p}), \quad (\sqrt{y}) + (\sqrt{\eta}) + (\sqrt{p}), \quad (\sqrt{z}) + (\sqrt{\zeta}) + (\sqrt{p})$$

ungerade und es kann nach dem soeben bewiesenen Satze $\sqrt{p}$ in keiner der drei Gruppen

$$(\sqrt{x\eta}) = (\sqrt{y\xi}), \quad (\sqrt{x\zeta}) = (\sqrt{z\xi}), \quad (\sqrt{y\zeta}) = (\sqrt{z\eta})$$

vorkommen.

Die 16 oben bestimmten Functionen liefern daher alle Abel'schen Functionen, die nicht in der Gruppe $\sqrt{x\xi}$ enthalten sind, und wenn wir die noch fehlenden 6 Functionen dieser Gruppe aufsuchen, so sind damit sämmtliche 28 Abel'sche Functionen bestimmt.

Um diese zu erhalten setzen wir

$$t = x + y + z, \quad u = \xi + \eta + z,$$

und gehen aus von der Gleichung:

$$(22) \qquad \sqrt{tu} = \sqrt{x\eta} + \sqrt{y\xi},$$

welche sich leicht aus (10) und (17) ergiebt. Wir setzen die Functionen

$$t, x, y, u, \eta, \xi$$

an Stelle von

$$x, y, z, \xi, \eta, \zeta$$

in der vorigen Betrachtung, und erhalten zunächst zwischen diesen Variablen die Gleichung:

$$(23) \qquad t - x - y - u + \eta + \xi = 0,$$

neben welcher noch drei andere bestehen müssen von der Form

$$(24) \qquad at + bx + cy + a'u + b'\eta + c'\xi = 0$$

mit der Bedingung

$$aa' = bb' = cc'.$$

An Stelle der Gruppen $(p+q+r)$, (p), (q) (r) treten jetzt die folgenden:

$$
(25)\quad \begin{aligned}
&(\sqrt{tu}) = (\sqrt{x\eta}) = (\sqrt{y\xi}) = (r),\\
&(\sqrt{x\xi}) = (\sqrt{y\eta}) = (\sqrt{z\zeta}) = (p+q+r),\\
&(\sqrt{t\xi}) = (\sqrt{uy}) \qquad\quad = (n+d+q+r),\\
&(\sqrt{t\eta}) = (\sqrt{ux}) \qquad\quad = (n+d+p+r).
\end{aligned}
$$

In der ersten dieser Gruppen, in (r), kommen folgende Paare von Charakteristiken vor:

$$
\begin{aligned}
(r) &= (n+p) + (n+r+p) = (n+q) + (n+r+q)\\
&= (d) + (r+d) = (e) + (r+e) = (f) + (r+f) = (g) + (r+g),
\end{aligned}
$$

und aus der Gleichung (23) erhalten wir folgende Abel'sche Functionen:

$$
\sqrt{t-x-y} = \sqrt{z}, \quad \sqrt{t+\eta+\xi} = \sqrt{-\zeta},
$$
$$
\sqrt{-u-x+\xi} = \sqrt{\xi+y+\zeta}, \quad \sqrt{-u+\eta-y} = \sqrt{x+\eta+\zeta}
$$

deren Charakteristiken sind:

$$
(n+r), \quad (n+p+q), \quad (q+d), \quad (p+d),
$$

die sich in folgender Weise in die drei letzten Gruppen (25) vertheilen:

$$
\begin{aligned}
(p+q+r) &= (n+r) + (n+p+q),\\
(n+d+q+r) &= (n+r) + (q+d),\\
(n+d+p+r) &= (n+r) + (p+d).
\end{aligned}
$$

Die Charakteristiken der noch nicht bestimmten Abel'schen Functionen müssen nun, wie oben bewiesen, in der Gruppe $(p+q+r)$ enthalten sein. Bezeichnen wir daher diese Charakteristiken mit (k_1), (k_1'), (k_1''), (k_2), (k_2'), (k_2''), so muss sich ergeben:

$$
(p+q+r) = (k_1+k_2) = (k_1'+k_2') = (k_1''+k_2'')
$$

und diese Charakteristiken kommen nicht in der Gruppe (r) vor.

Die Vergleichung der Gruppen (25) mit den Gruppen $(p+q+r)$, (p), (q), (r) lehrt nun aber, dass in denselben sämmtliche ungerade Charakteristiken überhaupt vorkommen müssen, und ferner dass die drei noch übrigen Paare der Gruppen $(p+q+r)$, $(n+d+q+r)$, $(n+d+p+r)$ je eine Charakteristik gemein haben müssen.

Nun kommt die Charakteristik $(q+e)$ weder in der Gruppe (r) noch in $(p+q+r)$ vor, und daraus folgt, dass man (k_1) so auswählen kann, dass entweder

$$
(k_1+q+e) = (n+d+q+r)
$$

oder

$$
(k_1+q+e) = (n+d+p+r).
$$

Aus ersterer Annahme würde folgen:

$$
(k_1) = (n+r+d+e).
$$

Dies aber ist nicht möglich, denn wir haben in der Gruppe (p) die Paare:

$$(n + r), \; (n + r + p)$$
$$(d), \; (d + p)$$
$$(e), \; (e + p)$$

und daher ist nach dem oben (S. 468, 469) bewiesenen Satz

$$(n + r + d + e)$$

gerade. Demnach ergiebt sich

$$(k_1) = (n + d + e + p + q + r),$$

und hieraus:

$$k_2 = (n + d + e).$$

Ebenso schliesst man:

$$(k_1') = (n + d + f + p + q + r), \quad (k_2') = (n + d + f),$$
$$(k_1'') = (n + d + g + p + q + r), \quad (k_2'') = (n + d + g),$$

und es enthält die Gruppe $(n + d + p + r)$ die Paare:

$$(k_1), (q + e); \quad (k_1'), (q + f); \quad (k_1''), (q + g),$$

woraus für die Gruppe $(n + d + q + r)$ die Paare folgen:

$$(k_1), (p + e); \quad (k_1'), (p + f); \quad (k_1''), (p + g).$$

Nach den Resultaten der früheren Betrachtung ergeben sich aus einer Gleichung von der Form (24) die vier Abel'schen Functionen:

$$\sqrt{at + bx + cy} = \sqrt{-(a'u + b'\eta + c'\xi)},$$
$$\sqrt{a'u + bx + cy} = \sqrt{-(at + b'\eta + c'\xi)},$$
$$\sqrt{at + b'\eta + cy} = \sqrt{-(a'u + bx + c'\xi)},$$
$$\sqrt{at + bx + c'\xi} = \sqrt{-(a'u + b'\eta + cy)},$$

deren Charakteristiken resp. sind:

$$(k_1), (k_2), (p + e), (q + e)$$

und unsere Aufgabe ist daher gelöst, wenn es gelungen ist, die Coefficienten a, b, c, a', b', c' zu bestimmen.

Nun ist aber die Function, deren Charakteristik $(p + e)$ ist, oben bereits bestimmt; sie ist:

$$\sqrt{\alpha x + \frac{\eta}{\beta} + \frac{\xi}{\gamma}}$$

und wenn wir

$$v = \alpha x + \frac{\eta}{\beta} + \frac{\xi}{\gamma} = -\left(\frac{\xi}{\alpha} + \beta y + \gamma z\right)$$

setzen, so können wir die Coefficienten a, b, c, a', b', c' dadurch bestimmen, dass wir v in folgender zweifachen Form darstellen:

$$v = at + b'\eta + cy = -a'u - bx - c'\xi.$$

Dies erreichen wir auf folgende Weise: mittelst

$$u = \xi + \eta + z = -x - y - \zeta$$

eliminiren wir aus den beiden Ausdrücken von v die Variablen z und ζ, wodurch sich ergiebt:

$$v + \frac{u}{\gamma} = x\left(\alpha - \frac{1}{\gamma}\right) + \frac{\eta}{\beta} - \frac{y}{\gamma}$$

$$v + \gamma u = -\,\xi\left(\frac{1}{\alpha} - \gamma\right) + \gamma\eta - \beta y.$$

Indem man hieraus η und y eliminirt, folgt:

$$v = u\frac{\beta - \gamma}{1 - \beta\gamma} + x\,\frac{\beta(1 - \alpha\gamma)}{1 - \beta\gamma} - \frac{\xi}{\alpha}\,\frac{1 - \alpha\gamma}{1 - \beta\gamma}$$

und auf die gleiche Weise:

$$v = t\frac{1 - \alpha\gamma}{\alpha - \gamma} + \frac{\eta}{\beta}\,\frac{\beta - \gamma}{\alpha - \gamma} - y\,\frac{\alpha(\beta - \gamma)}{\alpha - \gamma}$$

woraus sich ergiebt:

$$a = \frac{1 - \alpha\gamma}{\alpha - \gamma}, \qquad a' = -\frac{\beta - \gamma}{1 - \beta\gamma},$$

$$b = -\frac{\beta(1 - \alpha\gamma)}{1 - \beta\gamma}, \quad b' = \frac{1}{\beta}\,\frac{\beta - \gamma}{\alpha - \gamma},$$

$$c = -\frac{\alpha(\beta - \gamma)}{\alpha - \gamma}, \quad c' = \frac{1}{\alpha}\,\frac{1 - \alpha\gamma}{1 - \beta\gamma}.$$

Hiernach lassen sich die beiden Abel'schen Functionen

$$\sqrt{at + bx + cy}, \qquad \sqrt{a'u + b'x + c'y}$$

bilden. Ersetzt man darin t und u durch ihre Ausdrücke in x, y, z, ξ, η, ζ, so ergeben sich nach Unterdrückung constanter Factoren für die Function, die zur Charakteristik (k_1) gehört, die beiden Ausdrücke:

$$\sqrt{\frac{x}{1 - \beta\gamma} + \frac{y}{1 - \gamma\alpha} + \frac{z}{1 - \alpha\beta}}, \quad \sqrt{\frac{\xi}{\alpha(\gamma - \beta)} + \frac{\eta}{\beta(\gamma - \alpha)} + \frac{z}{1 - \alpha\beta}},$$

und für die zur Charakteristik (k_2) gehörige Function:

$$\sqrt{\frac{\xi}{\alpha(1 - \beta\gamma)} + \frac{\eta}{\beta(1 - \gamma\alpha)} + \frac{\zeta}{\gamma(1 - \alpha\beta)}}, \quad \sqrt{\frac{x}{\gamma - \beta} + \frac{y}{\gamma - \alpha} + \frac{\zeta}{\gamma(1 - \alpha\beta)}}$$

Die zu den Charakteristiken (k_1'), (k_2'); (k_1''), (k_2'') gehörigen Functionen ergeben sich hieraus sofort dadurch, dass man α, β, γ durch α', β', γ' resp. α'', β'', γ'' ersetzt, womit sämmtliche Abel'sche Functionen nebst ihren Charakteristiken bestimmt sind. Die Charakteristiken (k_1), (k_2), (k_1'), (k_2'), (k_1''), (k_2'') würden sich bei dem oben gewählten Beispiel folgendermaassen gestalten:

$$(k_1) = \begin{pmatrix} 011 \\ 110 \end{pmatrix}, \quad (k_1') = \begin{pmatrix} 010 \\ 010 \end{pmatrix}, \quad (k_1'') = \begin{pmatrix} 111 \\ 010 \end{pmatrix}$$

$$(k_2) = \begin{pmatrix} 010 \\ 110 \end{pmatrix}, \quad (k_2') = \begin{pmatrix} 011 \\ 010 \end{pmatrix}, \quad (k_2'') = \begin{pmatrix} 110 \\ 010 \end{pmatrix}$$

Da nun, wie oben gezeigt, α'', β'', γ'' durch α, β, γ, α', β', γ' ausgedrückt werden können, so sind hiernach sämmtliche Abel'sche Functionen mit allen ihren algebraischen Beziehungen ausgedrückt durch $3p - 3 = 6$ Constanten, welche man als die Moduln der Classe für den Fall $p = 3$ ansehen kann.

Anhang.

Fragmente philosophischen Inhalts.

Die philosophischen Speculationen, deren Ergebnisse, so weit sie sich aus dem Nachlass zusammenstellen lassen, hier mitgetheilt sind, haben Riemann einen grossen Theil seines Lebens hindurch begleitet. Ueber die Zeit der Entstehung der einzelnen Bruchstücke lässt sich schwer etwas Sicheres feststellen. Die vorhandenen Entwürfe sind weit entfernt von einer zusammenhängenden, zur Publication bereiten Ausarbeitung, wenn auch manche Stellen darauf deuten, dass Riemann zu gewissen Zeiten eine solche beabsichtigt hat; sie genügen allenfalls um den Standpunkt Riemann's zu den psychologischen und naturphilosophischen Fragen im Allgemeinen zu characterisiren, und den Gang anzudeuten, den seine Untersuchungen genommen haben, leider aber fehlt fast jede Ausführung ins Einzelne. Welchen Werth Riemann selbst diesen Arbeiten beigelegt hat, ergiebt sich aus folgender Notiz:

„Die Arbeiten, welche mich jetzt vorzüglich beschäftigen, sind

1. In ähnlicher Weise wie dies bereits bei den algebraischen Functionen, den Exponential- oder Kreisfunctionen, den elliptischen und Abel'schen Functionen mit so grossem Erfolge geschehen ist, das Imaginäre in die Theorie anderer transcendenter Functionen einzuführen; ich habe dazu in meiner Inauguraldissertation die nothwendigsten allgemeinen Vorarbeiten geliefert. (Vgl. diese Dissertation Art. 20.)

2. In Verbindung damit stehen neue Methoden zur Integration partieller Differentialgleichungen, welche ich bereits auf mehrere physikalische Gegenstände mit Erfolg angewandt habe.

3. Meine Hauptarbeit betrifft eine neue Auffassung der bekannten Naturgesetze — Ausdruck derselben mittelst anderer Grundbegriffe — wodurch die Benutzung der experimentellen Data über die Wechselwirkung zwischen Wärme, Licht, Magnetismus und Electricität zur Erforschung ihres Zusammenhangs möglich wurde. Ich wurde dazu hauptsächlich durch das Studium der Werke Newton's, Euler's und — andrerseits — Herbart's geführt. Was letzteren betrifft, so konnte ich mich den frühesten Untersuchungen Herbart's, deren Re-

sultate in seinen Promotions- und Habilitationsthesen (vom 22. u. 23. October 1802) ausgesprochen sind, fast völlig anschliessen, musste aber von dem späteren Gange seiner Speculation in einem wesentlichen Punkte abweichen, wodurch eine Verschiedenheit in Bezug auf seine Naturphilosophie und diejenigen Sätze der Psychologie, welche deren Verbindung mit der Naturphilosophie betreffen, bedingt ist."

Ferner an einer andern Stelle zu genauerer Bezeichnung des Standpunktes:

„Der Verfasser ist Herbartianer in Psychologie und Erkenntnisstheorie (Methodologie und Eidolologie), Herbart's Naturphilosophie und den darauf bezüglichen metaphysischen Disciplinen (Ontologie und Synechologie) kann er meistens nicht sich anschliessen."

> Nec mea dona tibi studio disperta fideli
> Intellecta prius quam sint, contemta relinquas.
>
> Lucretius.

I. Zur Psychologie und Metaphysik.

Mit jedem einfachen Denkact tritt etwas Bleibendes, Substantielles in unsere Seele ein. Dieses Substantielle erscheint uns zwar als eine Einheit, scheint aber (in sofern es der Ausdruck eines räumlich und zeitlich ausgedehnten ist) eine innere Mannigfaltigkeit zu enthalten; ich nenne es daher „Geistesmasse" — Alles Denken ist hiernach Bildung neuer Geistesmassen.

Die in die Seele eintretenden Geistesmassen erscheinen uns als Vorstellungen; ihr verschiedener innerer Zustand bedingt die verschiedene Qualität derselben.

Die sich bildenden Geistesmassen verschmelzen, verbinden oder compliciren sich in bestimmtem Grade, theils unter einander, theils mit älteren Geistesmassen. Die Art und Stärke dieser Verbindungen hängt von Bedingungen ab, die von Herbart nur zum Theil erkannt sind und die ich in der Folge ergänzen werde. Sie beruht hauptsächlich auf der inneren Verwandtschaft der Geistesmassen.

Die Seele ist eine compacte, aufs Engste und auf die mannigfaltigste Weise in sich verbundene Geistesmasse. Sie wächst beständig durch eintretende Geistesmassen, und hierauf beruht ihre Fortbildung.

Die einmal gebildeten Geistesmassen sind unvergänglich, ihre Verbindungen unauflöslich; nur die relative Stärke dieser Verbindungen ändert sich durch das Hinzukommen neuer Geistesmassen.

Die Geistesmassen bedürfen zum Fortbestehen keines materiellen Trägers und üben auf die Erscheinungswelt keine dauernde Wirkung aus. Sie stehen daher in keiner Beziehung zu irgend einem Theile der Materie und haben daher keinen Sitz im Raume.

Dagegen bedarf alles Eintreten, Entstehen, alle Bildung neuer Geistesmassen und alle Vereinigung derselben eines materiellen Trägers. Alles Denken geschieht daher an einem bestimmten Ort.

(Nicht das Behalten unserer Erfahrung, nur das Denken strengt an, und der Kraftaufwand ist, soweit wir dies schätzen können, der geistigen Thätigkeit proportional).

Jede eintretende Geistesmasse regt alle mit ihr verwandten Geistesmassen an und zwar desto stärker, je geringer die Verschiedenheit ihres inneren Zustandes (Qualität) ist.

Diese Anregung beschränkt sich aber nicht bloss auf die verwandten Geistesmassen, sondern erstreckt sich mittelbar auch auf die mit ihnen zusammenhängenden (d. h. in früheren Denkprocessen mit ihnen verbundenen). Wenn also unter den verwandten Geistesmassen ein Theil unter sich zusammenhängt, so werden diese nicht blos unmittelbar, sondern auch mittelbar angeregt und daher verhältnissmässig stärker als die übrigen.

Die Wechselwirkung zweier gleichzeitig sich bildenden Geistesmassen wird bedingt durch einen materiellen Vorgang zwischen den Orten wo beide gebildet werden. Ebenso treten aus materiellen Ursachen alle sich bildenden Geistesmassen mit unmittelbar vorher gebildeten in unmittelbare Wechselwirkung; mittelbar aber werden alle mit diesen zusammenhängenden älteren Geistesmassen zur Wirksamkeit angeregt, und zwar desto schwächer, je entfernter sie mit ihnen und je weniger sie unter sich zusammenhängen.

Die allgemeinste und einfachste Aeusserung der Wirksamkeit älterer Geistesmassen ist die Reproduction, welche darin besteht, dass die wirkende Geistesmasse eine ihr ähnliche zu erzeugen strebt.

Die Bildung neuer Geistesmassen beruht auf der gemeinschaftlichen Wirkung theils älterer Geistesmassen, theils materieller Ursachen, und zwar hemmt oder begünstigt sich alles gemeinschaftlich Wirkende nach der inneren Ungleichartigkeit oder Gleichartigkeit der Geistesmassen, welche es zu erzeugen strebt.

Die Form der sich bildenden Geistesmasse (oder die Qualität der ihre Bildung begleitenden Vorstellung) hängt ab von der relativen Bewegungsform der Materie in welcher sie gebildet wird, so dass gleiche Bewegungsform der Materie eine gleiche Form der in ihr gebildeten Geistesmasse bedingt, und umgekehrt gleiche Form der Geistesmasse eine gleiche Bewegungsform der Materie, in welcher sie gebildet ist, voraussetzt.

Sämmtliche gleichzeitig (in unserem Cerebrospinalsystem) sich bildenden Geistesmassen verbinden sich in Folge eines physischen (chemisch-electrischen) Processes zwischen den Orten, wo sie sich bilden.

Jede Geistesmasse strebt eine gleichgeformte Geistesmasse zu erzeugen. Sie strebt also diejenige Bewegungsform der Materie herzustellen, bei welcher sie gebildet ist.

Die Annahme einer Seele als eines einheitlichen Trägers des Bleibenden, welches in den einzelnen Acten des Seelenlebens erzeugt wird (der Vorstellungen), stützt sich

1. auf den engen Zusammenhang und die gegenseitige Durchdringung aller Vorstellungen. Um aber die Verbindung einer bestimmten neuen Vorstellung mit anderen zu erklären, ist die Annahme eines einheitlichen Trägers allein nicht ausreichend; vielmehr muss die Ursache, wesshalb sie gerade diese bestimmten Verbindungen in dieser bestimmten Stärke eingeht, in den Vorstellungen, mit welchen sie sich verbindet, gesucht werden. Neben diesen Ursachen aber ist die Annahme eines einheitlichen Trägers aller Vorstellungen überflüssig....

Wenden wir nun diese Gesetze geistiger Vorgänge, auf welche die Erklärung unserer eigenen inneren Wahrnehmung führt, zur Erklärung der auf der Erde wahrgenommenen Zweckmässigkeit, d. h. zur Erklärung des Daseins und der geschichtlichen Entwicklung an.

Zur Erklärung unseres Seelenlebens mussten wir annehmen, dass die in unseren Nervenprocessen erzeugten Geistesmassen als Theile unserer Seele fortdauern, dass ihr innerer Zusammenhang ungeändert fortbesteht, und sie nur in sofern einer Veränderung unterworfen sind, als sie mit anderen Geistesmassen in Verbindung treten.

Eine unmittelbare Consequenz dieser Erklärungsprincipien ist es, dass die Seelen der organischen Wesen, d. h. die während ihres Lebens entstandenen compacten Geistesmassen, auch nach dem Tode fortbestehen. (Ihr isolirtes Fortbestehen genügt nicht). Um aber die planmässige Entwicklung der organischen Natur, bei welcher offenbar die früher gesammelten Erfahrungen den späteren Schöpfungen zur Grundlage dienten, zu erklären, müssen wir annehmen, dass diese Geistesmassen in eine grössere compacte Geistesmasse, die Erdseele, eintreten und dort nach denselben Gesetzen einem höheren Seelenleben dienen, wie die in unseren Nervenprocessen erzeugten Geistesmassen unserem eigenen Seelenleben.

Wie also z. B. bei dem Sehen einer rothen Fläche die in einer Menge einzelner Primitivfasern erzeugten Geistesmassen zu einer einzigen compacten Geistesmasse sich verbinden, welche gleichzeitig in unserem Denken auftritt, so werden auch die in den verschiedenen Individuen eines Pflanzengeschlechts erzeugten Geistesmassen, welche aus einer klimatisch wenig verschiedenen Gegend der Erdoberfläche in die Erdseele eintreten, zu einem Gesammteindruck sich verbinden. Wie die verschiedenen Sinneswahrnehmungen von demselben Gegenstande sich in unserer Seele zu einem Bilde desselben vereinigen, so werden sämmtliche Pflanzen eines Theils der Erdoberfläche der Erdseele ein bis ins Feinste ausgearbeitetes Bild von dem klimatischen und chemischen Zustande desselben geben. Auf diese Weise erklärt sich, wie aus dem früheren Leben der Erde sich der Plan zu späteren Schöpfungen entwickelt.

Aber nach unseren Erklärungsprincipien bedarf zwar das Fortbestehen vorhandener Geistesmassen keines materiellen Trägers, aber alle Verbindung derselben, wenigstens alle Verbindung verschiedenartiger Geistesmassen kann nur mittelst neuer in einem gemeinschaftlichen Nervenprocesse erzeugter Geistesmassen geschehen.

Aus Gründen, die später entwickelt werden sollen, können wir das Substrat einer geistigen Thätigkeit nur in der ponderablen Materie suchen.

Nun ist es eine Thatsache, dass die starre Erdrinde und alles Ponderable über ihr nicht einem gemeinschaftlichen geistigen Processe dient, sondern die Bewegungen dieser ponderablen Massen aus andern Ursachen erklärt werden müssen.

Hiernach bleibt nur die Annahme übrig, dass die ponderablen Massen innerhalb der erstarrten Erdrinde Träger des Seelenlebens der Erde sind.

Sind diese dazu geeignet? Welches sind die äusseren Bedingungen für die Möglichkeit des Lebensprocesses? Die allgemeinen Erfahrungen über die unserer Beobachtung zugänglichen Lebensprocesse müssen dabei die Grundlage bilden; aber nur in soweit es uns gelingt, sie zu erklären, können wir daraus Schlüsse ziehen, welche auch auf andere Erscheinungskreise anwendbar sind.

Die allgemeinen Erfahrungen über die äusseren Bedingungen des Lebensprocesses in dem uns zugänglichen Erscheinungskreise sind:

1. Je höher und vollständiger entwickelt der Lebensprocess, desto mehr bedürfen die Träger desselben des Schutzes gegen äussere Bewegungsursachen, welche die relative Lage der Theile zu verändern streben.

2. Die uns bekannten physikalischen Processe (Stoffwechsel), welche dem Denkprocesse als Mittel dienen:

a) Absorption von elastischen durch liquide Flüssigkeiten.

b) Endosmose.

c) Bildung und Zersetzung von chemischen Verbindungen.

d) galvanische Ströme.

3. Die Stoffe in den Organismen haben keine erkennbare krystallinische Structur, sie sind theils fest (sehr wenig spröde) theils

gelatinös, theils liquide oder elastische Flüssigkeiten, immer aber porös, d. h. von elastischen Flüssigkeiten merklich durchdringbar.

4. Unter allen chemischen Elementen sind nur die vier sogenannten organischen allgemeine Träger des Lebensprocesses, und von diesen sind wieder ganz bestimmte Verbindungen, die sogenannten organisirenden, Bestandtheile der organischen Körper (Proteinstoffe, Cellulose etc.)

5. Die organischen Verbindungen bestehen nur bis zu einer bestimmten oberen Temperaturgrenze, und nur bis zu einer bestimmten unteren können sie Träger des Lebensprocesses sein.

ad. 1. Veränderungen in der relativen Lage der Theile werden in stufenweise geringerem Grade bewirkt durch mechanische Kräfte, durch Temperaturveränderungen, durch Lichtstrahlen; hiernach können wir die Thatsachen, deren allgemeiner Ausdruck unser Satz ist, folgendermaassen ordnen:

1. Die Fortpflanzbarkeit der niederen Organismen durch Theilung. Die bei den höheren Thierorganismen allmählich abnehmende Reproductionsfähigkeit.

2. Die Theile der Pflanze sind gegen Temperaturänderungen desto empfindlicher, je intensiver und je höher entwickelt der Lebensprocess in ihnen ist. In den höheren Thierorganismen herrscht, und zwar in den wichtigsten Theilen am vollkommensten, eine fast constante Wärme.

3. Die Theile des Nervensystems, welche selbständiger Denkthätigkeit dienen, sind gegen alle diese Einflüsse möglichst geschützt.

Die zuerst aufgeführte Thatsache hat ihren Grund offenbar darin, dass die relative Lage der Theile desto eher von Vorgängen im Innern der Materie bestimmt werden kann, je weniger sie von äusseren Bewegungsursachen bestimmt wird. Diese Unabhängigkeit von äusseren Bewegungsursachen findet aber innerhalb der Erdrinde in einem weit höheren Grade statt, als es sich durch organische Einrichtungen ausserhalb der Erdrinde irgend erreichen liess.

Unter den folgenden Thatsachen, welche wir im Zusammenhang betrachten, sind die unter 4. und 5. zusammengestellten anscheinend unserer Annahme entgegen; in der That würden sie es sein, wenn diesen von uns wahrgenommenen Bedingungen für die Möglichkeit eines Lebensprocesses eine absolute Gültigkeit beizulegen wäre und nicht bloss eine relative für unsern Erfahrungskreis. Gegen ersteres aber sprechen folgende Gründe:

1. Man müsste alsdann die ganze Natur, mit Ausnahme der Erdoberfläche für todt halten, denn auf allen andern Himmelskörpern

herrschen Wärme- und Druckverhältnisse, unter welchen die organischen Verbindungen nicht bestehen können.

2. Es ist ungereimt, anzunehmen, dass auf der erstarrten Erdrinde Organisches aus Unorganischem entstanden sei. Um das Entstehen der niedersten Organismen auf der Erdrinde zu erklären, muss man schon ein organisirendes Princip, also einen Denkprocess unter Bedingungen annehmen, unter welchen die organischen Verbindungen nicht bestehen konnten.

Wir müssen daher annehmen, dass diese Bedingungen nur für den Lebensprocess unter den jetzigen Verhältnissen auf der Oberfläche der Erde gültig sind, und nur in soweit es uns gelingt, sie zu erklären, können wir daraus die Möglichkeit des Lebensprocesses unter anderen Verhältnissen beurtheilen.

Weshalb also sind nur die vier organischen Elemente allgemeine Träger des Lebensprocesses? Der Grund kann nur in Eigenschaften gesucht werden, durch welche sich diese vier Elemente von allen übrigen unterscheiden.

1. Eine solche allgemeine Eigenschaft dieser vier Elemente findet sich nun darin, dass sie und ihre Verbindungen von allen Stoffen am schwersten und zum Theil bis jetzt gar nicht condensirt werden können.

2. Eine andere gemeinsame Eigenschaft derselben ist die grosse Mannigfaltigkeit ihrer Verbindungen und deren leichte Zersetzbarkeit. Diese Eigenschaft könnte aber ebenso wohl Folge, als Grund ihrer Verwendung zu Lebensprocessen sein.

Dass aber die erstere Eigenschaft, schwer condensirt werden zu können, diese vier Elemente vorzugsweise geeignet macht, Lebensprocessen zu dienen, wird einigermassen schon unmittelbar aus den unter 2. und 3. zusammengestellten thatsächlichen Bedingungen des Lebensprocesses erklärlich, noch mehr aber wenn man die Erscheinungen bei der Condensation der Gase zu liquiden Flüssigkeiten und festen Körpern auf Ursachen zurück zu führen sucht. . . .

Zend-Avesta in der That ein lebendig machendes Wort,*) neues Leben schaffend unserem Geiste im Wissen wie im Glauben; denn wie mancher Gedanke, welcher, einst zwar im Entwicklungsgang der Menschheit mächtig wirkend, nur durch Ueberlieferung in uns fortdauerte, ersteht jetzt auf einmal aus seinem Scheintode in reinerer Form zu neuem Leben, neues Leben enthüllend in der Natur. Denn wie unermesslich erweitert sich vor unserm Blick das Leben der Natur, welches bisher nur auf der Oberfläche der Erde sich ihm kund that, wie

*) Vgl. Fechner, Zend-Avesta, I, Vorrede S. V.

unaussprechlich erhabener erscheint es als bisher. Was wir als den Sitz sinn- und bewusstlos wirkender Kräfte betrachteten, das erscheint jetzt als die Werkstatt der höchsten geistigen Thätigkeit. In wunderbarer Weise erfüllt sich, was unser grosser Dichter als das Ziel, welches dem Geist des Forschers vorschwebte, in vorschauender Begeisterung geschildert hat.

Wie Fechner in seiner Nanna die Beseeltheit der Pflanzen darzuthun sucht, so ist der Ausgangspunkt seiner Betrachtungen im Zend-Avesta die Lehre von der Beseeltheit der Gestirne. Die Methode, deren er sich bedient, ist nicht die Abstraction allgemeiner Gesetze durch die Induction und die Anwendung und Prüfung derselben in der Naturerklärung, sondern die Analogie. Er vergleicht die Erde mit unserem eigenen Organismus, von welchem wir wissen, dass er beseelt ist. Er sucht dabei nicht bloss einseitig die Aehnlichkeiten auf, sondern lässt auch ebenso sehr den Unähnlichkeiten ihr Recht angedeihen, und kommt so zu dem Resultat, dass alle Aehnlichkeiten darauf hinweisen, dass die Erde ein beseeltes Wesen, alle Unähnlichkeiten aber darauf, dass sie ein weit höher stehendes beseeltes Wesen, als wir, sei. Die überzeugende Kraft dieser Darstellung liegt in ihrer allseitigen Durchführung im Einzelnen. Der Gesammteindruck des vor uns aufgerollten Bildes von dem Leben der Erde muss der Ansicht Evidenz geben und ersetzen, was den einzelnen Schlüssen an Strenge fehlt. Diese Evidenz beruht wesentlich auf der Anschaulichkeit des Bildes, auf seiner grösstmöglichen Ausführung ins Einzelne. Ich würde daher der Fechner'schen Ansicht zu schaden glauben, wenn ich hier den Gang, welchen er in seinem Werke nimmt, im Auszug darzulegen versuchte. Bei der folgenden Besprechung der Fechner'schen Ansichten werde ich also von der Form, in welcher sie vorgetragen sind, absehen und nur das Substantielle derselben ins Auge fassen, und mich dabei auf die erstere Methode, die Abstraction allgemeiner Gesetze durch Induction und ihre Bewährung in der Naturerklärung stützen.

Fragen wir zunächst: woraus schliessen wir die Beseeltheit eines Dinges (das Stattfinden eines fortdauernden einheitlichen Denkprocesses in ihm). Unserer eigenen Beseeltheit sind wir unmittelbar gewiss, bei Anderen (Menschen und Thieren) schliessen wir sie aus individuellen zweckmässigen Bewegungen.

Ueberall, wo wir wohlgeordnete Zweckmässigkeit auf eine Ursache zurückführen, suchen wir diese Ursache in einem Denkprocesse; eine andere Erklärung haben wir nicht. Das Denken selbst aber kann ich wenigstens nur für einen Vorgang im Innern der ponderablen Materie halten. Die Unmöglichkeit, das Denken aus räumlichen Bewegungen der Materie zu erklären, wird bei einer unbefangenen Zergliederung der inneren Wahrnehmung wohl Jedermann einleuchten; doch mag die abstracte Möglichkeit einer solchen Erklärung hier zugegeben werden.

Dass auf der Erde Zweckmässigkeit wahrgenommen werde, wird niemand läugnen. Es fragt sich also, wohin haben wir den Denkprocess, welcher die Ursache dieser Zweckmässigkeit ist, zu verlegen.

Es ist hier nur von bedingten (in begrenzten Zeiten und Räumen stattfindenden) Zwecken die Rede; unbedingte Zwecke finden ihre Erklärung in einem ewigen (nicht in einem Denkprocess erzeugten) Wollen. Die einzige Zweckmässigkeit, deren Ursache wir wahrnehmen, ist die Zweckmässigkeit unserer eigenen Handlungen. Sie entspringt aus dem Wollen der Zwecke und dem Nachdenken über die Mittel.

Finden wir nun einen aus ponderabler Materie bestehenden Körper, in welchem ein System von fortlaufenden Zweck- und Wirkungsbezügen vollkommen zum Abschluss kommt, so können wir zur Erklärung dieser Zweckmässigkeit einen fortwährenden einheitlichen Denkprocess in demselben annehmen; und diese Hypothese wird die wahrscheinlichste sein, wenn 1) die Zweckmässigkeiten nicht schon in Theilen des Körpers zum Abschluss kommen, und 2) kein Grund vorhanden ist, die Ursache derselben in einem grösseren Ganzen, welchem der Körper angehört, zu suchen.

Wenden wir dies auf die in Menschen, Thieren und Pflanzen wahrgenommene Zweckmässigkeit an, so ergiebt sich, dass ein Theil dieser Zweckmässigkeiten aus einem Denkprocess im Innern dieser Körper zu erklären ist, ein anderer Theil, die Zweckmässigkeit des Organismus, aber aus einem Denkprocess in einem grösseren Ganzen.

Die Gründe hierfür sind:

1. Die Zweckmässigkeit der organischen Einrichtungen findet nicht in den einzelnen Organismen ihren Abschluss. Die Gründe für die Einrichtung des menschlichen Organismus sind offenbar in der Beschaffenheit der ganzen Erdoberfläche, die organische Natur mit eingerechnet, zu suchen.

2. Die organischen Bewegungen wiederholen sich unzählbar, theils in verschiedenen Individuen neben einander, theils in dem Leben eines Individuums oder eines Geschlechts nach einander. Für die Zweckmässigkeit, welche in ihnen für sich schon liegt, ist also nicht in jedem Fall eine besondere, sondern eine gemeinsame Ursache anzunehmen.

3. Die organischen Einrichtungen erhalten theils (bei Menschen und Thieren) im Leben der einzelnen Individuen, theils (bei Pflanzen und Embryonen) im Leben der einzelnen Geschlechter keine Fortbildung. Die Ursache ihrer Zweckmässigkeit ist also nicht in einem gleichzeitig fortlaufenden Denkprocess zu suchen.

Nach Abzug dieser (organischen) Zweckmässigkeiten bleibt nun bei Menschen und Thieren anerkannter Maassen, bei Pflanzen nach Fechner's Ansicht, noch ein abgeschlossenes System in einander greifender veränderlicher Zweck- und Wirkungsbezüge übrig; und diese Zweckmässigkeit ist aus einem einheitlichen Denkprocesse in ihnen zu erklären.

Diese Folgerungen aus unseren Principien werden durch unsere innere Wahrnehmung bestätigt.

Nach denselben Principien aber müssen wir die Ursache der in den Organismen wahrgenommenen Zweckmässigkeiten in einem einheitlichen Denkprocesse in der Erde suchen aus folgenden Gründen:

a) Die Zweck- und Wirkungsbezüge in dem organischen Leben auf der Erde zerfallen nicht in einzelne Systeme, sondern es greift alles in einander. Sie können daher nicht aus mehreren besonderen Denkprocessen in Theilen der Erde erklärt werden.

b) Es ist, so weit unsere Erfahrung reicht, kein Grund vorhanden, die Ursachen dieser Zweckmässigkeiten in einem grösseren Ganzen zu suchen. Alle Organismen sind nur zum Leben auf der Erde bestimmt. Der Zustand der Erdrinde enthält daher sämmtliche (äussere) Gründe ihrer Einrichtung.

c) Sie sind individuell. Nach allem was die Erfahrung darüber lehrt, müssen wir annehmen, dass sie sich auf andern Himmelskörpern nicht wiederholen.

d) Sie bleiben nicht während des Lebens der Erde. Es treten vielmehr im Lauf desselben immer neue, vollkommenere Organismen auf. Wir müssen also die Ursache in einem gleichzeitig zu höheren Stufen fortschreitenden Denkprocesse suchen.

Vom Standpunkt der exacten Naturwissenschaft, der Natur-Erklärung aus Ursachen ist also die Annahme einer Erdseele eine Hypothese zur Erklärung des Daseins und der geschichtlichen Entwicklung der organischen Welt.

„Wenn der Leib der niederen Seele stirbt“ sagt Fechner, „nimmt die obere Seele sie aus ihrem Anschauungsleben in ihr Erinnerungsleben auf." Die Seelen der gestorbenen Geschöpfe sollen also die Elemente bilden für das Seelenleben der Erde.

Die verschiedenen Denkprocesse scheinen sich hauptsächlich zu unterscheiden durch ihren zeitlichen Rhythmus. Wenn die Pflanzen beseelt sind, so müssen Stunden und Tage für sie sein, was für uns Secunden sind; der entsprechende Zeitraum für die Erdseele, wenigstens für ihre Thätigkeit nach aussen, umfasst vielleicht viele Jahrtausende. Soweit die geschichtliche Erinnerung der Menschheit reicht, sind alle Bewegungen der unorganischen Erdrinde wohl noch aus mechanischen Gesetzen zu erklären.

Antinomien.

Thesis.	Antithesis.
Endliches, Vorstellbares.	Unendliches, Begriffssysteme die an der Grenze des Vorstellbaren liegen.
I.	
Endliche Zeit- und Raumelemente.	Stetiges.
II.	
Freiheit, d. h. nicht das Vermögen, absolut anzufangen, sondern zwischen zwei oder mehreren gegebenen Möglichkeiten zu entscheiden.	Determinismus.
Damit trotz völlig bestimmter Gesetze des Wirkens der Vorstellungen Entscheidung durch Willkür möglich sei muss man annehmen, dass der psychische Mechanismus selbst die Eigenthümlichkeit hat oder wenigstens in seiner Entwicklung annimmt, die Nothwendigkeit derselben herbeizuführen.	Niemand kann beim Handeln die Ueberzeugung aufgeben, dass die Zukunft durch sein Handeln mitbestimmt wird.
III.	
Ein zeitlich wirkender Gott (Weltregierung).	Ein zeitloser, persönlicher, allwissender, allmächtiger, allgütiger Gott (Vorsehung).

IV.

Thesis.

Unsterblichkeit.

Freiheit ist sehr wohl vereinbar mit strenger Gesetzmässigkeit des Naturlaufs. Aber der Begriff eines zeitlosen Gottes ist daneben nicht haltbar. Es muss vielmehr die Beschränkung, welche Allmacht und Allwissenheit durch die Freiheit der Geschöpfe in der oben festgestellten Bedeutung erleiden, aufgehoben werden durch die Annahme eines zeitlich wirkenden Gottes, eines Lenkers der Herzen und Geschicke der Menschen, der Begriff der Vorsehung muss ergänzt und zum Theil ersetzt werden durch den Begriff der Weltregierung.

Antithesis.

Ein unserer zeitlichen Erscheinung zu Grunde liegendes Ding an sich mit transcendentaler Freiheit, radicalem Bösen, intelligiblem Charakter ausgestattet.

Allgemeines Verhältniss der Begriffssysteme der Thesis und Antithesis.

Die Methode, welche Newton zur Begründung der Infinitesimalrechnung anwandte, und welche seit Anfang dieses Jahrhunderts von den besten Mathematikern als die einzige anerkannt worden ist, welche sichere Resultate liefert, ist die Grenzmethode. Die Methode besteht darin, dass man statt eines stetigen Uebergangs von einem Werth einer Grösse zu einem andern, von einem Orte zu einem andern, oder überhaupt von einer Bestimmungsweise eines Begriffs zu einer andern zunächst einen Uebergang durch eine endliche Anzahl von Zwischenstufen betrachtet und dann die Anzahl dieser Zwischenstufen so wachsen lässt, dass die Abstände zweier aufeinanderfolgender Zwischenstufen sämmtlich ins Unendliche abnehmen.

Die Begriffssysteme der Antithesis sind zwar durch negative Prädicate fest bestimmte Begriffe, aber nicht positiv vorstellbar.

Eben desshalb, weil ein genaues und vollständiges Vorstellen dieser Begriffssysteme unmöglich ist, sind sie der directen Untersuchung und Bearbeitung durch unser Nachdenken unzugänglich. Sie können aber als an der Grenze des Vorstellbaren liegend betrachtet werden, d. h. man kann ein innerhalb des Vorstellbaren liegendes Begriffssystem bilden, welches durch blosse Aenderung der Grössenverhältnisse in das gegebene Begriffssystem übergeht. Von den Grössenverhältnissen abgesehen bleibt das Begriffssystem bei dem Uebergang zur Grenze ungeändert. In dem Grenzfall selbst aber verlieren einige von den Correlativbegriffen des Systems ihre Vorstellbarkeit, und zwar solche, welche die Beziehung zwischen andern Begriffen vermitteln.

II. Erkenntnisstheoretisches.

Versuch einer Lehre von den Grundbegriffen der Mathematik und Physik als Grundlage für die Naturerklärung.

Naturwissenschaft ist der Versuch, die Natur durch genaue Begriffe aufzufassen.

Nach den Begriffen, durch welche wir die Natur auffassen, werden nicht bloss in jedem Augenblick die Wahrnehmungen ergänzt, sondern auch künftige Wahrnehmungen als nothwendig, oder, insofern das Begriffssystem dazu nicht vollständig genug ist, als wahrscheinlich vorher bestimmt; es bestimmt sich nach ihnen, was „möglich" ist (also auch was „nothwendig" oder wessen Gegentheil unmöglich ist) und es kann der Grad der Möglichkeit (der „Wahrscheinlichkeit") jedes einzelnen nach ihnen möglichen Ereignisses, wenn sie genau genug sind, mathematisch bestimmt werden.

Tritt dasjenige ein, was nach diesen Begriffen nothwendig oder wahrscheinlich ist, so werden sie dadurch bestätigt, und auf dieser Bestätigung durch die Erfahrung beruht das Zutrauen, welches wir ihnen schenken. Geschieht aber Etwas, was nach ihnen nicht erwartet wird, also nach ihnen unmöglich oder unwahrscheinlich ist, so entsteht die Aufgabe, sie so zu ergänzen oder, wenn nöthig, umzuarbeiten, dass nach dem vervollständigten oder verbesserten Begriffssystem das Wahrgenommene aufhört, unmöglich oder unwahrscheinlich zu sein. Die Ergänzung oder Verbesserung des Begriffssystems bildet die „Erklärung" der unerwarteten Wahrnehmung. Durch diesen Process wird unsere Auffassung der Natur allmählich immer vollständiger und richtiger, geht aber zugleich immer mehr hinter die Oberfläche der Erscheinungen zurück.

Die Geschichte der erklärenden Naturwissenschaften, soweit wir sie rückwärts verfolgen können, zeigt, dass dieses in der That der Weg ist, auf welchem unsere Naturerkenntniss fortschreitet. Die Begriffssysteme, welche ihnen jetzt zu Grunde liegen, sind durch allmählige Umwandlung älterer Begriffssysteme entstanden, und die Gründe, welche zu neuen Erklärungsweisen trieben, lassen sich stets auf Widersprüche oder Unwahrscheinlichkeiten, die sich in den älteren Erklärungsweisen herausstellten, zurückführen.

Die Bildung neuer Begriffe, soweit sie der Beobachtung zugänglich ist, geschieht also durch jenen Process.

Es ist nun von Herbart der Nachweis geliefert worden, dass auch die zur Weltauffassung dienenden Begriffe, deren Entstehung wir weder in der Geschichte, noch in unserer eigenen Entwicklung verfolgen können, weil sie uns unvermerkt mit der Sprache überliefert werden, sämmtlich, in soweit sie mehr sind als blosse Formen der Verbindung der einfachen sinnlichen Vorstellungen, aus dieser Quelle abgeleitet werden können und daher nicht (wie nach Kant die Kategorien) aus einer besonderen aller Erfahrung voraufgehenden Beschaffenheit der menschlichen Seele hergeleitet zu werden brauchen.

Dieser Nachweis ihres Ursprungs in der Auffassung des durch die sinnliche Wahrnehmung Gegebenen ist für uns desshalb wichtig, weil nur dadurch ihre Bedeutung in einer für die Naturwissenschaft genügenden Weise festgestellt werden kann....

Nachdem der Begriff für sich bestehender Dinge gebildet worden ist, entsteht nun beim Nachdenken über die Veränderung, welche dem Begriffe des für sich Bestehens widerspricht, die Aufgabe, diesen schon bewährten Begriff so weit als möglich aufrecht zu erhalten. Hieraus entspringen gleichzeitig der Begriff der stetigen Veränderung, und der Begriff der Causalität.

Beobachtet wird nur ein Uebergang eines Dinges aus einem Zustand in einen anderen, oder, allgemeiner zu reden, aus einer Bestimmungsweise in eine andere, ohne dass dabei ein Sprung wahrgenommen wird. Bei der Ergänzung der Wahrnehmungen kann man nun entweder annehmen, dass der Uebergang durch eine sehr grosse aber endliche Anzahl für unsere Sinne unmerklicher Sprünge geschieht, oder dass das Ding durch alle Zwischenstufen aus dem einen Zustand in den andern übergeht. Der stärkste Grund für die letztere Auffassung liegt in der Forderung, den schon bewährten Begriff des für sich Bestehens der Dinge so weit als möglich aufrecht zu erhalten. Freilich ist es nicht möglich, sich einen Uebergang durch alle Zwischenstufen wirklich vorzustellen, was aber, wie bemerkt, genau genommen von allen Begriffen gilt.

Zugleich aber wird nach dem früher gebildeten und in der Erfahrung bewährten Begriffe des für sich Bestehens der Dinge geschlossen, das Ding würde bleiben, was es ist, wenn nichts Anderes hinzukäme. Hierin liegt der Antrieb, zu jeder Veränderung eine Ursache zu suchen.

I. Wann ist unsere Auffassung der Welt wahr?

„Wenn der Zusammenhang unserer Vorstellungen dem Zusammenhange der Dinge entspricht.“

Die Elemente unseres Bildes von der Welt sind von den entsprechenden Elementen des abgebildeten Realen gänzlich verschieden. Sie sind etwas in uns; die Elemente des Realen etwas ausser uns. Aber die Verbindungen zwischen den Elementen im Bilde und im Abgebildeten müssen übereinstimmen, wenn das Bild wahr sein soll. Die Wahrheit des Bildes ist unabhängig von dem Grade der Feinheit des Bildes; sie hängt nicht davon ab, ob die Elemente des Bildes grössere oder kleinere Mengen des Realen repräsentiren. Aber die Verbindungen müssen einander entsprechen; es darf nicht im Bilde eine unmittelbare Wirkung zweier Elemente auf einander angenommen werden, wo in der Wirklichkeit nur eine mittelbare stattfindet. In diesem Fall würde das Bild falsch sein und der Berichtigung bedürfen; wird dagegen ein Element des Bildes durch eine Gruppe von feineren Elementen ersetzt, so dass seine Eigenschaften theils aus einfacheren Eigenschaften der feineren Elemente, theils aber aus ihrer Verbindung sich ergeben und also zum Theil begreiflich werden, so wächst dadurch zwar unsere Einsicht in den Zusammenhang der Dinge, aber ohne dass die frühere Auffassung für falsch erklärt werden müsste.

II. Woraus soll der Zusammenhang der Dinge gefunden werden?

„Aus dem Zusammenhange der Erscheinungen.“

Die Vorstellung von Sinnendingen in bestimmten räumlichen und zeitlichen Verhältnissen ist dasjenige, was beim absichtlichen Nachdenken über die Natur vorgefunden wird oder für dasselbe *gegeben* ist. Es ist jedoch bekanntlich die *Qualität* der Merkmale der Sinnendinge, Farbe, Klang, Ton, Geruch, Geschmack, Wärme oder Kälte, etwas lediglich unserer Empfindung Entnommenes, ausser uns nicht Existirendes.

Dasjenige, woraus der Zusammenhang der Dinge erkannt werden muss, sind also *quantitative* Verhältnisse, die räumlichen und zeitlichen Verhältnisse der Sinnendinge und die Intensitätsverhältnisse der Merkmale und ihrer Qualitätsunterschiede.

Aus dem Nachdenken über den beobachteten Zusammenhang dieser Grössenverhältnisse muss sich die Erkenntniss des Zusammenhangs der Dinge ergeben.

Causalität.

I. Was ein Agens zu bewirken strebt muss durch den Begriff des Agens bestimmt sein; seine Action kann von nichts Anderem als von seinem eigenen Wesen abhängen.

II. Dieser Forderung wird genügt, wenn das Agens sich selbst zu erhalten oder herzustellen strebt.

III. Eine solche Action ist aber nicht denkbar, wenn das Agens ein Ding, ein Seiendes ist, sondern nur wenn es ein Zustand oder ein Verhältniss ist. Findet ein Streben etwas zu erhalten oder herzustellen Statt, so müssen auch Abweichungen, und zwar in verschiedenen Graden, von diesem Etwas möglich sein; und es wird in der That, in sofern dieser Bestrebung andere Bestrebungen widerstreiten, nur möglichst nahe erhalten oder hergestellt werden. Es giebt aber keine Grade des Seins, eine gradweise Verschiedenheit ist nur von Zuständen oder Verhältnissen denkbar. Wenn also ein Agens sich selbst zu erhalten oder herzustellen strebt, so muss es ein Zustand oder ein Verhältniss sein.

IV. Eine solche Action eines Zustandes kann selbstredend nur auf solche Dinge stattfinden, die eines gleichen Zustandes fähig sind. Auf welche von diesen Dingen sie aber stattfindet und ob sie überhaupt stattfindet, kann aus dem Begriff des Agens nicht geschlossen werden.*)

---

*) Diese Sätze gelten nur wenn einem einfachen Realgrund das Wirken zugeschrieben werden soll.

Wenn zwei Dinge *a* und *b* durch einen äusseren Grund in Verbindung treten, so kann entweder an die Verbindung, das Verbundensein, selbst, oder auch an die Veränderung ihres Grades, eine Folge *c* geknüpft sein. Die einfachste Annahme ist, dass die Folge *c* an das Verbundensein geknüpft ist.

Es ist unnöthig, diese Betrachtungen weiter fortzuführen. Ihr Princip besteht darin, dass man den Satz festhält: „Was ein Agens zu bewirken strebt, muss durch den Begriff des Agens bestimmt sein", diesen Satz aber nicht, wie Leibnitz oder Spinoza auf Wesen mit einer Mannigfaltigkeit von Bestimmungen, sondern auf Realgründe von möglichst grösster Einfachheit anwendet.

Man pflegt im Deutschen sowohl actio als effectus durch Wirkung zu übersetzen. Da das Wort in der letzteren Bedeutung viel häufiger vorkommt, so entsteht leicht eine Undeutlichkeit, wenn man es für actio braucht, wie z. B. bei der gebräuchlichen Uebersetzung von „actio aequalis est reactioni", „principium actionis minimae." Kant sucht sich dadurch zu helfen, dass er neben Wirkung, Wechselwirkung, den lateinischen Ausdruck actio, actio mutua in Klammern hinzufügt. Man könnte vielleicht sagen: „die Kraft ist gleich der Gegenkraft", „Satz vom kleinsten Kraftaufwande." Da aber in der That uns ein einfacher Ausdruck für agere, ein auf etwas Anderes gerichtetes Streben, fehlt, so möge mir der Gebrauch des Fremdworts gestattet sein.

Sehr richtig bemerkt Kant, dass durch die Zergliederung des Begriffs von einem Dinge weder gefunden werden könne, dass es sei, noch dass es die Ursache von etwas Anderem sei, dass also die Begriffe des Seins und der Causalität nicht analytisch seien und nur aus der Erfahrung entnommen werden können. Wenn er aber später sich zu der Annahme genöthigt glaubt, dass der Causalbegriff aus einer aller Erfahrung vorausgehenden Beschaffenheit des erkennenden Subjects stamme, und ihn desshalb zu einer blossen Regel der Zeitfolge stempelt, durch welche in der Erfahrung mit jeder Wahrnehmung als Ursache jede beliebige andere als Wirkung verknüpft werden könnte, so heisst dies das Kind mit dem Bade ausschütten. (Freilich müssen wir die Causalitätsverhältnisse aus der Erfahrung entnehmen; aber wir dürfen nicht darauf verzichten, unsere Auffassung dieser Erfahrungsthatsachen durch Nachdenken zu berichtigen und zu ergänzen.)

Das Wort Hypothese hat jetzt eine etwas andere Bedeutung als bei Newton. Man pflegt jetzt unter Hypothese alles zu den Erscheinungen Hinzugedachte zu verstehen.

Newton war weit entfernt von dem ungereimten Gedanken, als könne die Erklärung der Erscheinungen durch Abstraction gewonnen werden.

Newton: Et haec de deo; de quo utique ex phaenomenis disserere ad philosophiam experimentalem pertinet. Rationem vero harum Gravitatis proprietatum ex phaenomenis nondum potui deducere, et Hypotheses non fingo. Quicquid enim ex Phaenomenis non deducitur, Hypothesis vocanda est.

Arago, Oeuvres complètes T. 3. 505:

Une fois, une seule fois Laplace s'élança dans la region des conjectures. Sa conception ne fut alors rien moins qu'une cosmogonie.

Laplace auf Napoleons Frage, wesshalb in seiner Méc. cel. der Name Gottes nicht vorkomme: Sire, je n'avais pas besoin de cette hypothèse.

Die Unterscheidung, welche Newton zwischen Bewegungsgesetzen oder Axiomen und Hypothesen macht, scheint mir nicht haltbar. Das Trägheitsgesetz ist die Hypothese: Wenn ein materieller Punkt allein in der Welt vorhanden wäre und sich im Raum mit einer bestimmten Geschwindigkeit bewegte, so würde er diese Geschwindigkeit beständig behalten.

III. Naturphilosophie.

1. Molecularmechanik.

Die freie Bewegung eines Systems materieller Punkte $m_1, m_2 \ldots$ mit den rechtwinkligen Coordinaten $x_1, y_1, z_1; x_2, y_2, z_2; \ldots$ auf welche parallel den drei Axen die Kräfte $X_1, Y_1, Z_1; X_2, Y_2, Z_2; \ldots$ wirken geschieht den Gleichungen gemäss:

$$(1) \qquad m_\iota \frac{d^2 x_\iota}{dt^2} = X_\iota, \quad m_\iota \frac{d^2 y_\iota}{dt^2} = Y_\iota, \quad m_\iota \frac{d^2 z_\iota}{dt^2} = Z_\iota.$$

Dies Gesetz kann auch so ausgesprochen werden: die Beschleunigungen bestimmen sich so, dass

$$\sum m_\iota \left(\left(\frac{d^2 x_\iota}{dt^2} - \frac{X_\iota}{m_\iota} \right)^2 + \left(\frac{d^2 y_\iota}{dt^2} - \frac{Y_\iota}{m_\iota} \right)^2 + \left(\frac{d^2 z_\iota}{dt^2} - \frac{Z_\iota}{m_\iota} \right)^2 \right)$$

ein Minimum wird; denn diese Function der Beschleunigungen nimmt ihren kleinsten Werth 0 an, wenn die Beschleunigungen sämmtlich den Gleichungen (1) gemäss bestimmt werden, d. h. die Grössen $\frac{d^2 x_\iota}{dt^2} - \frac{X_\iota}{m_\iota} \cdots$ sämmtlich $= 0$ sind, und sie nimmt auch nur dann einen Minimumwerth an; denn wäre eine dieser Grössen, z. B. $\frac{d^2 x_\iota}{dt^2} - \frac{X_\iota}{m_\iota}$ nicht gleich Null, so könnte man $\frac{d^2 x_\iota}{dt^2}$ immer stetig so ändern, dass der absolute Werth dieser Grösse und folglich ihr Quadrat abnähme. Die Function würde also dann kleiner werden, wenn man zugleich alle übrigen Beschleunigungen ungeändert liesse.

Diese Function der Beschleunigungen unterscheidet sich von

$$\sum m_\iota \left(\left(\frac{d^2 x_\iota}{dt^2} \right)^2 + \left(\frac{d^2 y_\iota}{dt^2} \right)^2 + \left(\frac{d^2 z_\iota}{dt^2} \right)^2 \right)$$
$$- 2 \sum \left(X_\iota \frac{d^2 x_\iota}{dt^2} + Y_\iota \frac{d^2 y_\iota}{dt^2} + Z_\iota \frac{d^2 z_\iota}{dt^2} \right)$$

nur um eine Constante, d. h. eine von den Beschleunigungen unabhängige Grösse.

Wenn die Kräfte nur von Anziehungen und Abstossungen zwischen den Punkten herrühren, welche Functionen der Entfernung sind, und der ιte Punkt und der ι'te Punkt sich in der Entfernung r mit der Kraft $f_{\iota,\iota'}(r)$ abstossen oder mit der Kraft $-f_{\iota,\iota'}(r)$ anziehen, lassen sich bekanntlich die Componenten der Kräfte ausdrücken durch die partiellen Derivirten einer Function von den Coordinaten sämmtlicher Punkte

$$P = \sum_{\iota,\iota'} F_{\iota,\iota'}(r_{\iota,\iota'})$$

worin $F_{\iota,\iota'}(r)$ eine Function bedeutet, deren Derivirte $f_{\iota,\iota'}(r)$, und für ι und ι' je zwei verschiedene Indices zu setzen sind.

Substituirt man diese Werthe der Componenten

$$X_\iota = \frac{\partial P}{\partial x_\iota}, \qquad Y_\iota = \frac{\partial P}{\partial y_\iota}, \qquad Z_\iota = \frac{\partial P}{\partial z_\iota}$$

in obiger Function der Beschleunigungen und multiplicirt dieselbe mit $\frac{dt^2}{4}$, wodurch die Lage ihrer Maxima und Minima nicht geändert wird, so erhält man einen Ausdruck, der sich von

$$\tfrac{1}{4}\sum m_\iota\left(\left(d\frac{dx_\iota}{dt}\right)^2 + \left(d\frac{dy_\iota}{dt}\right)^2 + \left(d\frac{dz_\iota}{dt}\right)^2\right) - P_{(t+dt)}$$

nur um eine von den Beschleunigungen unabhängige Grösse unterscheidet. Wenn die Lage und die Geschwindigkeiten der Punkte zur Zeit t gegeben sind, so bestimmt sich diese Lage zur Zeit $t + dt$ so, dass diese Grösse möglichst klein wird. Es findet demnach ein Streben statt, diese Grösse möglichst klein zu machen.

Dieses Gesetz kann man nun aus Actionen erklären, welche die einzelnen Glieder dieses Ausdrucks möglichst klein zu machen streben, wenn man annimmt, dass einander widerstreitende Bestrebungen sich so ausgleichen, dass die Summe der Grössen, welche die einzelnen Actionen möglichst klein zu erhalten streben, ein Minimum wird.

Nimmt man an, dass die Massen der Punkte $m_1, m_2, \ldots, m_n$ sich verhalten wie die ganzen Zahlen $k_1, k_2, \ldots, k_n$, so dass $m_\iota = k_\iota \mu$, so besteht der Ausdruck, welcher möglichst klein wird, aus der Summe der Grössen

$$\frac{\mu}{4}\left(\left(d\frac{dx_\iota}{dt}\right)^2 + \left(d\frac{dy_\iota}{dt}\right)^2 + \left(d\frac{dz_\iota}{dt}\right)^2\right)$$

für sämmtliche Massentheilchen μ und der Grösse P_{t+dt}. Wenn man also mit Gauss die Grösse

$$\left(d\frac{dx_\iota}{dt}\right)^2 + \left(d\frac{dy_\iota}{dt}\right)^2 + \left(d\frac{dz_\iota}{dt}\right)^2$$

als Maass der Abweichung des Bewegungszustandes der Masse μ zur Zeit $t + dt$ von ihrem Bewegungszustand zur Zeit t betrachtet, so ergiebt die Zerlegung der Gesammtaction in Bezug auf jede Masse eine Action, welche die Abweichung ihres Bewegungszustandes zur Zeit $t + dt$ von ihrem Bewegungszustande zur Zeit t möglichst klein zu machen strebt, oder ein Streben ihres Bewegungszustandes, sich zu erhalten, und ausserdem eine Action, welche die Grösse $-P$ möglichst klein zu erhalten strebt.

Diese letztere Action lässt sich zerlegen in Bestrebungen, die einzelnen Glieder der Summe $\sum_{\iota,\iota'} F_{\iota,\iota'}(r_{\iota,\iota'})$ möglichst klein zu erhalten, d. h. in Anziehungen und Abstossungen zwischen je zwei Punkten, und dies würde zu der gewöhnlichen Erklärung der Bewegungsgesetze aus dem Gesetz der Trägheit und Anziehungen und Abstossungen zurückführen; sie lässt sich aber bei allen uns bekannten Naturkräften auch auf Kräfte, welche zwischen benachbarten Raumelementen thätig sind, zurückführen, wie im folgenden Artikel an der Gravitation erläutert werden soll.

---

2. Gravitation und Licht.

Die Newton'sche Erklärung der Fallbewegungen und der Bewegungen der Himmelskörper besteht in der Annahme folgender Ursachen:

1. Es existirt ein unendlicher Raum mit den Eigenschaften, welche die Geometrie ihm beilegt, und ponderable Körper, welche in ihm ihren Ort nur stetig verändern.

2. In jedem ponderablen Punkte existirt in jedem Augenblicke eine nach Grösse und Richtung bestimmte Ursache, vermöge der er eine bestimmte Bewegung hat (Materie in bestimmtem Bewegungszustande). Das Maass dieser Ursache ist die Geschwindigkeit.*)

Die hier zu erklärenden Erscheinungen führen noch nicht auf die Annahme verschiedener Massen der ponderablen Körper.

3. In jedem Punkt des Raumes existirt in jedem Augenblicke eine nach Grösse und Richtung bestimmte Ursache (beschleunigende Kraft), welche jedem dort befindlichen ponderablen Punkte eine be-

---

*) Jeder materielle Körper würde, wenn er sich im Raum allein befände, entweder seinen Ort in demselben nicht verändern oder mit unveränderlicher Geschwindigkeit in gerader Linie durch denselben sich bewegen.

Dieses Bewegungsgesetz kann nicht aus dem Princip des zureichenden Grundes erklärt werden. Dass der Körper seine Bewegung fortsetzt, muss eine Ursache haben, welche nur in dem inneren Zustand der Materie gesucht werden kann.

stimmte, und zwar allen dieselbe Bewegung mittheilt, die sich mit der Bewegung, die er schon hat, geometrisch zusammensetzt.

4. In jedem ponderablen Punkt existirt eine der Grösse nach bestimmte Ursache (absolute Schwerkraft), vermöge welcher in jedem Punkte des Raumes eine dem Quadrat der Entfernung von diesem ponderablen Punkte umgekehrt und seiner Schwerkraft direct proportionale beschleunigende Kraft stattfindet, die sich mit allen andern dort stattfindenden beschleunigenden Kräften geometrisch zusammensetzt.*)

Die nach Grösse und Richtung bestimmte Ursache (beschleunigende Schwerkraft), welche nach 3. in jedem Punkte des Raumes stattfindet, suche ich in der Bewegungsform eines durch den ganzen unendlichen Raum stetig verbreiteten Stoffes, und zwar nehme ich an, dass die Richtung der Bewegung der Richtung der aus ihr zu erklärenden Kraft gleich, und ihre Geschwindigkeit der Grösse der Kraft proportional sei. Dieser Stoff kann also vorgestellt werden als ein physischer Raum, dessen Punkte sich in dem geometrischen bewegen.

Nach dieser Annahme müssen alle von ponderablen Körpern durch den leeren Raum auf ponderable Körper ausgeübte Wirkungen durch diesen Stoff fortgepflanzt werden. Es müssen also auch die Bewegungsformen, in denen das Licht und die Wärme besteht, welche die Himmelskörper einander zusenden, Bewegungsformen dieses Stoffes sein. Diese beiden Erscheinungen, Gravitation und Lichtbewegung durch den leeren Raum, aber sind die einzigen, welche bloss aus Bewegungen dieses Stoffes erklärt werden müssten.

Ich nehme nun an, dass die wirkliche Bewegung des Stoffes im leeren Raum zusammengesetzt ist aus der Bewegung, welche zur Erklärung der Gravitation, und aus der, welche zur Erklärung des Lichtes angenommen werden muss.

Die weitere Entwicklung dieser Hypothese zerfällt in zwei Theile, insofern aufzusuchen sind

1. Die Gesetze der Stoffbewegungen, welche zur Erklärung der Erscheinungen angenommen werden müssen.

2. Die Ursachen, aus welchen diese Bewegungen erklärt werden können.

Das erste Geschäft ist ein mathematisches, das zweite ein meta-

---

*) Derselbe ponderable Punkt würde an zwei verschiedenen Orten Bewegungsänderungen erleiden, deren Richtung mit der Richtung der Kräfte zusammenfällt, und deren Grössen sich verhalten wie die Kräfte.

Die Kraft, dividirt durch die Bewegungsänderung giebt daher bei demselben ponderablen Punkt stets denselben Quotienten. Dieser Quotient ist bei verschiedenen ponderablen Punkten verschieden und heisst ihre Masse.

physisches. In Bezug auf letzteres bemerke ich im Voraus, dass als Ziel desselben nicht die Erklärung aus Ursachen, welche die Entfernung zweier Stoffpunkte zu verändern streben, zu betrachten sein wird. Diese Erklärungsmethode durch Anziehungs- und Abstossungskräfte verdankt ihre allgemeine Anwendung in der Physik nicht einer unmittelbaren Evidenz (besonderen Vernunftgemässheit), noch, von Electricität und Schwere abgesehen, ihrer besonderen Leichtigkeit, sondern vielmehr dem Umstande, dass das Newton'sche Anziehungsgesetz gegen die Meinung des Entdeckers so lange für ein nicht weiter zu erklärendes gegolten hat.*)

I. Gesetze der Stoffbewegung, welche nach unserer Annahme die Gravitations- und Lichterscheinungen verursacht.

Indem ich die Lage eines Raumpunktes durch rechtwinklige Coordinaten x_1, x_2, x_3 ausdrücke, bezeichne ich die dort parallel denselben zur Zeit t stattfindenden Geschwindigkeitscomponenten der Bewegung, welche die Gravitationserscheinungen verursacht, durch u_1, u_2, u_3, der Bewegung, welche die Lichterscheinungen verursacht, durch w_1, w_2, w_3, der wirklichen Bewegung durch v_1, v_2, v_3, so dass $v = u + w$. Wie sich aus den Bewegungsgesetzen selbst ergeben wird, behält der Stoff, wenn er in Einem Zeitpunkte überall gleich dicht ist, stets allenthalben dieselbe Dichtigkeit, ich werde diese daher zur Zeit t überall $= 1$ annehmen.

a. Bewegung, welche nur Gravitationserscheinungen verursacht.

Die Schwerkraft ist in jedem Punkte durch die Potentialfunction V bestimmt, deren partielle Differentialquotienten $\frac{\partial V}{\partial x_1}$, $\frac{\partial V}{\partial x_2}$, $\frac{\partial V}{\partial x_3}$ die Componenten der Schwerkraft sind, und dieses V ist wieder bestimmt durch folgende Bedingungen (abgesehen von einer hinzufügbaren Constanten):

1. $dx_1\, dx_2\, dx_3 \left(\frac{\partial^2 V}{\partial x_1^2} + \frac{\partial^2 V}{\partial x_2^2} + \frac{\partial^2 V}{\partial x_3^2}\right)$ ist ausserhalb der anziehenden Körper $= 0$ und hat für jedes ponderable Körperelement einen unveränderlichen Werth. Dieser ist das Product aus -4π in die absolute Grösse der Anziehungskraft, welche nach der Attractionstheorie

*) Newton says: „That gravity should be innate, inherent, and essential to matter, so that one body may act upon another at a distance through a vacuum, without the mediation of anything else, by and through which their action and force may be conveyed from one to another, is to me so great an absurdity, that I believe no man who has in philosophical matters a competent faculty of thinking can ever fall into it.“ See the third letter to Bentley.

demselben beigelegt werden muss, und durch dm bezeichnet werden soll.

2. Wenn alle anziehenden Körper sich innerhalb eines endlichen Raumes befinden, sind in unendlicher Entfernung r von einem Punkt dieses Raumes $r\frac{\partial V}{\partial x_1}$, $r\frac{\partial V}{\partial x_2}$, $r\frac{\partial V}{\partial x_3}$ unendlich klein.

Nach unserer Hypothese ist nun $\frac{\partial V}{\partial x} = u$ und folglich

$$dV = u_1\,dx_1 + u_2\,dx_2 + u_3\,dx_3.$$

Dieses schliesst die Bedingungen ein:

$$(1)\qquad \frac{\partial u_2}{\partial x_3} - \frac{\partial u_3}{\partial x_2} = 0, \quad \frac{\partial u_3}{\partial x_1} - \frac{\partial u_1}{\partial x_3} = 0, \quad \frac{\partial u_1}{\partial x_2} - \frac{\partial u_2}{\partial x_1} = 0,$$

$$(2)\qquad \left(\frac{\partial u_1}{\partial x_1} + \frac{\partial u_2}{\partial x_2} + \frac{\partial u_3}{\partial x_3}\right) dx_1\,dx_2\,dx_3 = -4\pi dm,$$

$$(3)\qquad ru_1 = 0, \quad ru_2 = 0, \quad ru_3 = 0, \quad \text{für } r = \infty.$$

Umgekehrt sind auch die Grössen u, wenn sie diesen Bedingungen genügen, den Componenten der Schwerkraft gleich. Denn die Bedingungen (1) enthalten die Möglichkeit einer Function U, von welcher das Differential $dU = u_1\,dx_1 + u_2\,dx_2 + u_3\,dx_3$ und also die Differentialquotienten $\frac{\partial U}{\partial x} = u$, und die übrigen ergeben dann $U = V + \text{const.}$*)

---

*) Diese Function U ist also durch die Erfahrung (aus den relativen Bewegungen) mittelst der allgemeinen Bewegungsgesetze gegeben, aber nur abgesehen von einer linearen Function der Coordinaten, weil wir nur relative Bewegungen beobachten können.

Die Bestimmung dieser Function gründet sich auf folgenden mathematischen Satz: Eine Function V des Ortes ist innerhalb eines endlichen Raumes bestimmt (abgesehen von einer Constanten), wenn sie nicht längs einer Fläche unstetig sein soll und für alle Elemente desselben $\left(\frac{\partial^2 V}{\partial x_1^2} + \frac{\partial^2 V}{\partial x_2^2} + \frac{\partial^2 V}{\partial x_3^2}\right) dx_1\,dx_2\,dx_3$, an der Grenze entweder V oder deren Differentialquotient für eine Ortsänderung nach Innen senkrecht auf die Begrenzung gegeben ist. Wobei zu bemerken:

1. Wird dieser Differentialquotient im Begrenzungselement ds durch $\frac{\partial V}{\partial p}$ bezeichnet, so muss in letzterem Falle $\int \sum \frac{\partial^2 V}{\partial x^2} dx_1\,dx_2\,dx_3$ durch den ganzen Raum $= -\int \frac{\partial V}{\partial p} ds$ durch dessen Begrenzung sein; übrigens aber können in beiden Fällen sämmtliche Bestimmungsstücke willkürlich angenommen werden und sind daher zur Bestimmung nothwendig.

2. Für ein Raumelement, wo $\sum \frac{\partial^2 V}{\partial x^2}$ unendlich gross wird, ist das Product beider durch $-\int \frac{\partial V}{\partial p} ds$ in Bezug auf die Begrenzung dieses Elements zu ersetzen.

b. Bewegung, welche nur Lichterscheinungen verursacht.

Die Bewegung, welche im leeren Raum zur Erklärung der Lichterscheinungen angenommen werden muss, kann betrachtet werden (zufolge eines Theorems) als zusammengesezt aus ebenen Wellen, d. h. aus solchen Bewegungen, wo längs jeder Ebene einer Schaar paralleler Ebenen (Wellenebenen) die Bewegungsform constant ist. Jedes dieser Wellensysteme besteht dann (der Erfahrung nach) aus Bewegungen parallel der Wellenebene, die sich mit einer für alle Bewegungsformen (Arten des Lichts) gleichen constanten Geschwindigkeit c senkrecht zur Wellenebene fortpflanzen.

Sind für ein solches Wellensystem ξ_1, ξ_2, ξ_3 rechtwinklige Coordinaten eines Raumpunktes, die erste senkrecht, die andern parallel zur Wellenebene, ω_1, ω_2, ω_3 die ihnen parallelen Geschwindigkeitscomponenten in diesem Punkte zur Zeit t, so hat man:

$$\frac{\partial \omega}{\partial \xi_2} = 0, \quad \frac{\partial \omega}{\partial \xi_3} = 0.$$

Der Erfahrung nach ist erstlich:

$$\omega_1 = 0,$$

zweitens ist die Bewegung zusammengesetzt aus einer nach der positiven und einer nach der negativen Seite der Wellenebene mit der Geschwindigkeit c fortschreitenden Bewegung. Sind ω' die Geschwindigkeitscomponenten der ersteren, ω'' die der letzteren, so bleiben die ω' ungeändert, wenn t um dt und ξ_1 um $c\,dt$ wächst, die ω'', wenn t um dt und ξ_1 um $-c\,dt$ wächst, und man hat $\omega = \omega' + \omega''$. Hieraus folgt:

$$\left(\frac{\partial \omega'}{\partial t} + c\frac{\partial \omega'}{\partial \xi_1}\right) dt = 0, \quad \left(\frac{\partial \omega''}{\partial t} - c\frac{\partial \omega''}{\partial \xi_1}\right) dt = 0,$$

$$\frac{\partial^2 \omega'}{\partial t^2} = -c\frac{\partial^2 \omega'}{\partial \xi_1 \partial t} = cc\frac{\partial^2 \omega'}{\partial \xi_1^2}, \quad \frac{\partial^2 \omega''}{\partial t^2} = c\frac{\partial^2 \omega''}{\partial \xi_1 \partial t} = cc\frac{\partial^2 \omega''}{\partial \xi_1^2}$$

also

$$\frac{\partial^2 \omega}{\partial t^2} = cc\frac{\partial^2 \omega}{\partial \xi_1^2}.$$

Diese Gleichungen geben folgende symmetrische:

$$\frac{\partial \omega_1}{\partial \xi_1} + \frac{\partial \omega_2}{\partial \xi_2} + \frac{\partial \omega_3}{\partial \xi_3} = 0,$$

$$\frac{\partial^2 \omega}{\partial t^2} = cc\left(\frac{\partial^2 \omega}{\partial \xi_1^2} + \frac{\partial^2 \omega}{\partial \xi_2^2} + \frac{\partial^2 \omega}{\partial \xi_3^2}\right)$$

---

3. Wenn nur innerhalb eines endlichen Raumes $\sum \frac{\partial^2 V}{\partial x^2}$ einen von 0 verschiedenen Werth hat, so kann die Grenzbedingung dadurch ersetzt werden, dass in unendlicher Entfernung R von einem Punkte dieses Raumes $R\frac{\partial V}{\partial x}$ unendlich klein sein soll.

welche, ausgedrückt durch das ursprüngliche Coordinatensystem, in Gleichungen von derselben Form übergehen, d. h. in

$$(1)\qquad \frac{\partial w_1}{\partial x_1} + \frac{\partial w_2}{\partial x_2} + \frac{\partial w_3}{\partial x_3} = 0,$$

$$(2)\qquad \frac{\partial^2 w}{\partial t^2} = cc\left(\frac{\partial^2 w}{\partial x_1^2} + \frac{\partial^2 w}{\partial x_2^2} + \frac{\partial^2 w}{\partial x_3^2}\right).$$

Diese Gleichungen gelten für jede den Punkt (x_1, x_2, x_3) zur Zeit t durchschreitende ebene Welle und folglich auch für die aus allen zusammengesetzte Bewegung.

c. Bewegung, welche beiderlei Erscheinungen verursacht.

Aus den gefundenen Bedingungen für u und w fliessen folgende Bedingungen für v oder Gesetze der Stoffbewegung im leeren Raume:

$$(\mathrm{I})\qquad \frac{\partial v_1}{\partial x_1} + \frac{\partial v_2}{\partial x_2} + \frac{\partial v_3}{\partial x_3} = 0,$$

$$(\mathrm{II})\qquad \begin{aligned} &\left(\partial_t^2 - cc\,(\partial_{x_1}^2 + \partial_{x_2}^2 + \partial_{x_3}^2)\right)\left(\frac{\partial v_2}{\partial x_3} - \frac{\partial v_3}{\partial x_2}\right) = 0\\ &\left(\partial_t^2 - cc\,(\partial_{x_1}^2 + \partial_{x_2}^2 + \partial_{x_3}^2)\right)\left(\frac{\partial v_3}{\partial x_1} - \frac{\partial v_1}{\partial x_3}\right) = 0\\ &\left(\partial_t^2 - cc\,(\partial_{x_1}^2 + \partial_{x_2}^2 + \partial_{x_3}^2)\right)\left(\frac{\partial v_1}{\partial x_2} - \frac{\partial v_2}{\partial x_1}\right) = 0 \end{aligned}$$

wie sich leicht ergiebt, wenn man die Operationen ausführt.

Diese Gleichungen zeigen, dass die Bewegung eines Stoffpunktes nur abhängt von den Bewegungen in den angrenzenden Raum- und Zeittheilen, und ihre (vollständigen) Ursachen in den Einwirkungen der Umgebung gesucht werden können.

Die Gleichung (I) beweist unsere frühere Behauptung, dass bei der Stoffbewegung die Dichtigkeit ungeändert bleibe; denn

$$\left(\frac{\partial v_1}{\partial x_1} + \frac{\partial v_2}{\partial x_2} + \frac{\partial v_3}{\partial x_3}\right) dx_1\, dx_2\, dx_3\, dt,$$

welches zufolge dieser Gleichung $= 0$ ist, drückt die in das Raumelement $dx_1\, dx_2\, dx_3$ im Zeitelement dt einströmende Stoffmenge aus, und die in ihm enthaltene Stoffmenge bleibt daher constant.

Die Bedingungen (II) sind identisch mit der Bedingung, dass:

$$\left(\partial_t^2 - cc\,(\partial_{x_1}^2 + \partial_{x_2}^2 + \partial_{x_3}^2)\right)(v_1\, dx_1 + v_2\, dx_2 + v_3\, dx_3)$$

gleich einem vollständigen Differential $d\,W$ sei. Nun ist:

$$\left(\partial_t^2 - cc\,(\partial_{x_1}^2 + \partial_{x_2}^2 + \partial_{x_3}^2)\right)(w_1 dx_1 + w_2 dx_2 + w_3 dx_3) = 0$$

und folglich

$$
\begin{aligned}
dW &= \left(\partial_t^2 - cc(\partial_{x_1}^2 + \partial_{x_2}^2 + \partial_{x_3}^2)\right)(u_1\,dx_1 + u_2\,dx_2 + u_3\,dx_3) \\
&= \left(\partial_t^2 - cc(\partial_{x_1}^2 + \partial_{x_2}^2 + \partial_{x_3}^2)\right) dV
\end{aligned}
$$

oder, da $(\partial_{x_1}^2 + \partial_{x_2}^2 + \partial_{x_3}^2)\,dV = 0$,

$$= d\,\frac{\partial^2 V}{\partial t^2}\,.$$

. . . .

d. Gemeinschaftlicher Ausdruck für die Gesetze der Stoffbewegung und der Einwirkung der Schwerkraft auf die Bewegung der ponderablen Körper.

Die Gesetze dieser Erscheinungen lassen sich zusammenfassen in der Bedingung, dass die Variation des Integrals

$$
\begin{aligned}
\tfrac{1}{2}\int\Big[\sum\left(\frac{\partial\eta_\iota}{\partial t}\right)^2 - cc\Big[\left(\frac{\partial\eta_2}{\partial x_3} - \frac{\partial\eta_3}{\partial x_2}\right)^2 + \left(\frac{\partial\eta_3}{\partial x_1} - \frac{\partial\eta_1}{\partial x_3}\right)^2 + \left(\frac{\partial\eta_1}{\partial x_2} - \frac{\partial\eta_2}{\partial x_1}\right)^2\Big]\Big]\,dx_1\,dx_2\,dx_3\,dt \\
+ \int V\left(\sum\frac{\partial^2\eta_\iota}{\partial x_\iota\,\partial t}\,dx_1\,dx_2\,dx_3 + 4\pi\,dm\right)dt + 2\pi\int dm\sum\left(\frac{\partial x_\iota}{\partial t}\right)^2 dt
\end{aligned}
$$

unter geeigneten Grenzbedingungen 0 werde.

In diesem Ausdrucke sind die beiden ersten Integrale über den ganzen geometrischen Raum, die letzteren über alle ponderablen Körperelemente auszudehnen, die Coordinaten jedes ponderablen Körperelements aber als Functionen der Zeit, und η_1, η_2, η_3, V als Functionen von x_1, x_2, x_3 und t so zu bestimmen, dass eine den Grenzbedingungen genügende Variation derselben nur eine Variation zweiter Ordnung des Integrals hervorbringt.

Alsdann sind die Grössen $\frac{\partial\eta}{\partial t}\,(= v)$ gleich den Geschwindigkeitscomponenten der Stoffbewegung, und V gleich dem Potential zur Zeit t im Punkte (x_1, x_2, x_3).

---

3. Neue mathematische Principien der Naturphilosophie.*)

Obgleich die Ueberschrift dieses Aufsatzes bei den meisten Lesern schwerlich ein günstiges Vorurtheil erwecken wird, so schien sie mir doch die Tendenz desselben am besten auszudrücken. Sein Zweck ist, jenseits der von Galiläi und Newton gelegten Grundlagen der Astronomie und Physik ins Innere der Natur zu dringen. Für die Astronomie kann diese Speculation freilich unmittelbar keinen praktischen Nutzen haben, aber ich hoffe, dass dieser Umstand auch in den Augen der Leser dieses Blattes dem Interesse keinen Eintrag thun wird. . . . .

---

*) Gefunden am 1. März 1853.

Der Grund der allgemeinen Bewegungsgesetze für Ponderabilien, welche sich im Eingange zu Newton's Principien zusammengestellt finden, liegt in dem inneren Zustande derselben. Versuchen wir aus unserer eigenen inneren Wahrnehmung nach der Analogie auf denselben zu schliessen. Es treten in uns fortwährend neue Vorstellungsmassen auf, welche sehr rasch aus unserm Bewusstsein wieder verschwinden. Wir beobachten eine stetige Thätigkeit unserer Seele. Jedem Act derselben liegt etwas Bleibendes zu Grunde, welches sich bei besonderen Anlässen (durch die Erinnerung) als solches kundgiebt, ohne einen dauernden Einfluss auf die Erscheinungen auszuüben. Es tritt also fortwährend (mit jedem Denkact) etwas Bleibendes in unsere Seele ein, welches aber auf die Erscheinungswelt keinen dauernden Einfluss ausübt. Jedem Act unserer Seele liegt also etwas Bleibendes zu Grunde, welches mit diesem Act in unsere Seele eintritt, aber in demselben Augenblick aus der Erscheinungswelt völlig verschwindet.

Von dieser Thatsache geleitet, mache ich die Hypothese, dass der Weltraum mit einem Stoff erfüllt ist, welcher fortwährend in die ponderablen Atome strömt und dort aus der Erscheinungswelt (Körperwelt) verschwindet.

Beide Hypothesen lassen sich durch die Eine ersetzen, dass in allen ponderablen Atomen beständig Stoff aus der Körperwelt in die Geisteswelt eintritt. Die Ursache, wesshalb der Stoff dort verschwindet, ist zu suchen in der unmittelbar vorher dort gebildeten Geistessubstanz, und die ponderablen Körper sind hiernach der Ort, wo die Geisteswelt in die Körperwelt eingreift.*)

Die Wirkung der allgemeinen Gravitation, welche nun zunächst aus dieser Hypothese erklärt werden soll, ist bekanntlich in jedem Theil des Raumes völlig bestimmt, wenn die Potentialfunction P sämmtlicher ponderablen Massen für diesen Theil des Raumes gegeben ist, oder was dasselbe ist, eine solche Function P des Ortes, dass die im Innern einer geschlossenen Fläche S enthaltenen ponderablen Massen $\frac{1}{4\pi}\int\frac{\partial P}{\partial p}dS$ sind.

Nimmt man nun an, dass der raumerfüllende Stoff eine incompressible homogene Flüssigkeit ohne Trägheit sei, und dass in jedes ponderable Atom in gleichen Zeiten stets gleiche, seiner Masse pro-

*) In jedes ponderable Atom tritt in jedem Augenblick eine bestimmte, der Gravitationskraft proportionale Stoffmenge ein und verschwindet dort.

Es ist die Consequenz der auf Herbart'schem Boden stehenden Psychologie, dass nicht der Seele, sondern jeder einzelnen in uns gebildeten Vorstellung Substantialität zukomme.

portionale Mengen einströmen, so wird offenbar der Druck, den das ponderable Atom erfährt, (der Geschwindigkeit der Stoffbewegung an dem Orte des Atoms proportional sein?)

Es kann also die Wirkung der allgemeinen Gravitation auf ein ponderables Atom durch den Druck des raumerfüllenden Stoffes in der unmittelbaren Umgebung desselben ausgedrückt und von demselben abhängig gedacht werden.

Aus unserer Hypothese folgt nothwendig, dass der raumerfüllende Stoff die Schwingungen fortpflanzen muss, welche wir als Licht und Wärme wahrnehmen.

Betrachten wir einen einfach polarisirten Strahl, bezeichnen durch x die Entfernung eines unbestimmten Punktes desselben von einen festen Anfangspunkte, durch y dessen Elongation zur Zeit t, so muss, weil die Fortpflanzungsgeschwindigkeit der Schwingungen im von Ponderabilien freien Raum unter allen Umständen sehr nahe constant (gleich α) ist, die Gleichung:

$$y = f(x + \alpha t) + \varphi(x - \alpha t)$$

wenigstens sehr nahe erfüllt werden.

Wäre sie streng erfüllt, so müsste

$$\frac{\partial y}{\partial t} = \alpha\alpha \int^{t} \frac{\partial^2 y}{\partial x^2} d\tau$$

sein; offenbar kann aber unserer Erfahrung auch durch die Gleichung:

$$\frac{\partial y}{\partial t} = \alpha\alpha \int^{t} \frac{\partial^2 y}{\partial x^2}\, \varphi(t - \tau)\, d\tau$$

genügt werden, wenn auch $\varphi(t - \tau)$ nicht für alle positiven Werthe von $t - \tau$ gleich 1 ist (mit wachsendem $t - \tau$ ins Unendliche abnimmt), wofern es nur für einen hinreichend grossen Zeitraum sehr wenig von 1 verschieden bleibt. . . . .

Man drücke die Lage der Stoffpunkte zu einer bestimmten Zeit t durch ein rechtwinkliges Coordinatensystem aus, und es seien die Coordinaten eines unbestimmten Punktes O x, y, z. Aehnlicher Weise seien, ebenfalls in Bezug auf ein rechtwinkliges Coordinatensystem die Coordinaten des Punktes O' x', y', z'. Es sind dann x', y', z' Functionen von x, y, z und $ds'^2 = dx'^2 + dy'^2 + dz'^2$ wird gleich einem homogenen Ausdruck zweiten Grades von dx, dy, dz. Nach einem bekannten Theorem lassen sich nun die linearen Ausdrücke von dx, dy, dz

$$\alpha_1\, dx + \beta_1\, dy + \gamma_1\, dz = ds_1$$
$$\alpha_2\, dx + \beta_2\, dy + \gamma_2\, dz = ds_2$$
$$\alpha_3\, dx + \beta_3\, dy + \gamma_3\, dz = ds_3$$

stets und nur auf Eine Weise so bestimmen, dass

$$dx'^2 + dy'^2 + dz'^2 = G_1^2 ds_1^2 + G_2^2 ds_2^2 + G_3^2 ds_3^2$$

wird, während

$$ds^2 = dx^2 + dy^2 + dz^2 = ds_1^2 + ds_2^2 + ds_3^2.$$

Die Grössen $G_1 - 1$, $G_2 - 1$, $G_3 - 1$ heissen dann die Hauptdilatationen des Stofftheilchens in O beim Uebergange von der ersteren Form zur letzteren; ich bezeichne sie durch λ_1, λ_2, λ_3.

Ich nehme nun an, dass aus der Verschiedenheit der früheren Formen des Stofftheilchens von seiner Form zur Zeit t eine Kraft resultirt, welche diese zu verändern strebt, dass der Einfluss einer früheren Form (caeteris paribus) desto geringer wird, je länger vor t sie stattfand, und zwar so dass von einer gewissen Grenze an alle früheren vernachlässigt werden können. Ich nehme ferner an, dass diejenigen Zustände, welche noch einen merklichen Einfluss äussern, so wenig von demjenigen zur Zeit t verschieden sind, dass die Dilatationen als unendlich klein betrachtet werden können. Die Kräfte, welche λ_1, λ_2, λ_3 zu verkleinern streben, können dann als lineare Functionen von λ_1, λ_2, λ_3 angesehen werden; und zwar erhält man wegen der Homogeneität des Aethers für das Gesammtmoment dieser Kräfte (die Kraft, welche λ_1 zu verkleinern strebt, muss eine Function von λ_1, λ_2, λ_3 sein, welche unverändert bleibt, wenn man λ_2 mit λ_3 vertauscht, und die übrigen Kräfte müssen aus ihr hervorgehen, wenn λ_2 mit λ_1, λ_3 mit λ_1 vertauscht wird) folgenden Ausdruck:

$$\delta\lambda_1(a\lambda_1 + b\lambda_2 + b\lambda_3) + \delta\lambda_2(b\lambda_1 + a\lambda_2 + b\lambda_3) + \delta\lambda_3(b\lambda_1 + b\lambda_2 + a\lambda_3)$$

oder mit etwas veränderter Bedeutung der Constanten

$$\begin{aligned} \delta\lambda_1\big(a(\lambda_1 + \lambda_2 + \lambda_3) + b\lambda_1\big) + \delta\lambda_2\big(a(\lambda_1 + \lambda_2 + \lambda_3) + b\lambda_2\big) \\ + \delta\lambda_3\big(a(\lambda_1 + \lambda_2 + \lambda_3) + b\lambda_3\big) \\ = \tfrac{1}{2}\,\delta\big(a(\lambda_1 + \lambda_2 + \lambda_3)^2 + b(\lambda_1^2 + \lambda_2^2 + \lambda_3^2)\big). \end{aligned}$$

Man kann nun das Kraftmoment, welches die Form des unendlich kleinen Stofftheilchens in O zu verändern strebt, als resultirend betrachten aus Kräften, welche die Länge der in O endenden Linienelemente zu verändern streben. Man gelangt dann zu folgendem Wirkungsgesetz: Bezeichnet dV das Volumen eines unendlich kleinen Stofftheilchens in O zur Zeit t, dV' das Volumen desselben Stofftheilchens zur Zeit t', so wird die aus der Verschiedenheit beider Stoffzustände herrührende Kraft, welche ds zu verlängern strebt, durch

$$a\,\frac{dV - dV'}{dV} + b\,\frac{ds - ds'}{ds}$$

ausgedrückt.

Der erste Theil dieses Ausdrucks rührt von der Kraft her, mit welcher ein Stofftheilchen einer Volumänderung ohne Formänderung, der zweite von der Kraft, mit welcher ein physisches Linienelement einer Längenänderung widerstrebt.

Es ist nun kein Grund vorhanden, anzunehmen, dass die Wirkungen beider Ursachen nach demselben Gesetz mit der Zeit sich änderten; fassen wir also die Wirkungen sämmtlicher früheren Formen eines Stofftheilchens auf die Aenderung des Linienelements ds zur Zeit t zusammen, so wird der Werth von $\frac{\delta ds}{dt}$, welchen sie zu bewirken streben,

$$= \int_{-\infty}^{t} \frac{dV' - dV}{dV} \psi(t - t')\,\delta t' + \int_{-\infty}^{t} \frac{ds' - ds}{ds} \varphi(t - t')\,\delta t'.$$

Wie müssen nun die Functionen ψ und φ beschaffen sein, damit Gravitation, Licht und strahlende Wärme durch den Raumstoff vermittelt werde?

Die Wirkungen ponderabler Materie auf ponderable Materie sind:

1) Anziehungs- und Abstossungskräfte umgekehrt proportional dem Quadrat der Entfernung.
2) Licht und strahlende Wärme.

Beide Classen von Erscheinungen lassen sich erklären, wenn man annimmt, dass den ganzen unendlichen Raum ein gleichartiger Stoff erfüllt, und jedes Stofftheilchen unmittelbar nur auf seine Umgebung einwirkt.

Das mathematische Gesetz, nach welchem dies geschieht, kann zerfällt gedacht werden

1) in den Widerstand, mit welchem ein Stofftheilchen einer Volumänderung, und
2) in den Widerstand, mit welchem ein physisches Linienelement einer Längenänderung widerstrebt.

Auf dem ersten Theil beruht die Gravitation und die electrostatische Anziehung und Abstossung, auf dem zweiten die Fortpflanzung des Lichts und der Wärme und die electrodynamische oder magnetische Anziehung und Abstossung.

Bernhard Riemann's Lebenslauf.

Die nachfolgende Darstellung von Riemann's Lebenslauf bezweckt keineswegs, die Bedeutung seiner wissenschaftlichen Leistungen und deren Verhältniss zu dem früheren und gegenwärtigen Zustande der Mathematik in's Licht zu stellen, sie ist vielmehr nur für solche Leser bestimmt, welche einige Nachrichten über den Bildungsgang, den Charakter und die äusserlichen Schicksale des grossen Mathematikers zu erhalten wünschen, dessen Werke jetzt zum ersten Male vollständig gesammelt erscheinen.

Georg Friedrich Bernhard Riemann ist am 17. September 1826 in Breselenz, einem Dorfe im Königreich Hannover bei Dannenberg nahe der Elbe, geboren. Sein Vater Friedrich Bernhard Riemann, geboren in Boitzenburg an der Elbe in Mecklenburg, der als Lieutenant unter Wallmoden an den Befreiungskriegen Theil genommen, war dort Prediger und mit Charlotte, der Tochter des Hofrath Ebell aus Hannover verheirathet; er siedelte später mit seiner Familie nach der etwa drei Stunden entfernten Pfarre Quickborn über. Bernhard war das zweite von sechs Kindern. Schon früh wurde seine Lernbegierde durch den Vater geweckt, der ihn bis zum Abgange auf das Gymnasium fast allein unterrichtete. Als Knabe von fünf Jahren interessirte er sich sehr für Geschichte, für Züge aus dem Alterthum, und ganz besonders für das unglückliche Schicksal Polens, welches sein Vater ihm immer von Neuem erzählen musste. Sehr bald aber trat dies in den Hintergrund, und sein entschiedenes Talent für das Rechnen brach sich Bahn; er kannte kein grösseres Vergnügen, als selbst schwierige Exempel zu erfinden und dann seinen Geschwistern aufzugeben. Später, vom zehnten Jahre Bernhard's an, liess sich der Vater bei dem Unterrichte der Kinder von dem Lehrer Schulz unterstützen; dieser gab guten Unterricht im Rechnen und in der Geometrie, musste sich jedoch bald sehr anstrengen, seines Schülers rascher, oft besserer Lösung einer Aufgabe zu folgen.

Im Alter von dreizehn und einem halben Jahr wurde Bernhard von dem Vater confirmirt und verliess darauf das elterliche Haus, in welchem ein ernster, frommer Sinn und häuslich angeregtes Leben herrschte. Die Eltern sahen ihre Hauptaufgabe in der Erziehung ihrer Kinder; die innigste Liebe verband Riemann mit seiner Familie und hat sich durch sein ganzes ferneres Leben erhalten; sie spricht sich in seinen Briefen aus, die er an die entfernten Lieben richtet, wo er an Allem, was das Elternhaus betrifft, auch an den kleinsten Vorgängen das lebhafteste Interesse zeigt, und auch sie treulich alle seine Freuden und Leiden theilen lässt.

Zu Ostern 1840 kam Riemann nach Hannover, wo seine Grossmutter lebte, und wo er zwei Jahre — bis zum Tode derselben — die Tertia des Lyceums besuchte. Anfangs hatte er, wie es nach seiner bisherigen Erziehung zu erwarten war, mancherlei Schwierigkeiten zu überwinden, doch werden bald seine Fortschritte in den einzelnen Unterrichtsgegenständen gelobt, und immer ist er ein fleissiger und folgsamer Schüler. Namentlich aus dieser Zeit sind zahlreiche Briefe Riemann's an die geliebten Eltern und Geschwister erhalten, in welchen er, oft mit glücklichem Humor, von den Schulereignissen berichtet. Vorwiegend ist aber die Sehnsucht nach dem Elternhause; wenn die Ferien herannahen, so bittet er inständig um die Erlaubniss, dieselben in Quickborn zubringen zu dürfen, und lange vorher sinnt er auf Mittel, die Reise mit möglichst wenigen Kosten bewerkstelligen zu können; zu den Geburtstagen der Eltern und Geschwister macht er kleine Einkäufe und ist eifrig darauf bedacht, sie damit wirklich zu überraschen. Er lebt in Gedanken noch ganz in dem häuslichen Kreise. Bisweilen klingt aber auch eine wehmüthige Klage durch, wie schwer es ihm werde, mit fremden Menschen zu verkehren, und die Schüchternheit, welche, eine natürliche Folge seines früheren abgeschlossenen Lebens, ihn zu seinem Kummer auch den Lehrern bisweilen in falschem Lichte erscheinen lässt, hat ihn auch später nie gänzlich verlassen und oft angetrieben, sich der Einsamkeit und seiner Gedankenwelt zu überlassen, in welcher er die grösste Kühnheit und Vorurtheilslosigkeit entfaltet hat.

Nach dem Tode der Grossmutter wurde Riemann, wie es scheint auf seinen eigenen Wunsch, Ostern 1842 von dem Vater auf das Johanneum zu Lüneburg gebracht, wo er zwei Jahre in Secunda und zwei Jahre in Prima bis zu seinem Abgange nach der Universität blieb. Gleich in die erste Zeit seines dortigen Aufenthaltes fiel der grosse Brand von Hamburg, der tiefen Eindruck auf ihn machte, und über den er ausführlich an seine Eltern berichtete. Die grössere Nähe bei seiner Heimath und die Möglichkeit, die Ferien in Quickborn in seiner Familie zu verleben, trug dazu bei, die fernere Schulzeit zu einer glücklichen für ihn zu machen. Freilich war die Hin- und Herreise, die zum grössten Theil zu Fuss gemacht wurde, mit Anstrengungen verbunden, denen sein Körper nicht immer gewachsen war; schon in dieser Zeit spricht sich in den schönen Briefen seiner Mutter, die er leider bald verlieren sollte, ängstliche Sorge um seine Gesundheit aus, und oft wiederholen sich ihre herzlichen Ermahnungen, zu grosse körperliche Anstrengungen zu vermeiden. Er wohnte später bei dem Gymnasiallehrer Seffer, der sich lebhaft für ihn interessirte, und an dem er, wie aus seinen Briefen hervorgeht, einen väterlichen Freund und Beschützer gefunden hat. Er bekam gute Zeugnisse auch in anderen Fächern, in Mathematik aber immer glänzende, beim Abgange die Eins. Seine grosse Begabung für diese Wissenschaft wurde von dem trefflichen Director Schmalfuss erkannt; dieser lieh ihm mathematische Werke zum Privatstudium und wurde oft überrascht und in Erstaunen gesetzt, wenn Riemann dieselben schon nach wenigen Tagen zurückbrachte und dann in der Unterhaltung zeigte, dass er sie durchgearbeitet und vollständig aufgefasst hatte. Diese neben seinen Schularbeiten betriebenen Studien müssen ihn weit über die Grenzen des Gymnasial-Unterrichtes hinaus in das Gebiet der höheren Mathematik geführt haben; die Bekanntschaft mit der höheren Analysis hat er, soviel bekannt ist, durch das Studium der Euler'schen Werke erworben; auch Legendre's Théorie des Nombres soll er in dieser Zeit gelesen haben.

Im Alter von neunzehn und einem halben Jahr bezog Riemann Ostern 1846 die Universität Göttingen. Der seinem geistlichen Berufe von Herzen ergebene Vater hegte den natürlichen Wunsch, er möge sich der Theologie widmen, und wirklich liess Riemann sich am 25. April als Studiosus der Philologie und Theologie immatriculiren; zu diesem mit seiner deutlich hervorgetretenen Neigung und Begabung für die Mathematik nicht im Einklange stehenden Entschlusse wird vor Allem die Rücksicht auf die Mittellosigkeit der kinderreichen Familie und die Hoffnung beigetragen haben, früher eine Anstellung zu finden und dadurch seinem Vater eine Erleichterung zu gewähren. Neben den philologischen und theologischen Vorlesungen hörte er aber auch mathematische, und zwar gleich im Sommersemester über die numerische Auflösung der Gleichungen bei Stern, und über Erdmagnetismus bei Goldschmidt, sodann im Wintersemester 1846—1847 über die Methode der kleinsten Quadrate bei Gauss, und über bestimmte Integrale bei Stern. Er sah bei dieser fortgesetzten Beschäftigung mit der Mathematik bald ein, dass die Neigung zu derselben zu mächtig in ihm war, und erwirkte von seinem Vater die Erlaubniss, sich ganz seinem Lieblingsstudium widmen zu dürfen.

Obgleich nun Gauss seit fast einem halben Jahrhundert unbestritten den Rang des grössten lebenden Mathematikers einnahm, so beschränkte sich seine zwar sehr anregende Lehrthätigkeit doch nur auf ein kleines Feld, welches mehr der angewandten Mathematik angehörte, und für Riemann war bei dem vorgeschrittenen Standpunkte seines Wissens eine wesentliche Bereicherung desselben und eine Befruchtung mit neuen Ideen damals in Göttingen nicht mehr zu erwarten. Er bezog daher Ostern 1847 die Universität Berlin, wo Jacobi, Lejeune Dirichlet und Steiner durch den Glanz ihrer Entdeckungen, welche sie zum Gegenstande ihrer Vorlesungen machten, zahlreiche Schüler um sich versammelten. Er blieb dort zwei Jahre, bis Ostern 1849, und hörte unter Anderem bei Dirichlet Zahlentheorie, Theorie der bestimmten Integrale und der partiellen Differentialgleichungen, bei Jacobi analytische Mechanik und höhere Algebra. Leider sind nur sehr wenige Briefe aus dieser Zeit erhalten; in einem derselben (vom 29. Nov. 1847) spricht er seine grosse Freude darüber aus, dass Jacobi sich gegen seine anfängliche Absicht noch entschlossen habe, Mechanik vorzutragen. In einen näheren Verkehr mit ihm trat Eisenstein, bei dem er in dem ersten Jahre Theorie der elliptischen Functionen hörte. Riemann hat später erzählt, dass sie auch über die Einführung der complexen Grössen in die Theorie der Functionen mit einander verhandelt haben, aber gänzlich verschiedener Meinung über die hierbei zu Grunde zu legenden Principien gewesen seien; Eisenstein sei bei der formellen Rechnung stehen geblieben, während er selbst in der partiellen Differentialgleichung die wesentliche Definition einer Function von einer complexen Veränderlichen erkannt habe. Wahrscheinlich sind diese, für seine ganze spätere Laufbahn maassgebenden Ideen zuerst in den Herbstferien 1847 gründlich von ihm verarbeitet.

Von dem übrigen Leben Riemann's während seines zweijährigen Aufenthaltes in Berlin ist nur wenig aus den Briefen zu ersehen. Die grossen politischen Ereignisse des Jahres 1848 ergriffen auch ihn mächtig; er war Augenzeuge der März-Revolution und hatte als Mitglied des von den Studenten gebildeten Corps die Wache im königlichen Schlosse vom 24. März Morgens 9 Uhr bis zum folgenden Tage Mittags 1 Uhr.

Ostern 1849 kehrte Riemann, nachdem er noch die Ankunft der Frankfurter Kaiser-Deputation in Berlin erlebt hatte, nach Göttingen zurück. Er besuchte in den drei folgenden Semestern noch einige naturwissenschaftliche und philosophische Vorlesungen, unter anderen mit grösstem Interesse die genialen Vorlesungen über Experimental-Physik von Wilhelm Weber, an welchen er sich später eng anschloss, und der ihm bis zu seinem Tode ein treuer Freund und Rathgeber gewesen ist. In dieser Zeit müssen bei gleichzeitiger Beschäftigung mit philosophischen Studien, welche sich namentlich auf Herbart richteten, die ersten Keime seiner naturphilosophischen Ideen sich entwickelt haben; dies scheint wenigstens, soweit es sich nur um das Streben nach einer einheitlichen Naturauffassung handelt, aus einer Stelle eines Aufsatzes „Ueber Umfang, Anordnung und Methode des naturwissenschaftlichen Unterrichts auf Gymnasien" hervorzugehen, den er im November 1850 als Mitglied des pädagogischen Seminars verfasste, und in welchem er sagt: „So z. B. lässt sich eine vollkommen in sich abgeschlossene mathematische Theorie zusammenstellen, welche von den für die einzelnen Punkte geltenden Elementargesetzen bis zu den Vorgängen in dem uns wirklich gegebenen continuirlich erfüllten Raume fortschreitet, ohne zu scheiden, ob es sich um die Schwerkraft, oder die Electricität, oder den Magnetismus, oder das Gleichgewicht der Wärme handelt." Im Herbst 1850 trat er auch in das kurz vorher gegründete mathematisch-physikalische Seminar ein, welches von den Professoren Weber, Ulrich, Stern und Listing geleitet wurde, und betheiligte sich namentlich an den physikalischen experimentellen Uebungen, obgleich er dadurch von seiner Hauptaufgabe, der Ausarbeitung der Doctordissertation, oft abgezogen wurde. Theils diesem Umstande, theils aber auch der fast ängstlichen Sorgfalt, welche Riemann auf die Ausarbeitung seiner für den Druck bestimmten Schriften verwendete, und die ihn auch später bei der Veröffentlichung seiner Arbeiten wesentlich gehemmt hat, wird es zuzuschreiben sein, dass er seine Abhandlung „Grundlagen für eine allgemeine Theorie der Functionen einer veränderlichen complexen Grösse" erst im November des folgenden Jahres 1851 der philosophischen Facultät einreichen konnte. Dieselbe fand eine sehr anerkennende Beurtheilung von Gauss, welcher Riemann bei dessen Besuch mittheilte, dass er seit Jahren eine Schrift vorbereite, welche denselben Gegenstand behandele, sich aber freilich nicht darauf beschränke. Das Examen war am Mittwoch den 3. December, die öffentliche Disputation und Doctor-Promotion am Dinstag den 16. December. An seinen Vater schreibt er: „Durch meine jetzt vollendete Dissertation glaube ich meine Aussichten bedeutend verbessert zu haben; auch hoffe ich, dass ich mit der Zeit fliessender und rascher schreiben lerne, namentlich wenn ich mehr Umgang suche und auch erst Gelegenheit habe, Vorträge zu halten; ich habe daher jetzt guten Muth." Zugleich entschuldigt er sich in Rücksicht auf die Kosten, die er dem Vater verursacht, dass er sich nicht eifriger um die durch Goldschmidt's Tod erledigte Observatorstelle an der Sternwarte bemüht habe,*) und theilt mit, dass seiner Habilitation als Privatdocent Nichts im Wege stehe, sobald er die Habilitationsschrift fertig habe. Es scheint schon früh seine Absicht gewesen zu sein, zum Gegenstande derselben die Theorie der trigonometrischen Reihen zu wählen, allein es vergehen bis zu seiner Habilitation doch wieder zwei und ein halbes Jahr.

In den Herbstferien 1852 hielt sich Lejeune Dirichlet, dem er noch von Berlin her wohl bekannt war, eine Zeit lang in Göttingen auf, und Riemann, der eben von Quickborn dorthin zurückgekehrt war, hatte das Glück, ihn fast täglich zu sehen. Gleich bei seinem ersten Besuche in der Krone, wo Dirichlet wohnte, und am folgenden Tage in einer Mittagsgesellschaft bei Sartorius von Waltershausen, in welcher auch die Professoren Dove aus Berlin und Listing gegenwärtig waren, fragte er Dirichlet, den er nächst Gauss als den grössten damals lebenden Mathematiker anerkannte, um Rath wegen seiner Arbeit. „Am anderen Morgen — schreibt Riemann an seinen Vater — war Dirichlet etwa zwei Stunden bei mir; er gab mir die Notizen, die ich zu meiner Habilitationsschrift bedurfte, so vollständig, dass mir die Arbeit dadurch wesentlich erleichtert ist; ich hätte sonst auf der Bibliothek nach manchen Sachen lange suchen können. Auch meine Dissertation ging er mit mir durch und war überhaupt äusserst freundlich gegen mich, wie ich es bei dem grossen Abstande zwischen mir und ihm kaum erwarten durfte. Ich hoffe, er wird mich auch später nicht vergessen.“ Einige Tage darauf traf auch Wilhelm Weber von der Wiesbadener Naturforscher-Versammlung wieder in Göttingen ein; es wurde in grösserer Gesellschaft ein sehr lohnender Ausflug nach dem einige Stunden entfernten Hohen Hagen gemacht, und am folgenden Tage trafen Dirichlet und Riemann abermals im Weber'schen Hause zusammen. Solche persönliche Anregung war im höchsten Grade wohlthuend für Riemann, und er schreibt selbst hierüber an seinen Vater: „Du siehst, dass ich hier im Ganzen noch nicht sehr häuslich gelebt habe; aber ich bin dafür des Morgens desto fleissiger bei der Arbeit gewesen, und finde, dass ich so weiter gekommen bin, als wenn ich den ganzen Tag hinter meinen Büchern sitze.“

---

*) Einer Mittheilung von W. Weber zufolge wünschte Gauss selbst nicht, dass Riemann diese Stellung übernähme; er zweifelte zwar nicht an seiner theoretischen und praktischen Befähigung für dieselbe, aber er hatte schon damals eine so hohe Meinung von Riemann's wissenschaftlicher Bedeutung, dass er befürchtete, derselbe möchte durch die mit dieser Stellung verbundenen zeitraubenden und zum Theil untergeordneten Dienstgeschäfte von seinem eigentlichen Arbeitsfelde gar zu sehr abgelenkt werden.

In jenen Tagen schreibt er auch von seiner Habilitation und von dem Anfange seiner Vorlesungen, wie von unmittelbar bevorstehenden Dingen, und er würde gewiss auch viel rascher in seiner äusserlichen Laufbahn fortgeschritten sein, wenn ihm öfter eine solche treibende Anregung zu Theil geworden wäre. Offenbar fällt in den Anfang des Jahres 1853 eine fast ausschliessliche Beschäftigung mit Naturphilosophie; seine neuen Gedanken gewinnen eine feste Gestalt, auf die er nach allen Unterbrechungen stets wieder zurückgekommen ist. Endlich ist auch die Habilitationsschrift fertig, und er schreibt an seinen jüngeren Bruder Wilhelm am 28. December 1853: „Mit meinen Arbeiten steht es jetzt so ziemlich; ich habe Anfangs December meine Habilitationsschrift*) abgeliefert und musste dabei drei Themata zur Probevorlesung vorschlagen, von denen dann die Facultät eines wählt. Die beiden ersten hatte ich fertig und hoffte, dass man eins davon nehmen würde; Gauss aber hat das dritte**) gewählt, und so bin ich nun wieder etwas in der Klemme, da ich dies noch ausarbeiten muss. Meine andere Untersuchung über den Zusammenhang zwischen Electricität, Galvanismus, Licht und Schwere hatte ich gleich nach Beendigung meiner Habilitationsschrift wieder aufgenommen und bin mit ihr so weit gekommen, dass ich sie in dieser Form unbedenklich veröffentlichen kann. Es ist mir dabei aber zugleich immer gewisser geworden, dass Gauss seit mehreren Jahren auch daran arbeitet, und einigen Freunden, u. A. Weber, die Sache unter dem Siegel der Verschwiegenheit mitgetheilt hat, — Dir kann ich dies wohl schreiben, ohne dass es mir als Anmaassung ausgelegt wird — ich hoffe, dass es nun für mich noch nicht zu spät ist und es anerkannt werden wird, dass ich die Sachen vollkommen selbständig gefunden habe."

Um diese Zeit wurde Riemann im mathematisch-physikalischen Seminar Assistent von W. Weber und hatte als solcher die Uebungen der Neueintretenden zu leiten, auch einige Vorträge zu halten. Ueber den weiteren Fortgang seiner Arbeiten schreibt er am 26. Juni 1854 aus Quickborn seinem Bruder: „Um Weihnachten habe ich Dir von Göttingen aus, wie ich glaube, geschrieben, dass ich meine Habilitationsschrift Anfang December vollendet und an den Decan abgegeben hätte, sowie auch dass ich bald darauf mich wieder mit meiner Untersuchung über den Zusammenhang der physikalischen Grundgesetze beschäftigte und mich so darin vertiefte, dass ich, als mir das Thema zur Probevorlesung beim Colloquium gestellt war, nicht gleich wieder davon

*) Ueber die Darstellbarkeit einer Function durch eine trigonometrische Reihe.
**) Ueber die Hypothesen, welche der Geometrie zu Grunde liegen.

loskommen konnte. Ich ward nun bald darauf krank, theils wohl in Folge zu vielen Grübelns, theils in Folge des vielen Stubensitzens bei dem schlechten Wetter; es stellte sich mein altes Uebel wieder mit grosser Hartnäckigkeit ein und ich kam dabei mit meinen Arbeiten nicht vom Fleck. Erst nach mehreren Wochen, als das Wetter besser wurde und ich wieder mehr Umgang suchte, ging es mit meiner Gesundheit besser. Für den Sommer habe ich nun eine Gartenwohnung gemiethet und habe seitdem gottlob über meine Gesundheit nicht zu klagen gehabt. Nachdem ich etwa vierzehn Tage nach Ostern mit einer andern Arbeit, die ich nicht gut vermeiden konnte, fertig geworden war, ging ich nun eifrig an die Ausarbeitung meiner Probevorlesung und wurde um Pfingsten damit fertig. Ich erreichte es indess nur mit vieler Mühe, dass ich mein Colloquium gleich machen konnte und nicht noch wieder unverrichteter Sache nach Quickborn abreisen musste. Gauss's Gesundheitszustand ist nemlich in der letzten Zeit so schlimm geworden, dass man noch in diesem Jahre seinen Tod fürchtet und er sich zu schwach fühlte, mich zu examiniren. Er wünschte nun, dass ich, weil ich doch erst im nächsten Semester lesen könnte, wenigstens noch bis zum August auf seine Besserung warten möchte. Ich hatte mich schon in das Unvermeidliche gefügt. Da entschloss er sich plötzlich auf mein wiederholtes Bitten, „um die Sache vom Halse los zu werden" am Freitag nach Pfingsten Mittag das Colloquium auf den andern Tag um halb elf anzusetzen und so war ich am Sonnabend um eins glücklich damit fertig. — Lass Dir nun noch in aller Eile erzählen, was es mit der andern Arbeit, die mich um Ostern beschäftigte, für eine Bewandtniss hat. In den Osterferien war Kohlrausch — ein Sohn vom Oberschulrath und Vetter und Schwager von Schmalfuss — der jetzt Professor in Marburg ist, auf vierzehn Tage bei Weber zum Besuch, um mit ihm gemeinschaftlich eine experimentelle Untersuchung über Electricität zu machen, da Weber zu dem einen Theil dieser Untersuchung, Kohlrausch zu dem anderen Theil derselben die Vorarbeiten gemacht und die Apparate erdacht und construirt hatte. Ich nahm an ihren Experimenten Theil und lernte bei dieser Gelegenheit Kohlrausch kennen. Kohlrausch hatte nun einige Zeit vorher sehr genaue Messungen über eine bis dahin unerforschte Erscheinung (den electrischen Rückstand in der Leidener Flasche) gemacht und veröffentlicht und ich hatte durch meine allgemeinen Untersuchungen über den Zusammenhang zwischen Electricität, Licht und Magnetismus die Erklärung davon gefunden. Ich sprach nun mit K. darüber und dies war die Veranlassung, dass ich die Theorie dieser Erscheinung für ihn ausarbeitete und ihm zuschickte. Kohlrausch hat mir nun jetzt sehr freundlich geantwortet, mir angeboten, meine Arbeit an Poggendorff, den Herausgeber der Annalen der Physik und Chemie, in Berlin zum Druck zu schicken, und mich eingeladen ihn in diesen Herbstferien zu besuchen, um die Sache weiter zu verfolgen. Mir ist diese Sache deshalb wichtig, weil es das erste Mal ist, wo ich meine Arbeiten auf eine vorher noch nicht bekannte Erscheinung anwenden konnte, und ich hoffe, dass die Veröffentlichung dieser Arbeit dazu beitragen wird, meiner grösseren Arbeit eine günstige Aufnahme zu verschaffen. Hier in Quickborn werde ich mich nun wohl theils mit dem Druck dieser Arbeit, da mir die Correcturbogen wahrscheinlich zugeschickt werden, theils mit der Ausarbeitung einer Vorlesung für nächstes Semester beschäftigen müssen."

Zu dem ersten Theile dieses Briefes ist noch zu bemerken, dass Riemann die Ausarbeitung seiner Probevorlesung über die Hypothesen der Geometrie sich durch sein Streben, allen, auch den nicht mathematisch gebildeten Mitgliedern der Facultät möglichst verständlich zu bleiben, wesentlich erschwert hat; die Abhandlung ist aber hierdurch in der That zu einem bewunderungswürdigen Meisterstück auch in der Darstellung geworden, indem sie ohne Mittheilung der analytischen Untersuchung den Gang derselben so genau angiebt, dass sie nach diesen Vorschriften vollständig hergestellt werden kann. Gauss hatte gegen das übliche Herkommen von den drei vorgeschlagenen Thematen nicht das erste, sondern das dritte gewählt, weil er begierig war zu hören, wie ein so schwieriger Gegenstand von einem so jungen Manne behandelt werden würde; nun setzte ihn die Vorlesung, welche alle seine Erwartungen übertraf, in das grösste Erstaunen, und auf dem Rückwege aus der Facultäts-Sitzung sprach er sich gegen Wilhelm Weber mit höchster Anerkennung und mit einer bei ihm seltenen Erregung über die Tiefe der von Riemann vorgetragenen Gedanken aus.

Nach einem längeren Aufenthalte in Quickborn kehrte Riemann im September nach Göttingen zurück, um an der Naturforscher-Versammlung Theil zu nehmen; auf Weber's und Stern's Aufforderung entschloss er sich, in der mathematisch-physikalisch-astronomischen Section einen Vortrag über die Verbreitung der Electricität in Nichtleitern zu halten. Er schreibt darüber an seinen Vater: „Mein Vortrag kam am Donnerstag an die Reihe, und da für diese Sitzung unserer Section kein anderer angekündigt war, so arbeitete ich die Sache noch den Abend vorher etwas weiter aus, um die gewöhnliche Zeit der Sitzungen einigermaassen auszufüllen. Ich hatte anfangs nur das Gesetz, welches ich mittheilen wollte, kurz angeben wollen, wandte es aber nun noch auf mehrere Erscheinungen an und zeigte die Uebereinstimmung mit der Erfahrung. Mein Vortrag war nun freilich in diesem letzten Theile weniger fliessend, aber ich glaube doch, dass der Eindruck des Ganzen durch Hinzufügung desselben gewonnen hat; ich sprach ungefähr $^5/_4$ Stunden. — Dass ich bei der Versammlung einmal öffentlich gesprochen habe, hat mir wieder etwas mehr Muth zu meiner Vorlesung gemacht; doch habe ich zugleich gesehen, wie gross der Unterschied ist, ob man schon längere Zeit vorher mit seinen Gedanken in's Reine gekommen ist, oder noch unmittelbar vorher daran gearbeitet hat. Ich hoffe in einem halben Jahre schon mit mehr Ruhe an meine Vorlesungen zu denken, und mir nicht wieder meinen Aufenthalt in Quickborn und mein Zusammensein mit Euch so dadurch verleiden zu lassen, wie das letzte Mal.“ Auch mit Kohlrausch war er in Göttingen wieder zusammengetroffen; nach einem weiteren Briefwechsel entschloss sich aber Riemann, auf die Veröffentlichung seines Aufsatzes über den Rückstand in der Leidener Flasche zu verzichten, vermuthlich weil er nicht gern auf eine ihm angerathene Abänderung desselben eingehen wollte. Statt dessen erschien in Poggendorff's Annalen der Aufsatz über die Theorie der Nobili'schen Farbenringe, über welchen er an seine ältere Schwester Ida schreibt: „Es ist dieser Gegenstand deshalb wichtig, weil sich hiernach sehr genaue Messungen anstellen und die Gesetze, nach denen die Electricität sich bewegt, sehr genau daran prüfen lassen.“

In demselben Briefe vom 9. October 1854 schreibt er mit grosser Freude von dem Zustandekommen seiner ersten Vorlesung, zu welcher über sein Erwarten viele Zuhörer, etwa acht, sich gemeldet hatten. Der Gegenstand derselben war die Theorie der partiellen Differentialgleichungen mit Anwendungen auf physikalische Probleme; als Vorbild dienten ihm der Hauptsache nach die Vorlesungen, welche Dirichlet unter gleichem Titel in Berlin gehalten hatte. Ueber seinen Vortrag schreibt er am 18. November 1854 seinem Vater: „Mein Leben hat hier jetzt nach und nach eine ziemlich regelmässige und einförmige Gestalt angenommen. Meine Collegia habe ich bis jetzt regelmässig halten können, meine anfängliche Befangenheit hat sich schon ziemlich gelegt und ich gewöhne mich daran, mehr an die Zuhörer, als an mich dabei zu denken, und in ihren Mienen zu lesen, ob ich vorwärts gehen oder die Sache noch weiter auseinander setzen muss.“ Es ist indessen keinem Zweifel unterworfen, dass der mündliche Vortrag ihm in den ersten Jahren seiner akademischen Lehrthätigkeit grosse Schwierigkeiten verursachte. Seine glänzende Denkkraft und vorahnende Phantasie liess ihn meist, was besonders bei zufälligen mündlichen Unterhaltungen über wissenschaftliche Gegenstände zum

Vorschein kam, sehr grosse Schritte nehmen, denen man nicht so leicht folgen konnte, und wenn man ihn zu einer näheren Erörterung einiger Zwischenglieder seiner Schlüsse aufforderte, so konnte er stutzig werden und es verursachte ihm einige Mühe, sich in den langsameren Gedankengang des Anderen zu fügen und dessen Zweifel rasch zu beseitigen. So hat ihn auch bei seinen Vorlesungen die Beobachtung der Mienen seiner Zuhörer, von der er oben schreibt, oft empfindlich gestört, wenn er, bisweilen ganz gegen sein Erwarten, sich genöthigt glaubte, einen für ihn fast selbstverständlichen Punkt noch besonders zu beweisen. Dies hat sich aber nach längerer Uebung verloren, und die verhältnissmässig grosse Zahl seiner Schüler ist nicht blos der Anziehungskraft seines durch die tiefsinnigsten Werke berühmt gewordenen Namens, sondern auch seinem Vortrage zuzuschreiben, auf den er sich stets sehr sorgfältig vorbereitete, und durch welchen es ihm gelang, seine Zuhörer über die grossen Schwierigkeiten hinwegzuführen, die sich dem Eindringen in die von ihm geschaffenen neuen Principien entgegenstellen.

Am 23. Februar 1855 starb Gauss, und bald darauf wurde Lejeune Dirichlet von Berlin nach Göttingen berufen. Bei dieser Gelegenheit wurde von mehreren Seiten, aber vergeblich dahin gewirkt, dass Riemann zum ausserordentlichen Professor ernannt werden möchte; erreicht wurde nur, dass ihm eine Remuneration von jährlich 200 Thaler von der Regierung ausgesetzt wurde; so gering diese Summe war, eine so wichtige Erleichterung gewährte sie Riemann, der in dieser und der nächsten Zeit wohl oft mit düsterem Blick in die Zukunft schaute. Es begann eine Reihe von traurigen Jahren, in denen ihn ein schmerzlicher Schlag nach dem anderen traf. Noch im Jahre 1855 verlor er seinen Vater und eine Schwester, Clara; die alte, so innig geliebte Heimath in Quickborn wurde verlassen, seine drei Schwestern zogen zu dem Bruder Wilhelm nach Bremen, der dort Postsecretair war und von jetzt an die Sorge für die Erhaltung der Familie übernahm.

Riemann wandte sich jetzt mit erneutem Eifer wieder seinen schon in den Jahren 1851 und 1852 begonnenen Untersuchungen über die Theorie der Abel'schen Functionen zu und machte dieselbe zum ersten Male von Michaelis 1855 bis Michaelis 1856 zum Gegenstande seiner Vorlesungen, an denen drei Zuhörer, Schering, Bjerknes und sein College Dedekind Theil nahmen. Im Sommer 1856 wurde er zum Assessor der mathematischen Classe der Göttinger Gesellschaft der Wissenschaften ernannt; als solcher überreichte er am 2. November seine Abhandlung über die Gauss'sche Reihe und schrieb an demselben

Tage seinem Bruder: „Auch hoffe ich, dass meine Arbeiten mir Früchte tragen sollen. Meine Abhandlung ist, wie ich Dir schon schrieb, jetzt zum Druck fertig, und vielleicht wird sie die Societät in ihren Schriften drucken lassen, allerdings eine grosse Ehre, da diese in den letzten 50 Jahren nur mathematische Abhandlungen von Gauss enthalten haben. Die mathematische Section der Societät, bestehend aus Weber, Ulrich und Dirichlet wird wenigstens nach Weber's Aeusserungen wohl auf den Druck meiner Abhandlung antragen. — Mit meinen Vorlesungen, d. h. mit dem Besuch derselben, bin ich ziemlich zufrieden, besonders bei der geringen Zahl der neu angekommenen Studenten. Es sind gar keine Mathematiker unter diesen und das ist auch wohl der Grund, dass Dedekind und Westphal ihre Privatvorlesungen nicht zu Stande bekommen haben. Die Anzahl meiner Zuhörer betrug nun an den vier Tagen, an denen ich gelesen habe, erst drei, dann vier und die letzten beiden Male fünf; doch war hierunter wohl ein Hospitant. Sehr lieb ist es mir, dass ich diesmal auch einige Zuhörer aus den ersten Semestern habe, nicht wie sonst bloss aus dem sechsten und späteren Semestern, weil ich dies als ein Zeichen betrachte, dass meine Vorlesungen leichter verständlich werden. Bei alledem kann ich noch nicht behaupten, dass meine Vorlesungen zu Stande gekommen sind; denn es hat sich noch Niemand bei mir gemeldet und ist also immer noch möglich, dass meine Herrn Zuhörer mich im Stiche lassen. — Meine freie Zeit werde ich von jetzt an ganz auf die Arbeit über die Abel'schen Functionen, von der ich Dir erzählt habe, verwenden. Kurz vor meiner Wiederankunft hier in Göttingen ist auch der Hauptredacteur des mathematischen Journals, der Dr. Borchardt aus Berlin, hier gewesen und hat mir durch Dirichlet und Dedekind die Aufforderung zugehen lassen, ihm doch so bald wie möglich eine Darstellung meiner Untersuchungen über die Abel'schen Functionen, sie sei so roh wie sie wolle, zu schicken. Weierstrass ist jetzt stark im Publiciren, doch enthält das jetzt veröffentlichte Heft, von dem Scherk mir erzählte, nur die ersten Vorbereitungen zu seiner Theorie."

In der That widmete er sich nun mit allen Kräften der Ausarbeitung dieses Werkes, so dass er die ersten drei kleineren Abhandlungen am 18. Mai, die vierte grössere am 2. Juli 1857 im Manuscript nach Berlin abschicken konnte; allein durch die übermässige Anstrengung hatte seine Gesundheit sehr gelitten, und er befand sich am Ende des Sommersemesters in einem Zustande geistiger Abspannung, der seine Stimmung im höchsten Grade verdüsterte. Zur Erfrischung und Stärkung seiner Gesundheit nahm er für einige Wochen seinen Aufenthalt in Harzburg, wohin ihn sein Freund Ritter (damals Lehrer an dem Polytechnicum zu Hannover, jetzt Professor in Aachen) auf einige Tage begleitete, und wohin ihm später sein College Dedekind folgte, mit dem er viele Spaziergänge und auch grössere Ausflüge in den Harz machte. Auf solchen Spaziergängen erheiterte sich seine Stimmung, sein Zutrauen zu Anderen und zu sich selbst wuchs; sein harmloser Scherz und seine rückhaltlose Unterhaltung über wissenschaftliche Gegenstände machten ihn zu dem liebenswürdigsten und anregendsten Gesellschafter. In dieser Zeit wandten sich seine Gedanken wieder der Naturphilosophie zu, und eines Abends nach der Rückkehr von einer anstrengenden Wanderung griff er zu Brewster's Life of Newton, und sprach lange mit Bewunderung über den Brief an Bentley, in welchem Newton selbst die Unmöglichkeit unmittelbarer Fernwirkung behauptet.

Bald nach seiner Rückkehr nach Göttingen wurde er am 9. November 1857 zum ausserordentlichen Professor in der philosophischen Facultät ernannt, und seine Remuneration von 200 Thaler auf 300 Thaler erhöht. Aber fast gleichzeitig erschütterte ihn auf das Tiefste der Tod seines innig geliebten Bruders Wilhelm; er übernimmt nun ganz die Sorge für seine drei noch lebenden Schwestern und dringt inständig darauf, dass sie noch im Laufe des Winters zu ihm nach Göttingen übersiedeln; dies geschah auch im Anfang März 1858, aber erst nachdem ihnen die jüngste Schwester, Marie, noch durch den Tod entrissen war. Nach so vielen Schicksalsschlägen trug das Zusammenleben mit den Schwestern wesentlich zur Besserung seiner tief niedergedrückten Gemüthsstimmung bei, und die Anerkennung, welche von nun an, wenn auch langsam, seinen Werken auch in weiteren Kreisen zu Theil wurde, hob allmälich sein gesunkenes Selbstvertrauen und liess ihn frischen Muth zu neuen Arbeiten finden. Schon vorher hatte er den später viel besprochenen Aufsatz „Ein Beitrag zur Electrodynamik“ verfasst, über welchen er seiner Schwester Ida schreibt: „Meine Entdeckung über den Zusammenhang zwischen Electricität und Licht habe ich hier der Königl. Societät übergeben. Nach manchen Aeusserungen, die ich darüber vernommen, muss ich schliessen, dass Gauss eine andere von der meinigen verschiedene Theorie dieses Zusammenhangs aufgestellt und seinen nächsten Bekannten mitgetheilt hat. Ich bin aber völlig überzeugt, dass die meinige die richtige ist und in ein paar Jahren allgemein als solche anerkannt werden wird.“ Er hat bekanntlich diese Arbeit bald wieder zurückgezogen und auch später nicht veröffentlicht, wahrscheinlich weil er selbst mit der in ihr enthaltenen Ableitung nicht mehr zufrieden war.

In den Herbstferien 1858 machte er die Bekanntschaft der italienischen Mathematiker Brioschi, Betti und Casorati, welche damals eine Reise durch Deutschland machten und auch einige Tage in Göttingen verweilten; diese Verbindung sollte später in Italien wieder angeknüpft werden.

In diese Zeit fiel die Erkrankung Dirichlet's, welcher seinen langen Leiden am 5. Mai 1859 erlag. Er hatte von Anfang an das lebhafteste persönliche Interesse für Riemann empfunden und bei allen Gelegenheiten bethätigt, wo er auf eine Verbesserung der äusserlichen Verhältnisse Riemann's hinwirken konnte. Inzwischen war des Letzteren wissenschaftliche Bedeutung so allgemein anerkannt, dass die Regierung nach Dirichlet's Tode von der Berufung eines auswärtigen Mathematikers absah; Ostern 1859 wurde für Riemann eine Wohnung in der Sternwarte eingeräumt, am 30. Juli wurde er zum ordentlichen Professor ernannt und im December einstimmig zum ordentlichen Mitgliede der Gesellschaft der Wissenschaften erwählt. Schon vorher, am 11. August, hatte die Berliner Akademie der Wissenschaften ihn zum correspondirenden Mitgliede in der physikalisch-mathematischen Classe ernannt, und dies veranlasste ihn, im September in Dedekind's Gesellschaft nach Berlin zu reisen, wo er von den dortigen Gelehrten, Kummer, Borchardt, Kronecker, Weierstrass mit Auszeichnung und grosser Herzlichkeit aufgenommen wurde. Eine Folge seiner Ernennung, welcher später, im März 1866, die Wahl zum auswärtigen Mitgliede gefolgt ist,*) und dieses Besuchs war es, dass er im October seine Abhandlung über die Häufigkeit der Primzahlen der Berliner Akademie einreichte und einen, nach seinem Tode veröffentlichten Brief über die vielfach periodischen Functionen an Weierstrass richtete.

Einen Monat später übergab er der Göttinger Gesellschaft der Wissenschaften seine Abhandlung über die Fortpflanzung ebener Luftwellen von endlicher Schwingungsweite.

In den Osterferien 1860 machte er eine Reise nach Paris, wo er sich vom 26. März ab einen Monat aufhielt; leider war das Wetter sehr rauh und unfreundlich, noch in der letzten Woche gab es mehrere Tage hinter einander Schnee und Hagel, so dass die Besichtigung von Merkwürdigkeiten oft geradezu unmöglich war. Dagegen war er sehr zufrieden mit der freundlichen Aufnahme von Seiten der Pariser Ge-

---

*) Bezüglich der äusserlichen Auszeichnungen, deren Riemann theilhaftig geworden ist, mag hier noch bemerkt werden, dass die Baierische Akademie der Wissenschaften ihn am 28. November 1859 zum correspondirenden, am 28. November 1863 zum ordentlichen Mitgliede, ferner dass die Pariser Akademie ihn am 19. März 1866 zu ihrem correspondirenden Mitgliede ernannte; ebenso wurde er am 14. Juni 1866, kurz vor seinem Tode, von der Londoner Royal Society zu deren auswärtigem Mitgliede erwählt.

lehrten Serret, Bertrand, Hermite, Puiseux und Briot, bei welchem er einen Tag auf dem Lande in Chatenay mit Bouquet sehr angenehm verlebte.

In demselben Jahre vollendete er seine Abhandlung über die Bewegung eines flüssigen Ellipsoides und wendete sich der Bearbeitung der von der Pariser Akademie gestellten Preisaufgabe über die Theorie der Wärmeleitung zu, für welche er durch seine Untersuchungen über die Hypothesen der Geometrie schon früher die Grundlagen gewonnen hatte. Im Juni 1861 sandte er seine in lateinischer Sprache abgefasste Lösung unter dem Motto „Et his principiis via sternitur ad majora" ein; dieselbe errang indessen den Preis nicht, weil es ihm an Zeit gefehlt hatte, die zur Durchführung nöthige Rechnung vollständig mitzutheilen.

Das in den letzten Jahren ungetrübte, glückliche Leben, dessen Riemann sich erfreuen durfte, erreichte seinen Höhepunkt, als er sich am 3. Juni 1862 mit Fräulein Elise Koch aus Körchow in Mecklenburg-Schwerin, einer Freundin seiner Schwestern verheirathete; es war ihr beschieden, die bevorstehenden Jahre des Leidens mit ihm zu theilen und durch unermüdliche Liebe zu verschönern. Schon im Juli desselben Jahres befiel ihn eine Brustfellentzündung, von welcher er scheinbar zwar sich rasch erholte, welche aber doch den Keim zu einer Lungenkrankheit zurückliess, die sein frühes Ende herbei führen sollte. Als ihm von den Aerzten ein längerer Aufenthalt im Süden zur Heilung angerathen war, gelang es der dringenden Verwendung von Wilhelm Weber und Sartorius von Waltershausen, von der Regierung nicht nur den erforderlichen Urlaub, sondern auch eine ausreichende Unterstützung zu einer Reise nach Italien für ihn auszuwirken, welche er im November 1862 antrat. Durch Sartorius von Waltershausen auf das Wärmste empfohlen, fand er das freundlichste Entgegenkommen in der Familie des Consuls Jäger in Messina, auf deren Villa in der Vorstadt Gazzi er den Winter verlebte. Sein Befinden besserte sich rasch, und er konnte Ausflüge nach Taormina, Catania und Syracus unternehmen. Auf der Rückreise, welche er am 19. März 1863 antrat, besuchte er Palermo, Neapel, Rom, Livorno, Pisa, Florenz, Bologna, Mailand; bei längerem Aufenthalte in diesen Städten, deren Kunstschätze und Alterthümer sein grösstes Interesse erweckten, machte er zugleich Bekanntschaft mit den bedeutendsten Gelehrten Italiens, und namentlich schloss er sich mit inniger Freundschaft an Professor Enrico Betti in Pisa an, den er schon im Jahre 1858 in Göttingen kennen gelernt hatte. Ueberhaupt bildet der mehrjährige Aufenthalt Riemann's in Italien, so traurig die nächste Veranlassung desselben auch war, einen wahren Lichtpunkt in seinem Leben; nicht allein, dass ihn das Schauen aller Herrlichkeit dieses entzückenden Landes, von Natur und Kunst, unendlich beglückte, er fühlte sich dort auch als freier Mensch dem Menschen gegenüber, ohne alle die hemmenden Rücksichten, die er in Göttingen auf Schritt und Tritt nehmen zu müssen meinte; dies Alles und der wohlthätige Einfluss des herrlichen Klimas auf seine Gesundheit stimmte ihn oft recht froh und heiter und liess ihn dort viele glückliche Tage verleben.

Mit den besten Hoffnungen verliess er das ihm so lieb gewordene Italien, allein er zog sich auf dem Uebergange über den Splügen, wo er unvorsichtiger Weise eine Strecke lang zu Fuss durch den Schnee ging, eine heftige Erkältung zu, und nach der Ankunft in Göttingen, welche am 17. Juni erfolgte, war sein Befinden fortwährend so schlecht, dass er sich sehr bald zu einer zweiten Reise nach Italien entschliessen musste, welche er am 21. August 1863 antrat. Er wandte sich zunächst nach Meran, Venedig, Florenz, dann nach Pisa, wo ihm am 22. December 1863 eine Tochter geboren wurde, welche nach seiner älteren Schwester den Namen Ida erhielt. Unglücklicher Weise war der Winter so kalt, dass der Arno zufror. Im Mai 1864 bezog er eine Villa vor Pisa; hier verlor er Ende August seine jüngere Schwester, Helene; er selbst wurde von der Gelbsucht befallen, welche auch eine Verschlimmerung seines Brustleidens zur Folge hatte. Eine Berufung nach Pisa an Stelle von Professor Mosotti, welche schon im Jahre 1863 durch Vermittlung von Betti an ihn ergangen war, hatte er theils auf den Rath seiner Göttinger Freunde, hauptsächlich aber wohl aus dem Grunde abgelehnt, weil er die mit der ihm angetragenen Stellung verbundenen Pflichten bei seinem angegriffenen Gesundheitszustande nicht vollständig erfüllen zu können befürchtete und deshalb sich ausser Stande fühlte, die Annahme des Rufes vor sich zu verantworten. Dasselbe Pflichtgefühl erweckte den dringenden Wunsch in ihm, nach Göttingen zurückzukehren und sich wieder seinem Lehramte zu widmen, und nur auf die ernsten Vorstellungen der Aerzte und seiner Freunde entschloss er sich dazu, auch den folgenden Winter in Italien zuzubringen, welchen er zu Pisa in angenehmem geselligen und wissenschaftlichen Verkehr mit den dortigen Gelehrten Betti, Felici, Novi, Villari, Tassinari, Beltrami verlebte; in jener Zeit arbeitete er auch an seiner Abhandlung über das Verschwinden der Theta-Functionen. Den Mai und Juni 1865 brachte er bei schlechtem Befinden in Livorno, den Juli und August am Lago Maggiore, den September in Pegli bei Genua zu, wo durch ein gastrisches Fieber eine bedeutende Verschlimmerung seines Zustandes eintrat.

Unter diesen Umständen konnte Riemann seinem immer lebhafteren Wunsche, nach Göttingen zurückzukehren, nicht länger widerstehen; er langte am 3. October an und verlebte daselbst den Winter bei erträglich gutem Befinden, welches ihm meistens gestattete, einige Stunden täglich zu arbeiten. Er vollendete die Abhandlung über das Verschwinden der Theta-Functionen und übertrug seinem früheren Schüler Hattendorff die Ausarbeitung der Abhandlung über die Minimalflächen; er sprach auch öfter den Wunsch aus, vor seinem Ende noch über einige seiner unvollendeten Arbeiten mit Dedekind zu sprechen, fühlte sich aber stets zu schwach und angegriffen, um denselben zu einem Besuche in Göttingen zu veranlassen. In den letzten Monaten beschäftigte er sich mit der Ausarbeitung einer Abhandlung über die Mechanik des Ohres, welche leider nicht vollendet und nur als Fragment nach seinem Tode von Henle und Schering herausgegeben ist.

Die Vollendung dieser Abhandlung sowie einiger anderen Arbeiten lag ihm sehr am Herzen, und er hoffte durch einen Aufenthalt von einigen Monaten am Lago Maggiore, wohin ihn ausserdem grosse Sehnsucht nach dem ihm so lieb gewordenen Lande trieb, die dazu erforderlichen Kräfte noch sammeln zu können. So entschloss er sich am 15. Juni 1866, in den ersten Kriegstagen, zu seiner dritten Reise nach Italien; dieselbe wurde schon in Cassel unterbrochen, weil die Eisenbahn zerstört war, doch gelangte er mit Fuhrwerk glücklich bis Giessen, von wo die Weiterreise keine ferneren Hindernisse fand. Am 28. Juni traf er am Lago Maggiore ein, wo er in der Villa Pisoni in Selasca bei Intra wohnte. Rasch nahmen seine Kräfte ab, und er selbst fühlte mit voller Klarheit sein Ende herannahen; aber noch am Tage vor seinem Tode arbeitete er, unter einem Feigenbaum ruhend und von grosser Freude über den Anblick der herrlichen Landschaft erfüllt, an seinem letzten, leider unvollendet gebliebenen Werke. Sein Ende war ein sehr sanftes, ohne Kampf und Todesschauer; es schien als ob er mit Interesse dem Scheiden der Seele vom Körper folgte; seine Gattin musste ihm Brod und Wein reichen, er trug ihr Grüsse an die Lieben daheim auf und sagte ihr: küsse unser Kind. Sie betete das Vater Unser mit ihm, er konnte nicht mehr sprechen; bei den Worten Vergieb uns unsere Schuld richtete er gläubig das Auge nach oben; sie fühlte seine Hand in der ihrigen kälter werden, und nach einigen Athemzügen hatte sein reines, edeles Herz zu schlagen aufgehört. Der fromme Sinn, der im Vaterhaus gepflanzt war, blieb ihm durch das ganze Leben, und er diente, wenn auch nicht in derselben Form, treu seinem Gott; mit der grössten Pietät vermied er, Andere in ihrem Glauben zu stören; die tägliche Selbstprüfung vor dem Angesichte Gottes war, nach seinem eigenen Ausspruche, für ihn eine Hauptsache in der Religion.

Er ruht auf dem Kirchhofe zu Biganzolo, wohin Selasca eingepfarrt ist. Sein Grabstein trägt die Inschrift:

Hier ruhet in Gott
GEORG FRIEDRICH BERNHARD RIEMANN, Prof. zu Göttingen,
geb. in Breselenz 17. Sept. 1826, gest. in Selasca 20. Juli 1866.
Denen die Gott lieben müssen alle Dinge zum Besten dienen.